现代生命科学概论

（第二版）

主　编　焦炳华

副主编　王梁华　黄才国　刘小宇

科学出版社

北　京

内 容 简 介

本书分三篇共20章，内容包括生命科学导论（生命与生命科学、生命科学研究简史、生命科学热点与趋势、生命伦理学），生命科学基础（生命的物质基础、生命的基本现象、生物的遗传与变异、生命的起源与进化、生物的多样性、生物与环境），现代生命科学（生命科学与现代生物技术、生命科学与农业科学、生命科学与环境科学、生命科学与生物能源、生命科学与现代医学、生命科学与新药的研究与开发、生命科学与海洋生物资源开发利用、生命科学与军事生物技术、生物信息学与生物芯片、生命组学与系统生物学）等。

本书可作为综合性大学、师范院校、农林院校及医学院校生物学专业本科生、研究生及教师的参考用书。

图书在版编目（CIP）数据

现代生命科学概论/焦炳华主编. —2 版. —北京：科学出版社，2014. 6

ISBN 978-7-03-040650-7

Ⅰ. ①现… Ⅱ. ①焦… Ⅲ. ①生命科学 Ⅳ. ①Q1-0

中国版本图书馆 CIP 数据核字（2014）第 100662 号

责任编辑：夏 梁 孙 青 / 责任校对：桂伟利

责任印制：吴兆东 / 封面设计：陈 敬

科 学 出 版 社出版

北京东黄城根北街 16 号

邮政编码：100717

http://www.sciencep.com

北京虎彩文化传播有限公司 印刷

科学出版社发行 各地新华书店经销

*

2009 年 5 月第 一 版 开本：787×1092 1/16

2014 年 6 月第 二 版 印张：27 1/2

2022 年 8 月第十六次印刷 字数：633 000

定价：98.00 元

（如有印装质量问题，我社负责调换）

《现代生命科学概论》（第二版）编委会名单

主　　编： 焦炳华

副 主 编： 王梁华　黄才国　刘小宇

主编助理： 陈　欢　杨生生

编　　者（按章节编写顺序）：

焦炳华　杨　放　王梁华　陈　欢　姚真真

黄才国　杨生生　孙铭娟　缪明永　蒋　平

胡惠民　刘小宇　卢小玲　蔡在龙　吕　军

第二版前言

生命科学的根本目的是为了阐明生命的本质，探讨其发生和发展的规律，以有效地控制生命活动并能动地加以利用。

21 世纪的前 10 余年，生命科学获得了飞速的发展。随着生命组学和系统生物学的兴起，生命科学正酝酿着重大的突破，新的生物学理论框架正在形成。生命科学将在分子生物学研究累积巨量数据的基础上，借助数学、计算机科学和生物信息学等工具，从整体的、合成的角度检视生物学，完成由生命密码到生命过程的诠释和生命的仿真及模拟。

生命科学与现代生物技术的融合与发展将对 21 世纪的人类生活产生广泛而深刻的影响，生命科学在工业、农业、医药、环境、能源、海洋、军事等领域的应用将产生难以估量的社会效益和经济效益。与此同时，21 世纪现代医学的发展也将获得革命性的突破，现有的诊断、预防和治疗模式将获得彻底的改变和革新，分子（基因）医学和系统医学将为有效解决人类重大复杂性疾病的诊断、预防和治疗提供崭新的手段。

自 2009 年 5 月《现代生命科学概论》（第一版）问世以来，由于其内容全面（包括生命科学导论、生命科学基础、现代生命科学三篇共 20 章）、字数适中（约 600 千字）、语言通俗，已被国内多所院校作为生物学专业或非生物学专业学生的教材或参考读物。本次修订在基本框架不变的前提下对内容进行了全面的更新，宗旨是力求内容全面新颖、概念准确，语言深入浅出、通俗易懂。

真诚地感谢作者们为本次修订所作出的贡献！也再次真诚地感谢本次修订所引用的参考资料的作者们！

焦炳华

2013 年 9 月

第一版前言

生命科学是研究生命活动的分子基础、生物的发生发展规律，以及生物之间、生物与环境之间相互关系的一门科学。生命科学的目的是为了阐明生命的本质，探讨其发生和发展的规律，以有效地控制生命活动并能动地加以利用。20 世纪生命科学取得了巨大进展，基本实现了从对生命现象的描述到生命现象本质认知的转变。这是人类认识自然、认知自我的巨大飞跃。

21 世纪是生命科学的世纪，世界各国均高度重视生命科学领域的研究。2006 年，国务院发布了《国家中长期科学和技术发展规划纲要（2006—2020 年）》（简称《纲要》），明确了生命科学和生物技术在国家科技计划中的重要地位。“转基因生物新品种培育”、“重大新药创制”、“艾滋病和病毒性肝炎”列入国家 16 个重大专项。生物技术作为科技发展的战略重点被列为八大前沿技术（生物技术、信息技术、新材料技术、先进制造技术、先进能源技术、海洋技术、激光技术、空天技术）之首，并明确指出“生物技术和生命科学将成为 21 世纪引发新科技革命的重要推动力量”，“必须在功能基因组、蛋白质组、干细胞与治疗性克隆、组织工程、生物催化与转化技术等方面取得关键性突破”。《纲要》还将“生命过程的定量研究和系统整合”和“脑科学与认知科学”作为科学前沿问题予以重点支持。在面向国家重大战略需求的基础研究部分中，“人类健康与疾病的生物学基础”和“农业生物遗传改良和农业可持续发展中的科学问题”入选其中。“蛋白质研究”和“发育与生殖研究”还被列入国家重大科学研究计划。可见生命科学与生物技术对国家社会、经济发展的重要性。

本书从生命科学知识的整体性出发，结合 21 世纪生命科学发展的重点领域和发展趋势，系统地介绍了生命科学知识、理论与实践。全书分三篇共 20 章，内容包括生命科学导论（生命科学的概念和研究内容、生命科学研究简史、生命科学的研究热点与发展趋势、生命伦理学），生命科学基础（生命的物质基础、生命的基本现象、生物的遗传与变异、生命的起源与进化、生物的多样性、生物与环境），现代生命科学（生命科学与现代生物技术、生命科学与农业科学、生命科学与环境科学、生命科学与生物能源、生命科学与现代医学、生命科学与药物的研究与开发、生命科学与海洋生物资源、生命科学与军事生物技术、生物信息学与生物芯片、生命组学与系统生物学）等。

在本书的编写过程中，我们参考了近年来有关生命科学、生物技术进展的国内外书籍和文献资料，引用的国内主要书籍有：沈显生的《生命科学概论》（科学出版社，2007），张自立、彭永康的《现代生命科学进展（第二版）》（科学出版社，2007），刘广发的《现代生命科学概论》（科学出版社，2002），北京大学生命科学学院的《现代生命科学导论》（高等教育出版社，2000），裘娟萍、钱海丰的《生命科学概论（第二版）》（科学出版社，2008），万海清、赵振鏕的《生命科学概论》（化学工业出版社，2001），姚敦义的《生命科学发展史》（济南出版社，2005），焦炳华、孙树汉的《现代生物工程》（科学出版社，2007）等。在此，我们真诚地对这些参考书籍作者致以衷心的感谢！

本书是由长期在生命科学领域一线从事教学、科研工作的专家和一批优秀中青年学者共同编写完成的。此外，周文丽、周婷婷、杨桥等同志亦参加了部分章节的编写工作。我们编写本书的指导原则是力求内容全面新颖、概念准确、语言深入浅出、通俗易懂，能反映生命科学领域的最新进展。由于编者水平和时间关系，内容有可能有错漏之处，敬请读者提出批评意见。

焦炳华

2008年10月

目　　录

第三篇　现代生命科学

第一篇　生命科学导论

20 世纪生命科学取得了巨大进展，基本实现了从对生命现象的描述到生命现象本质认知的转变。这是人类认识自然、认知自我的巨大飞跃。本篇主要介绍生命与生命科学的基本概念和研究内容，生命科学研究简史，生命科学研究热点与发展趋势，以及生命伦理学。

生命科学是研究生命现象的科学，它研究包括从最简单的生命（病毒）到最复杂的生物（人类）的各种动物、植物和微生物等生命物质的结构和功能，它们各自发生和发展的规律，生物之间以及生物与环境之间的相互关系。生命科学的目的是为了阐明生命的本质，探讨其发生和发展的规律，以有效地控制生命活动和能动地加以利用，使之更好地为人类服务。

生命科学研究可分为三个层次。核心层次：从分子与细胞水平研究各类型生物生命活动的规律及其分子基础；个体生物学层次：逐一研究每一类群生物的结构与功能；生物圈层次：研究整个地球生物之间、生物与环境之间的相互关系。

生命科学从史前时代就一直为人们所重视和利用。生命科学的发展与生物学的发展是密不可分的。根据发展历程，其发展史可分为前生命科学时期、古典生命科学时期、实验生命科学时期和现代生命科学时期。

现代生命科学的发展极其迅速，而对社会经济的发展也将带来更加重大的影响。21 世纪生命科学的发展，将会涌现出越来越多先进的技术和产品，并有可能在重大疾病的预防和治疗上取得突破，为人类最终了解生命、控制生命和操纵生命奠定坚实的基础。

生命伦理学是运用伦理学的理论和方法，研究现代生命科学、生物技术和医学实践中提出的伦理问题，并加以规范的一门学科。生命伦理学致力于在生命科学界构筑起相应的科学研究道德，有效地规范科学家和公众的道德行为，以保证生命科学沿着正确的轨道迅速向前发展，使科学研究造福人类。

第一章　生命与生命科学

恩格斯在《反杜林论》中给生命下了一个定义：生命是蛋白体的存在形式，这种存在形式的基本因素在于和它周围外部自然界不断地新陈代谢，而且这种新陈代谢一旦停止，生命就随之停止。恩格斯说的“蛋白体”实际上就是指核酸和蛋白质，也就是说没有蛋白质就没有生命。恩格斯有关生命的定义从根本上否定了上帝造人的神创说。同时，恩格斯的生命定义在一定程度上也揭示了生命的物质基础，即具有新陈代谢功能的蛋白体。130余年来，这个定义一直是指导我们认识生命的思想武器。

第一节　生命与生命科学的基本概念

生命泛指一类具有稳定的物质和能量代谢现象（能够稳定地从外界获取物质和能量并将体内产生的代谢产物和多余的热量排放到外界）、能回应刺激、能进行自我复制（繁殖）的半开放物质系统。生命个体通常都要经历出生、成长和死亡等过程。生命种群则在一代代个体的更替中经过自然选择发生进化以适应环境。生命科学则是以研究生命为中心的科学。

一、生　命

我们所居住的地球是生命的世界，充满着复杂而又丰富多彩的生命现象。目前地球上已定名的生物种类约有200万种，实际可能高达500万种，最多时曾达到16亿种（寒武纪“生物大爆发”时期，距今5.4亿～5.1亿年）。地球上的生物种类繁多，形态各异，分布广泛，行为和习性千变万化。根据魏特克（R. H. Whittaker，1969）的“五界分类系统”，这些生物可分为动物界、植物界、原核生物界、真菌界和原生生物界。

生命是一种很复杂的现象。生物学对生命下的定义为：生命是生物体所表现出来的自身繁殖、生长发育、新陈代谢、遗传变异，以及对刺激产生反应和适应等的复合现象。这一定义把生命表述为生物的生命特性。分子生物学给生命下的定义为：生命是由核酸和蛋白质等物质组成的分子体系，它具有不断繁殖后代以及对外界产生反应和适应的能力。这一定义把生命表述为分子体系和生命特性，是目前认为比较合理的定义。

二、生命科学

生命科学（life science）是自然科学的一个重要分支，是研究生命现象和规律的科学，它研究包括从最简单的生命（病毒）到最复杂的生物（人类）的各种动物、植物和微生物等生命物质的结构与功能，它们各自发生和发展的规律，生物之间以及生物与环境之间的相互关系。

生命科学研究的目的是为了阐明生命的本质，探讨其发生和发展的规律，以有效地控制生命活动和能动地加以利用，使之更好地为人类服务。

第二节　生命的基本属性

生物种类繁多，数量庞大，生命现象错综复杂，但它们均具有一些基本的特征，称为生命的基本属性。

一、分子体系的同一性

从元素组成来讲，不同生物分子体系中的元素组成都是一样的，其中C、H、O、N、P、S、Na、K、Ca、Mg、Fe、Cu、Zn占了绝大部分。

从分子成分来讲，生物体的一个重要特征在于它们都含有生物大分子，如核酸、蛋白质、脂质、复合糖等，这些有机分子在各种生物中有着相同或相似的结构模式和功能。例如，一切生物的遗传物质都是核酸（DNA或RNA），DNA和RNA都由4种核苷酸组成，各种生物的遗传密码是统一的，蛋白质都是由20种氨基酸组成，生命体内起催化作用的酶都是各种蛋白质，所有生物均以ATP为主要的储能分子和能量提供者。

从代谢途径来讲，所有生物（病毒除外，但利用宿主的生命体系完成其生命过程）的物质代谢（如糖代谢、脂类代谢、氨基酸代谢、核苷酸代谢等）途径及其调节机制都是相同或相似的。上述现象充分说明了各种生物之间分子体系的同一性。

二、结构层次的有序性

生物体在形态和分子层次上的结构具有高度的有序性。生命的基本单位是细胞（病毒除外，但其需要在活的细胞内才能完成生命活动），细胞内的各结构单元（细胞器、亚细胞器）都有特定的结构和功能，细胞内的遗传信息都遵循DNA→RNA→蛋白质的中心法则，细胞内生物信号转导的级联反应也是高度有序的。生物界是一个多层次的有序结构。在细胞层次之上还有组织、器官、系统、个体、种群、群落、生态系统等层次。每一个层次中的各个结构单元，如器官系统中的各器官、各器官中的各种组织，都有它们各自特定的功能和结构，它们的协调活动构成了复杂的生命系统。

三、新陈代谢

生物体在生命活动过程中与外界环境进行物质、能量和信息的交换，使生命得以自我更新。新陈代谢包括同化（合成）作用（anabolism）和分解作用（catabolism）。生物体从外界摄取物质和能量，将它们转化为生命本身的物质和储存在化学键中的化学能的过程称为同化（合成）作用；生物体分解生命物质，将能量释放出来，供生命活动之用的过程称为分解作用。

新陈代谢是生命最基本的特征，是生命存在和生命活动赖以进行的基础。新陈代谢是严整有序的过程，是一系列酶促化学反应所组成的反应网络。如果代谢过程的有序性被破坏，如某些环节被阻断，全部代谢过程就可能被打乱，生命就会受到威胁，甚至可以导致生命终结。

四、生长与发育

生物的生长（growth）与发育（development）是建立在新陈代谢基础上的。生物体表现出体积和质量上增加的过程称为生长，如一粒种子可以成为大树，一个蝌蚪可以成为青蛙。在生长过程中，生物的细胞和组织不断分化，由营养生长转入生殖生长，最终进入衰老和死亡，这个过程称为发育。生长和发育是始终伴随在一起的。一个生物体的整个发育过程，即其生活史的全过程称为个体发育；而一个物种的发生和演化的历史称为系统发育。虽然环境条件可以影响生物的生长和发育，但每种生物的生长和发育都是按照一定的模式和稳定的程序进行的。

五、繁殖、遗传与进化

任何一个生物个体都不能长期存在，他们通过无性或有性生殖产生子代使生命得以延续，这一过程称为繁殖（fertility）。繁殖是生命延续的必要手段，也是生命最重要的特征之一。子代与亲代之间在形态构造、生理机能上的相似便是遗传（heredity）的结果，这是由生物的基因组信息（遗传性）所决定的。在有性生殖过程中，伴随遗传信息的突变和重组，后代表现出不同于亲代的特征或表型，称为变异（variation）。生物通过遗传，物种才能延续；通过变异，新物种才能产生。遗传和变异是生命进化（evolution）的基础，正是两者的相互作用，形成了今天地球上庞大的生物体系。

六、稳态、应激性和适应性

所有的生物体、细胞、群落以至生态系统，在没有激烈的外界因素的影响下，通过自己特定的机制来保证自身动态的稳定（homeostasis）。

生物的稳态是相对的，当环境发生变化时，生物体能够随环境变化的刺激而发生相应的反应，以维持生物体内环境的相对稳定，这种能力称为应激性（irritability）。应激性包括感受刺激和反应两个过程，反应的结果是使生物“趋利避害”。

生物体通过在形态、结构、生理和行为上的主动变化，提高自身在逆境中的生存能力，称为适应性（adaptation）。适应性使该生物得以生存和延续，如果生物不能适应新的生活环境，自然选择就会发生作用，推动群体向更适应环境的方向进化。

总之，生命特征体现了生物与环境的统一、结构与功能的统一、宏观结构与微观结构的统一，以及遗传与进化的统一。经历了38亿多年的漫长演化，形成了从太古代到如今的约200万种生物物种的大千世界。

第三节　生命科学的研究范畴

一、生命科学的分支

生命科学研究的内容极其广泛，涉及各类生物的形态、结构、生命活动及其规律。按生物类群或研究对象，生命科学可分为植物学、动物学、微生物学、病毒学、人类学、藻类学、昆虫学、鱼类学、鸟类学等；按研究的生命现象或生命过程，可分为形态学、解剖学、组织学、胚胎学、细胞学、生理学、病理学、分类学、遗传学、生态学、进化学、免疫学等；按生物结构的层次，可分为种群生物学、细胞生物学、分子生物学、分子遗传学、量子生物学等。

生命科学与其他学科有着密切的关系，生命科学按其与其他学科的关系，分别形成了生物物理学、生物化学、生物数学、生物气候学、生物地理学、仿生学、放射生物学等交叉学科。

现代生命科学的核心学科包括生物化学、分子生物学、分子遗传学、组学（omics科学）、生物信息学、宏观生物学和系统生物学等。

现代生命科学的发展已在分子、亚细胞、细胞、组织和个体等不同层次上，揭示了生物的结构及其与功能的相互关系，从而使人们得以应用其研究成就对生物体进行不同层次的设计、控制、改造或模拟，这就是生物工程（bioengineering）或生物技术（biotechnology）。现代生物工程包括基因工程、蛋白质工程、发酵工程、细胞工程、组织工程等，其中以基因工程为其核心。

二、生命科学研究的层次

生命科学在宏观上可以分为三个研究层次。

1. 核心层次

从分子与细胞水平阐明各类型生物生命活动的规律及其分子基础，其核心学科是分子生物学与细胞生物学。

2. 个体生物学层次

逐一研究每一类群生物的结构与功能。从生物演化角度出发，这一层次包括细菌学、病毒学、藻类学、昆虫学、鱼类学、人类学等；从生命活动的共同规律出发，这一层次包括遗传学、生理学、解剖学、进化论、生物发育学等。

3. 生物圈层次

生物与生物之间、生物与环境之间都存在密切的关系。这一层次就是要研究整个地球生物之间、生物与环境之间的相互关系，这对于改善生态环境，提高生存质量，实施可持续发展具有重要的意义。

（焦炳华）

第二章 生命科学研究简史

我们所居住的地球大约于45亿年前形成，而最早的生命（简单古细菌——甲烷菌）诞生于38亿年前。在这几十亿年的演化过程中，生物经历了太古代（第一批原始的原核单细胞异养厌氧菌诞生）、元古代（蓝藻兴盛，真核藻类兴起；海绵动物、腔肠动物出现）、古生代（各种大型藻类出现，蕨类植物的兴起与衰退，裸子植物的兴盛；扁形动物、环节动物、软体动物、节肢动物、棘皮动物等的出现，鱼类的兴起与兴盛，两栖类的出现和衰退，爬行类的出现）、中生代（裸子植物由茂盛转为衰退，单子叶植物出现；哺乳动物的出现与分化，灵长类兴起）和新生代（被子植物繁茂，草本植物发达；类人猿出现，人类经猿人、智人逐渐进化）的不断演化，形成了现在约200万种的缤纷多彩的生物世界。因此可以说，是地球孕育了生命，而生命创造了地球。

在自然界的各种现象中，生命现象是最富有魅力的。自从人类诞生以来，就对包括自身在内的各种生命现象产生了浓厚的兴趣。古人对生命有两种截然不同的认识：一种认为生命是灵魂的表现形式，灵魂是神秘的，不可捉摸的，生命与非生命之间不可逾越；另一种认为生命与非生命之间可以相互转化，生命可由非生命物质自发产生，后者就是“生命自发产生说”的基础。

人类对生命本质的认识经过了漫长的道路。人类对生命现象的认识，是同生产劳动和与疾病作斗争等过程联系在一起的。可以说，自从诞生了人类，就出现了生命科学的雏形。人类在生活、生产过程中，通过观察积累了丰富的感性认识，并上升到理性认识，逐渐形成和发展了生命科学。因此，生命科学是一门历史非常悠久的科学。按照历史进程，生命科学大体上可分为前生命科学时期（人类诞生至16世纪以前）、古典生命科学时期（17世纪至19世纪中叶）、实验生命科学时期（19世纪中叶至20世纪中叶）和现代生命科学时期（20世纪中叶始）。

第一节 前生命科学时期

从人类诞生至公元16世纪以前这一时期称为前生命科学时期。中华民族是世界上历史最悠久的古老民族之一，有着灿烂的民族文化。我国劳动人民在长期的生活、生产实践中积累了丰富的经验，为生命科学的诞生与发展作出了巨大的贡献。

古人出于生存需要，他们认识的自然界首当其冲就是生物，如哪些生物可以作为食物？哪些生物是人类的天敌？早在5000～7000年前，我国劳动人民已大力开展了与人类生活密切相关的植物与动物的栽培、养殖与利用，如水稻、小麦、白菜等的栽培，家猪驯养和室内养蚕；新石器时代后期，我们的祖先已开始酿酒。战国时代，在《吕氏春秋》等著作中，我国先哲已经就农业生产中的10大问题开展讨论。北魏时期的《齐民要术》系统地总结了我国农业技术成果，这是我国实用生物学的一部典范。明代徐光启编著的《农政全书》共60卷，包括农本、农事、农器、水利、树艺、蚕桑、种植、牧养等12类，对土壤、水利、施肥、选种、果木嫁接等各方面都有详尽的记录，特别对番薯和棉花的种植技术与经营方法，做了重点的介绍。《农政全书》可以说是我国明代一部农业百科全书。

我们的祖先在与疾病作斗争的过程中也积累了丰富的经验，极大地促进了世界早期医药的发展。春秋战国时期（公元前500年）《诗经》汇有诗歌305篇，比较广泛地记录了阴阳、五行、脏腑、疾病、药物、治疗、保健等医学内容。《诗经》记录各种花草149余种，可以作为药物的有60余种，如“芣苢”（车前子）、“蝱”（贝母）、“茹藘”（茜草）、“蓷”（益母草）等；记录木本药20余种，如桐、柏、梨、槐等；记录虫类药物90余种，如鸿、蟾蜍、“虿”（全蝎）、蛇等；记录矿石类药物10多种，如赭石、厉石、煅石、玉石等。东汉的《神农百草经》又将药物增至365种，其中记载植物212种，分为三品：其中上品（养命）药物94种，中品（养性）药物82种，下品（治病）药物36种。公元10世纪，我国已发明预防天花的疫苗。明朝末年（1578年），李时珍完成了世界医药科学巨著《本草纲目》（1596年正式刊印，称为金陵版）。在这部不朽的著作中，李时珍对1892种植物、动物及其他天然成分分门别类进行了详细形态描述及药性探讨，为后人留下了极其宝贵的寻药看病的经验与智慧结晶。《本草纲目》1607年传入日本，17世纪传入欧洲，18世纪传入朝鲜，并分别被译成拉丁文、法文、英文、德文、俄文等版本。《本草纲目》对林奈（C. von Linné）的《自然系统》（植物分类）产生了积极的影响，世界著名科学史家李约瑟（J. Needham）在《中国科学技术史》（1954年）中评论说：“明朝最伟大的科学成就无疑是李时珍的《本草纲目》”。

在西方，苏美尔人和巴比伦人公元前6000年学会了啤酒发酵。埃及人公元前4000年开始制作面包。16世纪随着资本主义工业的逐渐兴起，以研究植物、动物及矿产为主要内容的博物学在欧洲日渐开展起来。古希腊的亚里士多德（Aristotle）和他的学生德奥弗拉斯特（Theophrastus）是历史记载最早从事生命科学研究的先驱。亚里士多德是希腊哲学家和思想家柏拉图的学生、亚力山大大帝的老师，他对动物进行了大量的观察和解剖，并对540种动物进行了分类，著有《动物志》一书。亚里士多德是把人类对动物的长期观察结果记录下来，并加以总结、整理而使之系统化的第一个人。德奥弗拉斯特主要研究植物，包括形态、器官、功能，它的生长和繁殖，以及分类等。德奥弗拉斯特著有《植物志》和《植物因由》。《植物志》主要对各种植物进行形态分类描述，《植物因由》主要论述植物的生长繁育、周围环境对植物生长发育的影响、病虫害及其防治等。他所提到的植物不但包括希腊和地中海沿岸的种类，还包括欧洲、亚洲其他一些地区的种类。

因此，对与人类生产、生活密切相关的动物、植物进行形态及其本性的描述和记载是这个时期最突出的特征。

第二节　古典生命科学时期

17世纪至19世纪中期，随着欧洲工业革命的蓬勃发展，生物学取得了飞速的发展，其重要特征就是从宏观世界进入微观世界。1590年荷兰人詹森（Z. Janssen）发明了世界上最早的显微镜，其后英国人胡克（R. Hooke）也制作了简陋的显微镜，首次在软木薄片中发现了胞粒状物质，称之为细胞（cell）（其实仅为细胞壁），并出版了揭开微观世界神秘面纱的第一本专著《显微图像》。从此，对细胞的研究成为古典生命科学时期的热门。1676年，荷兰人列文虎克（A. Leeuwenhoek）用自磨的镜片制作显微镜，其放大倍数可接近300倍，并观察和描述了杆菌、球菌、螺旋菌等微生物的图像，为人类进一步了解和研究微生物创造了条件，奠定了近代微生物学的基础。

瑞典植物学家林奈于1735年整理出版了名著《自然系统》，创立了生物分类的等级和双命名法，并一直被科学界沿用至今。1838年德国植物学家施莱登（M. Schleiden）在他的论文《论植物的发生》中指出，细胞是所有植物的基本构成单位；第二年（1839年），另一个德国动物学家施旺（T. Schwann）在发表名为《显微研究》的论文时进一步阐明说，动物和植物的基本结构单元都是细胞。因此，施莱登和施旺是细胞学说的共同奠基人。恩格斯将细胞学说誉为19世纪自然科学的三大发现之一。

1855年魏尔肖（R. Virchow）指出"一切细胞来自细胞"，即新细胞来源于老细胞的事实。1858年特劳贝（M. Traube）提出了发酵是靠酶的作用进行的概念。1859年，达尔文（C. Darwin）出版了他的巨著《物种起源》，被视为进化论的诞生。《物种起源》的发表是人类思想史上一次伟大的革命，从根本上否定了上帝创世和物种不变的唯心主义史观，大大推动了生命科学的发展。

因此，古典生命科学时期的科学家虽然主要还是对各类生物的特性进行描述，但已逐渐深入到微观水平。科学家经过归纳和总结，提出了一些初步阐明生命科学规律的理论和学说，标志着生命科学正在酝酿一场从感性认识到理性认识的革命。

第三节　实验生命科学时期

19世纪中期到20世纪中期是自然科学快速发展的阶段。随着数学、物理、化学等学科与生物学的相互交叉渗透，生命科学取得了一系列引人注目的成就。奥地利神父孟德尔（G. Mendel）经过8年的豌豆杂交试验，发现了遗传学上的自由组合定律和分离定律，1865年公布了他的科研成果《植物杂交实验》，奠定了现代遗传学的基础。遗憾的是，其成果未引起人们的重视，直到35年后的1900年，他所发现的遗传学原理被其他人再次证实，从此揭开了经典遗传学的序幕。

与此同时，微生物学的奠基人——法国化学家巴斯德（L. Pasteur）通过大量有说服力的实验，否定了生命"自发产生说"，并发明了巴斯德加热消毒法。1928年，英国细菌学家弗莱明（A. Fleming）发现青霉菌的代谢产物青霉素具有很强的杀菌效果，从此开创了抗生素研究的先河。俄国生理学家巴甫洛夫（I. P. Pavlov）在心脏生理、消化生理和高级神经活动生理等方面作出了突出的贡献，著有《动物高级神经活动（行为）客观研究20年经验：条件反射》和《大脑两半球机能讲义》等著作。

从20世纪初开始，美国遗传学家摩尔根（T. H. Morgan）通过大量的果蝇实验，将研究成果以孟德尔和摩尔根的名字共同命名为经典遗传学的分离、连锁和交换三大定律。在深入的研究中，摩尔根发现了遗传学的连锁交换定律和遗传的基本单位——基因（gene）。1926 年，摩尔根出版了《基因论》，开辟了分子遗传学的新领域。20 世纪三四十年代，英国人赫胥黎（T. H. Huxley）和美国人杜布赞斯基（T. Dobzhansky）等综合了达尔文的变异-自然选择学说、摩尔根的基因-染色体理论，以及哈迪-温伯格（G. H. Hardy & W. Winberg）的群体遗传学理论，创立了新达尔文主义（现代综合进化论）。现代综合进化论彻底否定获得性状的遗传，强调进化的渐进性，认为进化是群体而不是个体的现象，并重新肯定了自然选择的重要性，继承和发展了达尔文进化学说，较好地解释了各种进化现象，所以近半个世纪以来，在进化论方面一直处于主导地位。

1944 年，美国化学家埃弗里（O. T. Avery）等发表了“脱氧核糖型的核酸是Ⅲ型肺炎球菌转化要素的基本单位”，即 DNA 是细菌的转化因子，第一次证明遗传物质是 DNA 而不是蛋白质。1938 年，阿斯特伯里（W. Astbury）应用布拉格父子（W. H. Bragg 和 W. L. Bragg）于 1912 年建立起的 X 射线衍射技术研究生物大分子（蛋白质和核酸）的空间结构，并于 1945 年在 *The Harvey Lectures* 上首次提出了分子生物学（molecular biology）的概念，从而出现了现代生命科学的端倪。

所有上述这些工作突出表明了生物学家已经不再局限于以观察、描述性的手段研究生物体和生命现象，他们通过一系列的实验设计与操作，迈开了窥视生命奥秘的步伐。

第四节 现代生命科学时期

1953 年，美国人沃森（J. Watson）和英国人克里克（F. Crick）根据 DNA X 射线衍射的结果，在《自然》杂志上发表《核酸的分子结构》一文，阐明了 DNA 的双螺旋结构，标志着现代生命科学时期的到来。1957 年，克里克提出了著名的遗传信息流——中心法则（DNA→RNA→蛋白质）。1961 年，莫诺特（J. Monod）和雅各布（F. Jacob）提出了乳糖操纵子模型，阐明了大肠杆菌乳糖代谢的基因调控原理。1965 年，由王应睐院士领衔的中国科学院生物化学研究所和北京大学的科研人员全合成了具有生物学活性的由两个亚基 51 个氨基酸构成的牛胰岛素。1966 年，经过美国生化学家尼伦伯格（M. W. Nirenberg）等科学家多年的探究，生物界通用的 64 个遗传密码被全部破译。这是人类在解开生命之谜的征途中取得的重大突破，1968 年他与科兰纳（H. G. Khorana）、霍利（R. W. Holley）一起分享了诺贝尔生理学或医学奖。1973 年，美国人柯恩（S. Cohen）建立了体外 DNA 重组技术，开创了基因工程新时代。1975 年，瑞士巴塞尔（Basel）研究所的科勒（G. Kohler）和米尔斯坦（C. Milstein）建立了细胞杂交技术，并生产出单克隆抗体。

1978 年，Genentech 公司在大肠杆菌中表达出胰岛素。从此基因工程成为分子生物学的带头学科，至今已有包括人干扰素、人白介素 2、人集落刺激因子、重组人乙型肝炎疫苗等 50 余种基因工程药物和疫苗进入生产和临床应用。转基因动植物和基因敲除动植物的成功是基因工程技术发展的结果。1982 年，帕尔米特（R. Palmiter）等将大鼠生长激素基因导入到小鼠受精卵中获得体重为正常小鼠 2 倍以上的“超级小鼠”，并提出了从转基因动物中提取药物蛋白的设想。随后，科学家分别获得了转基因动物表达的组织型纤溶酶原激活剂（tPA）、α1-抗胰蛋白酶（AAT）、凝血因子Ⅸ等。在转基因植物方面，1994年后转基因番茄、转基因玉米、转基因大豆、转基因抗虫棉相继投入商品生产。1997年2月，英国罗斯林研究所的维尔穆特（I. Wilmut）宣布以乳腺细胞的细胞核成功地克隆出一只名为“多莉”（Dolly）的绵羊。生命科学领域的这一重大突破再一次震撼了人类社会。此后，克隆牛、克隆鼠、克隆猴、克隆鸡、克隆猪等相继问世。这一系列成就标志着人类无性繁殖哺乳动物的技术已日臻成熟。

随着合成生物学技术的进步，人造生命（artificial life）已成为可能。人造生命是指在体外合成人工染色体，随后将其转移入已经被剔除了基因组的细胞之中，最终由这些人工染色体控制这个细胞，发育成新的生命体。2010年5月20日，美国科学家文特尔（J. C. Venter）宣布世界首个人造生命——完全由人造基因控制的单细胞生殖道支原体（*Mycoplasma genitalium*）诞生，并命名为“辛西娅”（Synthia）。这项具有里程碑意义的实验表明，新的生命体可以在实验室里被创造，而不是一定要通过进化来完成。

这一时期分子生物学新技术不断涌现。1975～1977年先后发明了三种DNA序列的快速测定法，1981年首台商业化全自动核酸序列测定仪问世；1985年Cetus公司的穆里斯（K. Mullis）等发明了聚合酶链反应（PCR）的特定核酸序列扩增技术，更以其高灵敏度和特异性被广泛应用，对生命科学的发展起到了重大的推动作用。1986年，美国诺贝尔奖获得者杜尔贝克（R. Dulbecco）首先提出对人类基因组进行全长测序的主张，即人类基因组计划（human genome project，HGP）。1990年正式启动了20世纪人类历史上可以与“曼哈顿原子弹计划”和“阿波罗登月计划”相媲美的测定人类基因组约30亿个碱基对的序列，进而破译其中全部基因的遗传信息的宏大工程。美国、英国、日本、法国、德国、中国六国组成了人类基因组“国际测序俱乐部”。2000年6月，人类基因组草图测序完成。该计划的胜利实现，将能使人类首次在分子水平上全面认识自我，对深入研究人类本身乃至推动整个生命科学的发展无疑具有极其重要的意义。

21世纪是生命科学的世纪，2000～2012年的13年间，由中国两院院士投票评选出的年度世界十大科技进展新闻中，生命科学进展就有48项，占约37%。因而，生命科学无疑将取代物理科学成为21世纪带动其他学科发展的主导学科。新的世纪，新的挑战，21世纪将是人类揭开生命之谜的科学世纪，并将在彻底解决与人类自身利益密切相关的粮食、人口、健康、资源、能源和环境等方面发挥关键的作用，前景辉煌。

附表 生命科学发展史上的重要事件

时期/年代	重要事件
前生命科学时期	
新石器时期	哪些生物可作为食物？哪些生物是人类的天敌？
公元前7000年	白菜人工栽培成功
公元前5000年	水稻人工栽培成功
公元前3000年	人工驯养家猪成功
公元前500年	《诗经》收药200多种

续表

时期/年代	重要事件
公元前221年	制酱、制醋、制豆腐
公元10世纪	发明预防天花疫苗
1593年（明朝末）	《本草纲目》收药1892种
古典生命科学时期	
1590年	荷兰人詹森发明显微镜
1665年	英国人胡克出版《显微图像》
1735年	瑞典植物学家林奈出版《自然系统》（生物分类）
1838年	德国植物学家施莱登发表《论植物的发生》
1859年	达尔文发表巨著《物种起源》
实验生命科学时期	
1865年	孟德尔《植物杂交实验》
1865年	巴斯德加热灭菌消毒法
1917年	艾里基首次使用“生物技术”这一名词
1926年	摩尔根发表《基因论》
1928年	弗莱明发现青霉素
1942年	赫胥黎和杜布赞斯基创立新达尔文主义（现代综合进化论）
1943年	大规模工业生产青霉素
1944年	埃弗里证明遗传物质为DNA而非蛋白质
现代生命科学时期	
1953年	沃森和克里克发表《核酸的分子结构》
1957年	克里克提出了著名的遗传信息流——中心法则
1961年	莫诺特和雅各布提出乳糖操纵子模型
1965年	中国科学家全合成牛胰岛素
1966年	生物界通用的64个遗传密码被全部破译
1973年	柯恩建立体外DNA重组技术
1975年	科勒和米尔斯坦建立单克隆抗体技术
1978年	Genentech公司在大肠杆菌中表达出胰岛素
1981年	第一台商业化DNA自动测序仪诞生
1981年	第一个单克隆诊断试剂盒在美国被批准使用
1982年	用DNA重组技术生产的第一个动物疫苗在欧洲获得批准
1988年	PCR方法问世
1990年	HGP计划开始
1990年	美国批准第一个体细胞基因治疗方案
1997年	维尔穆特培育出克隆羊——“多莉”
1998年	发现干细胞，美国《科学》杂志将其列在十大科学进展的首位
2000年	人类基因组序列草图完成
2010年	文特尔人造生命“辛西娅”诞生
21世纪	生命组学和系统生物学的兴起，新的生物学理论框架的建立

（焦炳华）

第三章　生命科学热点与趋势

当代生命科学迅猛发展，已从根本上改变了它在自然科学中的地位与作用，正代表着21世纪自然科学的前沿，成为发展最快、应用最广、潜力最大、竞争最激烈的科学领域之一。近年来，在生命科学研究、生物技术创新重大突破的带动和市场需求的拉动下，世界范围内一场具有划时代意义的生物科技革命正在孕育和形成。加速重大生命科学问题的研究、推进科技成果向产业的转化、抢占生物经济时代制高点、保障国家生物安全已经成为世界各国，特别是发达国家经济社会发展战略的重点。

第一节　生命科学研究热点

2006年，国务院发布了《国家中长期科学和技术发展规划纲要（2006—2020年）》（以下简称《纲要》），明确了生命科学和生物技术在国家科技计划中的重要地位。在16个国家重大专项中，生命科学领域就占了3个，包括转基因生物新品种培育、重大新药创制、艾滋病和病毒性肝炎。《纲要》将生物技术作为科技发展的战略重点并列为八大前沿技术（生物技术、信息技术、新材料技术、先进制造技术、先进能源技术、海洋技术、激光技术、空天技术）之首，明确指出“生物技术和生命科学将成为21世纪引发新科技革命的重要推动力量”，“必须在功能基因组、蛋白质组、干细胞与治疗性克隆、组织工程、生物催化与转化技术等方面取得关键性突破”。《纲要》还将“生命过程的定量研究和系统整合”和“脑科学与认知科学”作为科学前沿问题予以重点支持。在面向国家重大战略需求的基础研究部分中，“人类健康与疾病的生物学基础”和“农业生物遗传改良和农业可持续发展中的科学问题”入选其中。“蛋白质研究”和“发育与生殖研究”还被列入国家重大科学研究计划。可见生命科学与生物技术对国家社会、经济发展的重要性。

一、分子生物学及其技术

分子生物学是当代生命科学基础研究中的前沿。人类要彻底认识生命、解释生命、理解生命，必须从核酸（基因）、蛋白质等分子水平去理解生物体的构造、功能以及与生命的关系。

1. 新兴交叉学科的形成

20世纪的分子生物学已取得了巨大的进展，分子生物学已渗透到生命科学的每一个分支领域，全面地改变了生命科学的面貌，推动了生命科学的发展。例如，医学生物学、神经生物学、微生物学、免疫学、发育生物学、生物进化学、病原生物学等，已相继进入分子水平，成为生物学领域内新的主要生长点。医学分子生物学是现代医学研究与发展的支撑，它在医学领域内探讨分子生物学的基本理论，发展分子生物学的基本技术；致力于阐明生物大分子的结构、功能、调控机制以及人体各种生理和病理状态的分子机制，它的发展无疑将推动新的诊断、治疗和预防方法以及新的健康理念的建立。当前，医学分子生物学正处于一个发展十分迅速的时期，最主要的原因是人类基因组研究计划的完成彻底改变了以往科学研究的模式。规模化、整体化、自动化、信息化的趋势似乎不可阻挡地将涵盖包括医学分子生物学在内的所有生命科学相关领域。事实上，这一趋势的形成是医学面临的人类疾病的复杂性和分子生物学进展到一定程度所带来的必然结果。

2. 分子生物学新技术的发展

近年来分子生物学技术正以前所未有的速度不断创新，技术的发展一方面促进了生命科学的研究，另一方面又给生物技术新产品的创制提供了有力的武器。这些重要的技术包括：PCR技术、基因克隆技术、DNA重组技术、DNA序列分析技术、DNA定点突变技术、微流技术（microfluidics）、生物芯片技术、基因连续表达分析技术、DNA随机组合技术、噬菌体表面展示技术、遗传分子标记技术、细胞核转移技术、细胞和生物体克隆技术、RNA干扰技术、蛋白质工程技术、蛋白质转导技术、纳米技术、生物转化与生物合成技术等。

3. 生物技术产业的飞跃

自1973年重组DNA技术成功建立后，基因工程的时代已经到来。以基因工程为基础的现代生物技术应运而生。一是生物医药产业规模迅速扩大。全球生物医药市场规模已从2000年的300亿美元稳步发展到2010年的1500亿美元，占整个医药行业销售额的比例从2000年的5%提高到2010年的10%左右；预计2015年世界生物技术药物和疫苗市场将接近3000亿美元，占世界药物市场的25%。二是转基因农作物种植面积大幅度增长。尽管人们对转基因食品存有疑虑，但从1996年商业种植转基因作物以来，全球转基因作物种植面积已达1.6亿hm^2（2011年），占全球耕地面积的10%。目前，世界范围内成功转基因的植物已达120余种，动物10多种，批准进行试验的转基因动植物已超过6000例，转基因大豆、油菜、番茄等已先后投放市场。转基因瘦肉猪、高产奶牛等已到产业化阶段。三是生物技术应用领域不断扩大，一批新兴产业群正在逐步形成。近年来现代生物技术进一步向化学工业、造纸工业、环保工业、能源工业等渗透和融合，生物化工、生物能源、生物环保等一批新兴产业群体正在形成，生物产业将成为继信息产业之后世界经济中又一个新的主导产业。

21世纪分子生物学研究的热点领域主要包括：①生物大分子的相互作用。进一步理解生命过程中核酸与核酸、核酸与蛋白质、蛋白质与蛋白质等的相互作用及其生物学效应，生物大分子相互作用与信号转导通路。②基因表达调控及其机制。深入阐明生命活动过程中基因的时空表达规律及其调控机制，解释生命的发生、发展与终结。③生命起源和生物的进化。通过分子生物学方法，回答“先有蛋白质”还是“先有核酸”的根本问题，解释困扰达尔文进化论的相关重大难题。④个体发育的分子生物学。阐明个体发育中基因活动的规律和调控机制，发展新的无性克隆繁殖技术，使“工厂化”生儿育女成为现实。⑤现代生态学。从基因-细胞-组织-器官-个体-种群（population）-群落（community）-生态系统（ecosystem）-生物圈（biosphere）“全景式”的层次上研究整个地球生物与生物、生物与环境的关系，促进人口、资源、环境的协调发展。⑥新一代分子生物学技术。侧重研发新的基因操作技术、基因表达调控技术、蛋白质研究技术等，发展蛋白质的“PCR”方法。⑦新的基因工程产品与转基因产品。在基因组学、蛋白质组学研究成果的基础上，研制一批高效的基因工程药物和疫苗；发展新的转基因技术，研制一批有重大经济价值的转基因产品。⑧重大疾病的高效基因治疗。发展新的高效基因治疗技术，如基因纠正、基因修补等方法，以解决重大疾病（恶性肿瘤、艾滋病等）的治疗问题。

二、生物信息学

生物信息学（bioinformatics）是20世纪80年代末随着基因组测序数据迅猛增加而逐渐形成的一门融生命科学、计算机科学、信息科学和数学的交叉学科，它的基础是计算生物学（computational biology）。随着分子生物学的迅速发展，特别是人类基因组计划的完成，产生了海量的生物学数据，尤其是生物分子数据的积累速度呈指数增加。对这些数据的利用和诠释，将从根本上解释生命的本质。在这样的背景下，生物信息学应运而生。

生物信息学通过对生物学实验数据的获取、加工、存储、检索与分析，进而达到揭示数据所蕴含的生物学意义的目的。生物信息学的主要任务是：①建立和发展适用于生物信息学的数学算法（algorithm）、计算模型（computational modelling）；②建立和发展数据库（database）；③利用库中的DNA序列预测编码蛋白质的新基因、预测蛋白质的高级结构与功能。

生物信息学以核酸、蛋白质等生物大分子数据为主要对象，对其进行存储、管理、注释、加工、解读，使之成为具有明确生物意义的生物信息。通过对生物信息的查询、搜索、比较、分析，从中获取基因编码、基因调控、核酸和蛋白质结构功能及其相互关系等知识。在大量信息和知识的基础上，探索生命起源、生物进化以及细胞、器官和个体的发生、发育、衰亡等生命科学中的重大问题，阐明它们的基本规律和内在联系，建立“生物学周期表”。

三、omics科学与系统生物学

21世纪是“组学”（omics科学）和系统生物学飞速发展的时期。当前，分子生物学的研究已经从单纯认识各种生物分子（蛋白质、核酸等）的结构与功能转向把握所有这些分子的特性（“组学”）和它们之间的联系（系统生物学）。“组学”和系统生物学从分子的角度解释生命科学的最基本问题，如生命的稳态、生命的存活与死亡、生命的繁殖、生命的发生，以及生物进化的机制。阐明生命物质，尤其是生物信息大分子的结构、功能及它们所构成的信息系统的流动和整合如何形成了生命——自然界这种特殊的物质形式，是生命科学要解决的根本问题。

1. 生命组学（lifeomics）

根据中心法则的遗传信息流向，基本“组学”包括基因组学（genomics）、转录组学（transcriptomics）、蛋白质组学（proteomics）和代谢组学（metabonomics）。基因组学包括结构基因组学（structural genomics）——基因组序列测定和功能基因组学（functional genomics）——阐明所有编码基因和非编码基因的功能。因此，基因组学的任务是研究基因组的结构组成、时序表达模式（temporal expression pattern）和功能，并提供有关生物物种及其细胞功能的进化信息。基因组学的特点是强调进行细胞中全部基因及非编码区的整体性考查和系统性研究，从而全面揭示基因与基因间的相互关系、基因与非编码序列的关系、基因与基因组的相互关系。转录组学的任务是研究一个细胞/个体基因组转录的全部 RNA（mRNA、snRNA、rRNA、tRNA、microRNA 等）、RNA 转录的时空关系，以及 RNA 对生命过程的调控及其机制。转录组学是功能基因组学研究的重要组成部分。蛋白质组学是在整体水平上研究细胞内或生物个体内全部蛋白质的组成及其活动规律的科学。与传统的针对单一蛋白质进行的研究相比，蛋白质组学所采用的高通量和大规模的研究手段，在回答有关生命活动机制的基本问题方面达到了空前的规模和速度。蛋白质组学的研究最终将构建出全部基因的功能图，因此，蛋白质组学是功能基因组学研究的核心。代谢组学对内源性代谢物质（分子质量常规≤1000 Da）的整体（代谢图谱）及其动态变化规律进行检测，阐明生物体的代谢和功能调控，量化、编录和确定代谢变化规律和生物过程的有机联系。代谢组学也是功能基因组学的重要组成部分，是蛋白质组学的有力补充。

除了上述基本“组学”（基因组学、转录组学、蛋白质组学和代谢组学）外，近 10 余年来文献中出现了数十个其他的“组”（omes）和“组学”，如反向基因组学（reverse genomics）、RNA 组学（RNomics）、定位组学（localizomics）、折叠子组学（foldomics）、酶组学（enzynomics）、细胞组学（cellomics）、表型组学（phenomics）、蛋白质相互作用组学（prointeractomics）、糖组学（glycomics）等。随着研究的进展，将会出现更多的“组学”（X-omics）。上述这些“组学”，可以统称为生命组学（lifeomics）。

2. 系统生物学（systems biology）

系统生物学是在细胞、组织、器官和生物体整体水平研究各种生物分子（基因、mRNA、蛋白质、生物小分子等）的结构和功能及其相互作用，并通过计算生物学来定量描述和预测生物功能、表型和行为。系统生物学将在“组学”的基础上完成由生命密码到生命过程的研究，这是一个逐步整合的过程，由生物体内各种分子的鉴别及其相互作用的研究到途径、网络、模块，最终完成整个生命活动的路线图。系统生物学的最终目的是模拟或人工合成生命。

系统生物学是系统性地研究一个生物系统中所有组成成分的构成以及在特定条件下这些组分间的相互关系，并分析生物系统在一定时间内的动力学过程。因此，系统生物学不同于以往的实验生物学——仅关心个别的基因和蛋白质，它要研究生物体所有组分及组分间的所有相互关系。显然，系统生物学是以整体性研究为特征的一种大科学。

系统生物学的特点主要体现在：①整合——研究对象上，系统内不同性质的构成要素（基因、mRNA、蛋白质、生物小分子等）的整合；研究层次上，基因、细胞、组织、个体的各个层次的整合；研究策略上，思路和方法的整合，包括实验研究和计算机模拟及理论分析的整合。②信息——前分子生物学时代认为生命是活力，分子生物学时代认为生命是机器，而后基因组时代生命则是信息。编码蛋白质的基因是信息

(ATCG)，控制基因行为的调控网络是信息，生物信息是有等级次序（信息流）的。③干涉——系统生物学是一门干涉（perturbation）实验科学。通过对特定生物体系统地、定向地、高通量地进行干涉，才能提出新的假设，形成新的理论，以彻底阐明生物体所有组分及组分间所有的相互关系。

四、脑科学与认知科学

在生命科学领域中，有关认知功能和脑的高级功能是最令人费解和感兴趣的。因此，20世纪90年代已被命名为“脑的十年”，以大力促进神经科学的发展。我国“脑功能及其细胞和分子基础”也被列入了国家重大基础研究项目。2006年国务院发布的《国家中长期科学和技术发展规划纲要（2006—2020年）》中已将“脑科学与认知科学”作为科学前沿问题予以重点支持。

脑科学是一门综合性的学科，需要用整合的方法在分子、细胞、器官、行为等多个层次上，利用分子生物学技术、计算机技术等多种手段来进行研究。在最近的50年间，脑科学的研究取得了突飞猛进的发展。在学习与记忆机制、视觉信息加工、神经系统发育、精神和神经疾病、人工智能等领域取得了重大进展。

目前，脑研究和认知功能研究正处在一场革命性的变化之中，脑功能在细胞和分子水平上的重要发现正使我们逐渐认识基本的神经生理事件如何转换为行为。脑科学中发生的技术上的革命，已经有可能在无创伤的条件下分析活的大脑，确定因患某些神经疾患而受损的脑区域，并开始解析记忆过程的复杂结构。另外，数学、物理学、计算机科学的发展，已使人们成功地设计了神经网络模型，并模拟其动态相互作用。分子生物学和分子遗传学的发展已开始为某些神经精神疾患的诊治提供有效的手段。一个脑科学和认知科学的新时代已经到来。

五、人工生命

人工生命（artificial life）可以通过合成生物学来创造（如Venter的“辛西娅”），也可通过现代计算机技术来实现。由计算机实现的人工生命是在理解生命的基础上，借助计算机以及其他非生物媒介，实现一个具有生命基本特征（新陈代谢、生长、繁殖、遗传、变异、学习、进化等）的生物系统。这些可实现的生物系统具有的特征包括如下几个。①繁殖：可以通过数据结构在可判定条件下的翻倍实现；同样，个体的死亡可以通过数据结构在可判定条件下的删除实现。②新陈代谢：在溶液系统中从分子水平模拟生命现象中的各种化学反应。③进化：可通过模拟突变，以及通过设定对其繁殖能力与存活能力的不同压力而实现。④信息交换与处理能力：模拟的个体与模拟的外界环境之间的信息交换，以及模拟的个体之间的信息交换，即模拟社会系统。⑤决策能力：通过人工模拟脑实现，可以以人工神经网络或其他人工智能结构实现。

人工生命的研究手段大致有三：软件、硬件与湿件。其中，软件以计算机程序作为模拟生命过程的载体；硬件则是通过机械和电子的手段再现生命的某些属性；湿件则是指采用化学的方法，在溶液系统中从分子水平模拟生命现象。目前，对人工生命的研究已经深入到生命现象的各个层次，从分子、细胞、器官、个体，到种群甚至生态系统。

人工生命的研究具有重要的理论意义和广泛的应用前景。在生命科学领域，可以应用人工生命探索包括生命起源、生物进化、生物行为等重大科学问题。在工程方面，自适应机器人与机器人群体的研究已接近实用阶段。在社会科学方面，人工生命也可应用于研究语言的进化、文化的起源与演变、经济学的市场模拟等。

第二节 生命科学发展趋势

现代生命科学的发展极其迅速，而对社会经济的发展也将带来更加重大的影响。21世纪生物科学的进步与发展，将会在现代分子生物学、“组学”和系统生物学研究的基础上，涌现出越来越多先进的技术和产品，并有可能在重大疾病的预防和治疗上取得突破，为人类最终了解生命、控制生命和操纵生命奠定坚实的基础。

一、21世纪生命科学的三大发展趋势

1. 向生命本质深入

人类功能基因组学将顺利完成，大量基因工程药物和新的基因治疗方法不断出现，重大疾病的防治可望得以根本解决。届时，人类生命延长1倍并非难事。发育生物学将异军突起，新的无性克隆繁殖技术不断发展，“工厂化”生儿育女将成为现实。认知科学和脑功能研究将取得重大突破，在学习、思维、记忆、情感、行为以及智力的本质等方面将取得革命性进展。生命起源和人类进化将得到回答，将在试管中合成生命、重建细胞甚至个体。

2. 向宏观方向发展

生态学将受到科学家、政府和大众的共同关注，生物多样性将得到有效的保护，人口、资源、环境将得到进一步的协调发展。

3. 向学科交叉融合

生命科学将与其他更多的学科相互渗透，新的交叉学科不断涌现，并将有力地推动生命科学的一次次飞跃和革命。

二、21世纪生命科学的十大预期成果

1. 分子操作技术层出不穷，日新月异

针对基因、蛋白质、细胞和个体的各种分子操作技术将不断涌现，一经产生就会对生命科学和生物技术的发展产生巨大的推动作用。

2. 更多的生物体基因组将得到阐明

目前，人类、小鼠、水稻、一些酵母和细菌的基因组已测序完毕。今后一个阶段，其他生物体基因组序列将得以测定。生物“DNA books”的卷数将快速增加。

3. 功能基因组学研究不断深入

功能基因组学，即注释基因功能以及阐明其编码蛋白质的结构与功能将是生命科学发展的一个主流方向。结构基因组学、转录组学、蛋白质组学、代谢组学等各种组学技术将得到极大的发展。

4. 转基因动物和植物取得重大突破

现代农业生物技术在农业上的广泛应用作为生物技术的“第二次浪潮”在21世纪将全面展开，将会出现众多的“分子农场”，给农业和畜牧业的生产带来新的飞跃。

5. 系统生物学将成为研究生命现象的关键技术

系统生物学的理论和研究方法将得以广泛应用，从综合和整体的角度研究一个生物系统中所有组成成分的构成以及在特定条件下这些组分间的相互关系，在DNA、RNA、蛋白质相互作用及信息网络方面整合所获得的信息，然后开发出能描述系统结构和行为的数学模型并可加以模拟，以阐明生命活动发生、发展的机理。

6. 基因工程药物和疫苗的研发突飞猛进

新的治疗药物以及预防和治疗用疫苗将不断出现，其产业化前景非常看好，21世纪整个医药工业将面临全面的改造更新。

7. 基因治疗取得重大进展

“基因修补术”将变为现实，有可能革新整个疾病的预防和治疗领域。估计到21世纪中期，恶性肿瘤、艾滋病等严重危害人类健康的疾病在防治上可望获得突破。

8. 蛋白质工程技术获得有力的发展

蛋白质工程是基因工程的发展，21世纪，蛋白质的晶体学、分子生物学、结构生物学以及现代计算机技术和新的数学算法将更为有机地结合起来，人们可以随意设计、改造并获得任何新型的蛋白质分子。

9. 生物信息学技术更加发达

生物信息学是综合运用生物学、数学、物理学、信息科学以及计算机科学等诸多学科的理论方法，解决生命科学相关问题的一门崭新的交叉学科。生物信息学内涵非常丰富，其核心是基因组信息学，包括基因组信息的获取、处理、存储、分配和解释。21世纪，随着更高速计算机的问世和新的有效算法的建立，以及全球通信网络的日趋扩大和完善，将大大加快生物信息技术的发展。

10. 生物经济（bioeconomy）将成为国民经济的一个重要组成部分

20世纪末，全世界生物工程产品的年销售额已达到6000亿美元，随着生物技术的不断发展和应用范围的不断扩大，其在国民经济中所占的比例将越来越大，至21世纪中期，将占全球GDP的40%～50%，真正成为推动经济发展的半壁江山。

（焦炳华）

第四章　生命伦理学

生命科学的飞速发展，给人类带来了莫大福祉，同时也引发了空前的伦理冲撞，迫切要求人们对此做出深刻的道德反省和哲学思考，生命伦理学（bioethics）由此应运而生。生命伦理学是运用伦理学的理论和方法，研究现代生命科学、生物技术和医学实践中提出的伦理问题，并加以规范的学科，又称生物伦理学、生物医学伦理学。作为一门年轻的学科，生命伦理学致力于在生命科学界构筑起相应的科学道德，有效地规范科学家和公众的道德行为，以保证生命科学沿着正确轨道迅速向前发展，更好地造福于人类。

第一节　生物医学科学实验中的伦理

一、生物医学科学实验中的伦理问题

生物医学科学实验因以人为最终受试对象，其道德选择具有两重性，主要表现在以下两个方面的矛盾。

1. 主动与被动的矛盾

主动与被动的矛盾即试验者与受试者之间的矛盾。试验者清楚实验的目的、途径与方法，并在一定程度上估计到实验过程中可能遇到的问题，因而处于主动地位。受试者因医治疾病的需要或利益的牵引，尽管志愿受试，但多数并不真正了解实验的目的、要求与方法，通常带有盲目性和依赖性，对受试过程中发生的问题，更是无能为力，因而处于被动地位。这种主动和被动的交叉与矛盾，存在着不同的道德价值，必然引起不同的道德评价。

2. 科学利益与受试者利益的矛盾

生物医学科学实验不管是成功还是失败，都具有科学价值。失败可以总结教训，为科学的探索积累经验。成功的生物医学科学实验总是对受试者有利，表现为科学利益与受试者利益的一致性；而失败的生物医学科学实验，则损害受试者利益，与维护受试者的根本利益是相矛盾的。

二、生物医学科学实验的伦理原则

1. 有利于医学和社会发展的原则

生物医学科学实验必须具有明确的有利于医学和社会发展的目的。必须是为了进一步了解有关健康和疾病方面的问题，探求疾病的病因和机制；为了提高诊治水平和诊治技术，有利于患者，有利于人类生存环境的改善，有利于提高、改善人体的健康，使人类有效地战胜疾病；为了更好地促进医学的发展，促进社会的和谐与进步。

2. 科学性原则

生物医学科学实验研究项目的设计必须符合公认的科学原则，必须以科学文献提供的全部知识、充分的实验室工作和动物试验为基础，充分考虑研究项目设计是否符合规律，是否具有可行性、合理性、重要性、随机性、重复性、可信性。

3. 知情同意原则

知情同意是对个人尊严和自主性的尊重及对个人自由选择的保护，是指有行为能力的个体在得到必要和足够的信息并充分理解了这些信息之后，经过对这些信息的考虑，自由地作出了参加研究的决定，而没有受任何强迫、威胁、诱导或不正当影响。

4. 维护受试者权益原则

生物医学科学实验不仅要求我们不伤害人，要求所采取的行动不但能够预防伤害、消除伤害，而且要对患者或受试者确实有利，以促进他们的健康和福利，保护他们重要的和合法的利益。

5. 保密原则

国际医学科学组织理事会（Council for International Organizations of Medical Sciences，CIOMS）与世界卫生组织（World Health Organization，WHO）的《涉及人的生物医学研究的国际伦理准则》明确指出：研究者必须建立对受试者的研究数据保密的可靠保护措施；受试者应被告知研究者维护保密性的能力受到法律或其他方面的限制，以及违反保密可能造成的后果。

三、生物医学科学实验的伦理审查

生物医学科学实验在实验前必须将研究计划交伦理委员会审查，伦理委员会对研究计划进行科学审查和伦理审查，获得批准后才可开始研究。为了使伦理委员会的工作规范化，2001 年 1 月由 WHO 发布的《审查生物医学研究的伦理委员会工作指南》指出，伦理委员会应建立可公开的标准操作程序，并对伦理委员会的目的、作用、建立、组成、提交申请、审查、决定、随访、文件归档等问题及相应的操作程序做了详细规定。伦理委员会着重审查：研究项目是否是为了解决与人类或本国、本地区有关的某个卫生保健问题；研究者是否真正把受试者的利益和安康放在第一位，是否严格遵循了公正原则，是否对受试者表现了充分的尊重，知情同意和保护隐私是否得到保证，是否对利益/风险进行了认真分析，是否将利益增至最大而将风险降至最低；研究项目在科学上是否可靠，是否涉及利益冲突问题，是否符合现行的法律和法规。

第二节　人类生命质量的伦理

一、人类辅助生殖的伦理问题及伦理原则

人类辅助生殖技术包括人工体内授精和人工体外授精。

（一）人类辅助生殖的伦理问题

1. 生育与婚姻分离

辅助生殖技术不需要夫妻间的性行为就可以培育后代，使生育失去了爱情的基础，从而破坏了传统的婚姻关系，违背了传统的家庭伦理道德观念。

2. 传统家庭模式的解体

出现了令人担忧的家庭模式的多元化，如多父母家庭、不婚单亲家庭、同性双亲家庭。

3. 亲子关系的破裂

辅助生殖技术使得生物学的父母与社会学的父母发生了分离，遗传学的父母与法律父母发生了分离，使得传统的亲子观念受到强烈的冲击。

另外，与人类辅助生殖相关的伦理争议还包括：代孕母亲的利弊、人类精子库的功过、血亲通婚的潜在危险等诸多伦理问题。

（二）人类辅助生殖的伦理原则

1. 有利原则

辅助生殖技术应该维护和促进夫妻、家庭和社会的利益，以给夫妻、家庭带来幸福和快乐为目的，避免产生肉体和精神上的痛苦和损伤。

2. 尊重原则

辅助生殖技术的尊重原则是指充分尊重接受者和供者的自主权、知情同意权、保密权和隐私权。

3. 公正原则

辅助生殖技术的应用应不分性别、肤色、种族、经济状况和地位高低公平实施。如果不慎出生有缺陷的孩子，应和其他的孩子一视同仁，平等相待。

二、器官移植的伦理问题及伦理原则

器官移植根据供受体不同，可分为自体移植、同种异体移植和异种移植。

（一）器官移植的伦理问题

1. 供体来源问题

供体有多种类型，包括尸体器官、活体器官、胎儿器官、异种器官，对于不同类型的供体，其伦理争议不同。尸体器官采集的伦理问题主要涉及死亡标准的确定；活体器官移植的伦理困惑则在于对供体和受体的风险效益如何进行评估；而胎儿器官移植争执的焦点在于人类胚胎是否是真正“人”的定义；异种器官移植的伦理问题在于将动物器官移植给人类是否违反了自然法则。

2. 受体选择问题

谁可以优先得到器官，由谁来做出决定？是依据医学标准，按照医学科学和医务人员技能所达到的水平加以判断和设定；还是依据社会标准，即根据年龄、社会价值和个人的应付能力等社会因素加以判断。

（二）器官移植的伦理原则

1. 自愿和知情同意原则

自愿和知情同意是人体器官采集的基本原则。自愿应建立在充分知情的基础上，并且不受任何威胁利诱的外在强迫性压力。

2. 安全、有效原则

器官移植应注意移植对受体、供体双方的安全性和有效性，最大限度地保护受体、供体和供体家属的利益。

3. 公正原则

在分配可移植器官时要注意公平公正，保证最需要移植的患者得到移植，避免仅考虑经济因素或职务因素，而出现不公平现象。

4. 禁止商业交易原则

器官采集商业化作为获取人体器官移植来源的做法，不但违背了医学伦理与人道主义，而且会导致一系列的违法犯罪活动，必须明令禁止器官买卖。

三、人类基因组研究的伦理问题及伦理规范

（一）人类基因组研究的伦理问题

1. 基因隐私

人类基因组研究的一个直接结果，便是每个人都可以利用自己的一滴血或一根头发很方便地得到自身的基因图谱，因此，人们会因为基因的曝光而使隐藏在基因组中的秘密公开化，变成一个透明人。

2. 基因歧视

基因隐私权的丧失自然会产生新的社会歧视——基因歧视。例如，一些公司在雇用员工时会使用基因信息对存在基因缺陷的人另眼看待，身体有缺陷的残疾人在受教育、就业、保险和医疗方面会遭到更多歧视等。

3. 基因专利

基因是天然的遗传物质，按照惯例不能申请专利。但是，基因技术的开发需要大量的资金，而基因成果又带来巨大的经济财富，迫使人们不得不改变原来的伦理观念，参加“基因专利争夺战”。

（二）人类基因组研究的伦理规范

1. 恪守人类的伦理底线

从科技与伦理的互动框架来看，人类的伦理底线必须坚持以下原则：不伤害人、尊重人、有益于人、公正对待人以及人与人之间互相团结。在基因组研究中，我们只有恪守人类伦理底线，对基因技术的操作进行伦理指导，才能做到真正保护人类，有利于人类。

2. 建立互动协调的机制

互动协调的机制，即基因科技与伦理之间的缓冲机制，包括两个方面的内容。其一，社会公众对基因科技所涉及的伦理价值问题进行广泛、深入的探讨，通过磋商，对基因科技在伦理上可接受的条件形成一定程度的共识；其二，科技工作者和管理决策者尽可能客观、公正、负责任地向公众揭示基因技术潜在的风险，并且自觉地用伦理价值规范及伦理精神制约其研究活动。

四、人类干细胞研究的伦理问题及伦理规范

（一）人类干细胞研究的伦理问题

人类干细胞研究的伦理问题主要是指与胚胎干细胞相关的伦理问题，因为目前用于科学研究的人类胚胎干细胞主要取材于人的早期胚胎或受精卵细胞。

（1）支持胚胎干细胞研究的人认为，治病救人是医学领域最高的伦理准则，为了医学目的，提高治疗疾病的水平，攻克损害人民健康的疑难杂症，应该积极支持科学家开展治疗性干细胞研究。

（2）反对胚胎干细胞研究的人认为，用人的早期胚胎或受精卵细胞进行科学研究无异于屠杀生命，侵犯了生命的神圣和自然的原则；另外，胚胎干细胞研究很可能导致以复制人为目的的克隆人研究。

（二）人类干细胞研究的伦理规范

1. 禁止生殖性克隆

人类胚胎干细胞研究有可能涉及体细胞核移植技术，因此要对克隆技术严加管理，反对滥用体细胞克隆技术，严格禁止以复制人类为目的的任何研究。

2. 支持治疗性克隆

如将胚胎干细胞体外培养技术与体细胞核技术相结合，产生出特定的细胞和组织用于临床治疗，这种为患者造福的治疗性克隆是符合伦理道德的，应支持。

3. 谨慎对待胚胎实验

只允许对发育到14天内的囊胚进行研究，不允许胚胎重新植入子宫，不能将人类胚胎干细胞用于非治疗途径的研究，不能将人类生殖细胞与动物生殖细胞相结合等。

第三节　人类生命结束时期的伦理

一、对死亡的认识

1. 心肺死亡标准

心肺死亡是指以可以感觉到的跳动的心脏、呼吸、血压最终到不可逆转的中止或消失为标准的死亡。随着医学的发展，这一传统死亡标准越来越受到来自多方面的挑战。其一，尽管心肺死亡标准在法律上是被确定的，但在实践过程中却屡遇反常状况；其二，医学的发展打破了心肺功能的丧失可以导致整个机体死亡的陈规；其三，医学科学

的发展，新技术的应用，使得延长生命的能力超过了恢复健康的能力。

2. 脑死亡标准

脑死亡是指因某种病理原因或外伤引起脑组织缺氧、缺血、受损或坏死，致使脑组织机能和呼吸中枢机能达到不可逆的消失阶段，最终必然导致的病理死亡。脑死亡标准的提出具有重要的现实意义。首先，脑死亡标准的提出，既是人类对客观世界认识不断深化的结果，也是人类对生命的含义、生命的价值和生命质量认识不断提高的结果。其次，脑死亡标准的提出，不仅为安乐死对象的确定提供了医学的标准，而且也使得人们开始思考安乐死的真正内涵和目的，开始思考死亡，思考医学对人类的作用。最后，脑死亡标准的提出，是医学研究和认识不断深化的结果，它使死亡标准更趋于科学化。

二、安乐死

安乐死（euthanasia）是指身患不治之症的患者在危重濒死状态时，由于躯体和精神的极端痛苦，用人为的、仁慈的医学方法使患者在无痛苦状态下度过死亡阶段而终结生命的全过程。

（一）安乐死的伦理争议

支持安乐死的依据：人既然有生的权利，也应当有死的权利，包括选择死亡方式的权利；一味地延长身处绝症晚期者的生命，实际上是在延长死亡的过程，继续延长这种痛苦是不人道的；安乐死的实施，对于医疗资源的分配符合“最大多数人的最大幸福”的宗旨。反对安乐死的依据：生命是神圣不可侵犯的，无论在何种情形下都应该尽力保存患者的生命，医生只能“救生”而不能“促死”；对患者安乐死的前提是患者身患“不治之症”，但是随着医学的发展，许多今日之不治之症他日可能成为可治之症。

（二）安乐死的伦理意义

1. 安乐死有利于患者

对于身患不治之症、生存无望、极度痛苦而又临近死期的患者，满足其安乐死意愿，使之以安详地、尊严地方式离世，以尽早结束其痛苦，这实际上是人道主义的体现。

2. 安乐死有利于患者家属

合法地实施安乐死无疑可以减除因患者病痛引起的亲属心理上的痛苦，并减少患者亲属的精神负担和经济负担。

3. 安乐死有利于医疗卫生资源的合理分配

卫生保健事业的投资、人员和设备的微观分配，必须遵循公正和效用原则，从社会角度来看，实施安乐死有利于医疗卫生资源的合理分配，是可取的。

三、临终关怀

临终关怀（hospice），又称为临终照顾或安宁医疗，是对那些濒死的、处于人生旅途最后一站的患者进行治疗和护理，使其以最小的痛苦度过生命的最后阶段。临终关怀具有极其重要的伦理意义。

1. 彰显医学人道主义的真谛

临终关怀不以延长患者痛苦的生命为目标，而主要是满足临终患者和家属在生理、心理、伦理和社会等方面的需要，它提倡的是关心、尊重临终患者，以临终患者为服务中心，使患者充分感受到自己生命的尊严，感受到自己生命的价值，体验到人道主义的温暖。

2. 体现生命神圣论、生命质量论和生命价值论的统一

生命质量是生命伦理学的一项基本要素，对生命质量进行医学评价，并将评价结果应用于治疗方案的选择中，这是生命伦理学在医疗实践中的一项具体应用。“注重生命质量”在临终关怀中的提出，无疑反映了医疗模式的转变，体现了生命的神圣、质量和价值的统一。

3. 符合社会道德和人类文明的发展要求

给临终患者提供温暖的人际关系与精神支持，帮助他们认识自己生与死的意义，帮助他们减轻极度的死亡恐怖，帮助临终患者的亲人从极度的悲痛中解脱出来，消除对死亡的忌讳，这是社会道德文明发展的必然。

（杨　放）

第二篇　生命科学基础

生命是物质的，它们在化学和分子组成上表现出了高度的相似性。例如，生命都含有C、H、O、N、P、S等元素以及它们所形成的各类无机盐；又如，生命都含有核酸、蛋白质、脂类、复合糖等生物大分子，它们的“建筑模块”都是以非生命界的材料和化学规律为基础，并有着相同或相似的结构模式和功能。水是细胞生命活动的介质，生命的所有反应都是在水中进行的。细胞是由生物大分子组成的具有一定形态特征的结构，细胞是生命的基本结构单位。

生命现象错综复杂，但都遵循一些基本的规律，称之为基本生命现象或属性，主要表现为新陈代谢，生长、发育和繁殖，遗传、变异和进化，稳态、应激性和适应性等。

遗传与变异是生命的基本特征。生物通过遗传物质的传递使后代与之在形态构造、生理功能上具有相似性，这便是遗传的结果，它是由生物的基因组信息所决定的。生命的遗传遵循遗传学三大规律，即分离定律、自由组合定律和连锁互换定律。在遗传过程中，伴随遗传信息的突变和重组，后代表现出不同于亲代的特征或表型，这就是变异。基因变异包括基因重组、基因突变和染色体变异。生物通过遗传，物种才能延续；通过变异，物种才能进化。

生命的起源可以追溯到宇宙形成之初，宇宙“大爆炸”时各种元素发生化学演化，形成了与生命相关的生物单分子，如氨基酸、嘌呤、嘧啶等，接着在当时地球表面的环境条件下产生了多肽、多聚核苷酸等生物大分子，通过若干物质的过渡形式最终在地球上生成了最原始的生物系统，即具有原始细胞结构的生命。

目前地球上约有200万种生物，可分为动物界、植物界、原生生物界、真菌界和原核生物界。生物多样性是指生命形式存在的多样性，各种生命形式间及与环境间的多种相互作用，以及各种生物群落、生态系统及其生境与生态过程的复杂性，包括遗传多样性、物种多样性和生态系统多样性。

世界上的所有生物都生活在各自特定的环境中，生物的生存繁衍、遗传变异都和其所处的环境相关。研究生物与环境之间相互联系的科学——生态学是生命科学研究领域中的一个重要内容。随着当今世界面临的人口、资源、环境三大热点和难点问题的日益严峻，研究和掌握生物与环境的关系及生物个体、种群和生物群落的发育规律对应对全球环境变化和实现可持续发展具有重要意义。

第五章　生命的物质基础

生命现象复杂而又丰富多彩，尽管生命形态千差万别，但它们在化学组成上却表现出高度相似性；所有生物大分子的“建筑模块”都是以非生命界的材料和化学规律为基础，反映了生命界和非生命界之间并不存在截然不同的界限；生物大分子结构与其功能紧密相关，即生命的各种生物学功能起始于化学水平。因此，生命是物质的，对生命的化学组成的深入了解，是揭示生命本质的基础。

第一节　元素、水分子与无机盐

细胞是由化学分子构成的，但归根结底分子是由元素组成的。例如，叶绿素分子仅仅是由 C、H、O、N、Mg 五种元素组成，但它高度有序化和个性化的化学结构，使之成为光化学反应过程中的核心成员。组成生命的物质可分为无机物和有机物，它们根据一定的规律形成生物大分子，参与细胞的组成和生命活动。

一、自然界中的元素

元素是在化学反应中不可再分解的最简单的物质。世间万物都是由各种元素的原子组成的，人也不例外。从化学元素周期表得知，至今人类一共发现天然的和人工合成的元素 111 种，其中目前已知天然存在的化学元素有 92 种。在人体内已经发现 81 种，这 81 种元素统称为生命元素。元素符号由拉丁字母表示，如 O、C、H、N 分别代表氧、碳、氢、氮，这 4 种元素在大多数生物体中占总质量的 96％以上（表 5-1）。

表 5-1　生物体内一些重要元素的组成和功能

元素	占人体重/％	功能
碳（C）	18	有机分子的骨架；能与其他原子形成 4 种键
氢（H）	10	存在于大多数有机分子中；水的组成；氢离子（H^+）参与能量传递
氧（O）	65	参与细胞呼吸；存在于大多数有机物和水分子中
氮（N）	3	蛋白质和核酸的成分；植物叶绿素的成分
钙（Ca）	1.5	骨和牙的结构成分；重要的信号分子；参与血液凝集；参与形成植物细胞壁
磷（P）	1	核酸和磷脂的成分；在能量转移反应中起重要作用；骨质的结构成分
钾（K）	0.2	动物细胞中主要的阳离子；在神经功能中有重要作用；影响肌收缩，控制植物气孔的开启
硫（S）	0.25	大多数蛋白质的成分
钠（Na）	0.15	钠离子是动物体液中的阳离子；维持体液离子平衡；在神经脉冲传导中具有重要作用；在植物光合作用中有重要作用
镁（Mg）	0.05	动物血液和其他组织必需的离子；激活酶；植物叶绿素的成分

续表

元素	占人体重/%	功能
氯（Cl）	0.15	动物体液中主要的阴离子；在维持平衡中起重要作用；在光合作用中有重要作用
铁（Fe）	0.006	动物血红蛋白的成分；酶的活性中心
氟（F）	0.004	形成坚硬骨骼和预防龋齿所必需的一种微量元素
锌（Zn）	0.003	转换物质和交流能量的“生命齿轮”作用，是构成多种蛋白质所必需的。眼球的视觉部位含锌量高达4%，可见它具有某种特殊功能
硅（Si）	0.000 03	分布于人体关节软骨和结缔组织中，硅在骨骼钙化过程中具有生理上的作用，促进骨骼生长发育。硅还参与多糖的代谢，是构成一些葡萄糖氨基多糖羧酸的主要成分。硅与心血管病有关
硒（Se）	0.000 03	某些蛋白质、酶的成分，如每分子谷胱甘肽过氧化酶含4分子硒
铜（Cu）	0.000 2	铜蛋白
锰（Mn）	0.000 03	辅酶
碘（I）	0.000 04	甲状腺激素
其他元素	痕量	钴（维生素 B_{12}）、钼（人体黄嘌呤氧化酶、醛氧化酶的重要成分）、铬（协助胰岛素发挥生理作用）、锡、锂、镍、钒、硼、铝、溴、砷、氢等

二、生命的基础——水

生命离不开水。人体组织中，水的含量最高，骨组织中为20%，脑细胞中为85%。水通常占细胞总量的70%～80%。细胞中的所有反应都是在水中进行的，所以水是细胞生命活动的介质（图5-1）。

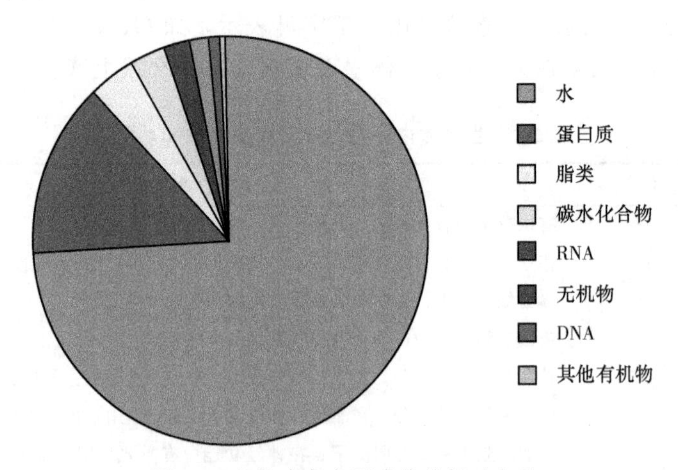

图5-1　细胞中各主要成分的相对含量

（一）水分子的结构

通过单共价键结合起来的水，在H和O原子间的共价键的电子不是均衡共享的，氧对电子有较大的推力使电子更靠近氢，由于带负电的电子在水分子内不均衡的分布，水分子形成V字形，而具有极性，即氧原子端稍微带负电荷，而氢原子端带正电荷（图5-2）。

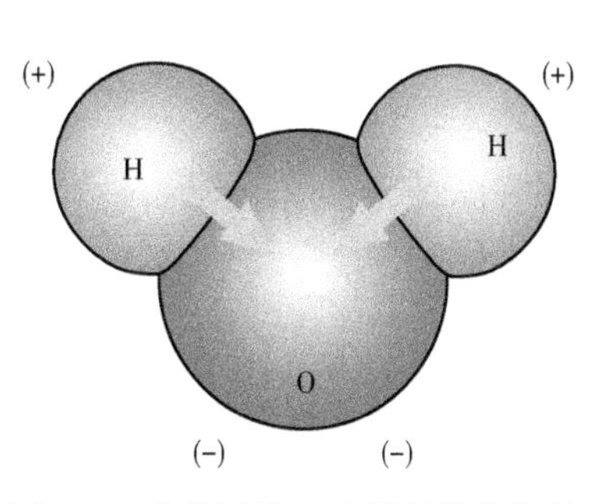

图5-2　水分子的V字形结构与极性

（二）水的性质与功能

相邻水分子间能够形成氢键（图5-3）。氢键赋予水分子一些独特的性质，而这些性质对于活细胞是十分重要的。

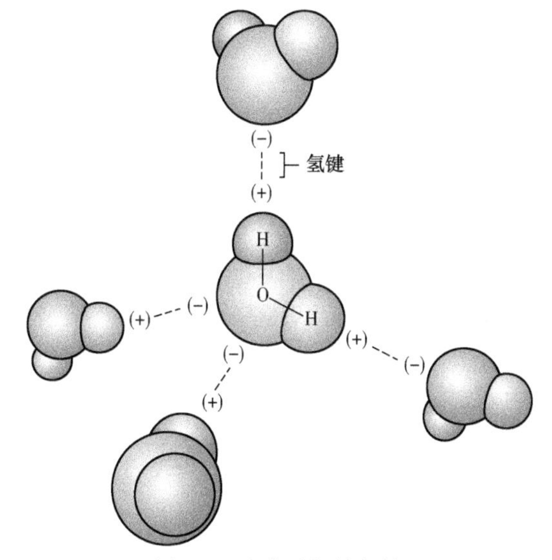

图5-3　水分子间的氢键

水分子具有如下特性。第一，氢键能够吸收较多的热能，将氢键打断需要较高的温度，所以氢键可维持细胞温度的相对稳定。第二，水冷却时能够结冰。大多数液体冷却时，密度比越来越大。然而水却不同，水结成冰时，其密度比液态小（图5-4），所以冰能够浮在水面上。冰块中，水分子的氢键拉大，且十分稳定。第三，水具有黏性。相邻水分子间形成的氢键使水分子具有一定的黏性，这样使水具有较高的表面张力。水的黏性对于生物体来说具有重要作用。例如，植物所需的水分是由根吸收并通过微管运输到地上部分的，在水的运送过程中，水的黏性起重要作用，如果水分子没有黏性，地上部分的供水就无法完成。毛细现象就是水的黏性所致。第四，水可作为溶剂。由于水分子具有极性，所以食糖、盐等极性分子、离子化合物很容易溶于水。水的溶剂作用对于加速一些化学反应起重要作用。易溶于水的物质称为亲水性物质，如NaCl（离子化合物）和蔗糖（极性化合物）。不溶于水的物质称为疏水性物质，对于细胞的生命活动同样重要。

水作为溶剂，为细胞吸收物质提供了条件。血液中溶有大量细胞所需的物质，通过血液循环被运送到各个组织。另外，水分子参与了生命活动的一些重要反应，在大分子的合成过程中水是产物，而在分解反应中水则是反应剂。

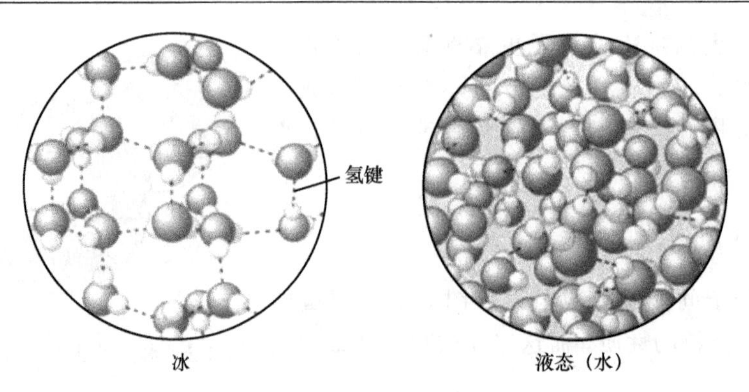

图 5-4 水与冰中氢键的状态

（三）水分子与体液的 pH

细胞中有 70%以上的水，其酸碱度约为中性，即 pH 为 6.8～7.0。

水具有轻微的离子化作用，即水会解离成氢离子（H^+）和氢氧根离子（OH^-），纯水中会有少量的水分子离子化。这种过程是可逆的：

$$HOH \rightleftharpoons H^+ + OH^-$$

纯水中水解离产生的离子浓度极低，只有 10^{-7} mol/L，溶液的酸碱度为中性，既不是酸性也不是碱性。

所谓酸性是在溶液中解离后产生氢离子（H^+）和酸根离子：

$$\text{酸} \longrightarrow H^+ + \text{酸根离子}$$

由于酸能够解离出氢离子，所以，酸是质子供体。

所谓碱性是在溶液中解离后产生氢氧根离子（OH^-）和阳离子，并且产生的氢氧根离子可以接收质子（H^+），形成水，所以碱是质子受体：

$$NaOH \longrightarrow Na^+ + OH^-$$

$$OH^- + H^+ \longrightarrow H_2O$$

酸性溶液中氢离子的浓度比氢氧根离子浓度高。

有些碱解离后并不直接产生氢氧根离子，如氨（NH_3）溶于水，与水反应产生铵离子（NH_4^+）和氢氧根离子：

$$NH_3 + H_2O \longrightarrow NH_4^+ + OH^-$$

碱性溶液中氢离子的浓度比氢氧根离子浓度低。

溶液中酸性程度通常用 pH 来表示：pH＝－log10［H^+］。高于 7.0 为碱性，低于 7.0 为酸性，等于 7.0 则为中性。

体内溶液的 pH 是不能大幅变化的，其变化限制在一个很小的波动范围之内。例如，人血液的 pH 为 7.4，这个值必须严格控制，使其稳定。如果酸性过强，就会导致昏迷，严重的会导致死亡。如果碱性太强，会引起神经系统的疾病。生命有机体含有很多天然的抵抗 pH 急剧变化的缓冲体系。缓冲体系包括弱酸和弱碱，因为弱酸和弱碱不会完全离子化，任何时候都是部分离子化的。

脊椎动物的血液中具有极好的缓冲体系，即二氧化碳对血液 pH 的缓冲作用：

$$CO_2 + H_2O \rightleftharpoons H_2CO_3 \rightleftharpoons H^+ + HCO_3^-$$

这一体系极好地维持了血液酸碱度的稳定。

三、无　机　盐

当酸和碱在水中混合时，就会形成盐，同时，释放的 H^+ 和 OH^- 会形成水。例如，盐酸和氢氧化钠在水中混合，会产生氯化钠和水：

$$HCl + NaOH \longrightarrow H_2O + NaCl$$

盐是酸转变而来的，即酸中的氢离子被其他的阳离子所取代。例如，NaCl 就是 HCl 中的氢离子被钠离子取代而成。

当酸、碱、盐等在水中混合时，它们解离的离子具有导电性，因此这些物质称为电解质。糖、乙醇和其他一些在水中不会形成离子的物质称为非电解质，它们不会导电。

动物细胞内和细胞外基质中的液体含有很多无机盐离子。

无机盐离子对细胞具有重要的功能：维持细胞内的 pH 和渗透压，以保持细胞的正常生理活动；同蛋白质或脂类结合组成具有特定功能的结合蛋白，参与细胞的生命活动；作为酶反应的辅助因子。

第二节　有机分子

自然界存在多种多样含碳的无机物和有机物。区分含碳化合物是无机物还是有机物，主要是看含碳分子中碳是否与碳或氢相连，相连者则为含碳有机物。碳不仅可与氢结合形成碳氢化合物，也可与氧、氮、硫等形成多种形式的化合物。一些小的有机物可以形成大分子，特别是形成生物大分子，参与细胞结构的组装。

一、碳骨架与功能团

（一）碳骨架

碳原子由于其独特的性质使其能够形成生物体必需的巨大而又复杂分子的碳骨架（carbon skeleton）（图 5-5）。碳原子具有 4 个化合价电子，因此能够形成 4 个共价键。每一个键都能与另外的碳原子或其他不同元素的原子结合。碳—碳键特别适合作为生物大分子的骨架，一方面由于它的结合十分稳定，另一方面又能被细胞内的酶断裂。

图 5-5 中所示都是碳氢化合物，即由碳与碳或碳与氢原子共价结合的化合物。该骨架有长有短，有分支和不分支，有线性也有环状；另外碳与碳原子间既有饱和的单键，也可有不饱和的双键和三键。最简单的碳氢化合物是甲烷，由一个碳与 4 个氢共价结合，有三种不同的表示方式（图 5-6）。

细胞中的分子都有不同的形态，以适应细胞内相应的功能。碳原子能够相互连接，或与其他原子连接，产生各种不同三维形态的分子，是因为碳的 4 个共价键不在同一个平面上，从甲烷的球棒模型看，碳原子位于四面体的角上，并且是高度对称的。

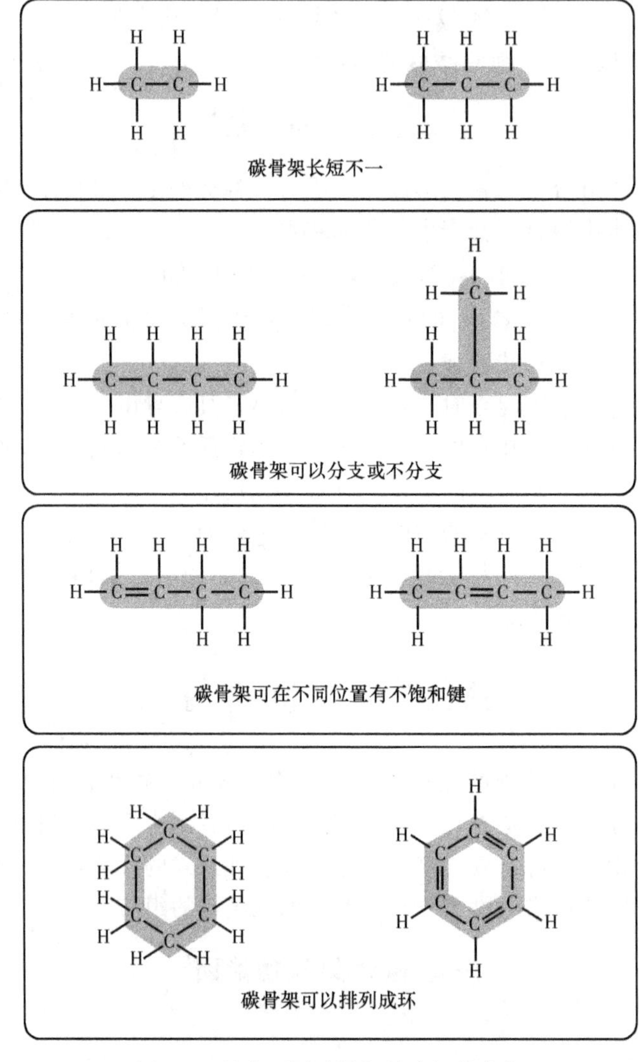

图 5-5　具有不同碳骨架的碳氢化合物

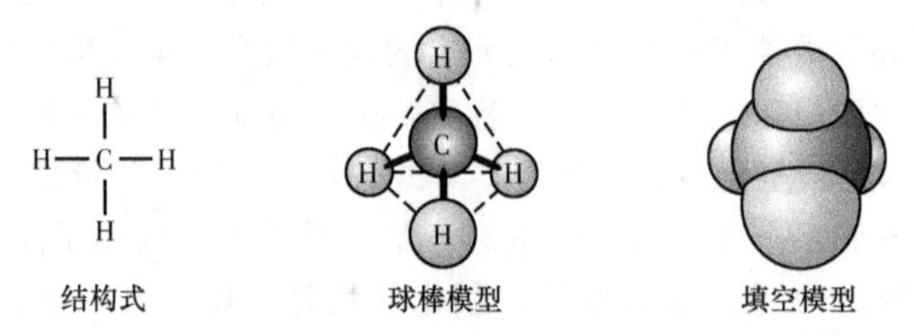

图 5-6　甲烷结构的三种不同表示方法

（二）异构体与功能团

分子式相同结构不同，并具有不同性质的物质称为异构体，不同的异构体具有不同的生物学功能。有机分子中有许多异构体存在（图 5-7），细胞能够识别异构体。

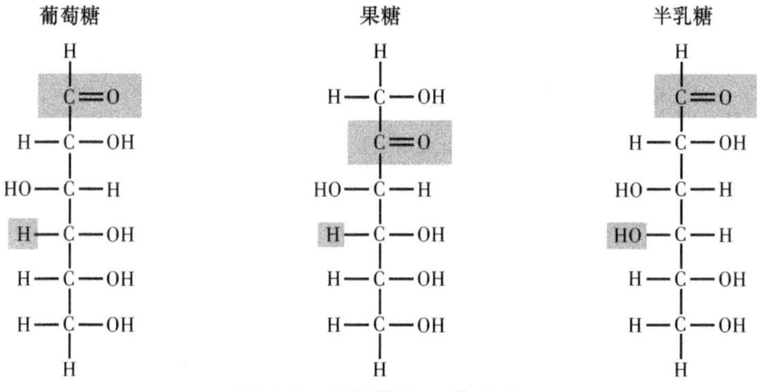

图 5-7　异构体与立体异构

有机化合物的性质不仅与碳骨架相关，同时也与碳骨架相连的原子有关。由于碳原子与碳原子或碳原子与氢原子形成的共价键没有极性，所以碳氢化合物就缺少可识别的带电区域。因此碳氢化合物在水中是不溶解的，与水的反应能力相当弱。

由于碳氢化合物本身无极性，因此与其他化合物的反应能力较差。但是，碳氢化合物能够被一些化学基团所修饰，可大大改变碳氢化合物的性质。有些与碳氢化合物相结合的原子团能够改变碳氢化合物的极性，增强与其他分子的反应能力，将此类基团称为功能团 (function group)。常见的功能团有羟基、羰基、羧基、氨基、巯基和磷酸基团（图 5-8）。

基团	表示方式	
羟基	—OH	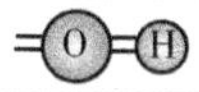
羰基	—C— ‖ O	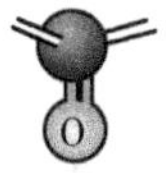
羧基	O // —C \\ OH	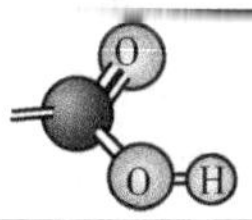
氨基	H / —N \\ H	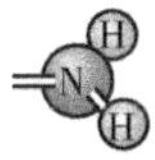
巯基	—S—H	
磷酸基团	OH | —O—P—OH ‖ O	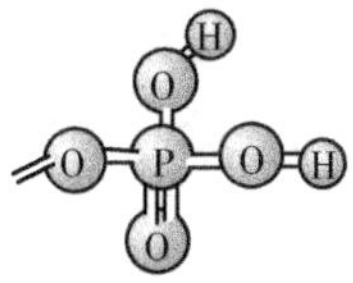

图 5-8　主要的功能性化学基团

（三）单体与多聚体

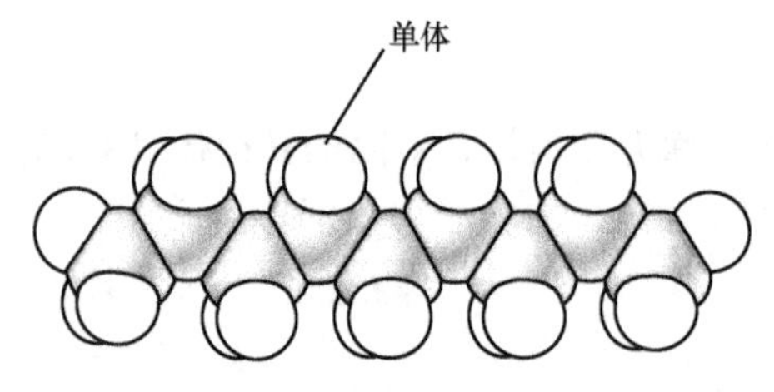

图 5-9　一个简单的多聚体

很多生物分子，如蛋白质和核酸等都是大分子化合物，含有几千个原子。这些巨大的分子被称为生物大分子（macromolecule）。大多数生物大分子都是多聚体（polymer），这些多聚体通常是由许多小的单体（monomer）连接而成的（图 5-9）。蛋白质就是由 20 个基本的氨基酸单体组成的，4 种基本的核苷酸单体组成所有生物的 DNA。所以单体就如同英文的 26 个字母，可组成所有的英文文字。细胞能够用不同的分子转换成不同的信息，执行细胞的生命活动。

多聚体能够被水解（hydrolysis）成单体，细胞内的水解反应是在酶催化作用下发生的，需要水的参与（图 5-10）。单体通过共价结合形成双体或多聚体的过程称为缩合反应（condensation），也需要酶的催化作用，同时还会生成水，所以，缩合反应又称为脱氢合成作用。值得注意的是，在生物系统中，缩合反应并非是水解反应的相反过程，它需要能量，并且是由不同的酶催化的。

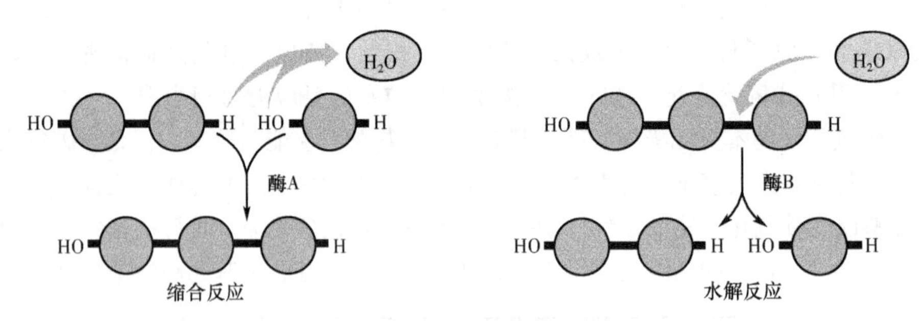

图 5-10　缩合反应与水解反应

二、糖　　类

糖（sugar）、淀粉（starch）和纤维素（cellulose）统称为糖类（carbohydrate）。

糖类包括单糖（monosaccharide）、二糖（disaccharide）、寡糖（oligosaccharide）和由单糖构成的大分子的多糖（polysaccharide）。

葡萄糖是较简单的单糖，也是细胞生命活动的主要能源，它经过一系列氧化反应，释放出能量，最终变成水和 CO_2。单纯的多糖由许多葡萄糖残基组成，如动物细胞中的糖原和植物细胞中的淀粉。它们是细胞内储存的营养物质，提供细胞代谢所需的能源。

糖不仅是生物代谢的重要能源，也是核酸和糖蛋白等重要生物大分子的结构成分，同时也是构成细胞的结构成分，如植物细胞壁中的纤维素。

糖类只含有 C、H、O 三种元素，其比例为 1∶2∶1，分子式缩写为 $(CH_2O)_n$。

（一）单糖

单糖从结构上看，是含有 3～7 个碳原子的糖，它们结构上的共同特征是多羟基的醛或酮（图 5-11）。所以，最简单的单糖是三碳糖，又称丙糖（triose）：甘油醛（glyceraldehyde）和二羟丙酮。核糖和脱氧核糖是五碳糖，它们是 DNA 和 RNA 的结构成分。葡萄糖、果糖和半乳糖是六碳糖。其中葡萄糖（glucose）、果糖（fructose）、半乳糖（galactose）、核糖（ribose）、脱氧核糖（deoxyribose）等是细胞中最重要的单糖。

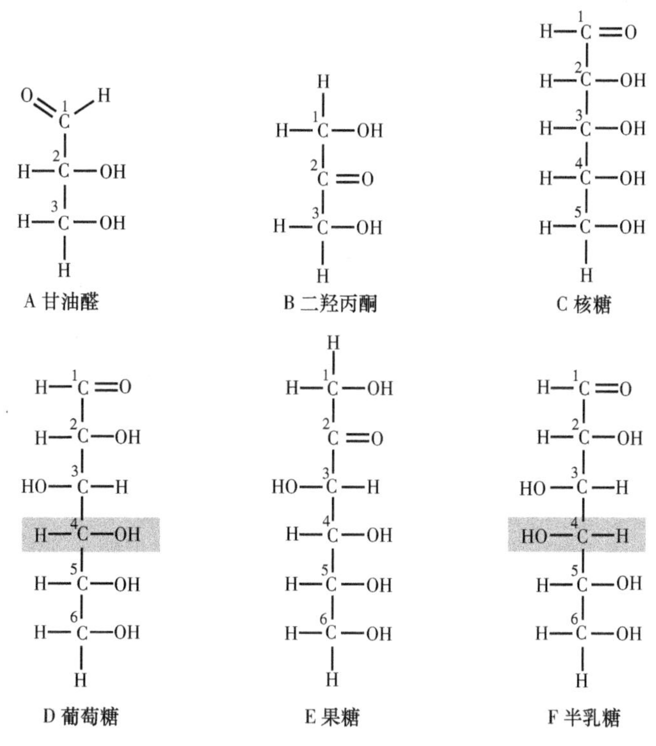

图 5-11　三碳糖、五碳糖、六碳糖

葡萄糖是生物界中最重要的单糖，属六碳糖，分子式为 $C_6H_{12}O_6$，其碳骨架上第 1 碳是醛基，第 2 至第 5 碳上都连接羟基。葡萄糖是组成淀粉、纤维素、糖原等重要多糖大分子的单体成分，是生物体内重要的能源物质。

果糖、半乳糖的分子式与葡萄糖完全一样，只是结构式不同，它们是同分异构体（isomer）。

五碳糖和六碳糖等单糖分子在水溶液中大多以环式结构存在，即单糖分子中的醛基或酮基与另一个碳原子上的羟基反应生成半缩醛，从而形成环式结构。在书写上，单糖的结构式可将环中的碳原子省略，写成缩写形式。

葡萄糖在水溶液中通常不是直链结构式而是以环状结构式存在，葡萄糖通过第 1 碳和第 5 碳的羟基相连而形成环式，同时，第 1 碳的醛基团接受原在第 5 碳羟基上的氢而成为羟基。新形成的第 1 碳的羟基或者位于环平面的上方，或者在平面的下方，这样就会有两种构型的可能，分别称为α型和β型（图5-12）。如果第1碳的羟基和第6碳的羟基同在一方，即在环平面上方，则称为β构型；倘若第1碳的羟基和第6碳的羟基不在同一方，即分别位于环平面的上方、下方，则称为α型。实际上，葡萄糖环状结构式的α型和β型在水溶液中是可以互变的。只是到了单糖聚合成多糖时，这种构型上的差别才充分显示出来。

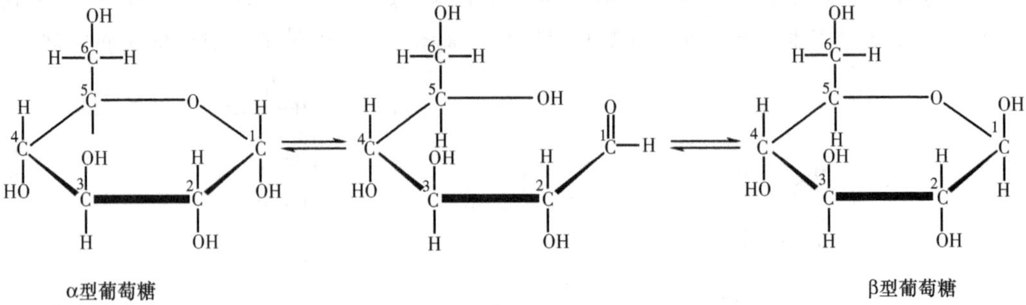

α型葡萄糖　　　　β型葡萄糖

图5-12　葡萄糖结构的α和β构型

细胞除了利用单糖作为能源、合成淀粉等外，也可利用单糖的碳骨架合成细胞内其他的一些重要的物质，包括氨基酸。糖也可被细胞转变成脂肪，这就是即使不食脂肪，如果摄食过多的食物也会发胖的原因所在。

（二）二糖

二糖（disaccharide），又称双糖，是由两分子的单糖通过脱水缩合反应形成的、以糖苷键连接的糖（图5-13）。蔗糖、乳糖和甘露糖是重要的二糖。

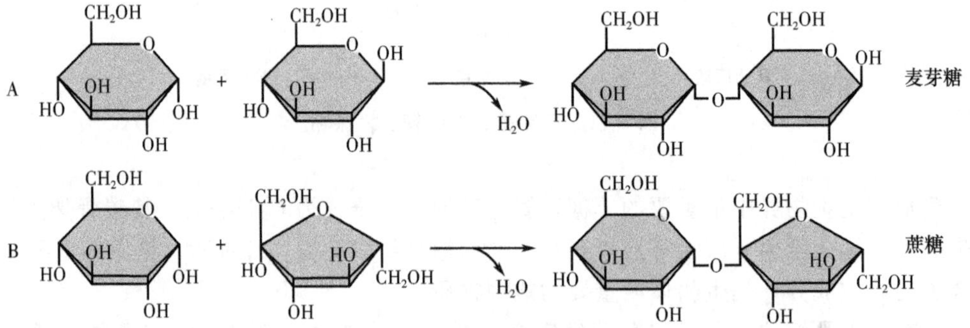

麦芽糖

蔗糖

图5-13　二糖的合成

A. 两分子葡萄糖缩合成一分子麦芽糖；B. 一分子葡萄糖和一分子果糖缩合成一分子蔗糖

图5-13A显示了由两分子葡萄糖单体形成麦芽糖的反应，其中一个葡萄糖脱下一个—OH与另一个葡萄糖分子的H结合形成水分子，留下的氧原子以共价键的形式将两个单体连接起来，形成麦芽糖。如同麦芽糖，一分子葡萄糖和一分子果糖经过脱水缩合反应形成蔗糖（图5-13B）。连接两分子单糖的键称为糖苷键（glycosidic linkage），

由一个中心氧原子两侧各与一个 C 原子共价连接。两个碳原子通常是一个单糖碳骨架中的 1 位碳和另一个单糖碳骨架中的 5 位碳。二糖经酶促水解后又可形成两分子的单糖（图 5-14）。

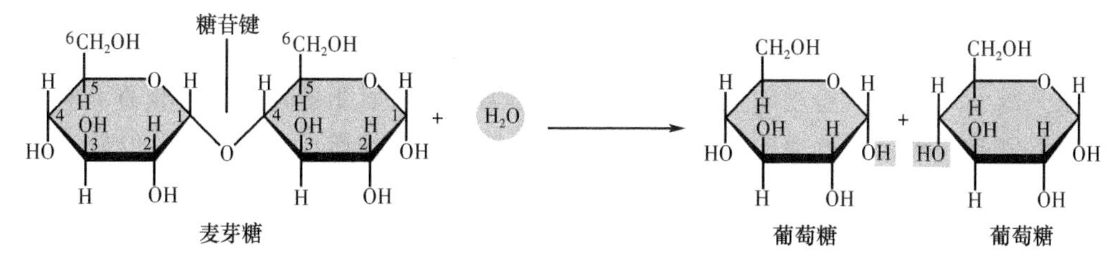

图 5-14　麦芽糖的水解作用

（三）多糖

多糖（polysaccharide）是几百个或几千个单糖（主要是葡萄糖）脱水缩合形成的多聚体，是细胞的重要支持材料，是细胞壁的主要结构成分。青霉素之所以能够抑制革兰氏阳性菌的生长，就是阻止了细胞壁中特殊糖链的形成。多糖可以是一条很长的直链，也可以有分支。最重要的多糖是淀粉、糖原（glycogen）和纤维素（图 5-15）。

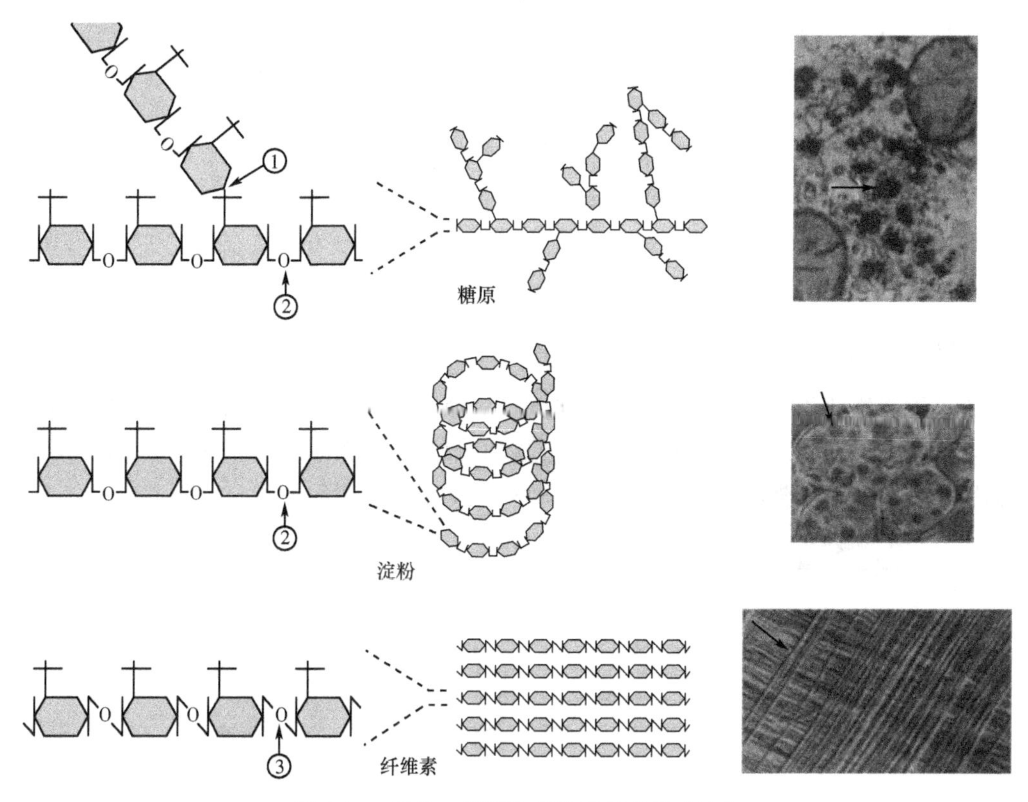

图 5-15　淀粉、糖原和纤维素等多糖的结构

圆圈数字表示不同的连接方式

淀粉是植物储存能量的多糖分子，是由 α-葡萄糖单体组成的多聚体分子，连接方式为 α-1,4 连接。淀粉有两种形式：直链淀粉（amylose）和支链淀粉（amylopectin），前者的淀粉没有分支，后者有分支。豆类种子中的淀粉全是直链淀粉，糯米淀粉全是支链淀粉。由于连接葡萄糖分子的糖苷键角度不同，使得淀粉分子盘卷成螺旋状（图 5-15）。

植物细胞主要将淀粉以颗粒的方式储存在特别的细胞器——淀粉质体（图 5-15 右中图箭头所示）中，淀粉质体是细胞的糖类库。当细胞需要能量时，长链淀粉中连接单体的糖苷键被水解，释放葡萄糖。人和其他食用植物的动物都具有水解淀粉的酶，能通过其消化系统水解植物淀粉。稻米、小麦、玉米、马铃薯等含有丰富的淀粉，是人类最重要的食物。

糖原（有时称动物淀粉）是动物细胞中储存葡萄糖能源的形式，是由葡萄糖组成的链状多聚体分子，它与淀粉的结构相似，但具有更多的支链，而分支的长度较短（图 5-15 上图）。大多数糖原以颗粒状储存于动物的肝脏和肌肉细胞中，人的消化系统能够水解肉类食物中的糖原。

纤维素是植物组织中最丰富的多糖，它占植物含碳物质的 50%以上。纤维素是结构性多糖，是植物细胞壁的主要成分。它所形成的网状纤维结构对植物细胞起保护作用。纤维素占木材含量的一半，棉花中 90%为纤维素。

纤维素是由葡萄糖连接起来的水不溶性的多糖，但葡萄糖单体之间糖苷键的连接方向与淀粉、糖原不同，淀粉是 α-1,4 连接，而纤维素是 β-1,4 连接（图 5-15 下图）。葡萄糖单体相互连接形成不分支的杆状而不是盘卷成螺旋状，纤维素长链分子相互平行排列，上千个纤维素分子再由氢键相互连接，形成了纤维的一部分。

由于与淀粉和糖原中葡萄糖单体之间糖苷键的连接方式不同，纤维素一般不能被大多数动物消化水解。植物中的纤维素虽然不能作为人体的营养，但可刺激肠道蠕动，有助于消化系统的健康。一些微生物具有消化纤维素的能力，实际上，消化纤维素的微生物生活在牛和羊的消化系统中，帮助草食动物从纤维素中获得营养。

（四）修饰的糖

很多被修饰的单糖具有重要的生物功能。例如，半乳糖和葡萄糖的羟基被氨基化（NH_2）形成半乳糖胺和葡萄糖胺，这两种修饰过的单糖成为细胞结构的重要成分。半乳糖胺是脊椎动物软骨的组成成分，而葡萄糖胺是几丁质的组成成分（图 5-16）。

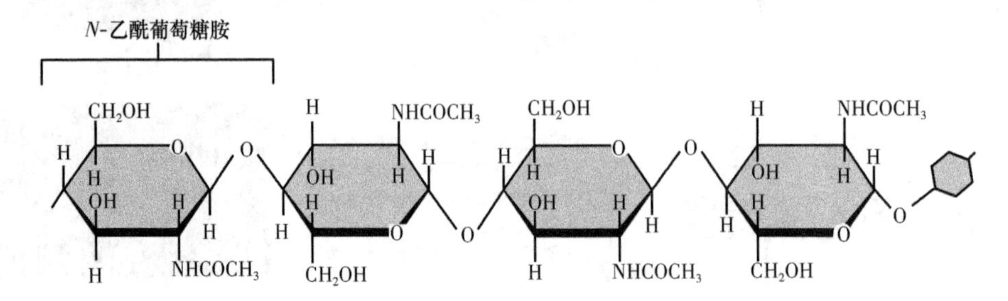

图 5-16　几丁质的结构

在细胞中，糖与蛋白质结合形成糖蛋白。在哺乳动物的组织、体液及分泌物中都有糖蛋白，具有不同的功能。植物的糖蛋白一部分与细胞壁的多糖结合，另一部分以可溶的形式存在。

糖蛋白及其糖链具有很多重要的作用：①作为机体内外表面的保护剂及润滑剂，如鱼体表面黏液中就含有高唾液酸的糖蛋白，能防止水分的丧失。消化道、呼吸道、尿道等体腔黏膜能帮助运输，保护体腔不受机械、化学损伤和微生物感染及润滑等功能；②作为载体与维生素、激素、离子等结合，有助于这些物质在体内转移和分配；③参与细胞识别，是细胞识别的重要分子，几乎所有动物细胞表面都有少量糖，它的作用好比是细胞联络的文字或语言。

蛋白质的糖基化对蛋白质分子的理化性质有很大影响。①溶解度。糖基化往往使蛋白质在水中的溶解度增大。但是，若糖链增长到一定程度，由于相对分子质量增大和形成高级结构，也会出现憎水性增加的现象。②电荷。氨基糖解离后，应带正电荷。但是，天然存在的氨基糖的氨基都被 *N*-乙酰基取代，实际上相当于中性糖。许多糖链上有唾液酸或糖醛酸，解离后带负电荷，所以糖基化可能使蛋白质增加许多负电荷。

三、脂　　质

脂类（lipid）不是根据分子结构而是根据溶解性质相似而被归类的异常化合物。因为脂类化合物主要是由碳、氢和少量含氧功能团组成，H 与 O 的比值远远大于 2，所以脂类化合物主要是由碳原子和氢原子通过共价键结合形成的非极性化合物，具有疏水性，通常不溶于水，可溶于有机溶剂（或称脂溶性溶剂），如丙酮、氯仿和乙醚等。

脂类是生物膜的主要成分，也是很好的能源，脂肪氧化时产生的能量大约是糖氧化时的 2 倍。脂类可构成生物表面的保护层，如皮肤、羽毛和果实外表的蜡质；动物皮下脂肪有保持正常体温的作用；维生素 A（vitamin A）、维生素 D（vitamin D）、肾上腺皮质激素（corticoid）等脂类分子是重要的生物活性物质。

在生物学中具有重要作用的脂类包括脂肪、磷脂、类胡萝卜素（carotenoid）、类固醇和蜡。

（一）脂肪

动物的脂肪（fat）和植物的油（oil）都是由甘油（glycerol）和脂肪酸（fatty acid）结合成的脂类。

油脂的分子结构相似，均是三个脂肪酸分别结合在甘油分子的三个羟基上而成，称为甘油三酯（图 5-17），或称为三酰甘油（triacylglycerol）。脂肪酸分子呈酸性，但与甘油分子中的羟基结合为酯键后，便不呈酸性，所以油、脂又称为中性脂肪。

甘油是一种三碳乙醇，分别与三分子脂肪酸通过缩合反应生成。一次反应脱去一分子水，三次反应共脱去 3 分子水。脂肪酸和甘油之间是通过酯键进行共价连接的。第一次反应产生单酰甘油，第二次反应产生二酰甘油，第三次反应产生三酰甘油。二酰甘油在细胞的信号转导中具有重要作用。

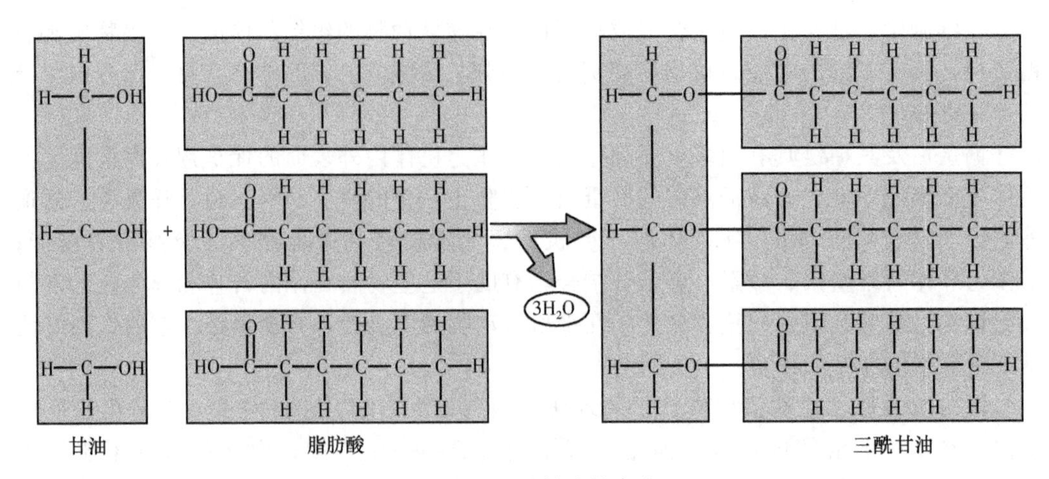

图 5-17 三酰甘油的合成

脂肪酸烃链含有双键的称为不饱和脂肪酸，没有双键的则称为饱和脂肪酸。具有高饱和脂肪酸的脂肪在室温下趋于成固态。大多数动物脂肪为饱和脂肪酸，熔点较低，在室温下就变成固态，如猪油和牛油。

含有一个不饱和双键的脂肪酸称为单不饱和脂肪酸，含有两个或两个以上不饱和双键的脂肪酸称为多不饱和脂肪酸。由于不饱和双键易发生扭曲弯折，造成不饱和脂肪酸与相邻的不含双键的饱和脂肪酸不能紧密平行排列，因而熔点较高，在室温条件下保持液态，不容易凝固。

至少有两种不饱和脂肪酸，亚麻酸和花生酸是人体的必需营养物，是人体不能合成的，需要从植物中摄取。这两种不饱和脂肪酸在营养上具有重要性，它们是合成其他两个以上双键不饱和脂肪酸的前体，如花生四烯酸。花生四烯酸是合成前列腺素的前体。而前列腺素广泛存在于哺乳动物的各种组织中，对全身各个系统，如呼吸系统、消化系统、神经系统、心血管系统和生殖系统等均有调节作用。

饱和脂肪酸含量高的食品可导致人体血管动脉粥样硬化而易引发心血管疾病。

（二）磷脂

磷脂（phospholipid）又称磷酸甘油酯（phosphoglyceride），是细胞膜中含量最丰富和最具特性的脂。磷脂与脂肪的不同之处在于甘油的 1 个羟基不是与脂肪酸结合成酯，而是与磷酸及其衍生物结合（图 5-18），如与磷酸胆碱（phosphatecholine）结合形成卵磷脂（phosphatidycholine）。

磷脂分子中磷酸及小分子部分是极性的，即水溶性的，两个脂肪酸长碳氢链部分仍是非极性的，即脂溶性的。所以，磷脂具有一个极性的头和两条非极性的尾。磷脂的尾巴一般含有 14～24 个偶数碳原子。其中一条烃链常含有一个或数个双键，双键的存在造成这条不饱和链有一定角度的扭转。

动物、植物细胞膜上都有磷脂，是膜脂的基本成分，占膜脂的 50%以上。磷脂分子的极性端是各种磷脂酰碱基，称为头部。它们多数通过甘油基团与非极性端相连。磷

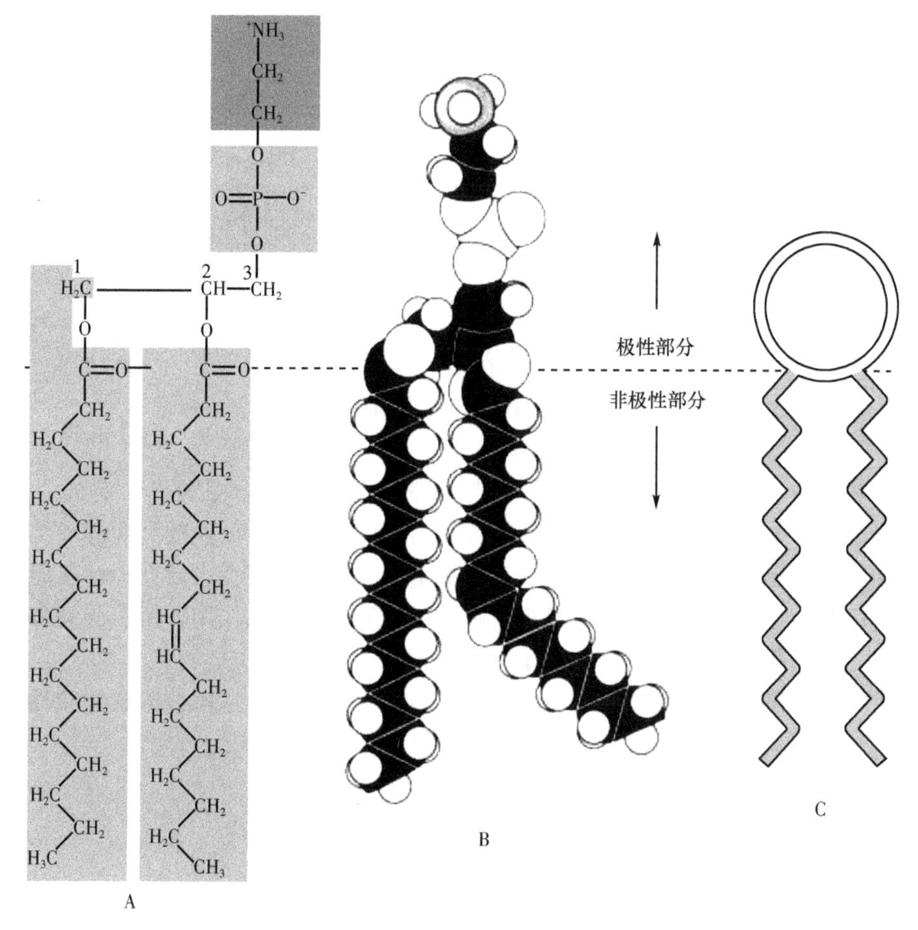

图 5-18 磷脂的结构

A. 典型的磷脂：磷脂酰乙醇胺的分子结构；B. 磷脂酰乙醇胺的立体结构；
C. 存在于膜的脂双层中脂的表示形式，主要显示极性的头和非极性的尾

脂又分为两大类：甘油磷脂和鞘磷脂。甘油磷脂包括磷脂酰乙醇胺、磷脂酰胆碱（卵磷脂）、磷脂酰肌醇等。

鞘脂（sphingolipid）在膜中的含量较少，是鞘氨醇（sphingosine，一种含长碳氢链的氨基醇）的衍生物，所以鞘脂分子中没有甘油，以鞘氨醇代之。由鞘氨醇通过它的氨基连接一个脂肪酸而成的鞘脂称为神经酰胺（ceramide）。以鞘氨醇为基础衍生的各种鞘脂主要是在鞘氨醇的羟基上连接不同的基团，如添加的是糖类，就是糖脂（glycolipid）。因为所有鞘脂的一端都有两个长的疏水碳链，而在另一端都有一个亲水的头，所以它们具有双亲媒性，与磷脂的性质相似。

（三）类固醇

类固醇（steroid），如胆固醇（cholesterol）等是含有 3 个六元环和 1 个五元环的脂类（图 5-19）。4 个环构成了固醇类的母核，不同的固醇类化合物，只是在母核上连上不同的侧链基团和取代基团。

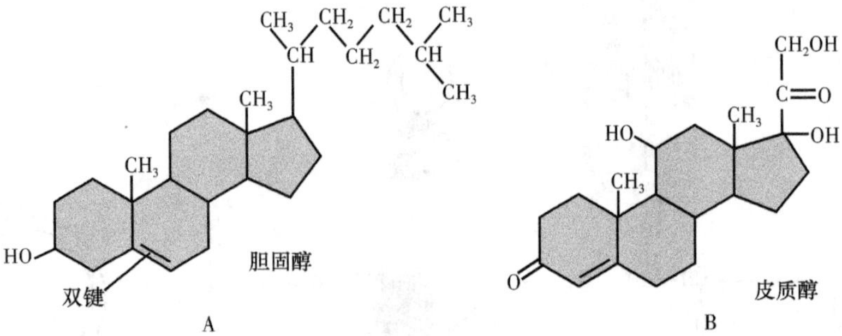

图 5-19 类固醇

A. 胆固醇；B. 皮质醇

胆固醇存在于真核细胞膜中。动物细胞质膜中胆固醇的含量较高，有的占膜脂的50%。胆固醇分子分为三部分：羟基基团组成的极性头部、非极性的类固醇环结构和一个非极性的碳氢尾部。胆固醇的分子较其他膜脂要小，双亲媒性也较低。由于胆固醇分子是扁平环状，在质膜中对磷脂的脂肪酸尾部的运动具有干扰作用，所以胆固醇对调节膜的流动性、加强膜的稳定性有重要作用。

在动物细胞中类固醇也是生成其他甾类或类固醇化合物，如雌性激素和雄性激素的前体物质。血液中类固醇含量高时易引发动脉血管粥样硬化。

(四) 异戊二烯衍生物

胡萝卜素、视黄醛等异戊二烯衍生物是另一类重要的脂类物质（图 5-20）。这些物质在结构上有一个共同的特点，即都是异戊二烯的缩合物。它们的分子中碳原子数目常常是 5 的整倍数，它们都不溶于水。

β-胡萝卜素在植物的光合作用中具有重要的作用。β-胡萝卜素也是维生素 A 的重要来源，一个 β-胡萝卜素分子可以断裂生成两个维生素 A。维生素 A 可以生成视黄醛，而视黄醛在人体视觉细胞中参与对光量子的信号感受。

四、蛋 白 质

蛋白质是细胞最重要的结构成分，并参与几乎所有的生命活动过程，是细胞内行使各种生物功能的生物大分子，估计在一个典型哺乳动物细胞中有 10 000 种不同的蛋白质执行着不同的功能。

蛋白质是由多个氨基酸单体组成的生物大分子多聚体，每一种蛋白质都具有特定的三维空间结构和生物学功能。

(一) 氨基酸是蛋白质的基本单位

氨基酸是化学结构特征相近的一类生物小分子。已经发现的天然氨基酸有 180 多种，但是参与天然蛋白质合成原料的只有 20 种。20 种氨基酸有十分相近的结构，都有一个氨基（NH_2）、一个羧基和一个中心碳原子。与中心碳原子相连的侧链称为 R 侧

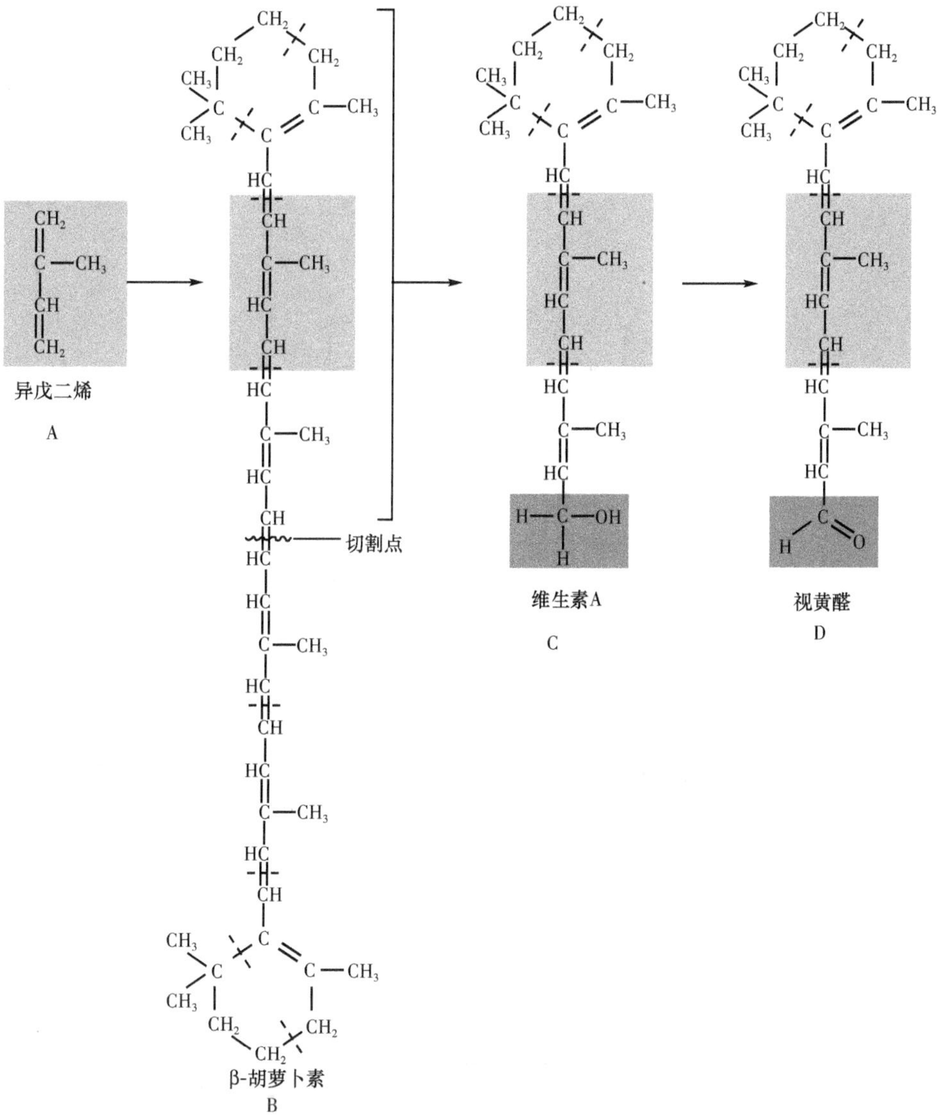

异戊二烯
A

切割点

β-胡萝卜素
B

维生素A
C

视黄醛
D

图 5-20　β-胡萝卜素、维生素 A 和视黄醛

链，所以 20 种氨基酸酯键的差别主要是 R 侧链不同，R 侧链决定了氨基酸的化学性质（图 5-21）。例如，最简单的氨基酸甘氨酸（Gly），其 R 侧链仅为一个氢原子。按照有机化学的规则，通式中间这个碳原子称为 α 碳原子，而氨基和羧基因为都与 α 碳原子相连，也分别称为 α 氨基酸和 α 碳原。据 R 侧链极性的不同可将氨基酸分为两类：疏水性氨基酸［如亮氨酸（Leu）］和亲水性氨基酸［如丝氨酸（Ser）］，它的 R 侧链含有一个羟基。

表 5-2 是构成蛋白质多肽链的 20 种氨基酸的结构与它们的主要特征。

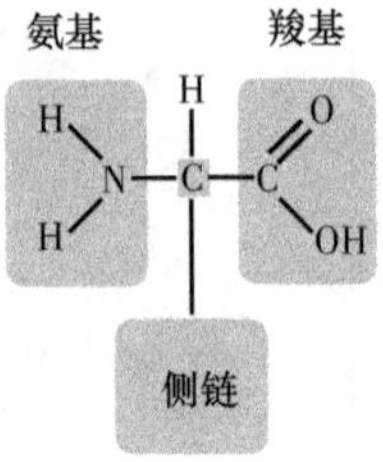

氨基　羧基

A

亮氨酸(疏水)　侧链　丝氨酸(亲水)

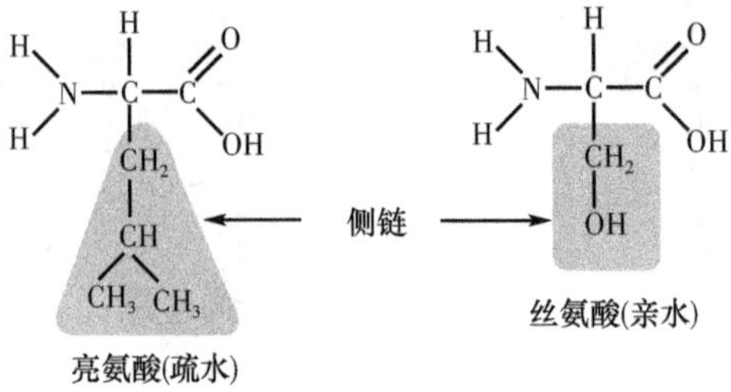

B

图 5-21　氨基酸的结构通式

A. 氨基酸的一般结构；B. R 侧链的变化对氨基酸性质的影响

表 5-2　组成蛋白质的 20 种编码氨基酸

种类	结构式	中文名	英文名	三字符号	一字符号	等电点（pI）
非极性疏水性氨基酸	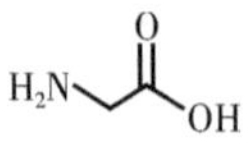 H_2N, O, OH	甘氨酸	glycine	Gly	G	5.97
	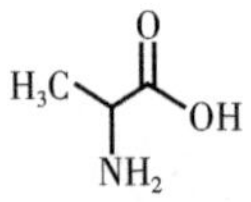 H_3C, O, OH, NH_2	丙氨酸	alanine	Ala	A	6.00
	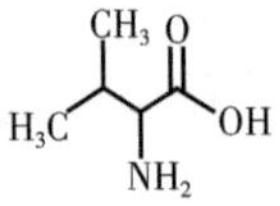 CH_3, O, H_3C, OH, NH_2	缬氨酸	valine	Val	V	5.96
	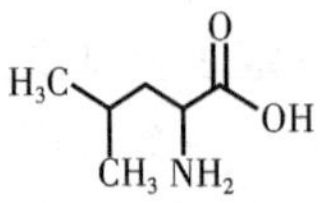 H_3C, O, OH, CH_3, NH_2	亮氨酸	leucine	Leu	L	5.98
	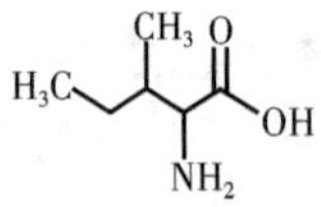 CH_3, O, H_3C, OH, NH_2	异亮氨酸	isoleucine	Ile	I	6.02

续表

种类	结构式	中文名	英文名	三字符号	一字符号	等电点（pI）
非极性疏水性氨基酸		苯丙氨酸	phenyalanine	Phe	F	5.48
		脯氨酸	proline	Pro	P	6.30
极性中性氨基酸		色氨酸	tryptophan	Trp	W	5.89
		丝氨酸	serine	Ser	S	5.68
		酪氨酸	tyrosine	Tyr	Y	5.66
		半胱氨酸	cysteine	Cys	C	5.07
		甲硫氨酸	methionine	Met	M	5.74
		天冬酰胺	asparagine	Asn	N	5.41
		谷氨酰胺	glutamine	Gln	Q	5.65
		苏氨酸	threonine	Thr	T	5.60
酸性氨基酸		天冬氨酸	aspartic acid	Asp	D	2.97
		谷氨酸	glutamic acid	Glu	E	3.22

续表

种类	结构式	中文名	英文名	三字符号	一字符号	等电点（pI）
碱性氨基酸		赖氨酸	lysine	Lys	K	9.74
		精氨酸	arginine	Arg	R	10.76
		组氨酸	histidine	His	H	7.59

极性氨基酸是亲水性的，非极性氨基酸是疏水性的，带电荷的氨基酸的 R 侧链在细胞中具有电负性。

根据 R 侧链基团的不同，可以将 20 种氨基酸分为三种类型。①非极性氨基酸：这类氨基酸具有非极性的侧链基团，共 10 种，除甘氨酸外都属于疏水性氨基酸，包括甘氨酸、丙氨酸、缬氨酸、亮氨酸、异亮氨酸、脯氨酸、色氨酸、苯丙氨酸、半胱氨酸、甲硫氨酸。②极性氨基酸：这类氨基酸具有极性的侧链基团，属于亲水性氨基酸，共 5 种，包括天冬酰胺、谷氨酰胺（这两个氨基酸可以看作是天冬氨酸、谷氨酸的酰胺化的衍生物），丝氨酸、苏氨酸（它们的侧链基团带羟基），酪氨酸（侧链基团中带羟基）。③带电荷的氨基酸：这类氨基酸具有可以解离的侧链基团，属于亲水氨基酸，共 5 种，包括天冬氨酸、谷氨酸（它们的侧链基团有羧基，称为酸性氨基酸），赖氨酸、精氨酸、组氨酸（它们的侧链基团可以作碱性解离，称为碱性氨基酸）。

结构与性质不同的侧链不但影响各个氨基酸的性质，并且还给由氨基酸组成的蛋白质大分子的立体结构和性质带来极大的影响。

（二）肽键与多肽链

一个氨基酸分子中的 α 氨基与另一个氨基酸分子中的 α 羧基脱水缩合，形成肽键（peptide bond）。形成肽键以后，氨基酸已失水，只能称为“氨基酸残基”。肽键是共价键，是氨基的氮与羧基的碳相连形成的（图 5-22）。

图 5-22 中形成的三肽，两端仍具有自由的氨基和羧基，能够继续与其他氨基酸缩合，不同数目的氨基酸肽键顺序相连形成多肽（polypeptide）。肽链的长短可以差异很大，有的仅有几个氨基酸残基，有的则由成百上千个氨基酸残基组成。不同蛋白质的肽链都有特定的氨基酸序列，并在蛋白质中具有特定的三维空间构象。有的蛋白质由一条以上的多肽链（polypeptide chain）组成，每一条多肽链是蛋白质分子的亚单位。

多肽链的一端具有游离的氨基，称为氨基端（N 端），另一端具有游离的羧基，称为羧基端（C 端），在书写上，把 N 端写在左侧，把 C 端写在右侧。这样写也和蛋白质生物合成时新生肽链由 N 端向 C 端延伸相一致。一条多肽链或两条多肽链中半胱氨酸

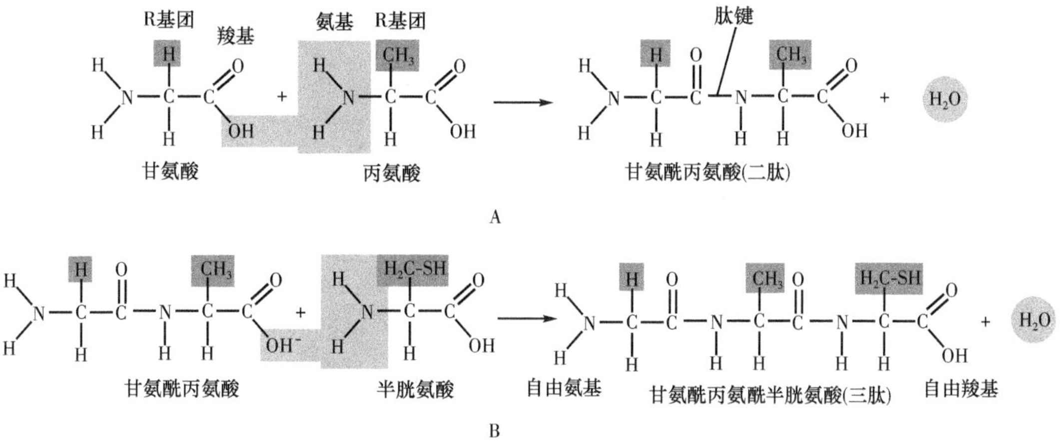

图 5-22　肽键

A. 一分子的甘氨酸与一分子的丙氨酸缩合脱水生成一个二肽；

B. 甘氨酰丙氨酸二肽与半胱氨酸缩合脱水形成一个三肽

的—SH 基团间可形成二硫键（—S—S—），从而使蛋白质具有高级结构，并赋予其多种复杂的生物学功能。

（三）蛋白质的结构与功能

细胞内的蛋白质具有四级结构（图 5-23）。

1. 一级结构（primary structure）

蛋白质是以氨基酸为基本单位通过缩合反应形成的多聚体。多聚体中氨基酸残基的排列次序通常称为氨基酸序列，称为蛋白质的一级结构，又称为初级结构。一级结构包括肽链中氨基酸的数目、种类和顺序等。蛋白质的一级结构决定了该蛋白质的基本性质和功能。如果一级肽链中含有一段疏水氨基酸残基，可以推测，这段肽链具有较强的疏水性，它们比较容易和疏水性的膜脂发生关系，而称为膜蛋白。在水溶液中，蛋白质分子并不是像一级结构所示那样以线性形状存在，实际上，蛋白质链经过反复的盘绕曲折，形成不同层次的高级结构。

2. 二级结构（secondary structure）

通过一级结构中相邻近肽链不同性质氨基酸残基的相互作用，经过一定程度的盘绕和折叠，形成二级结构。一级肽链通过折叠形成二级结构，有两种可能的折叠方式，一种称为 α 螺旋，另一种称为 β 折叠。形成 α 螺旋还是形成 β 折叠取决于一级结构中的氨基酸序列。一级结构的改变可使其二级结构和蛋白质的功能发生变化。例如，血红蛋白肽链中一个特定氨基酸的改变可导致镰形细胞贫血症（sickle cell disease）的发生（图 5-24）。

3. 三级结构（tertiary structure）

在二级结构的基础上，蛋白质多肽链再盘绕或折叠形成的三维空间形态，一般情况下呈球形或纤维形。蛋白质的三级结构可包括若干个 α 螺旋和 β 折叠，蛋白质的三级结

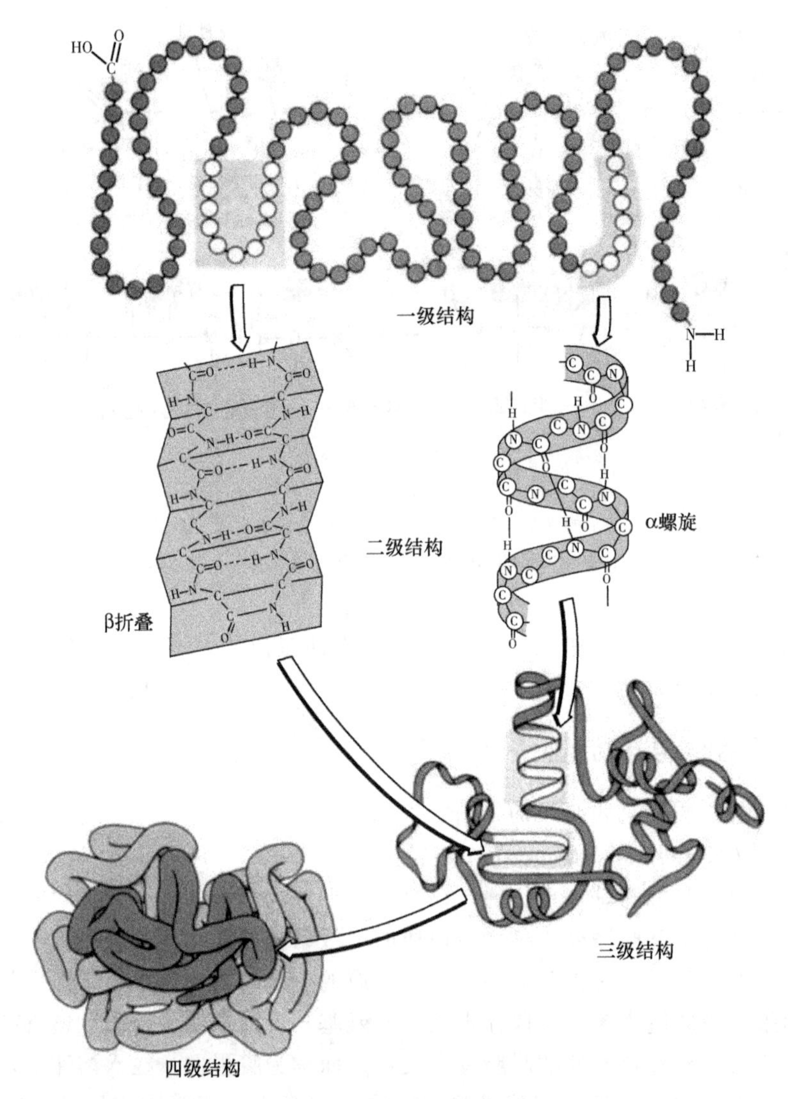

图 5-23　蛋白质的四级结构

构通常受肽链中 R 基团的影响。

4. 四级结构（quaternary structure）

这是蛋白质的最高级的结构，事实上，并非所有的蛋白质都有四级结构，仅有一条肽链的蛋白质一般只形成三级结构。有些蛋白质不止由一条多肽链组成，而是具有两条或两条以上的多肽，这样每条肽链都有其自身的一级、二级、三级结构，形成各自的特征形状。然后，几条肽链之间形成特定的空间构象，这就是蛋白质的四级结构。构成蛋白质四级结构中的每个肽链是该蛋白质的一个亚单位，或称为亚基（subunit）。

蛋白质是细胞的结构和功能分子（表 5-3）。蛋白质是组成细胞的 4 种生物大分子之一，是细胞的主要结构成分。生物膜除了脂就是蛋白质，约占膜的 40%。真核生物染色体中的 DNA 需要与组蛋白形成核小体，细胞骨架完全是由蛋白质组成的蛋白质纤维

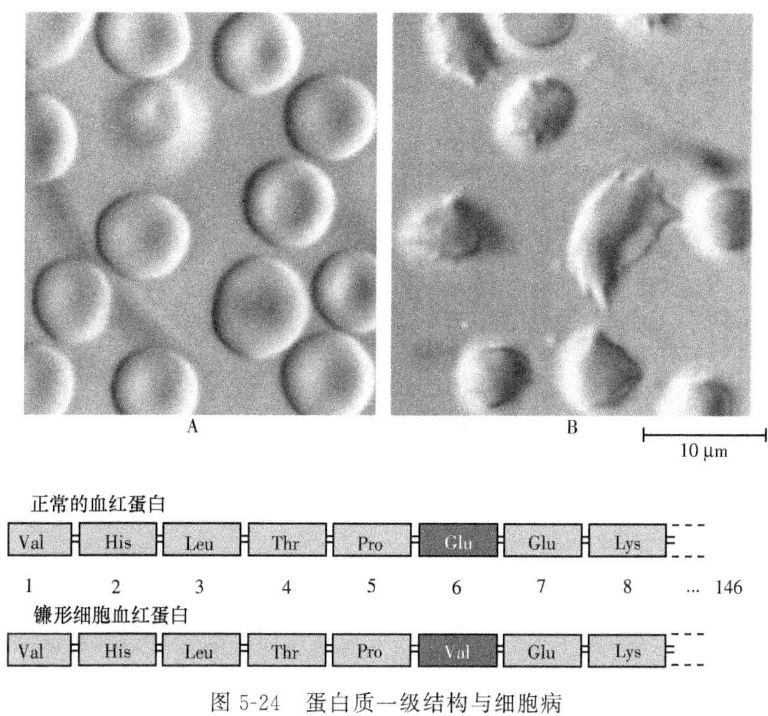

图 5-24　蛋白质一级结构与细胞病

A. 正常的血细胞，血红蛋白肽链中的第 6 个氨基酸是谷氨酸；

B. 镰形细胞，其血红蛋白的第 6 个氨基酸是缬氨酸

结构。参与蛋白质合成的核糖体的主要结构成分是几十种蛋白质。另外，遗传信息流传递、信号传递等都需要蛋白质的参与。所以说蛋白质是生命组成者也是功能体现者。

表 5-3　细胞内蛋白质的某些功能

功能	举例	功能	举例
结构材料	胶原、角蛋白	激素	胰岛素、生长激素
运动	肌动蛋白，肌球蛋白	物质运输	Na^{+}-K^{+}泵
营养储存	酪蛋白、铁蛋白	信号转导	乙酰胆碱受体
基因调控	lac 操纵子	渗透压调节	血清白蛋白
免疫作用	抗体	毒素	白喉和霍乱毒素
电子转移	细胞色素	酶（催化作用）	氧化还原酶、连接酶等

近年来研究发现，很多大的蛋白质分子都是由两个或两个以上结合紧密的功能区域构成的，这种区域称为结构域（domain），结构域在功能上具有半独立性，它可与不同因子结合。图 5-25 显示了从马肌细胞中分离的磷酸甘油酸激酶（phosphoglycerate kinase）结晶的结构域，这两个结构域通过一个铰链连接起来。从结构层次看，结构域在二级和三级结构之间，因为结构域包含若干个二级结构成分，并与蛋白质分子的某种功能相关。

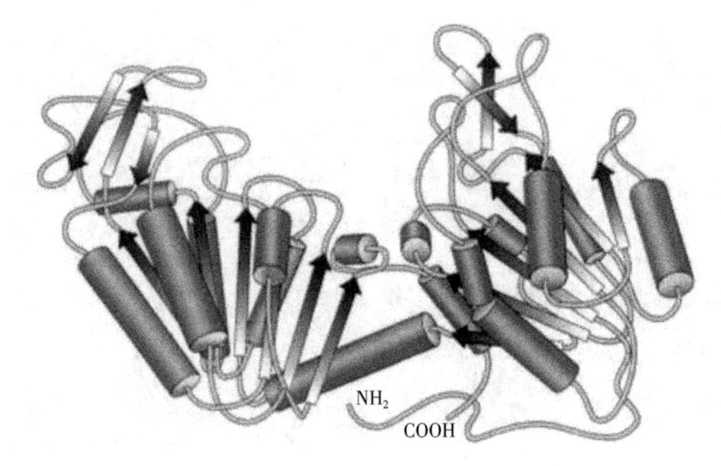

图 5-25 蛋白质的结构域

五、核酸：DNA 和 RNA

细胞中的核酸（nucleic acid）是储存和传递遗传信息的物质基础，控制着蛋白质的合成。

核酸结构单体是核苷酸，一个核苷酸包括一个含氮碱基、一个核糖和一个磷酸根。图 5-26 为腺苷酸的结构示意图。

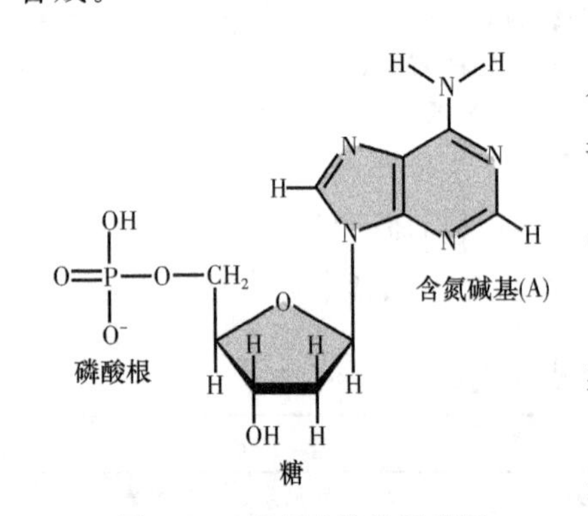

图 5-26 腺苷酸结构示意图

（一）核酸的分类与功能

脱氧核糖核酸 DNA，含 G、A、C、T 四种碱基和脱氧核糖，主要作为遗传物质。

核糖核酸 RNA，含 G、A、C、U 四种碱基和核糖。RNA 种类较多，有 tRNA、rRNA、mRNA，还有一些存在于细胞核和细胞质中的小分子 RNA，它们具有不同的功能，在某些病毒中 RNA 是遗传物质，有些 RNA 具有酶的功能，称为核酶（ribozyme）。

表 5-4 为两类核酸的基本化学组成。

表 5-4 两类核酸的基本化学组成

组成成分		DNA	RNA
碱基	嘌呤碱	腺嘌呤（A）、鸟嘌呤（G）	腺嘌呤（A）、鸟嘌呤（G）
	嘧啶碱	胞嘧啶（C）、胸腺嘧啶（T）	胞嘧啶（C）、尿嘧啶（U）
	戊糖	D-2-脱氧核糖	D-核糖
	酸	磷酸	磷酸

核苷酸还可以作为化学能量的携带者，其中 ATP 称为能量的货币单位，能量在 ATP 分子上的最后一个磷酸基水解断裂时释放出来。此外 cAMP 作为重要的信号分子，在细胞信号转导中起着重要的第二信使作用。还有一些核苷酸参与辅酶的生成，起着转移化学基团的作用。

（二）核酸链的方向性

若干个核苷酸通过磷酸二酯键连接成的多聚核苷酸链，在链的 C-5′端连接的磷酸只有一个酯键，称为 5′端；另一端 C-3′上的羟基是自由的，称为 3′端。在 DNA 复制过程中，新生链的延伸总是朝着 5′端向 3′端的方向。在分子生物学上规定：以 DNA 转录起始点为界线，转录起点前面，即 5′端的序列称为上游；而把其后，即 3′端的序列称为下游，如图 5-27 所示。

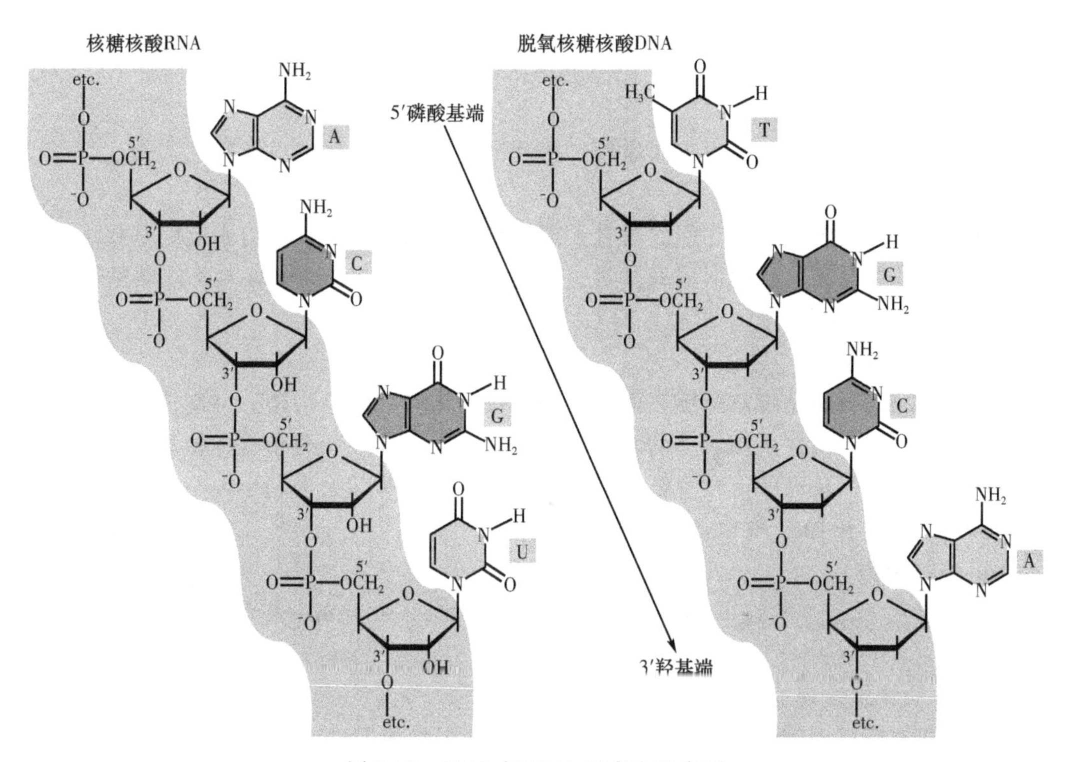

图 5-27 RNA 与 DNA 链方向示意图

（三）DNA 的结构

DNA 的一级结构是指构成 DNA 分子的核苷酸连接及其顺序。

DNA 的二级结构就是 DNA 双螺旋结构，如图 5-28 所示。该结构模型于 1953 年由 Watson 和 Crick 提出，DNA 双螺旋结构的要点如下。

1. 主链

主链（backbone）由脱氧核糖和磷酸基通过酯键交替连接而成。主链有两条，它们

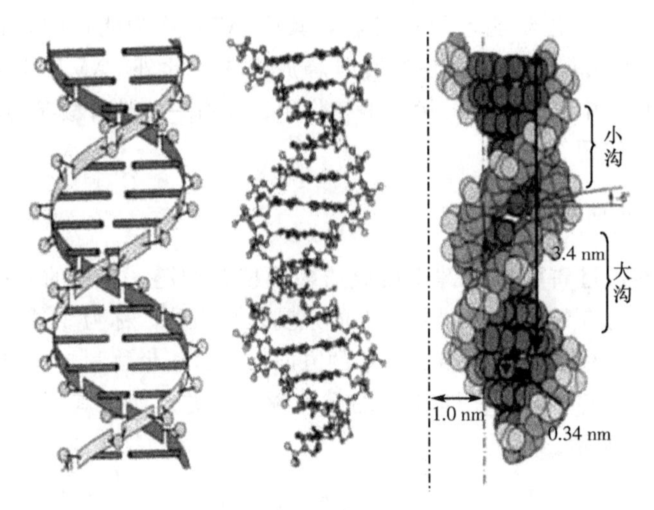

图 5-28 DNA 双螺旋结构三种表示方式示意图

似麻花状绕一共同轴心以右手方向盘旋，相互平行而走向相反形成双螺旋构型。

2. 碱基对

碱基位于螺旋的内侧，它们以垂直于螺旋轴的取向通过糖苷键与主链糖基相连。同一平面的碱基在两条主链间形成碱基对。配对碱基总是 A 与 T 和 G 与 C。碱基对以氢键维系，A 与 T 间形成两个氢键，而 G 与 C 间形成三个氢键。

3. 大沟和小沟

大沟和小沟分别是指双螺旋表面凹下去的较大沟槽和较小沟槽。小沟位于双螺旋的互补链之间，而大沟位于相毗邻的双股之间。这是由于连接于两条主链糖基上的配对碱基并非直接相对，从而使得在主链间沿螺旋形成空隙不等的大沟和小沟。在大沟和小沟内的碱基对中的 N 原子和 O 原子朝向分子表面。

4. 结构参数

螺旋直径 2nm；螺旋周期包含 10 对碱基；螺距 3.4nm；相邻碱基对平面的间距 0.34nm。

DNA 双螺旋发现的最深刻意义在于：

(1) 能够圆满地解释作为遗传功能分子的 DNA 是如何进行复制的。

(2) 半保留复制是生物体遗传信息传递的最基本方式。

(3) 确立了核酸作为信息分子的结构基础；提出了碱基配对是核酸复制、遗传信息传递的基本方式；从而最后确定了核酸是遗传的物质基础。

DNA 结构具有多态性，常见的有 B、A、C、Z 等构象。

B 构象。在生理盐溶液中 92%相对湿度下进行 X 射线衍射图谱，最常见的 DNA 构象。

A 构象。在以钠、钾或铯作反离子，相对湿度为 75%时，不仅出现于脱水 DNA 中，还出现在 RNA 分子中的双螺旋区域的 DNA-RNA 杂交分子中。

C 构象。以锂作反离子，相对湿度进一步降为 66%。

Z构象。A. H-J. Wang和A. Rich等在研究人工合成的CGCGCG单晶的X射线衍射图谱时分别发现这种六聚体的构象与上面讲到的完全不同，如图5-29所示。它是左手双螺旋，在主链中各个磷酸根呈锯齿状排列，有如“之”字形一样。这一构象中的重复单位是二核苷酸而不是单核苷酸；而且Z-DNA只有一个螺旋沟，它相当于B构象中的小沟，它狭而深，大沟则不复存在。Z-DNA的形成是DNA单链上出现嘌呤与嘧啶交替排列所成的。这种碱基排列方式会造成核苷酸的糖苷键的顺式和反式构象的交替存在。当碱基与糖构成反式结构时，它们之间离得远；而当它们成顺式时，就彼此接近。嘧啶糖苷键通常是反式的，而嘌呤糖苷键既可成顺式也可成反式。而在Z-DNA中，嘌呤碱是顺式的。这样，在Z-DNA中嘧啶的糖苷键离开小沟向外挑出，而嘌呤上的糖苷键则弯向小沟。嘌呤与嘧啶的交替排列就使得糖苷键也是顺式与反式交替排列，从而使Z-DNA主链呈锯齿状或“之”字形。

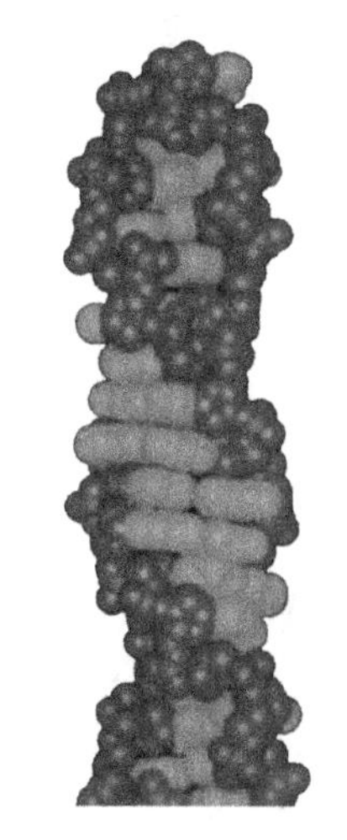

图5-29　Z-DNA的结构示意图

细胞DNA分子中确实存在有Z-DNA区。而且，细胞内有一些因素可以促使B-DNA转变为Z-DNA。应当指出Z-DNA的形成通常在热力学上是不利的。因为Z-DNA中带负电荷的磷酸根距离太近了，这会产生静电排斥。但是，DNA链的局部不稳定区的存在就成为潜在的解链位点。DNA解螺旋是DNA复制和转录等过程中必要的环节，因此认为这一结构位点与基因调节有关。例如，SV40增强子区中就有这种结构；又如，鼠类微小病毒DNA复制区起始点附近有GC交替排列序列。此外，DNA螺旋上沟的特征在其信息表达过程中起关键作用。调控蛋白都是通过其分子上特定的氨基酸侧链与DNA双螺旋沟中的碱基对一侧的氢原子供体或受体相互作用，形成氢键从而识别DNA上的遗传信息的。大沟所带的遗传信息比小沟多。沟的宽窄和深浅也直接影响调控蛋白对DNA信息的识别。Z-DNA中大沟消失，小沟狭而深，使调控蛋白识别方式也发生变化。这些都暗示Z-DNA的存在不仅仅是由于DNA中出现嘌呤-嘧啶交替排列的结果，也一定是在漫漫的进化长河中对DNA序列与结构不断调整与筛选的结果，有其内在而深刻的含意，只是人们还未充分认识而已。

（四）RNA的结构与功能

RNA是单链分子，不存在碱基配对关系；但RNA分子在局部能形成碱基对（A-U，G-C），出现双螺旋，不配对区域形成突起（环）。

主要的RNA可以分为三类：信使RNA（mRNA）——转录遗传信息；转运RNA（tRNA）——蛋白质合成；核糖体RNA（rRNA）——运载氨基酸。

1. mRNA

mRNA具有如下特征。①线形单链分子，长短不一，相对分子质量为150 000～2 000 000，数量占细胞内RNA总量的5%～10%。功能是作为mRNA的支架，使mRNA分子在其上展开，实现蛋白质的合成。②携带DNA信息，作为指导合成蛋白质的模板。③5′端有甲基化的 G 帽，抗水解，有稳定 mRNA 的作用——前导序列。④3′-polyA 结构。⑤半衰期短（几分钟至几小时）（图 5-30）。

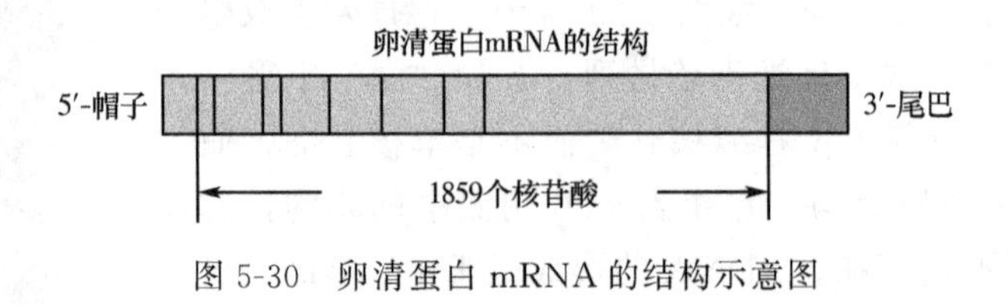

图 5-30　卵清蛋白 mRNA 的结构示意图

2. tRNA

tRNA 占 RNA 总量的 5%～10%，单链分子，但约有一半核苷酸彼此以氢键互补相连造成局部的双链，tRNA 的分子成 L 形的三维分子，展平后就成了三叶草形。由于 tRNA 分子的同工性（iso acceptor），所以细胞内 tRNA 的种类（80 多种）比氨基酸的种类多。分子质量一般为 25～30kDa，沉降常数约 4S，由 73～93 个核苷酸组成，其中含大量稀有碱基，如假尿嘧啶核苷（ψ）、各种甲基化的嘌呤和嘧啶核苷、二氢尿嘧啶（hU 或 D）和胸腺嘧啶（T）核苷等。对绝大多数原核细胞和真核细胞一个 tRNA 分子来说，一般有 10～15 个稀有碱基。tRNA 主要起转运氨基酸的作用。其三级结构与二级结构如图 5-31 所示。

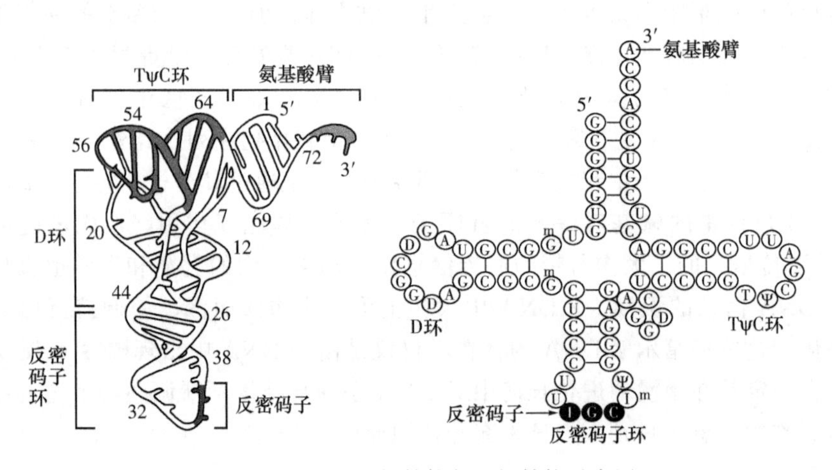

图 5-31　tRNA 三级结构与二级结构示意图

3. rRNA

rRNA 含量最多（82%），相对分子质量最大，与蛋白质结合而成核糖体。功能是作为 mRNA 的支架，使 mRNA 分子在其上展开，实现蛋白质的合成。

rRNA 是由多基因编码的，序列十分保守。虽然核糖体小亚基 rRNA 分子大小有多种，但是它的复杂的折叠结构却是高度保守的。rRNA 的分子质量较大，结构相当复杂，目前虽已测出不少 rRNA 分子的一级结构，但对其二级结构、三级结构及其功能的研究还需进一步的深入。原核生物的 rRNA 分三类：5S rRNA、16S rRNA 和 23S rRNA。真核生物的 rRNA 分 4 类：5S rRNA、5. 8S rRNA、18S rRNA 和 28S rRNA。

S为大分子物质在超速离心沉降中的一个物理学单位，可间接反映分子质量的大小。原核生物和真核生物的核糖体均由大、小两种亚基组成。以构成核糖体小亚基的16S rRNA为例，其分子由1540个核苷酸组成，它折叠成三个区块：5′区、3′区和中心区。

第三节 细 胞

细胞由膜包裹的原生质所组成。原生质里有遗传物质、合成蛋白质的核糖体及参与遗传信息传递的蛋白质酶体系。细胞是由化学分子经多级组装而成的，各种不同生物类型的细胞结构不完全相同。

一、细胞概述

细胞是生命活动的基本单位，能够通过分裂而增殖，是生物体个体发育和系统发育的基础。细菌、酵母等微生物以单细胞的形式存在，而高等动物、植物则是由多细胞构成的生命有机体，因而也是结构的基本单位。

（一）细胞的发现与细胞学说

1665年英国学者胡克（R. Hooke）第一个发现了细胞。开始他想弄明白为什么软木塞吸水后能够膨胀，并且能够堵塞住瓶中的气体。于是用自制的显微镜观察栎树软木塞切片，发现其中有许多小室，状如蜂窝，他称为“cella”，这是人类第一次发现细胞（图5-32）。

A

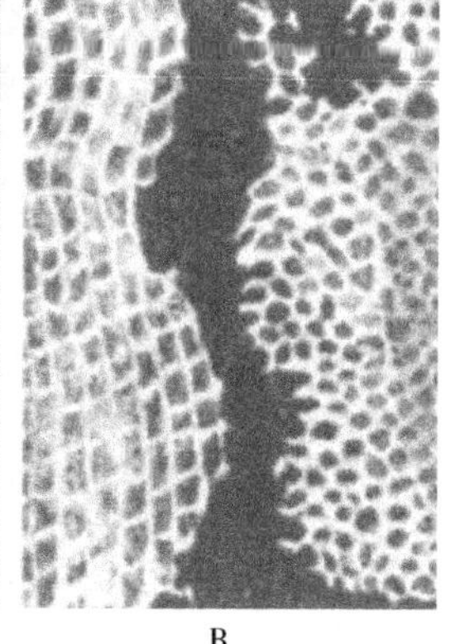

B

图5-32 胡克所用的显微镜及观察的栎树细胞的细胞壁

不过，胡克发现的只是死细胞的细胞壁。1674 年，荷兰人列文虎克（A. van Leeuwenhoek）为了检查布的质量，亲自磨制透镜，装配了高倍显微镜（300 倍左右），并观察到了血细胞、池塘水滴中的原生动物、人类和哺乳类动物的精子，这是人类第一次观察到完整的活细胞。

1838 年，德国植物学家施莱登（M. Schleiden）提出植物是由细胞构成的；1939 年，德国动物学家施旺（T. Schwann）指出植物和动物的细胞具有类似的结构，并提出关于细胞的两条重要原理：第一，地球上的生物都是由细胞构成的；第二，所有的生活细胞在结构上都是相类似的。1855 年德国医生和病理学家魏尔肖（R. Virchow）又补充了第三条原理：所有的细胞都是来自于已有细胞的分裂，即细胞来自细胞。这三条原理就是著名的细胞学说。细胞学说的提出论证了生物界的统一性和生命的共同起源。恩格斯将细胞学说、进化论和能量守恒定律并列为 19 世纪的三大发明。

（二）细胞形态与大小

细胞具有多种多样的形态，有球形、杆状、星形、多角形、梭形、圆柱形等。多细胞生物体，依照细胞在各种组织和器官中所承担的不同功能，分化形成了各种不同的形状。

细胞形态结构与功能的相关性与一致性是很多细胞的共同特点。例如，红细胞呈扁圆形的结构，有利于 O_2 和 CO_2 的交换；高等动物的卵细胞和精细胞不仅在形态、而且在大小方面都是截然不同的，这种不同与它们各自的功能相适应。卵细胞之所以既大又圆，是因为卵细胞受精之后，要为受精卵提供早期发育所需的信息和相应的物质，这样，卵细胞除了带有一套完整的基因组外，还有很多预先合成的 mRNA 和蛋白质，所以体积就大；而圆形的表面则便于与精细胞结合。

细胞最为典型的特点是在一个极小的体积中形成极为复杂而又高度组织化的结构。典型的原核细胞的直径平均为 1～10μm，而真核细胞的直径平均为 3～30μm，一般为 10～20μm。有两种计量细胞大小的单位，微米（μm）和纳米（nm）。1μm 等于 10^{-6} m，1nm 等于 10^{-9} m。使用电子显微镜后又提出埃（angstrom，Å）为超显微结构的计量单位，1 埃（Å）等于 0.1nm，但并不常用。1Å 可粗略地看成是一个氢原子的直径。

绝大多数细胞是不能用肉眼观察的，需要用显微镜。更细微的细胞结构则需要用电子显微镜（图 5-33）。

细胞本身的大小并非是随意改变的，细胞体积要维持相对恒定。哺乳动物细胞的体积大小受几个因素的限制，其中一个主要限制因素是体积与表面积的关系。假定一个边长为 30μm 的正方体的细胞，若将该立方体细胞分成为 27 个边长为 10μm 的正方体的小细胞，计算表面积。计算结果表明，细胞的总体积没有变化，但是细胞分小后，面积由原来的 5400μm² 扩大到 16 200μm²，是原来的 3 倍。这样，每个小细胞的表面积与体积的比要比大细胞的比值大得多（表 5-5，图 5-34）。

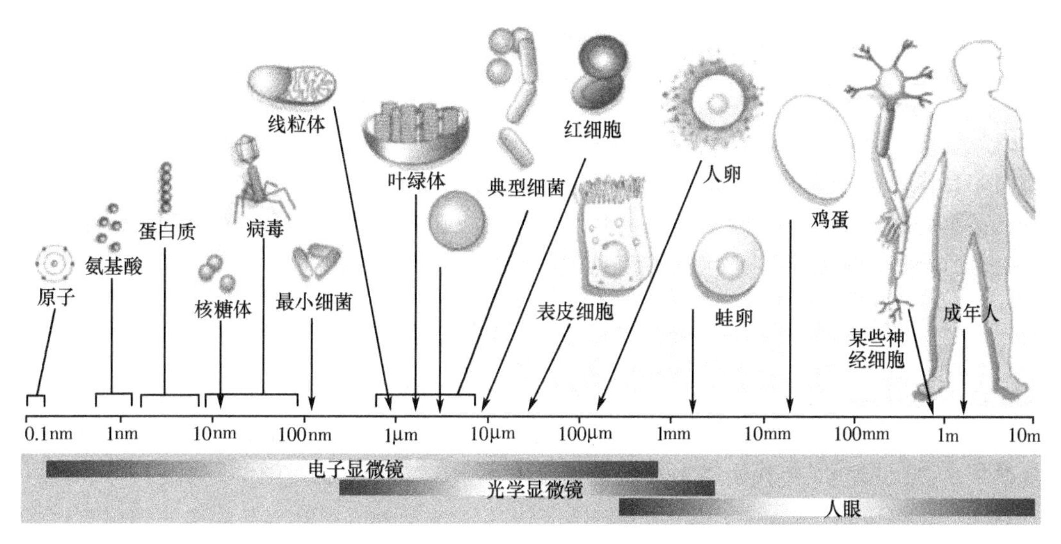

图 5-33 细胞的形态与大小

表 5-5 细胞表面积与体积的关系

指　标	计算方法	大细胞	小细胞
表面积	表面积＝长×宽×面数×数量	30×30×6×1＝5 400μm^2	10×10×6×1＝600μm^2
体积	体积＝长×宽×高×数量	30×30×30×1＝27 000μm^3	10×10×10×1＝1 000μm^3
表面积/体积比	表面积/体积	0.2（5 400/27 000）	0.6（600/1 000）

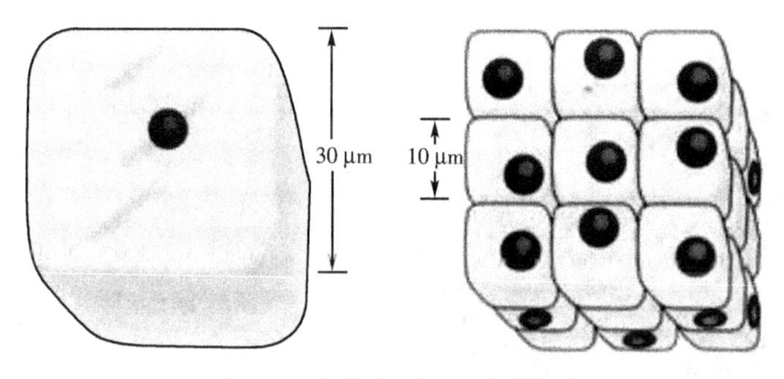

图 5-34 细胞表面积与体积的比

（三）细胞的基本共性

不同类型的细胞在结构上和功能上具有极大的相似性。

所有细胞都具有选择透性的膜结构。细胞都具有一层界膜，将细胞内的环境与外环境隔开。为了能够调节物质进出细胞，并使细胞有最适合的内部环境，膜结构有两个基本的作用：一是在细胞内外起屏障作用，即不允许物质随意进出细胞；二是要在细胞内构筑区室，形成各个功能特区。

细胞都具有遗传物质。细胞内最重要的物质就是遗传物质 DNA。在真核细胞中，DNA 被包裹在膜结构即细胞核中，而原核细胞的 DNA 是裸露的，没有核膜包裹，所以称为拟核（nucleoid）。DNA 是遗传信息的一级载体，能够被转录成 RNA，并进行蛋白质的合成，这就是遗传信息流。

细胞都具有核糖体。所有类型的细胞，包括最简单的支原体都含有核糖体。核糖体是蛋白质合成的机器，在细胞遗传信息流的传递中起重要作用。

二、细胞的两种基本类型

在细胞的进化中，虽然经历了原核细胞和真核细胞两个不同的阶段，但是，原核细胞并没有消失，我们今天所见到的细胞仍然分为两大类：原核细胞和真核细胞。这一概念最早是 20 世纪 60 年代由著名细胞生物学家 H. Ris 提出的。

（一）原核细胞

原核细胞（prokaryotic cell）是组成原核生物的细胞。这类细胞的主要特征是没有明显可见的细胞核，同时也没有核膜和核仁，只有拟核，进化地位较低。

细菌（bacteria）是原核细胞的主要类群。细菌细胞的基本特点是：遗传信息量少，内部结构简单，除核糖体外，没有分化成以膜为基础的专门结构和功能的细胞器与核膜（图 5-35）。

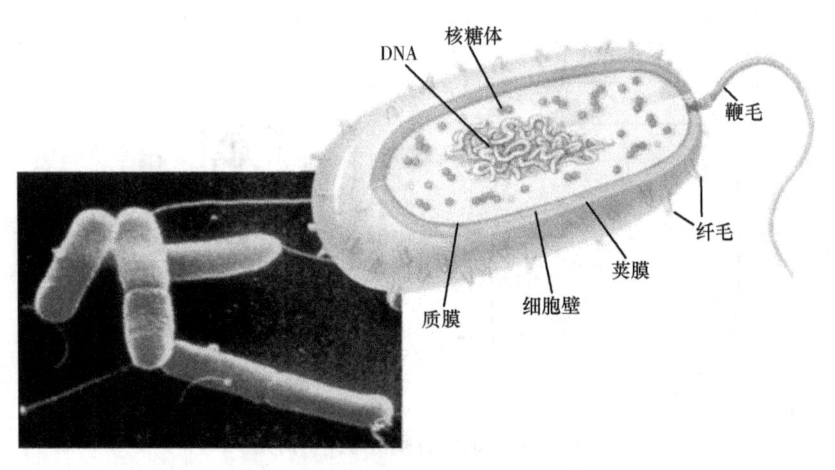

图 5-35 典型的细菌细胞形态结构

细菌的细胞通常很小，只有几微米。细菌细胞的界膜，即细胞质膜的外侧都是被一层坚硬的细胞壁包裹起来。细胞壁的厚度为 15～100nm，或更厚，有些细菌的表面还有一层荚膜。

细菌没有细胞核结构，仅为 DNA 与少量 RNA 或蛋白质结合物，也没有核仁和有丝分裂器。*E. coli* 的 DNA 是环状的，长为 42×10^6 bp，含约 4000 个基因。

细菌体表还有菌毛和鞭毛。菌毛有两种，一种短而细，具有呼吸作用；另一种是数量少但细长的性纤毛，为雄性菌所特有。鞭毛是细菌的运动器官，鞭毛蛋白的氨基酸组成与横纹肌中的肌动蛋白相似。

（二）真核细胞

真核细胞（eukaryotic cell）是构成真核生物的细胞，具有典型的细胞结构，有明显的细胞核、核膜、核仁和核基质。真核细胞的种类繁多，既包括大量的单细胞生物和原生生物细胞（如原生动物和一些藻类细胞），又包括全部的多细胞生物（一切动植物）的细胞。

真核细胞的主要特点是以生物膜为基础进一步分化，使细胞内部产生许多功能区室，它们各自分工负责又相互协调和协作。

动物细胞是真核细胞的主要类型之一（图 5-36）。动物细胞的表面没有细胞壁，仅是一层单位膜。细胞内有一个明显可见的细胞核，被两层膜包裹着。

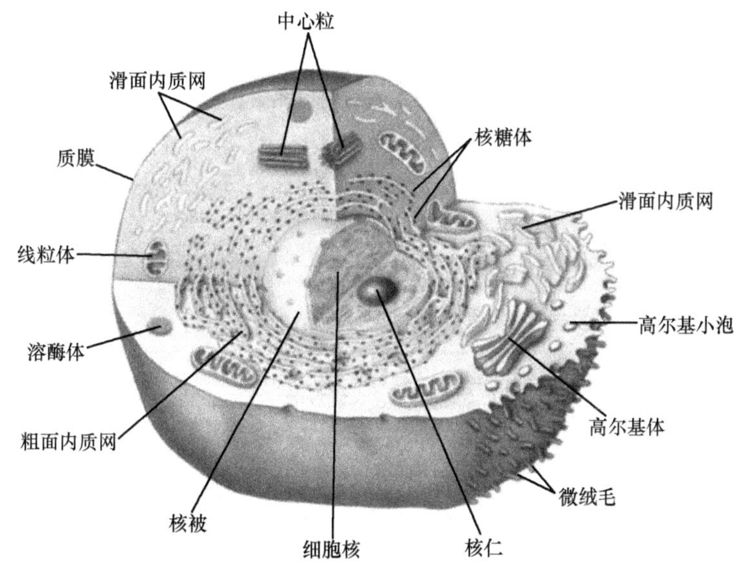

图 5-36　动物细胞模式图

真核细胞核中含有大量的遗传物质，如人的细胞核中含有的染色体 DNA 的总长度达到 1m，某些生物细胞核中的 DNA 分子更长，如蛙的 DNA 总长度有 10m 之多。真核细胞内部结构比原核生物要复杂得多，还有许多纤维状的结构，它们不仅维持着真核细胞的形态，还有许多重要的功能，如参与细胞分裂、物质运输等。除此之外，真核细胞中还有许多膜包被的细胞器。

真核细胞中另一主要类型是植物细胞（图 5-37）。动物细胞具有的结构，植物细胞基本都有，但是植物细胞还有一些独特的结构，包括细胞壁、质体、中央液泡等。液泡是植物细胞特有的结构，它是植物细胞的代谢库，起调节细胞内环境的作用。液泡是由膜包围的封闭结构，内部是含盐、糖与色素等物质的水溶液，溶液的浓度可以达到很高的程度。液泡的另一个作用可能是作为渗透压计（osmometer），使细胞保持膨胀的状态。

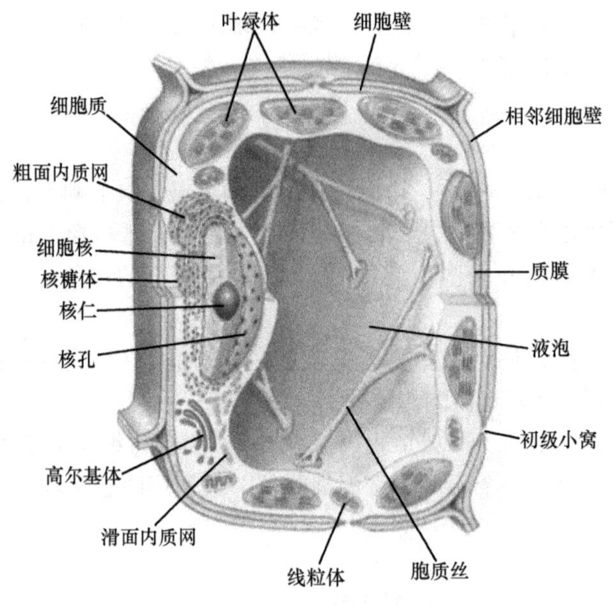

图 5-37 植物细胞模式图

（三）三类细胞的比较

表 5-6 总结了细菌细胞、动物细胞和植物细胞的主要异同点。

表 5-6 细菌细胞、动物细胞与植物细胞的比较

细胞器	细菌细胞	动物细胞	植物细胞
细胞壁	有（蛋白质与多糖）	无	有（纤维素）
细胞质膜	有	有	有
鞭毛	可能有	可能有	大多数没有
内质网	无	有	有
线粒体	无	有	有
中心粒	无	有	无
高尔基体	无	有	有
细胞核	无	有	有
叶绿体	无	无	有
染色体	单条、环状、裸露 DNA	有	有
核糖体	有	有	有
液泡	无	无	有
溶酶体	无	有	无
圆球体	无	无	有
乙醛酸循环体	无	无	有
细胞连接	无	有	有
细胞骨架	无	有	有
通信连接方式	无	间隙连接	胞间连丝
胞质分裂方式	收缩	收缩环	细胞板

三、生物膜的结构与功能

存在于细胞结构中的膜（membrane）不仅薄，而且具有半透性（semi-permeability），允许一些不带电荷的小分子自由通过。

细胞质膜（plasma membrane）是指包围在细胞表面的一层极薄的膜，主要由膜脂和膜蛋白所组成。质膜的基本作用是维护细胞内微环境的相对稳定，并参与同外界环境进行物质交换、能量和信息传递。另外，在细胞的生存、生长、分裂、分化中起重要作用。

真核生物除了具有细胞表面膜外，细胞质中还有许多由膜包被的各种细胞器，这些细胞器的膜结构与质膜相似，但功能有所不同，这些膜称为内膜（internal membrane），或胞质膜（cytoplasmic membrane）。内膜包括细胞核膜、内质网膜、高尔基体膜等。由于细菌没有内膜，所以细菌的细胞质膜代行胞质膜的作用。习惯上把细胞所有膜结构统称为生物膜（biomembrane 或 biological membrane），实际上它是细胞内膜和质膜的总称。生物膜是细胞的基本结构，它不仅具有界膜的功能，还参与全部的生命活动。

（一）膜的结构模型

关于膜结构的研究从 19 世纪末就开始了。1890 年，E. Overton 发现了脂溶性物质容易透过细胞，提出了脂肪栅的膜结构设想。1925 年，荷兰的两位科学家 E. Gorter 和 F. Grendel 根据对红细胞的研究，提出细胞的外面有一个双脂分子层结构。但是，这些研究工作只是认识到膜脂的存在，并没有将蛋白质与膜的功能真正联系起来。

1935 年 H. Danielli 和 J. Davson 提出“双分子片层”结构模型，或三明治式模型。他们认为膜的骨架是脂肪形成的脂双层结构，但是，为了降低活细胞的表面张力，他们假定在脂双层的内外两侧都有一层蛋白质包被，即蛋白质-脂-蛋白质的三层结构，内外两层的蛋白质层都非常薄。他们还认为，蛋白质层以非折叠、完全伸展的肽链形式包在脂双层的内外两侧。这一模型提出后，很快又进行了一些细微的修改，认为在膜上有一些一维伸展的孔，孔的表面也是由蛋白质包被的，这样孔就具有极性，提高了水对膜的通透性。

1972 年 S. J. Singer 和 J. L. Nicolson 总结了当时有关膜结构模型及各种研究新技术的成就，提出了流体镶嵌模型（fluid mosaic model），保留了单位膜模型中有关脂双分子层的正确概念，但对蛋白质的存在状态进行了较大的修改，认为球形膜蛋白分子以各种镶嵌形式与脂双分子层相结合，有的附在内外表面，有的全部或部分嵌入膜中，有的贯穿膜的全层，这些大多是功能蛋白。图 5-38 是三明治模型与流体镶嵌模型的比较。

流体镶嵌模型有两个主要特点：第一个特点就是蛋白质不是伸展的片层，而是以折叠的球形镶嵌在脂双层中，蛋白质与膜脂的结合程度取决于膜蛋白中氨基酸的性质；第二个特点就是膜具有一定的流动性，不再是封闭的板块结构，以适应细胞各种功能的需要。

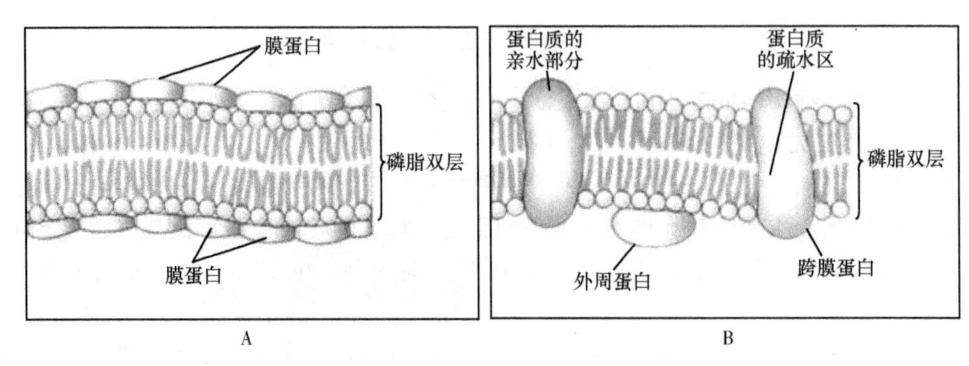

图 5-38 质膜的三明治模型与流体镶嵌模型

A. 质膜的三明治模型；B. 质膜的流体镶嵌模型

流体镶嵌模型的最高明之处就是认识到不同的膜蛋白与膜脂的亲和性是不同的，因而影响膜蛋白在膜中的位置，即膜蛋白与膜脂的作用方式。整合膜蛋白具有一个或多个疏水区，与脂双层内部的疏水区具有亲和力，因而这些蛋白质与膜脂结合较紧而不易除去。然而，这些整合蛋白也有一个或多个亲水区，使它们伸向膜外，进入膜两侧的水相。外周蛋白由于缺少疏水区，因而不能插入脂双层，但是能够通过弱的静电作用同膜脂的亲水头结合或是与整合蛋白的亲水区结合，因此外周蛋白较容易从膜中分离。图5-39是现今广为接受的生物膜结构模型。

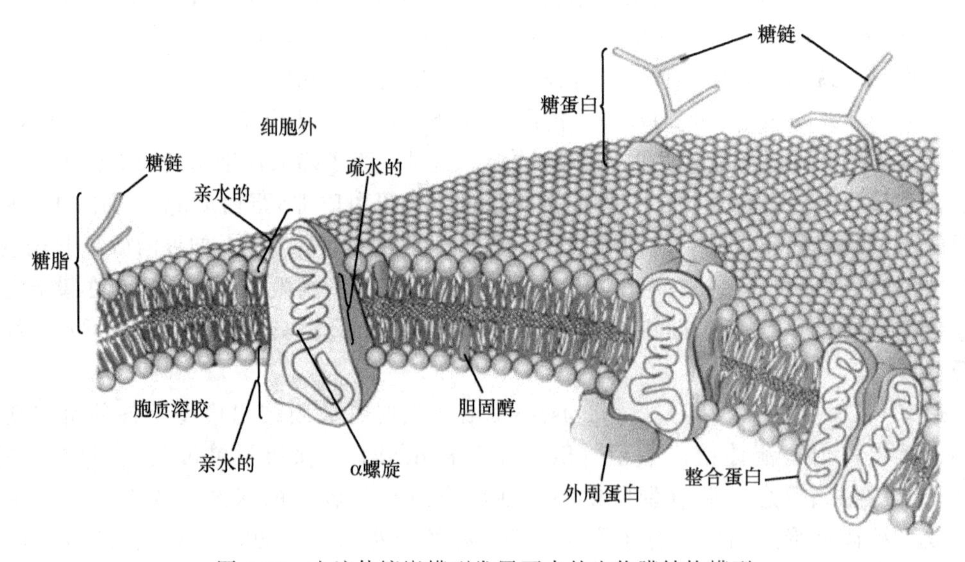

图 5-39 由流体镶嵌模型发展而来的生物膜结构模型

（二）膜的化学组成

膜是由脂、蛋白质和糖组成的，一般而言，脂类约占 50%，蛋白质约占 40%，糖类占 2%～10%，不同的膜含量不同（表 5-7）。

表 5-7　不同生物膜中的蛋白质、脂和糖类的量（干重的百分比）

膜类型	蛋白质	脂肪	糖类
质膜			
红细胞	49	43	8
神经鞘	18	79	3
肝细胞	54	36	10
核膜	66	52	2
高尔基体	64	26	10
内质网	62	27	10
线粒体			
外膜	55	45	痕迹量
内膜	78	22	—
叶绿体	70	20	—

生物膜上的脂类统称为膜脂（membrane lipid），其分子排列呈连续的双层，构成了生物膜的基本骨架。所有的膜脂都是两亲性的（amphipathic），即这些分子都有一个亲水末端（极性端）和一个疏水末端（非极性端）。这种性质使生物膜具有屏障作用，大多数水溶性物质不能自由通过，只允许亲脂性物质通过。膜脂约占膜的 50%，主要有三大类，包括磷脂、鞘脂、胆固醇。

人的血型可分为 A 型、B 型、AB 型和 O 型，血型是由红细胞膜脂或膜蛋白中的糖基决定的。A 血型的人红细胞膜脂寡糖链的末端是 *N*-乙酰半乳糖胺（GalNAc），B 血型的人红细胞膜脂寡糖链的末端是半乳糖（Gal），O 型则没有这两种糖基，而 AB 型的人则在末端同时具有这两种糖基。

膜中的糖占膜质量的 2%～10%，糖含量的多少因细胞的不同而不同，如红细胞膜中蛋白质占 52%、脂占 40%、糖占 8%。在 8%的糖中有 7%与膜脂共价连接在一起形成糖脂，其余 93%的糖则是同膜蛋白共价相连形成糖蛋白。应特别指出的是，细胞质膜上所有的膜糖（membrane carbohydrate）都位于质膜的外表面，内膜系统中的膜糖则位于内表面。自然界存在的单糖及其衍生物有 200 多种，但存在于膜的糖类只有其中的 9 种，而在动物细胞质膜上的主要是 7 种。

真核细胞质膜中的糖类通过共价键同膜脂或膜蛋白相连，即以糖脂或糖蛋白的形式存在于细胞质膜上。

红细胞质膜中的糖脂对 ABO 血型具有决定作用。ABO 血型是由 ABO 抗原决定的，ABO 抗原是一种糖脂，其寡糖部分具有决定抗原特异性的作用（图 5-40）。

虽然膜脂构成膜的基本结构，但是生物膜的特定功能主要是由蛋白质决定的。膜蛋白（membrane protein）占膜的 40%～50%，有 50 余种膜蛋白。在不同细胞中膜蛋白的种类及含量有很大差异，有的含量不到 25%，有的含量达到 75%。膜蛋白的相对分子质量也有很大差别，为 10 000～250 000。我们已讨论过的红细胞的质膜是较为简单的，只有十几种主要膜蛋白。体外培养的 HeLa 细胞的膜较为复杂，有 50 余种主要蛋白质。一般来说，功能越复杂的膜，其上的蛋白质种类越多。

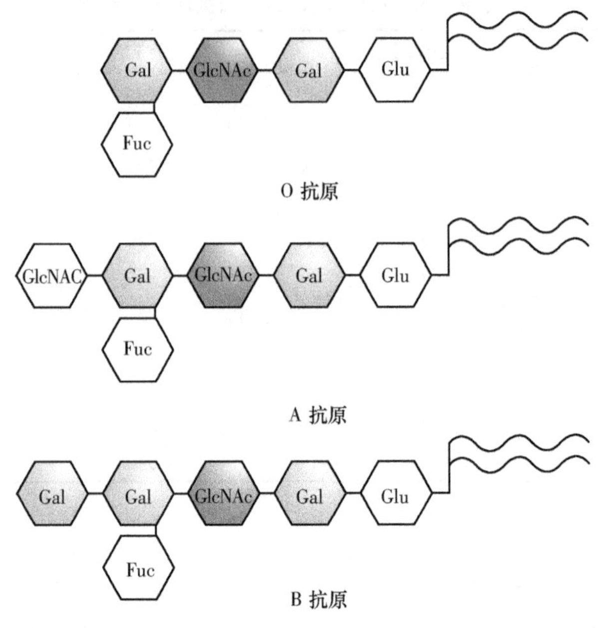

图 5-40 ABO 血型

由于膜蛋白种类多、功能复杂，对膜蛋白没有一定的分类标准，通常可根据膜蛋白的存在方式进行粗略的分类。膜蛋白在膜上的存在方式，主要是根据膜蛋白与膜脂的关系分为整合蛋白（integral protein）、外周蛋白（peripheral protein）、脂锚定蛋白（lipid-anchored protein）。

细胞质膜有着许多重要的生物学功能，这些功能大多数是由膜蛋白来执行的。膜蛋白中有些是运输蛋白，转运特殊的分子和离子进出细胞；有些是酶，催化与酶相关的代谢反应；有些是连接蛋白，起连接作用；还有些是受体，起信号接收和转导作用等（图 5-41）。

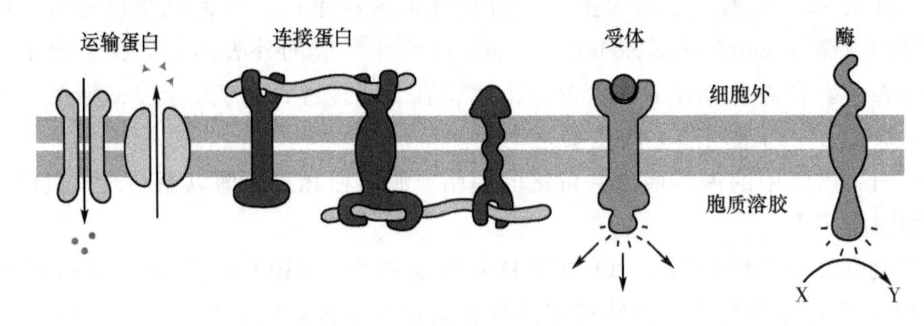

图 5-41 膜蛋白的某些功能

（三）膜功能

膜是细胞的重要结构，对外防止有害物质的侵入，对内维持环境，同时又是细胞的门户，是细胞物质进出的口岸。主要功能概括于图 5-42。

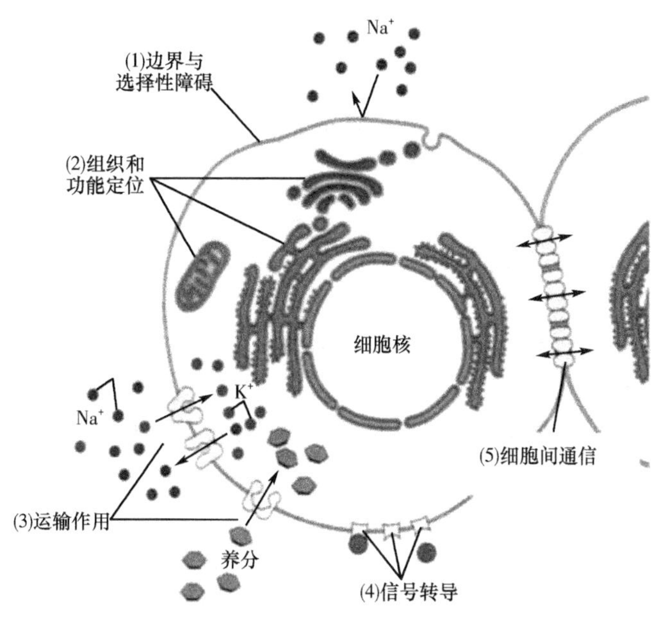

图 5-42　细胞质膜的功能

1. 界膜和细胞区室化（delineation and compartmentalization）

细胞膜最重要的作用就是勾画了细胞的边界，并且在细胞质中划分了许多以膜包被的区室。作为界膜的膜结构对于细胞生命的进化具有重要意义，这种界膜不仅使生命进化到细胞的生命形式，也保证了细胞生命的正常进行，它使遗传物质和其他参与生命活动的生物大分子相对集中在一个安全的微环境中，有利于细胞的物质和能量代谢。细胞内空间的区室化，不仅扩大了表面积，还使细胞的生命活动更加高效和有序。

2. 调节运输（regulation of transport）

膜为两侧的分子交换提供了一个屏障，一方面可以让某些物质“自由通透”，另一方面又作为某些物质出入细胞的障碍。膜对物质的运输具有选择性，有些物质在细胞内的浓度很高，有些物质只能沿浓度梯度进入细胞，这需要通过特殊的运输机制来调节。

3. 功能定位与组织化（localization and organization of function）

细胞膜的另一个重要功能就是通过形成膜结合细胞器，使细胞的功能定位在一定的细胞结构并组成相互协作的系统。例如，细胞质中的内质网、高尔基体等膜结合细胞器的基本功能是参与蛋白质的合成、加工和运输；而溶酶体的功能是起消化作用，酸性水解酶主要集中在溶酶体。又如，线粒体的内膜主要功能是进行氧化磷酸化，与该功能有关的酶和蛋白质复合体集中排列在线粒体内膜上。叶绿体的类囊体是光合作用的光反应场所，所以在类囊体膜中聚集着与光能捕获、电子传递和光合磷酸化相关的功能蛋白和酶。

4. 信号的检测与传递（detection and transmission of signal）

细胞通常用质膜中的受体蛋白从环境中接收化学信号和电信号。细胞质膜中具有各种不同的受体，能够识别并结合特异的配体，进行信号传递，引起细胞内的反应，如细胞通过质膜受体接收的信号决定对糖原的合成或分解。膜受体接收的某些信号则与细胞分裂有关。

5. 参与细胞间的相互作用（intercellular interaction）

在多细胞的生物中，细胞通过质膜进行细胞间的多种相互作用，包括细胞识别、细胞黏着、细胞连接等。例如，动物细胞可通过间隙连接，植物细胞则通过胞间连丝进行相邻细胞间的通信，这种通信包括代谢偶联和电偶联。

6. 能量转换（energy transduction）

细胞膜的另一个重要功能是参与细胞的能量转换。例如，叶绿体利用类囊体膜上的结合蛋白进行光能的捕获和转换，最后将光能转换成化学能储存在糖类中。同样，膜也能够将化学能转换成可直接利用的高能化合物 ATP，这是线粒体的主要功能。

细胞膜的这些基本功能也是生命活动的基本特征，膜的功能是通过其特殊化学组成和结构实现的。

四、真核细胞的细胞器

原核生物向真核生物进化的一个重要变化就是细胞内部结构的复杂化，即出现了许多结构和功能都不同的细胞器。按照细胞器的基本功能，大致分为：基因表达的细胞器、内膜结构系统细胞器、细胞形态与运动相关细胞器、能量转换的细胞器、细胞表面结构与运动的细胞器 5 种体系。

（一）基因表达的细胞器

该结构体系的主要功能是参与细胞的基因表达，包括细胞核和核糖体。由于细胞核中的 DNA 是纤维状，核糖体是颗粒状，故又称为纤维-颗粒结构体系。细胞核（cell nucleus）是细胞内储存遗传物质的场所，是细胞的控制中心。

细胞核通常为球形，但也有长形、扁平和不规则的形态。典型的细胞核的体积为细胞体积的 5%～10%，细胞核的直径范围从 1μm 至几百微米不等，平均为 5～15μm。细胞核在细胞中的位置也是多变的，并不都是位于细胞的中央。一般来说，一个细胞只有一个细胞核，有些特殊的细胞含有多个细胞核，如脊椎动物的骨骼肌细胞，这种细胞很长，可达几个微米，甚至几个厘米，其中含有几十个甚至几百个独立的细胞核。但是在成熟的红细胞和植物成熟的筛管细胞中没有细胞核。

在细胞间期观察到典型的真核生物细胞核的结构有 5 个主要组成部分（图 5-43）。由双层膜组成的核被膜，它将细胞核物质同细胞质分开；似液态的核质（nucleoplasm），其中含有可溶性的核物质；一个或多个球形的核仁，这种结构与核糖体的合成有关；核基质（nuclear matrix），为细胞核提供骨架网络；DNA 纤维，当它展开存在于细胞核中时称为染色质，组成致密结构时称为染色体。

核被膜由内、外两层核膜所组成，外膜与内膜相连，表面附有大量的核糖体颗粒。内膜面向核质；内膜、外膜间有 15～30nm 的透明腔，称为核周腔，膜上有孔。

核被膜上的称为核孔（nuclear pore），是细胞核膜上沟通核质与胞质的开口，由内外两层膜的局部融合所形成，核孔的直径为 80～120nm。一个典型的哺乳动物的核膜

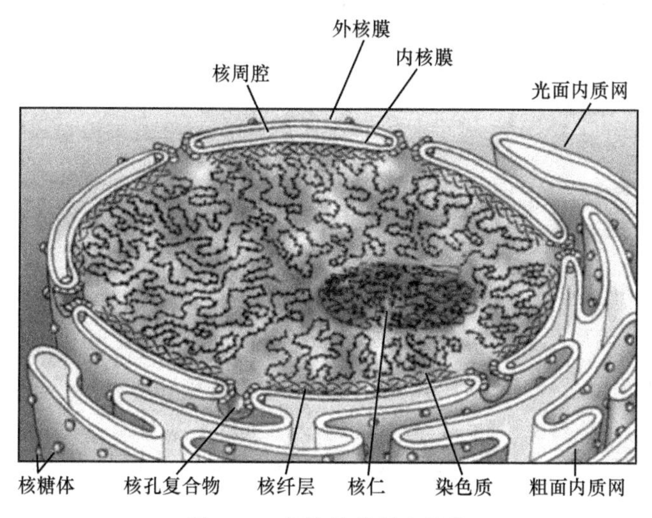

图 5-43　细胞核的形态结构

上有 3000～4000 个核孔，相当于每平方微米的核膜上有 10～20 个。核孔的结构相当复杂，是以一组蛋白质颗粒以特定的方式排布形成的结构，它可以从核膜上分离出来，被称为核孔复合体。

细胞核中的遗传物质——染色质（chromatin）最早是 1879 年 Flemming 提出的用以描述核中染色后强烈着色的物质。现在认为染色质是细胞间期细胞核内能被碱性染料染色的物质，主要是由 DNA 和蛋白质组成的复合物。

核小体是染色质的基本结构单位。由有 200 个左右（160～240 个）碱基对的 DNA 和 5 种组蛋白结合而成。其中 4 种组蛋白（H2A、H2B、H3、H4）各 2 分子组成八聚体的小圆盘，是核小体的核心结构。146 个碱基对的 DNA 在小圆盘外面绕 134 圈。每一分子的 H1 与 DNA 结合，锁住核小体 DNA 的进出口，起稳定核小体结构的作用。两相邻核小体之间以连接区 DNA（linker DNA）相连（图 5-44），连接区 DNA 的长度变化不等，因不同的种属和组织而异，但通常是 60bp。

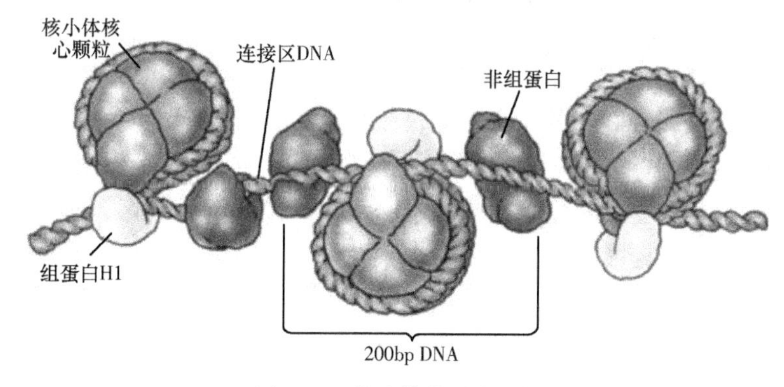

图 5-44　核小体的形态结构

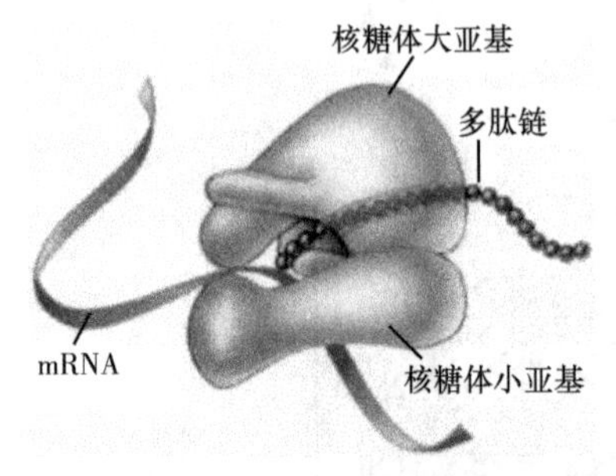

图 5-45 正在进行蛋白质合成的核糖体

核糖体（ribosome）是细胞内一种核糖核蛋白颗粒（nuclear ribonucleoprotein particle），其唯一功能是按照 mRNA 的指令将氨基酸合成蛋白质多肽链，所以核糖体是细胞内蛋白质合成的分子机器。

核糖体是由大小两个亚基组成的（图 5-45）。核糖体的大小两个亚基都是由核糖体 RNA（rRNA）和核糖体蛋白质（ribosomal protein）组成的，原核生物和真核生物细胞质核糖体的大小亚基在蛋白质和 RNA 的组成上都有较大的差别。

典型的原核生物大肠杆菌核糖体是由 50S 大亚基和 30S 小亚基组成的。在完整的核糖体中，rRNA 约占 2/3，蛋白质约为 1/3。50S 大亚基含有 33 种不同的蛋白质和两种 RNA，大 rRNA 沉降系数为 23S，小 rRNA 的沉降系数为 5S。30S 小亚基含有 21 种蛋白质和一个 16S 的 rRNA。

真核细胞核糖体的沉降系数为 80S，大亚基为 60S，小亚基为 40S。在大亚基中，有大约 49 种蛋白质，另外有 3 种 rRNA：28S rRNA、5S rRNA 和 5.8S rRNA。小亚基含有大约 33 种蛋白质，一种 18S 的 rRNA。

（二）内膜结构系统细胞器

内膜系统（endomembrane system）是指细胞内有膜结合的细胞器，包括内质网、高尔基体、溶酶体和液泡。它们的膜是相互流动的，处于动态平衡，在功能上也是相互协同的。由于细胞核的外膜与粗面内质网相连，也属于内膜结构。

内膜系统的最大特点是动态性质，各种膜结构处于流动状态。正是这种流动状态，将细胞的合成活动、分泌活动和内吞活动连成了一种网络，在各内膜结构之间常常看到一些小泡来回穿梭，这些小泡分别是从内质网、高尔基体和细胞质膜上产生的，这就使内膜系统的结构处于一种动态平衡（图 5-46）。

1. 内质网

内质网（endoplasmic reticulum，ER）是由一层单位膜形成的囊状、泡状和管状结构，并形成一个连续的网膜系统。由于它靠近细胞质的内侧，故称为内质网（图 5-46）。膜厚 5～6nm，内腔是连通的。内质网通常占有细胞膜系统的一半左右，占细胞体积的 10％以上。由于内质网是一种封闭的囊状、泡状和管状结构，它就有两个面，内质网的外表面称为胞质面（cytosolic surface），内表面称为腔面（cisternal surface）。

内质网在细胞质中一般呈连续的网状，但这种连续性和形状不是固定不变的。在细胞周期中，一个时期可能是一些连续的小管或小囊泡，而在另一个时期有可能是不连续的。同时，内质网对细胞的生理变化相当敏感，在不正常或服药的情况下，如饥饿、缺氧、辐射、患肝炎、服用激素等，均可使肝细胞的 ER 囊泡化。

根据内质网上是否附有核糖体，将内质网分为两类：光面内质网（smooth endoplasmic reticulum，SER）和粗面内质网（rough endoplasmic reticulum，RER）。

无核糖体附着的内质网称为光面内质网（图 5-47），通常为小的管状和小的泡状，

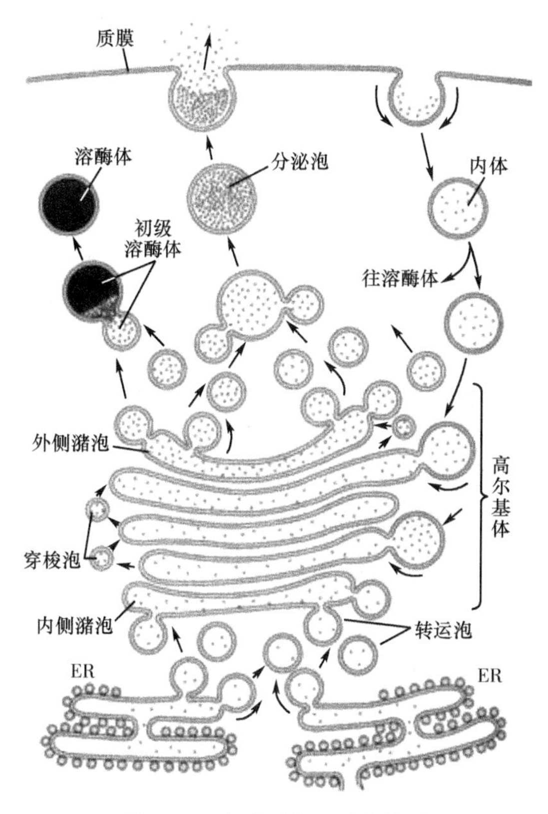

图 5-46　内膜系统及动态性质

而非扁平状，广泛存在于各种类型的细胞中，包括合成胆固醇的内分泌腺细胞、肌细胞、肾细胞等。光面内质网是脂类合成的重要场所，它往往作为出芽的位点，将内质网上合成的蛋白质或脂类转运到高尔基体。

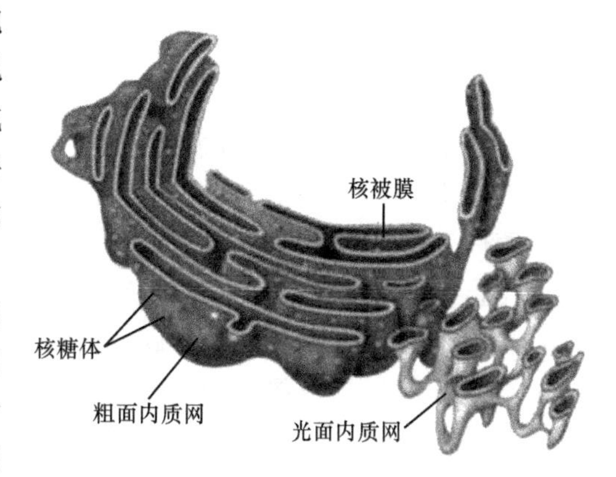

图 5-47　粗面内质网与滑面内质网

粗面内质网多为大的扁平潴泡，在电镜下观察排列极为整齐。它是核糖体和内质网共同构成的复合结构，普遍存在于合成分泌蛋白的细胞中，越是分泌旺盛的细胞（如浆细胞）越多，未分化和肿瘤细胞中较少。其主要功能是合成分泌蛋白、多种膜蛋白和酶蛋白。粗面内质网与细胞核的外层膜相连通。

光面内质网具有很多重要的功能，如类固醇激素的合成、肝细胞的脱毒作用、糖原分解释放葡萄糖、肌肉收缩的调节等。

粗面内质网的基本功能与光面内质网完全不同，这是因为粗面内质网的表面结合有核糖体，所以它的主要功能自然与核糖体的作用相关联。由于细胞内除内膜系统外，其他部分所需蛋白质都是游离核糖体合成提供的，在粗面内质网上合成的蛋白质最终去向是提供给内膜系统、细胞质膜以及细胞外。所以粗面内质网在从与其结合的核糖体上合成的蛋白质中获得自己所需要的蛋白质的同时，帮助内膜系统的蛋白质转运也就责无旁贷。

2. 高尔基体

高尔基体（Golgi body，Golgi apparatus）又称高尔基复合体（Golgi complex），是意大利科学家 C. Golgi 在 1898 年发现的，普遍存在于真核细胞中。

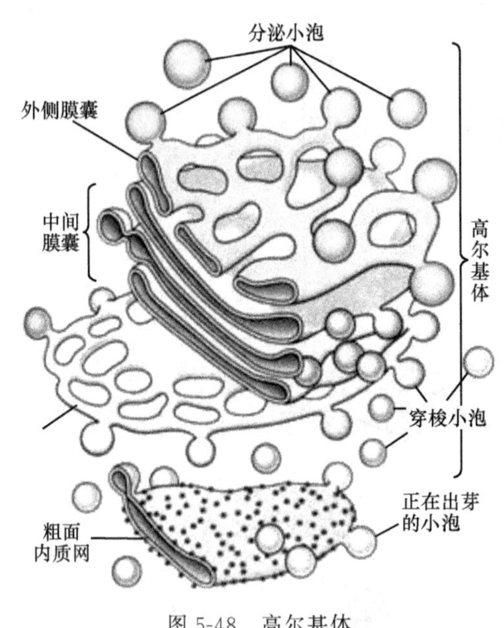

图 5-48　高尔基体

电子显微镜所观察到的高尔基体最富有特征性的结构是一些（通常是 4～8 个）排列较为整齐的扁平膜囊（saccule）堆叠在一起，构成了高尔基体的主体结构。扁平膜囊多呈弓形，也有的呈半球形或球形，均由光滑的膜围绕而成，膜表面无核糖体颗粒附着（图 5-48）。

高尔基体由平行排列的扁平膜囊、液泡（vacuole）和小泡（vesicle）三种膜状结构所组成。它有两个面：形成面（内侧）和成熟面（外侧），来自内质网的蛋白质和脂从形成面逐渐向成熟面转运。

高尔基体与细胞的分泌功能有关，能够收集和排出内质网所合成的物质，它也是聚集某些酶原颗粒的场所，参与糖蛋白和黏多糖的合成。高尔基体与溶酶体的形成有关，并参与细胞的胞饮和胞吐过程。

3. 溶酶体

溶酶体（lysosome）是动物细胞中一种膜结合细胞器，来自高尔基体，呈小球状，大小变化很大，直径一般为 0.25～0.8μm，最大的可超过 1μm，最小的直径只有 25～50nm。溶酶体的外被是一层单位膜，内部没有任何特殊的结构。

溶酶体可分为初级溶酶体（primary lysosome）和次级溶酶体（secondary lysosome），前者是一种刚刚分泌的含有溶酶体酶的分泌小泡；后者含有水解酶和相应的底物，是一种将要或正在进行消化作用的溶酶体。

溶酶体的主要功能是吞噬消化作用（图 5-49）。有两种吞噬作用：一种是自体吞噬（autophagy），吞噬的是细胞内原有的物质，如破损的细胞器或残片，有利于细胞器的重新组装、成分的更新及废物的消除；另一种是异体吞噬体（phagocytosis），吞噬有害物质，如细菌等。

植物细胞中也有与溶酶体功能类似的细胞器，如圆球体、糊粉粒以及中央液泡等。

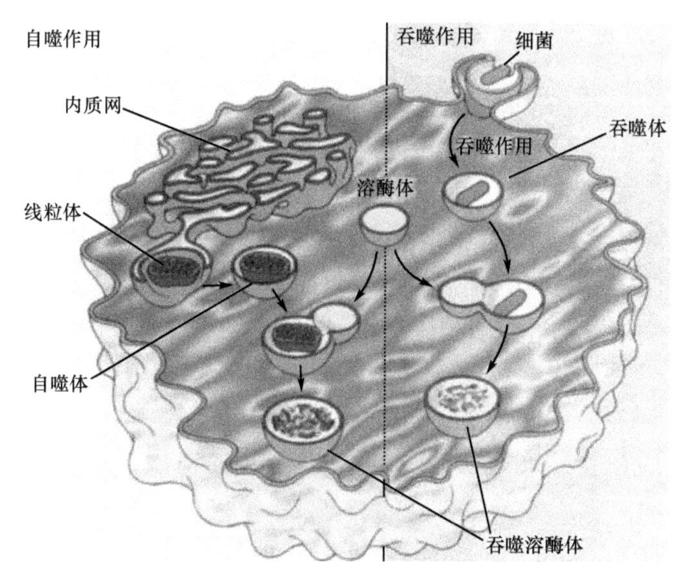

图 5-49　溶酶体的自噬和吞噬作用

（三）能量转换的细胞器

细胞中有两个与能量相关的细胞器，就是线粒体和叶绿体。叶绿体只存在于植物细胞中，而线粒体则在植物和动物细胞中都存在。

1. 线粒体

线粒体（mitochondria）是 1850 年发现的，1898 年命名；是细胞内氧化磷酸化和形成 ATP 的主要场所，有细胞“动力工厂”（power plant）之称。另外，线粒体有自身的 DNA 和遗传体系，但线粒体基因组的基因数量有限，因此，线粒体只是一种半自主性的细胞器。

线粒体由内、外两层彼此平行和高度特化的膜包围而成，内外膜都是典型的单位膜。线粒体外膜（outer membrane）起界膜作用，线粒体内膜（inner membrane）向内皱褶形成嵴（cristae），嵴上有一些颗粒朝向线粒体基质，这些颗粒称为 F1 颗粒（F1 particle），似把手状。线粒体的外膜和内膜将线粒体分成两个不同的区室：一个是膜间间隙（intermembrane space），是两个膜之间的空隙；另一个是线粒体基质（matrix），它是由内膜包裹的空间（图 5-50）。基质中的酶类最多，与三羧酸循环、脂肪酸氧化、氨基酸降解等有关的酶都存在于基质之中。此外还含有 DNA、tRNA、rRNA 以及线粒体基因表达的各种酶和核糖体。

2. 叶绿体

叶绿体（chloroplast）是植物细胞所特有的能量转换细胞器，其功能是进行光合作用，即利用光能同化二氧化碳和水，合成糖，同时产生分子氧。

叶绿体由植物中的前质体（proplastid）发育而成。前质体的直径约为 1μm，或更小一些，它是由双层膜包被着未分化的基质（stroma）所组成。植物中的前质体随着在

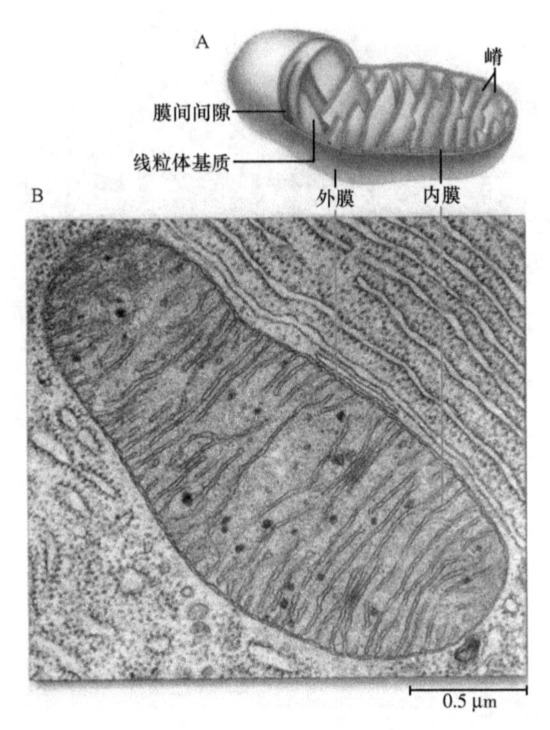

图 5-50　线粒体的形态结构

A. 模式结构，B. 电镜照片

发育过程中所处的位置以及接受光的多少程度，分化成功能各异的质体（plastid）：叶绿体、白色体、有色体、蛋白质体、油质体、淀粉质体等。

高等植物中的叶绿体为球形、椭圆形或卵圆形，为双凹面。有些叶绿体呈棒状，中央区较细小而两端膨大，充满叶绿素和淀粉粒。在同一物种的不同细胞内叶绿体的形态变化较大，但在同一种组织的细胞内比较稳定。叶绿体的大小变化很大，高等植物叶绿体通常宽为 2～5μm，长为 5～10μm。

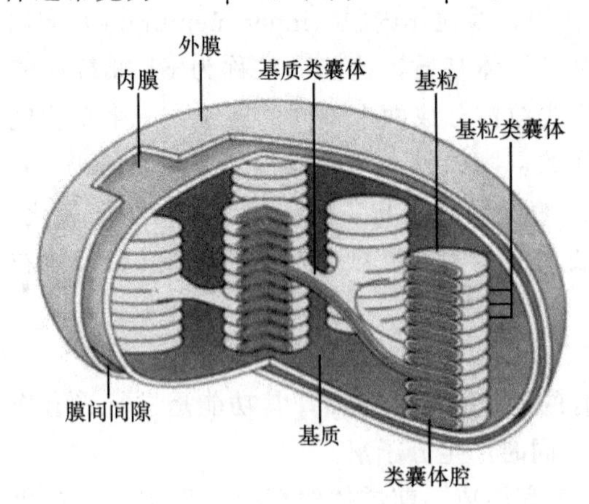

图 5-51　叶绿体的结构

叶绿体由叶绿体膜或称为外被（out envelope）、类囊体（thylakoid）和基质组成。

叶绿体由外膜、内膜和类囊体膜 3 种不同类型的膜将其内部分隔成三个不同的区室：膜间间隙、叶绿体基质和类囊体腔（图 5-51）。叶绿体的外膜和内膜合称为被膜（envelope）。叶绿体的外膜和内膜都是连续的单位膜，每层膜的厚度为 6～8nm，内外两膜间有 10～20nm 宽的间隙，称为膜间间隙。与线粒体不同的是，叶绿体的内膜并不向内折成嵴，但在某些植物中，内膜可皱褶形成相互连接的泡状或管状结构，称为周质网（peripheral reticulum），这种结构的形成可增加内膜的表面积。

内膜上的蛋白质大多是与糖脂、磷脂合成有关的酶类。研究结果表明叶绿体的被膜不仅是叶绿体脂合成的场所，也是整个植物细胞的脂合成的主要场所。这一点与动物细胞有很大的不同；在动物细胞中，脂类的合成主要是在光面内质网上进行的。内膜中发现的另一类蛋白质是膜运输蛋白，这也同线粒体一样，由于外膜通透性大，物质的选择性运输任务就自然压在了内膜上。

膜间间隙将叶绿体的内外膜分开，间隔为 2～10nm。由于外膜的通透性大，所以膜间间隙的成分几乎同胞质溶胶的一样。尚不了解在膜间间隙中有哪些蛋白质的存在。

叶绿体中的类囊体有两种类型：基粒类囊体（granum thylakoid）和基质类囊体（stroma thylakoid）。叶绿体中圆盘状的类囊体常常相互堆积在一起形成柱形颗粒，称为基粒（granum），看起来似一叠硬币。每一个叶绿体中含有 40～80 个基粒。将构成基粒的类囊体称为基粒类囊体，或称为堆积类囊体（stacked thylakoid）。基粒类囊体的直径为 0.25～0.8μm；厚 0.01μm，一个基粒由 5～30 个基粒类囊体所组成，最多的可达上百个。

通常基粒中的类囊体会延伸出网状或片层结构并与相邻的基粒类囊体相通，连接两个相邻基粒类囊体的片层结构称为基质片层（stroma lumen）或基质类囊体，也有称为非堆积类囊体（unstacked thylakoid）的。基质类囊体是非常大的扁平囊泡结构，能够将多个甚至所有的单个基粒类囊体连接起来。

基本上，所有参与光合作用的色素、光合作用所需的酶类、参与电子传递的载体以及将电子传递与质子泵和 ATP 合成偶联的蛋白质都定位在类囊体膜上。

由类囊体膜封闭的区室称为类囊体腔（thylakoid lumen），类囊体腔与叶绿体基质是分隔的，它在电化学梯度的建立和 ATP 的合成中起重要作用。

（四）细胞骨架与胞质溶胶

在 20 世纪初，细胞被看成是悬浮在胞质溶胶中的各种独立的细胞器的集合体。随着电子显微镜和各种染色技术的发展，揭示细胞除了含有各种细胞器外，在细胞质中还有一个三维的网络结构系统（图 5-52），这个系统被称为细胞骨架（cytoskeleton）。

细胞骨架是细胞内以蛋白质纤维为主要成分的网络结构，由主要的三类蛋白质纤丝（filament）构成，包括微管、微丝、中间纤维。每一种蛋白质纤丝都由不同的蛋白质亚基组成，如微管蛋白是微管的亚基、肌动蛋白是肌动蛋白纤丝的亚基，而中间纤维则由一类纤维蛋白家族组成。各种纤丝都由上千个亚基装配成不分支的线性结构，有时交叉贯穿在整个细胞之中。

微管主要分布在核周围，并呈放射状向胞质四周扩散；微丝主要分布在细胞质膜的内侧；而中间纤维则分布在整个细胞中。虽然各种蛋白质纤维在细胞内具有相应的位置，但不是绝对的。

细胞骨架在维持细胞的形态结构及内部结构的有序性以及在细胞运动、物质运输、能量转换、信息传递和细胞分裂等一系列方面起重要作用。

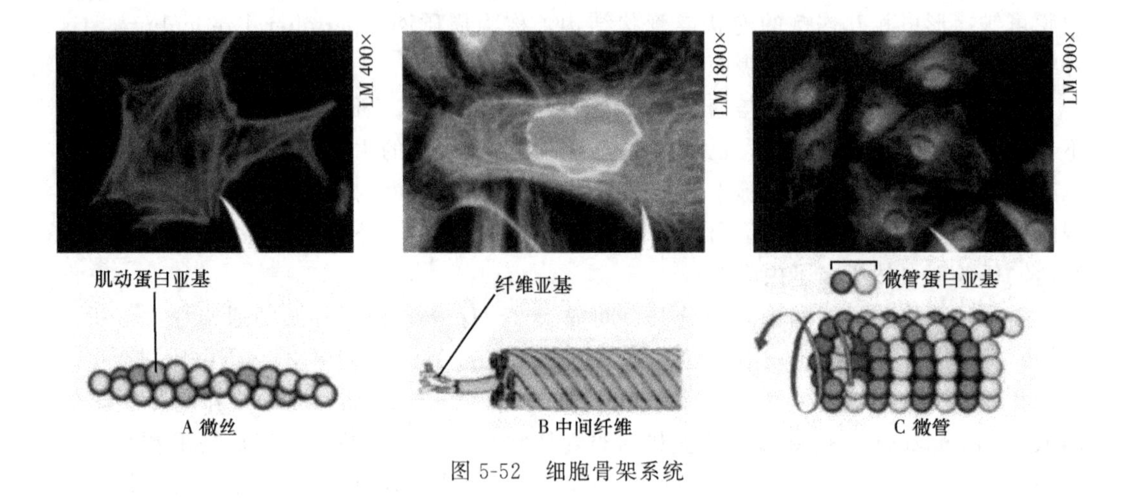

图 5-52　细胞骨架系统

细胞除了具有遗传和代谢两个主要特性之外，还有两个特性，就是它的运动性和维持一定的形态。细胞的运动是生物进化的重要成就。初始的细胞可能是不动的，只能靠气流带动迁移。随着多细胞生物的进化，形成了可运动的器官。在成年的生物体内，仍有细胞是运动的，如保卫细胞要消灭外来生物的感染，必须能够出击。

体内的大多数细胞是稳定的，但是形态要发生很大的变化，如肌细胞的收缩、神经轴的伸长、细胞表面突起的形成、细胞有丝分裂时的缢缩等。大多数运动是发生在细胞内的，如染色体分离、胞质环流和膜泡运输等。细胞内外的运动性是生长和分化的基本要素，并且是受严格控制的。细胞所有的运动都是机械运动，需要燃料（ATP）和蛋白质，将储存在 ATP 中的能量转变成动力。细胞骨架是细胞运动的轨道，也是细胞形态维持和变化的支架。

细胞质（cytoplasm）与胞质溶胶（cytosol）是两个不同的概念。细胞质是细胞内除了细胞核以外的部分，即细胞质含有除细胞核以外的各种细胞器和细胞内的液体部分。虽然细胞的 70%是水，但细胞内的液体部分不等于水，而是具有各种生活物质，主要是参与各种反应的蛋白质和酶，由于这些物质多是水溶性的，且具有黏性，因此细胞内的液体呈溶胶状，故此称为胞质溶胶。所以，从概念上讲，胞质溶胶是细胞内除去细胞器（包括组装的细胞骨架）以外的液体部分。

由于细胞骨架的存在，它不仅维持了细胞的三维空间结构，而且，胞质溶胶划分成不同的区域，一些细胞器黏附在细胞骨架上，这样使得不同反应体系间的相互干扰（图 5-53）。

（五）细胞表面

细胞表面（cell surface）在细胞的生命活动中有着十分独特的作用，因为它是细胞与细胞外环境进行物理接触的唯一部位。多细胞生物体中的大多数细胞表面是与它相邻细胞或细胞外基质联系在一起。单细胞生物更多的是面对水性环境。在这两类生物中，细胞表面是细胞与外界联系、细胞之间以及细胞与环境间进行通信的基本结构。

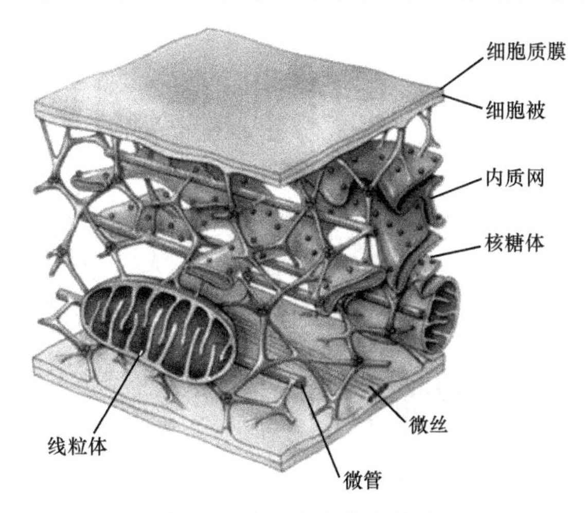

图 5-53 细胞骨架与细胞器

细胞表面是一个具有复杂结构的多功能体系。在结构上包括细胞被（cell coat）和细胞质膜。动物、植物细胞间的连接结构，细菌与植物细胞的细胞壁以及表面的特化结构，如鞭毛等都可看成是表面结构的组成部分。

在功能上，细胞表面是细胞质膜功能的扩展：它保护细胞，使细胞有一个相对稳定的内环境；参与细胞内外的物质交换和能量交换；参与细胞识别、信息的接收和传递；参与细胞运动；维护细胞的各种形态。

动物是由多种类型的细胞组成的有机体，而且不同类型的细胞通常要组成固定的组织，在多数组织中，细胞要向细胞外分泌一群大分子，这些大分子在细胞间交织连接形成网状结构，将这种结构称为细胞外基质（extracellular matrix，ECM）。能够分泌和形成细胞外基质的主要细胞类群是成纤维细胞（fibroblast）和少数其他特化组织的细胞。

组成细胞外基质的成分主要有三大类：①蛋白聚糖（proteoglycan），是由糖胺聚糖(glycosaminoglycan）以共价的形式与线性多肽连接而成的多糖和蛋白质复合物，它们能够形成水性的胶状物；②结构蛋白，如胶原蛋白和弹性蛋白，它们赋予细胞外基质一定的强度和韧性；③黏着蛋白（adhesive protein），如纤连蛋白和层粘连蛋白，它们促使细胞同基质结合。其中以胶原和蛋白聚糖为基本骨架在细胞表面形成纤维网状复合物，这种复合物通过纤连蛋白或层粘连蛋白以及其他的连接分子直接与细胞表面受体连接；或附着到受体上（图 5-54）。

植物细胞的细胞壁（cell wall）是由大分子构成的复杂的复合物。从这种意义上来说，植物的细胞壁相当于动物细胞的细胞外基质，所不同的是，动物细胞的细胞外基质的主要成分是蛋白质分子，而植物细胞壁的主要成分是多糖。其中最重要的是纤维素，它赋予植物细胞的硬度和强度，与动物细胞细胞外基质中的胶原具有相似的作用。

曾经有人把植物的细胞壁看成是相当惰性的包围在细胞外的细胞分泌物，现代研究发现植物细胞壁是一个动态结构，能够进行很多活动。例如，与细胞壁有关的酶能够将细胞外的营养转变成能够通过细胞膜进入细胞的小分子化合物。细胞壁也可以作为物质通透的障碍在代谢和分泌过程中起重要作用。

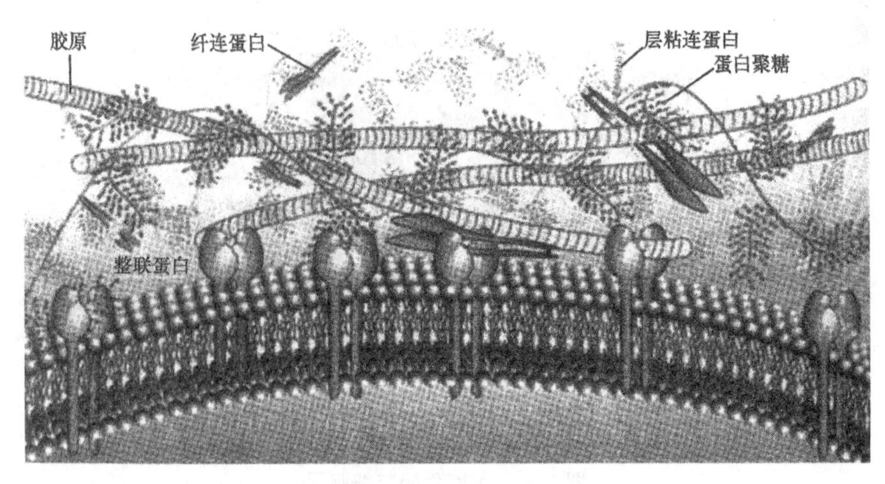

图 5-54　细胞外基质的组成和可能的结构

虽然植物细胞具有坚硬的细胞壁，但是植物细胞壁通常含有小的开口，称为胞间连丝（plasmodesmata）。植物细胞间能够通过它连接，而且它也是植物细胞间物质运输和传递信息的重要渠道。胞间连丝是一个狭窄的、直径 30～60nm 的圆柱形细胞质通道穿过相邻的细胞壁（图 5-55）。胞间连丝中有连丝微管（desmotubule）通过，并认为它是由两个细胞的光滑内质网衍生而来。正常情况下胞间连丝可允许 1000Da 以下的分子渗透，也能让离子自由通过，它的活性同样受 Ca^{2+} 浓度的调节等，因此具有植物信号转导的作用。

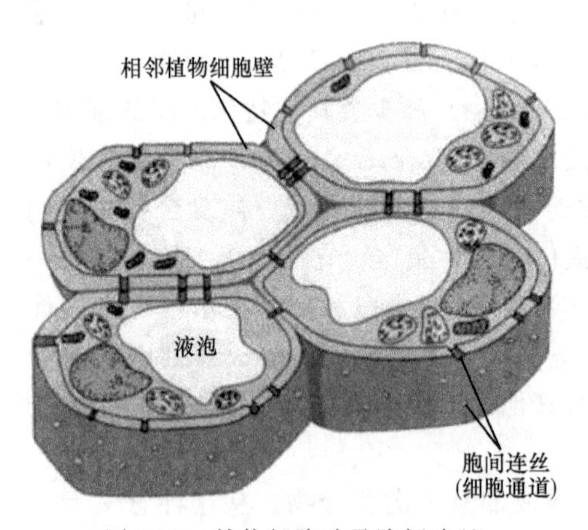

图 5-55　植物细胞壁及胞间连丝

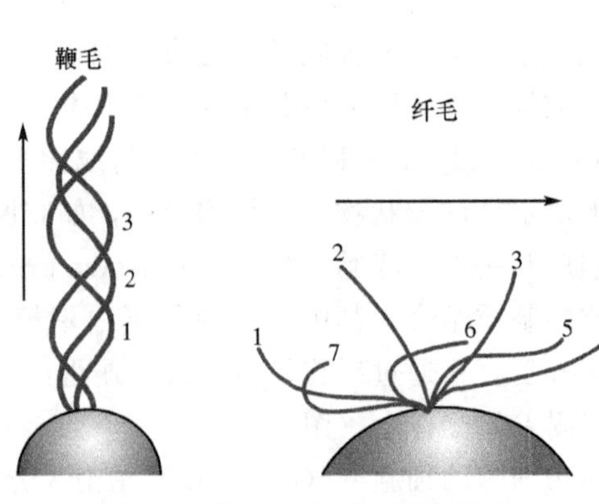

图 5-56　鞭毛和纤毛（图中数字是鞭毛或纤毛的编号）

某些细胞表面具有特化的结构，称为纤毛（cilium）和鞭毛（flagellum）。纤毛和鞭毛都具有运动功能。实际上，纤毛和鞭毛并无绝对界限，一般把少而长者称为鞭毛，短而多者称为纤毛（图 5-56）。细菌和雄性动物的精子都靠鞭毛进行运动。

（王梁华）

第六章　生命的基本现象

地球上的生物种类繁多，数量巨大，生命现象错综复杂；而整个生物界是一个有序、多层次、可自身调节的复杂系统。尽管生命现象错综复杂，但都遵循一些基本的规律，称为基本生命现象或属性，主要表现为新陈代谢，生长、发育和繁殖，遗传、变异和进化，稳态、应激性和适应性等。

第一节　新 陈 代谢

新陈代谢（metabolism）即生物体内全部有序化学变化的总称，包括能量代谢和物质代谢两个方面。能量代谢是指生物体与外界环境之间能量的交换和生物体内能量的转变过程，物质代谢是指生物体与外界环境之间物质的交换和生物体内物质的转变过程。

一、新陈代谢的基本方式

新陈代谢的基本方式包括同化作用和异化作用。同化作用（合成代谢），是指生物体把从外界环境中获取的营养物质转变成自身的组成物质，并且储存能量的变化过程。异化作用（分解代谢），是指生物体能够把自身的一部分组成物质加以分解，释放出其中的能量，并且把分解的终产物排出体外的变化过程。

在新陈代谢过程中，同化作用和异化作用是两个相反而又相互统一的过程。人和动物摄取了外界的食物以后，通过消化、吸收，把可利用的物质转化、合成自身的物质；同时把食物转化过程中释放出的能量储存起来，此即同化作用。绿色植物利用光合作用，把从外界吸收来的水和二氧化碳等物质转化成淀粉、纤维素等物质，并把能量储存起来，也是同化作用。异化作用是在同化作用进行的同时，生物体自身的物质不断地分解变化，并把储存的能量释放出去，供生命活动使用，同时把不需要和不能利用的物质排出体外。

二、新陈代谢的基本类型

生物在长期的进化过程中，不断地与其所处的环境发生相互作用，逐渐在新陈代谢的方式上形成了不同类型。按照自然界中生物体同化作用和异化作用方式的不同，新陈代谢可以分为以下几种基本类型。

（一）自养型和异养型

根据生物体在同化作用过程中能不能利用无机物制造有机物，新陈代谢可以分为自养型和异养型两种。

1. 自养型（autotrophia）

绿色植物直接从外界环境摄取无机物，通过光合作用，将无机物制造成复杂的有机物，并且储存能量，来维持自身生命活动的进行，这样的新陈代谢类型属于自养型。少数种类的细菌，不能够进行光合作用，而能够利用体外环境中的某些无机物氧化时所释放出的能量来制造有机物，并且依靠这些有机物氧化分解时所释放出的能量来维持自身的生命活动，这种合成作用称为化能合成作用。例如，硝化细菌能够将土壤中的氨（NH_3）转化成亚硝酸（HNO_2）和硝酸（HNO_3），并且利用这个氧化过程所释放出的能量来合成有机物。总之，生物体在同化作用的过程中，能够把从外界环境中摄取的无机物转变成为自身的组成物质，并且储存能量，这种新陈代谢类型称为自养型。

2. 异养型（heterotrophia）

人和动物不能像绿色植物那样进行光合作用，也不能像硝化细菌那样进行化能合成作用，它们只能依靠摄取外界环境中现成的有机物来维持自身的生命活动，这样的新陈代谢类型属于异养型。此外，营腐生或寄生生活的真菌、大多数种类的细菌，它们的新陈代谢类型也属于异养型。总之，生物体在同化作用的过程中，把从外界环境中摄取的现成的有机物转变成为自身的组成物质，并且储存能量，这种新陈代谢类型称为异养型。

（二）需氧型和厌氧型

根据生物体在异化作用过程中对氧的需求情况，新陈代谢的基本类型可以分为需氧型和厌氧型以及兼性厌氧型三种。

1. 需氧型（aerobic）

绝大多数的动物和植物都需要生活在氧充足的环境中。它们在异化作用的过程中，必须不断地从外界环境中摄取氧来氧化分解体内的有机物，释放出其中的能量，以便维持自身各项生命活动的进行。这种新陈代谢类型称为需氧型，也称为有氧呼吸型。

2. 厌氧型（anaerobic）

这一类型的生物有乳酸菌和寄生在动物体内的寄生虫等少数动物，它们在缺氧的条件下，仍能够将体内的有机物氧化，从中获得维持自身生命活动所需要的能量。这种新陈代谢类型称为厌氧型，也称为无氧呼吸型。

3. 兼性厌氧型（facultative anaerobic）

一些细菌属于兼性厌氧微生物，在有氧的条件下，将糖类物质分解成二氧化碳和水；在缺氧的条件下，将糖类物质分解成二氧化碳和乙醇。

新陈代谢是生命现象最基本的特征。各种生物的新陈代谢，在生长、发育和衰老阶段是不同的。以人体的生长、发育和衰老过程为例，婴幼儿、青少年正在长身体的过程中，需要更多的物质来建造自身的机体，因此新陈代谢旺盛，同化作用占主导位置。到了老年、晚年，人体机能日趋退化，新陈代谢就逐渐缓慢，同化作用与异化作用的主次关系也随之转化。新陈代谢一旦停止，其他一切生命活动也就停止，生命也就随之死亡。

第二节　生长、发育和繁殖

生长是生物体或细胞从小到大的过程。从代谢角度看，生长表现为生物体的同化作用超过异化作用。从细胞角度看，生长是细胞分裂，使细胞的数目增加；同时通过细胞生长，使细胞的体积增大，因而生物体表现出生长现象。单细胞生物的生长主要依靠细胞增大及其内含物质量的增加；多细胞生物主要依靠细胞的分裂来增加细胞的数目和促进细胞的生长。

生长通常与发育相伴随。发育是指在生长的基础上，生物体发生一系列形态、结构和功能等从简单到复杂的变化，最终成为一个成熟的个体的过程。

每一种类型生物生命个体的寿命都是有限的，为了生命的延续，必须在成熟后产生与自己相似的新个体，这就是繁殖。繁殖的意义是保证种族的延续。

多细胞生物体从受精卵开始，经过细胞分裂、组织分化、器官形成，直到长成成熟个体的程称为个体发育。从生长、发育、成熟到形成下代的卵细胞或精子，直至个体逐渐衰老死亡，构成个体发育史。

一、生长与发育

（一）被子植物的个体发育

被子植物的个体发育过程可以大致分为种子的形成和萌发、植株的生长和发育等阶段。被子植物的双受精完成以后，受精卵逐渐发育成胚，受精的极核逐渐发育成胚乳。在胚和胚乳发育的同时，胚珠被发育成种皮。这样，整个胚珠就发育成种子。与此同时，子房壁发育成果皮，整个子房就发育成果实。植株的幼苗经过一段时间的生长，成为一株具有根、茎、叶三种营养器官的植株。植株生长发育到一定阶段，就开始形成花芽，接下来便是开花、结果。花芽的形成标志着生殖生长的开始。对于一年生植物和两年生植物来说，在植株长出生殖器官以后，营养生长就逐渐减慢甚至停止。对于多年生植物来说，当它们达到开花年龄以后，每年营养器官和生殖器官仍然生长发育。

（二）高等动物的个体发育

高等动物的个体发育可以分为胚胎发育和胚后发育两个阶段。胚胎发育是指受精卵发育成为幼体，胚后发育是指幼体从卵膜孵化出来或从母体内出生以后，发育成为性成熟的个体。蛙是大家都熟悉的一种卵生动物，下面以蛙为例来介绍高等动物的个体发育。

1. 胚胎发育

在春季温度适宜时，雌蛙和雄蛙抱对，将卵细胞和精子排在水中，并且在水中完成受精。受精卵的上端是动物极，下端是植物极。靠近动物极的半球称为动物半球，颜色较深（含色素颗粒），里面含卵黄少，较轻；靠近植物极的半球称为植物半球，颜色较浅，里面含有丰富的卵黄，较重。受精卵首先进行卵裂，三次卵裂就形成了具有 8 个细胞的胚胎，卵裂进行到一定时期细胞增多，胚胎就形成了一个内部有腔的球状胚。这个时期的胚胎称为囊胚，囊胚内的腔称为囊胚腔。由于动物半球的细胞分裂较快，新产生的细胞就向下推移，覆盖在植物半球细胞的外面。与此同时，植物半球的一些细胞开始向囊胚腔内陷入，其周围的一些植物半球的细胞也被卷入到囊胚腔中形成原肠腔。随着凹陷的向内逐渐推进，原肠腔逐步扩大，囊胚腔进一步缩小。这个时期的蛙胚即具有三个胚层：外胚层、中胚层和内胚层，称为原肠胚。

2. 胚后发育

原肠胚的外胚层由仍然包在胚胎表面的动物半球细胞构成；内胚层由内陷的植物半球细胞构成；中胚层位于外胚层与内胚层之间。这三个胚层继续发育，其中外胚层发育成神经系统、感觉器官、表皮及其附属结构，中胚层发育成骨骼、肌肉以及循环系统、排泄系统、生殖系统等，内胚层发育成肝、胰等腺体，以及呼吸道、消化道的上皮。经过组织分化、器官形成，最后发育成一个完整的幼体——蝌蚪。

生长与发育是紧密伴随的，但本质又是不同的。其主要区别表现为：①生长是指生物体或细胞从小到大的过程，是一个数量性变化的过程。生物体的生长过程中通常伴随着发育过程的细胞分化和形态构建过程。②发育是指生物体在生命周期中，结构和功能从简单到复杂的过程。从生物个体来说，即是基因有序表达的过程，是一个阶段性变化的过程。发育过程有特定的顺序，既不可以跳跃，也不可以倒退，只能逐步地发展下去。③生长和发育是不同的概念。发育是阶段性的“质变”问题，而生长是连续性的“量变”问题。④生长与发育是密切相连的。生物的生长过程伴随着生物发育的进程，生长的“量变”是产生发育“质变”的基础。

二、繁　　殖

生物体的寿命都是有限的，一般地说，生物的个体在死亡之前，能够产生与自己相似的新个体，从而保证了本物种的延续。这就是说，地球上的生命之所以能够不断地延续和发展，不是靠生物个体的长生不死，而是通过繁殖来实现的。繁殖是指生物体成熟后能够产生自己的后代。繁殖的意义是保证种族的延续，生殖对一个个体来说是可有可无的，在自然界中，一生未获得交配机会，没有进行生殖的个体其实是很多的。

生物的繁殖方式主要可分为无性繁殖和有性繁殖两大类。

（一）无性繁殖

细菌和草履虫的分裂繁殖，酵母菌和水螅的出芽繁殖和真菌、蕨类植物的孢子繁殖，以及被子植物的营养繁殖等都是由生物的身体或身体的一部分形成新的个体。像这样不经过繁殖细胞的结合，由母体直接产生出新个体的繁殖方式，就称为无性繁殖。在无性繁殖中，由于新个体是由母体直接产生出来的，新个体所含的遗传物质与母体的相同，因此，新个体基本上能够保持母体的一切性状。在农业和林业生产中，为了保持植物体的优良性状，人们常采用扦插、嫁接等营养繁殖的方法，来繁殖花卉和果树。

植物细胞具有全能性。根据这个理论，近几十年来发展起来一项无性繁殖的新技术——植物的组织培养技术。植物组织培养的大致过程是：在无菌条件下，将植物体的器官或组织片段（如芽、茎尖、根尖或花药）切下来，放在适当的人工培养基上进行离体培养，这些器官或组织就会进行细胞分裂，形成新的组织。不过，这种组织没有发生分化，只是一团薄壁细胞，称为愈伤组织。在适合的光照、温度等条件下，愈伤组织便开始分化，产生出植物的各种组织和器官，进而发育成一棵完整的植株。需要说明的是，用于植物组织培养的人工培养基，必须含有植物生长发育所需要的全部营养物质，如矿物质元素、糖类、维生素等。植物组织培养不仅从植物体上取材少，培养周期短，繁殖率高，而且便于自动化管理。目前，这项技术已经在花卉和果树的快速繁殖、培育无病毒植物等方面得到了广泛的应用。例如，用一个兰花茎尖就可以在一年内生产出400万株兰花苗。又如，长期进行无性繁殖的植物，体内往往会积累大量的病毒，从而影响植物的产量或观赏价值。经研究发现，这些植物只有在根尖和茎尖中不含病毒。因此，人们用茎尖进行组织培养，就得到了多种植物（如马铃薯、草莓、菊花）的无病毒植株，取得可观的经济效益。

（二）有性繁殖

大多数种类生物的繁殖方式是有性繁殖。下面以被子植物的有性繁殖为例来介绍。被子植物的有性繁殖是在花中进行的，花粉粒的形状多种多样，有球形、椭球形和锥体状形等。有些植物的成熟花粉粒里面含有两个精子，有些则只含有一个生殖细胞，这个生殖细胞要在花粉粒萌发并长出花粉管以后才分裂成为两个精子。卵细胞位于胚珠中。一朵花的子房里面，往往生有一至数枚胚珠。胚珠的外层是珠被，里面是胚囊。在成熟的胚囊中，位于中央的两个核是极核，靠近珠孔的一个比较大的细胞就是卵细胞。

花开放以后，通过传粉，花粉粒被传送到雌蕊的柱头上。不久，花粉粒萌发并长出花粉管。其中的两个精子通过花粉管到达胚囊：一个精子与卵细胞结合，形成受精卵；另一个精子与两个极核结合，形成受精的极核。这种受精方式称为双受精。受精卵将来发育成胚，受精的极核将来发育成胚乳。胚是一个新个体的幼体。像这样由亲本产生有性生殖细胞（也称为配子）经过卵细胞和精子两性生殖细胞的结合成为合子、再由合子发育成为新个体的繁殖方式称为有性繁殖。在有性繁殖中，由于两性繁殖细胞分别来自不同的亲本，因此，由它们结合产生的后代就具备了双亲的遗传特性，具有更强的生活能力和变异性，这对于生物的进化具有重要意义。

第三节　遗传、变异和进化

遗传与变异是生物界不断地普遍发生的现象，也是物种形成和生物进化的基础。自然界中各种各样的生物，它们的亲代和下一代在形态结构、代谢类型等种种性状上都有非常相似之处。但是相似不等于完全相同，亲代和子代之间也有些不同之处。亲子相似，称为遗传，亲子相异，称为变异。遗传和变异是生物普遍存在的生命现象。

一、遗　　传

生物的亲代能产生与自己相似的后代的现象称为遗传（heredity）。遗传物质的基础是脱氧核糖核酸（DNA），亲代将自己的遗传物质DNA传递给子代，而且遗传的性状和物种保持相对的稳定性。生命之所以能够一代一代延续的原因，主要是由于遗传物质在生物进程之中得以代代相承，从而使后代具有与前代相近的性状。

（一）遗传的物质基础

最早观察到的染色体与遗传有关的现象是染色体在细胞的有丝分裂、减数分裂和受精过程中能够保持一定的稳定性和连续性。染色体是遗传物质的主要载体，因为绝大部分的遗传物质（DNA）是在染色体上的。也有少量的DNA在线粒体和叶绿体中，所以线粒体和叶绿体被称为遗传物质的次要载体。DNA是遗传物质的最直接的证据是噬菌体侵染细菌的实验，此外还有细菌转化实验等。

（二）遗传的基本规律

遗传的基本规律主要有三个，即基因的分离规律、自由组合规律以及连锁互换规律。基因的分离规律是指发生在减数分裂的第一次分裂同源染色体彼此分开时，同源染色体上的等位基因也彼此分开，分别分配到两个子细胞中去的遗传行为。自交的概念是指基因型相同的个体之间相交，杂交一般是指基因型不同的个体之间相交。基因的分离规律是研究一对等位基因控制一对相对性状的问题。基因的自由组合规律是研究两对或两对以上位于不对同源染色体上的等位基因控制两对或两对以上相对性状的问题。自由组合规律的细胞学基础是：在减数分裂第一次分裂过程中，在等位基因分离的同时，非同源染色体上的非等位基因表现为自由组合。基因的连锁互换规律是指生殖细胞形成过程中，位于同一染色体上的基因连锁在一起，作为一个单位进行传递，称为连锁律。在生殖细胞形成时，一对同源染色体上的不同对等位基因之间可以发生交换，称为交换律或互换律。有关遗传的基本规律的详细阐述及其在自然选择中的意义详见第七章。

（三）性别决定和伴性遗传

性别决定是指雌雄异性的动物决定性别的方式。性别是由染色体决定的。染色体分为两类：一类是与性别决定无关的染色体，称为常染色体；另一类是与性别决定有关的染色体，称为性染色体。性染色体一般是1对，而常染色体为$n-1$对。性别决定的方式有两种：一种是XY型性别决定，特点是雌性动物体内有两条同型的性染色体XX，雄性个体内有两条异型的性染色体XY，如哺乳动物、果蝇等。另一种性别决定的方式是ZW型，与XY型相反，凡雌性含有两个异型性染色体，雄性含有两个同型性染色体的生物，称为ZW型。ZW型的雌性个体为异配性别，雄性个体为同配性别，后代的性别是由母方而不是由父方决定的。鸟类、某些鱼类、两栖类、爬行类、鳞翅目昆虫等属于ZW型。

伴性遗传（sex-linked inheritance）是指性染色体上的基因所控制的性状的遗传方式，由于其遗传方式与性别存在着联系，故称为伴性遗传。在人类，如果在性染色体上的致病基因是隐性的，发病率男性高于女性。如果在性染色体上的致病基因是显性的，发病率女性高于男性。如果致病基因在Y染色体上，这种病只在男性中发生，女性无此病。

二、变　　异

变异（variation）主要分为两类：不可遗传的变异和可遗传的变异。不可遗传的变异是由环境引起的变异，遗传物质没有发生变化；可遗传的变异是由遗传物质的变化引起的变异，它的来源主要有基因突变、基因重组和染色体变异。

1. 基因突变（gene mutation）

基因突变是指基因的分子结构的改变，即基因中的脱氧核苷酸的排列顺序发生了改变，从而导致遗传信息的改变。基因突变的频率很低，但能产生新的基因，对生物的进化有重要意义。发生基因突变的原因是 DNA 在复制时因受内部因素和外界因素的干扰而发生差错。

2. 基因重组（gene recombination）

基因重组是指非等位基因间的重新组合，它能产生大量基因型，但不产生新的基因。基因重组的细胞学基础是性原细胞的减数分裂第一次分裂，同源染色体彼此分裂的时候，非同源染色体之间的自由组合和同源染色体的染色单体之间的交叉互换。基因重组是杂交育种的理论基础。

3. 染色体变异（chromosomal variation）

染色体变异是指染色体的数目变化（多倍体、异倍体）或片段丢失、增加、移位、倒位等结构改变。结构变化不产生新基因，但形成重组、排列和连锁。有关基因变异的详细阐述及其在自然选择中的意义详见第七章。

三、进　　化

进化（evolution）是一种自然现象，生命的进化经历了从低级到高级，从简单到复杂，从水生到陆生的过程。已知进化的来源是可遗传的变异，而进化的动力是自然的选择与适应。关于进化的发生和发展过程还可参见第八章“生物的起源与进化”。

（一）种群是生物进化的单位

一个物种中的一个个体是不能长期生存的，物种长期生存的基本单位是种群。同样，一个个体是不可能进化的，生物生存和生物进化的基本单位也是种群。生物的进化是通过自然选择实现的，自然选择的对象不是个体而是一个群体。此外，种群还是生物繁殖的基本单位，种群内的个体有机地集合在一起，通过繁殖将各自的基因传递给后代。一个种群所含的全部基因称为基因库，而每个个体所含有的基因仅仅是种群基因库的一个组成部分。每个种群都有其独特的基因库，当种群中的个体一代一代地死亡时基因库却代代相传，并在传递过程中得到保持和发展。因此种群越大，基因库也越大；反之，种群越小基因库也越小。当种群变得很小时，就有可能失去遗传的多样性，从而失去了进化上的优势而逐渐被淘汰。

（二）生物进化的原始材料

生物进化的原始材料是可遗传的变异，它主要来自基因突变、基因重组和染色体变异，基因突变和染色体变异统称为突变。突变和基因重组都是不定向的，有的对进化是有利的，有的是不利的。但利弊不是绝对的，这要取决于环境条件。环境条件改变了，原来不利的变异可能变成有利的变异，而原来有利的变异可能变成不利的变异。由于变异的不定向性，它只能给生物进化提供原始材料，并不能决定生物进化的方向。目前普遍认为生物进化的方向是由自然选择来决定的。

（三）自然选择决定生物进化的方向

种群中产生的变异经过长期的自然选择，不利于进化的变异被不断淘汰，有利的变异则逐渐积累，从而使种群的基因频率发生定向的改变，导致生物朝着一定的方向缓慢地进化。引起基因频率改变的因素主要有三个：选择、遗传漂变和迁移。选择即环境对变异的选择，即保存有利变异和淘汰不利变异的过程。选择的实质是定向地改变群体的基因频率。选择是生物进化和物种形成的主导因素，已经发生的变异能否保留下来继续进化或成为新物种的基础是必须经过自然选择的考验，因此自然选择决定变异类型的生存或淘汰。

由于某种机会，某一等位基因频率的群体（尤其是在小群体）中出现世代传递的波动现象称为遗传漂变（genetic drift），也称为随机遗传漂变（random genetics drift）。这种波动变化导致某些等位基因的消失，另一些等位基因的固定，从而改变了群体的遗传结构。如果某个种群太小，含有某基因的个体在种群中的数量又很少的情况下，可能会由于这个个体的突然死亡或没有交配而使这个基因在这个种群中消失。一般而言，种群越小，遗传漂变就越显著。

迁移是指含有某种基因的个体从一个地区迁移到另一个地区的机会不均等，而导致基因频率发生改变。例如，一对等位基因 A 和 a，如果含有 A 基因的个体比含有 a 基因的个体更多地迁移到一个新的地区，那么在这个新地区建立的新种群的基因频率就发生了变化。

（四）灭绝与进化

灭绝（extinction）是一种复杂的自然现象，它指的是一个种群丧失通过繁殖维持生存的能力。从化石的记录可推测某一物种灭绝的年代。灭绝应看成是进化的部分组成，它既是结果，也是起点。目前已知造成灭绝的因素有：生物的竞争、隔离、地质变化和气候变化等。自然的灭绝是进化的必然和必需，对进化起积极推动作用。灭绝赋予了生物反复产生新的类型，又不断使不适应的类群走向衰亡的能力。因此在物种的演化上灭绝和生存几乎同等重要。

第四节　稳态、应激性和适应性

所有的细胞、群落、各种生物体以至生态系统，在没有激烈的外界因素的影响下，可以通过自己特定的机制来保持自身动态的稳定，称为稳态。当环境发生变化时，生物体能够随环境变化的刺激而发生相应的变化，从而维持生物体内环境的相对稳定，这种能力称为应激性。生物体通过在形态、结构、生理和行为上的主动变化，提高自身在逆境中的生存能力称为适应性。

一、稳　　态

组成高等生物体的细胞数以亿计，机体内环境的稳定是稳态（homeostasis）的重要基础。机体内的细胞外液构成了体内细胞生活的液体环境，这个液体环境就称为内环境。机体内的细胞通过内环境与外界环境之间间接地进行物质交换。例如，由消化系统吸收的营养物质和呼吸系统吸进的氧先进入血液，然后再通过组织液进入体内细胞；同时，体内细胞新陈代谢所产生的废物和 CO_2，也要先进入组织液，然后再进入血液而被运送到泌尿系统和呼吸系统，排出体外。

内环境是体内细胞生存的直接环境。细胞与内环境之间、内环境与外界环境之间不断地进行着物质交换。所以外界环境的不断变化和细胞的代谢活动必然影响内环境的理化性质，如 pH、渗透压、温度等。为维持内环境的稳定，机体具备一些精细的调节机制，通过这些调节机制，可以达到机体的稳态。

可以内环境 pH 的稳态为例来说明机体的调节机制。血液是内环境的重要组成部分。机体在新陈代谢过程中，会产生许多酸性和碱性的物质，如碳酸、乳酸；食物（如蔬菜、水果）中的一些碱性物质，如碳酸钠等。这些酸性和碱性的物质进入血液，就会使血液的 pH 发生变化。但是实际测定发现，高等生物血液的 pH 通常为 7.35～7.45，其变化范围非常小，这主要是由于血液中存在缓冲物质，可以调节血液的 pH。人体血液中每一对缓冲物质都是由一种弱酸和相应的一种强碱盐组成的，如 $H_2CO_3/NaHCO_3$、NaH_2PO_4/Na_2HPO_4 等。当机体剧烈运动时，肌肉中产生大量的碳酸、乳酸等物质，并且进入血液。乳酸进入血液后，就与血液中的 $NaHCO_3$ 发生作用，生成乳酸钠和碳酸。碳酸是一种弱酸，而且又可以分解成 CO_2 和 H_2O，所以对血液的 pH 影响不大。血液中增多的 CO_2 会刺激控制呼吸活动的神经中枢，促使增强呼吸活动，增加通气量，从而将 CO_2 排出体外。当 $NaHCO_3$ 进入血液后，就与血液中的碳酸发生作用，形成碳酸氢盐，而过多的碳酸氢盐可以由肾脏排出。这样在血液中缓冲物质的调节作用下，血液的酸碱度不会发生很大的变化，从而维持在相对稳定的状态。内环境的其他理化性质，如渗透压、温度、各种化学物质的含量等，也可以维持在一个相对稳定的状态。

二、应　激　性

生物的稳态是相对的，当环境发生变化时（如光、声、温度、食物、化学物质等），生物体能够随环境变化的刺激而发生相应的反应，这种能力称为应激性（irritability）。应激性是生物体的基本特性之一，丧失这种特性，生命活动就随之停止。

多细胞高等动物通过神经系统各种刺激发生反应，称为反射，它是通过反射弧结构来完成的。反射是应激性的一种表现形式，范围较窄，仅具有神经系统的动物（包括人）才能具有，隶属于应激性的范畴，并不等于应激性。植物无反射活动，但有应激性，它是通过激素调节等方式来完成的。

三、适　应　性

适应（adaptation）是指当外界环境改变时，生物体的结构与机能发生改变以维持机体的生存的现象。它体现在生物体与环境相互适合，这种现象通过长期的自然选择才能形成。适应性是通过生物的遗传组成赋予某种生物的生存潜力，它决定此物种在自然选择压力下的性能。

几种典型的适应性现象包括保护色、警戒色和拟态等。保护色的形式多种多样，如水母等水生生物的躯体近乎透明，使其能巧妙地隐身于水域中；北极熊白色的皮毛和冰天雪地的背景十分协调；许多鱼类背部颜色深，腹部色浅，从上向下看，与水底颜色一致，从下向上看，却又像天空。又如，欧洲有一种塔蛛，腹部呈现红色，其皮肤腺能分泌毒液，当它受到攻击时，其腹部向上，显示红色肚皮以示对天敌的“警告”，此即警戒色。其他如瓢虫的斑点、毒蛇鲜艳的花纹等。又如，毒蛾的幼虫多具有鲜艳的色彩和斑纹，误食这种幼虫的小鸟常被毒毛损伤口腔黏膜，以后这种易于识别的色彩和斑纹就成为小鸟的警戒色。拟态指的是一种生物在形态、行为等特征上模拟另一种生物，从而使一方或双方受益的生态适应现象。例如，一些无毒的假珊瑚蛇也具有与剧毒的真珊瑚蛇相似的红、黑、黄相间的横纹；猪笼草形似鲜花，能诱捕采蜜的昆虫；杜鹃的拟态属于宿主拟态，它把卵产在其他鸟的巢中，其卵的大小、色泽等与原巢内的卵极其相似，因此杜鹃可让其他的鸟来为其孵卵育雏。

虽然生物对环境的适应是多种多样的，但其根本都是由遗传物质决定的。适应的相对性是遗传基础的稳定性和环境条件的变化相互作用的结果。适应的相对性还表现在它是一种暂时的现象，当环境条件出现较大的变化时，适应就变成了不适应，有时还成为有害的甚至致死的因素。

生物对环境的适应既有普遍性，又有相对性。生物只有适应环境才能生存繁衍，自然界中的每种生物对环境都有一定的适应性，这就是适应的普遍性。但是，这种生物对环境的适应性并不是绝对的、完全的，而只是一定程度上的适应，环境条件的不断变化对生物的适应性有很大的影响作用，此即适应的相对性。最后我们更要明白生物与环境是一个统一不可分割的整体。环境能影响生物，生物适应环境，同时也不断地影响环境。

（陈　欢）

第七章　生物的遗传与变异

遗传与变异是生命的基本特征。遗传使物种保持相对稳定，变异则使物种的进化成为可能。本章主要介绍经典遗传学的三条基本定律：分离定律、自由组合定律和基因连锁与互换定律，同时还介绍基因突变和染色体变异的相关原理及其与疾病的关系。

第一节　生物的遗传规律

孟德尔（J. G. Mendel）的分离定律、自由组合定律及摩尔根（T. H. Morgan）的基因连锁与互换定律合称为遗传学的三大定律。

一、分离定律（law of segregation）

（一）分离定律的基本内容

（1）生物的每种遗传性状都是由一对遗传因子决定的，其中一个遗传因子来自父本的雄性生殖细胞，另一个遗传因子来自母本的雌性生殖细胞。

（2）在生殖细胞成熟时，成对的遗传因子彼此分离，分配到配子中。

（3）每一个生殖细胞只含有每对遗传因子中的一个。受精后产生的合子其遗传因子又变为成对形式存在。

（4）生殖细胞的结合即形成合子是随机的。

（5）遗传因子具有显隐性的区别，受精后产生的合子的遗传因子相互独立，互不干扰，隐性的遗传因子虽然不表现出任何遗传性状，但仍独立存在。

（二）分离定律的发现过程——孟德尔对豌豆一对相对性状的杂交试验

1. 试验选材

孟德尔在1855年开始豌豆杂交试验。他选用豌豆作为试验材料的原因如下。

（1）豌豆的一些品种具有易于区分的性状差异（如高植株与矮植株、圆形种子与皱形种子等），而且这些性状能够稳定地遗传给后代，这样试验结果就很容易观察和分析。

（2）豌豆是自花传粉的，而且豌豆花在还未开花时已经完成了授粉，即闭花授粉。在自然状态下，豌豆能避免外来花粉的侵扰，保持纯种。因此，用豌豆做杂交试验结果可靠，同时又易于分析。

2. 试验内容及结果分析

孟德尔选择了具有明显性状差异的豌豆品种分别进行人工去雄和授粉杂交，进而观察亲代（parent generation，P）与子一代（first filial generation，F_1）间的遗传性状的变化。同时，通过自花授粉再让子一代（F_1）自交后产生子二代（second filial generation，F_2），观察子二代（F_2）的遗传性状与亲代（P）和子一代（F_1）间的遗传性状的变化。

孟德尔观察了豌豆的 7 对性状在杂交后的子一代（F_1）的遗传性状，以及近 2 万个（14 949＋5010）子二代（F_2）的遗传性状的变化情况（表 7-1、表 7-2）。

表 7-1　孟德尔豌豆杂交试验子一代（F_1）结果

亲代豌豆表型（7 对）	F_1 豌豆表型	显性性状
圆形种子×皱形种子	圆形种子	圆形种子
黄色子叶×绿色子叶	黄色子叶	黄色子叶
灰褐种皮×白色种皮	灰褐种皮	灰褐种皮
膨大豆荚×缢缩豆荚	膨大豆荚	膨大豆荚
绿色豆荚×黄色豆荚	绿色豆荚	绿色豆荚
花腋生×花顶生	花腋生	花腋生
高植株×矮植株	高植株	高植株

表 7-2　孟德尔豌豆杂交试验子二代（F_2）结果及显隐性关系

F_2 豌豆表型（数量）		显隐性比例
圆形种子（5 474）	皱形种子（1 850）	2.96∶1
黄色子叶（6 022）	绿色子叶（2 001）	3.01∶1
灰褐种皮（705）	白色种皮（224）	3.15∶1
膨大豆荚（882）	缢缩豆荚（299）	2.95∶1
绿色豆荚（428）	黄色豆荚（152）	2.82∶1
花腋生（651）	花顶生（207）	3.14∶1
高植株（787）	矮植株（277）	2.84∶1
（总计）14 949	5 010	2.98∶1

3. 试验结论

（1）显隐性法则。在子一代（F_1）中，两个亲代的性状中只有显性一方的性状得以显现。隐性性状在子一代（F_1）中虽然不显现，但是并没有消失，在子二代（F_2）中就可以观察到隐性性状的再次显现。

例如，高植株和矮植株是一对相对性状。如果把高植株和矮植株进行人工去雄和授粉杂交，F_1 植株全是高植株，而不出现矮植株。这样高植株对矮植株而言是显性性状（dominant character），在 F_1 中显现出来；矮植株对高植株而言，则是隐性性状（recession character），在 F_1 中不显现出来。因此，显性性状和隐性性状是相对的。

但是，具有相对性状的亲本杂交后，在 F_1 中有时也会显现出两个亲代的中间性状，这种现象称为不完全显性（incomplete dominance）。例如，紫茉莉（*Mirabilis jalapa*），红花品系和白花品系杂交，F_1 的花色既不是红花，也不是白花，而是介于红色与白色之间的粉色花。

有时，在具有相对性状的亲本杂交后，在 F_1 中两个亲本的性状同时表现出来，这种现象称为共显性（codominance）。例如，红毛牛和白毛牛杂交后，F_1 中牛的毛色为红毛白毛混杂。

（2）分离法则。子一代（F_1）只表现出显性性状，但是子二代（F_2）出现了性状分离现象，并且显性性状与隐性性状的数量比接近于 3∶1。

孟德尔发现，生物的每种遗传性状都是由一对遗传因子决定的，分别来自两个亲本的生殖细胞。显性遗传因子控制着生物的显性性状，隐性遗传因子控制着生物的隐性性状。生物体在形成生殖细胞，即配子时，成对的遗传因子彼此分离，随机形成合子。

例如，豌豆圆形种子的遗传因子是显性遗传因子，用大写英文字母 A 来表示；皱形种子的遗传因子是隐性遗传因子，用小写英文字母 a 来表示。纯种圆形种子的体细胞中含有一对 AA 遗传因子，纯种皱形种子的体细胞中含有一对 aa 遗传因子。在形成生殖细胞，即配子时，AA 和 aa 彼此分离，分别形成不同的配子。纯种圆形种子的配子只含有一个 A；纯种皱形种子的配子只含有一个 a。在形成合子时，雌雄配子随机结合，合子中又变成一对遗传因子。两个亲本（AA 和 aa）杂交后产生 F_1 的一对遗传因子中，只可能是一种组合：Aa，由于遗传因子 A 对 a 的显性作用，F_1（Aa）只表现为圆形种子。这样就解释了在 F_1 中只表现显性性状的原因。

F_1 自交产生的 F_2 中，原亲代双方的性状分别都得到显现，为何隐性性状又再次出现，并且显性性状与隐性性状数量比例总是接近于 3∶1？

孟德尔认为，圆形种子豌豆与皱形种子豌豆杂交后，F_1 种子虽然只表现圆形性状，皱形性状没表现，但决定该性状的遗传因子 a 并未丢失，在 F_1（Aa）中“默默地”存在。当 F_1（Aa）自交产生配子时，遗传因子 A 和 a 再次分离，这样雌雄配子就分别有两种：一种含有遗传因子 A，另一种含有遗传因子 a，而且数量相等。F_1 的雌雄配子随机结合后，产生的合子即 F_2 中的一对遗传因子就有三种组合：AA、Aa 和 aa，并且数量比接近 1∶2∶1。由于遗传因子 A 对 a 的显性作用，含有遗传因子 AA 和 Aa 的 F_2 都表现为显性性状，即圆形种子，含有遗传因子 aa 的 F_2 表现为隐性性状，即皱形种子，这样隐性性状又再次出现，并且显性性状与隐性性状的数量比接近于 3∶1（图 7-1）。

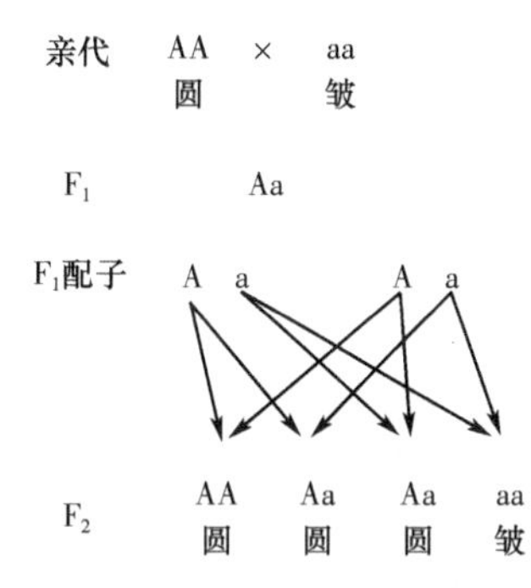

图 7-1　孟德尔分离定律示意图

（二）分离定律的本质

孟德尔当时并不清楚遗传因子在细胞中的具体位置。目前，人们已经知道孟德尔所说的遗传因子也就是基因位于细胞的染色体上，成对的基因位于一对同源染色体的相同位置上，遗传学上称为等位基因。等位基因在细胞进行减数分裂时会随着同源染色体的分离分别进入到两个配子中。等位基因随配子遗传给后代，具有一定的独立性。

孟德尔的分离定律不但有助于人们理解生物界的某些遗传现象，而且有助于预测杂交后代的性状及其出现的概率。因此，该定律在动植物育种和医学实践中都得到广泛应用。

二、自由组合定律（law of independent assortment）

（一）自由组合定律的基本内容

（1）生殖细胞在形成包含两对以上相对性状的合子时，每对相对性状之间分别独立地发生自由组合。

（2）每对遗传因子在自由组合形成合子时，互不干扰，互不融合。遗传因子在合子中仍保持其完整性。

（二）自由组合定律的发现过程——孟德尔对豌豆两对以上相对性状的杂交试验

1. 试验内容及结果分析

孟德尔用一个亲本是纯种的子叶黄色种子圆形的豌豆，另一个亲本是纯种的子叶绿色种子皱形的豌豆进行杂交。两亲本杂交所得到的 F_1 中的豌豆全部是子叶黄色种子圆形的。说明豌豆的子叶黄色种子圆形性状相对于子叶绿色种子皱形性状呈显性。控制显性性状的一对遗传因子用大写表示，用 YY 表示子叶黄色、RR 表示种子圆形；控制隐性性状的一对遗传因子用小写表示，用 yy 表示子叶绿色、rr 表示种子皱形。实验用的两种亲本分别是 YYRR（子叶黄色种子圆形）和 yyrr（子叶绿色种子皱形）。这样两种亲本都只能产生一种配子。含有 YYRR 两对遗传因子的亲本，只能生成含有 YR 遗传因子的配子，而含有 yyrr 两对遗传因子的亲本，只能生成含有 yr 遗传因子的配子。这样两种亲本杂交后得到的 F_1 中的遗传因子应为 YyRr，因此，F_1 中的豌豆全部是子叶黄色种子圆形的。

孟德尔又通过自花授粉让 F_1（YyRr）自交，根据孟德尔分离定律的规律，每对遗传因子在杂交时都要彼此分离。因此，Y 与 y 分离、R 与 r 分离。含有 YyRr 遗传因子的 F_1 产生的雌雄配子各有 4 种：YR、Yr、yR 和 yr，它们之间的数量比接近 1∶1∶1∶1。雌配子 YR、Yr、yR、yr 和雄配子 YR、Yr、yR、yr 自由组合生成的 F_2 的情况如下（图 7-2）。

孟德尔又对 F_1（YyRr）自交后产生的 F_2 的性状进行了观察，发现在 F_2 中不但又重新表现出了亲代原有的性状，即子叶黄色种子圆形和子叶绿色种子皱形，而且还表现出了新的性状，即子叶黄色种子皱形和子叶绿色种子圆形。孟德尔进而对 F_2 的性状进行了统计学分析。在从 F_2 豌豆得到的 556 粒种子中，子叶黄色种子圆形、子叶绿色种子圆形、子叶黄色种子皱形和子叶绿色种子皱形的数量分别为 315 粒、108 粒、101 粒和 32 粒，它们之间的数量比接近于 9∶3∶3∶1。

2. 试验结论

（1）自由组合法则。含有两对以上相对性状的生殖细胞在形成合子时，每对相对性状之间分别独立地发生自由组合。这样就可解释为何子叶黄色种子圆形、子叶绿色种子圆形、子叶黄色种子皱形和子叶绿色种子皱形之间的数量比接近于 9∶3∶3∶1。

P　YYRR　yyrr

配子　YR　×　yr

F_1　YyRr

配子　YR Yr yR yr（雌）　×　YR Yr yR yr（雄）

雄配子	雌配子			
	YR	Yr	yR	yr
YR	YYRR	YYRr	YyRR	YyRr
Yr	YYRr	YYrr	YyRr	Yyrr
yR	YyRR	YyRr	yyRR	yyRr
yr	YyRr	Yyrr	yyRr	yyrr

图 7-2　孟德尔自由组合定律示意图

根据 F_1（YyRr）产生的雌雄配子的 16 种组合，孟德尔分析了 F_2 的性状与遗传因子的关系，总结如下：

子叶黄色种子圆形：1YYRR＋2YYRr＋2YyRR＋4YyRr　9　（1＋2＋2＋4）

子叶黄色种子皱形：1YYrr＋2Yyrr　3　（1＋2）

子叶绿色种子圆形：1yyRR＋2yyRr　3　（1＋2）

子叶绿色种子皱形：1yyrr　1

（2）完整性法则。每对遗传因子在自由组合形成合子时仍保持其完整性。

孟德尔又将 F_2 的性状分别按一对相对性状来分析：

子叶黄色∶子叶绿色 ＝（9＋3）∶（3＋1）＝ 12∶4 ＝ 3∶1

种子圆形∶种子皱形 ＝（9＋3）∶（3＋1）＝ 12∶4 ＝ 3∶1

这个比例与分离定律中显隐性的比例 3∶1 是一致的，所以两对以上相对性状中的一对相对性状仍遵守分离定律。由于多对遗传因子在杂交后代中仍保持完整性、独立性，因此，不同的遗传因子自由组合后，仍能保持其原有性状。

（三）自由组合定律的本质

孟德尔通过两对相对性状的杂交试验所发现的自由组合定律的本质是：非同源染色体上的非等位基因的分离或组合是独立进行、互不影响的；在减数分裂形成配子时，同源染色体的等位基因分离，非同源染色体的非等位基因自由组合。孟德尔所指的一对遗传因子其实就是指一对同源染色体上的等位基因，控制不同性状的多对遗传因子其实就是指非同源染色体上的非等位基因。

孟德尔的自由组合定律在医学实践和动植物育种中都有广泛的应用。例如，在水稻育种中，根据自由组合定律，通过杂交的方法，使不同品种间的基因重新组合，进而获得含有优良基因的新品种。

三、基因连锁与互换定律（law of linkage and crossing-over）

孟德尔的自由组合定律主要揭示了非同源染色体上的非等位基因的遗传规律，而同一染色体上的基因及一对同源染色体上的不同对的等位基因的遗传规律又如何？摩尔根在孟德尔定律的基础上，发现了基因连锁与互换定律。

（一）基因连锁与互换定律的基本内容

（1）在生殖细胞形成时，同一染色体上的基因连锁在一起，可视为一个传递单位，称为基因的连锁律。

（2）在生殖细胞形成时，一对同源染色体上的不同对等位基因之间可以进行交换，称为基因的交换律或互换律。一般两对等位基因距离越远，交换的概率越高；距离越近，交换的概率越低。

（二）基因连锁与互换定律发现过程——摩尔根利用果蝇进行的杂交试验

1900年孟德尔遗传定律被重新发现后，1903年W. Sutton和T. Boveri发现在配子形成过程中和受精过程中，孟德尔所提的遗传因子的行为与染色体的行为是完全平行的，进而提出了遗传的染色体学说。

1905年W. Bateson和R. C. Punnet在研究香豌豆的花色和花粉粒形状两对性状的遗传时发现，在杂交产生的F_2中，不符合孟德尔的两对遗传因子的分离比为9∶3∶3∶1的比例，亲组合比理论数多，重组合比理论数少，进而提出了相斥和相引的假设。两对基因在杂交子代中的组合并不是随机的，两个原来属于不同亲本的基因在形成配子时是相互排斥的，不易出现在同一配子中，称为相斥（repulsion）；两个原来属于同一亲本的基因在形成配子时是相互吸引的，更易出现在同一配子中，称为相引（coupling）。

1. 试验内容及结果分析

1910年摩尔根以果蝇作为研究对象，进行了大量的遗传学试验。果蝇的复眼的眼色通常是红色，而摩尔根发现了一只雄蝇的复眼的眼色却是白色。当这只白眼雄蝇与红眼雌蝇交配后产生的F_1中的果蝇不论雌雄全是红眼，再让F_1中的雌雄果蝇相互交配产生的F_2中的果蝇，雌蝇全是红眼，雄蝇半数是红眼，半数是白眼。这种现象是符合孟德尔的分离定律的，假如不考虑性别，则红眼果蝇与白眼果蝇的比例是3∶1，但是特别之处在于白眼只限于雄蝇，提示眼色与性别有一定的遗传关系。摩尔根又将最早发现的白眼雄蝇与F_1红眼雌蝇回交，在子代中不但发现白眼雄蝇，而且发现白眼雌蝇。

摩尔根推测，雄果蝇有一条X染色体和一条Y染色体，雌果蝇有两条X染色体。白眼相对于红眼是隐性性状，控制白眼性状的基因为隐性基因w，位于X染色体上，而Y染色体上无控制相关眼色性状的等位基因。由于白眼基因为突变型，红眼基因为野生型，而且都位于 X 染色体上，因此白眼基因用 X^w 表示，红眼基因用 X^+ 表示。这样，白眼雄果蝇（♂）的基因型为 X^wY，纯种红眼雌果蝇（♀）的基因型为 X^+X^+。摩尔根的果蝇杂交试验及其结果示意图如图 7-3、图 7-4 所示。

亲代	X^+X^+ (红眼♀)	×	X^wY (白眼♂)	
F_1代	X^+X^w (红眼♀)	×	X^+Y (红眼♂)	
F_2代	X^+X^+ (红眼♀)	X^+Y (红眼♂)	X^+X^w (红眼♀)	X^wY (白眼♂)

图 7-3　白眼雄蝇与红眼雌蝇交配产生 F_1 及 F_1 雌雄果蝇交配产生 F_2 的基因组合图

	X^wY (白眼♂) (来自亲代)	×	X^+X^w (红眼♀) (来自F_1代)	
子代	X^+X^w (红眼♀)	X^wX^w (白眼♀)	X^+Y (红眼♂)	X^wY (白眼♂)

图 7-4　来自亲代的白眼雄蝇与 F_1 红眼雌蝇交配产生的子代基因组合图

2. 试验结论

摩尔根不但研究了果蝇的红白眼这对性状的伴性遗传情况，而且还研究了两对伴性性状之间的遗传情况，进而得出以下结论。

（1）伴性遗传的基因之间是连锁的，而且通过对果蝇大量的研究后发现了雌果蝇的不完全连锁和雄果蝇的完全连锁。

（2）在一对同源染色体的不同座位上，含有控制不同性状的非等位基因。

（3）位于同一条染色体上的控制不同性状的非等位基因间具有连锁关系，这些非等位基因统称为基因连锁群。

（4）连锁基因随配子共同传递到子代中去，由于控制不同性状的连锁基因常常连锁在一起不分离，进而导致了不同性状间的完全连锁。

（5）同源染色体的非姐妹染色单体在减数分裂时可能发生相对应区段的交换，如果交换发生在连锁基因间，则使位于对应区段上的等位基因互换，从而导致非等位基因间的一次交换过程。因此，F_1 发生交换的一个性母细胞最多只能产生 50％的重组型配子，另外 50％则是亲本型配子。

（6）由于同源染色体的非姐妹染色单体在减数分裂时可能发生相对应区段的交换是一个随机过程，F_1 发生交换的一个性母细胞不可能都发生完全相同的交换重组过程。因此，F_1 产生的 4 种类型的配子中，小部分（16％）为两种重组型配子，大部分

（84%）为两种亲本型配子。

（三）基因连锁和互换定律的本质

性状遗传随性别不同而有所差异，这是孟德尔以雌雄同株的豌豆作为研究对象不可能发现的。摩尔根研究的意义是首次把一个特定的基因与特定染色体上的特定位置联系起来，并证实在基因传递过程中，特定的基因与特定的染色体上的特定位置是相互连锁的。连锁遗传的发现，证实了染色体是基因的载体。这样就为研究基因的结构和功能奠定了理论基础。

基因的连锁和互换定律在生物育种和医学实践中有着广泛应用。在杂交育种时，要注意不同性状之间的连锁关系，如果该品种的优劣性状是连锁遗传的，要尽量去除原有的连锁关系，利用优势性状，摈弃劣势性状等。

第二节 基因突变

生物体的遗传物质可在两个水平上发生遗传学变化：一种是基因突变，另一种是染色体变异。基因突变是指基因组 DNA 分子发生的可遗传的变异，这是发生在基因结构中的变化，通常无法用光学显微镜直接观察。而染色体变异是发生在染色体结构的变化，通常可用光学显微镜观察到。本节重点讲述基因突变的类型及分子机制等相关内容。

一、基因突变的基本类型

（一）按发生因素分类

基因突变按发生因素可分为自发突变和诱发突变两类。

1. 自发突变（spontaneous mutation）

自发突变是指在自然状态下基因发生的突变，包括自然界的辐射、环境中的各种化学物质、生物体 DNA 复制错误及 DNA 损伤修复作用的缺陷等都可能引起基因的自发突变。自发突变的频率是很低的，可用突变率（mutation rate）来表示。突变率是指在一个单位时间内，某一个体发生突变的概率。不同的生物有不同的突变率，同一生物的不同基因也有不同的突变率。高等生物的自发突变率为 $1\times10^{-10}\sim1\times10^{-5}$，细菌的自发突变率则为 $1\times10^{-10}\sim4\times10^{-4}$。

2. 诱发突变（induced mutation）

利用能诱发基因突变的各种理化因素，按照人为设计的条件，使基因发生突变。所有能诱发基因突变的因子，称为诱变剂（mutagen）。由于肿瘤的发生也同基因突变密切相关，因此诱变剂也具有致癌作用，也称为致癌物（carcinogen）。

（二）按发生的方向分类

基因突变按发生的方向可分为正向突变和逆向突变。

1. 正向突变（forward mutation）

正向突变是指基因从野生型变为突变型。

2. 逆向突变（reverse mutation）

逆向突变是指基因从突变型变回野生型，又称为回复突变（back mutation）。

（三）按DNA分子改变分类

基因突变按DNA分子改变的不同可分为错配（mismatch）、缺失（deletion）、插入（insertion）、重组（recombination）等（见下文）。

二、基因突变的主要机制

（一）错配

DNA分子上的碱基错配又称为点突变。自发突变和诱发突变都能引起DNA上某一碱基的置换。置换的方式有两种：转换和颠换。嘌呤和嘌呤间的互换，或嘧啶和嘧啶间的互换，称为转换（transition）；嘌呤和嘧啶间的互换，称为颠换（transversion）。

按照发生错配后对基因表达产物的影响，错配又分为：错义突变（mis-sense mutation）、同义突变（same-sense mutation）和无义突变（nonsense mutation）。

1. 错义突变

错义突变多发生在密码子的第一位或第二位核苷酸，突变形成新的密码子，编码生成新的氨基酸，原有氨基酸被改变。

2. 同义突变

同义突变多发生在密码子的第三位核苷酸，由于密码子的简并性，突变密码子与原密码子编码同一种氨基酸。也有些同义突变，虽然生成新的氨基酸，但并不影响蛋白质产物原有的活性和功能，不改变原来的表型。例如，同工酶（isozyme）的氨基酸组成虽有差异，但功能却相同。

3. 无义突变

无义突变发生后，原编码氨基酸的密码子变为终止密码子，多肽合成提前终止，产生了被截短的缺少原羧基端片段的蛋白质片段，一般多无活性。

（二）缺失

基因可以因为单个或多个核苷酸的缺失而发生突变。大多会影响三联体密码的阅读方式，造成氨基酸排列顺序发生改变，进而影响蛋白质产物。如果3个或$3n$个核苷酸缺失，不一定影响蛋白质产物。由缺失造成的突变一般不会发生回复突变。

（三）插入

同发生缺失突变的机制类似，基因可以因为单个或多个核苷酸的插入而发生突变。同样大多会影响三联体密码的阅读方式，进而影响蛋白质产物。因此，缺失或插入都可导致框移突变，即由于三联体密码的可读框发生改变而导致蛋白质产物的改变。如果3

个或 $3n$ 个核苷酸缺失，也不一定影响蛋白质产物。但插入突变在某些情况下可以发生回复突变。例如，许多转座子上大都带有抗药性，当其转座到另一个无抗药性的基因中时，会使该基因发生插入突变的同时带有抗药性，但是这种插入的 DNA 分子可以通过适当的酶切作用被切除，从而使该基因回复成原来无抗药性的状态，也就是使突变基因再重新回复成为野生型基因。

（四）重组

基因重组是对连锁的基因而言的，它改变了染色体上连锁基因的组成和排列次序，进而导致新的性状出现。基因重组不光发生在核基因之间，也可发生在线粒体基因和叶绿体基因间等。只要有 DNA 存在，就有可能发生重组。

基因重组有两大类：同源重组（homologous recombination）和非同源重组（non-homologous recombination）。

1. 同源重组

同源重组是指发生在姐妹染色单体（sister chromatin）之间或同一染色体上含有高度同源序列的 DNA 分子之间或分子之内的重新组合。不需要特异 DNA 序列，而是依赖两分子之间序列的相同或相似性而进行的重组。同源序列越长，同源重组率越高，反之，则不易发生重组。

由于同源重组严格依赖分子之间的同源性，因此，原核生物的同源重组通常发生在 DNA 复制过程中，而真核生物的同源重组通常发生在细胞周期的 S 期后。同源重组需要一系列的蛋白质催化。例如，原核细胞内的 RecA、RecBCD、RecF、RecO、RecR 等；真核细胞内的 Rad51、Mre11-Rad50 等。同源重组一般是双向互换 DNA 分子，但偶尔也可以单向转移 DNA 分子，这种作用被称为基因转换（gene conversion）。

1964 年 R. Holliday 提出了 Holliday 模型，对于认识同源重组起了十分重要的作用。在这一模型中，同源重组主要经历以下几个关键步骤。

（1）两条同源染色体 DNA 相互靠近排列整齐。

（2）在酶的作用下，一条染色体 DNA 上的一条链被切开，并与另一条染色体 DNA 对应的链连接，形成交联桥。

（3）通过分支迁移作用，交联桥的位置沿着配对 DNA 分子“移动”，待相交的另一链在酶的作用下被切开，并在 DNA 连接酶的作用下与另一亲本的 DNA 片段连接。这样，在两个亲本 DNA 分子间出现一大段异源双链（heteroduplex）DNA，这种结构称为 Holliday 中间体。

（4）Holliday 中间体在酶的作用下切开并修复，由于切开的方式不同，得到两个双链重组体，即片段重组体（patch recombinant）和拼接重组体（splice recombinant）（图 7-5）。

2. 非同源重组

非同源重组依赖于少量 DNA 同源序列间的联会。但这种联会只限于某些特定 DNA 序列，而且大多在特定序列中的特定位点发生重组，所以又称为位点专一性重组（site-specific recombination）。大多需要特殊的酶（如整合酶）催化。λ 噬菌体 DNA 的

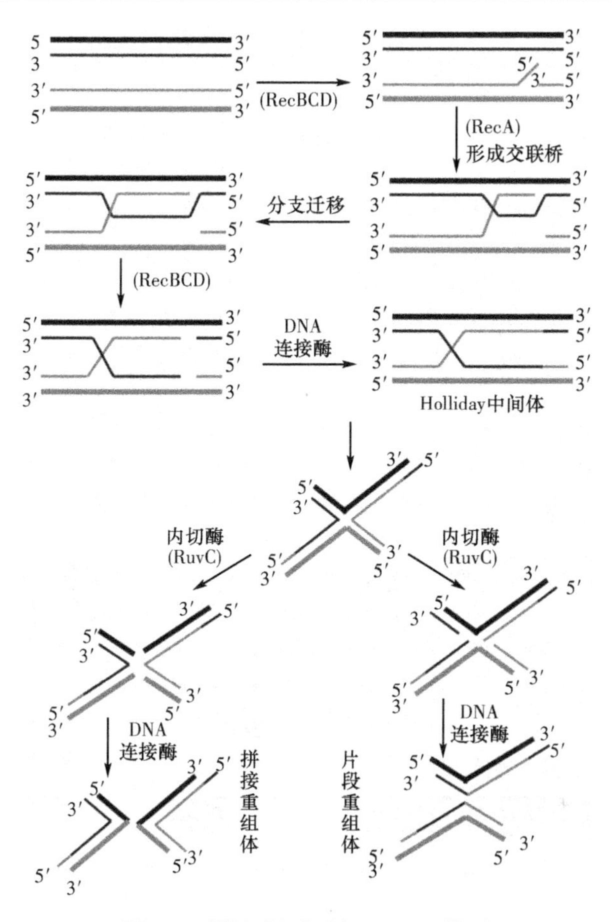

图 7-5　同源重组机制 Holliday 模型

整合、细菌的特异位点的重组、免疫球蛋白基因的重排及转座重组都是位点专一性重组。

(1) λ 噬菌体 DNA 的整合和切离，是典型的位点专一性重组。λ 噬菌体的整合酶识别噬菌体和宿主染色体的特异靶位点，发生选择性整合（图 7-6）。

(2) 细菌的特异位点重组。例如，沙门菌 H 片段特异位点重组（倒位）决定鞭毛相转变。*hix* 为反向重复序列，它们之间的 H 片段可在 Hin 控制下进行特异位点重组（倒位）。H 片段上有两个启动子 P，其中一个启动 *hin* 基因表达，另一个正向时启动 *H2* 和 *rH1* 基因表达，反向（倒位）时 *H2* 和 *rH1* 不表达。*rH1* 为 *H1* 的阻遏蛋白基因（图 7-7）。

(3) 免疫球蛋白基因的重排。免疫球蛋白（Ig）由两条轻链（L 链）和两条重链（H 链）组成，分别由三个独立的基因族编码，其中两个编码轻链（κ 和 λ），一个编码重链。重链（IgH）基因的 V-D-J 重排和轻链（IgL）基因的 V-J 重排均发生在特异位点上。在 V 片段的下游、J 片段的上游以及 D 片段的两侧均存在保守的重组信号序列（recombination signal sequence，RSS）（图 7-8）。

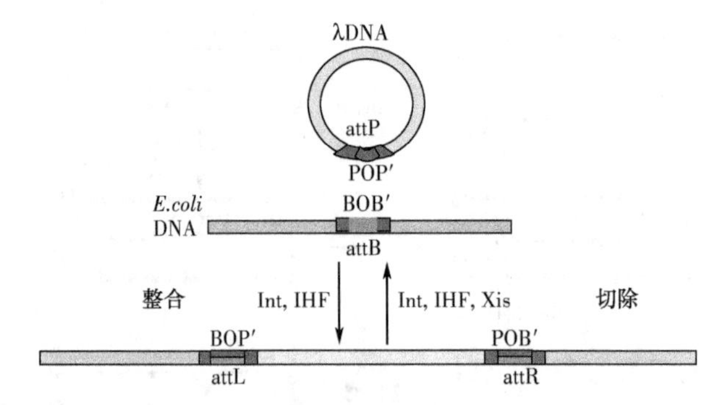

图 7-6 λ 噬菌体 DNA 的整合和切除

att：结合位点；Int：整合酶；IHF：整合宿主因子；Xis：切割酶

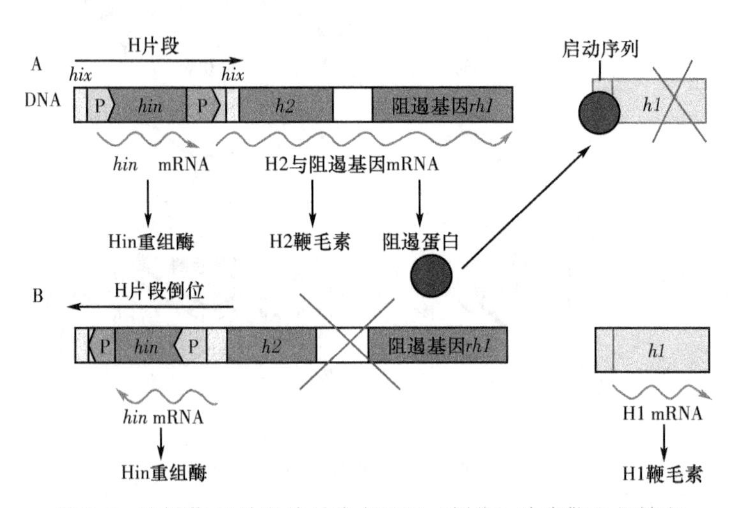

图 7-7 沙门菌 H 片段特异位点重组（倒位）决定鞭毛相转变

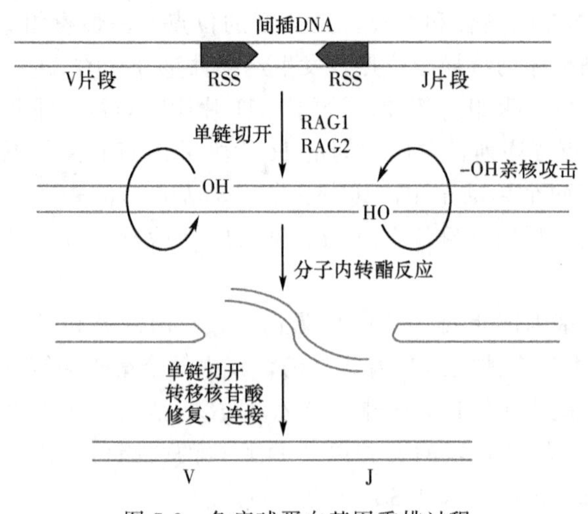

图 7-8 免疫球蛋白基因重排过程

(4) 转座重组。由插入序列和转座子介导的基因转移或重排。许多细菌基因组含有几十个拷贝的能转座 DNA 的片段，片段长度几百至几万个碱基对不等，是遗传多样性的一个重要来源。

转座重组可分为插入序列转座和转座子转座。插入序列（insertion sequence，IS）转座由转座酶（transposase）、一个分离的反向重复序列（inverted repeats）和侧翼两个正向重复序列（direct repeats）组成，发生形式可分为保守性转座（conservative transposition）和复制性转座（duplicative transposition）。转座子（transposon，Tn）转座除了有插入序列的结构外，还带有抗性或其他标记基因。

三、基因突变的生物学意义

基因突变是生物群体中遗传变异的主要来源，是进化、分化的分子基础，是生物进化过程中自然选择的作用对象，因而是生物进化的原材料。基因突变更是某些疾病的发病基础。基因突变不一定带来表型的改变。基因突变若发生在重要基因上，可导致个体细胞的死亡。总之，突变也许会对个体带来某些危害，但是突变在生物界普遍存在，是有积极意义的。

第三节　染色体变异

染色体变异牵涉许多基因的改变，因而后果比基因突变更严重，染色体变异的结果在光学显微镜下是可以观察到的，主要包括两大类型：一是染色体数目的改变；二是染色体结构的改变。不论是哪一种改变，都会影响生物体的遗传性状，在生物的生存和进化中起重要作用。

一、染色体数目的变异

生物体的染色体数目是固定的。例如，在二倍体生物中，人有 23 对染色体，共 46 条；黑腹果蝇有 4 对染色体，共 8 条；洋葱有 8 对染色体，共 16 条。

通常用 n 表示一套单倍体细胞中的染色体数目，因此，人 $n=23$，$2n=46$；黑腹果蝇 $n=4$，$2n=8$；洋葱 $n=8$，$2n=16$。

细胞内染色体数目的增加或减少均可带来染色体数目的变异，主要包括两种类型：非整倍体（aneuploid）变异和整倍体（euploid）变异。

（一）非整倍体变异

非整倍体变异是整倍体染色体中缺失或增加一条或若干条染色体产生的。由于在减数分裂时一对同源染色体提前分离而形成的 $n-1$ 配子，或者一对同源染色体不分离而形成的 $n+1$ 配子，这类（$n-1$）或（$n+1$）配子与正常配子（n）结合便会产生各种非整倍体细胞。

双体：正常的 $2n$ 个体，在减数分裂时，所有染色体都能两两配对，包括二倍体和偶数异源多倍体。

缺体：双体中缺一对同源染色体，即 $2n-2$；

单体：双体中缺了一条染色体，使某一对同源染色体只剩一条，即 $2n-1$；

双单体：双体中缺了两条非同源染色体，成为 $2n-1-1$；

三体：双体中多了一条染色体，使某一对同源染色体变成三条，即 $2n+1$；

四体：双体中某一对同源染色体变成四条同源染色体，即 $2n+2$；

双三体：双体中增加了两条非同源染色体，即 $2n+1+1$。

染色体非整倍数的变异一般后果较为严重，大多导致个体致病性甚至致死性的改变。人类的多种遗传病与染色体非整倍数的变异密切相关。

例如，唐氏综合征（Down's syndrome），又称先天愚型，就是由于多了一条21号染色体所致，所以这种病又称21三体综合征。产生原因是卵子在减数分裂时21号染色体不分离，形成异常卵子。患者临床表现为：面容特殊，两外眼角上翘，鼻梁扁平，舌头常往外伸出，肌无力及通贯手，患者绝大多数为严重智能障碍并伴有多种脏器的异常，如先天性心脏病、白血病、消化道畸形等。

又如，Turner综合征（Turner syndrome），又称先天性卵巢发育不全综合征，就是由于缺失了一条染色体只剩下一条X染色体，核型为45，X。患者临床表现为：身材矮小，颈蹼及指、趾背部水肿，为胎儿期淋巴水肿的残迹，后发际低、盾状胸、肘外翻，卵巢发育不全、原发闭经，性器官幼稚型。

此外，人的恶性肿瘤细胞的染色体除了出现结构改变外，其数目也多半是非整倍体，有的为少于46条的亚倍体，有的为多于46条的超倍体。

（二）整倍体变异

整倍体是指染色体数目是单倍体数目的整倍数。例如，四倍体的染色体数目是单倍体的4倍，如果 $n=8$，则 $4n=32$。

大多数真核生物的体细胞是二倍体（diploid），配子是单倍体（haploid）。生物的染色体数目是单倍体数目的三倍以上的，统称为多倍体（polyploid）。三个以上相同的染色体组成的细胞或个体称为同源多倍体；多倍体细胞里的染色组来自不同的亲本，称为异源多倍体。多倍体的配子的染色体数目就不止是一套染色体。例如，六倍体普通小麦配子中的染色体是三套基本的染色体组。此时，一套基本染色体组称为1X，$n=3X$，$2n=6X$。

单倍体的动物大都在胚胎期死亡，但也有极少数果蝇等生物的单倍体存活。有些昆虫，如蜜蜂、蚂蚁等既有单倍体，又有二倍体。雌蜂是从受精卵发育成的二倍体，蜜蜂雄蜂是由未受精的卵发育而成的单倍体。

二、染色体结构的变异

染色体结构的变异，一般是由于染色体发生了断裂，在重组连接时发生了错误，从而导致产生各种结构异常的染色体。因此，染色体断裂和重组是导致染色体结构发生变异的主要原因。在正常情况下，染色体发生断裂的频率是很低的，但在某些因素（如电离辐射、化学物质和病毒感染等）诱发下可以明显地增加染色体断裂的机会，这些可诱发染色体断裂的因子，统称为诱裂剂。

染色体结构的变异可分为稳定变异和不稳定变异两大类。染色体的稳定变异可通过细胞分裂稳定地继续保留在子细胞中。稳定变异的类型包括缺失、重复、易位、倒位、等臂染色体等。染色体的不稳定变异往往会在细胞分裂过程中丢失。不稳定变异的类型包括双着丝粒染色体、断片和环状染色体等。

由于染色体不稳定变异的具体机制尚未完全清楚，因此，下面主要介绍染色体稳定变异的各种类型的具体机制。

（一）缺失（deletion）

缺失是指染色体臂的部分丢失。由于染色体断裂后，断裂下来的片段未能再与原来的或别的染色体结合而丢失。

从染色体缺失的位置上区别，可分为末端缺失和中间缺失。末端缺失是染色体一次断裂，中间缺失则是二次断裂并伴有染色体断端重接。

缺失的片段如果没有着丝粒，则是一种无着丝粒断片，由于没有着丝粒而不能受纺锤丝的牵引，将在随后的细胞有丝分裂过程中丢失。有缺失变异的染色体的个体，由于缺少了所含的遗传信息将会出现异常的性状。在人类最常见的染色体缺失的病例是猫叫综合征，是由于人的第 5 号染色体的短臂缺失引起的，患儿哭声似猫叫，智能低下，生长阻滞。

环状染色体是染色体缺失的一种特殊类型。这是由于断裂在一条染色体的长臂和短臂各发生一次，两个断裂相互连接就会形成有着丝粒的环状染色体。在恶性肿瘤患者中经常可以发现环状染色体。

（二）重复（duplication）

重复是指同源染色体中的一条断裂后，其片段连接到另一条同源染色体上的相应位置，或是由同源染色体间的不等交换，结果使一条同源染色体上的部分基因重复，即染色体的某一区段有额外的重复拷贝。重复是比缺失更为常见的染色体变异，对个体造成的损害一般小于缺失。

（三）易位（translocation）

易位是指一条染色体断裂后其片段接到同一条染色体的另一处或接到另一条染色体上，导致染色体的节段位置发生改变。

易位主要有两种类型，相互易位和罗伯逊易位。相互易位就是两条染色体同时发生断裂，断下的区段相互交换重接，导致两条非同源染色体之间互换一个区段。相互易位的染色体在细胞减数分裂时，同源染色体配对后会出现“十字形”图像，并将产生染色体不平衡的配子和异常的子代。罗伯逊易位是涉及两条端着丝粒染色体的易位类型。当两条端着丝粒染色体在着丝粒区发生断裂后，整个染色体臂发生了相互易位，形成了两个中着丝粒，大多丢失由染色体短臂形成的小染色体，而长臂则在着丝粒区相互重接。

染色体易位的结果会改变原来基因间的连锁关系，使原本在不同染色体上的基因处在相互邻接的位置上，特别是染色体断端和重接位置上的基因，这会产生明显的表型效应。

（四）倒位（inversion）

倒位是由于同一条染色体上发生了两次断裂，产生的断片颠倒 180°后又重新连接形成的，导致原来的基因顺序的颠倒。

根据倒位部位的不同，可分为臂内倒位和臂间倒位两种类型。臂内倒位：倒位发生在染色体的一条臂上，不改变两个臂的长度，要用染色体显带技术才能识别。臂间倒位：倒位包含了着丝粒区。臂间倒位则使两个臂的长度出现增减，即使未作染色体显带处理也可观察区分。

（五）等臂染色体（isochromosome）

等臂染色体是指染色体的两臂带有相等的遗传信息。等臂染色体的形成是由于染色体分裂时着丝粒不是纵向分裂，而是横向分裂，导致两条姐妹短臂或长臂，各自成为等臂染色体。

三、染色体变异的实际应用

染色体变异特别是非整倍体变异在农作物育种上有着广泛应用。通过增加或减少细胞内染色体组，培育高产优质的农作物新品种。

减少染色体组：一般用花药离体培养方法让未受精的配子直接发育成完整个体，其体细胞内染色体与该物种的配子染色体数相同，如单倍体育种。单倍体虽然生长瘦弱，高度不孕，但是单倍体没有等位基因，是绝对的纯种，可利用单倍体-多倍体联合育种。

增加染色体组：用秋水仙素处理幼苗或萌发的种子——适当浓度的秋水仙素能在不影响细胞活力的条件下抑制纺锤体生成或破坏纺锤体，导致染色体复制且着丝点分裂后不能分配到两个细胞中，从而使细胞内的染色体数目加倍，如多倍体育种。多倍体植物有生长旺盛、各器官粗壮、种子少或不产生种子的特性。凡是不以种子为收获目标的植物都可以考虑进行多倍体育种，典型实例是无籽西瓜的培育。

（姚真真）

第八章　生命的起源与进化

地球上的生命历史至少有38亿年。据统计，现在已知的生物有200多万种，包括植物40多万种、动物150多万种、微生物10多万种。这些形形色色、千姿百态的生物构成了今天这个生机盎然的生物界。这些种类众多的生物是从哪里来的呢？每种生物的最早祖先是谁？

本章将从生命的起源、生命的进化历程、生命进化的理论及人类的起源和演化等几个方面进行简要介绍。

第一节　生命的起源

一、关于生命起源的几种观点

关于生命的起源，一直有许多不同观点，主要有如下理论。

（一）神造论

神造论也称为特创论，认为生物界所有的物种都是上帝创造的。上帝用了6天来创造世界。第1天创造了天和地，分出了白天和黑夜；第2天创造了天空、白云、江河和雨水；第3天创造了陆地、海洋、花草树木；第4天创造了太阳、月亮，分出月份、季节；第5天创造了水生动物和飞鸟；第6天创造了牲畜、爬虫等陆生动物。然后，上帝按照他自己的样子，用泥土造出了一个男人亚当，又用亚当的一条肋骨，造了一个女人夏娃，亚当、夏娃一起生下了人类。这种观点只是一种神话，无任何科学依据。

（二）物种不变论

认为生物物种是永恒不变的。生命是宇宙固有的，地球上的生命来自宇宙，而且是在地球形成之前就存在的，因此不存在生命的起源问题。

（三）目的论

认为自然界的一切事物都合乎一定的目的或者被一定的目的所决定和支配。例如，猫创造出来是为了吃老鼠，老鼠创造出来是为了给猫吃。

（四）生命来自于生命

这种观点与欧洲的一种“自生说”的观点基本一致，认为生物是从非生物变来的。我国古代曾有过“白石化羊”、“腐草化萤”、“朽木生蝉”的传说。古希腊也有“泥土变鱼”的说法。“腐肉生蛆”、“麦生小鼠”等论述也广为流传。但这种观点也经不起科学推敲。

（五）前生命的化学进化

这种观点被广为接受。1878 年恩格斯在他的哲学著作《反杜林论》中，提出了化学进化的论点。他认为生命的起源必须通过化学途径来实现。大量的事实证明了化学进化是可信的。

前生命的化学进化主要涉及以下过程：①氨基酸、嘌呤、嘧啶、单核苷酸、ATP、脂肪酸等的非生物合成，即简单的生物单分子的形成；②由氨基酸合成为多肽或蛋白质，由单核苷酸聚合为多核苷酸等，即由生物单分子聚合为生物大分子。

目前，许多资料表明前生命的化学进化并不局限于地球，而是在宇宙间广泛地存在着化学进化的产物。在星系演化中，某些生物单分子，如氨基酸、嘌呤、嘧啶等可能形成于星际尘埃或凝聚的星云中，进而在行星表面一定的条件下产生了像多肽、多聚核苷酸等生物高分子，最后通过若干前生物系统的过渡形式在地球上生成了最原始的生物系统，即具有原始细胞结构的生命。

二、生命起源的天文学背景

（一）宇宙空间与生命起源

生命的起源与演化是和宇宙的起源与演化紧密联系的。通过所谓的宇宙“大爆炸”（Big Bang）产生了碳、氢、氧、氮、磷、硫等构成生命的主要元素。

宇宙空间中的星际物质主要是氢与氦，其次是氧、碳、氮、镁、硅、铁及硫等，它们是宇宙演化过程中产生的，还包括主要是一氧化碳在内的气态分子和尘埃颗粒。

目前认为星际尘埃与前生命的化学进化的关系最大。一个典型的星际尘埃颗粒的年龄差不多与地球相等，可见是经过了长时间的演化。光、宇宙线和紫外线促成了最初的有机合成，氨基酸、嘌呤、嘧啶等生物化学分子可能形成于星际尘埃颗粒中。

星际尘埃按大小分成两类：直径约 0.6μm，称为大的星际尘埃颗粒；直径小于 0.04μm，称为小的星际尘埃颗粒。均含有碳、氧、氮物质的外幔和硅质内核。

星际尘埃的温度为 10K 左右（0℃＝273.15K）。星际尘埃如此低的温度使得大多数气体都冻结在其表面。光谱分析表明，在尘埃表面冻结的物质除了氧化硅、NH_3、CO 以及 N_2CO_3 外，还有 H_2O。由于光化学反应，尘埃外幔中的氧、碳、氮大多转变为 0.1μm 大小的有机质颗粒。星际尘埃上存在的这些物质，逐步演变为前生命的化学物质。

除了星际尘埃，彗星的大规模的“轰击”与前生命的化学进化的关系也很大。人们在空间考察中发现：月球表面布满了从大到小的各种尺寸的圆形撞击坑，而且还包括了微米级的撞击坑。进而推测：在地球和月球形成的早期，特别是在凝聚的最后阶段，曾经遭受过彗星的大规模的“轰击”，这样，彗星的尾巴就把大量的含有有机分子的尘埃撒到地球和月球上，进而演变成地球上生命起源的前生命的化学物质。

（二）地球与生命起源

大约 38 亿年前，初步形成了原始的地壳。原始的地壳上布满了水洼、水池及小型湖泊。由于当时火山活动频繁，这些水里混合着大量的火山灰，大气中也充满了氮、一氧化碳、水蒸气、氢等各种气体。地球上的这些各种各样的气体成分，在强烈的太阳紫外线辐射、闪电、宇宙射线等提供的各种能量的作用下，发生了各种化学反应。

1953年，米勒（S. L. Miller）完成了第一个模拟地球原始大气条件（含有CH_4、NH_3、H_2和H_2O），获得氨基酸的放电实验（图8-1）。

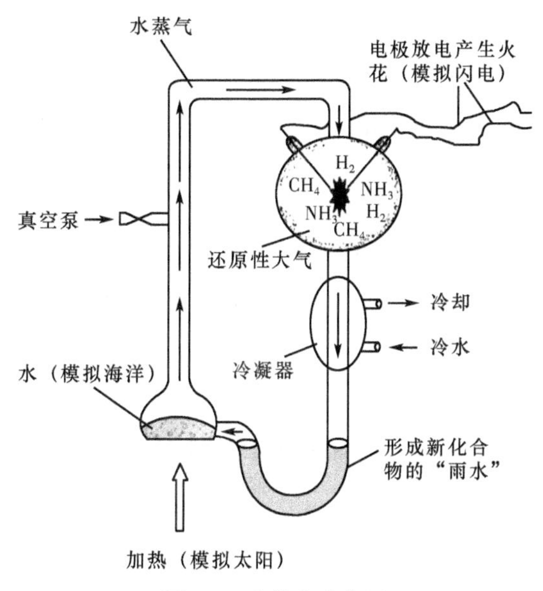

图8-1　米勒实验装置

米勒把水加入500ml烧瓶中，抽出空气使装置内呈真空后，加入CH_4、NH_3、H_2的混合气体，然后把烧瓶内的水煮沸，水蒸气驱动混合气体进入容积为5L的烧瓶中，加以连续的火花放电，以模拟雷电所造成的自然能源，放电一周，结果得到20种有机化合物，其中有11种氨基酸，甘氨酸、丙氨酸、天冬氨酸、谷氨酸是天然蛋白质中所含有的。

除了氨基酸以外，其他的小分子有机物，如嘌呤、嘧啶等有机碱，核糖、脱氧核糖和脂肪酸等，也可以在模拟实验中形成。例如，有人将CH_4、NH_3、水蒸气及H_2的混合物，通过电子束射击，合成了腺嘌呤等。

原始地球上的蛋白质和核酸的形成过程，虽然还不能证实是否与模拟实验的过程类似，但是模拟实验证实了生命起源的化学进化与原始地球的大气团关系密切。原始地球为生命起源的化学进化主要提供了以下三个方面的条件：①物质条件——还原型的原始大气；②能量条件——原始地球上不断出现的宇宙射线、紫外线、闪电、热能等；③一定的环境场所条件——原始海洋等。

因此，有人提出地球是生命的发源地，前生物的化学演化发生在地球的大气团中。在原始的地球大气团中所形成的简单低分子有机物与地表水相互作用，形成含有有机化合物的水溶液。在一些火山活动区域这种有机化合物的水溶液浓度较大，它们最终可能汇集到原始的海洋中。这样，在这些溶液中就诞生了原始的异养生物。

第二节　生命进化的历程

著名物理学家薛定谔（E. Schrodinger）提出“生命的特征在于生命系统能不断地增加负熵”。生命依赖于生命系统结构的完整性，这种系统又是如何自发地增加其复杂性，即进化呢?

一、生命进化的基本规律

生命进化的基本规律主要体现在以下几个方面。

(1) 生命的进化趋向于生物个体结构的复杂性和多样性，即生命的结构层次的增加和各结构层次的分化程度增大。

(2) 生命的进化结构遵循“建筑法则”：生命史早期进化主要表现在分子层次上(化学进化)，此后主要表现在细胞层次上（细胞进化)，再后则主要表现在组织和器官结构上。

(3) 生命的进化是缓慢的、渐变的与快速的、跳跃式的进化都存在。

二、生命进化的基本阶段

生命进化大致经历了如下 4 个阶段。

(一) 第一阶段：从无机小分子物质生成有机小分子物质

CH_4、NH_3、H_2O、H_2、H_2S、HCN 等无机小分子物质，在宇宙射线、紫外线、闪电等条件下，生成氨基酸、核苷酸、单糖等大分子物质，在雨水的作用下，汇集于原始海洋中。

(二) 第二阶段：从有机小分子物质生成有机高分子物质

氨基酸经过长期积累及相互作用，在适当的条件下，通过缩合作用生成原始蛋白质。核苷酸也经过长期积累及相互作用，在适当的条件下，通过聚合作用生成原始核酸。

(三) 第三阶段：从有机高分子物质组成多分子体系

原始蛋白质、原始核酸经过浓缩而分离出来后相互作用共同凝聚成小滴，形成原始的界膜，与外界进行原始的物质交换，共同形成多分子体系。

(四) 第四阶段：从多分子体系演变为原始生命

多分子体系经过长期积累相互作用生成具有原始的新陈代谢作用、并能够进行繁殖的原始生命。

目前，科学家大多认为生命进化的大致趋向是：①结构上由简单到复杂；②进化水平上由低等到高等；③生存环境上由水生到陆生。

三、生命进化的基本历程

化石是保存在地层中的古代生物的遗体、遗迹和生命有机成分的残余物。因此，地球历史中的生命是以化石的形式保存下来的，古生物化石最能反映地层系统的新老顺序：地层层位越高，其面貌越接近现代生存的生物，所保存的化石一般构造越复杂；而在层位低的地层中的化石，则多半是低等生物。

根据由古生物学证明的生物进化规律：从简单到复杂，从低级到高级，以及地层学的“层序律”，人们提出了相对地质年代的概念，进而完成了地层系统界、系、统的建立，并提出与地层系统相对应的地质年代表：代、纪、世。

地层系统和地质年代表的建立主要根据古生物进化发展的阶段，人们将生命进化主要分为前寒武纪、古生代、中生代、新生代和新生代末期等时期。

（1）前寒武纪时期（始于约 35 亿年前）。原核单细胞→真核多细胞。

（2）古生代时期（约始于 5.44 亿年前）。植物：（真核）藻类→裸厥类→厥类；动物：无脊椎动物→鱼类→两栖类、有翅的昆虫。

（3）中生代时期（始于 2.45 亿年前）。裸子植物和爬行动物繁盛，哺乳动物和鸟类开始出现。

（4）新生代时期（始于 6640 万年前）。被子植物和哺乳类、鸟类占优势。

（5）新生代末期（400 万～600 万年前）。灵长类动物的一支进化成人类。

四、生命进化历程的主要证据

（一）古生物学证据

各类生物化石在地层里按一定顺序出现，是生物进化最可靠的证据。例如，在新生代地层中发现的一系列马的化石，显示出马这个物种的进化历程。中间过渡类型的动物、植物化石的出现，如始祖鸟、种子蕨，说明两种不同类群之间有亲缘关系。

（二）比较解剖学证据

同源器官是最重要的证据。通过比较蝙蝠、鸟、鲸、马的前肢骨和人的上肢骨，人们发现虽然它们形态、功能各不相同，但是它们的部位和内部结构却十分相似。进而说明：凡是具有同源器官的生物都由共同的祖先进化而来。

（三）胚胎学证据

高等生物的胚胎发育都是从一个受精卵开始的，说明高等生物是起源于单细胞生物的。通过人的胚胎和多种脊椎动物的比较，发现人和多种脊椎动物在胚胎初期都有鳃裂和尾。进而说明：人和多种脊椎动物的祖先早期都生活在水中，人是从有尾动物进化而来的，人的胚胎发育可以反映出生命进化的历程，而且人和多种脊椎动物在最早时期拥有共同的祖先。

第三节 生命进化的理论

假如世界上这些形形色色的物种是由共同祖先演变而来的，那么生命的进化又是如何实现的？这就是生命进化学说所要解释的问题。本节将重点介绍拉马克学说、达尔文学说、综合进化学说等。

一、拉马克学说

1809年，拉马克（J. B. Lamarck）在《动物的哲学》中提出：所有生物都不是上帝创造的，而是进化来的；物种是随着环境而变化的；人工饲养能使物种发生巨大的变化，产生出和野生祖先完全不同的品种。同时，他还提出：生物在适应环境的进程中，器官使用就发达，不使用就退化，这就是“用进废退”。拉马克学说认为物种是在不断变化的，而环境变化是物种变化的主要原因。

因此，拉马克学说的核心观点可归纳成两点：“用进废退”和后天获得性遗传。

（一）用进废退

用进废退的基本观点是，拉马克认为环境对于生命产生影响，环境变化是物种变化的主要原因。①对于具有神经系统的高等动物，环境间接地通过改变行为、习性，使某些器官加强活动而发展，或减少活动而退化；②对于植物及低等动物，环境直接作用于有机体，引起机能的改变，从而导致形态结构相应的改变。

用进废退典型的实例有如下几个。①长颈鹿的颈长。长颈鹿的祖先原来是一种羚羊般大小的动物，生活在非洲的干旱地区，由于那里的青草少，只能以树上的叶子作为主要的食物来源。在吃光低处的树叶之后，不得不拼命去吃高处的树叶，因此，长颈鹿为了生存，就不得不用力把颈拉长，由于这样长期使用，前肢和颈都得到发展。拉马克认为这是典型的用进的结果。②游禽类的蹼足、涉禽类的长脚，拉马克认为也都是用进的结果。

（二）后天获得性遗传

拉马克认为，这种动物所获得的特征由于“获得性遗传”是可以传到下一代的。因为一代中长颈鹿的前肢和颈变长了，它们传到下一代，下一代的前肢和颈由于使用，再变长一些，这样一代代积累下去，长颈鹿的祖先就进化成现在的长颈鹿了。

（三）现代解释

目前认为，拉马克的学说基本上是错误的。由于拉马克时代没有遗传学，所以他不知道，这种后天获得的性状除非影响到遗传物质，否则是不能遗传的。因此，用进废退造成的形态改变是不能传到下一代的，这样，拉马克学说并不能解释进化的机制。

二、达尔文学说

1859 年，达尔文在《物种起源》中提出自然选择学说：生物在生存斗争中，具有有利变异的个体会得到生存和传留后代的机会，具有有害变异的个体会被淘汰，即所谓“适者生存”。

（一）达尔文对长颈鹿进化的解释

（1）最初的长颈鹿有长颈和短颈之分，每一种长颈鹿都可以得到足够的食物；

（2）由于大量繁殖，增加了长颈鹿的数量，较矮的树木和高树下面的叶子首先被吃光；

（3）短颈的长颈鹿吃不到高处的树叶，长颈的长颈鹿能够吃到高处的树叶；

（4）短颈的长颈鹿逐渐死亡，长颈的长颈鹿存活下来，繁殖出的后代的存活率较大。

达尔文得出结论，认为经过自然选择的长期作用，同一物种分布在不同地区，适应不同的环境条件，就会出现性状分歧，形成各种变种。而当某些中间类型的变种由于环境条件改变而灭绝的时候，就会使极端类型界限分明，于是显著的变种就变成了新物种。

关于对长颈鹿进化的解释，达尔文学说不同于拉马克学说之处在于，达尔文认为，长颈与短颈是天生的变异，不是由于用多的时候拉长，它不是后天获得的性状，它是一种可遗传的变异。

（二）达尔文自然选择学说的要点

1. 遗传

达尔文时代虽然也没有遗传学，但是达尔文观察到鸡生鸡、鸭生鸭，即亲代与子代之间的性状相似的遗传现象。

2. 变异

达尔文观察到子代与亲代间的性状虽然相似，但也不是完全相同，而且来自同一亲代的子代性状也不完全相似。由于变异现象的存在，导致任何一种生物的个体没有两个是完全相同的。在达尔文时代由于没有遗传学，他不能区分可遗传的变异与不可遗传的变异，只能一般讨论变异。

现在人们知道，在遗传时产生了变异，变异再遗传下去，这样积累而导致了更大的变异。达尔文讨论的变异是那种可遗传的变异。拉马克讨论的那种“用进废退”造成的变异是不可遗传的变异。可遗传的变异，即基因的突变与染色体变异在第七章中已进行了详细阐述。

3. 人工选择

基于遗传和变异的事实，达尔文通过观察动植物育种过程，对家禽、家畜及栽培植物品种的起源进行了解释，进而提出了人工选择学说。人工选择学说对自然选择学说有直接的影响。人工选择是自然选择的实验证据。

人工选择包括三个因素：遗传、变异及选择。没有变异就没有选择的原材料。没有遗传，就没有变异的积累，变异就不能传下去。没有选择，就没有变异的发展方向。

对一个原始物种的人工选择的过程就是，首先要发现它的微小变异，然后选择保留对人有利的变异、淘汰对人不利的变异，最后通过遗传与变异的积累形成各种品种。人工选择的本质就是通过变异及其积累而产生新品种的过程。

达尔文通过研究许多种家养动植物的品种，发现许多品种都是从一个野生种演变而来的。例如，家鸽的许多品种都起源于岩鸽；家鸡的许多品种都起源于一种野生鸡。通过人工选择，形成具有一定的经济性状、满足人类一定需求的新品种。例如，鸡能产肉、蛋和羽毛；牛、羊可以产肉、奶、脂肪、皮毛等。

4. 繁殖过剩

达尔文观察到各种生物都有较强的繁殖能力。例如，家蝇每代只需 10 天，假如每代产生 1000 个卵，如果生殖一年，那么它们的后代就可以覆盖整个地球。再如，象虽然是生殖最慢的动物，但是象可以活到 90 岁以上，如果每头象产仔 6 头，每头活到 100 岁且都能繁殖，那么 750 年后有可能产生 1900 万头象。事实结果并非如此。一年之内，家蝇没有覆盖整个地球；几千年来，象的数量也未超过几千万头。由于动物的卵子不一定都发育，幼体不一定都成长，成体不一定都产仔，因此，自然界中的各种生物数量都能保持相对稳定。

5. 生存斗争与适者生存

达尔文认为，由于物种间存在生存斗争，所以物种数量不会大幅增加。物种的生存斗争包括：与物理的生活条件斗争；与同种的个体斗争，即种内斗争；与异种的个体斗争，即种间斗争等。

达尔文认为生存斗争就是生物的生存环境对生物进行的选择与淘汰，生存斗争是十分错综复杂的，为什么在生存斗争中，有些个体生存下来，有些个体被淘汰？这就导致了达尔文提出了适者生存理论。

由于变异的普遍存在，生物体的每个个体都不相同。有的变异使生物体在生存斗争中失败而死亡，而有的变异使生物体在生存斗争中得胜而生存。

因此，生存斗争的结果就是适者生存。不具有适应性变异的个体被淘汰，具有适应性变异的个体被保留。

达尔文认为自然选择的过程就是生物体通过生存斗争与适者生存的过程，也就是新物种逐渐形成的过程。自然选择的过程是长期的、缓慢的、连续的。

三、综合进化学说

达尔文时代由于没有遗传学，无法从本质上阐明自然选择对于遗传及变异的作用。随着遗传学的发展，达尔文的进化论被提高到一个新的阶段。遗传学的主要贡献：①说明了遗传及变异的性质；②具体说明了自然选择对遗传及变异的作用；③从遗传学角度对于新物种形成做了进一步说明。

（一）综合进化学说的基本观点

1908年，哈代（G. H. Hardy）和温伯格（W. Weinberg）分别证明了群体遗传学中最重要的定律，即Hardy-Weinberg定律。

1937年，杜不赞斯基（T. Dobzhansky）发表了《遗传学与物种起源》。

1942年，赫胥黎（J. Huxley）发表了《进化：现代的综合》。

上述科学家全面归纳了遗传学与进化论的各个方面的研究进展，被后人统称为“综合进化学说”或“现代达尔文学说”。

这个学说的基本观点主要有以下几个方面：①突变为生命进化提供了源源不断的原材料；②种群基因库与遗传平衡——Hardy-Weinberg定律；③隔离是形成新物种的前提。

由于突变和隔离等因素对生命进化过程的影响较易理解，下面重点介绍Hardy-Weinberg定律。

（二）Hardy-Weinberg定律

Hardy-Weinberg定律指出，只要符合以下6个条件，自然种群中的基因频率和表型频率就能保持稳定：①种群是足够大的；②种群个体间是随机交配的；③不发生突变；④没有个体迁入与迁出；⑤没有自然选择；⑥后代生存率相等。

Hardy-Weinberg定律是一个统计学定律，可以从数学推导中得到证实。

p^2 表示AA基因型的频率，$2pq$ 表示Aa基因型的频率，q^2 表示aa基因型的频率。其中 p 是A基因的频率；q 是a基因的频率。基因型频率之和应等于1，即 $p^2+2pq+q^2=1$。

这个定律从本质上说明：在没有进化影响下，当基因一代一代传递时，群体的基因频率和基因型频率将保持不变。

若符合了理想群体的上述条件，那么这个群体在遗传中是平衡的而且预期有两个结果：①等位基因的频率逐代不变，因此在这个座位上的基因库不会进化；②基因型频率将以 p^2、$2pq$ 和 q^2 的比例存在于随机交配的以后各代中。群体的基因型频率以这个比率存在时就称为Hardy-Weinberg平衡。

Hardy-Weinberg定律的应用主要有：①对达到平衡的群体来说从他们基因频率可以确定其基因型频率；②在引种、留种、分群和建立近交系时，不要使群体过小，否则，就会导致群体的等位基因频率和基因型频率的改变，从而导致原品种（品系）“种性”或一些优良经济性状的丧失；③Hardy-Weinberg定律是群体遗传和数量遗传理论的基石，遗传学这两个分支学科的遗传模型和参数估算，就是根据该定律推导出来的。

第四节　人类的起源和演化

一、人类在进化系统中的地位

人是生物类群中的一个物种，其在生物界的分类地位是：

动物界
　　脊索动物门
　　　脊椎动物亚门
　　　　哺乳纲
　　　　　灵长目
　　　　　　人猿超科
　　　　　　　人科
　　　　　　　　人属
　　　　　　　　　智人种

二、人类的形态学特征

（一）人具有脊椎动物的某些原始的形态特征

例如，具五指（趾），退化的尾椎和尾肌，（眼中）瞬膜的痕迹，耳肌的痕迹，盲肠的残余（阑尾），发达的锁骨。

（二）人类躯体结构保留着树栖生活方式的适应特征

颈椎和腰椎少，躯干结构紧凑，有利于树栖；肢体相对于躯干较长，婴儿期甚至上肢比下肢长；手的抓握力很强；双目前视，具立体视觉。

（三）体毛的退化和独特的性行为

倭黑猩猩的性行为和性生理与人接近。爪变为扁平的指甲，可剥、刻、抓、摘果实和种子。

（四）镶嵌进化和幼态持续

1. 镶嵌进化

不同器官的进化速率常常很不相同，使快速前进进化的新适应特征和进化停滞状态的原始特征同时存在于一种生物上。例如，南方古猿直立结构出现早于颅骨增大和脑量增长之前。

2. 幼态持续

人的头部比例较大、颜面骨较小等特征与胚胎期的猿类相似；人发育迟缓，骨骼钙化很晚，性成熟晚，幼年期长，寿命长。这是由于控制发育的激素发生变化造成发育的迟缓。

三、人类的生物学进化

（一）人类进化过程中躯体的改变

与猿类相比，包括肢骨（下肢长、锁骨发达等）、趾（指）骨和跗骨（跗骨长、趾骨短、跟骨发达、拇指与其他指对立）、脊柱（S形）、骨盆（上部短而宽、下部耻骨愈合、骨盆腔呈盆形、盆口缩小)、腿(直立时髋关节和膝关节直)、颅骨(发达、前额宽而高、颅腔容积大等)、颜面骨(向后缩、颌骨短、口腔空间缩小)、齿弓(马蹄形)、犬齿(退化)、第一前臼齿(具二尖、不特化)。

(二)躯体进化带来的利与弊

利:直立有利于脑量的增长、声带的发展,解放前肢,易于感情交流。

弊:脊柱承重过大、腰痛和驼背;下肢和髋骨骨折、关节炎,内脏下垂,静脉曲张,痔疮,难产,牙病(排列过于紧密)。

(三)人类的生物学适应与人类生活方式的改变

文化进化迅速改变了人类的生活方式,而躯体结构和生理特征没有发生相应的改变(生物学进化慢于文化进化)、甚至退化。于是产生了各种文明病:肥胖症、心脏病、血管病、癌症、神经衰弱、精神失常、近视等,而医学发展弥补了人类的这一缺陷。

(四)脑量的增长

与体表面积成正比。人类的适应优势是直立。负选择:胎儿难产,死亡率高。

四、人类的起源

人与大猩猩、黑猩猩及猩猩血缘关系很近,后三种属大猿科,主要生活在热带森林,它们与人在不足1000万年前分开。关于现代人类的起源。一种意见认为是距今29万年前的非洲地区,另一种则认为并不存在单一的发源地。

关于人类的起源,我们都知道人是从猿类进化来的。现代的人和猿的区别标志很明显,其中包括:直立行走、制造工具、语言、意识和社会等。从化石上判断的依据主要有两点:一是直立行走,二是能制造工具。

根据以下几个方面来判断能否直立行走:

(1)脊柱呈S形弯曲,以减小直立行走时对头部的震动;

(2)脚的形态,表现为脚底板平;

(3)腰带的形态,短而宽,使直立时更稳定;

(4)大腿骨中段后表面有一条棱柱状的股骨脊,供强大的股四头肌附着;

(5)脑颅与第一颈椎关节位置靠前。

根据目前发现的化石,确切属于人族的包括3属:地猿、南猿及真人。从发现的化石上发现,地猿与真人之间有地层间隔,而南猿在层位上与真人的出现比较连续,所以大多认为南猿进化成真人。

五、人类的进化

人类的进化发展可以分为4个阶段;南猿、能人、直立人及智人。但这并不意味着人类的进化是完全的线系进化,其中有些阶段之间的过渡在不同地区大为不同。例如,直立人向早期智人的过渡,在不同地区的演化过程中,较早的始于50万年前,较迟的约在 20 万年前，有将近几十万年的差异。

根据形态比较和物质文化水平，整个人类进化的历程可以分为下面几个时期。

1. 南方古猿（400 万年至 100 万年前）

唯一直立行走的灵长类动物，但脑量还处于猿的水平（450～500ml）。

2. 能人或称早期猿人（200 万年至 175 万年前）

这是能找到的最早的人属成员，脑量 600ml，会用石器，如我国云南的“元谋人”。

3. 直立人或称晚期猿人（200 万年至 20 万年前）

脑量 800～1100ml，创造了旧石器文化，会用工具、火，会狩猎，有一定的语言能力，如“爪哇猿人”、“北京猿人”和“蓝田猿人”等。

北京猿人是此时期的代表，其主要特征如下。①北京猿人遗址是 1921 年发现的，1927 年系统发掘。1929 年在著名考古学家裴文中先生的主持下，发现了北京猿人第一颗完整的头盖骨，从而震惊了世界。②北京猿人的行为：在北京猿人遗址中发现了大量的石器、石核、石片和石料，总数不下 10 万件。北京猿人以石器为主要工具，石器的类型有刮削器、砍砸器、尖装器、雕刻器和石锥等。制造时期的原料有脉石英、砂岩、燧石和水晶等，大多采自附近的河床和山坡。北京猿人已经能使用不同的技术制造多种类型的石器，砸击法、锤击法和碰砧法是最常用的三种技法。③北京猿人文化有两个基本特征：一是以砸击法为主要打片方法，二是存在大量以向背面加工为主的小工具。

4. 智人

智人包括早期智人（25 万年前至 4 万年前）和晚期智人（4 万年前出现），他们的主要区别在于晚期智人的前部牙齿和颜面都较小，眉脊降低，颅高增大。

（1）早期智人。例如，广东的“马坝人”、湖北的“长阳人”等，其体态特征更接近现代人，能制造比较细致的石器，并能把石器与木棒结合起来使用。不仅使用天然火，还能够人工取火。

“马坝人”化石为一头骨的颅顶部分，包括额骨和部分顶骨，还保存了右眼眶和鼻骨的大部分，属一中年男性个体。“马坝人”眉嵴粗厚，眶后部位明显收缩，额骨比顶骨长，表现出和直立人类似的原始性质。但他的颅骨骨壁较薄，颅穹窿较为隆起，脑量可能较大（估计超过北京人），又具有智人的进步性质。因而分类上可归于早期智人，代表直立人转变为早期智人的重要环节。“马坝人”遗址未发现有文化遗物。

（2）晚期智人。例如，北京的“山顶洞人”、内蒙古的“河套人”、广西的“柳江人”等，其身上的古猿形态已基本消失，和现代人区别不大。使用和制造的石器类型更多，也更精致，还能用骨、角等制造工具。发明了鱼叉、弓箭，能烧制陶器。农业、牧业已有初步分工，会建造原始房屋，用骨针缝制衣服，并产生了原始的艺术。他们逐渐发展成为现代全世界的各色人种。

六、现代人的起源

现代人的人种可分为：①蒙古丽亚人（黄种人）；②高加索人（白种人）；③尼格罗人（黑种人）；④澳大利亚人（棕种人）。

关于现代人的起源主要有以下三种学说。

（一）非洲起源说

线粒体 DNA 的计算表明，现代世界各地的人类均是从非洲起源来的，这就是所谓的“非洲夏娃”理论。这种理论认为现代人起源于非洲约 15 万年前的一个早期智人群体，后扩散到旧大陆的各个地方。

（二）多地区起源说

认为亚洲、非洲、欧洲各洲的现代人是由当地的直立人演化而来的。这种理论认为，直立人到我们现代种的演化在世界各地不一定同时发生。

（三）同化说

上述两种观点合并，约 20 万年前，远古智人在非洲演变为具有现代解剖特征的智人，然后向各地扩散，而且各地区有自己连续的演化阶段。

总之，现代人的起源仍有多种观点，存在许多待解决问题。

（姚真真）

第九章　生物的多样性

多姿多彩的生物界是大自然最绚丽的篇章，也是地球上最纷繁复杂的部分。小到病毒、细菌、蓝藻，大到银杉、水杉、高等动物，其形态之多样，结构之精巧，无不令人赞叹。这些从远古艰难走来的生命奇迹，在其与周围环境作用过程中发展演化，不断积累原有性状，保存原有物种，又不断变异出新的性状，产生新的物种。如此循环，生生不息，形成了一棵枝繁叶茂、硕果累累的生命之树，这便是生物界。因此，多样性是生物界最普遍的现象。

从概念上讲，生物多样性（biodiversity）是指生命形式存在的多样性，各种生命形式间及与环境间的多种相互作用，以及各种生物群落、生态系统及其生境与生态过程的复杂性。其内容包括遗传多样化、物种多样性、生态系统多样性等。遗传（基因）多样性是指生物体内决定性状的遗传因子及其组合的多样性。物种多样性是生物多样性在物种上的表现形式，可分为区域物种多样性和群落物种（生态）多样性。生态系统多样性是指生物圈内生境、生物群落和生态过程的多样性。其中，物种的多样性是生物多样性的关键，它既体现了生物之间及环境之间的复杂关系，又体现了生物资源的丰富性。因此，本章主要以物种多样性为例来展现生物界的多姿多彩。

第一节　地球生物种类

地球上究竟有多少种生物？目前答案仍未可知，已知现存的生物约有 200 万种，估计灭绝的生物有 1500 万种；全世界已经记录的大约有 141.3 万种，其中昆虫 75.1 万种，其他动物 28.1 万种，高等植物 24.8 万种，真菌 6.9 万种，真核单细胞有机体 3.08 万种，藻类 2.69 万种，细菌等 0.48 万种，病毒 0.1 万种。此外在热带雨林和海洋中尚有大量物种未被人类发现。这些形形色色的生物物种就构成了生物物种的多样性。

如此数量庞大的生物种类，要想对其进行了解、研究，实属不易。首先要对其进行分门别类。随着科学家对生物的认识不断深入，提出了不少的生物分类系统，其中以 1969 年魏塔克（R. H. Whitakker）提出的五界学说（图 9-1）为多数学者所接受，他纵向展示原核生物到真核单细胞生物再到真核多细胞生物的进化过程，横向显示吸收营养、光合营养和摄取营养三大进化方向。五界系统包括动物界、植物界、原生生物界、真菌界和原核生物界。我国科学家陈世骧（1979）提出在此五界系统上增设病毒界。

国际上，为了各国交流的方便，也为了避免同物异名或异物同名现象，规定每一个物种都应有一个学名（science name）。目前国际上采用的物种命名法是用林奈（C. Linnaeus）首创的“双名法”，即用拉丁文或拉丁化的斜体文字来给生物命名，学名应包括属名和种名，属名在前，为单数主格名词，第一个字母大写；种名在后，多为形

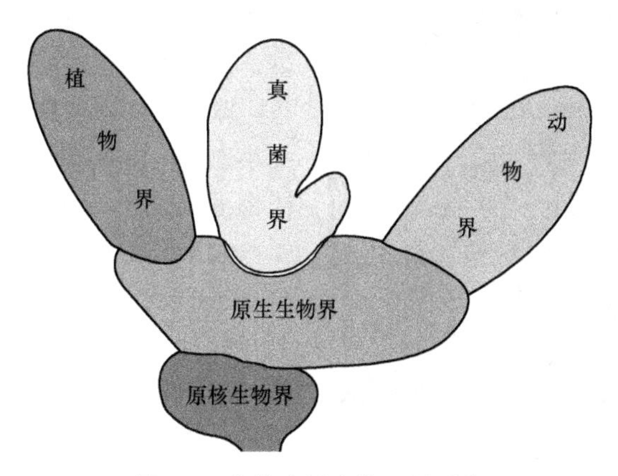

图 9-1　魏塔克提出的五界系统

容词，表示该种的主要特征或产地，第一个字母小写；也可将命名人附后，第一个字母大写，如亚洲象（*Elephas maximus*）、银杉（*Cathaya argyrophylla*）、大肠杆菌（*Escherichia coli*）等。如果种内有亚种，则用三名法命名，即在种名后加上第三个拉丁字或亚种名。例如，东亚飞蝗的学名为 *Locusta migratoria manilensis* linne。

一、病　毒　界

病毒是生物界中唯一一类没有细胞结构，专营寄生生活的最小生命体，只有在电镜下才可见。它仅由一种核酸（DNA 或 RNA）和蛋白质组成。按照其形状的不同，病毒可分为杆状病毒、球状病毒、蝌蚪形病毒等；按照宿主的不同又可以分为动物病毒、植物病毒、噬菌体。人们熟知的 SARS 病毒（图 9-2）就是一类冠状动物病毒。

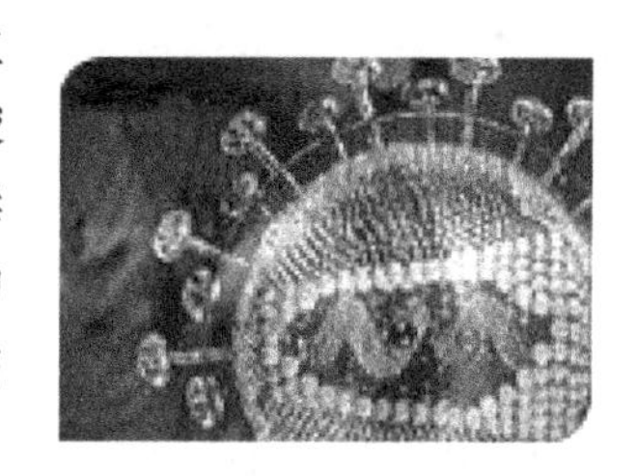

图 9-2　SARS 病毒

由于病毒为非细胞结构，因此它们的核酸很容易受环境因素的诱变，这就给人们研制出针对它们的特异性药物带来很大困难。例如，流感病毒几年一小变，十年一大变，导致针对它们的防治药物失去了原有的功效，从而引起较大范围的流行。又如，SARS 病毒现已知的变种至少有 6 个，因此给 SARS 的治疗带来很大的困难。

1969 年，戴安纳（T. O. Diener）发现了另一类结构更简单的类病毒（viroid）。它们仅是一些 RNA 分子，无蛋白质等组成的外鞘，比最小的病毒还小近百倍。例如，造成马铃薯严重减产的纺锤块茎类病毒，只是一个由 359 个核苷酸组成的环形 RNA 分子。它们都严格寄生，能引起寄主生病或死亡。目前还只发现植物有类病毒寄生，约有十几种。

二、原核生物界

细菌是原核生物中的主要类群，原核细胞与真核细胞的主要区别在于，前者没有核膜和核仁，遗传物质 DNA 是裸露的；而后者则截然相反，不仅有核膜和核仁，而且遗传物质 DNA 与蛋白质结合成染色体而存在。自然界中有 1 万多种细菌，分布广泛，空

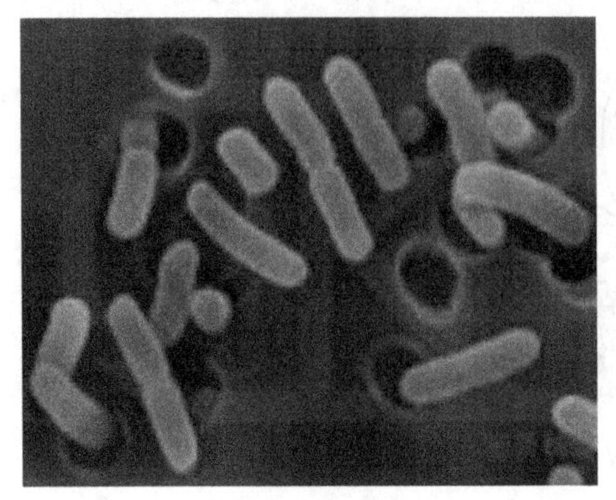

图 9-3　杆菌

气、水、土壤甚至人体中都能找到它们的影子。在显微镜下，细菌主要有三种基本形态：球状、杆状、螺旋状（图 9-3～图 9-5）。大小也不一：一般球菌直径为 0.5～2μm，杆菌长 0.5～6μm，宽 0.3～1.2μm。例如，大肠杆菌的平均大小为 0.5μm×(1～3) μm，3000 个大肠杆菌头尾相接才相当于一粒籼米的长度。原核生物界的典型代表：大肠杆菌（*E. coli*）是目前研究最清楚的一类原核生物，已在科研和生产中作为工程菌得到广泛应用。

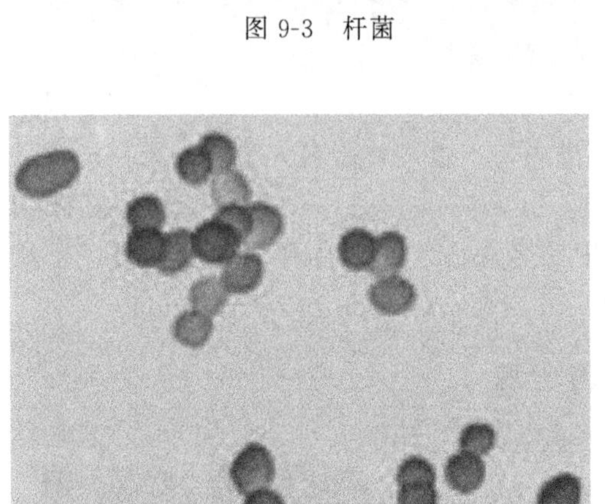

图 9-4　球菌

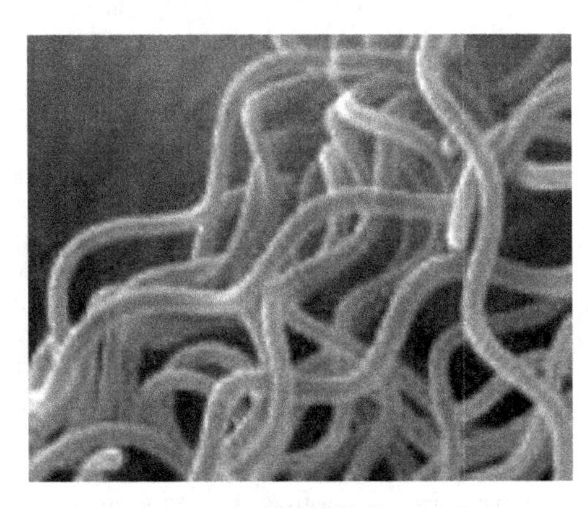

图 9-5　螺旋菌

除了少数细菌为致病菌外，细菌在自然界充当了重要的还原者角色。每天都有无数的生物死亡，细菌等微生物将它们分解、吸收、转化，使物质循环得以进行。有些细菌还能固氮，是农业生产的重要帮手。

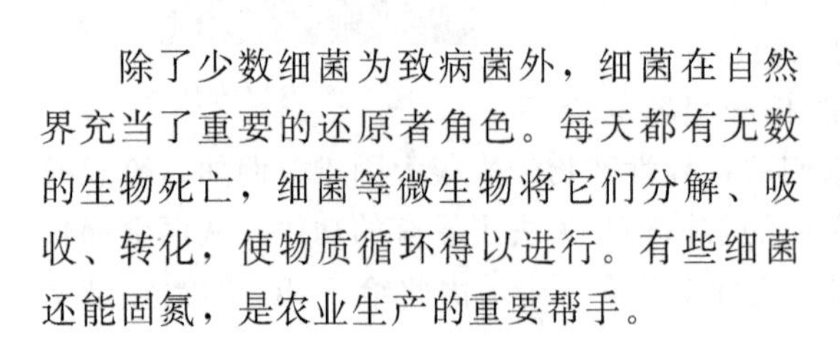

三、真　菌　界

真菌属于真核生物，有核膜和核仁，一条以上的染色体及多种细胞器，细胞结构有了进一步的分化。真菌种类多，分布极广，有记载的有约 12 万种，大多数生活在土壤或动植物残体上。常见的酵母、青霉、冬虫夏草、蘑菇、木耳及灵芝（图 9-6～图 9-8）都属于真菌。

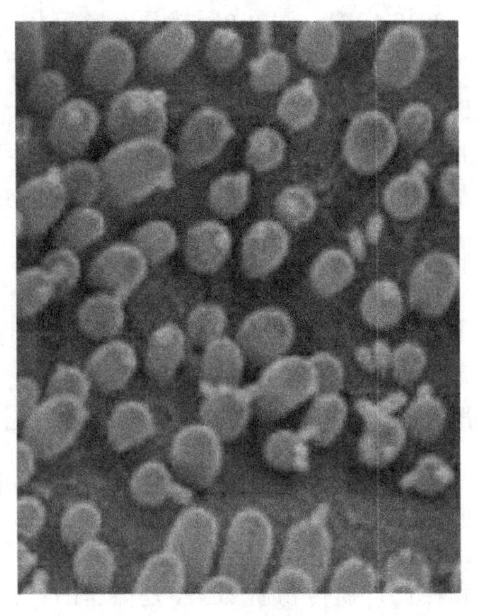

图 9-6　酵母菌

图 9-7　冬虫夏草

图 9-8　灵芝

真菌能十分有效地分解有机物，在自然界中充当重要的还原者角色。正是由于它们的作用，大大加快了物质循环的速率，在茂密的原始森林和广袤的大草原尤其如此。真菌也是造成食物霉变，甚至直接侵染人体的重要病源之一。白色念珠菌是引发老年人肺炎的元凶，毛癣菌引起的足癣更是令人叫苦不迭。

四、植　物　界

五彩缤纷的植物王国给地球穿上了一层绚丽的外衣。它们相对前几个界的生物来说，形态更多样，结构更复杂，对环境的适应性也更强。

根据生物进化学说，一切生物均起源于共同的祖先，彼此之间都有亲缘关系，并经历从低级到高级、由简单到复杂的系统演化过程。故植物分类学将数量繁多的植物种类，按其类似的程度和亲缘关系远近，把那些相近的种归纳为属，相近的属组合为科，相近的科合并为目，以至组成纲、门、界等不同的等级。因此，界、门、纲、目、科、属、种是分类学上的各级分类单位，在每个等级内，如果种类繁多，还可分为更细的一个或两个次等级，如亚门、亚纲、亚目、亚科、亚属、亚种等。有的亚科下还可加入族，在亚界下还可加入系和组，在亚种下可加入变种、变型等单位。

现以水稻为例说明各级单位：

界　植物界（Plantae）

门　被子植物门（Angiospermae）

纲　单子叶植物纲（Monocotyledoneae）

亚纲　颖花亚纲（Glumiflorae）

目　禾本目（Gramineae）

科　禾本科（Gramineae）

属　稻属（*Oryza*）

种　稻（*Oryza sativa* L.）

根据植物的形态结构、生活习性和亲缘关系将植物界分为 15 个门，分别为：

蓝藻门（Cyanophyta）

眼虫藻门（Euglenophyta）

绿藻门（Chlorophyta）
甲藻门（Pyrrophyta）
金藻门（Chrysophyta）
红藻门（Rhodophyta）
褐藻门（Phaeophyta）
细菌门（Bacteriophyta）
黏菌门（Myxomycophyta）
真菌门（Eumycophyt）
地衣门（Lichens）
苔藓植物门（Bryophyta）
蕨类植物门（Pteridophyta）
裸子植物门（Gymnospermae）
被子植物门（Angiospermae）

除以上分门外，不同分类系统有将植物界分成12门、13门、14门、16门、17门等不同情况。另外，根据植物进化中表现的性状从不同角度把植物界分成若干类群，虽然由于分类不合理而现今不采用，但其中一部分名词在植物学中却经常使用，对此应该有所了解。例如，根据植物体形态构造、生活习性和亲缘关系，以往的植物学者将植物界分成：藻菌植物门（Thallophyta）、苔藓植物门（Bryophyta）、蕨类植物门（Pteridophyta）、种子植物门（Spermatophyta），此即俗称的植物界的4大类群。

根据植物体形态构造的原始与进化把植物界划分为：低等植物（lower plant）和高等植物（higher plant）。根据植物是否形成胚分为有胚植物（embryophyte）和无胚植物（non embryophyte）。低等植物即无胚植物、原植体植物，包括地衣门以下的植物。高等植物即有胚植物或茎叶植物，包括苔藓、蕨类和种子植物。根据植物是否具有维管系统分为维管植物（vascular plant）和非维管植物（nonvascular plant）。蕨类植物和种子植物称为维管植物，苔藓植物以下的称为非维管植物。根据用种子繁殖还是用孢子繁殖分为种子植物（seed plant）和孢子植物（spore plant）。根据是否形成花而分为显花植物（phanerogamae）和隐花植物（cryptogamae）。显花植物即种子植物，包括裸子植物和被子植物；隐花植物即孢子植物，包括蕨类以下的植物。苔藓植物和蕨类植物的雌性生殖器官为颈卵器（archegonium），而裸子植物也具有颈卵器，因此三者又合称为颈卵器植物（archegoniatae）。

本章为说明的方便，将植物界分为四大类进行介绍：藻类植物、苔藓植物、蕨类植物和种子植物。

（一）藻类植物

藻类是指一类具有光合作用的色素，能独立生活的自养植物。其形态大小相差悬殊，小的只有几微米，只有显微镜下才见，大的体长60m以上。其形态有丝状体、叶状体、管状体等。藻类在自然界中到处都有分布，其中约90%生活在水中。常见的有海白菜、紫菜、海带、海苔、螺旋藻（图9-9～图9-11）等。

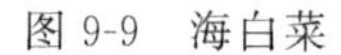
图 9-9　海白菜

图 9-10　紫菜

（二）苔藓植物

苔藓植物是一类从水生到陆生过渡的代表性植物。绝大多数陆生，多生于阴湿环境，在树干、树叶上都有生长，也有些种类生长于裸露的岩石表面，耐旱力极强。这类植物对大气中的 SO_2 十分敏感，常作为大气污染的监测植物。苔藓植物可分为苔纲、角苔纲和藓纲，约有 1200 属 23 000 种，遍布世界各地，常见的有地钱、葫芦藓（图 9-12、图 9-13）等。

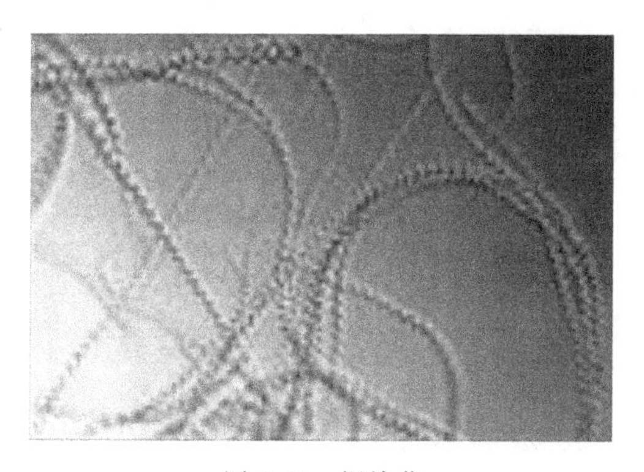

图 9-11　螺旋藻

图 9-12　葫芦藓

图 9-13　地钱

(三) 蕨类植物

蕨类植物与苔藓植物及藻类植物的最大区别是孢子体有了维管组织的分化，而且有了真正意义上的根、茎、叶，在山地、平原、溪流等处均有分布。但由于维管组织分化程度还不高，受精离不开水，对陆生环境的适应还不完善，所以仍然生活在沟谷和阴湿的环境中。现存的蕨类约有 12 000 种，其中至少 100 余种有药用价值。常见的贯众，肾蕨等都是蕨类植物的代表（图 9-14、图 9-15）。

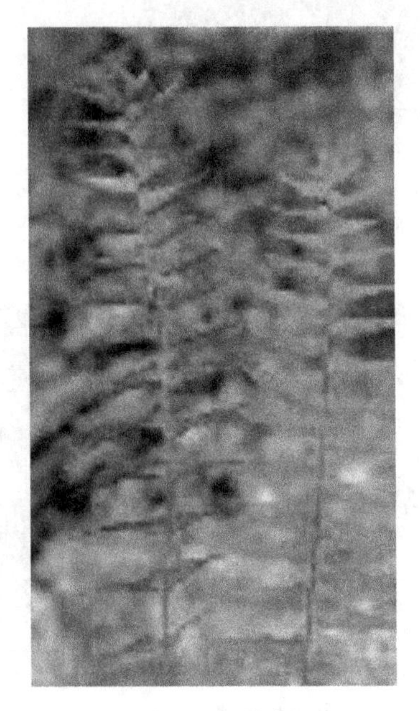

图 9-14 贯众

图 9-15 肾蕨

(四) 种子植物

裸子植物和被子植物是真正的种子植物。裸子植物出现于古生代，繁盛于中生代，到目前仅存 71 属，近 800 种。常见的裸子植物有苏铁、银杏、松柏、红豆杉、草麻黄（图 9-16～图 9-18）等。此类植物中很多具有重要的药用价值，最著名的是从红豆杉中提取的紫杉醇，是重要的抗癌药。

被子植物是指种子包被在果实内，由裸子植物进一步衍化而来的一类最高级种子植物。因为具有了真正的花，又称有花植物。被子植物的主要特征是具有了由 5 部分组成的真正的花：雌蕊、雄蕊、花被、花托、花梗。胚珠包藏于子房内，因此种子包被于果实内。具有双受精现象，具有胚和胚乳两部分。配子体进一步退化，完全寄生于孢子体上，孢子体在生活史上占绝对优势。地球上的所有绿色开花植物都属于这一类，其形态和结构也是所有植物中最多样和最复杂的。被子植物可分为两个纲：双子叶植物纲和单子叶植物纲。两者的主要区别如图 9-19 和表 9-1 所示。

图 9-16　红豆杉

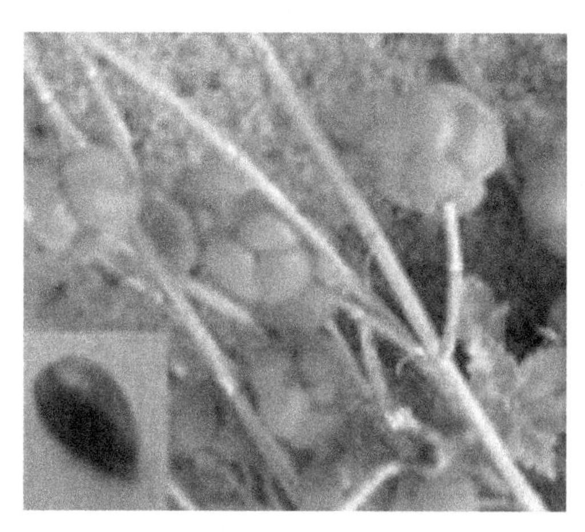

图 9-17　草麻黄

图 9-18　银杏

表 9-1　双子叶植物与单子叶植物的主要区别

双子叶植物	单子叶植物
胚具 2 片子叶	胚具 1 片子叶
主根发达，多为直根系	主根不发达，形成须根系
维管束环状排列，具形成层	维管束散生，无形成层
叶具网状脉	叶具平行脉或弧形脉
花常 5 数或 4 数，极少 3 数	花常 3 数，少 4 数，无 5 数
花粉具 3 个萌发孔	花粉具 1 个萌发孔

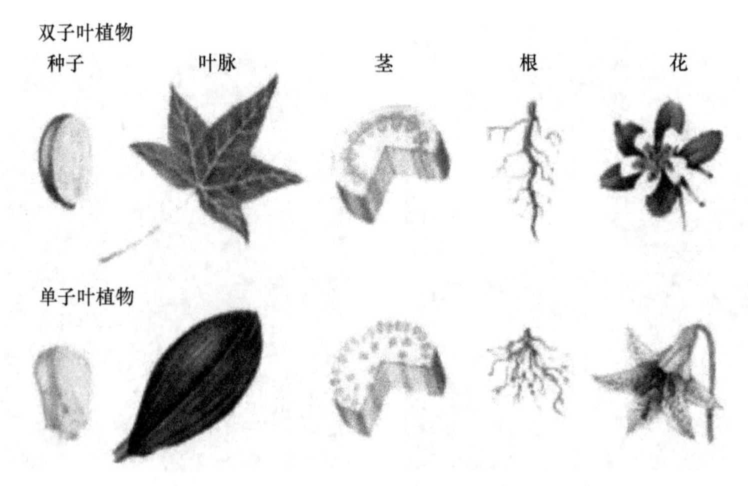

图 9-19　双子叶植物与单子叶植物的区别

两纲的代表植物：木兰（单子叶植物）、百合（双子叶植物）（图 9-20、图 9-21）。

图 9-20　白玉兰

图 9-21　百合

植物中的许多次生代谢产物大多具有很特殊的生物学功能。它们是自然界天然产物的重要组成部分，也是化工产品和医药等的重要原料。秋水仙碱是从欧洲的百合科植物秋水仙的球茎中分离得到的一种生物碱，是人类最早发现的具有抗肿瘤活性的植物成分之一。秋水仙碱可以抑制细胞有丝分裂，能抑制癌细胞的增长，现已临床用于治疗癌症，对乳腺癌、皮肤癌、白血病等均有一定疗效。利用秋水仙碱合成的秋水仙酰胺等衍生物，比秋水仙碱的活性高且毒性低，引起人们的极大兴趣。

又如，从银杏叶中分离出的白果素有降低血清胆固醇的作用，能使磷脂和胆固醇的比例趋于正常，用于治疗心绞痛。又有研究发现柚皮素、柚皮素皂苷、芦丁等黄酮类化合物均有降低血清胆固醇的功能。

五、原生生物界

在动物王国中，原生动物是最原始最低等的一类，多数种类均以单个细胞独立完成动物有机体的各种生理机能，如眼虫、草履虫（图 9-22）；少数种类也可形成群体，如盘藻、团藻（图 9-23）。虫体微小，一般在显微镜下才能看到。原生动物大多营自由生活，分布广泛，淡水、海水和潮湿土壤都可生存；少数寄生于动物、植物体内、体外。由于原虫体小，繁殖快，尤其是包囊既能抗御不良环境，又易被风力或鸟类和昆虫等携带传播，所以许多种类为世界性分布。

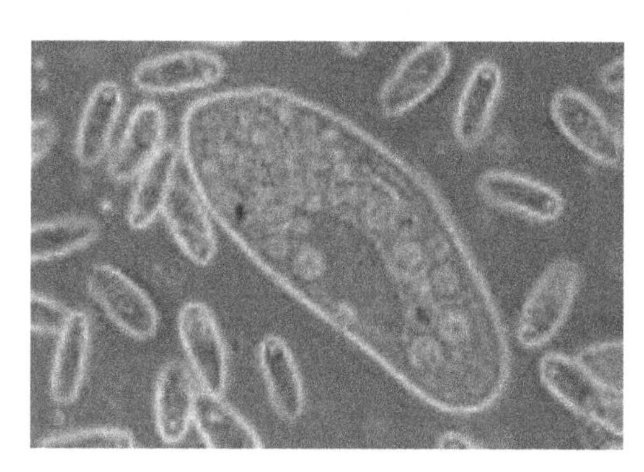

图 9-22　草履虫

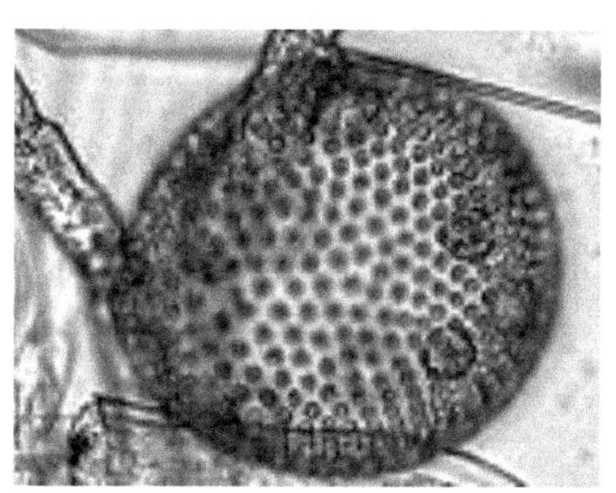

图 9-23　团藻

原生动物的主要特征有如下几个。

1. 身体微小的单细胞动物

一般的原生动物要借助显微镜才能看清。例如，草履虫（*Paramoecium caudatum*）身体体长为 150～300μm，最小的利什曼原虫体长仅 2～3μm。

2. 以类器官完成生命活动

原生动物是一个独立完整的有机体，除具有一般的细胞结构外，还分化出多种细胞器（organelle）来执行类似高等多细胞动物器官系统的功能，所以又称为类器官。鞭毛、纤毛和伪足能分别进行鞭毛运动、纤毛运动和变形运动；胞口、胞咽等能完成取食的功能；眼点能感觉光线；收集管、伸缩泡能调节体内水分和渗透压。

3. 多样化的营养方式

原生动物具有生物界的全部营养方式。例如，具有色素体的绿眼虫能进行光合营养；变形虫、草履虫能进行吞噬营养；变形虫能进行腐生营养。许多原生动物兼有多种营养方式，如眼虫能在光亮和黑暗的环境下变换采用不同的营养方式。

4. 有性繁殖和无性繁殖方式多样

无性繁殖方式有分裂生殖和出芽生殖。有性繁殖方式有配子生殖和接合生殖。

5. 以形成包囊的方式适应不良环境

许多原生动物在环境条件不利时可脱去体表的鞭毛或纤毛，身体回缩为球形，并向体外分泌胶质厚囊，形成包囊，不再活动，新陈代谢水平降低，处于休眠状态，以度过干旱、低温、炎热等恶劣环境。包囊可随处传播，或被迁徙动物转移。待环境改善时，原生动物便在包囊内进行分裂、出芽等无性生殖，然后脱囊而出，恢复正常生活。因此包囊不仅可以抵御不良环境，扩大分布范围，而且也是一种繁殖方式。

六、动 物 界

动物界有大大小小 30 多个门，其中主要的有海绵动物门、腔肠动物门、扁形动物门、线形动物门、软体动物门、环节动物门、节肢动物门、棘皮动物门和脊索动物门。这其中脊索动物是动物界中最高等，也是与人类关系最密切的一门动物，共有 45 000 种，人类自身也属于这一类。脊索动物分属三个亚门：尾索动物亚门、头索动物亚门和脊椎动物亚门。其中主要是脊椎动物亚门。现存脊椎动物约有 44 000 种，分为圆口纲、鱼纲、两栖纲、爬行纲、鸟纲和哺乳纲。

（一）圆口纲

圆口纲又称无颌类，是最原始的脊椎动物，栖居于海水或淡水中，营半寄生或寄生生活。外形虽像鱼，但不是鱼，比鱼类低级得多，还没有出现上颌、下颌，代表动物有七鳃鳗（图 9-24），利用前端无颌的口漏斗吸附于大型鱼类体表，用角质齿搓破皮肤吸血食肉。

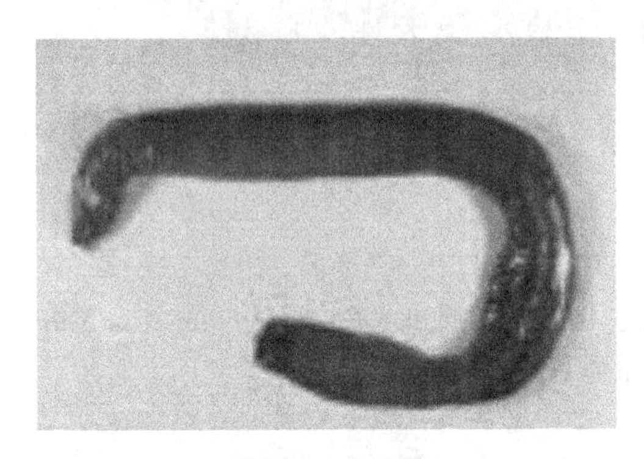

图 9-24 七鳃鳗

（二）鱼纲

鱼纲是脊椎动物中种类最多的一个类群，最大的鱼体长 10m 以上，最小的只有 10cm，包括软骨鱼和硬骨鱼两大类群。软骨鱼的骨骼全部由柔软的软骨组成，种类不到 1000 种，全部生活在海洋中，典型代表有鲨鱼（图 9-25）。硬骨鱼的骨骼大部分由硬骨组成，通常有鳔，因此无需消耗太多能量就能悬浮在不同深度的水层中。而软骨鱼没有鳔，必须不停游泳否则就要下沉。硬骨鱼大约有 30 000 种，生活在海洋和淡水中。常见的鲤鱼（图 9-26）就属于这一类。

图 9-25 鲨鱼

图 9-26 鲤鱼

（三）两栖纲

两栖动物是最早登陆的脊椎动物，但不彻底，幼体水生，成体水陆兼栖，其发育要经历一个变态过程。例如，青蛙，在发育成成蛙的过程中要经历一系列的变态过程（图9-27）。现存的两栖动物包括蚓螈目、蝾螈目和蛙形目3目，约有4000种，占脊椎动物的8%左右。

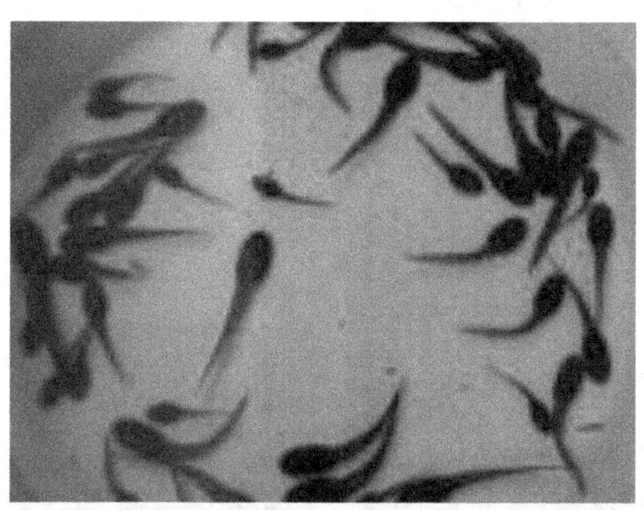

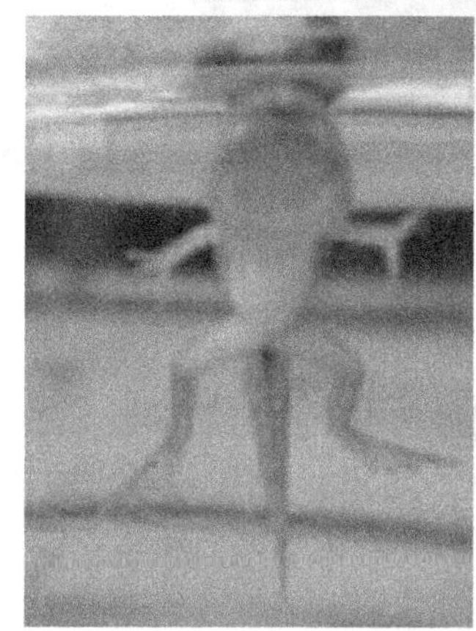

图9-27 青蛙的发育过程

（四）爬行纲

爬行动物体被角质鳞或硬甲，可防止体内水分蒸发。体内受精、产羊膜卵，卵外有硬壳保护。爬行动物的这些特点使其彻底摆脱了对水生环境的依赖，更适应陆地生活。现存爬行动物约有6000种。常见的爬行动物有蛇、蜥蜴、龟、鳄鱼等（图9-28～图9-31）。

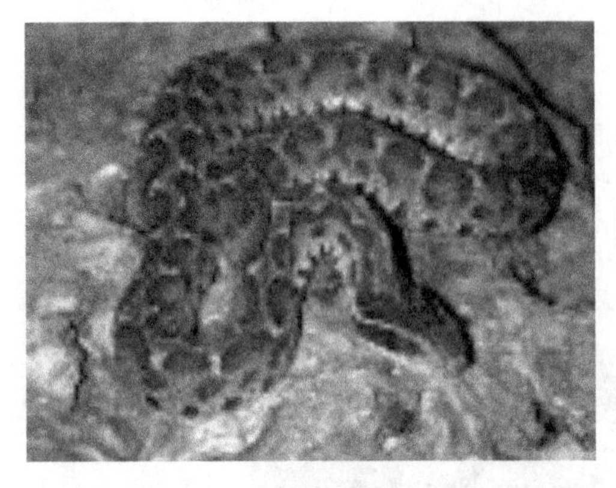

图 9-28 蛇

图 9-29 蜥蜴

图 9-30 龟

图 9-31 鳄鱼

（五）鸟纲

鸟类是在中生代由爬行动物的一支进化而来。现代鸟类全身被覆羽毛，前肢特化为翼，几乎都能在空中飞行，如海鸥（图 9-32）。极少不能飞行的种类，如鸵鸟（图 9-33）也是由能飞行的祖先进化而来。与前几种动物不同，鸟类属恒温动物，能通过自身的新陈代谢维持高而恒定的体温，因此，更减少了对环境的依赖。

（六）哺乳纲

哺乳动物也是由爬行动物进化而来，其最大特点是胎生和哺乳，提高了在陆地上的繁殖能力，使后代成活率大大提高。与鸟类一样，哺乳动物也是恒温动物。现存哺乳动物 4000 种，大部分陆生，约有 1000 种蝙蝠适应飞行生活，80 余种鲸和海豚生活在水中。

人类属于哺乳动物纲、灵长目、类人猿亚目、人科。人科不同于类人猿其他科的重要特征是人是灵长目中唯一能直立行走的动物。人类进化大致分为 4 个阶段：南方古猿、早期猿人、直立猿人和智人。

图 9-32　海鸥

图 9-33　鸵鸟

1. 南方古猿

生活于100万至400万年前，脑容量只有400～500cm^3，但已能直立行走。代表种类有非洲的阿法南方古猿。

2. 早期猿人

生活于160万至300万年前，脑容量600cm^{3}以上，已能制造和使用原始的木质和石质工具。代表种类有东非坦桑尼亚能人。

3. 直立猿人

脑容量为800～1000cm^3，推测他们已有了语言。著名代表为我国的“元谋人”、“蓝田人”、“北京人”等。

4. 智人

分为早期智人和晚期智人两种。早期智人生活于10万至30万年前，相当于旧石器时代的中期，脑容量为1200～1400cm^3，已学会了人工取火。我国发现的早期智人有陕西大荔人、广东马坝人等。晚期智人是最古老的真正的现代人，生活于距今3万至5万年前，所制造的工具更加精细，而且会烧制陶器、建造原始房屋。我国著名的北京周口店山顶洞人就属于晚期智人。

第二节　物种多样性

一、物种多样性的概念

物种多样性是指动植物及微生物种类的丰富性，包括两个方面：一方面是指一定区域内物种的丰富程度，可称为区域物种多样性；另一方面是指生态学方面的物种分布的均匀程度，可称为生态多样性或群落多样性。物种多样性是衡量一定地区生物资源丰富程度的一个客观指标。

二、物种多样性分布格局理论

物种多样性的分布不仅与物种本身的特点有关，还与环境因素和生物因素密切相关。同样大小的生态系统物种多样性可以有明显的差异。近年来研究发现，一个生态系统建立在不同尺度和不同梯度上，物种分布格局有不同特点。有许多理论对物种分布格局作了阐明。

（一）进化时间理论

进化时间理论（evolutionary time theory）认为，热带群落同温带群落和北极群落相比，存在时间更为悠久，因此多样性演变的速度更快。历史上古老的热带地区相比于地质史上较年轻的地区可能拥有更多的物种。主要是后者还没有足够时间使一些物种入境。这就是说一些物种由于没有足够时间进入温带地区，因此温带地区现在所生存的物种数量并未达到饱和状态。

（二）气候稳定性理论

气候稳定性理论（climatic stability theory）认为，气候相对稳定的地区，可保持较多的物种。气候越稳定，动植物种类越丰富。地球上唯有热带地区气候可能较为稳定。在气候稳定的地区，形成了狭生态位和食性特化的种类。一个物种往往只利用很小的一个生态位。所以，在热带地区就能同时容纳众多的物种生存。

（三）空间异质性理论

空间异质性理论（spatial heterogeneity theory）认为面积越大，所包含的地理环境越复杂，异质性就越高，那么，植物、动物和微生物的区系就越复杂。

（四）资源多样性理论

资源多样性理论（resource diversity theory）认为，一个地区若有较多资源的类型，就会有较多的物种。每个物种都对资源有特殊的要求，从而多种不同的资源就可供养较多的物种。资源多样性与环境异质性在解释物种多样性时是一致的。

（五）生产力理论

生产力理论（productivity theory）认为，一个群落的物种多样性高低，取决于通过食物网的能量流。能流速率又受生态系统和环境稳定性的影响。如果环境稳定性有所增加，那么生物用于调节活动的能量就少，可把更多的能量用于净生产，净生产量的增加则能维持群落中更多物种的生存。单位面积的生产力越高，异养生物的活动力和活动范围就越小，这有利于物种分化，有利于导致产生更大的种内遗传变异，促进新物种的形成过程。

理论上讲，生产的食物越多，物种多样性也就越高。但实际上也存在例外的情况。例如，水域生态系统因富营养化常常伴随着物种多样性的骤然下降。

（六）竞争理论

竞争理论（competition theory）认为，在恶劣的自然环境中，如在年温波动大的温带地区或北极地区，自然选择主要受气候、物理因素的控制。但在气候温暖、稳定的地区，生物间的竞争和生态位的特化则成为物种进化的控制因素。

（七）捕食理论

捕食理论（predation theory）认为，捕食者可使被捕食者物种种群密度降低，减少了被食者之间的竞争，从而避免竞争排斥的发生。这样可以保证整个群落有较高的物种多样性。

（八）多样性-稳定性理论

多样性-稳定性理论（diversity-stability theory）认为，多样性越高的生态系统，越可能包括更多抗干扰强的物种，这样的生态系统就能更好地抵抗干扰。

三、我国物种多样性的特点

我国是地球上物种多样性最丰富的国家之一，在全世界占有十分独特的地位。我国物种多样性有如下特点。

（一）物种高度丰富

我国有种子植物3万余种，仅次于世界种子植物最丰富的巴西和哥伦比亚，居世界第三，其中裸子植物250种，是世界上裸子植物最多的国家。中国有脊椎动物6300种，其中鸟类1244种，占世界总数的13.7%，鱼类3862种，占世界总数的20%，都居世界前列。

（二）特有属、种繁多

我国高等植物中特有种最多，约有17 300种，占全国高等植物的57%以上。581种哺乳动物中，特有种约110种，约占19%。尤为人们所注意的是有“活化石”之称的大熊猫、白鳍豚、水杉、银杏、银杉和攀枝花苏铁等。

（三）区系起源古老

由于中生代末我国大部分地区已上升为陆地，在第四纪冰期又未遭受大陆冰川的影响，所以各地都在不同程度上保存着白垩纪、第三纪的古老残遗成分，如松杉类植物，世界现存7科中，我国有6科。动物中的大熊猫、白鳍豚、羚羊、扬子鳄、大鲵等都是古老孑遗物种。

（四）栽培植物、家养动物及其野生亲缘种的种质资源异常丰富

我国有数千年的农业开垦历史，很早就对自然环境中所蕴藏的丰富多彩的遗传资源

进行开发利用、培植繁育，因而我国的栽培植物和家养动物的丰富度在全世界是独一无二的。例如，我国有经济树种1000种以上。我国是水稻的原产地之一，有地方品种50 000个；是大豆的故乡，有地方品种20 000个；有药用植物11 000多种等。

四、物种多样性受到的威胁及原因

地球上的物种多样性是30亿年进化的结果，是人类的宝贵财富。然而，全球的物种多样性正遭受空前威胁，被誉为“物种宝库”的热带雨林正以每年20万km^2的速度锐减，天然草场以每年10万km^2的速度荒漠化。自1600年以来，已经有2.1%的哺乳动物、1.3%的鸟类灭绝。物种多样性丧失的直接原因主要有4个方面：栖息地的破坏、资源过度利用、环境质量恶化和物种入侵。

（一）栖息地的破坏

栖息地的破坏包括两个方面：栖息地的丧失和破碎化。大规模的农业生产、工业和商业活动，如开矿、采伐、城市和道路建设、集约化的养殖业等导致栖息地的丧失，这是物种濒危和灭绝的主要原因之一。有人分析了全球部分灭绝物种和受威胁物种的致危因素，发现在已灭绝的64种哺乳动物和63种鸟类中，有19种哺乳动物和20种鸟类因栖息地丧失而灭绝，而在受威胁的类群中，栖息地丧失对物种濒危和灭绝的影响更大。但是，自然栖息地丧失因不同地区和不同物种而存在很大差异，在亚洲2/3的野生生物栖息地已经丧失，破坏最为严重的是印度次大陆、中国、越南和泰国。在拉丁美洲，1990～1995年，中美洲年均森林砍伐率为2.1%，巴拉圭、厄瓜多尔、玻利维亚和委内瑞拉为1%以上。在温带地区，自然栖息地已经几乎不存在，绝大多数的森林已被人类采伐了几遍。只是在一些无法接近的山区，个别地区仍保留着原始栖息地斑块。我国森林面积仅占国土面积的12%，人均林地约为0.012km^2，仅为世界平均水平的1/6，而因人为活动的干扰，绝大多数的森林已变成次生林。热带是生物多样性最丰富的地区，而热带国家大半自然栖息地已被破坏，大量的森林被采伐和焚烧，用作农场和牧场。非洲各国的自然栖息地已丧失了56%～89%。

栖息地破碎化是促使物种濒危和灭绝的另一原因。栖息地破碎化是指大块的连续自然栖息地由于人类活动或环境因素而被分割为面积较小的多个栖息地碎片的过程。导致栖息地破碎的因素多种多样，通常包括农田、森林采伐、城市、道路、铁路、大坝、水渠等限制动植物运动和迁移及扩散的障碍。全球岛屿面积仅占陆地总面积的7%，自1600年以来，在所有已知灭绝原因的动植物种中，有一半是岛屿物种。其中在已灭绝的85种哺乳动物中，有51种发生在岛屿上，占灭绝物种总数的65%；在已灭绝的113种鸟类中，92种发生在岛屿上，占灭绝总数的81.42%。这些都说明，生活在破碎栖息地中的物种极易濒危和灭绝。

栖息地破碎能减少栖息地面积，改变栖息地的空间结构和碎片内或碎片间的生态过程，包括改变辐射流、水循环、营养循环、传粉过程、捕食者和被捕食者的相互作用等。对许多物种而言，栖息地破碎化导致个体在适宜栖息地斑块间的迁移变得更加困难，种群变得更小，减小了斑块间的基因流并可能导致局部灭绝。

例如，2008年，汶川大地震所波及的岷山和邛崃山地区是我国大熊猫、金丝猴、牛羚等珍稀动物的重要栖息地，也是全球25个生物多样性保护的关键地区之一。地震灾区大熊猫栖息地面积约2850万亩[①]，占全国大熊猫栖息地的83%；野生大熊猫约1400只，占全国大熊猫的88%。地震后大熊猫栖息地被破坏的程度是很严重的，岷山地区被分割成7～9个种群，而成都附近已经被分割成4个种群，这一带野生大熊猫只有30多只，远低于野生动物能够正常维系遗传基因必须不低于60只的下限。这次地震造成的栖息地破碎化，使这里大熊猫的生存环境更加严峻。如果在灾后重建的过程中对大熊猫栖息地再次破坏，栖息地继续被分割，将很容易造成这一地区大熊猫的近亲繁殖，从而危及其生存。

（二）资源过度利用

野生动物利用是人类物质生活的重要来源。长期以来，人们把野生动植物当作食物、医药、娱乐、原材料和宠物等加以利用，同时野生动植物也是许多国家和地区重要的产业和经济来源。

随着人口的增加和人类活动加剧，野生动植物的利用量越来越大。当利用量或收获量超过最大持续产量时，就产生了过度利用的问题。过度利用是物种受威胁的主要因素之一。过度利用能导致种群下降、分布区缩小和物种灭绝。在我国，由于传统的中医药、传统饮食文化以及野生动植物原材料加工业历史悠久和发达，对野生动植物的利用量非常大，加之缺乏科学管理，常常导致过度利用。

为了野生动植物能持续利用，各国制定了相应的野生动植物保护法规，禁止濒危动物的捕杀和贸易，对一些受到灭绝威胁的物种限制其贸易量，以防止因狩猎和贸易对野生动植物生存和持续利用造成威胁。国际上于1975年签署了《濒危野生动植物种国际贸易公约》，目的在于通过国际贸易措施，控制野生动植物过度利用，从而保护生物多样性。

（三）环境污染

这些污染包括工业和人类居住地释放大量杀虫剂、化学品和污水，工厂和汽车排出的废气等。污染对水体和空气质量甚至气候造成很大影响，从而威胁很多物种的生存。同时，污染还影响人类的身体健康。

杀虫剂、除草剂以及工业废物和居民污水等常常排放到江河、湖泊和海洋，造成水体污染。许多毒物通过食物链而富集，使得食物链中的鸟类和哺乳动物因毒物富集而受到危害。过多的生活污水排入江湖，会产生富营养化现象，导致水面一些藻类的暴发性生长。这些藻类挡住了其他底栖动植物的阳光，在与其他浮游生物的竞争中处于有利地位，处于藻类层底部的部分藻类因缺乏阳光而死亡，为分解它们的细菌和真菌提供了大量食物。死藻的分解耗尽了水中的氧气，使许多水生生物死亡，结果导致水生群落趋于

---

① 1亩≈667m^2，下同。

单一化。我国某省管辖的渤海海区 2007 年就发生 4 次大面积的赤潮现象，水体污染是主要原因。

（四）物种入侵

外来种入侵不仅能造成严重的经济危害，而且常常导致生态灾难，促使本地物种种群濒危甚至灭绝。有人分析，如果把人类的迁徙和定居也算作外来物种入侵，自 1600 年以来，全球共有 30 种（或亚种）两栖动物和爬行动物灭绝，而外来物种就促使 22 种（或亚种）灭绝，占 73.3%。生物入侵无处不在，在大陆和岛屿、水体和陆地、热带和温带均有发生。外来种的引入途径是多种多样的，但均是人类活动的结果。在自然条件下，许多物种受环境、气候和地理环境因素限制而难以扩大它们的分布区，而在一定区域内形成特有的生物区系。人类活动把物种有意识或无意识地带到世界各地从而改变了物种分布格局，也引起了外来物种入侵问题。例如，号称“绿色坟墓”、“植物杀手”的薇甘菊，是一种攀援植物，繁殖能力极强，能够抑制周围生物的生长，甚至能导致周围植物窒息死亡。薇甘菊原产于热带中南美洲，随着交通工具的发达和运输业、旅游业的发展，借助人类的传播，远涉重洋到达新的栖息地，繁衍扩散成为入侵物种。目前已在我国香港、台湾、广东、云南和海南等地繁殖，给农业带来严重危害。

实际上，导致物种多样性被破坏的原因并不是单一存在的。例如，环境污染会带来生物栖息地的丧失或破坏，后者又会加剧当地土著物种灭绝和外来物种入侵的速度。因此保护物种多样性也必须从多个方面、多个层次出发，才能真正达到对其保护的目的。

第三节　生物多样性的保护

生物多样性是指地球上的所有生物——动物、植物和微生物及其栖息环境所构成的综合体，包括生物物种多样性、遗传基因多样性和生态系统多样性。生物多样性是人类赖以生存和发展的物质基础。但是自从人类进入工业化时代以来，波及世界范围的物种灭绝步伐明显加快了。近几十年来，生物多样性消失的速度已达到触目惊心的程度。据生态学家估计，目前由于人类的影响，地球上的生物正处于生物进化史上物种消失速率最快的时期，全球每年有 1.5 万～2.5 万种生物灭绝。如此下去，现有物种中估计有半数将在 21 世纪结束前成为仅在书中才能找到的生物。

在世界变得万籁俱静之前，保护人类这最后的资源，实现人类社会的可持续发展，已成为人类社会不得不关注的焦点。

一、生物多样性的意义

生物多样性对人类和自然界的发展都具有十分重要的价值。对人类来讲，生物多样性为人类提供了食物、药物、工业原料和能源等。粮食方面，目前世界上种植的多种作物约有 150 种，而世界上 90%的食物仅来源于约 20 个物种。同地球上所有的 200 万种生物相比，这 20 种生物所面临的压力是相当巨大的。从世界粮食产量来看，75%是来自于水稻、小麦、玉米、马铃薯、大麦、甘薯和木薯 7 种作物，而前三种又占整个总产量的70%。因此，研究和开发新的食物资源，对于缓解当前少数物种的压力，实现人类的可持续发展，具有重要的战略意义。药物方面，发展中国家人口的80%依赖植物或动物提供的传统药物，以保证基本的健康，西方医药中使用的药物有40%含有最初在野生植物中发现的物质。例如，根据近期的调查，中医使用的植物药材达1万种以上。生物多样性还有美学价值，可以陶冶人们的情操，美化人们的生活。如果大千世界里没有色彩纷呈的植物和神态各异的动物，人们的旅游和休憩也就索然寡味了。正是雄伟秀丽的名山大川与五颜六色的花鸟鱼虫相配合，才构成令人赏心悦目、流连忘返的美景。另外，生物多样性还能激发人们文学艺术创作的灵感。对自然界来说，生物多样性具有重要的生态功能。无论哪一种生态系统，野生生物都是其中不可缺少的组成成分。在生态系统中，野生生物之间具有相互依存和相互制约的关系，它们共同维系着生态系统的结构和功能。野生生物一旦减少了，生态系统的稳定性就要遭到破坏，人类的生存环境也就要受到影响。具有潜在使用价值的野生生物种类繁多，人类对它们已经做过比较充分研究的只是极少数，大量野生生物的使用价值目前还不清楚。但是可以肯定，这些野生生物具有巨大的潜在使用价值。一种野生生物一旦从地球上消失就无法再生，它的各种潜在使用价值也就不复存在了。因此，对于目前尚不清楚其潜在使用价值的野生生物，同样应当引起我们的高度重视。

二、生物多样性危机

目前，全球的生物多样性正以空前的速度消失。以热带雨林为例，据统计，生物多样性最严重的灭绝发生在热带雨林。热带雨林物种占地球上所有生物物种的50%～90%。现在每年被砍伐的热带雨林约为1700万km^2，科学家估计，按照这样的速度，在今后30年内，5%～10%的热带雨林物种可能面临灭绝。温带森林的状况也不好，世界范围内差不多与马来西亚相同面积的温带森林也消失了。虽然整个北温带和北方地区森林面积近年内并没有很大改变，但是许多地区丰富的物种和古老森林不断被次生林和人工林代替。

海洋和淡水系统中的生物多样性同样面临严重的丧失和退化。受到最严重冲击的可能是淡水系统，它们一直挣扎在长期污染和外来物种侵入的逆境中。海洋生态系统也经历着特有种种群的丧失及全球生态环境变化的影响。

据统计，1970～2005年，世界陆生物种数量减少了25%，海生物种数量减少了28%，淡水物种数量减少了29%。

美国是现代化程度最高的国家，同时也是面临绝种威胁的植物品种最多的国家，达到4669种，占生物种数的29%，在过去的150～200年美国已有500多个物种灭绝或多年未被发现。我国的生物多样性同样不容乐观，近几十年来，我国有200多种植物已经灭绝，4000～5000种植物以及398种脊椎动物处于濒危状态，其中包括世界濒危鱼类中华鲟、哺乳动物虎和大熊猫等92种。

三、生物多样性的保护

(一) 提高保护意识，制定相关法律法规

1966年《哺乳动物红皮书》的出版在世界范围内掀起了保护濒危物种的崭新一页。在我国，先后出版的《中国植物红皮书》、《中国濒危动物红皮书》以及开展的保护野生动物的宣传和教育向社会公众介绍了濒危物种的种群分布、数量现状、濒危等级和受威胁原因等，使全体公众认识到保护野生动物的重要性和迫切性。此外政府还制定了保护濒危动物的各项法律法规，使违法者依法受到严惩。

(二)《生物多样性公约》

随着人们越来越多地认识到生物多样性的重要意义及面临的严峻形势，1992年在巴西里约热内卢联合国环境与发展大会期间产生了《生物多样性公约》(简称《公约》)(Convention on Biological Diversity)。这是保护生物多样性的第一部国际法。它的制定和生效意味着全球生物多样性保护的新起点。《公约》第一次对生物多样性作了全面的阐述；第一次将遗传多样性保护纳入国际条文；第一次将生物多样性保护作为全人类的共同使命。保护生物多样性成为当代人类面临的又一个新挑战。

中国作为主要的缔约国之一，对《公约》承担了义务：将制定在国界范围以内保护植物、动物和微生物及栖息环境的战略；制定并实施对濒危物种保护的法律；扩大生物物种的自然保护区；努力恢复已遭到损害的动植物种群；提高公众对自然保护和维护生物资源必要性的认识。

(三) 建立自然保护区

到目前为止，全世界已建成的面积在10 000km^{2}以上的自然保护区（含国家公园）有4600多处，总面积占全球陆地面积的6%左右。1985年，国际自然与自然资源保护联盟（International Union for Conservation of Nature，IUCN）在全世界的国家公园和保护区清单中列出了3500多处较大的保护区，总面积达425万km^2。其中最大的是格陵兰国家公园，面积为70km^2。

1956年，我国建立了第一个自然保护区——鼎湖山自然保护区。从此开创了我国自然保护区的新纪元。到2006年年底，共建立了2349处自然保护区（其中国家级265处)。此外，尚有700多处森林公园和近600处风景名胜区，保护区面积占国土面积的15%。

在我国的自然生态系统类型中，为森林生态系统自然保护区的有湖北神农架、浙江天目山和广东鼎湖山等；为草原和草甸生态系统自然保护区的有新疆巴音布鲁克、青海可可西里和内蒙古锡林郭勒等；为荒漠生态系统自然保护区的有甘肃安西和新疆塔什库尔干等；属内陆湿地、水域生态系统自然保护区的有江苏盐湖、江西鄱阳湖和湖南东洞庭湖等；属海洋和海岸生态系统自然保护区的有海南大洲岛和东寨港等。在野生生物类型中，属野生动物自然保护区的有四川卧龙、黑龙江扎龙和青海鸟岛等；为野生植物自

然保护区的有广西花坪、黑龙江丰林和贵州赤水桫椤等。在自然遗迹类型中，为地质遗迹自然保护区的有黑龙江五大连池、内蒙古桌子山和天津贝壳堤等；属古生物遗迹自然保护区的有福建深沪海底古森林遗迹和云南澄江帽天山等。

我国通过自然保护区的建立，使得70%的陆地生态系统、80%的野生动物和60%的高等植物，特别是重要的濒危物种，得到了有效的保护，同时，在涵养水源、保持水土、防风固沙和调节气候等方面，也发挥出巨大的社会效益和生态效益。

（四）生态建设

在生态建设方面，国家投入大量资金实施了一系列工程，如林业方面的天然林保护工程、退耕还林工程等。

（五）科学调查与寻求高科技保护手段

在科学研究方面，国家组织了多次大型的生物多样性本底调查，出版了大批的志书和名录，公布了国家重点保护的动物、植物名录。开展了保护生态学、物种人工繁育技术、生物多样性监测和信息系统建设等方面的研究工作，取得了大量研究成果。

（黄才国）

第十章　生物与环境

世界上的所有生物都生活在各自一定的环境中，生物的生存繁衍、遗传变异都和其所处的环境相关，两者之间相互影响、关系复杂。所以研究生物与环境之间相互关系的科学——生态学（ecology），是生命科学研究领域中的一个重要内容。“生态学”一词最早由梭罗（H. D. Thoreau）于 1858 年提出。其定义由德国动物形态学家 E. Haeckel 于 1866 年首次明确为“研究生物有机体及其环境关系的科学”，并逐渐发展形成以个体、种群、生物群落、生态系统和生物圈等不同层次为研究对象的完整科学体系。我国自然科学基金委员会在 1997 年出版的《自然科学学科发展战略调研报告——生态学》一书中提出，生态学可定义为：“研究生物生存条件、生物及其群体与环境相互作用的过程及其规律的科学；其目的是指导人与生物圈（即自然、资源与环境）的协调发展。”

随着当今世界面临的人口爆炸、资源枯竭、环境恶化三大热点和难点问题日益严峻，研究和掌握生物与环境的关系及生物个体、种群和生物群落的发育规律对应对全球变化和实现可持续发展具有重要意义。人类作为特殊的高等动物，其生存发展受环境的制约，人类活动又深刻地影响着自然环境。人口增长给自然资源的有效供给和生态环境的保障带来了沉重的负荷和危机。因此，人类应该正确处理人口增长与自然资源和环境的关系，以保持人类社会的可持续发展。

第一节　生物个体与自然环境的关系

在生态学中，环境是指生物的栖息地，是某一特定生物体或群体以外的空间，以及直接或间接影响该生物体或生物群体生存与活动的外部条件的总和。生物是环境的主体，生物有机体的存活需要不断地与其周围环境进行物质与能量的交换，一方面环境向生物有机体提供生长、发育和繁殖所必需的物质和能量，使生物有机体不断受到环境的作用；而另一方面，生物又通过各种途径不断地影响和改造环境。生物与环境的这种相互作用，使得生物不可能脱离环境而存在。

一、生态因子及其特点

（一）生态因子的概念和类型

生物生存离不开其所在的环境，构成环境的各种要素是环境因子。在环境的各个要素中既包括能量方面，又包括物质方面，而物质方面又分为生物的和非生物的成分。环境因子中对生物生长、发育、生殖、行为和分布有直接或间接影响的环境要素是生态因子（ecological factor）。特定的生物具有特定的生态因子组合，所有的生态因子构成生态环境。具体生物个体或群落生活地段上的生态环境称为生境（habitat）。每个生态因子都具有一定的强度、质量和性能特征三要素。

根据性质，可将生态因子分为气候因子、地形因子、土壤因子、生物因子和人为因子五大类。气候因子也称地理因子，包括光、温度、水分和空气等。地形因子是指地面的起伏、坡度、坡向（阴坡、阳坡）和海拔等，通过影响气候和土壤，间接地影响植物的生长和分布。土壤因子包括土壤结构、土壤的理化性质和土壤生物等，是气候因子和生物因子共同作用的产物。生物因子包括生物之间的各种相互关系，如捕食、寄生、竞争和互惠共生等。人为因子是指人类社会生产活动对生物和环境的影响。

（二）生态因子的特点

1. 综合性

在任何一个生态环境中，生态因子的作用不是孤立的，每一个生态因子都与其他因子相互影响、相互制约和相互协同，任何生态因子的变化都会在不同程度上引起其他因子的变化。

2. 主导因子的作用

在某一特定阶段，各种生态因子对生物的作用是非等价的，其中有1～2个起主要作用，其余的起次要作用。对生物起决定性作用的生态因子，称为主导因子，而起次要作用的生态因子则称为次要因子。主导因子的改变常会使生物的生长发育发生明显变化，也会引起其他生态因子发生明显变化。主导因子和次要因子的关系是动态变化的，它们会随时间和地点及发育阶段的改变而改变。

3. 直接作用和间接作用

一般情况下，生态因子都是对生物体直接发生作用的，如日照、温度、水分等；但有些时候，某一生态因子则通过改变另一个生态因子而间接作用于生物体，如地面坡向、坡度影响日照和土壤含水量等。

4. 阶段性作用

生态因子对生物的作用也具有阶段性。生物在生长发育的不同阶段往往需要利用一些生态因子的阶段性变化，这种阶段性变化是由生态环境的规律性变化所造成的。例如，季节更替对植物的开花、结果及动物的迁徙和冬眠的影响。

5. 不可替代性和可补偿性

生态因子具有不可替代性，一个因子的作用不能由另一个因子来代替。生态因子又具有可补偿性，当某一因子的强度不足时，有时其他因子可以局部补偿。例如，光照不足所引起的光合作用的下降可由 CO_2 浓度的增加得到补偿。

6. 限制性作用

生态因子之间尽管相互影响、综合起来发挥作用。但事实上，当某种生态因子的强度过高或过低时，都限制了生物的正常生长、繁殖和分布，这种现象称为限制作用。生态因子中对生物的生长、发育、繁殖、数量和分布起限制作用的关键性因子称为限制因子（图 10-1）。

1840 年农业化学家 J. Liebig 在研究营养元素与植物生长的关系时发现，植物生长并非经常受到大量需要的丰富的营养物质（如水和 CO_2）的限制，而是受到一些需要量小的微量元素（如硼）的影响。因此他提出“植物的生长取决于那些处于最少量因素

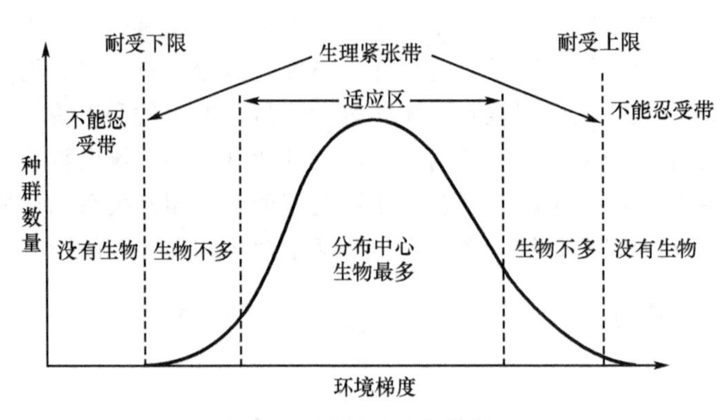

图 10-1　限制因子定律图示

的营养元素”，后人称之为李比希最小因子定律（Liebig's law of minimum）。之后的研究认为，要在实践中应用最小因子定律，还必须补充两点：一是 Liebig 定律只能严格地适用于稳定状态，即能量和物质的流入和流出是处于平衡的情况下才适用；二是要考虑因子间的替代作用。Blackman 在研究外界光照、温度及营养物质等因子的数量变动对生理现象的影响时提出了限制因子法则。认为某一生态因子缺乏或不足，可以成为影响生物生长发育的不利因素，但如果该因子过量，同样可以成为限制因子，这是对最小因子定律的拓展。美国生态学家 V. E. Shelford 于 1913 年研究指出，生物的生存需要依赖环境中的各个生态因子，而各个生态因子都存在强度和质量的变化，大于或小于生物所能忍受的限度，超过因子间的补偿调节作用，就会影响生物的生长和分布，甚至导致生物死亡。这就是耐性定律，又称谢尔福德耐受定律（Shelford's law of tolerance）。各种生物对各种生态因子的耐受范围不同。对某种生物来说，任何一个生态因子都存在最适区、上限耐受区和下限耐受区。某种生物对某个生态因子的耐受幅度被称为生态幅（ecological amplitude）或生态价（ecological valence）。

二、生态因子的作用

生态因子通过物质、能量和信息三种方式对生物起作用。生态因子提供维持生物生长、代谢和繁殖所必需的营养物质和能量，又可以作为信息，诱发生物的节律性反应。同时，生物能反过来影响生态因子，两者之间相互作用。

（一）光的生态作用

生命的存在需要能量环境，除极少数化学能自养型生物能氧化自然界中的无机物并从中获取能量外，地球上一切生物都依赖于太阳辐射带来的能源。太阳辐射对于地球及其生物具有两种不同的功能：一种是热能，它给地球送来了温暖，使地球表面土壤、水体变热，推动着水循环，引起空气和水的流动；另一种是光能，通过光合作用，光能被绿色植物吸收，转化为化学能，形成有机物，这些有机物所包含的能量沿着食物链在生态系统中传递。

1. 光因子的组成与性质

光是由波长范围很广的电磁波组成的，主要波长范围是150～4000nm。其中，可见光的波长为380～760nm，波长小于380nm的为紫外光，波长大于760nm的为红外光。波长越长，增热效率越大，地表的热量主要来自红外光。可见光对生物影响最大，而紫外光具有强烈的杀菌作用。

2. 光因子的变化

由于地理位置、海拔和地形特点等不同，以及地球的自转与公转的关系，使地球和太阳的相对位置不断地发生变化。因此，地球表面接受到的太阳辐射在强度、质量和时间上有明显的差异。

(1) 光照强度的变化。光照强度在地球表面具有空间和时间上的变化。光照强度在赤道最大，随着纬度的增加，太阳高度变低，太阳光斜射进入大气层，射程较长，光照强度相应减弱。光照强度随着海拔的升高而增强。因为海拔越高，空气密度越稀薄。坡向和坡度的变化影响光照强度，在北半球温带地区，太阳的位置偏南，因此南坡所接受的光照要比北坡多。地貌的变化也影响光照强度。水体吸收和散射作用强，大部分红外线被吸收，蓝紫光散射，绿光深入水中。在海水中10m深处，可见光消减50%，100m处仅剩7%。光照强度也随时间变化。在北半球温带地区，一年中以夏季光照最强，冬季光照最弱；一天中以中午光照最强，早晚光照最弱。

(2) 光谱成分的变化。由于大气层对太阳辐射的吸收和散射具有选择性，所以当太阳辐射通过大气后，不仅辐射强度减弱，而且光谱成分及光质也发生了变化。随太阳高度角增大，紫外线和可见光所占比例随之增大；反之，高度角变小，长波光的比例增加。在空间变化上，低纬度处短波光多，高纬度处长光波多。同时，随海拔升高短光波也随之增多。在时间变化上，夏季短光波多，冬季长光波多；中午短光波多，早晚长光波多。

(3) 光照长度的变化。在一天之中，白天和黑夜的相对长度称为光周期（photoperiod）。由于太阳角度的变化所造成的昼夜长短在各地是不同的，因而日照长度随纬度变化而进行不同的周期性变化。纬度越低，最长日和最短日光照的差距越小。随着纬度的增加，最长日和最短日的差距越来越大，即纬度越高日照长短的变化越明显。

3. 光因子的作用及生物的适应

(1) 光因子与植物的相互作用。对于植物来说，光因子有两种不同的功能。一种是作为能量，通过绿色植物的光合作用被吸收、转化为有机物中的化学能；另一种是作为信号，调控植物的生长和发育节律。光照强度、光质和光周期都对植物的生长起重要作用。

光合作用（photosynthesis）是绿色植物利用光能，把CO_2和水转化为有机物，并释放氧气的过程。光照强度影响植物的光合作用。在一定范围内，光合速率随着光强的增加而呈直线增加，但超过一定光强后，光合速率增加转慢，当达到某一光强时，光合速率就不再随光强增加而增加。光合速率开始达到最大值时的光强称为光饱和点（light saturation point）。在黑暗中，叶片无光合作用，随着光强的增高，光合速率相应提高，当达到某一光强时，叶片的光合速率与呼吸速率相等，净光合速率为零，这时的光强称为光补偿点（light compensation point）。根据植物的光饱和点和光补偿点的高低，可把植物分为阳生植物（heliophyte）和阴生植物（sciophyte）。光饱和点和光补偿点高且适应于在强光照地区生活的植物称为阳生植物，这类植物光合作用的速率和代谢速率都比较高，多生长在热带地区。光饱和点和光补偿点低且适应于在弱光照地区生活的植物称为阴生植物，这类植物的光合速率和呼吸速率都比较低，阴生植物多生长在潮湿背阴的地方或密林内。耐阴植物介于阳生植物和阴生植物之间，在全日照条件下生长最好，但也能忍耐适度的荫蔽，或是在生育期间需要较轻度的遮阴。

不同光质的光合作用不同，光合作用并不能利用光谱中所有波长的能量。可见光区中400～760nm的红光和蓝紫光作用最大，这部分辐射通常称为生理有效辐射，占总辐射的40％～50％。高等植物的光合色素包括叶绿素（a和b）和类胡萝卜素（胡萝卜素和叶黄素）。叶绿素a和b的吸收光谱主要在红光区和蓝紫光区，胡萝卜素和叶黄素的吸收光谱在蓝紫光区。不同的光质调节不同的光形态建成反应。光形态建成（photomorpho genesis）是植物依赖光控制细胞的分化、结构和功能的改变，最终汇集成组织和器官的建成（即光控制）的发育过程。红光、远红光、蓝光、近紫外光和紫外光B区（280～320nm）对植物的影响最大。蓝光和近紫外光区域光受体是隐花色素，调节的反应主要有抑制幼茎伸长、刺激气孔张开等。紫外光B（280～320nm）区域光的受体是UV-B受体，调节植物整个生长发育和代谢，还可引起类黄酮、花色素苷等色素合成增加。红光及远红光区域光的受体是光敏色素，光敏色素的生理作用甚为广泛，影响植物一生的形态建成。红光、远红光、蓝光、近紫外光和紫外光所调控的信号反应则是植物对不同光质的适应。例如，生活在高山上的植物植株矮小，茎、叶富含花青素，这是植物避免紫外线伤害的一种保护性适应。在农业生产过程中，通过使用有色薄膜大棚选择性利用不同光质，达到改善作物品质和提高产量的目的。

光周期现象（photoperiodism）是植物对白天和黑夜相对长度的反应。一些植物经过一定的营养生长，需经过一定的光周期诱导才能进行花芽分化，从营养生长过渡到生殖生长。由于植物长期适应原产地的光照长度，经过自然选择，形成了特定的发育节律。根据对光周期的反应类型把植物分为长日照植物、短日照植物和日中性植物。长日照植物是在日照时间超过一定时数才能开花的植物，如油菜等。短日照植物是在日照时间短于一定时数才能开花的植物，如菊花等。日中性植物是其他条件都合适，在什么日照条件下都能开花的植物，如黄瓜等。一般地说短日照植物起源于南方，多在秋季开花；而长日照植物起源于北方，多在春末夏初开花。

向光性（phototropism）是植物随光的方向而弯曲的能力。植物向光性的光受体是核黄素和类胡萝卜素，光受体吸收光信号后，引起植物组织的不均等生长。向光的一侧生长速度慢，背光的一侧生长速度快而产生向光性。

（2）光因子与动物的相互作用。动物的热能代谢、行为、生活周期和地理分布等都直接或间接受光照的影响。动物不能像植物那样直接转化光能，但外热动物（变温动物）能通过接受太阳辐射吸收光热能升高体温。很多动物需要一定强度的光来识别周围环境。白天活动的动物需要较强的光照，只有当光照强度上升到一定水平（下降到一定水平）时，才开始一天的活动，如灵长类、有蹄类和蝴蝶等，称为昼行性动物，适应于在白天的强光下活动；而夜晚活动的动物及穴居动物需光极少，如蝙蝠、家鼠和蛾类等，称为夜行性动物或晨昏性动物，适应于在夜晚或早晨、黄昏的弱光下活动；还有些动物既能适应于弱光也能适应于强光，白天黑夜都能活动，如田鼠等。因此这些动物将随着每天日出日落时间的季节性变化而改变其开始活动的时间。动物的色素也是对光照的适应，对短波辐射有保护作用。

大多数脊椎动物的可见光波范围与人接近，但昆虫感受的可见光波范围偏向短波光。紫外光是昆虫新陈代谢所必需的，昆虫对紫外光有趋光性（phototaxis）。动物吸收光热能升高体温主要是依靠日光中红外光的作用。紫外光与维生素 D 的产生关系密切，并且有致死作用。紫外光波长 360nm 即开始有杀菌作用，在 340～240nm 的辐射条件下，可使细菌、真菌、线虫的卵和病毒等停止活动。

许多动物的昼夜节律以及蛰伏、繁殖、迁移、换毛等周期性活动都与光周期有关。在脊椎动物中，很多鸟类的迁徙是由光周期的变化所引起的，在不同年份迁离某地和到达某地的时间相差无几，表现为最明显的光周期现象。在鸟类生殖期间人为改变光周期可以控制鸟类的产卵量。鸟类的光周期现象最明显，很多鸟类的生殖和迁移都是由日照长短的变化引起的。哺乳动物的换毛和生殖也具有十分明显的光周期的影响。很多野生哺乳动物（特别是生活在高纬度地区的种类）都是随着春天日照长度的逐渐增加而开始生殖的，如雪豹、野兔和刺猬等，这些动物称为长日照兽类。还有一些哺乳动物总是随着秋天短日照的到来而进入生殖期，如绵羊、山羊和鹿，这些动物属于短日照兽类，它们在秋季交配刚好能使它们的幼崽在春天条件最有利时出生，此外，鱼类和昆虫也有明显的光周期现象。

（二）温度因子的生态作用

太阳辐射使地表受热，产生气温、水温和土温的变化。地球上的不同地区与太阳的相对位置不同并且不断地发生变化，因此温度也和光因子一样存在周期性变化，称为节律性变温。温度影响生物的新陈代谢过程，因而也影响生长发育速度、行为以及生物的数量与分布，而且极端温度对生物的生长发育也有十分重要的意义。温度常通过影响其他环境因子对生物起间接的作用。

1. 温度因子的变化

（1）空间变化。纬度决定一个地区太阳入射高角度的大小及昼夜长短，因此也就决定了该地区的太阳辐射量。低纬度地区太阳高度角大，太阳辐射量也大，昼夜长短差异小，太阳辐射量的季节分配比较均匀。随着纬度北移，太阳高度角变小，太阳辐射量减少，昼夜长短差异变大，温度也逐渐降低。纬度每增加 1 度，年平均温度大约降低 0.5℃。从赤道到极地一般划分为热带、亚热带、温带和寒带。海拔高的地方，空气稀薄，水蒸气和 CO_2 含量低，地面的辐射散热量大，所以尽管太阳辐射较强，温度还是较低。通常海拔每升高 100m，干燥空气平均温度降低 1℃，潮湿空气平均温度降低 0.5～0.6℃。

（2）时间变化。时间变化分为季节变化和昼夜变化。温度的季节变化是地球绕太阳公转引起太阳高度角变化引起的。根据气候的冷暖、昼夜长短的节律，一年分为春季、夏季、秋季、冬季四季。各季节的标准是：平均温度 10～22℃为春季、秋季，10℃以下为冬季，22℃以上为夏季。四季长短受纬度、海拔、海陆位置、地形、大气环流等因素的影响，各地差异较大。温度的昼夜变化是地球的自转引起的。日出后温度逐步上升，一般在 13：00～14：00 点达到最高值，以后逐渐下降，直到日出前降至最低值。此外，在纬度高、海拔高以及远离海洋的地区，昼夜温差也大。

2. 温度因子的生态作用及生物的适应

任何生物的生存环境都有一定的温度范围。温度对生物的作用可分为最低温度、最适温度和最高温度，即生物的三基点温度。只有环境温度高于某一温度时，该生物才能生长发育，这一温度值称为发育起点温度，也称为生物学零度（biological zero）。当环境温度在最低温度和最适温度之间时，生物体内的生理生化反应会随着温度的升高而加快，代谢活动加强，在最适温度中生长发育最快。超过最适温度时，生长发育又会有所下降。当环境温度低于最低温度或高于最高温度时，生物将受到严重危害，甚至死亡。不同生物的三基点温度是不一样的，即使是同一生物的不同发育阶段所能忍受的温度范围也有很大差异。

（1）有效积温法则。法国 R. A. Reaumur 从变温动物的生长发育过程中总结出有效积温法则。有效积温法则的主要含义是生物在生长发育过程中，必须从环境中摄取一定的热量才能完成某一阶段的发育，而且生物各个发育阶段需要的总热量是一个常数。用公式表示为

$$K = N(T - T_0)$$

式中，K 为该生物所需的有效积温，它是个固定常数（℃×d）；T 为当地该时期的平均温度（℃）；T_0 为该生物的生物学零度（℃）；N 为发育所需的天数（d）。

有效积温在生产实践中有着很重要的意义，可作为农业规划、引种、作物布局和预测农时的重要依据。全年的农作物茬口必须根据当地的平均温度和每一作物所需的总有效积温进行安排。在植物保护、防治病虫害中，根据当地的平均温度以及某害虫的有效积温预测一个地区某种害虫可能发生的时期和世代数以及害虫的分布危害区等。

（2）温度因子与植物的相互作用。温度制约着生物的生长发育和繁殖，并且对植物分布起决定作用。低温的限制作用更为明显，主要决定植物水平分布和垂直分布。极端温度是限制生物分布的最重要条件，如黄山松不能分布在海拔 800m 以下，橘子不能越过淮河生长。

低温对植物发育的影响很大，植物因得不到必要的低温刺激不能完成发育阶段。例如，在自然条件下，一些一年生越冬植物和两年生植物花器官的发育受低温的诱导。但当温度低于一定值时，生物也会受到伤害，这个温度值称为临界温度。在临界温度以下，温度越低对生物的伤害越大。低温对生物的伤害可分为冷害和冻害两种。冷害是冰点（0℃）以上低温对植物的伤害。受冷害的植物组织柔软、萎蔫、木本芽枯、破皮流胶，结实率降低。冻害是冰点（0℃）以下低温对植物的伤害。可分为胞内结冰与胞间结冰两种。受冻害的植物叶片出现烫伤样、组织柔软、叶色变褐，甚至枯死。胞间结冰使原生质严重脱水，原生质不可逆凝胶化。胞内结冰对膜与细胞器产生直接破坏，造成机械损伤和膜的破坏。

在低温地区生长的植物经过长期对低温的适应具有一些特征。在形态上具有利于保持较高温度的特征，如植物的叶片常有油脂类物质保护、芽具有鳞片、器官的表面有蜡粉和密毛、植株矮小、树皮有较发达的木栓组织等。在生理方面，植物减少细胞中自由水的相对含量，增加束缚水的相对含量，增加可溶性糖等保护物质的含量来降低植物的冰点。提高不饱和脂肪酸指数，降低膜相变温度，增加膜透性。

高温限制生物分布的原因主要是破坏植物体内的代谢过程和光合呼吸平衡。当温度超过生物适宜温区的上限后就会对生物产生有害的影响。受热害的植物会出现叶片死斑明显、光合作用减弱、有害代谢产物在体内的积累、器官脱落等。

植物对高温的适应表现在有些植物体具有密生的绒毛或鳞片，或呈白色、银白色、叶片革质发亮，能反射一大部分阳光，或叶片垂育排列使叶缘向光或在高温条件下叶片折叠，减少光的吸收面积，或树干和根茎生有很厚的木栓层，具有绝热和保护作用。在生理方面，主要是植物降低细胞含水量，增加糖或盐的浓度，这有利于减缓代谢速率和增加原生质的抗凝结力。其次是靠旺盛的蒸腾作用避免使植物体因过热受害。在分子方面，生物有机体受到高温逆境刺激后产生一类大量表达的蛋白质，即热休克蛋白（heat shock protein，HSP），HSP 的主要功能是参与新生肽的折叠以及蛋白质变性后的复性、降解，以阻止受损蛋白的累积，保持细胞内环境的稳定。HSP 定位于细胞的多种细胞器中，包括细胞质、叶绿体、线粒体和内膜系统。

（3）温度因子与动物的相互作用。温度同样也对动物的分布具有重要的作用。对于变温动物，低温决定其水平分布的最高纬度界限和垂直分布的最高海拔界限。对恒温动物而言，温度对其分布的直接影响较小，但通常能通过影响其他生态因子（如食物等）而间接影响其分布。温度也直接影响动物的行为，如冬眠、出蛰、换毛和产卵，使动物具有与温度节律性变化的发育节律。鸟类和哺乳类等恒温动物有较高的热能代谢水平，能靠自身代谢产热维持体温，因而受外界温度的影响较小。

动物对低温的适应表现在形态上，生活在高纬度地区的常温动物，其身体往往比生活在低纬度地区的同类个体大。因为个体大的动物，其单位体重散热量相对少，有利于保温，这就是贝格曼法则（Bergman's rule），如东北虎的体型就比华南虎大。另外，在寒冷地区的常温动物身体的突出部分，如四肢、尾巴和外耳等有变小变短的趋势，利于减少散热，这就是阿伦法则（Allen's rule）。例如，北极狐的外耳明显短于温带的赤狐、赤狐的外耳又明显短于热带的沙狐。在生理方面，动物则靠增加体内热量来增强御寒能力和保持恒定的体温，但寒带动物由于有隔热性能良好的毛皮，往往能使其在少增加甚至不增加代谢产热的情况下，就能保持恒定的体温。许多动物有冬眠的习性，降低体内代谢，减少能量的消耗来适应严酷的低温环境。

在高温环境下，动物对高温环境常常采取行为上的适应对策，即夏眠、穴居和白天躲入洞内而夜晚出来活动。因为夜晚温度低，特别是在地下巢穴中，可大大减少蒸发散热失水，这就是所谓“夜出加穴居”的适应对策。一些动物的体温有较大的变动幅度，这样在高温炎热的时刻身体就能暂时吸收和储存大量的热并使体温升高，尔后在环境条件改善时或躲到阴凉处时再把体内的热量释放出去，体温也会随之下降。

（三）水的生态作用

地球作为目前已知的唯一存在生命的星球，一个重要原因是它具有广泛分布的水。水是一切生命活动和生化过程得以实现的基本介质，水还是生物体的主要组成部分。地球上的水处于连续不断的动态循环更替中，在总量上又是相对平衡的，大约有14亿 km^3。水在全球循环有三种基本方式：一是通过固相、液相、气相三态变化，与大气混合，随着大气环流或地区性环流，做远距离的传播；二是在盛行风作用下，以洋流形式在海洋中做大规模的运动；三是在重力作用下，以径流形式由陆地汇入海洋。

1. 水的生态作用

水是生命活动的基础，是一切生命活动和生化代谢反应的基本介质。生物体内营养物质的运输、代谢物的排除、信息的传递、能量的转化以及生命赖以存在的各种生物化学过程，都必须在水溶液中才能进行。水也是生物体的主要组成成分。水还能维持细胞和组织的紧张度，使生物保持一定的状态，维持正常的生长发育。水的比热容大，吸热和放热过程缓慢，因此在应对外环境温度剧烈变化时，水能发挥缓解、调节体温的作用，维持内环境的稳定。另外，水对稳定环境温度也有重要意义，是地球表面重新分配太阳能、缓和天气变化幅度的重要因子。

（1）水对陆生生物的影响。根据陆生植物生存环境中水量的多少，可将其分为湿生植物、中生植物和旱生植物。水量对植物的生长也有最高、最适、最低三个基点。在最适范围内，植物能维持植物的水分平衡，代谢活动强，生长发育最快。环境中水分不足导致土壤缺水或大气相对湿度过低，会对植物生长造成伤害，表现为植物原生质脱水，体内各部分水分重新分配，气孔关闭，减弱了蒸腾作用对植物的降温作用，光合作用受到抑制，最终使代谢紊乱。环境中水分过多也会对植物造成伤害，称为涝害。这是由于液相代替了气相，土壤理化性质改变，通气状况恶化，植物根系处于缺氧环境，抑制了有氧呼吸，影响水分和矿物质的吸收，长期进行无氧呼吸而不利于植物的生长，甚至使植物腐烂死亡。水分及湿度对于动物的生长、发育及繁殖也有一定影响。许多动物的周期性繁殖与降水季节密切相关。低湿可以抑制新陈代谢，高湿可以在一定限度内加速动物发育。降雨是影响湿度及水分的一个特殊因素。

（2）水对水生生物的影响。水的密度比空气大约大800倍，稠密的水能对水生生物起支撑作用。水具有较高的黏滞性，对动物在水中的各种运动形成较大的阻力。水的浮力比空气大得多，因此重力因素对水生生物体型大小的发展限制较小。水中的含氧量较低，只相当于空气含氧量的1/20，因此溶氧是水生生物最重要的限制因素之一。水中盐分决定了离子浓度，因而决定了水体的渗透势，这影响到水生生物的吸水或失水，对生物的生长与繁殖也有一定影响。水的酸碱度对水生生物也有重要影响，深海海水的pH在8左右，大面积的淡水水域酸碱度较稳定，pH为6～9。

2. 生物对水因子的适应机理

（1）植物对水因子的适应。根据植物对水分的需求量、依赖程度和栖息地，通常把植物划分为水生植物和陆生植物。水生植物生长在水中，长期适应缺氧环境，根、茎、叶形成连贯的通气组织，以保证植物体各部分对氧气的需要。水生植物的水下叶片很薄，且多分裂成带状、线状，以增加吸收阳光、无机盐和 CO_2 的面积。水生植物又可分成挺水植物、浮水植物和沉水植物。生长在陆地上的植物统称陆生植物，可分为湿生植物、中生植物和旱生植物。湿生植物多生长在水边，抗旱能力差。其对涝害适应表现在有发达的通气系统，代谢上提高对缺氧的忍耐力，改变呼吸途径，如以磷酸戊糖途径代替糖酵解过程，破坏或抑制有害物质的合成。中生植物适应范围较广，大多数植物属中生植物。该类植物具有一套完整的保持水分平衡的结构和功能，其根系和输导组织比较发达。旱生植物生长在干旱环境中，能忍受较长时间的干旱，其对干旱环境的适应表现在根系发达、叶面积很小、叶脉致密、发达的储水组织以及高渗透压的原生质等。例如，沙漠地区的骆驼刺地面部分只有几厘米，而地下部分可以深达 15m。仙人掌的叶片呈刺状，松柏类植物叶片呈针状或鳞片状，且气孔下陷以减少蒸腾失水。而南美洲的瓶子树可储水 4t 以上。

(2) 动物对水因子的适应。动物按栖息地可以分为水生和陆生两类。水生动物主要通过调节体内的渗透压来维持与环境的水分平衡。陆生动物则在形态结构、行为和生理上来适应不同环境水分条件。动物对水因子的适应与植物不同之处在于动物有活动能力，动物可以通过迁移等多种行为途径来主动避开不良的水分环境。按照盐分与动物的关系，可把水生动物分为变渗动物和恒渗动物两类。前者体液的渗透势随着环境渗透势的改变而改变；后者则通过自身调节维持一定的渗透势，不随环境渗透势而改变。

水生动物有特殊的结构（如鱼体内部的鳔）来克服在水中下沉的趋势。大型海洋生物常利用脂肪增加身体的浮力。快速移动的动物体形往往呈流线型，鱼类及哺乳动物中的鲸类具有符合流体动力学原理的理想体形。水生动物的鳃具有极大的表面积，因而能更有效地利用水中的氧气。洄游鱼类以及广盐性鱼类，其体表对水分和盐类渗透性较低，有利于在浓度不同的海水和淡水中生活。当它们从淡水转移到海水或由海水进入淡水时，一般都能进行渗透压调节，使体重和体液浓度维持正常。

陆生动物也有特定的结构防止体内水分过分蒸发，以保持体内水分平衡和对水因子的适应。例如，昆虫具有几丁质的体壁，两栖类动物体表分泌黏液，爬行动物具有很厚的角质层，鸟类具有羽毛和尾脂腺，哺乳动物有皮脂腺和毛等。陆生动物的失水可由减少体内水分的消耗和从体外取得水分来补偿。两栖动物甚至可从空气中吸取水分，但主要的水分来源仍是饮水及食物中的水分。例如，“沙漠之舟”骆驼可以 17 天不喝水，骆驼不仅具有储水的胃，驼峰中还储藏有丰富的脂肪，在消耗过程中产生大量水分，而且血液中具有特殊的脂肪和蛋白质，不易脱水。

（四）土壤的生态作用

土壤是陆地生态系统的基础，是具有决定性意义的生命支持系统，其组成部分有矿物质、有机质、土壤水分和土壤空气。具有肥力是土壤最为显著的特性。

1. 土壤的生态学意义

土壤是许多生物的栖息场所。土壤中的生物包括细菌、真菌、放线菌、藻类、原生动物、轮虫、线虫、蚯蚓、软体动物、节肢动物和少数高等动物。土壤是生物进化的过渡环境。土壤中既有空气，又有水分，正好成为生物进化过程中的过渡环境。土壤是植物生长的基质和营养库。土壤提供了植物生活的空间、水分和必需的矿质元素。土壤是污染物转化的重要场地。土壤中大量的微生物和小型动物，对污染物都具有分解能力。

2. 土壤质地与结构对生物的影响

土壤是由固体、液体和气体组成的三相系统，其中固体颗粒是组成土壤的物质基础，占土壤总质量的85%以上。根据土粒直径的大小可把土粒分为粗砂（2.0～0.2mm）、细粒（0.2～0.02mm）、粉砂（0.02～0.002mm）和黏粒（0.002mm以下）。不同大小固体颗粒的组合百分比就称为土壤质地。根据土壤质地可把土壤区分为砂土、壤土和黏土三大类。砂土的质地疏松，通气透水性能好，保水保肥力差，宜耕性好。壤土的质地较均匀，其中砂黏、粉砂和黏粒所占比例大体相等，通气透水、保水保肥性能都较好，抗旱能力强，适宜生物生长。黏土的质地黏结性强，通气透水差，保水保肥力强，湿时黏重难耕，干时坚硬。土壤质地与结构常常通过影响土壤的物理化学性质来影响生物的活动。

3. 土壤的物理化学性质对生物的影响

（1）土壤温度。土壤温度直接影响植物种子的萌发和根系的生长、呼吸及吸收能力，还可通过限制养分的转化来影响根系的生长活动。一般来说，低的土温会降低根系的代谢和呼吸强度，抑制根系的生长，减弱其吸收作用；土温过高则促使根系过早成熟，根部木质化加剧，从而减少根系的吸收面积。

（2）土壤水分。土壤水分与盐类组成的土壤溶液参与土壤中物质的转化，促进有机物的分解与合成。土壤的矿质营养必须溶解在水中才能被植物吸收利用。土壤水分太少引起干旱，太多又导致涝害，都对植物的生长不利。土壤水分还影响土壤内无脊椎动物的数量和分布。

（3）土壤空气。土壤空气中O_2的含量影响植物根系的呼吸作用。土壤空气中O_2只有10%～12%，在积水和透气不良的情况下，会降至10%以下，从而抑制植物根系的呼吸和影响植物正常的生理功能，动物则向土壤表层迁移以便选择适宜的呼吸条件。土壤中CO_2浓度则比大气高几十至上千倍，植物光合作用所需的CO_2有一半来自土壤。但当土壤中CO_2含量过高时（如达到10%～15%），不利于植物根系的发育和种子萌发。二氧化碳浓度的进一步增加会对植物产生毒害作用，破坏根系的呼吸功能，甚至导致植物窒息死亡。

（4）土壤酸碱度。土壤微生物活动、微量元素的有效性、土壤保持养分的能力及生物生长都与土壤的酸碱度有密切关系。例如，pH小于6时，固氮菌活性降低；pH大于8，硝化作用受限制。根据植物对土壤酸碱度的适应性，可把植物分成酸性土植物（pH＜6.5），如马尾松、映山红、赤杨、油茶等；中性土植物（pH 6.5～7.5），如柏树、南天竺、蜈蚣草等；碱性土植物（pH＞7.5），如柽柳、盐角草、盐节木、胡杨等。土壤酸碱度对土栖动物也有类似影响。

（5）土壤有机质。土壤有机质包括非腐殖质和腐殖质两大类。非腐殖质是动植物残体和部分分解的产物；腐殖质是生物尸体分解过程中的产物，是腐殖酸、蛋白质和糖类等的降解产物以及生物体腐烂碎屑的混合物，占土壤有机质的85%～90%。腐殖质是植物营养的重要碳源和氮源，土壤中99%以上的氮素是以腐殖质的形式存在的。腐殖质也是植物所需各种矿物营养的重要来源，并能与各种微量元素形成络合物，增加微量元素的有效性。有机质起保持水分和土壤通气性，利于土壤团粒结构形成，提高土壤肥力，改善土壤理化性质的作用，从而促进植物的生长和养分的吸收，对生物的分布和生长有重要影响。

(6) 土壤无机质。植物中的C、H、O元素可从水和CO_2中获取，而其他元素大都从土壤吸收获得。植物所需的无机元素主要来自土壤中的矿物质和有机质的分解。腐殖质是无机元素的储备源，通过矿质化过程而缓慢地释放可供植物利用的养分。土壤中必须含有植物所必需的各种元素和这些元素的适当比例，才能使植物生长发育良好。如果土壤中可溶性盐过多，就可对植物造成盐害。发生盐害的植物吸水困难，造成生理干旱，抑制植物生长。土壤中的无机元素对动物的分布和数量也有一定影响。例如，由于石灰质土壤对蜗牛壳的形成很重要，所以在石灰岩地区的蜗牛数量往往比其他地区多。

（五）大气的生态作用

大气圈是地球表面包围整个地球的一个气体圈层，从地球表面到高空1000km的范围内都属于大气层，但是大气质量的99%集中在离地表29km之内。根据温度变化情况把大气圈划分为4层：对流层、平流层、中间层和电离层。对流层空气的垂直对流运动显著，温度随高度升高而降低。平流层空气比对流层稀薄，主要是平流运动，气温变化不大。中间层又称散逸层，温度自下而上骤降，并有强烈的垂直活动。中间层以上是电离层，空气非常稀薄。

大气的组成包括多种气体和一些悬浮杂质和微小液滴。气体组成为N_2占78.08%，O_2占20.95%，CO_2占0.032%，其余为稀有气体。悬浮杂质主要为灰尘和花粉等，而微小液滴则是水蒸气。

1. 大气的生态意义

对生物影响最大的是对流层，各种大气现象（如风、云、雨、雾）的形成主要是在对流层。

CO_2是植物进行光合作用的必需原料，是制造一切生命物质的碳源。大气中的CO_2浓度对植物的光合作用影响很大，在一定范围内，植物净光合速率随CO_2浓度的降低而下降，但到达一定程度时，光合速率与呼吸速率相等，这时CO_2浓度称为CO_2补偿点。因为CO_2和水蒸气可以阻止地面热量的散失，又是阻挡大气层外的紫外线辐射的屏障，因而CO_2对于维持地表的相对稳定也有极为重要的意义。但CO_2含量过高对于陆生动物有抑制生长发育的作用，甚至引起昏迷及死亡。

大气中的O_2主要来源于植物的光合作用。O_2是除厌氧生物之外的一切生物呼吸所必需的，在细胞代谢中O_2的主要功能是作为H^+的最终受体而形成水。植物的干物质中，氧占42%。如果没有O_2或者在缺O_2时植物出现无氧呼吸，产生乙醇，乙醇过多会出现乙醇中毒现象。动物获得能量的主要途径是对脂肪、糖及蛋白质的氧化作用，O_2供应缺少时，代谢率就降低，生长发育都受影响，有时甚至引起死亡。各种动物都有一些适应于摄取O_2及保留O_2的机能结构（如血红蛋白、昆虫的气管系统等），但这种能力是有限的。

氮是生物体的主要成分，但是大气中的 N_2 除固氮菌可以利用外，对于大多生物没有直接的用处。

臭氧层有吸收部分紫外光的能力，因此臭氧层对地球环境的稳定性至关重要。臭氧的不利因素是产生污染。

空气的流动形成了风。伴随空气流动所进行的大气中水分、热量等物质与能量的输送，影响和制约着地区的天气和气候，也对地区的生物有直接或间接的作用。风对植物的直接影响有风媒、传播种子、风折和风倒等作用。风对植物的间接作用是影响植物的生长量、形态与结构。风也直接或间接地影响地区动物的生命过程及其行为、数量和分布。

2. 生物对大气因子的适应机理

不同的生物对氧气的需求量不同，按照生物需氧与否可分为好气性生物和嫌气性生物。嫌气性生物可以在完全无氧的条件下生活。好气性生物生存需要氧气，大多数生物属于好气性生物。按照对氧的要求程度，好气性生物也可分为广氧性生物和狭氧性生物。广氧性生物能忍受环境氧气条件的变化幅度较大。狭氧性生物只能忍受环境氧气条件较小的变化。人类活动使局部大气组成成分改变，污染物质增多，一些植物具有吸收大气中的有毒物质，通过代谢使有毒物质在体内分解、转化为无毒物质的特点。

在年光辐射强度高、降水较少的缺水地区，大气的温度高、湿度低。不同的生物都有相似的生活型，即有较强的持水能力。例如，植物有绒毛反射阳光，叶片小减少蒸腾失水，有发达的储水组织。

大气的运动形成风，很多植物靠风力传送花粉和种子。以风力为媒介的传粉植物，称为风媒植物，风媒植物的花粉光滑、干燥而轻，便于被风吹送，花粉的量多，更多地保证了传粉的机会。借助风力散布的种子，一般细小而质轻，能悬浮在空中被风力吹送到远处。

三、海洋生态因子及其对海洋生物的作用

前文介绍了陆地上生物个体与自然环境的关系。而地球表面大部分为海水所覆盖，海洋面积为 $362\times10^6\,km^2$，约占地球面积的 71%，平均深度为 3800m，最深处超过 10 000m。海洋的空间总体积达 $1370\times10^6\,km^3$，比陆地和淡水中生命存在空间大 300 倍，蕴含着丰富的资源。

海洋环境有其特殊性，具有三大环境梯度（environmental gradient），即从赤道到两极的纬度梯度，从海面到深海海底的深度梯度以及从沿岸到开阔大洋的水平梯度，它们对海洋生物的生活、生产力时空分布等都有重要影响。纬度梯度主要表现为赤道向两极的太阳辐射强度逐渐减弱，季节差异逐渐增大，每日光照持续时间不同，从而直接影响光合作用的季节差异和不同纬度海区的温跃层模式。深度梯度主要由于光照只能透入海水的表层，其下方只有微弱的光或是无光世界。同时，温度也有明显的垂直变化，表层因太阳辐射而温度较高，底层温度很低且较恒定，压力也随深度而不断增加，有机食物在深层很稀少。在水平方向上，从沿海向外延伸到开阔大洋的梯度主要涉及深度、营养物含量和海水混合作用的变化，也包括其他环境因素（如温度、盐度）的波动呈现从

沿岸向外洋减弱的变化。浩瀚的海洋孕育着各种各样与陆地很不同的生物，海水的一些性质为海洋生物提供良好的生存条件，其中海水的溶解性、透光性、流动性、浮力及缓冲性能等特性具有重要的生态学意义。

（一）光对海洋生物的影响

1. 海水中光的衰减

日光射入海水后，一部分被海水吸收（变为热能），同时其中悬浮的或溶解的有机物和无机物对光选择性地吸收与散射。因而海水中的光照强度随着深度增加而减弱，可用下式表示其总衰减规律：

$$I_D = I_0 e^{-KD}$$

式中，I_D 和 I_0 分别表示在深度 D 处和海面处的光强；K 是平均消光系数或称衰减系数（extinction coefficient）；e 为自然对数的底；D 是深度。

由于光在海水中随深度迅速衰减，根据在垂直方向上的光照条件分为几个层次。①透光层，也称真光层（euphotic zone 或 photic zone），有足够的光可供植物进行光合作用，其光合作用的量超过植物的呼吸消耗。②弱光层（disphotic zone）：在透光层下方，植物在一年中的光合作用量少于其呼吸消耗，但其有限的光线却足够动物对其产生反应。③无光层（aphotic zone）：在弱光层的下方直到大洋海底的水层，除了生物发光外，没有从上方透入的有生物学意义的光线。

海水对各种波长的吸收情况是有差异的。透入海水的光大约有 50%由波长＞780nm的红外辐射组成，并且很快被吸收转换为热能，还有很少量波长＜380nm 的紫外辐射进入海水后也迅速地被吸收、散射，其余 50%左右的可见光（400～700nm）可透入较深水层，基本上是光合作用所需的波长，称为光合作用有效辐照（photosynthetically active radiation，PAR）。

2. 海洋动物对光的适应

由于海水中的光照强度随着深度增加而减弱，海洋生物在海洋中具有垂直分布的特点，这种现象在浮游动物方面最为普遍。浮游动物的垂直分布除了因种类不同而不同以外，即使是同种的不同发育阶段也有垂直分布上的差异。

浮游动物还具有昼夜垂直移动（diel vertical migration）的现象，它们在夜晚升到表层，随着黎明的来临又重新下降。这种现象在许多种浮游甲壳类中表现最为明显。其他浮游动物包括水母、管水母、栉水母、毛颚类、翼足类以及很多鱼类、头足类等也都有昼夜垂直移动的习性。垂直移动是海洋生物（特别是浮游动物）的一个重要习性，光是产生这种现象的主要生态因子，而其他一些因子，如温度、压力、食物以及生物本身的生理特点也与动物垂直移动有关。

有许多种类的海洋生物都能发光，从细菌到脊椎动物几乎每一门类都有发光的种类，人们把生物产生光的现象称为生物发光（bioluminescence）。在海洋中，鱼类、甲壳类和头足类发出的光最明亮，这些动物具有特化的发光器。深海鱼类约有 2/3 能发光，头足类约有一半能发光。

生物发光具有重要的生物学意义，一是可以作为同种集群的识别信号（识别同类、控制集群、引诱异性），二是可作为对捕获物的一种引诱，三是可作为一种照明和对肉食性敌害的一种警告。

（二）温度对海洋生物的影响

1. 海洋中温度因子的特点

海流不断运动以及海水有巨大的热容量（有很高的比热，在吸收或散发大量热量的过程中，水温变化并不大），使得海洋水温的变化范围比陆地的小得多。但由于太阳辐射及海流的因素，海洋表层温度呈现明显的自低纬度到高纬度递减的梯度变化。海洋表层水等温线分布大致与纬度平行，特别是在南纬40°以南的南大洋更为明显。在热带海区，表层水温经常保持在26～30℃，而在高纬度海区，表层水温降至0～2℃。在两半球的亚热带和温带海区，等温线与纬度线有偏离现象。

海洋中的温度还呈垂直分布。在低纬度海区，表层海水吸收热量，产生温度较高、密度较小的表层水，其下方出现温跃层（thermocline），通常位于100～500m，温度会随深度增加而急剧下降。由于低纬度海区太阳辐射强度常年变化不大，因此其形成的温跃层属恒定温跃层（permanent thermocline）。温跃层的上方海水由于混合作用而形成相当均匀的高温水层，称为热成层（thermosphere）。温跃层的下方水温低，并且直到底层，温度变化不明显。

在中纬度海区，夏季水温增高，接近表面（通常在15～40m深）形成一个暂时的季节性温跃层（seasonal thermocline）。到了冬季，表层水温下降，上述温跃层消失。而在对流混合下限的下方（在500～1500m）有一永久性的但温度变化较不明显的温跃层。

在高纬度海区，从表层到底层的温度变化范围在－1.8～1.8℃。从较低纬度流入的温度略高、密度略大的水层，会在1000m以内深海处，形成一不规则的温度梯度。超过1000m的深度，温度几乎是一致的，仅随深度增加而稍微下降。

2. 温度对海洋生物地理分布的影响

生物只能在一个相对狭窄的温度范围内生活，不同生物所能忍受的温度范围是不同的，而海洋生物对温度的耐受幅度比陆地或淡水生物小得多。根据海洋生物对外界温度的适应范围分为广温性（eurythermic）和狭温性（stenothermic）种类。广温性种类多分布在沿岸海区。狭温性种类又分为喜冷性和喜热性两大类，前者常见于寒带水域，后者多为热带种类。某些喜热的珊瑚虫（腔肠动物）只能在超过20℃水温条件下才能繁殖。

海水温度对海洋生物分布有重要影响，海洋生物地理分布与海水等温线密切相关。按生物对分布区水温的适应能力，海洋上层的生物种群可以分为如下几种。①暖水种（warm-water species）：一般生长、生殖适温高于20℃，自然分布区月平均水温高于15℃，包括热带种（tropical species）和亚热带种（subtropical species）。前者适温高于25℃，后者适温为20～25℃。②温水种（temperate-water species）：一般生长、生殖适温范围较广，为4～20℃。自然分布区月平均水温变化幅度很大，为0～25℃，包括冷温种和暖温种，前者适温为4～12℃，后者适温为12～20℃。③冷水种（cold-water species)：一般生长、生殖适温低于 4℃，其自然分布区月平均水温不高于 10℃，包括寒带种和亚寒带种。前者适温为 0℃左右，后者为 0～4℃。

此外，海洋动物的迁移（如鱼类的洄游）也与海水的温度有关。例如，我国东海的带鱼在春季水温上升时，栖息于外海的越冬鱼群开始向近海移动，并向北进行生殖洄游。5 月、6 月产卵场主要在鱼山、大陈近海和舟山近海，产卵活动一直延续至 10 月。生殖后鱼群在长江近海索饵，一部分鱼群可继续往北进行索饵洄游，有的年份可到达青岛外海，与黄渤海群体混群索饵。秋末冬初水温下降，索饵鱼群开始往南洄游，在嵊山形成著名的带鱼冬汛渔场。随着水温继续下降，鱼群继续南下或向外海越冬。因此，水温是渔期、渔区预报的重要指标之一。

（三）海流对海洋生物的影响

1. 海流的特点

海流（ocean current）又称洋流，是海水因热辐射、蒸发、降水、冷缩等而形成密度不同的水团，再加上风应力、地转偏向力、引潮力等作用而大规模相对稳定的流动，它是海水的普遍运动形式之一。

海流中最重要的是大洋环流，包括表层环流和深层环流。前者取决于表面风场，故称风生环流；后者起源于极地或亚极地海域，由海水冷却下沉及海水结冰造成的高盐冷水下沉并沿大洋深层流动，故称深层环流。大洋环流的流向几乎是恒定的，但流速和流量则可以随季节变化。

海流按温度特征又可分为寒流（cold current）和暖流（warm current）两种。所谓寒流是指水温低于流经海区水温的海流，通常是从高纬度流向低纬度（如千岛寒流），寒流一般低温低盐，透明度较小。暖流是指水温高于流经海区水温的海流，通常是从低纬度流向高纬度（如黑潮暖流），暖流一般高温高盐，透明度也较大。

此外，在天体（主要是月球）引潮力作用下，海水产生的周期性水平运动称为潮流，而周期性垂直涨落称为潮汐。潮流、潮汐现象是潮间带最重要的环境特征。

2. 海流对海洋生物的作用

海流对海洋生物最重要、最直接的影响在于海流散播和维持生物群的作用。暖流可将南方喜热性动物带到较高纬度海区，而寒流则可将北方喜冷性动物带到较低纬度海区。海流也有助于某些鱼类完成“被动洄游”。

沿岸浅水区内的底栖动物在其生活史中几乎都经过浮游性的卵和幼体的阶段，它们能被海流带到远处扩大分布范围。在散播过程中，有的幼体到达适宜栖息的地方，在变态后就定居下来，也有很多幼体被带到不适于其生存的地方而死亡。因此，它们的生物学适应表现在每一个体将生产大量的幼体，以便其中一部分幼体能被带到适宜的环境而得以生存。沿岸底栖动物的幼体被散播的距离，取决于海流的速度及幼体的适应性，特别是浮游幼体期的长短。

在某些海区，由于海流性质的关系，在一定程度上，依靠从外地输入幼体来维持其生物群，而其本身的幼体则由海流输向别的地区。在海湾和海港内，由于潮流的周期性流动而导致幼体损失不多，在某些程度上该港湾可以维持一个独立的生物群。在北大西洋的藻海中，微弱的反气旋型环流形成一个半永久性的闭合系统，这里堆积了随着海流漂流而来的大量岸边的固着植物马尾藻，形成一个特殊的生物群。

（四）盐度对海洋生物的影响

1. 海水的盐度

盐度（salinity）是海水总含盐量的度量单位，它的经典定义为：在 1kg 海水中，当碳酸盐全部转化为氧化物，溴和碘已为氯当量所取代，所有有机物均已完全氧化后所含全部固体物质的总克数，或简单地定义为溶解于 1kg 海水中的无机盐总量（克数）。尽管大洋海水盐度会因各海区蒸发和降水的不平衡而有差异，但其主要离子组分之间的含量比例却几乎是恒定的，称为“海水组分恒定性规律”，或称“Marcet 原则”。一般采用海水导电率来计算盐度值，称为实用盐度值。

大洋表层盐度变化范围为 34～36，主要与不同纬度海区的降水量与蒸发量比例有关。赤道海区的盐度较低（约 34.5），副热带海区的盐度最高（约 36），随之向温带海区逐渐下降（至与赤道海区的盐度值相当），而两极海区盐度最低（约 34）。大洋表层以下盐度的垂直分层大体上可分为：大洋次表层（高盐）水、大洋中层（低盐）水、大洋深层水（约 35）和底层水（约 34.6）。

2. 盐度对海洋生物的影响

当海水中盐度发生变化时，海洋生物与海水之间会出现渗透过程（osmosis），即浓度低的一边通过半透膜向浓度高的一边渗透，直至渗透平衡（osmotic balance）为止。因此，由于渗透压的不同和产生渗透作用，那些没有渗透调节机制（mechanisms of osmoregulation）的海洋生物就可能出现细胞膨胀或产生质壁分离，从而出现代谢失调甚至导致死亡。很多海洋动物对上述渗透平衡具有一定的调节机能。

大部分海洋无脊椎动物和某些较原始鱼类（如鲨、鳐类）的血液和体液的渗透压与周围海水相同，虽然它们能在一定程度上忍耐周围海水的盐度变化（体液渗透压出现相应的变化），但不具备主动渗透压调节来适应外界环境的渗透压变化，因此一般都不能离开海水而生活。

而硬骨鱼类的血液盐含量仅是周围海水含盐量的 30%～50%。大部分海洋硬骨鱼类经常通过鳃把多余的盐排出体外或减少尿排出量或提高尿液浓度等方式来实现体液与周围介质的渗透压调节。软骨鱼类则以提高血液的尿素含量（可达 2%～2.5%）来维持体液的高渗压（尿素本来是有机体应当排出的含氮废物）。一些生活史经历海水和淡水间洄游的鱼类，通过降低体表渗透性（如鳗鲡体表黏液）或调整肾的排尿量（在淡水中增加排尿量、在海水中减少排尿量）或在海水中鳃组织排出盐而在淡水中摄取盐等方式来进行渗透压调节。其他较高等海洋动物也有各种渗透压调节机能，如鲸饮海水或吃高盐食物，其肾脏能产生含 Cl^- 比海水更高的尿液，通过排出高浓度的尿素来维持体液含盐量水平。

海洋生物根据对盐度变化的适应性可分为两类。狭盐性生物（stenohaline），对盐度变化很敏感，只能生活在盐度稳定的环境中。例如，深海和大洋中的生物是典型的狭盐性生物，如被风或流带到盐度变化大的沿岸海区、河口地带，就会很快死亡。广盐性生物（euryhaline），对于海水盐度的变化有很大的适应性，能忍受海水盐度的剧烈变化，沿海和河口地区的生物以及洄游性动物都属于广盐性生物。例如，弹涂鱼（*Periophthalmus*）能生活在淡水中，也能生活在海水中，这是因为它们生活的环境中盐度变化无常，经过长期的适应，对盐度变化的抵抗力就大大增强。

（五）溶解气体对海洋生物的影响

海水中溶有大气中所有的各种气体，其中氧、氮和二氧化碳的含量很高。此外，在缺乏溶解氧的水体或沉积物中常有硫化氢（H_2S）出现，有机物分解和腐解也会产生其他还原性气体（如 CH_4），它们与生物作用密切相关。

1. 溶解氧

海水中溶解氧含量范围为 0～8.5mg /L，生物对海水氧含量有非常重要的作用。大气中的氧气可大量地溶入表层海水，绿色植物进行光合作用所放出的游离氧也是海洋溶解氧的重要来源。相反，海洋生物的呼吸作用以及有机物质分解成各种无机物质消耗了大量的氧气。

2. 二氧化碳（CO_2）和 pH

海水中 CO_2 的溶解度比 O_2 和 N_2 高，其总量为 34～56mg /L。CO_2除了从空气溶入外，动植物和微生物的呼吸作用、有机物质的氧化分解以及少量 $CaCO_3$ 溶解都是海水中 CO_2 的来源。CO_2 的消耗主要是海洋植物的光合作用吸收，此外一些 $CaCO_3$ 形成也消耗海水中的 CO_2。

总的来说，由于海水中二氧化碳-碳酸盐平衡体系的存在，海水的 pH 变化不大（平均为 8.1 左右），pH 变化直接或间接地影响海洋生物的营养和消化、呼吸、生长、发育和繁殖。例如，海胆的卵在过度酸性或过度碱性的海水中不能发育，pH 为 4.8～6.2 时，不发生受精作用；pH 降到 4.6 时，海胆的卵就死亡。卤虫则与之相反，对碱性环境的忍耐力很差；pH 为 7.8～8.2 时，生长就不正常。海水 pH 对鱼类的呼吸速度和代谢过程的影响也是明显的。

海水中 pH 的变化往往反映海洋化学环境的变化。例如，pH 降低与氧含量降低是一致的，在 pH 降低和氧缺乏的环境中也往往产生对生物具有毒性作用的 H_2S。所以人们常常把 pH 作为反映水层或沉积物综合性质的指标。海洋表层溶解的 CO_2 可以与大气中的 CO_2 进行交换。由于海水中的 CO_2 在浮游植物光合作用中被吸收，转变为生物颗粒，通过生物泵的运转沉降到深海，因此海洋就有吸收大气 CO_2 的功能。这个过程起着调节大气 CO_2 含量的作用，从而对减轻因人类活动大量排放 CO_2 所形成的温室效应危害有重要意义。

3. 氮（N_2）和二甲基硫（DMS）

氮是大气的主要成分，并且能大量溶入海水中。相对于氧和二氧化碳而言，游离态分子氮属于惰性气体，与生物的关系不大。但是，海洋中有一些蓝藻有固氮作用，以分子态氮作为合成有机物的氮源，对某些寡营养盐海区的初级生产力有重要贡献。另外，在某些缺氧环境细菌作用下的脱氮作用，可使硝酸盐和亚硝酸盐转变为分子态氮。

海洋浮游植物的代谢产物可产生二甲基硫丙酸（DMSP），在酶的作用下 DMSP 分解为二甲基硫和丙烯酸。DMS 是海洋中硫的主要存在形式，具有挥发性，可大量释放到大气中形成凝云结核，从而增加太阳辐射的云反射。因此，DMS 与 CO_2 相反，成为一种起着“负温室效应”作用的气体。

第二节　生物种群关系

一、种群的概念

种群（population）是某一特定时间占据某一特定空间，能自由交配、繁殖的一群同种有机体。种群是物种在自然界中存在的基本单位，又是生物群落的基本组成单位。广义的种群是指一切可能交配并繁育的同种个体的集群（该物种的全部个体），如世界上的总人口。狭义的种群是指实际上进行交配繁育的局部集群。种群内的个体不是孤立的，而是随机组成自然的个体群，是同种有机体在特定空间占据的集合群，组成一个有机的统一整体，具有独特性质、结构、机能，有自动调节大小的能力。个体之间可以交配，并有一定的组织结构和遗传稳定性，如同一个湖泊中的全部鲤鱼就组成了鲤鱼种群、同一片树林内的全部杨树组成了杨树群。在自然界，生物个体难以单独生存，它们在一定空间内以一定的数量结合成群体。这是生物繁衍所必需的基本前提，可使每一个个体能够更好地适应环境的变化。种群是由同种个体组成的，但不是个体的简单相加，而是有机整体。在生物组织层次结构中，种群代表由个体水平进入群体水平的第一个层次。个体的生物学特性主要表现在出生、生长、发育、衰老及死亡全过程的生命活动及其变化特征。而种群则具有出生率（natality）、死亡率（mortality）、年龄结构、性别比例、数量变化等特征，是生物个体的平均统计量。

种群一词与物种概念密切相关，种群是物种存在的基本单位，同一物种可有许多种群分别存在不同地区。在同一空间中，同时生存着多个具有相互联系的物种，组成生物群落。所以，从生态学观点采看，种群不仅是物种存在的基本单位，还是生物群落的基本组成单位，也是生态系统研究的基础。

种群还是一个遗传和进化单位。因为有性生殖过程是一个基因重组过程，重组产生新的变异，可供自然选择，所以相互交配繁育的种群便构成了一个进化的单位，它可能成为分化新物种的起点。有的生物还环绕着繁育关系组成一定的社群结构。一个物种可以包括多个种群，不同种群之间存在着明显的地理隔离，长期的分隔可以造成生殖隔离，形成不同的亚种，进一步形成新的种。例如，岛屿上的兽群被海隔绝，绿洲中的兽群被沙漠包绕。

二、种群的基本特征

种群特征是指同种生物结成群体之后才出现的特征。自然种群具有三个基本特征，即数量特征、空间特征和遗传特征。

（一）种群的数量特征

种群的数量特征是指每单位面积（或空间）上的个体数量（即密度）将随时间而发

生变动。受多种参数的影响，其变动具有一定的规律，这是种群的最基本特征。种群是由多个个体所组成的，其数量大小受 4 个种群参数（出生率、死亡率、迁入率和迁出率）的影响，这些参数继而又受种群的年龄结构、性别比例、内分布格局和遗传组成的影响，从而形成种群动态。

种群密度（population density）是指种群在单位面积或单位体积中个体的数量，是种群最基本的数量特征，也是种群重要的参数之一。种群密度可分为绝对密度和相对密度。前者是指单位面积或空间上的个体数目；后者是表示个体数量多少的相对指标，如每公顷老鼠洞数和鸟鸣叫声等。从应用的角度出发，密度是最重要的种群参数之一。密度部分地决定着种群的能量流动、资源的可利用性、种群内部生理压力的大小以及种群的散布和种群的生产力等。了解种群的密度，以便对野生植物实施科学的管理，有效地进行质量评价。

调查种群密度的方法主要有总数量调查法、样方法和标记重捕法。总数量调查法是指调查整个分布区或较大区域内同种个体的全部数目来计算种群密度，一般很少采用。样方法是指在被调查种群的分布范围内，随机选取若干个样方，通过计数每个样方内的个体数，求得每个样方的种群密度，以所有样方种群密度的平均值作为该种群的种群密度估计值，多用于植物的种群密度调查。通常是采用随机样方的面积总和达到调查区域的 1％就能基本满足研究的需要。标记重捕法是指在被调查种群的活动范围内，捕获一部分个体，做上标记后再放回原来的环境，经过一段时间后进行重捕，根据重捕到的动物中标记个体数占总数的比例，来估计种群密度，多用于动物的种群密度调查。其计算公式为：种群数量＝标记个体数×重捕个体数/重捕标记数。

一个种群的个体数量是在动态变化的。在自然界，决定种群数量变动的基本因素是出生率和死亡率，以及迁入和迁出等。出生和迁入使种群数量增加，死亡和迁出使种群数量减少。如果增量大于减量，种群数量则增加，相反时则减少，如果增量与减量相等，则维持不变。出生率和死亡率是指在单位时间内新产生（或死亡）的个体数目占该种群个体总数的比率，是种群数量及密度改变的最直接表现。种群的内部和外界因素影响都以改变出生率和死亡率来体现。迁入率和迁出率是指在单位时间内迁入（或迁出）的个体数目占该种群个体总数的比率，在研究城市人口变化中具有重要意义。

年龄结构也影响种群数量的变动。年龄结构是指种群中各年龄期（一般分为幼年、成年和老年三个阶段）个体所占比例，一般分三种类型：增长型、稳定型和衰退型。增长型年龄比例的特点是幼年个体大量成长为成年产生后代，老年个体死亡的少，出生的比死亡的多，种群的个体数越来越多。稳定型年龄比例的特点是各年龄期的个体数比例适中，在一定时期内出生的新个体数接近衰老死亡的个体数，种群中个体数目保持相对稳定。衰退型年龄比例的特点是老年期个体数目较多而幼年期的个体数目偏少，新出生的个体不能补偿衰老死亡的个体数，种群密度越来越小。可按从下向上且由小到大的年龄组成绘图来表示种群的年龄结构分布，即年龄金字塔图（age pyramid），可直观地预测种群的发展动态（图 10-2）。

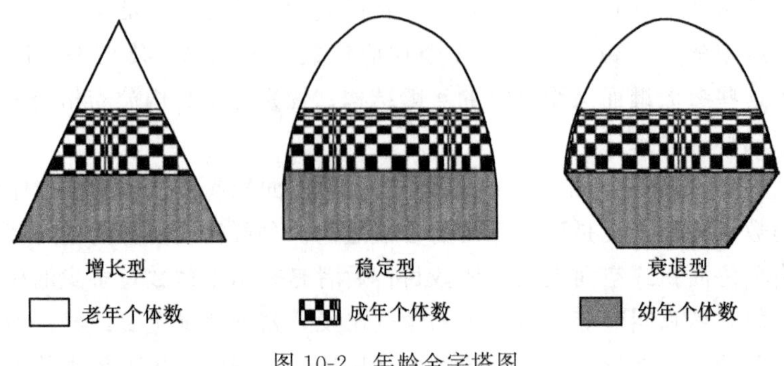

图 10-2　年龄金字塔图

（二）种群的空间特征

组成种群的个体在其生活空间中的位置状态或空间布局称为种群的空间特征或分布型。种群的空间分布一般可概括为三种基本类型：均匀型（uniform）、随机型（random）和集群型（lumped）。

随机分布是指每一个体在种群分布领域中各个点出现的机会均等，且某一个体的存在不影响其他个体的分布。随机分布比较少见，因为只有在环境的资源分布均匀一致，种群内个体间没有彼此吸引或排斥时才能产生随机分布。呈随机分布的生物有森林底层的某些无脊椎动物，森林地被层中的一些蜘蛛和杂草等。生活在北美洲东北海岸潮间带泥沙滩的一种蛤也由于海潮的冲刷而呈随机分布。玉米地玉米螟卵块的分布也是随机的。

均匀分布是指种群中的个体等距分布，或个体间保持一定的均匀的距离。其产生原因主要是在资源均匀的条件下，由种内个体的竞争所引起的。均匀分布的现象在自然界比较少见，常见于人工栽培的种群（如农田、人工林、果林等）。动物的领域行为是造成动物均匀分布的主要原因。在海岸悬崖上营巢繁殖的海鸥，其巢与巢之间就保持着一定的距离，呈均匀分布。

集群分布是指种群个体的分布很不均匀，常成群、成簇、成块或成斑块的密集分布，是最常见的分布类型。其形成的原因有环境资源分布不均匀、植物传播种子方式使其以母株为扩散中心和动物的社会行为使其结合成群，同时也受气候和环境的日变化、季节变化、生殖方式和社会行为的影响。人类的人口分布就是集群分布。这主要是由社会行为、经济因素和地理条件决定的。集群分布可以有程度上的不同和类型上的差异。集群大小和密度可能差别很大，每个集群的分布可以是随机的或非随机的，而每个集群内所包含的个体其分布也可以是随机的或非随机的。

（三）种群的遗传特征

种群的遗传特征是指种群具有一定的遗传组成。同种生物虽具有相似性，但其具体遗传性状则个个不同。同种生物共有的大量基因决定了它们的相似性。此外还有很多基因在个体间是不同的，这些基因和每个生物面对的不同环境因子共同决定了它们之间的差异。每一种群中的生物具有共同的基因库（gene pool）。基因库是指种群中全部个体的所有基因的总和，但并非每个个体都具有基因库中储存的所有信息。基因库随着种群数量和基因突变而不断地变化。这种变异性是进化的起点，而进化则使生存者更适应变化的环境。生物进化的动力是与环境的相互作用，适应生存环境则是进化的结果。生态压力作用于生物而决定着进化的方向。

植物种群中每一个体的基因组合称基因型（genotype），即个体的遗传组成或遗传信息的总和。在种群内，基因库不同的基因中每一个只出现于一定比例的个体中，这个比例即为基因频率。不同基因的组合（基因型）更是多种多样，每一种基因型也只存在于一定比例的个体中，这个比例即为该基因型的频率。这两种频率值反映了种群的遗传组成，都是群体遗传学的研究内容。基因型的频率是从杂交后代所占表现型比例推算出来的，而基因频率又是由基因型频率推算出来的，是个理论值。基因频率是决定一个种群性质的基本因素。当环境条件和遗传组成不变时，基因频率也不会改变。这就是孟德尔群体的特征，也就是种群遗传结构的特征。在大种群中，后代个体易于保持原来的遗传结构，不大容易发生偏离，如果没有其他因素干扰基因平衡，则每一基因型频率将世世代代保持不变。这就是所谓种群遗传平衡（population genetic equilibrium）。这个定律于 1908 年和 1909 年先后由英国数学家 G. H. Hardy 和德国物理学家 W. Weinberg 独立证明，因此又称 Hardy-Weinberg 定律。

完全符合遗传平衡条件的植物种群是没有的，影响种群遗传平衡的因素有基因突变、自然选择、遗传漂移（genetic drift）和基因流动等。突变和选择是主要的。当然，遗传漂移和基因流动也有一定的作用。

基因突变对于种群遗传结构组成的改变有着重要的作用，是所有遗传变异的最终来源。通过自然选择促使生物的适应性得到保存和改进，这是进化的主要途径。在自然界中也可能把一些中性的或无任何适应价值的性状保留下来，在遗传学上把这种随机生存称为遗传漂移，是指在很小的种群内基因频率的随机波动。基因流动是指个体或传播体从其发生地分散出去而导致不同种群之间基因交流的基本过程，可发生在同种或不同种的种群之间。基因流动削弱种群间的遗传差异。

三、种内关系

种内关系也称种内相互作用，是指存在于各种生物种群内部的个体与个体之间的相互关系。这种关系形式多样，有的是互助关系，有的表现为相互竞争的关系。种内互助是指同种个体之间相互协调、互惠互利的一系列行为特征，有利于取食、防御和生存。例如，比目鱼在越冬场所集结成大群，互相挤在一起，以提高群体的温度；成群的牛可以有效地对付狼群的攻击；某些鱼类的守卵护幼习性等。蛙和蛇在冬眠时也有这种集群现象。种内竞争表现为同种个体之间由于食物、栖所、寻找配偶或其他生活条件的矛盾而发生斗争的现象。例如，某水体中除食肉性的鲈鱼以外，再无其他鱼类，成年鲈鱼只好吃本种的幼鱼。种内竞争的意义是，对于失败的个体来说是不利的，甚至会导致死亡，但对物种的生存是有利的，种内竞争可防止种群过度增长，避免资源过分消耗，往往有利于种群的生存和繁荣。因此，对生物种内关系的研究，既重视个体水平，也重视群体水平的研究。在种内关系方面，动物种群和植物种群的表现有很大区别。

动物种群的种内关系主要表现为等级制、领域性、集群和分散等行为上；而植物种群则不同，植物种群内个体间的竞争，主要表现为个体间的密度效应，反映在个体产量和死亡率上。

（一）密度效应

在一定时间内，当种群的个体数目增加时，就必定会出现邻接个体之间的相互影响，称为密度效应。种群的密度效应是由矛盾着的两种相互作用决定的，即出生和死亡、迁入和迁出。生物种群的相对稳定和密度制约因素的作用有关。当种群数量的增长超过环境的负载能力时，密度制约因素对种群的作用增强，使死亡率增加，而把种群数量降到环境满载量以下。当种群数量在负载能力以下时，密度制约因素作用减弱，而使种群数量增长。凡影响出生率、死亡率和迁移的理化因子、生物因子都起调节作用，种群的密度效应实际上是种群适应这些因素综合作用的表现。

澳大利亚生态学家 C. M. Donald 对三叶草（*Trifolium subterraneum*）密度与产量的关系作了一系列研究后发现，不管初始播种密度如何，在一定范围内，当条件相同时，植物的最后产量差不多总是一样的。在密度很低的情况下，产量随播种密度增加而增加，当密度超过一定程度之后，最终产量不再随播种密度而变化。这就是所谓的最后产量衡值法则。

旅鼠（*Lemmas*）过多时，它们在草原大面积地吃草，草原植被遭到破坏，结果食物缺乏（加上其他因素，如生殖力降低、容易暴露给天敌等），种群数量从而减少，但数量减少后，植被又逐渐恢复，旅鼠数量也随着恢复过来。

（二）群聚与社会性

群集现象普遍存在于自然种群当中。同一种生物的不同个体，或多或少都会在一定的时期内生活在一起，从而保证种群的生存和正常繁殖，因此群集是一种重要的适应性特征。种群的产生是个体群聚的结果。

生物产生群集的原因复杂多样，这些原因包括以下 5 个方面。①对栖息地的食物、光照、温度、水等生态因子的共同需要。例如，潮湿的生境使一些蜗牛在一起聚集成群；一只死鹿，作为食物和隐蔽地，招揽来许多食腐动物而形成群体。②对昼夜天气或季节气候的共同反应，如过夜、迁徙、冬眠等群体。③繁殖的结果。由于亲代对某环境有共同的反应，将后代（卵或仔）产于同一环境，后代由此一起形成群体。例如，鳗鲡产卵于同一海区，幼仔一起聚为洄游性集群，从海区游回江河。④被动运送的结果。例如，强风、急流可以把一些蚊子、小鱼运送到某一风速或流速较为缓慢的地方，形成群体。⑤个体之间社会吸引力相互吸引的结果。集群生活的动物，尤其是永久性集群动物，通常具有一种强烈的集群欲望，这种欲望正是由于个体之间的相互吸引力所引起的。

动物群体的形成可能是完全由环境因素所决定的，也可能是由社会吸引力所引起，根据这两种不同的形成原因，动物群体可分为两大类，前者称为集会，后者称为社会。所谓社会动物是指具有分工协作等社会性特征的集群动物。社会动物主要包括一些昆虫（如蜜蜂、蚂蚁、白蚁等）和高等动物（如包括人类在内的灵长类等）。社会昆虫由于分工专业化的结果，同一物种群体的不同个体具有不同的形态。例如，在蚂蚁社会当中，有大量的工蚁和兵蚁以及一只蚁后，工蚁专门负责采集食物、养育后代和修建巢穴；兵蚁专门负责保卫工作，具有强大的口器；蚁后则成为专门产卵的生殖机器，具有膨大的生殖腺和特异的性行为，采食和保卫等机能则完全退化。动物界许多动物种类都是群体生活的，说明群体生活具有许多方面的生物学意义，群体优点的适应价值促进了动物社会结构的进化，目前已经知道许多种昆虫和脊椎动物的集群能够产生有利的作用。同一种动物在一起生活所产生的有利作用，称为群体效应。群聚的生态学意义主要有以下几个方面：①群聚有利于提高捕食效率；②群聚可以共同防御敌害；③群聚有利于改变小生境；④群聚有利于某些动物种类提高学习效率；⑤群聚能够促进繁殖。

真正的社会性群聚，如社会性昆虫和脊椎动物，具有一定的社会结构，其中包括社会等级和个体特化。社会等级是指动物种群中各个动物的地位具有一定顺序的等级现象。社会等级形成的基础是支配行为，或称支配-从属关系。例如，家鸡饲养者很熟悉鸡群中的彼此啄击现象，经过啄击形成等级，稳定下来后，低级的一般表示妥协和顺从，但有时也通过再次格斗而改变顺序等级。稳定的鸡群往往生长快，产蛋也多，其原因是不稳定鸡群中个体间经常的相互格斗要消耗许多能量，这是社会等级制在进化选择中保留下来的合理性的解释。社会等级优越性还包括优势个体在食物、栖所、配偶选择中均有优先权，这样保证了种内强者首先获得交配和产后代的机会，所以从物种种群整体而言，有利于种族的保存和延续。

（三）隔离与领域性

引起种群中个体、配偶或小群间隔离或保持间隔的力量，可能不如促进群聚的普遍，但是，它们还是很重要的，尤其是对于种群调节而言（无论是种间的或种内的）。引起隔离的原因通常为个体之间竞争缺乏的资源和直接对抗。由于邻近的个体被赶跑或被消灭，结果可能引起生物种群的随机的或均匀的分布。

领域（territory）是指由个体、家庭或其他社群单位所占据的、并积极保卫不让同种其他成员侵入的空间。动物占有领域的行为则称为领域行为或领域性。领域行为是种内竞争资源的方式之一。占有者通过占有一定的空间而拥有所需要的各种资源。保卫领域的方式很多，如以鸣叫、气味标志或特异的姿势向入侵者宣告具领主的领域范围；以威胁或直接进攻驱赶入侵者等。

具领域性的种类在脊椎动物中最多。鸟类的领域性非常强，尤其是在繁殖季节，几乎每只雄鸟都要占有一定的领域，确立自己的地盘。如果有其他鸟类偶尔进入它的地盘，雄鸟先是警告、恐吓，随后就是一场激烈的格斗，直至有一方退让为止。动物的领域范围的大小不同，如鹰、鹫、雕等猛禽占有几百万平方米，一些雀形目小鸟的巢区只有几百平方米。食肉动物的领域远较食草动物的领域大。但动物各自的领域大小也不是固定不变的。例如，当同种个体数量增多时，那么领域就会相应缩小；当食物缺乏时，占有的领域必须扩大，否则将无法生存。有些动物建立临时繁殖领域，雄性动物拼命防御交配场地，以免同类雄性的干扰。海豹、海象等鳍脚类海兽和有蹄类中的斑马、野驴、犀牛等种类都是这样的。此外，有的动物是为食物而建立取食领域的，如仓鼠；只有少数种类，如狐狸等，终生生活在其领域内，它们的领域是永久性领域。动物占有一定的领域对其繁衍生息是非常有好处的，既能保证有丰富的食物来源，也能使动物熟悉自己的区域，一旦出现紧急情况，可迅速地选择躲藏地，以逃避捕食者；此外，在生殖活动期间还能减少同类的干扰。领域性使种群得到调节，并保持在比饱和还要低的水平。从这个意义上讲，领域性是生态学的普遍现象。

四、种 间 关 系

种间关系是生活于同一环境中所有不同物种之间的关系。两个种群的相互关系可以是间接的相互影响，也可以是直接的相互影响。这种影响可能是有害的，也可能是有利的。种群之间的关系可以简单地分为三大类。①中性作用，即种群之间没有相互作用。事实上，生物与生物之间是普遍联系的，没有相互作用是相对的。②正相互作用，正相互作用按其作用程度分为偏利共生、原始协作和互利共生三类。③负相互作用，包括竞争、捕食、寄生和偏害等。对于两个具体的物种而言，相互作用的类型可能会在不同的条件下有所变化，也可能在其生命史的不同阶段中有不同类型。

（一）种间竞争

种间竞争是指两个或更多具有相似要求的物种，共同利用同样的有限资源时而产生的一种直接或间接抑制对方的现象。竞争的结果常是不对称的。在种间竞争中，常常是一方取得优势，而另一方受抑制甚至被消灭。竞争有两种类型：利用性竞争（仅通过损耗有限的资源，而个体不直接相互作用的竞争）和干扰性竞争（通过竞争个体间直接的相互作用）。

前苏联生态学家 G. F. Gause 首先用实验方法观察两个物种之间的竞争现象。原生动物双核小草履虫（*Paramecium aurelia*）和大草履虫（*Paramecium caudatum*）分别在相同介质中培养时，双核小草履虫比大草履虫增长快。当把两者加入同一培养器中时，双核小草履虫在混合物中占优势，最后大草履虫死亡消失。Gause 据此提出高斯假说（竞争排斥原理）：在一个稳定的环境内，两个以上受资源限制的、但具有相同资源利用方式的种，不能长期共存在一起，即完全的竞争者不能共存。

可见，两个具有相同生态要求的物种在发生竞争时，总是导致一个物种排除另一个物种。若生活在同一地区，由于激烈竞争，它们必然会出现栖息地、食物、活动时间或其他特征上的生态位分化，使它们在食物、居住地和筑巢地点的选择上略有不同，那么这两个物种就有可能在重叠的分布区内长期共存。

（二）化感作用

化感作用（allelopathy）是自然界存在的一种普遍现象，是指生物向环境中释放某些化学物质，影响周围其他生物的生理生化代谢及生长过程的现象。具有化感作用的物质称作化感物质。如果该物质直接来源于植物或微生物的分泌物或分解物，其产生的化感作用称为真化感；如果化感物质是通过微生物降解植株残体而来的，其作用称为功能性化感。

化感物质必须有适合的途径进入环境，在自然状况下，主要有4种途径。①代谢产生的根系分泌物可为初生代谢和次生代谢产物。次生代谢产物的根系分泌物中很大一部分是化感物质。例如，黑胡桃树能分泌具有毒性的胡桃醌，当胡桃醌的浓度为20μg/ml时就能抑制其他植物种子发芽。②植物体内由茎叶等部位产生的挥发性化学物质，如柠檬桉树叶中挥发出萜烯等化感物质，能强烈抑制萝卜种子发芽。③植物地上部受雨、雾和露水淋洗的化学物质，如桉树叶中被水冲洗下来的化感物质主要是酚类，它们对亚麻的生长有明显的抑制作用。④微生物分解植物残体并释放到土壤里的化学物质，如蕨类植物的化感物质就是由枯死的枝叶释放出的。

在自然界，植物一般均以群落的形式存在，植物化感作用对植物群落的种类组成有重要影响，是造成种类成分对群落的选择性以及某些植物的出现引起另一类消退的主要原因之一，也是引起植物群落演替的重要内在因素之一。植物化感作用的研究在农林业生产和管理上具有极其重要的意义。在农业上，有些农作物必须与其他作物轮作，不宜连作，连作则影响作物长势，降低产量。通过对化感作用物质的提取、分离和鉴定，模拟其结构，可开发出拟天然选择性除草剂，可以减少化学农药的使用量，减轻农业生产对环境的压力，降低农作物中化学农药的残留量，有助于发展生态农业，实现农业可持续发展战略。

（三）捕食作用

捕食（predation）是指某种生物消耗另一种生物活体的全部或部分身体，直接获得营养以维持自己生命的现象。前者为捕食者（predator），后者为猎物或被食者（prey）。不同生物种群之间存在着捕食与被捕食关系。捕食包含广义和狭义两种含义，广义的捕食是指高一营养级动物取食或伤害低一营养级的动物和植物的种间关系。狭义的捕食是指肉食动物捕食草食动物。广义的捕食概念包括4种类型：①典型捕食（即狭义的捕食），是指食肉动物吃食草动物或其他动物，以获得自身生长和繁殖所需的物质和能量；②食草（herbivory），是指食草动物吃绿色植物，植物往往未被杀死，但受损害；③拟寄生者（parasitoid），如膜翅目和双翅目的昆虫，它们将卵产在其他昆虫（寄主）身上或周围，然后幼虫在寄主体内或体表生长发育（寄主通常也是幼体），最初的寄生并没对寄主产生伤害，但随着个体的发育，最终将把寄主消耗至尽，并使之死亡；④同类相食（cannibalism），捕食现象的特例，捕食者与被食者为同一物种。

捕食者与猎物的关系很复杂，这种关系不是一朝一夕形成的，而是经过长期协同进化逐步形成的。捕食者固然有一套有关的适应性特征，以便顺利地捕杀猎物，但猎物也发展一些适应特征，以逃避捕食者。捕食者在进化过程中发展了锐齿、利爪、尖喙、毒牙等，运用诱饵追击、集体围猎等方式，以便有力地捕食猎物；另外，猎物也相应地发展了保护色、警戒色、拟态、假死、集体抵御等种种方式以逃避捕食。

在自然界，捕食者和猎物种群是长期共存的，通过捕食作用可以限制种群分布和抑制种群数量，影响群落结构的主要生态过程，使生态系统中的物质循环和能量流动多样化，提高能量的利用率。并且能促进捕食者和猎物的适应性，使种群复壮，更具有生存竞争力。

（四）寄生

寄生（parastism）是指一种生物（寄生者）从另一种生物（宿主）的体液、组织或已消化物质获取营养以维持生命并对宿主造成危害的现象。更严格地说，寄生物从较大的宿主组织中摄取营养物，是一种弱者依附于强者的情况。寄生物常常阻碍宿主的生长、降低宿主的生殖力和生活力，但一般不引起宿主的死亡。

寄生性天敌的宿主选择行为是一个等级的系列过程，除与宿主有关外，还与宿主的栖境（植物等）有关。一般包括宿主的栖境定位、寄主接受和寄主适宜性。在宿主选择行为过程中，寄生性天敌通过探测与宿主直接和间接相关的各种信息，识别宿主与非宿主，并判断不同宿主栖境与不同宿主间的收益性，最终对最适宜的宿主栖境和宿主作出选择。寄生性天敌在宿主选择行为过程中所利用的信息，主要包括化学信息与物理信息。

寄生可分为兼性寄生和专性寄生。兼性寄生是一种偶然的寄生现象，寄生物不依赖于寄主也能生存，如小杆线虫有时会偶然潜入人体，并在人肠中找到有利的生存条件，但它正常的居住处是土壤。专性寄生是寄生物必须经常或暂时居住在寄主体上并从寄主获得营养。寄生在寄主体表的称为体外寄生，如蚊、虱、跳蚤、蝉和蛭等；寄生在寄主体内的称为体内寄生，如疟原虫、吸虫、绦虫和线虫等。

寄生现象普遍存在于生物界，即使像蚊子这样的寄生物也可作为宿主而受到食蚊索科线虫、水螨、真菌和芽孢杆菌中一些生物种类的寄生。寄生动物不仅寄生于人体和动物，也寄生于一些植物，如蚜虫和介壳虫寄生于作物，通过吸食作物而使作物减产；寄生于小麦的小麦圆线虫甚至可使小麦颗粒无收。寄生植物影响作物产量，如寄生于大豆的菟丝子使大豆严重减产。但产于中国西南山地的冬虫夏草，则是子囊菌纲的真菌寄生在鳞翅目蝙蝠蛾科的虫草蝙蝠蛾幼虫体内，形成的一种名贵药材。研究寄生现象能为防治危害人畜和作物的寄生物提供理论依据，也为开展生物防治创造了条件。例如，赤眼蜂是一种寄生蜂，用它可防治柑橘免受害虫柑橘卷叶螟的侵害。

（五）共生

共生（symbiotic）是指两种生物彼此互利地生存在一起，缺此失彼都不能生存的一类种间关系，是生物之间相互关系的高度发展。共生的生物在生理上相互分工，互换生命活动的产物，在组织上形成了新的结构。根据物种之间的利益关系可把共生关系分为偏利共生（commensalism）和互利共生（mutualism）。两个不同物种的个体间发生一种对一方有利的关系，称为偏利共生。例如，兰花生长在乔木的枝上，使自己更易获得阳光和根从潮湿的空气中吸收营养。藤壶附生在鲸鱼或螃蟹背上。鲫鱼用其头顶上的吸盘固着在鲨鱼腹部等，都是被认为对一方有利，另一方无害的偏利共生。对双方都有利称为互利共生。世界上大部分的生物是依赖于互利共生的。草地和森林优势植物的根系多与真菌共生形成菌根，多数有花植物依赖昆虫传粉，大部分动物的消化道也包含着微生物群落。例如，白蚁肠道内的鞭毛虫、天牛肠道内的纤毛虫纲原生动物、反刍动物肠道内纤维素细菌及纤毛虫，前者提供适宜的温度、湿度和养料，后者酵解纤维素成糖类给前者提供营养物质。

（六）协同进化

协同进化（coevolution）是一个物种的性状作为对另一个物种性状的反应而进化，而后一个物种的性状本身又是作为对前一物种的反应而进化。因此物种间的协同进化，可产生在捕食者与猎物物种之间、寄生者与宿主物种之间、竞争物种之间。共栖、共生等现象也都是生物通过协同进化而达到的互相适应。协同进化论与普通进化论看问题的着眼点不同。在普通进化论或种群遗传学中，一个物种往往被孤立地看待，环境以及其他相关物种被视为一成不变的背景。而协同进化论则强调基因的变化可能同时发生在相互作用的物种间。因此，协同进化更强调物种之间的相互作用，可以说它是进化论与生态学的一个重要交叉点。

第三节　人口增长

人类是生物圈中的一员，是与环境相互作用、协调发展的产物。作为目前生物进化最高级的成员，人类一方面不可能脱离所处的环境，并不断地受到环境的影响；另一方面，人类的生活和生产活动又愈来愈强烈地影响、改变着其赖以生存的生态系统。人口数量的变化一方面遵循逻辑斯蒂曲线（Logistic curve）揭示的客观规律，另一方面在该曲线的各个阶段，都可能因人类的社会活动的干预而发生改变。20世纪下半叶以来，随着人类社会的发展进步，人口飞速增长，造成全球人口爆炸，引起对各种资源的消费激增，导致自然资源趋于枯竭。人类对自然资源掠夺式地开发也使生态环境遭受严重破坏。人口问题与资源问题、环境问题共同构成了威胁人类生存和发展的三大难题。

一、世界人口

人类已经有了约300万年的进化历史。在这一漫长的历史中，人类获得了长期的增长潜力。生产力发展水平是决定人口增长的主要因素，而自然灾害、医疗卫生条件、战争和宗教文化等因素也与之息息相关。据估计，在距今1万年的旧石器时代末期，即农业革命前夕，全球人口仅约为500万人。大规模发展农业后，世界人口缓慢增长，到公元纪年开始时全世界有大约2亿人。在此期间，世界人口的增长又因为瘟疫、战争等影响而有所波动。而从人类社会进入工业革命（约公元1600年）起，随着生产力的发展及社会制度的完善，世界人口进入指数增长期。尤其是1950年以来，由于世界进入相对和平的时期，科技、医疗水平持续改善，包括中国在内的许多发展中国家的人口增长也十分迅速，世界人口的增长速度更是达到了人类历史的最高峰（图10-3）。联合国人口基金会的数据显示全球人口在2011年10月31日达到70亿。根据美国人口调查局的估计，截至2013年1月4日，全世界有70.57亿人。回顾70亿人口发展的整个过程，从1804年的10亿、1927年的20亿、1959年的30亿、1974年的40亿、1987年的50亿、1999年的60亿、2011年已达70亿，不难发现世界人口每增长10亿所用的时间在逐渐缩短。据联合国人口基金会的最新预测，到2050年世界人口将增加到93亿，2100

年将超过100亿，届时才有可能实现零增长。也就是说，世界人口有可能再增加30亿左右，21世纪是人口大量增加的世纪。

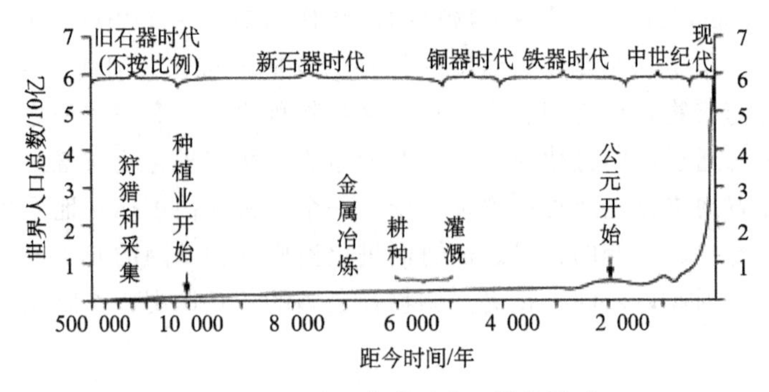

图10-3　历史上的世界人口增长图示

人口的急剧增加引起对各种资源的需求激增，导致自然资源趋于枯竭，如耕地、淡水、能源和森林等人类赖以生存的资源都面临巨大的缺口。同时人类对自然资源掠夺式的开发也使生态环境遭受严重破坏。反过来，资源枯竭和环境恶化又会影响人类社会的发展。人口问题与资源问题、环境问题交织在一起，互相促进，共同构成了威胁人类生存和发展的三大难题。严峻的现实警示我们：人类应该善于管理自己，控制自身的数量，使人类社会的发展与资源的增值和环境的改善相协调，以实现可持续发展。一旦人类赖以生存的生态环境遭到毁坏，自然资源严重匮乏，人类也就走到了自身发展的尽头。

人类也越来越认识到人口急剧增长带来的严重问题，因此现今许多国家都在试图控制人口的增长，降低生育率。虽然几十年来经过许多国家的努力，世界人口的增长率已由1960年的2%下降到现在的1.33%，但这并不意味着人口总数的下降。由于人口基数巨大，世界人口正以年均7800万的速度急剧增长。人口的过量增加加剧了对自然资源和社会资源面临的压力，限制了人民生活水平的提高和社会的进步。另外一部分国家通过政府强制执行等方式干预人口增长，可能带来年轻人口数锐减，加剧对人口老龄化的担忧。而部分发达国家，如日本和俄罗斯，则面临人口过少的问题，这些国家的老龄人口占总人口的比例已经非常大，已经制约了这些国家的经济发展。

世界人口发展的历史表明，人口再生产有三种类型：原始传统型、过渡型和现代型。原始传统型人口再生产与较为低下的生产力水平相适应，其特征表现为：高出生率、高死亡率、低自然增长率；过渡型人口再生产的特征表现为：高出生率、低死亡率、高自然增长率；现代型人口再生产与现代社会化大生产相适应，其特征表现为：低出生率、低死亡率、低自然增长率，或零增长、负增长。目前，不同的国家和地区，由于处在不同发展阶段，表现出不同的人口再生产类型。当今世界的人口发展呈现4个方面的显著特征。

一是人口按指数增长方式“爆炸性”迅猛增加；二是人口高度集中于某些国家和地区。截至2012年12月世界超过和接近2亿人口的大国依次是：中国（13.4亿）、印度

(12.1亿)、美国 (3.1亿)、印度尼西亚 (2.4亿)、巴西 (1.9亿)。中国香港和澳门都被列入人口密度最高地区的行列。三是年龄结构两极分化。一方面，在发展中国家，由于人口大量出生，人口年轻化的趋势十分明显。例如，在整个非洲大陆和中东，1/3的人不满10岁，40%的人在15岁以下；越南人中25岁以下的青少年占人口的60%。这些国家由于人口猛增，就业压力很大，给社会安定埋下不可忽视的隐患。另一方面，由于社会的进步，在发达国家和部分发展中国家，人口老龄化问题日益严重。通常，在一个国家或地区中，如果60岁以上 (含60岁) 的老人占总人口的10%以上，或65岁以上 (含65岁) 老人占总人口的7%以上，它们就被称为老年化的国家或地区。目前老年人所占比例最高的国家是希腊，达22%。预计到2020年，老龄化程度最高的国家可能是日本 (占31%)，其次是意大利、希腊、德国和瑞士 (都超过27%)。由于人口基数大，世界上老年人最多的国家是中国。1999年10月12日，中国宣布进入老年型国，老年人达1.32亿，占总人口的10.15%。与此同时世界老年人高龄化 (80岁以上) 的趋势也日益显著。应该认识到，人口老龄化是建立在人类社会在各方面都取得巨大进步的基础上的，但是老龄化社会所带来的种种负面影响也是显而易见的。劳动力老化、短缺，养老金占社会总支出的比例增大，老年人的供养、医疗保健及文化生活等，都是社会必须正视的问题。我国等发展中国家的老龄化进程相当迅速，财力和物力相对滞后，社会老龄化和国家现代化的矛盾交织运行，错综复杂。1999年是联合国确定的“国际老年人年”，“建立不分年龄人人共享的社会”是老年人年的主题。老年人为社会贡献了他们一生中最宝贵的青春和年华，在他们步入老年时“共享”社会的财富与幸福是完全合理和正当的。四是人口城市化。从事农作的人口逐渐减少，农业劳动力大量涌入城市，导致城市如雨后春笋般大量涌现，特大型城市 (人口在1000万以上的城市) 不断出现，城市人口占全国总人口的比例居高不下。许多发达国家城市人口已超过全国人口的60%。人口城市化是一个国家工业现代化的重要标志。但城市，特别是大型城市本身也带来不少棘手的社会问题。

二、中国人口

中国是世界上历史悠久的文明古国之一。从远古时代起直至中华人民共和国的建立，中国人口发展经历了漫长的历史过程。中国人口的动态发展犹如世界人口增长的缩影。据化石考证，200多万年来在中国大地上就一直活跃着重庆巫山人、云南元谋人、陕西蓝田人、北京周口店人以及安徽和县人等中华民族的早期祖先。在原始社会和奴隶社会100多万年的时间内，由于原始人使用的是简陋的打制石器，在恶劣的自然环境下他们的死亡率很高，中国人口的自然增长是极其缓慢的；到封建社会的初期，秦始皇统一中国 (公元前221年) 时，中国人口仅有约1200万。在此之后，中国人口增长速度有所加快。

清康熙年间，清政府开始实施“滋生人丁，永不加赋”的鼓励人口增长政策，从而导致我国人口的高速增长。在康熙二十四年 (1684年)，我国人口突破1亿大关，清乾隆二十九年 (公元1770年)，人口超过2亿。清道光14年 (公元1834年)，人口达4.1亿，100多年时间里增加到4倍，年平均增长率为12.6‰。从清末到民国，由于战争、饥饿和瘟疫，总人口的数量几经波动，到 1949 年新中国成立时，中国的总人口为 5.4 亿。

新中国的诞生，标志着一个新的历史时期的开始。长期战争状态结束了，开始了和平建设时期，发展生产，人民的生活水平和医疗卫生条件显著提高，人口的出生率保持着较高的水平，人口的死亡率则大幅度下降；同时，我国学习苏联的鼓励生育政策的改善，因而人口的增长速度迅速加快。1953～1957 年出现新中国成立后第一个生育高峰，每年出生约 2100 万人；1962～1975 年是第二次生育高峰，平均每年出生人口 2800 万。由此产生的 1981～1990 年的第三次生育高峰，平均每年出生人口也在 2100 万以上。2005～2020 年，20～29 岁生育旺盛期妇女数量将形成一个高峰，同时，由于独生子女陆续进入生育年龄，按照现行生育政策，政策内生育水平将有所提高。上述两个因素共同作用，导致中国将迎来第四次出生人口高峰。2011 年 4 月 28 日公布的全国第 6 次人口普查的结果显示，我国总人口已达 1 339 724 852 人。庞大的人口数量对中国经济社会发展产生多方面影响，在给经济社会的发展提供了丰富的劳动力资源的同时，也给经济发展、社会进步、资源利用、环境保护等诸多方面带来沉重的压力。

20 世纪 70 年代以来，中国政府坚持不懈地在全国范围推行计划生育基本国策，鼓励晚婚晚育，提倡一对夫妻生育一个孩子，依照法律法规合理安排生育第二个子女。经过 40 年的艰苦努力，中国在经济还不发达的情况下，有效地控制了人口过快增长，把生育水平降到了更替水平以下，实现了人口再生产类型由高出生率、低死亡率、高自然增长率向低出生率、低死亡率、低自然增长率的历史性转变，成功地探索了一条具有中国特色综合治理人口问题的道路，有力地促进了中国综合国力的提高、社会的进步和人民生活的改善，对稳定世界人口作出了积极的贡献。中国的人口发展终于从无限制快速增长的误区中走了出来，踩下了“急刹车”。这就是中国人口发展态势虽然处于“兴起型种群”的范畴，但紧接着，目前又跨入“老年型”社会的基本原因。但由于人口基数大，每年净增人口仍以 800 万左右的速度在增加。预计在今后 20～30 年内我国人口仍将维持一种减速增长的态势。到 2020～2030 年，中国人口达到约 16 亿后才开始进入“零增长”的平衡期。到那时，中国社会的老龄化问题将十分严重，每 4 个人中就有一个老人；劳动创造的附加值的 30%左右将用于赡养老年人，劳动者的积极性和生产率的增长都将受到明显的影响。

中国是世界上人口最多的发展中国家。人口众多、资源相对不足、环境承载能力较弱是中国现阶段的基本国情，短时间内难以改变。人口问题是中国在社会主义初级阶段长期面临的问题，是关系中国经济社会发展的关键性因素。统筹解决人口问题始终是中国实现经济发展、社会进步和可持续发展面临的重大而紧迫的战略任务。我们要以科学发展观为指导，处理好人口、资源和环境之间的关系，促进社会持续稳定和谐发展。

（杨生生）

第三篇　现代生命科学

现代生物技术是一门理论与实际紧密结合的综合性学科。按用途和目的划分，可分为农业生物技术、工业生物技术、医药生物技术、环境生物技术、海洋生物技术、军事生物技术等；按操作对象和操作技术的不同，可分为基因工程、发酵工程、细胞工程、蛋白质工程、酶工程、抗体工程、组织工程等。生物技术产业起步于20世纪80年代，经过30多年的发展，目前在农业、医药、资源、环境、军事等领域得到广泛的应用。21世纪生物技术将是引发新科技革命的重要推动力量，并为改善和提高人类生活质量发挥关键作用。

农业是世界上规模最大和最重要的产业，发达的农业经济在很大程度上依赖于科学技术的进步，随着人们生活水平的提高，白色农业、绿色食品成为发展的方向，促使农业生产从传统农业转向高效优质和可持续发展的现代农业。农业生物技术是非常重要的科技支撑之一，农业生物技术产业已成为新经济和科技竞争的焦点，并将可能在农作物育种、动物品种改良、生物制药（动物、植物生物反应器）、食品安全等方面改变未来农业和经济的格局。

人类社会的发展创造了前所未有的文明，随着人口快速增长，自然资源的大量消耗，全球环境状况，如水资源短缺、土壤荒漠化、有毒化学品污染、臭氧层破坏、酸雨肆虐、物种灭绝、森林锐减等正在急剧变化中。人类的生存和发展面临着严峻的挑战，迫使人类进行一场“环境革命”来拯救人类自身。在这场环境革命中，环境生物技术担负着重大使命，并将起核心作用。

随着不可再生能源资源日益减少，以及国际油价不断上涨，面对已经到来的能源危机，全世界都认识到必须开发新能源的迫切性。全球正在大力开发清洁可再生能源并逐步替代化石能源，其中生物质能源尤其受到重视，生物燃料，如生物乙醇、生物柴油、生物丁醇、纤维素等应运而生。生物质能源将成为发展清洁可再生新能源的重点。

随着生命科学的日新月异，医学也进入了一个充满理想和希望的时代，健康已经成为人类的迫切要求。人类基因组计划的完成，各种生命组学和系统生物学的蓬勃开展，将为人类最终了解生命、操纵生命提供契机。新的诊断方法和有效的治疗方法将不断出现。至21世纪50年代，人类生命延长将不再是难事。

随着生物技术的进步，药学科学和制药工业得到了空前的发展。现代生物技术、高通量和高内涵筛选技术、计算机辅助设计技术等大大加快了基因工程药物和疫苗的研制，有力地推进了对重大疾病新疗法的研究进程。在现代生物技术的指导下，新药的开发速度大大提高，新药的开发模式也逐渐从过去随机、偶然和被动的发现过程变为主动、以明确靶点和机制为依据的新药开发新时代。

地球表面的71%被海洋所覆盖，其中80%的动物、植物物种栖息在茫茫的海洋中，海洋是生物资源的巨大宝库。现代生命科学与海洋生物学的结合产生了海洋生物技术，它是一门运用现代生命科学、化学和工程学的原理，利用海洋生物体的生命系统和生命过程，研究海洋生物遗传特性、开发海洋药物与相关产品、保护海洋环境的综合性科学技术。生命来自海洋，海洋孕育着生命。随着现代科学技术的迅猛发展，21 世纪人类将开拓保护和有效开发海洋生物资源的新篇章。

生命科学的进步也给军事领域对抗手段的发展带来了新的机遇，促使世界各国特别是经济大国在大力发展民用生物技术的同时，积极发展军事生物技术，从而为军队提供与传统武器和装备不同的新概念武器和装备。外军将生物战剂、基因武器、新型生物材料、新型生物装备、仿生学等作为重点发展领域。

生物信息学是一门综合数学、计算机科学和生物学的交叉科学，它包含生物信息的获取、处理、存储、分配、分析和解释等内容，其主要目标就是要阐明海量生物学数据所包含的意义。生物信息学将为后基因组时代生命科学的研究提供强大的武器。生物芯片是指通过微加工和微电子技术在固体芯片表面构建微型生物化学分析系统，以实现对生命体组织、细胞、生物分子等进行准确、快速、大信息量的检测。生物芯片包括 DNA 芯片、蛋白质芯片、细胞芯片和组织芯片等类型。

21 世纪是生命组学和系统生物学飞速发展的时期。当前，生命科学的研究已经从单纯认识各种生物分子（蛋白质、核酸等）的结构与功能转向把握所有这些分子的特性（“组学”）和它们之间的联系（系统生物学)。“组学”和系统生物学从分子的角度解释生命科学的最基本问题，如生命的稳态、生命的存活与死亡、生命的繁殖、生命的发生，以及生物进化的机制。阐明生命物质，尤其是生物信息大分子的结构、功能及它们所构成的信息系统的流动和整合如何形成了生命——自然界这种特殊的物质形式，是生命科学要解决的根本问题。

第十一章　生命科学与现代生物技术

生物技术以生命科学为基础，生命科学的发展带动生物技术的重大突破，孕育和催生生物产业的革命。作为 21 世纪高新技术的核心和“对全社会最为重要并可能改变未来工业和经济格局的技术”，生物技术对人类面临的食品、资源、健康、环境等重大问题发挥着重要作用。大力发展生物技术及其产业已成为世界各国经济发展的战略重点。中国作为一个人口大国，发展生命科学与生物技术对实现中国社会经济可持续发展同样有着重要的意义。

生物技术（biotechnology），又称生物工程（bioengineering），有时又笼统地称作生物工程技术，1982 年国际合作和发展组织（ICDO）对它的定义是：应用自然科学和工程学的原理，依靠微生物、动物、植物反应器将物料进行加工以提供产品来为社会服务的技术。生物技术的发展经历了传统生物技术、近代生物技术、现代生物技术 3 个阶段。19 世纪近代生物学的三项伟大科学成就“细胞学说、达尔文生物进化论和孟德尔遗传定律”，为生物技术的发展奠定了重要理论基础。20 世纪 50 年代 DNA 双螺旋结构的解析，开创了在分子水平上揭示生命现象本质的新纪元。70 年代重组 DNA 技术的出现，标志着现代生物技术的诞生。现今，伴随着生命科学的飞速发展又赋予了生物技术更广泛的定义。现代生物技术是由多学科综合而成的一门新兴学科，涉及微生物学、生物化学、化学工程、现代物理学、遗传学、细胞生物学、免疫学等学科，分子生物学的最新理论更是生物技术发展的基础。现代生命科学的发展已在分子、亚细胞、细胞、组织和个体等不同层次上，揭示了生物的结构以及与功能的相互关系，从而使人们得以应用其研究成就对生物体进行不同层次的设计、控制、改造或模拟，并产生了巨大的生产能力。

现代生物技术按操作对象和操作技术的不同，可分为基因工程（gene engineering）、发酵工程（fermentation engineering）、细胞工程（cell engineering）、蛋白质工程（protein engineering）、酶工程（enzyme engineering）、抗体工程（antibody engineering）、组织工程（tissue engineering）等。各种生物工程技术体系之间并不是独立的，它们彼此之间是相互联系、相互渗透的。其中的基因工程技术为核心技术，它带动和促进了其他技术的发展。例如，通过基因工程对细菌或细胞进行改造后获得的“工程菌”或细胞，都必须通过发酵工程或细胞工程来生产有用的物质；又如，通过基因工程技术对酶进行改造以增加酶的产量、酶的稳定性以及提高酶的催化效率等。而为了获得一种新的产品，往往需要综合以上各种生物工程技术。

第一节　发 酵 工 程

一、发酵工程概述

（一）发酵工程的定义

发酵工程是指采用现代工程技术手段，利用微生物的某些特定功能，为人类生产有用的产品，或直接把微生物应用于工业生产过程的一种技术。传统的发酵技术有悠久的历史，早在几千年前人类就利用有益的微生物生产食品和药物，如酒、醋、酱、奶酪等。现代发酵工程是在传统发酵工艺基础上结合基因工程、细胞工程、酶工程等现代高新技术发展而成，因此是一个由多学科交叉、融合而形成的技术性和应用性较强的开放性的学科。由于其主要以微生物培养为主，因而也称微生物工程。发酵工程是生物技术的基础，是生物技术产业的核心。

（二）发酵工程的基本流程

广义的发酵工程一般由三部分组成：上游工程、中游工程和下游工程。

上游工程，即上游处理过程，是指对粗材料进行加工，作为微生物的营养和能量来源，包括优良菌株的选育（包括菌种筛选、改造，菌种代谢路径改造等）、最适发酵条件（pH、温度、溶氧和营养组成）的确定和营养物的准备等。

中游工程，即发酵过程控制，主要包括发酵条件的调控、无菌环境的控制、过程分析和控制等。

下游工程，即下游处理过程，主要指的是对所需目的产品的提取、纯化和为了达到实际应用质量的控制过程。目的产品可以从细胞的培养液中获得，也可以直接从细胞中获得。主要涉及固液分离技术、细胞破壁技术、产物纯化技术，以及产品检验和包装技术等。

（三）微生物发酵产品的分类

微生物发酵产品可分为以下几大类。

（1）微生物细胞（生物量）作为产品，如酵母发酵（如啤酒酵母）和菌体蛋白（单细胞蛋白，如藻类）发酵作为食品或饲料。

（2）微生物代谢物产品。目前医用抗生素（常用的抗生素已达100多种，如青霉素类、头孢菌素类、红霉素类和四环素类）、农用杀虫剂（如苏云金杆菌毒素蛋白）等绝大部分都是发酵产品。此外，发酵产品还包括乙醇、氨基酸、核苷酸（如肌苷）、柠檬酸和工业用酶等。味精、多种维生素等也是发酵工程的产品。

（3）基因工程产品。微生物（如大肠杆菌、芽孢杆菌、链霉菌和酵母等）是最常用的重组基因的表达系统。主要产品包括人生长激素、重组乙肝疫苗、某些种类的单克隆抗体、白细胞介素-2、抗血友病因子、干扰素、胰岛素、牛凝乳酶、G-CSF（粒细胞集落刺激因子）、EPO（红细胞生成素）、tPA（重组组织型纤溶酶原激活剂）等。

二、发酵工程的特点

发酵工程主要是指在最适发酵条件下，发酵罐中大量培养细胞和生产代谢产物的工艺技术。发酵工程控制过程主要具备以下几个特点。

(1) 有严格的无菌生长环境：包括发酵开始前采用高温高压对发酵原料和发酵罐以及各种连接管道进行灭菌的技术；在发酵过程中不断向发酵罐中通入干燥无菌空气的空气过滤技术。

(2) 在发酵过程中根据细胞生长要求控制加料速度的计算机控制技术。

(3) 种子培养和生产培养的不同的工艺技术。

(4) 在进行任何大规模工业发酵前，必须在实验室规模的小发酵罐进行大量的实验，得到产物形成的动力学模型，并根据这个模型设计中试的发酵要求，最后从中试数据再设计更大规模生产的动力学模型。

(5) 由于生物反应的复杂性，在从实验室到中试，从中试到大规模生产过程中会出现许多问题，它不仅涉及发酵设备的工程问题，也与各类生物细胞的生理生化特性相关，这就是发酵工程工艺放大问题。这是发酵工程的一个基本特点。

三、发酵的一般过程

生物发酵工艺多种多样，典型的发酵产品流程包括下面几个方面：菌种的来源、培养基的制备、种子的扩大培养、发酵过程的工艺控制和提取精制等下游处理几个过程。典型的发酵过程如图 11-1 所示。

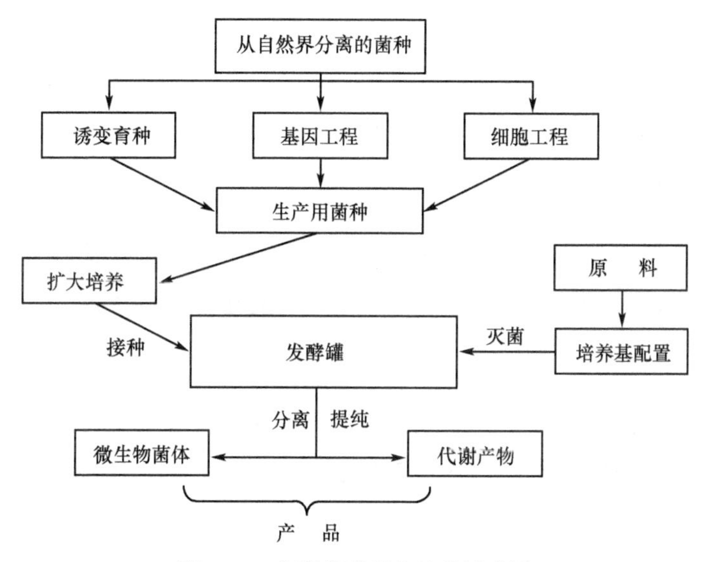

图 11-1　典型发酵基本过程示意图

（一）菌种的来源

自然界中的微生物资源非常丰富，种类繁多，性状各异。它们广泛分布于土壤、水和空气中，其中尤以土壤中居多。这些微生物有的能够在厌氧的条件下生长，有的能够利用简单的有机物和无机物满足自身的生长需要，有的能进行复杂的代谢或利用较复杂的化合物，甚至有些可以在极端的环境下生长。但是并非所有的微生物都能用于发酵工程的工业生产，工业化的菌种通常要满足以下几个要求：能够利用廉价的原料，简单的培养基，大量高效地合成产物；有关合成产物的途径尽可能地简单，或者说菌种改造的可操作性要强；遗传性能要相对稳定；不易感染他种微生物或噬菌体；产生菌及其产物的毒性最好在分类学上与致病菌无关；生产特性要符合工艺要求。

目前工业生产上常用的微生物主要是细菌、真菌、放线菌、酵母菌和霉菌，随着发酵工程的发展以及基因工程的广泛应用，藻类、病毒等也正在逐步地转变为发酵工业生产用的微生物。

有的微生物从自然界中分离出来就能够被利用，有的需要对分离到的野生菌株进行人工诱变，得到突变株才能被利用。当前发酵工程所用菌种的总趋势是从野生菌转向变异菌，从自然选育转向代谢控制育种，从诱发基因突变转向基因重组的定向育种。在进行发酵生产之前，首先必须从自然界分离得到能产生所需产物的菌种，并经分离、纯化及选育后或是经基因工程改造后的“工程菌”，才能供给发酵使用。为了能保持和获得稳定的高产菌株，还需要定期进行菌种纯化和育种，筛选出高产量和高质量的优良菌株。

（二）培养基的制备

培养基是人们提供微生物生长繁殖和生物合成各种代谢产物需要的多种营养物质的混合物。培养基的成分和配比，对微生物的生长、发育、代谢及产物积累，甚至对发酵工程的生产工艺都有很大的影响。

1. 培养基的营养成分

微生物的营养活动，是依靠向外界分泌大量的酶，将周围环境中大分子的蛋白质、糖类、脂肪等营养物质分解成小分子化合物，再借助细胞膜的渗透作用，吸收这些小分子营养来实现的。

所有培养基都必须提供微生物生长繁殖和产物合成所需的能源。发酵所用培养基的组成和配比因菌种不同、设备和工艺不同以及原料来源和质量不同而有所差别。因此，需要根据不同要求考虑所用培养基的成分与配比。但是综合所用培养基的营养成分，不外乎是碳源（包括用作消泡剂的油类）、氮源、无机盐类（包括微量元素）、生长因子、水、氧气、产物形成的诱导物、前体和促进剂等几类。

2. 培养基的种类

依据其在生产中的用途，可将培养基分成孢子培养基、种子培养基和发酵培养基等。

（1）孢子培养基是供菌种繁殖孢子的一种常用固体培养基，对这种培养基的要求是能使菌体迅速生长，产生较多优质的孢子，并要求这种培养基不易引起菌种发生变异。

（2）种子培养基是供孢子发芽、生长和大量繁殖菌丝体用的，并使菌体长得强壮、健康，成为活力强的“种子”。

（3）发酵培养基是供菌体生长繁殖和合成大量代谢产物用的。它既要使种子接种后能迅速生长，达到一定的菌丝浓度，又要使长好的菌体能迅速合成所需产物。发酵培养基是发酵生产中最主要的培养基，它不仅耗用大量的原材料，而且也是决定发酵生产成功与否的重要因素。

3. 种子的扩大培养

种子扩大培养简称种子扩培，是指将保存在砂土管、冷冻干燥管中处于休眠状态的生产菌种接入试管斜面活化后，再经过茄子瓶、摇瓶或种子罐逐级扩大培养，最终获得一定数量和质量的纯种过程。种子扩培所得的纯种培养物称为种子。

菌种的扩大培养是发酵生产的第一道工序，该工序又称为种子制备。种子制备不仅要使菌体数量增加，更重要的是经过种子制备培养出具有高质量的生产种子供发酵生产使用。

种子扩培的一般过程是：

休眠孢子→母斜面活化→摇瓶种子或茄子瓶斜面或固体培养基孢子→一级种子罐→二级种子罐→发酵罐。

种子制备过程大致可区分为实验室阶段和生产车间阶段，前期不用种子罐，所用的设备为培养箱、摇床等实验室常见设备，在工厂这些培养过程一般都在菌种室完成，因此将这一培养过程称为实验室阶段的种子培养。保存于砂土管或冷冻干燥管中的保藏菌种进入生产接种之前，首先需要经无菌操作接入适合于孢子发芽或菌丝生长的斜面培养基中进行活化，使菌种从休眠状态转为正常代谢状态。将活化后的菌种接入摇瓶（茄子瓶等）中进行扩大培养。经过实验室阶段的培养，种子能扩培到一定的量和质，获得一定数量和质量的孢子/菌体。

实验室制备的孢子或摇瓶菌丝体种子移种至种子罐进一步扩大培养。由于后期种子培养在种子罐里面进行，一般在工程上归为发酵车间管理，因此形象地称这些培养过程为生产车间阶段。对于生产车间阶段的培养，最终一般都是获得一定数量的菌丝体。

种子制备一般适用种子罐，扩大培养级数通常为二级。并非所有的种子扩大培养都采用从摇瓶到种子罐的二级发酵模式，其实际发酵级数受到发酵规模、菌体生长特性、接种量的影响。例如，对于产孢子能力强的及孢子发芽、生长繁殖快的菌种可以采用固体培养基培养孢子，孢子可直接作为种子罐的种子，这样操作简便，不易污染杂菌。

4. 发酵过程的工艺控制

发酵是微生物合成大量产物的一个复杂的生化过程，是整个发酵工程的中心环节，它受到诸多因素的影响。为了获得良好的发酵产物，对其影响因素进行系统比较分析，制订出合理的工艺流程和发酵工艺条件。

1）发酵的操作方式

根据操作方式的不同，发酵过程主要有分批发酵（batch fermentation）、连续发酵（continuous fermentation）和补料分批发酵（fed-batch fermentation）三种类型。

(1) 分批发酵。分批发酵又称分批培养，是指在一封闭系统内含有初始限量培养基的发酵方式。在这一过程中，营养物和菌种一次加入进行培养，直到结束放出，中间除了空气进入和尾气排出，与外部没有物料交换。传统的生物产品发酵多用此过程，它除了控制温度和 pH 及通气以外，不进行任何其他控制，操作简单。但微生物所处的环境在发酵过程中不断变化，其物理、化学和生物参数都随时间而变化，是一个不稳定的过程。随着时间的延长，发酵过程中微生物得到生长，培养基成分逐渐减少。

对于分批发酵来说，根据发酵类型不同，每批发酵需要十几个小时至几周的时间。其全过程包括空罐灭菌、加入灭过菌的培养基、接种、培养的诱导期、发酵过程、放罐和洗罐，所需时间的总和为一个发酵周期。

分批培养系统属于封闭系统，只能在一段有限的时间内维持微生物的增殖，微生物在限制性条件下生长。在分批培养过程中，随着微生物和底物、代谢物的浓度等的不断变化，微生物的生长可分为延滞期、对数生长期、稳定期和衰亡期 4 个阶段，图 11-2 为典型的细菌生长曲线。各种纯培养细菌在分批培养时的生长曲线图形大体是类似的。

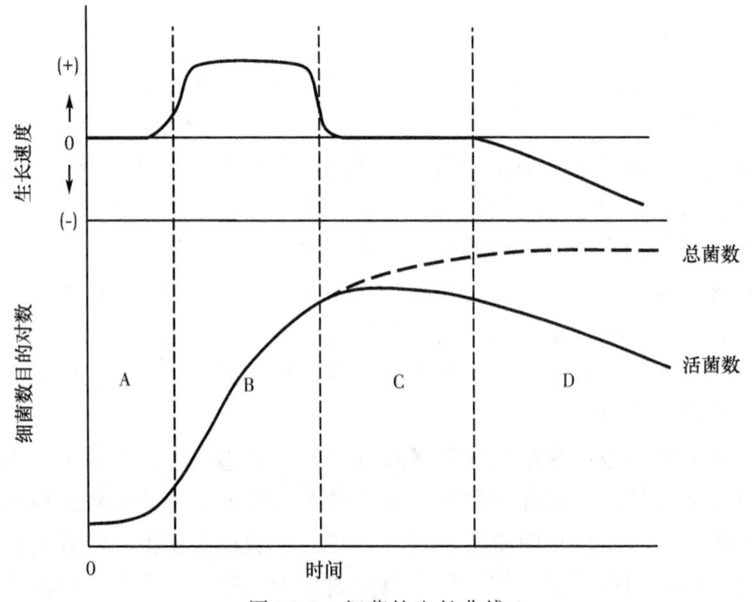

图 11-2 细菌的生长曲线

A. 延滞期；B. 指数生长期；C. 稳定期；D. 衰亡期

接种到新鲜培养液中的细菌细胞往往需要一段时间来进行调整以逐渐适应新环境，这个时期内的细菌细胞浓度的增加常不明显，称为延滞期。接着是一个短暂的加速期，细胞开始大量繁殖，很快到达指数生长期。在指数生长期，由于培养基中的营养物质比较充足，有害代谢物很少，所以细胞的生长不受限制，细胞浓度随培养时间呈指数增长，也称对数生长期。随着细胞的大量繁殖，培养基中的营养物质迅速消耗，加上有害代谢物的积累，细胞的生长速率逐渐下降，进入减速期。因营养物质耗尽或有害物质的大量积累，使细菌增殖数与死亡数渐趋平衡，细胞浓度不再增大，这一阶段为静止期或稳定期。在静止期，细胞的浓度达到最大值。最后由于环境恶化，细胞开始死亡，甚至菌体自溶，活细胞浓度不断下降，这一阶段为衰亡期。大多数分批发酵在到达衰亡期前就结束了。

研究细胞的代谢和遗传宜采用生长最旺盛的对数期细胞。在发酵工业生产中，使用的种子应处于对数期，把它们接种到发酵罐新鲜培养基时，几乎不出现延滞期，这样可在短时间内获得大量生长旺盛的菌体，有利于缩短生产周期。在研究和生产中，常需延长细胞对数生长阶段。迄今为止，分批培养是最常用的培养方法，广泛用于多种发酵过程。

(2) 连续发酵。所谓连续发酵，是指从分批培养出发，在某一时间开始加入新鲜培养基过渡到连续操作，达到一定的菌体浓度及培养基质浓度则培养系统就能成为稳定状态。在此过程中，培养基料液连续输入发酵罐，并同时等速放出含有微生物和产物的发酵液，使发酵罐内料液量维持恒定，微生物在近似恒定状态（恒定的培养基质浓度、恒定的产物浓度、恒定的 pH、恒定菌体浓度、恒定的比生长速率）下生长的发酵方式。微生物细胞的浓度以及生长速率等可维持不变，甚至还可以根据需要来调节生长速度。连续培养方法可以有效地延长分批培养中的对数期，高效率地生产发酵产品。

与分批发酵相比，连续发酵具有以下优点：①由于微生物细胞的生长速度、代谢活性处于恒定状态，从而达到稳定高速培养微生物或产生大量代谢产物的目的；②能够更有效地实现机械化和自动化，降低劳动强度，减少操作人员与病原微生物和毒性产物接触的机会；③连续发酵减少了洗刷、灭菌等非生产性时间，因此可以提高设备利用率，节省劳动力和工时；④由于灭菌次数减少，使测量仪器探头的寿命得以延长；⑤容易对过程进行优化，有效地提高发酵产率。

但是连续发酵技术也有一些问题，其中最主要的是菌种的稳定性问题。在长周期连续发酵中，微生物容易发生变异，如由于某些丢失重组质粒的细胞比含质粒的细胞能量负担小，分裂更迅速，容易成为反应器中的优势菌群，而导致生物反应器中产物的产量逐步降低。如果将外源基因整合到宿主染色体上可以避免这一问题的发生。此外，在连续发酵过程中，需要长时间连续不断地向发酵系统供给无菌的新鲜空气和培养基，这就不可避免地发生杂菌污染问题。在连续培养中，污染杂菌能否生长取决于它在培养环境中的竞争能力。因此用连续培养技术可选择性地积累一种能有效使用限制性养分的菌种。

由于上述情况，连续发酵目前主要用于研究工作中，如发酵动力学参数的测定、过程条件的优化试验等，而在工业生产中则应用较少，主要用于废水处理、葡萄糖酸发酵、乙醇发酵等工业中。

(3) 补料分批发酵。补料分批发酵又称半连续发酵（semi-continuous fermentation)，是介于分批发酵和连续发酵之间的一种发酵技术，是指在微生物分批发酵中，以某种方式向培养系统补加一定物料，但并不连续地向外放出发酵液的发酵技术。通过向培养系统中补充物料，可以使培养液中的营养物浓度较长时间地保持在一定范围内，既保证微生物的生长需要，又不造成不利影响，从而达到提高产率的目的。

补料分批发酵根据流加方式不同，可以分为单一补料分批发酵和反复补料分批发酵。在开始时投入一定量的基础培养基，到发酵过程的适当时期，开始连续补加碳源和（或）氮源和（或）其他必需基质，直到发酵液体积达到发酵罐最大操作容积后，停止补料，最后将发酵液一次全部放出。这种操作方式称为单一补料分批发酵。该操作方式受发酵罐操作容积的限制，发酵周期只能控制在较短的范围内。反复补料分批发酵是在单一补料分批发酵的基础上，每隔一定时间按一定比例放出一部分发酵液，使发酵液体积始终不超过发酵罐的最大操作容积，从而在理论上可以延长发酵周期，直至发酵产率明显下降，才最终将发酵液全部放出。这种操作类型既保留了单一补料分批发酵的优点，又避免了它的缺点。

补料分批发酵作为分批发酵向连续发酵的过渡，兼有两者之优点，而且克服了两者之缺点。同传统的发酵方法相比，它具有明显的优越性。首先它可以解除底物抑制、产物反馈抑制和葡萄糖分解阻遏效应（葡萄糖效应——葡萄糖被快速分解代谢所积累的产物在抑制所需产物合成的同时，也抑制其他一些碳源、氮源的分解利用）；其次，在某些情况下可以减少菌体生长量，提高有用产物的转化率；再次，避免了菌种的变异及杂菌污染问题；最后，对发酵过程可实现优化控制，适用范围广。

目前，运用补料分批发酵技术进行生产和研究的范围十分广泛，包括单细胞蛋白、氨基酸、生长激素、抗生素、维生素、酶制剂、有机溶剂、有机酸、核苷酸、高聚物等，几乎遍及整个发酵行业。它不仅被广泛用于液体发酵中，在固体发酵及混合培养中也有应用。随着研究工作的深入及计算机在发酵过程自动控制中的应用，补料分批发酵技术将日益发挥出其巨大的优势。

2）发酵工艺控制

发酵罐内部的代谢变化是比较复杂的，特别是次级代谢产物发酵就更为复杂，它受许多因素控制。影响发酵过程变化的参数可以分为两类：一类是可以直接采用特定的传感器检测的参数，包括各种物理环境和化学环境变化的参数，如温度、压力、搅拌功率、转速、泡沫、发酵液黏度、浊度、pH、离子浓度、溶解氧、基质浓度等，称为直接参数。另一类是间接参数，难以用传感器检测，需借助计算机计算和特定的数学模型才能得到，包括细胞生长速率、产物合成速率和呼吸熵等。上述参数中，对发酵过程影响较大的有温度、pH、溶解氧浓度等。

（1）温度。由于微生物的生长和产物的合成代谢都是在各种酶的催化下进行的，而温度却是保证酶活性的重要条件，因此在发酵过程中必须保证稳定而合适的温度环境。温度会影响各种酶反应的速率，改变菌体代谢产物的合成方向，影响微生物的代谢调控机制，影响发酵液的理化性质，进而影响发酵的动力学特性和产物的生物合成。温度对发酵的影响是多种因素综合表现的结果。

要保证正常的发酵过程，就需维持最适温度。最适发酵温度是既适合菌体的生长，又适合代谢产物合成的温度，它因菌种、培养基成分、培养条件和菌体生长阶段不同而改变。但菌体生长和产物合成所需的最适温度不一定相同。例如，灰色链霉菌的最适生长温度是 37℃，但产生抗生素的最适温度是 28℃。通常，必须通过实验来确定不同菌种各发酵阶段的最适温度，采取分段控制。在生长阶段，应选择最适生长温度；在产物分泌阶段，应选择最适生产温度。但实际生产中，由于发酵液的体积很大，升降温度都比较困难，所以在整个发酵过程中，往往采用一个比较适合的培养温度，使得到的产物产量最高，或者在可能的条件下进行适当的调整。工业生产上，所用的大发酵罐在发酵过程中一般不需要加热，因发酵中释放了大量的发酵热，在这种情况下通常还需要加以冷却，通过冷却水热交换来降温，保持恒温发酵。

(2) pH。pH对微生物的生长繁殖和产物合成的影响有以下几个方面。第一，影响酶的活性，当菌体中某些酶的活性受pH抑制时，会阻碍菌体的新陈代谢；第二，影响微生物细胞膜所带电荷的状态，改变膜的通透性，从而影响微生物对营养物质的吸收及代谢产物的分泌、排泄；第三，影响培养基中某些组分和中间代谢产物的分解，从而影响微生物对这些物质的利用；第四，pH不同，往往引起菌体代谢过程的不同，使代谢产物的质量和比例发生改变。另外，pH还会影响某些霉菌的形态。

发酵过程中，同一菌种生长最适pH可能与产物合成的最适pH是不一样的。同一产物的最适pH，还与所用的菌种、培养基组成和培养条件有关。在确定最适发酵pH时，也要不定期考虑培养温度的影响，若温度提高或降低，最适pH也可能发生变动。

培养基中的营养物质的代谢，是引起pH变化的重要原因，发酵液的pH变化是菌体产酸和产碱的代谢反应的综合结果。每一类微生物都有其最适的和能耐受的pH范围，大多数细菌生长的最适pH为6.3～7.5，霉菌和酵母菌为3～6，放线菌为7～8。而且微生物生长阶段和产物合成阶段的最适pH往往不同，需要根据实验结果来确定。

在发酵过程中，随着菌体对营养物质的利用和代谢产物的积累，发酵液的pH必然会发生变化。例如，当尿素被分解时，发酵液中的NH_4^+浓度就会上升，pH也随之上升。对于pH的控制，首先考虑和试验发酵培养基的基础配方，使它们有个适当的配比，使发酵过程中的pH变化在合适的范围内。在工业生产上，常采用在发酵液中添加维持pH的缓冲系统，或通过中间补加氨水、尿素、碳酸铵或碳酸钙来控制pH。此外，用补料的方式来调节pH也比较有效。这种方法，既可以达到稳定pH的目的，又可以不断补充营养物质。最成功的例子就是青霉素发酵的补料工艺，利用控制葡萄糖的补加速率来控制pH的变化，其青霉素产量比用恒定的加糖速率和加酸或加碱来控制pH的产量高25%。目前，国内已研制出检测发酵过程的pH电极，用于连续测定和记录pH变化，并由pH控制器调节酸、碱的加入量。

(3) 溶解氧浓度。氧的供应对需氧发酵来说，是一个关键因素。适量的溶解氧用以维持微生物呼吸代谢和某些产物的合成，氧的不足会造成代谢异常，产量降低。从葡萄糖氧化的需氧量来看，1mol的葡萄糖彻底氧化分解，需要6mol的氧；当糖用于合成代谢产物时，1mol葡萄糖约需要1.9mol的氧。因此，好氧型微生物对氧的需要量是很大的，但在发酵过程中菌种只能利用发酵液中的溶解氧，然而氧很难溶于水。在101.32kPa、25℃时，氧在水中的溶解度为0.26mmol/L。在同样的条件下，氧在发酵液中的溶解度仅为0.20mmol/L，而且随着温度的升高，溶解度还会下降。因此，必须向发酵液中连续补充大量的氧，并要不断地进行搅拌，这样可以提高氧在发酵液中的溶解度。

要维持一定的溶氧水平，需从供氧和需氧两个方面着手。在供氧方面，主要是设法提高氧传递的推动力和液相体积氧传递系数。通常通过调节搅拌转速或通气速率来控制供氧；工业上也会采用调节温度（降低培养温度可提高溶氧浓度）、液化培养基、中间补水、添加表面活性剂等工艺措施，来改善溶氧水平。

同时要有适当的工艺条件来控制需氧量，使菌体的生长和产物形成对氧的需求量不超过设备的供氧能力。已知发酵液的需氧量受菌体浓度（简称菌浓）、基质的种类和浓度以及培养条件等因素的影响，其中以菌浓的影响最为明显。发酵液的摄氧率随菌浓增大而增大，但氧的传递速率随菌浓的对数关系减少。因此可以控制合适的菌浓，使得产物的生产速率维持在最大值，又不会导致需氧大于供氧。这可以通过控制培养基质的浓度来实现，如控制补糖速率。

此外，对于发酵终点的判断也同样重要。合理的放罐时间是由实验来确定的，以最低的成本来获得最大生产能力的时间作为放罐时间。确定放罐的指标有产物的产量、过滤速度、氨基氮的含量、菌丝形态、pH、发酵液的外观和黏度等。发酵终点的确定，需要综合考虑这些因素。在异常情况下，如染菌、代谢异常（糖耗缓慢等），就应根据不同情况，及时采取措施（如改变温度或补充营养等），并适当提前或拖后放罐时间，以免倒罐。

发酵过程中各参数的控制很重要，计算机的使用，为发酵过程的检测和自控注入了巨大的活力。目前发酵工艺控制的方向已转向自动化控制。根据对过程参数的有效测量及对过程变化规律的认识，借助于由自动化仪表和计算机组成的控制器，操纵其中一些关键变量，使过程向着预定的目标发展。

5. 下游处理

从发酵液中分离、精制有关产品的过程称为发酵生产的下游加工过程。发酵液是含有细胞、代谢产物和剩余培养基等多组分的多相系统，黏度常很大，从中分离固体物质很困难；且发酵产品在发酵液中浓度很低。营养物质与大量杂质共存于细胞内或细胞外，形成复杂的混合物；欲提取的产品通常很不稳定，遇热、极端pH、有机溶剂会分解或失活。发酵的最后产品纯度要求较高，上述种种原因使下游加工过程成为许多发酵生产中最重要、成本费用最高的环节，如抗生素、乙醇、柠檬酸等的分离和精制费用占整个工厂投资的60%左右，而且还有继续增加的趋势。发酵生产中因缺乏合适的、经济的下游处理方法而不能投入生产的例子是很多的。因此下游加工技术越来越引起人们的重视。

下游加工过程由许多化工单元操作组成，一般可分为发酵液预处理和固液分离、提取、精制以及成品加工4个阶段。

1）发酵液预处理和固液分离

发酵液预处理和固液分离是下游加工的第一步操作。预处理的目的是改善发酵液性质，以利于固液分离，常用酸化、加热、加絮凝剂等方法。固液分离则常用到过滤、离心等方法。如果欲提取的产物存在于细胞内，还需先对细胞进行破碎。细胞破碎方法有机械、生物和化学法，大规模生产中常用高压匀浆器和球磨机。细胞碎片的分离通常用离心、双水相萃取等方法。

2）提取

经前一阶段处理后，活性物质存在于滤液中，但是液体体积很大，浓度很低。通过提取可以对液体起到浓缩和部分纯化的作用。常用的方法有吸附法、离子交换法、沉淀法、萃取法、超滤法等。

3）精制

经提取过程初步纯化后，滤液体积得以浓缩，但纯度改善不明显，需要进一步精制。大分子（蛋白质）精制依赖于层析分离，根据分配机理的不同，分为凝胶层析、离子交换层析、聚焦层析、疏水层析、亲和层析等几种类型。小分子物质的精制常利用结晶操作。

4）成品加工

经提取和精制后，根据产品应用要求，一般还需要进行浓缩、无菌过滤和去热原、干燥、加稳定剂等加工步骤。目前，下游加工过程各个阶段越来越多地采用膜技术进行处理。浓缩可采用升膜或降膜式的薄膜蒸发；对热敏性物质，可用离心薄膜蒸发；对大分子溶液的浓缩可用超滤膜，小分子溶液的浓缩可用反渗透膜。干燥则通常是固体产品加工的最后一道工序。干燥方法根据物料性质、物料状况及当地具体条件而定，可选用真空干燥、红外线干燥、沸腾干燥、气流干燥、喷雾干燥和冷冻干燥等方法。

6. 固体发酵

某些微生物生长需水很少，可利用疏松而含有必需营养物的固体培养基进行发酵生产，称为固体发酵。我国传统的酿酒、制酱及天培（大豆发酵食品）的生产等均为固体发酵。另外，固体发酵还用于蘑菇的生产，奶酪、泡菜的制作以及动植物废料的堆肥等。

但是这种方法又有许多缺点，如劳动强度大、不便于机械化操作、微生物品种少、生长慢、产品有限等。因此目前主要的发酵生产多为液体发酵。

四、发酵工程的应用

（一）典型产品——青霉素的发酵生产

1928 年，英国人弗莱明发现了青霉素的抗菌作用。作为第一种抗生素，青霉素的发现是人类医药史上最重大的发现之一。第二次世界大战期间由于它能有效控制伤口的细菌感染，挽救了数百万战争中受伤者的性命。随后，在美国军方的大力支持下，青霉素开始走上了工业化生产的道路。下面以青霉素为例简单介绍抗生素的发酵生产过程。

1. 工艺流程

工艺流程如图 11-3 所示。

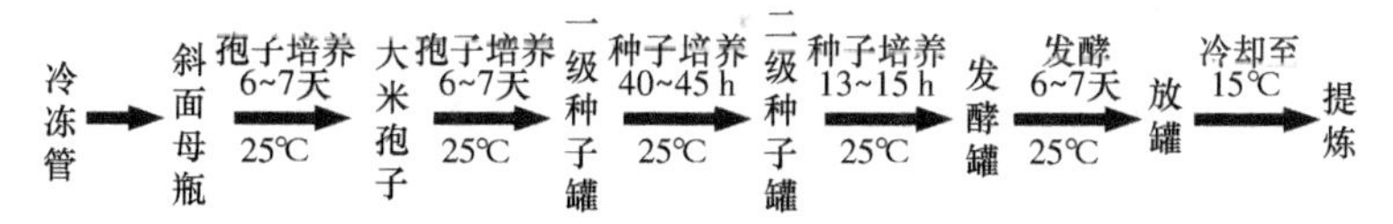

图 11-3　青霉素发酵工艺流程图

2. 青霉素发酵生产菌株

现代育种技术的应用，使得青霉素菌种从弗莱明时代 2U/ml 的青霉素产量发展到今天已达 85 000U/ml 以上的青霉素工业发酵生产水平。青霉素生产菌株一般在真空冷冻干燥状态下保存其分生孢子，也可以用甘油或乳糖溶剂作悬浮剂，在－70℃冰箱或液氮中保存孢子悬浮液和营养菌丝体。

3. 青霉素发酵工艺控制

1）种子质量控制

在工业生产中，种子制备的培养条件及原材料质量均应严格控制以保持种子质量的稳定性。因此，在培养基中加入比较丰富的容易代谢的碳源（如葡萄糖或蔗糖）、氮源（如玉米浆）、缓冲 pH 的碳酸钙以及生长所必需的无机盐，并保持最适生长温度（25～26℃）和充分通气、搅拌。在最适生长条件下，到达对数生长期时菌体量的倍增时间为 6～7h。

2）培养基成分的控制

（1）碳源。目前普遍采用的是淀粉经酶水解的葡萄糖糖化液进行流加。

（2）氮源。常选用玉米浆、花生饼粉、精制棉籽饼粉或麸质粉，并补加无机氮源（硫酸铵、氨水或尿素）。

（3）前体。可用苯乙酸或苯乙酰胺，通常一次加入量不能大于 0.1%，并采用多次加入方式，以防止前体对青霉素的毒害。

（4）无机盐。包括硫、磷、钙、镁、钾等盐类，且用量要适当。例如，铁离子对青霉菌有毒害作用，故需要严格控制发酵液中铁浓度在 30μg/ml 以下。

3）发酵培养的控制

影响青霉素发酵产率的因素有 pH、温度、溶氧饱和度、碳氮组分含量等环境因素和菌丝浓度、菌丝生长速度、菌丝形态等生理变量因素。

发酵中 pH 一般控制在 6.4～6.8，可以补加葡萄糖来控制。目前一般采用加酸或加碱控制 pH。发酵温度前期 25～26℃，后期 23℃，以减少后期发酵液中青霉素的降解破坏。此外，还要求发酵液中溶氧量不低于饱和溶解氧的 30%，通气比一般为 1∶0.8vvm（单位培养液体积在单位时间内通入的空气量）。生产上按规定时间从发酵罐中取样，用显微镜观察菌丝形态变化来控制发酵。根据观察结果中菌丝形态变化和代谢变化的其他指标调节发酵温度，通过追加糖或补加前体等各种措施来延长发酵时间，以获得最多的青霉素。

（二）发酵工程产品的应用

在医药方面，发酵工程除了能够通过青霉发酵生产青霉素等人们所需的药品外，还可以通过发酵工程生产基因药品。例如，将合成的人的胰岛素基因转移到大肠杆菌细胞内构建成“工程菌”，再通过培养“工程菌”即可获得人的胰岛素。

发酵工程应用在食品工业方面，为人们提供了啤酒、果酒等丰富优质的传统发酵产品；生产出柠檬酸、β-胡萝卜素、谷氨酸（味精的半成品）等各种食品添加剂。

发酵工程为解决人类粮食短缺问题开辟了新途径。通过发酵可获得大量的微生物菌体——单细胞蛋白，广泛用于食品加工和饲料中。

（孙铭娟）

第二节 细胞工程

一、细胞工程概述

细胞工程是现代生物技术中涉及面极其广泛的一门技术，它与基因工程一起代表着现代生物技术最新的发展前沿。细胞工程是指应用细胞生物学和分子生物学方法，根据人们的意愿定向地改造细胞的遗传表型的综合技术体系。根据研究对象的不同，可将细胞工程分为微生物细胞工程、植物细胞工程和动物细胞工程三大类。所采用的技术主要包括细胞的体外培养技术、细胞融合技术（也称细胞杂交技术）、细胞器移植技术等。

迄今为止，人们已经从基因水平、细胞器水平以及细胞水平上开展了多层次的大量工作，在细胞培养、细胞融合、细胞代谢物的生产和生物克隆等诸多领域中都取得了一系列令人瞩目的成果。随着细胞生物学、分子生物学、细胞遗传学研究的日益深入及其相关技术的长足发展，细胞工程在医学和生命科学研究与实践中的应用日益广泛。

二、细胞工程所涉及的主要技术领域

作为一种综合性技术体系，细胞工程应用的技术领域十分广泛，并不断有新技术新方法的产生。其技术涉及对细胞不同结构层次的改造，包括细胞整体层次，如细胞培养、细胞融合等，细胞器层次，如核移植、细胞拆合、染色体倍性或组成改变等；以及分子层次，如基因操作技术等。

（一）体外培养技术

体外培养具有细胞培养、组织培养、器官培养三个方面的内涵。细胞培养是指单个细胞或细胞群在体外条件下的培养技术，可以分为原代细胞培养和传代细胞培养。1979年国际组织培养协会规定，原代细胞经首次传代成功后的细胞，即称为细胞系（cell line），由原先存在于原代培养物中的细胞世系（lineages of cell）组成。如果不能继续传代或传代次数有限，则称为有限细胞系（finite cell line）。如果可以连续传代，则可称为连续细胞系（continuous cell line），即已建成的细胞系。从一个经过生物学鉴定的细胞系中用单细胞分离培养或通过筛选的方法，由单细胞增殖形成的，具有特殊性质或标志的细胞群，称为细胞株（cell strain）。组织培养是指在无菌、适当温度和一定营养条件下，使离体的生物组织生存和生长并维持其结构和功能的技术。所谓器官培养则是指器官的胚芽、整个器官或器官的一部分在体外条件下的生存和生长，并保持器官的立体结构和功能。现代的体外培养技术尚不能长期的在体外维持动物组织的结构和机能不变。细胞培养是最为成熟、应用最为广泛的体外培养技术。

细胞培养技术是一项基本的生物学技术。现将哺乳动物细胞的大量培养和无血清培养以及目前新发展的特殊细胞培养技术加以介绍。

1. 细胞的大规模培养

重组细菌在生产分子质量较小、结构较为简单的异源蛋白方面显示出巨大的优越性，但对一些结构复杂的大分子蛋白质并不合适，尤其是那些空间结构和生物活性依赖于糖基化或磷酸化等修饰的蛋白质药物，必须用重组哺乳动物细胞进行生产才能保证产品折叠和加工的正确性。虽然哺乳动物细胞娇嫩挑剔，生长缓慢，培养成本昂贵，但其大规模培养技术的建立使重组哺乳动物细胞生产医用蛋白质成为可能。大规模动物细胞培养技术是生产基因工程药物、单克隆抗体和疫苗等生物制品的关键技术。例如，大规模培养重组CHO细胞制造红细胞生成素（EPO），该药在1998年的全球销售额已达30亿美元，成为仅次于奥美拉唑销售额的第二大医药产品。目前国外真核表达系统及动物细胞培养技术在生物制药中的比例早已超过原核表达及细菌发酵技术。除此之外，兴起的组织工程研究也需要通过大规模细胞培养技术来获得足够的种子细胞。

与常规的细胞培养不同，大规模细胞培养技术必须要解决以下几个问题：① 增加培养容积和细胞的附着面积。实现大规模地细胞培养，首先要扩大细胞的培养体积，由于绝大部分哺乳动物细胞均具有贴壁生长的特性，因此还必须扩大细胞的可附着面积。目前应用较多的培养系统包括：微载体、中空纤维、微胶囊固化细胞培养系统等。其中，微载体培养体系是大规模培养方法中最有前途、最具潜力的技术。②抑制细胞的凋亡。研究表明细胞凋亡是导致培养器中细胞死亡的主要原因。目前普遍认为，在大规模动物细胞培养条件下，细胞凋亡/死亡多是在营养成分耗尽、有毒代谢产物增多时发生。而一种“细胞静止”过程可以有效降低营养成分消耗和代谢毒物产生，提高细胞的目的蛋白产率。通过向细胞中导入 *p21*、*p27* 基因，可使细胞周期的 G_1 期延长（细胞静止），改造后，细胞活力正常，有效抑制了细胞凋亡，外源基因表达蛋白量有所提高。

2. 无血清培养

细胞培养基是细胞赖以在体外生长、增殖、分化的重要因素。在经历了天然培养基、合成培养基后，无血清培养基成为当今细胞培养领域研究的一大课题。无血清培养基具有组成成分明确、质量一致、蛋白质含量低的特点。为研究和阐明细胞增殖和分化的调节机制提供了有力的工具。而且由于无血清培养基有利于提高细胞产品生产的稳定性并使细胞产品易于纯化，在生产疫苗、单克隆抗体和生物活性蛋白等生物制品方面也具有重要应用前景。更为重要的是，可通过对培养基成分的优化使不同的细胞能在最有利于其生长或有利于表达目的产物的环境中持续高密度培养。由于无血清培养基较传统培养基具有明显优势（表11-1），目前人们正尝试使用有生长因子组成的无血清培养基来代替含血清培养基。

表 11-1　血清培养基和无血清培养基的比较

血清培养基	无血清培养基
存在批次的差异	有明确的质量标准，避免了批次差异
影响细胞生长的因子多、复杂、不明确	成分明确，培养基可针对不同的细胞株进行成分优化，以达到最佳培养效果
血清中蛋白质含量超过45g/L，成分复杂，且存在易被病毒或支原体感染的问题，不利于下游纯化工作，不利于产业化	下游产品纯化容易，产品回收率高，不存在病原体污染问题，易于产业化
适用细胞谱系较宽	适用细胞谱系窄，针对性强，某种无血清培养基仅利于某种细胞的生长

无血清培养基由三部分组成，即基础培养基、生长因子和激素、基质。常用的基础培养基有 RPMI 1640、DMEM、Ham's F12 等，其中又以 1∶1 的 Ham's F12 和 DMEM 的混合培养基最为常用。常用的生长因子、激素包括胰岛素、表皮生长因子、成纤维细胞生长因子、生长激素等。常用的基质有纤维蛋白（fibronectin）、血清铺展因子（serum spreading factor）、胎球蛋白（fetuin）、胶原、多聚赖氨酸等。在上述血清培养液中，一般细胞浓度可达 $10^6 \sim 10^7$ 个/ml，但并非任何细胞均能获得如此成功，不同的细胞需要各异的适于生长的分子环境。

3. 其他细胞培养技术

美国宇航局（NASA）约翰逊航天中心在进行外太空细胞培养研究时，为了使在失重条件下生长的细胞或组织返回地面后不会由于重力作用而受到破坏，设计了一种模拟微重力条件的细胞培养器，即三维微重力细胞培养器（rotary cell culture system，RCCS）。RCCS 通过旋转的离心力来抵消重力作用。培养基以及细胞组织颗粒随容器一起旋转但不与容器壁和他物相撞。由于无搅拌器、空气升液器，系统中的细胞通过膜式气体交换器来吸氧和排出 CO_2，不产生气泡，消除了涡旋气泡可能形成的机械剪切对细胞生长的影响。通过 RCCS 培养的软骨密度很高，完全可治疗关节损伤。还有研究对肿瘤组织活体取样，将其与患者自身的白细胞或淋巴细胞在 RCCS 中混合培养，刺激它们识别和攻击肿瘤组织，然后把经驯化后有杀伤力的细胞直接注入病灶，用于治疗肿瘤。

（二）细胞核移植技术

细胞核移植（nuclear transfer）是将一个细胞的细胞核与另一个已将其细胞核除去的细胞的细胞质重组在一起形成新细胞的技术。

1. 细胞核移植的技术路线

（1）选取受体细胞。在核移植发展的早期，研究人员用卵细胞作为受体细胞。后来的研究发现，成熟卵母细胞比卵细胞更适于用作核移植的受体细胞。它能使各个发育时期胚胎细胞甚至体细胞核的重构胚胎恢复到受精卵的状态，重新编序，正常发育。

完全去掉受体细胞核是进行细胞核移植的前提。常用去核方法有盲吸法、功能性去核法和紫外线照射法等。盲吸法是目前大多数核移植所采用的去核方法。它是根据 MⅡ期卵母细胞中第一极体与细胞核的对位关系，在特定的时间段内，通过去核针直接将第一极体及其附近的胞质吸除，从而达到去除胞核的目的。该法的去核成功率可高达 80%以上。但是鉴于小鼠的质膜系统较脆，常规的盲吸法去核后，卵母细胞的存活率往往较低，因而也采用预先以显微针在透明带打孔，然后以细胞松弛素处理后去核，可大大提高去核后卵母细胞的存活率。另外通过一定剂量的紫外线照射卵母细胞，可破坏其中的 DNA 而成功去核，早期该法用于两栖类的克隆中，但因对细胞损伤较大，目前基本上已废弃。

（2）获取供体核。获取大量供体核是提高细胞核移植效率的重要途径之一。早期的核移植技术一般用胚胎细胞作为供核细胞。但是，现在认为胚胎细胞、未分化的原始生殖细胞、胎儿细胞乃至高度分化的成年动物细胞都可以作为供核细胞。对不同来源供核细胞的克隆研究结果表明，克隆效率一般随供核细胞分化程度的提高而下降。

(3) 重构胚的组建和激活。目前的常规做法是：采用显微操作的方法，直接将供核细胞移植到已经去核的、处于 MⅡ 期的卵母细胞（或受精卵）的透明带下，然后通过细胞融合（电融合或仙台病毒介导）的方式，使供核细胞与受体细胞发生融合，由此实现细胞核与细胞质的重组。由于这种重组细胞实际上是一个细胞的胚胎，故可将其称为重构胚。实际上，该方法在家畜等大动物上取得成功的例子颇多。当然，这种方法也存在一个问题，即供核细胞的胞质也参与重构胚的胞质的组分，这有可能导致克隆动物组织细胞中线粒体的多样性。至于这一问题有无生物学方面的后果，目前仍处于观察和认识之中。另一种做法是：以显微针反复抽吸供核细胞，从而分离出其中的胞核部分，然后将胞核直接注入细胞核已去除的受体细胞中（MⅡ 期卵母细胞），直接构成重组胚，这种方法主要被用于克隆小鼠的制作。

正常受精过程中，会发生一系列的精子激活卵细胞的事件。因此，在重构胚组合成功后，也必须要模拟体内的自然受精过程，对重构胚施以激活。目前常用的是电激活，在操作程序上同上述重构胚组合时的电融合方法类似，在实践中，一般在实现电融合的同时也实现了电激活。该法目前主要用于胚胎细胞作供核的核移植试验中，在兔的体细胞核移植试验中，也采用此法，可能电激活的次数要两次以上。

激活处理后的重构胚，经继续培养后，能够卵裂的，表明重构胚已激活，否则，则激活失败。重构胚不能发育的，也表明核移植失败。

(4) 重组卵的培养和植入母体。重组卵需经一定时间的体外培养，或放入中间受体动物输卵管内孵育。家兔、猪约需体外培养 24h。而牛、羊一般培养发育至桑葚胚期或囊胚期，才移植入受体子宫里。

2. 早期的胚胎细胞核移植技术

胚胎细胞核移植技术的应用已有半个世纪的历史，德国科学家 H. Spemann 于 1938 年最先提出并进行了两栖类动物细胞核移植试验。R. Briggs 和 T. King 于 1952 年完成了青蛙的细胞核移植，但细胞核后来没有发育。中国学者童第周于 1963 年在世界上首次报道了将金鱼等鱼的囊胚细胞核移入去核未受精卵内，获得了正常的胚胎和幼鱼。K. Hlmenec 和 P. C. Hoppe 于 1981 年首先对哺乳动物采用细胞核移植的方法进行克隆研究，他们将小鼠胚胎的内细胞团细胞直接注射入去除原核的受精卵内，得到了幼鼠。两年后，J. Mcgrath 和 D. Solter 对实验方法作了改进，以二细胞、四细胞、八细胞期小鼠胚胎细胞和内细胞团细胞为供体细胞，获得了克隆后代。他们的工作为哺乳动物的细胞核移植奠定了基础。S. Willadsen 于 1986 年得到了胚胎细胞核移植的绵羊。他的工作表明，成熟卵母细胞比受精卵更适于用作细胞核移植的受体细胞，且发育至桑葚胚的细胞核，经显微注射至去除遗传物质的成熟卵母细胞重建卵后，仍具有发育的全能性。迄今胚胎细胞核移植技术已在两栖类、鱼类、昆虫、脊椎动物和哺乳类等六大类动物中获得成功。其中在进化上界于两栖类和哺乳类之间的爬行类和鸟类等卵生动物至今无人问津。

3. 体细胞核移植技术

1962 年，英国科学家戈登（J. Gurdon）用紫外线照射杀死了非洲一种爪蟾未受精的卵细胞核，然后把这种爪蟾小肠的上皮细胞核移入去核卵细胞中，在当时条件极为简陋和技术极不成熟的条件下，约有1%的重组卵发育为成熟的爪蟾，开创了由体细胞核培育动物的新型实验途径。1997年英国罗斯林研究所I. Wilmut宣布，体细胞克隆羊"多莉"培育成功。体细胞作为供核细胞进行细胞核移植研究的成功，是20世纪生物学突破性成就之一，在理论上具有重要意义，说明高度分化的成体动物细胞核仍具有发育的全能性。

罗斯林研究所早些时候关于胚胎细胞核移植的研究结果表明，处于第二次减数分裂中期（MⅡ）的卵母细胞质中含有大量的成熟/有丝分裂/减数分裂促进因子（maturation/mitosis/meiosis promoting factor，MPF），这些因子可诱导供体核发生一系列形态学的变化，包括核膜破裂、早熟凝集染色体等。当供体核处于S期时，受体胞质中高水平的MPF使染色体出现异常的概率显著升高，而当供体核处于G_1期或G_2期时，虽然供体核同样会出现早熟凝集染色体，但对染色体没有损害。基于此，H. S. Cambell等提出以下两条协调供体核和去核卵母细胞的途径：其一，选取处于G_0期或G_1期的细胞作核供体；其二，选取MPF水平低时的卵母细胞作受体。获取G_0期或G_1期细胞的方法主要有两种，其一是采用人工捕获的方法，通过限制细胞培养基中的某种成分，从而使大部分细胞滞留在细胞周期的某一阶段，即Wilmut等采用的方法。Wilmut等率先在世界上获得体细胞克隆羊，与其G_0期细胞的成功捕获有关。他们采用血清饥饿法，即先将乳腺上皮细胞在含10%的胎牛血清的培养基中培养，然后转入胎牛血清含量仅为0.5%的培养基中连续培养5天，从而使培养细胞暂时性地退出增殖周期。其二是通过选择细胞类型来获得，不同类型的细胞，在细胞周期的不同阶段上的细胞数目相差很大，如刚排出的卵母细胞周围的卵丘细胞90%以上处于G_0期或G_1期。Wakayama等就是采用这种卵丘细胞作为核供体，不经培养直接作核移植，获得50多只克隆小鼠。这是继"多莉"后的第二批哺乳动物体细胞核移植后代，它的成功有力地支持了Wilmut等的试验结果。

（三）基因转导技术

目前已建立起多种动物细胞的转化方法。有效地打破了动物细胞接纳外源DNA的进化壁垒。要实现外源基因对受体细胞的有效转化。首先要选择合适的受体细胞，其次要有可靠的转化后筛选方法。

高等动物细胞的基因转化效率较低，欲获得足够数量的转化株必须选择来源丰富的起始受体细胞。因此，在培养基中能无限制生长的哺乳动物细胞系通常用作基因转化实验。但是肿瘤细胞的生理特性有时与正常细胞并不相同，因此必须选择那些与正常细胞生理特性尽可能接近的肿瘤细胞系作为转基因的受体。

为了快速有效地筛选转化细胞，必须建立动物细胞特异性的选择标记。经典的动物细胞筛选方法是针对三磷酸脱氧核苷酸生物合成途径而设计的。目前应用较多的也包括针对细胞抗药性的筛选方法，如根据新霉素抗性进行筛选。

1. 动物细胞物理化学转化法

利用物理和化学方法转化动物细胞的主要优点是转基因体系不含任何病毒基因组片

段，这对于基因治疗尤为安全。但转基因进入细胞后，往往多拷贝随机整合在染色体上，导致受体细胞基因灭活或转化基因不表达。目前在动物转基因技术中常用的物理化学转化法包括以下几种。

(1) 电穿孔法。这种方法利用脉冲电场提高细胞膜的通透性，在细胞膜上形成纳米大小的微孔，使外源DNA转移到细胞中。其基本操作程序如下：将受体细胞悬浮于含有待转化DNA的溶液中，在盛有上述悬浮液的电击池两端施加短暂的脉冲电场。使细胞膜产生细小的空洞并增加其通透性，此时外源DNA片段便能不经胞饮作用直接进入细胞质。该方法简单而广泛运用于培养细胞的基因转移，基因转移效率最高可达10^{-3}。

(2) DNA显微注射法。DNA显微注射法主要用于制备转基因动物。该法的基本操作程序是：通过激素疗法使雌鼠超数排卵，并与雄性小鼠交配，然后杀死雌鼠，从其输卵管内取出受精卵；借助于显微镜将纯化的DNA溶液迅速注入受精卵中变大的雄性原核内；将注射了基因的受精卵移植到假孕母鼠输卵管中，繁殖产生转基因小鼠。该方法转入的基因随机整合在染色体DNA上，有时会导致转基因动物基因组的重排、易位、缺失或点突变，但这种方法应用范围广，转基因长度可达数十万碱基对。

(3) 脂质体包埋法。将待转化的DNA溶液与天然或人工合成的磷脂混合，后者在表面活性剂存在的条件下形成包埋水相DNA的脂质体结构。当这种脂质体悬浮液加入到细胞培养皿中，便会与受体细胞膜发生融合，DNA片段随即进入细胞质和细胞核内。该方法基因转移效率很高，据报道最高时，100%离体细胞可以瞬时表达外源基因。

(4) 其他方法。最早的动物细胞转化方法是将外源DNA片段与DEAE-葡聚糖等高分子碳水化合物混合，此时DNA链上带负电荷的磷酸骨架便吸附在DEAE的正电荷基团上，形成含DNA的大颗粒。后者黏附于受体细胞表面，并通过其胞饮作用进入细胞内。但这种方法对许多细胞类型的转化率极低。

受两价金属离子能促进细菌细胞吸收外源DNA的启发，人们发展了简便有效的磷酸钙共沉淀转化方法：将待转化的DNA溶解在磷酸缓冲液中，然后加入$CaCl_2$溶液混匀，此时DNA与磷酸钙共沉淀形成大颗粒；将此颗粒悬浮液滴入细胞培养皿中，37℃下保温4～16h；除去DNA悬浮液，加入新鲜培养基，继续培养7天即可进行转化株的筛选。在上述过程中，DNA颗粒也是通过胞饮作用进入受体细胞的。该方法转化率至少是DEAE-葡聚糖法的100倍。

2. 动物细胞病毒转染法

通过病毒感染的方式将外源基因导入动物细胞内是一种常用的基因转导方法。根据动物受体细胞类型的不同，可选择使用具有不同宿主范围和不同感染途径的病毒基因组作为转化载体。目前常用的病毒载体包括：DNA病毒载体（腺病毒载体、猴肿瘤病毒载体、牛痘病毒载体）、反转录病毒载体等。用作基因转导的病毒载体都是缺陷型的病毒，感染细胞后仅能将基因组转入细胞，无法产生包装的病毒颗粒。

病毒载体也具有一些缺点：所有的病毒载体都会诱导产生一定程度的免疫反应；都或多或少地存在一定的安全隐患；而且转导能力有限，不适合于大规模生产。

3. 工程胚胎干细胞法

动物的胚胎干细胞是多能性干细胞，能够进行体外增殖，当把它们重新输回胚胎胚泡后，仍保留着分化成其他细胞（包括生殖细胞）的能力。胚胎干细胞在体外培养时可承受遗传操作而不影响其分化多效性，外源基因可以通过同源重组方式特异性整合到胚胎干细胞基因组内的一个设定位点上，构成工程化胚胎干细胞。后者经筛选鉴定和体外扩增后，再输回动物胚胎胚泡中，工程化胚胎干细胞可以参与动物胚胎的发育，最终形成携带外源基因的动物。

细胞工程是一项综合性的技术体系，常用的基本技术还包括细胞诱变、细胞融合、细胞拆和、染色体转移等。

三、干细胞研究

“干细胞”（stem cell）一词，最早出现于1896年E. B. Wilson关于蠕虫发育的研究论文中，并被一直沿用至今。对于干细胞的深入研究，主要发生在最近几十年中。20世纪60年代，开始有了小鼠骨髓干细胞方面的认识，同时还发现了在成人大脑中有新生神经元存在的证据。70年代至80年代期间，胚胎癌细胞（embryonic carcinoma cell）、小鼠胚胎干细胞（embryonic stem cell）被先后分离和培养，并证实了干细胞的多向分化潜能，干细胞也由此开始引起了人们的广泛关注。进入90年代以后，人类胚胎干细胞和一些组织干细胞陆续被培养成功，而且对其生物学特性也开展了一些实验研究，这些使得干细胞在生物医药科学中的应用有了可能性。

目前一般认为，干细胞是指存在于个体发育过程中，具有长期（或无限）自我更新、并能分化产生某种（或多种）特殊细胞的生物学特性的原始细胞，它们是个体的生长发育、组织器官的结构和功能的动态平衡，以及其损伤后的再生修复等生命现象发生的细胞学基础。

（一）干细胞的存在与分类

个体的发育是从受精卵开始的。受精卵通过不同的增殖分化途径，可以形成由不同类型的细胞所组成的、功能各异的组织和器官，即使在其个体成熟之后，机体的组织仍然保持着一种特有的自稳性（homeostasis）。此外，各种组织还保持着程度不同的损伤后再生的能力。越来越多的证据表明，干细胞的有序增殖与分化可能是这些生物学现象的基础。

1. 干细胞的有序分化是个体发育的基础

在从单细胞受精卵分裂到最终发育成为一个成熟个体的过程中，处于八细胞期之前的每一个胚胎细胞（包括受精卵）都具有全能性，如果植入子宫，它都可以发育为一个完整的个体。这种具有发育全能性的早期胚胎细胞，称之为全能性干细胞（totipotent stem cell）。随着发育的进行，胚泡一侧的内细胞团（inner cell mass，ICM）细胞都具有分化为成熟个体中所有细胞类型的潜能，但没有形成一个完整个体的能力，这种早期胚胎细胞被称为多能性干细胞（pluripotent stem cell），也习惯地称为胚胎干细胞（embryonic stem cell，ES细胞）。随着胚胎的继续发育，那些存在于胚胎各组织器官原基中的干细胞，通常只分化为可参与其相应组织器官组成的细胞，如神经干细胞只具有分化为神经元、神经胶质细胞的潜能。这类在器官的发育过程中起着重要作用的干细胞被称为专能性干细胞（multipotent stem cell），或称组织特异性干细胞（tissue specific stem cell）。

2. 干细胞维持了组织器官结构和功能的动态平衡

已有许多证据表明，在出生后个体的组织中，仍然有干细胞的存在。这些干细胞通过有序的增殖与分化，以实现其所在组织中细胞的新旧更替，并维持组织器官结构和功能的动态平衡。

造血干细胞是首先被认识并得到广泛研究的一种成体干细胞。早在1961年，Till和McCulloch通过小鼠脾集落形成实验，证实了小鼠骨髓中有造血干细胞（hematopoiesis stem cell，HSC）的存在。对其他成体干细胞的研究则主要发生在最近十几年中。除造血系统、皮肤、小肠和肝脏外，目前也在中枢神经系统、呼吸道、睾丸和胰腺等组织器官中证实了干细胞的存在。尤其是神经干细胞的发现，从根本上推翻了长期以来认为“神经元没有分裂能力、损伤后无法修复”的观点。

3. 干细胞的分类

对干细胞的分类，目前还没有统一的标准。根据发生学来源的不同，可以将干细胞分为胚胎干细胞（包括原始生殖细胞）、成体干细胞，以及新近提出的肿瘤干细胞（cancer stem cell）。根据干细胞分化潜能的不同，也可以将干细胞分为全能性干细胞、多能性干细胞和专能性干细胞。另外，在胎儿、儿童和成人组织中存在的多能干细胞统称“成体干细胞”。

（二）干细胞的基本生物学特性

干细胞是生物个体发育和组织再生的基础。对干细胞的生物学特性的研究，将有助于对生命的本质问题，即发育现象的认识，同时，也将加深对人体的生理和病理状况发生机制的认识，并有利于各种人类疾病防治手段的发展。

1. 干细胞的形态和生化特征

干细胞在形态上具有一些共同的特征。例如，细胞体积较小，核/质比相对较大，细胞质中各种细胞器（如内质网、高尔基复合体及线粒体等）不够发达等。另外，植物的“干细胞”，即形成层细胞也具有动物干细胞类似的特征，如体积小、呈圆形或方形、核/质比相对较大、细胞间结合紧密，以及细胞壁染色不明显等。

干细胞的生化特性与其所存在的组织类型密切相关，如细胞角蛋白是特异性存在于上皮细胞中的细胞骨架成分，也常被用作上皮组织干细胞的标志分子。

干细胞的生化特性还与其分化程度有关。例如，造血干细胞的端粒酶（telomerase）活性很高（可达到造血系统肿瘤细胞端粒酶活性的水平），但当它分化为专能性祖细胞（multipotent progenitors，MPP）后，其端粒酶活性便随之显著降低。目前的研究中，干细胞的生化特性常被用作鉴定干细胞在组织中存在和评价其分化程度的标志。

干细胞有时可以根据其形态学特征和存在位置来辨认，但是，对许多组织而言，干细胞的存在部位目前仍未确定，也没有与分化细胞截然不同的形态学特征。

2. 独特的增殖特征是干细胞的根本特性

（1）干细胞增殖的缓慢性。当干细胞进入分化程序后，首先经过一个短暂的增殖期，产生过渡放大细胞（transit amplifying cell）。过渡放大细胞经若干次分裂后，生成分化细胞。过渡放大细胞的生物学意义在于可以通过较少次数的干细胞分裂，而产生较多的分化细胞。目前认为，干细胞的这种缓慢增殖，有利于干细胞对特定的外界信号做出反应，以决定是进入增殖状态，还是进入特定的分化程序。此外，这种缓慢增殖特性，还可以减少基因发生突变的危险，使干细胞有更多的时间发现和校正复制错误。

（2）干细胞增殖系统的自稳定性。自稳定性（self-maintenance）是指干细胞可以在生物个体生命期间内自我更新（self-renewing）并维持其自身数目恒定的特性。自稳定性是干细胞的基本特征之一。当干细胞发生分裂后，如果所产生的两个子代细胞都是干细胞或都是分化细胞，这种分裂方式称为对称分裂（symmetry division）；如果产生一个干细胞和一个分化细胞，则称为不对称分裂（asymmetry division）。

3. 具有多向分化能力是干细胞的本质特点

（1）干细胞的分化潜能。具有分化产生特定功能细胞的能力是干细胞的另一个本质特征。近年来越来越多的证据表明，分离自成体的干细胞仍然具有相当的可塑性，在适当的条件下可以表现出更广泛的分化能力，甚至实现跨胚层的分化。这从根本上打破了传统的胚层限制的观点。

（2）干细胞的分化可塑性。干细胞分化的可塑性，是指干细胞在适当的条件下，可以发生转分化（transdifferentiation）和去分化（dedifferentiation）的现象。一种组织类型的干细胞，在适当条件下分化为另一种组织类型的细胞的现象，称为干细胞的转分化。1997 年，Eglitis 等将分自成年雄性 C57BL/6j 小鼠的造血干细胞移植到受亚致死量照射的雌性 WBB6F1/J-$kit^{W}/kit^{W\text{-}V}$小鼠体内，3 天后在受体雌鼠的大小胶质细胞中检测到 Y 染色体的存在，首次发现了成年动物的造血干细胞可分化成为脑组织中的大胶质细胞和小胶质细胞的现象。类似的发现还见于成体造血干细胞分化形成肌细胞和肝细胞，以及神经干细胞转分化为造血细胞等。

一种干细胞向其前体细胞的逆向转化被称为干细胞的去分化。长期以来，对细胞是否可以逆向分化的问题一直存在争议。目前对干细胞可塑性的机制仍知之甚少。对转分化和去分化的生理意义尚不知晓。

4. 干细胞增殖与分化受到微环境的精密调控

干细胞的增殖与分化是受到严密调控的。一般认为，干细胞的这种调控机制，是由于它在组织器官中所存在的微环境所决定的，这种微环境被称为干细胞巢（stem cell niche）。干细胞巢是由干细胞及其外围细胞，以及其增殖分化调控相关因子所组成的、并具有动态平衡特性的局部环境。在这个结构体系中，其增殖分化调控的相关因素主要有以下 3 个方面。

（1）分泌因子。在干细胞巢中，分泌因子（secreted factors）可以是干细胞自身分泌的，也可以来自外围细胞或者其他组织细胞，它们对于干细胞增殖与分化的调控具有重要作用。

（2）细胞间相互作用。在干细胞巢中，有些调控干细胞命运的信号分子是通过细胞与细胞之间的相互作用而发挥效应的。这种相互作用通常是由整合膜蛋白（integral membrane proteins）所介导的。但是这种细胞间黏附对干细胞的调节作用目前认识不多。现已知 Notch 介导的细胞间作用对果蝇感受器官的正常发育必不可少。

（3）整合素和胞外基质。整合素（integrin）是一类细胞黏附分子，其作用依赖于 Ca^{2+}，能介导细胞与细胞间的相互作用及细胞与细胞外基质间的相互作用。整合素对维持干细胞的增殖分化至关重要。此外，整合素有将干细胞置于组织中正确位置的作用，否则干细胞会脱离生存微环境而分化或凋亡。

干细胞巢在维护干细胞自我更新，以及其分化命运的决定等方面的生物学意义，在高等脊椎动物中已有越来越多的认识。也有证据表明，干细胞巢中的因素对于干细胞命运的决定是可逆的。例如，当干细胞被置于新的生存环境后，它们的特性会发生改变，由此也使得干细胞带上新环境的特征，从而体现出干细胞的可塑性。

5. 干细胞分化的调控方式

干细胞的分化过程是一个从原始细胞衍生出具有特定生物学功能的成熟细胞的过程。这一过程可以理解为一个级联分支的过程。并且可以认为，其过程中每一个分支的“节点”都是一个分化去向的决定点或“开关点”。虽然目前对这些决定点的发生机制及其调控方式的认识还十分有限，但有一点是比较公认的，即“干细胞的分化是由细胞内外因素共同调控的”。这一概念的产生，是近几十年的研究发展的结果。

近年来，由于系统生物学概念的出现，以及各种示踪、定性和定量等方面分析技术的发展，人们已经开始意识到了将“反应网络”、“时空整合”，以及“浓度梯度”和“信号阈值”等概念引入干细胞分化研究的重要性，并且在若干方面有了一些令人鼓舞的初步进展。例如，采用基因组学或蛋白质组技术对于处于不同分化状态的干细胞的表达谱的认识，采用分子生物学技术对于分化相关蛋白质相互关系的探讨，采用示踪技术对于各种分化相关分子在干细胞分化过程中的时空行为的分析，以及采用基因工程动物体系对于干细胞在活体中分化行为的认识。这些新思路和新方法的引入，意味着干细胞分化调控机制的研究进入了一个新的发展时期。

（三）胚胎干细胞

胚胎干细胞是指存在于早期胚胎中，具有多能性分化潜能的细胞。ES 细胞可以在体外无限扩增并保持未分化状态，具有分化为胚胎或成体的各种细胞类型的潜能。ES 细胞可以像普通的培养细胞那样，在体外进行传代、遗传操作和冻存且不失其多能性。在适当条件下，ES 细胞可被诱导分化为多种细胞或组织，也可以与受体胚胎嵌合，形成嵌合体，可嵌合进入包括生殖腺在内的各种组织，因此 ES 细胞是研究哺乳动物早期胚胎发生、细胞分化、基因表达调控等生物学问题的理想模型和有效工具。例如，小鼠的胚胎干细胞在制备转基因动物模型方面具有重要的作用。在应用研究领域，ES 细胞（尤其是人 ES 细胞）的获得，为人类疾病的细胞治疗和组织工程等生物医学问题的研究奠定了一个新的基础。自 1981 年 M. J. Evens 和 M. H. Kaufman 首次分离得到小鼠的 ES 细胞（当时曾称其为 EK 细胞）以后，研究者们成功地分离获得了猪、牛、绵羊、仓鼠、鸡、斑马鱼、恒河猴、人等脊椎动物的胚胎干细胞。

胚胎干细胞的重要生物学特性之一是能够分化成各种类型的成熟体细胞。实现胚胎干细胞定向分化具有潜在的医学应用价值。体外诱导胚胎干细胞分化，并通过一定的筛选手段得到的功能性目的细胞（如胰腺细胞、心肌细胞、神经细胞）可用于疾病的治疗和组织工程产品的研制（图 11-4）。

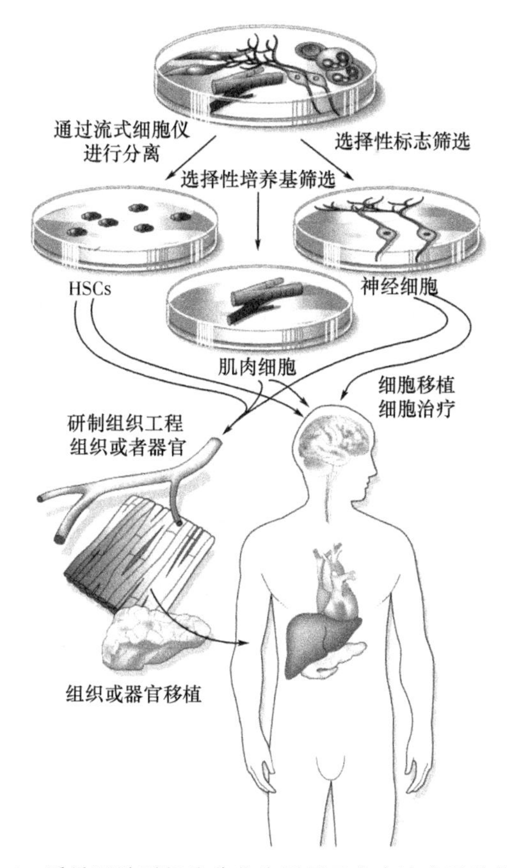

图 11-4　诱导胚胎干细胞分化为可用于疾病治疗目的的细胞

（四）肿瘤干细胞

近期的一些实验证据表明，在白血病以及一些实体肿瘤中，只有一小部分肿瘤细胞具有无限的增殖能力，并能够形成新的肿瘤。这些具有肿瘤形成能力的细胞就被称为肿瘤干细胞。目前可以通过特征性的表面标志分子鉴定和富集肿瘤干细胞，并将肿瘤干细胞移植到裸鼠体内形成新的肿瘤。一般认为，肿瘤组织中的细胞是不均一的，含有肿瘤干细胞，以及大量异质性的、不具肿瘤形成能力的相关肿瘤细胞。关于肿瘤干细胞的起源尚无定论，普遍认为有两种可能性较大：一是来源于成体干细胞，二是由定向祖细胞以及分化细胞转化。

肿瘤干细胞概念的提出，为肿瘤发生机制的认识提供了一条新的思路。一方面使得研究人员转向寻找对肿瘤干细胞有特异性杀伤作用的分子，这些分子有望成为更加有效的肿瘤治疗药物。另一方面，该模式的提出也会影响人们对肿瘤的发生发展和转移机制的认识。已有研究证实，肿瘤干细胞对肿瘤形成、复发、转移及化疗耐药性都有重要影响。肿瘤干细胞概念在某种程度上还可能将颠覆肿瘤的传统治疗方法。

（五）成体干细胞

成体干细胞是指存在于一种已经分化组织中的未分化细胞，这种细胞能够自我更新并且能够特化形成组成该类型组织的细胞，因此，这类干细胞具有有限的自我更新和分化潜力。成体干细胞存在于机体的各种组织器官中。成年个体组织中的成体干细胞在正常情况下大多处于休眠状态，在病理状态或在外因诱导下可以表现出不同程度的再生和更新能力。

成体干细胞的研究始于 20 世纪 60 年代人们对造血干细胞（hematopoietic stem cell，HSC）的研究。HSC 是目前研究得最为清楚、应用最为成熟的成体干细胞，它移植治疗血液系统及其他系统恶性肿瘤、自身免疫病和遗传性疾病等均取得令人瞩目的进展，极大地促进了这些疾病的治疗，同时也为其他类型成体干细胞的研究和应用奠定了坚实的基础。近年来，由于细胞生物学和分子生物学的快速进展，除造血干细胞之外已有多种其他成体组织的干细胞被成功分离或鉴定（图 11-5），如间充质干细胞、神经干

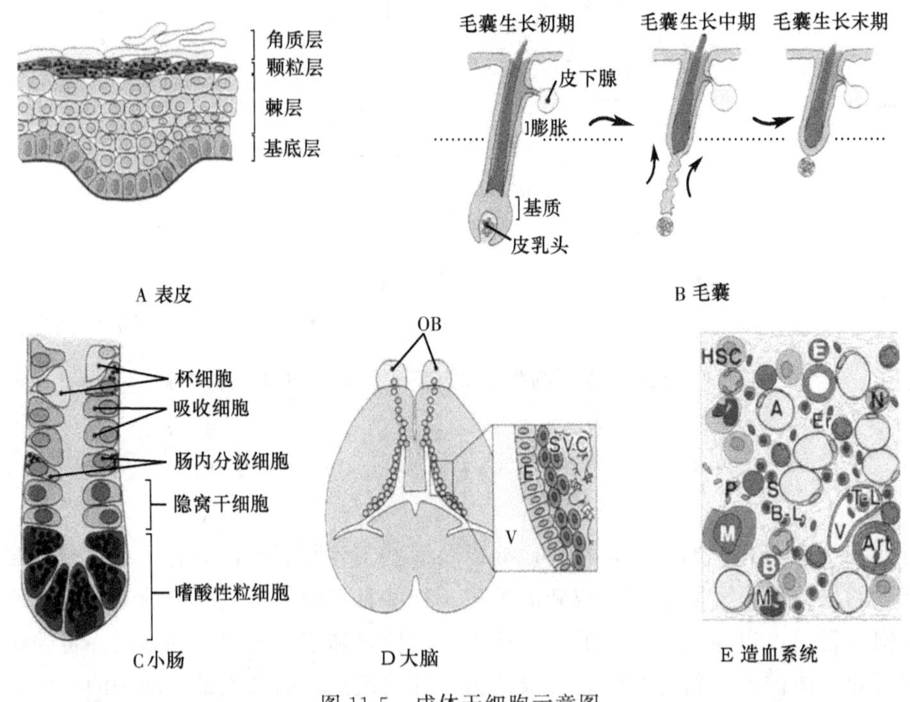

图 11-5 成体干细胞示意图

A. 表皮组织，干细胞位于基底层；B. 毛囊，干细胞位于膨胀部位；C. 小肠隐窝干细胞；D. 神经系统，干细胞位于室管膜或下脑室区（V：脑室区；SVC：下脑室区；E：室管膜；OB：嗅觉球）；E. 造血系统（HSC：造血干细胞；A：脂肪细胞；M：巨噬细胞；T-L：T 淋巴细胞；B-L：B 淋巴细胞；B：嗜碱性粒细胞；E：嗜酸性粒细胞；N：中性粒细胞；Er：红细胞；P：血小板；S：基质细胞；V：静脉；Art：动脉）

细胞、皮肤干细胞、肠干细胞、肝干细胞等。

与胚胎干细胞相比，成体干细胞具有许多临床应用优势：①源于患者自身的成体干细胞在应用时不存在组织相容性问题，避免了移植排斥反应和使用免疫抑制剂；②理论上，成体干细胞致瘤风险很低，而且所受伦理学争议较少；③成体干细胞是具有多系分化能力的亚全能干细胞群体，这些细胞在适合的微环境下可分化成多种组织细胞。随着对成体干细胞可塑性研究的不断深入和临床应用研究的不断扩展，成体干细胞最终走向临床应用的希望越来越大。

（六）诱导多能干细胞

诱导多能干细胞（induced pluripotent stem cell，iPS 细胞）最初是日本人 S. Yamanaka（山中伸弥）于 2006 年利用病毒载体将 4 个转录因子（Oct4、Sox2、Klf4 和 c-Myc）的组合转入分化的体细胞中，使其重编程而得到的类似胚胎干细胞的一种细胞类型。随后世界各地不同科学家陆续发现其他方法同样也可以制造这种细胞。这些研究成果被美国《科学》杂志列为 2007 年十大科技突破中的第二位。S. Yamanaka 也因此获得了 2012 年的诺贝尔生理学或医学奖。

不但如此，科学家还发现 iPS 可在适当诱导条件下定向分化，如变成血细胞，再用于治疗疾病。

哈佛大学一家实验室发现利用病毒将 3 种在细胞发育过程中起重要作用的转录因子引入小鼠胰腺外分泌细胞，可以直接使其转变成与干细胞极为相似的细胞，并且可以分泌胰岛素、有效降低血糖。这表明利用诱导重新编程技术可以直接获得某一特定组织细胞，而不必先经过诱导多能干细胞这一步。

中国科学院动物研究所周琪研究员和上海交通大学医学院曾凡一研究员领导的研究组合作完成的工作表明，利用 iPS 细胞能够得到成活的具有繁殖能力的小鼠，从而在世界上第一次证明了 iPS 细胞与胚胎干细胞具有相似的多能性。这一研究成果表明 iPS 干细胞或许同胚胎干细胞一样可以作为治疗各种疾病的潜在来源。

（七）干细胞与医学

无论是在基础研究还是在应用研究领域，干细胞都具有极其广阔的前景。随着基础研究的逐步深入，干细胞的应用必然将得到迅速地进展。

1. 作为细胞治疗的种子细胞

细胞治疗是将正常的干细胞或由其分化产生的功能细胞植入病变部位代偿病变细胞丧失的功能。许多疾病都是由细胞功能缺陷或器官损伤造成的，干细胞提供了可用于移植的细胞，尤其是人胚胎干细胞的成功建系，有望在体外大量地收获胚胎干细胞以及由其分化来的功能细胞。

（1）神经系统疾病的治疗。为数众多的神经系统疾病是由于神经元死亡，而成熟神经元无法分裂补充所致。因此，神经医学可能是从干细胞研究中获益最多的医学领域。例如，从小鼠神经组织中分离获得神经干细胞，将其在体外培养增殖若干代后，再定向诱导分化为合成多巴胺的神经元，然后将这些多巴胺神经元移植入帕金森症模型小鼠的脑中，结果发现，小鼠控制运动的能力得到明显的改善。

（2）治疗肿瘤。造血干细胞移植是治疗血液系统恶性疾病、先天性遗传病以及多发性和转移性恶性肿瘤疾病的最有效的方法之一。

细胞治疗在其他疾病，如烧伤、心脏病、糖尿病、风湿性关节炎等领域同样有巨大的临床应用前景，工程化的干细胞也可以作为基因治疗的良好载体。

2. 研制组织工程器官

细胞生物学家一直致力于分离成体干细胞以制造可供移植的人体器官，以干细胞为组织工程的种子细胞的方法将在先天器官畸形的治疗和器官移植等领域中具有无可估量的发展前景。

3. 评价药物的毒性和疗效

对人体干细胞的研究将改变药物开发和药物安全性测试的方式和途径。不久的将来，可以让新药实验在多能干细胞生成的多种类型的细胞上进行。此方法将使药物开发的流程更加完整和简便，只有那些在细胞实验中被证明是安全有效的药物，才能进行进一步的相关的动物和人体实验。除了用于评价药物的毒性和疗效外，人胚胎干细胞的研究成果有望被用于阐明环境因素与疾病过程的复杂关系，有望为研究环境毒物的潜在作用机制，包括它们对胚胎和胎儿发育的细微影响提供新的研究模型。

（孙铭娟）

第三节　基 因 工 程

基因工程是 20 世纪 70 年代初在分子生物学、细胞生物学和遗传学基础上发展起来的一门崭新的生物技术科学。基因工程的出现是 20 世纪生物科学具有划时代意义的巨大事件，它使得生物科学获得迅猛发展，并带动了生物技术产业的兴起。它的出现标志着人类已经能够按照自己的意愿进行各种基因操作，大规模生产基因产物，并自主设计和创建新的基因、蛋白质和生物物种，这也是当今新技术革命的重要组成部分。

一、基因与基因工程

基因（gene）这个名词最初是 1909 年由遗传学家约翰（W. Johannsen）提出来的。随着生命科学的发展，人们对于基因概念的认识还在不断深化。现在“基因”的定义是指储存有功能的蛋白质多肽链或 RNA 序列信息及表达这些信息所必需的全部核苷酸序列，它是核酸分子中储存遗传信息的最小功能单位。

基因发展到今天，大致经历了下述一系列的历史标志性阶段。①经典遗传学阶段：19 世纪中期，孟德尔（G. Mendel）在解释豌豆杂交试验现象时提出遗传因子的概念。②基因学阶段：20 世纪初，摩尔根（T. Morgan）通过果蝇杂交实验提出基因论。③遗传学阶段：1944 年，艾弗里（O. Avery）通过肺炎双球菌转化实验证明遗传物质是 DNA 分子。④分子生物学阶段：1953 年，沃森（J. D. Watson）和克里克（F. H. C. Crick）提出 DNA 双螺旋结构。⑤基因工程阶段：1972 年，伯格（P. Berg）和杰克森

(D. D. Jackson) 首次进行 DNA 分子体外拼接获得成功，有力地证明：利用重组 DNA 技术，可以对不同生物的基因进行新的组合，得到性状发生改变的新生物。这意味着人类可以根据自己的意愿设计新的生物，并把它构建出来。人的创造性又一次性得到生动的体现。从此，生物科学完全超越了经验科学的阶段，第一次具备了工程学科的性质，以至于我们今天把基于重组 DNA 技术的新的学科分支，称为目前众所周知的"基因工程"。

基因工程（又称重组 DNA 技术）是指对不同生物的遗传物质——基因，在体外进行剪切、组合和拼接，使遗传物质重新组合，然后通过载体（质粒、噬菌体或病毒等）转入微生物、植物或动物细胞内，进行无性繁殖，并使所需要的基因在细胞中表达，产生出人类所需要的产物或组建成新的生物类型。

二、基因工程的分子生物学基础

1958 年，克里克提出了描述 DNA、RNA 和蛋白质三者关系的中心法则（central dogma)，其主要内容为：①DNA 是自身复制的模板；②DNA 通过转录作用将遗传信息传递给中间物质 RNA；③RNA 通过翻译作用将遗传信息表达成蛋白质。

中心法则揭示了遗传信息的传递方向：遗传信息是从 DNA 流向 RNA，再由 RNA 流向蛋白质。在 DNA 复制过程中，首先解开双链，以单链形式作为合成自己互补链（cDNA）的模板；而在 DNA 到 RNA 的转录过程中，单链的 DNA 则是指导 RNA 合成的模板，并且只有一条单链具有转录活性。在从 RNA 到蛋白质的翻译过程中，RNA 则是氨基酸顺序的模板，指导着多肽链的合成。

在随后的分子生物学研究中发现有许多 RNA 病毒，如流感病毒、小儿麻痹症病毒等，在感染了宿主细胞后，都能够进行 RNA 自我复制。1970 年，H. M. Temin 和 D. Baltimore 发现一些 RNA 病毒，如劳氏肉瘤病毒（Rous sarcoma virus，RSV)，在宿主细胞中的复制过程是，先以病毒的 RNA 分子为模板，在反转录酶的作用下合成 DNA 互补链，然后以 DNA 链为模板合成新的病毒 RNA。这说明遗传信息可以从 RNA 反向传递到 DNA。

遗传信息复制和传递机制的阐明，为人工改变生物 DNA 结构而引起遗传性状的改变，从而创造出生物新品种和新型产物提供了可能性。

三、基因工程的基本条件

（一）基因的获得

基因工程的主要目的是通过优良性状相关基因的重组，获得高度应用价值的新物种。为此必须从现有生物群体中，根据需要分离出可用于克隆的此类基因。这样的基因通常称之为目的基因，具体是指已被或欲被分离、改造、扩增和表达的特定基因或 DNA 片段，能编码某一产物或某一性状。

获得目的基因的方法有许多种，如构建 cDNA 文库，构建基因组文库，人工合成目的基因，聚合酶链反应（PCR）合成，其他方法还有：差异显示，基因陷阱等。

PCR是一种选择性体外扩增DNA或RNA的方法。目的基因可通过PCR反应在体外进行扩增，借助合成的寡核苷酸在体外对基因进行定位诱变和改造。众所周知，DNA是由4种碱基按互补配对原则（即腺嘌呤A对胸腺嘧啶T，鸟嘌呤G对胞嘧啶C）组成的螺旋双链。在细胞内，DNA复制时，解螺旋酶首先解开双链让它变成单链作为模板，然后，另一种酶——RNA聚合酶合成一小段引物（primer）结合到DNA模板上，最后，DNA合成酶以这段引物为起点，合成与DNA模板配对的新链。PCR即是在体外模拟DNA复制的过程，它用加热的办法让所研究的DNA片段变性变成两条单链，人工合成两个引物让它们结合到DNA模板的两端，DNA聚合酶即可以大量复制该模板。

PCR包括三个基本步骤。①变性（denature）：目的双链DNA片段在94℃下解链；②退火（anneal）：两种寡核苷酸引物在适当温度（50℃左右）下与模板上的目的序列以碱基互补配对原理通过氢键结合；③延伸（extension）：在*Taq* DNA聚合酶合成DNA的最适温度下，以目的DNA为模板进行半保留复制（DNA合成）。由这三个基本步骤组成一轮循环，理论上每一轮循环将使目的DNA扩增一倍，这些经合成产生的DNA又可作为下一轮循环的模板，所以经25～35轮循环就可使DNA扩增达10^6倍。

（二）用于核酸操作的工具酶

基因工程的关键技术是DNA的连接重组。科学家根据分子遗传学的发现，应用生物化学提取和鉴定酶的技术，找到了一系列基因工程的工具酶。基因工程使用的工具酶具有一个重要特征：每一种酶都具有自身特定的功能。有的像"手术刀"，可以进行DNA分子的特定切割；有的像"黏合剂"，可以促进DNA分子之间的黏合和连接；有的像"砌砖机"，可以合成完整的双链DNA分子。基因工程常用的工具酶可分为：限制性核酸内切酶、DNA连接酶、DNA聚合酶、核酸修饰酶等。

1. 限制性核酸内切酶

限制性核酸内切酶是一类能特异地结合于一段被称为限制性酶识别序列的DNA序列之内或其附近的特异位点上，并切割双链DNA的核酸内切酶。它可分为三类：其中Ⅰ类与Ⅲ类酶因其识别与切割位点不在同一部位，且切割产物无特异性，所以在分子克隆中不常用。Ⅱ类由两种酶组成：一种为限制性核酸内切酶（限制酶），它切割某一特异的核苷酸序列；另一种为独立的甲基化酶，它修饰同一识别序列。Ⅱ类中的限制性核酸内切酶在分子克隆中得到了广泛应用，它们是重组DNA的基础。它的发现和应用为从细胞基因组中分离目的基因提供了重要工具。绝大多数Ⅱ类限制酶识别长度为4～6个核苷酸的回文对称特异核苷酸序列（如*Eco*RⅠ识别6个核苷酸序列：5′-G↓AATTC-3′，为行文方便仅列出单链，下同），有少数酶识别更长的序列或简并序列。Ⅱ类酶切割位点在识别序列中，有的在对称轴处切割，产生平末端的DNA片段（如*Sma*Ⅰ：5′-CCC↓GGG-3′）；有的切割位点在对称轴一侧，产生带有单链突出末端的DNA片段称黏性末端，如*Eco*RⅠ切割识别序列后产生两个互补的黏性末端，即有5′端和3′端之分。这样，目的基因便有可能完整地存在于某一DNA片段上，然后再把它们分离出来。在基因工程中，限制酶是一种必不可少的工具酶，是进行DNA分子切割的特殊工具。因此它有“分子剪刀”或“分子手术刀”之称。

目前已经发现的限制酶多达20多种。每一种都有极强的特异性，可以准确无误地进行核苷酸的识别。

2. 连接酶

不同的DNA片段之间的连接需要另一种工具酶——连接酶的帮助。这种酶也是在细菌中发现的。如果说内切酶是对基因操作的“剪刀”，那么连接酶就是“糨糊”。通过连接酶来修复DNA上缺口处的磷酸二酯键。

3. DNA聚合酶

分子克隆中的许多步骤都涉及在DNA聚合酶催化下的DNA体外合成反应。这些酶作用时大多需要模板，合成产物的序列与模板互补。这些酶包括大肠杆菌DNA聚合酶、Klenow片段、T4DNA聚合酶、T7DNA聚合酶、*Taq* DNA聚合酶、反转录酶。

4. 核酸修饰酶

经限制酶切割的载体DNA，其5′端磷酸基团常用碱性磷酸酶（一种核酸修饰酶）去除掉，以最大限度地抑制质粒DNA的自身环化。从而使得带5′端磷酸的外源DNA片段可以有效地与去磷酸化的载体相连。

（三）用于基因克隆的载体

把一个有用的目的DNA片段通过重组DNA技术，送进受体细胞中去进行繁殖和表达的工具称为载体（vector）。细菌质粒是重组DNA技术中常用的载体。

1. 质粒（plasmid）

质粒是一种染色体外的稳定遗传因子，大小为1～200kb，为双链、闭环的DNA分子，并以超螺旋状态存在于宿主细胞中。质粒主要发现于细菌、放线菌和真菌细胞中，它具有自主复制和转录能力，能在子代细胞中保持恒定的拷贝数，并表达所携带的遗传信息。质粒的复制和转录要依赖于宿主细胞编码的某些酶和蛋白质，如果离开宿主细胞则不能存活，而宿主即使没有它们也可以正常存活。质粒的存在使宿主具有一些额外的特性，如对抗生素的抗性等。F质粒（又称F因子或性质粒）、R质粒（抗药性因子）和Col质粒（产大肠杆菌素因子）等都是常见的天然质粒。

质粒在细胞内的复制一般有两种类型：紧密控制型（stringent control）和松弛控制型（relaxed control）。前者只在细胞周期的一定阶段进行复制，当染色体不复制时，它也不能复制，通常每个细胞内只含有1个或几个质粒分子，如F因子。后者的质粒在整个细胞周期中随时可以复制，在每个细胞中有许多拷贝，一般在20个以上，如Col E1质粒。在使用蛋白质合成抑制剂——氯霉素时，细胞内蛋白质合成、染色体DNA复制和细胞分裂均受到抑制，紧密型质粒复制停止，而松弛型质粒继续复制，质粒拷贝数可由原来20多个扩增至1000～3000个，此时质粒DNA占总DNA的含量可由原来的2%增加至40%～50%。

利用同一复制系统的不同质粒不能在同一宿主细胞中共同存在，当两种质粒同时导入同一细胞时，它们在复制及随后分配到子细胞的过程中彼此竞争，在一些细胞中，一种质粒占优势，而在另一些细胞中另一种质粒却占上风。当细胞生长几代后，占少数的质粒将会丢失，因而在细胞后代中只有两种质粒的一种，这种现象称质粒的不相容性(incompatibility)。但利用不同复制系统的质粒则可以稳定地共存于同一宿主细胞中。

质粒通常含有编码某些酶的基因，其表型包括对抗生素的抗性，产生某些抗生素，降解复杂有机物，产生大肠杆菌素和肠毒素及某些限制性内切酶与修饰酶等。

质粒载体是在天然质粒的基础上为适应实验室操作而进行人工构建的。与天然质粒相比，质粒载体通常带有一个或一个以上的选择性标记基因（如抗生素抗性基因）和一个人工合成的含有多个限制性内切酶识别位点的多克隆位点序列，并去掉了大部分非必需序列，使分子质量尽可能减少，以便于基因工程操作。大多数质粒载体带有一些多用途的辅助序列，这些用途包括通过组织化学方法肉眼鉴定重组克隆、产生用于序列测定的单链 DNA、体外转录外源 DNA 序列、鉴定片段的插入方向、外源基因的大量表达等。一个理想的克隆载体大致应有下列一些特性：①分子质量小、多拷贝、松弛控制型；②具有多种常用的限制性内切酶的单切点，称多克隆酶切位点（MCS）；③能插入较大的外源 DNA 片段；④具有容易操作的检测表型。常用的质粒载体大小一般为 1～10kb，如 pBR322、pUC 系列、pGEM 系列和 pBlue script（简称 pBS）等。

2. 噬菌体（phage）

噬菌体是感染细菌的一类病毒，有的噬菌体基因组较大，如 λ 噬菌体和 T 噬菌体等；有的则较小，如 M13、f1、fd 噬菌体等。噬菌体作为载体，可插入长 10～20kb 甚至更大的一些外源 DNA 片段。由于噬菌体有较高的繁殖能力，有利于目的基因的扩增，从而成为当前基因工程研究的重要载体之一。野生型的噬菌体必须经过改造，才能成为比较理想的基因工程载体，其中以感染大肠杆菌的 λ 噬菌体改造成的载体应用最为广泛。M13 噬菌体因为可以获得单链 DNA 而有许多特殊的用途。

3. 黏粒（cosmid）

利用噬菌体载体构建基因组文库时，其容量仍然受到一定的限制，最大插入片段不能超过 23kb，于是又发展了一种由质粒和噬菌体联合构建而成的新载体——黏粒（又称柯斯质粒）。黏粒的基因组包括以下部分：质粒复制原点、多克隆位点、抗药性基因和 λ 噬菌体两端的 cos 位点，兼有 λ 噬菌体和质粒两者的优点。黏粒载体的大小一般只有 4～6kb，但却可以插入 29～45kb 大小的外源 DNA 片段。体外包装好的颗粒感染宿主菌后，能像 λ 噬菌体一样环化、复制，与质粒的行为相似。常用的黏粒载体有 pJ 序列和 pH 序列，如 pHC79 黏粒载体就是由 λ 噬菌体片段与 pBR322 质粒构建而成，黏粒载体主要用于构建基因组文库。

4. 病毒（virus）

病毒载体是指利用真核病毒的基因组序列元件构建的真核基因转移工具。利用病毒载体可将外源基因高效导入培养细胞和整体动物组织，常用于基因治疗。基因治疗采用的病毒载体应具备以下基本条件：①携带外源基因并能包装成病毒颗粒；②介导外源基因的转移和表达；③对机体不致病。由于病毒的多样性及与机体复杂的依存关系，限制了许多病毒发展成为具有实用性的载体。近 20 年来，只有少数几种病毒，如反转录病毒（包括 HIV 病毒）、腺病毒、腺病毒伴随病毒、疱疹病毒（包括单纯疱疹病毒、痘苗病毒及 EB 病毒）、甲病毒等被成功地改造成为基因转移载体并开展了不同程度的应用。

质粒和病毒在作为基因工程载体时是有所区别的。利用病毒作为基因运载体时，所带的基因一般还需要转到受体细胞的染色体 DNA 中去，才能成为稳定的结构。质粒的情况也可以是这样，但大多数情况下不是如此。质粒一旦带有人所需要的新基因，它本身就可能成为一种稳定的重组 DNA。进入受体细胞后，它多半不需要把所带的基因转到受体细胞的染色体上去，这样的质粒就会进行自我复制，异源性 DNA 也得到了复制。这就是利用质粒作为基因运载体表现优越的地方。所以目前进行的基因工程操作，多用质粒作为基因的运载体。

（四）用于基因转移的受体菌或细胞

目的基因能否有效地导入受体细胞，取决于是否选用合适的受体细胞、合适的克隆载体和合适的基因转移方法。

所谓基因克隆的受体细胞，从实验技术上讲是能摄取外源 DNA（基因）并使其稳定维持的细胞；从实验目的上讲是有应用价值和理论研究价值的细胞。原核生物细胞、植物细胞和动物细胞可以作为受体细胞，但不是所有细胞都可以作为受体细胞。原核生物细胞是一类很好的受体细胞，容易摄取外界的 DNA，增殖快，基因组简单，便于培养和基因操作，普遍被用作 cDNA 文库和基因组文库的受体菌，或者用来建立生产目的基因产物的工程菌，或者作为克隆载体的宿主。

目前用作基因克隆受体的主要是大肠杆菌、酵母和某些动植物的细胞。虽然动物细胞也已被用作受体细胞，但由于体细胞不易再分化成个体，所以常采用受精卵细胞或胚细胞作为基因转移的受体细胞，由此培养成转基因动物。不过，体细胞可表达基因产物，并且最近通过体细胞培养出了多种克隆动物，可见动物体细胞同样可以用作基因克隆的受体细胞。植物细胞作为基因克隆的受体细胞，有其优于动物细胞的特点，一个活的离体体细胞在合适的培养条件下比较容易再分化成植株，意味着一个获得外源基因的体细胞可以培养成能传代的植物。

四、基因工程的操作过程

自从诞生以来，基因工程对人类生活和健康产生了巨大的影响。它所涉及的过程可用“分（合成）、切、接、转、筛、鉴”6 个字表示。①分（合成）：指目的基因的获得，即 DNA 的制备，包括从生物体中分离或人工合成；②切：即在体外将 DNA 进行切割，使之片段化或线性化；③接：即在体外将不同来源的 DNA 分子重新连接起来，构建重组 DNA 分子；④转：即将重组连接的 DNA 分子通过一定的方法重新送入细胞中进行扩增和表达；⑤筛：从转化的全群体中将所需要的目的克隆筛选出来；⑥鉴：就是对筛选出来的重组体进行鉴定，因为有些重组体并非是所需要的，必须通过分析鉴定。基因工程的基本过程可用图 11-6 表示。

目的基因的获得以及基因载体和工具酶的选择这两部分内容已经在本节的前两小节做了介绍，下面仅就 DNA 重组过程的其他方面做扼要的介绍。

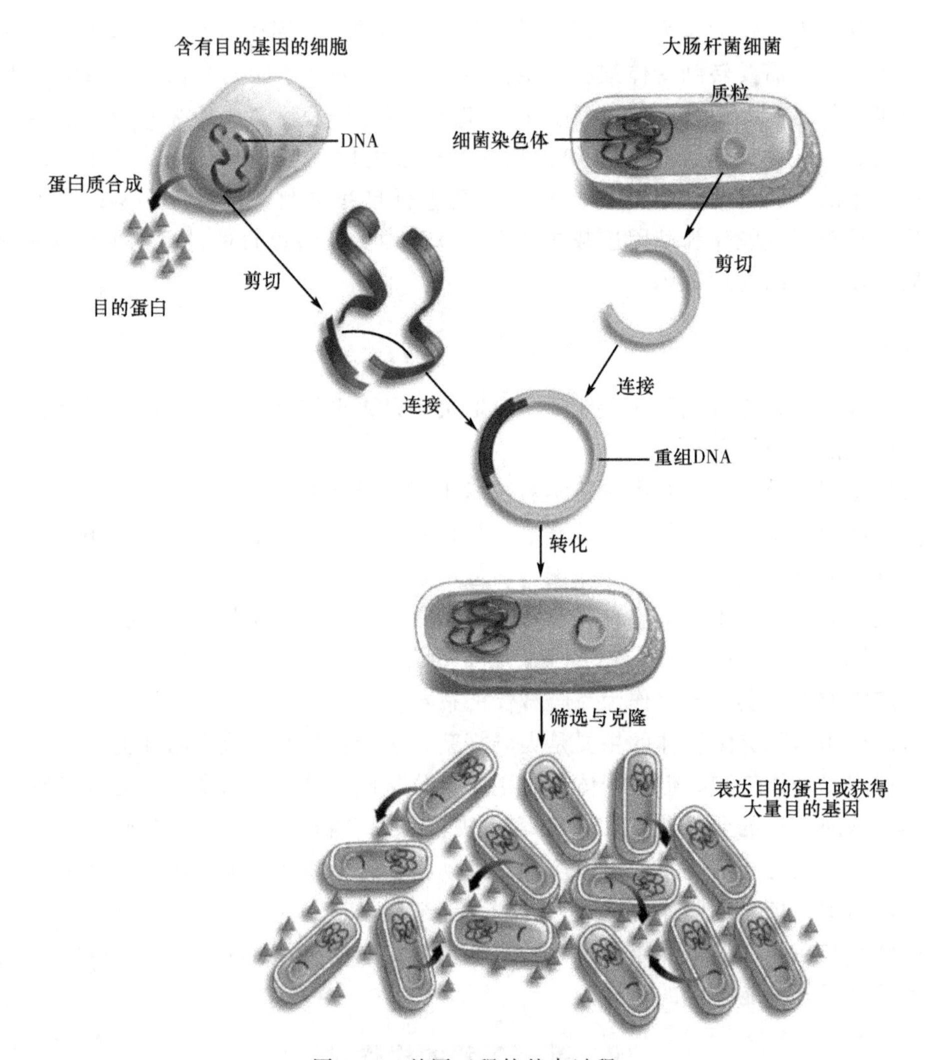

图 11-6 基因工程的基本过程

(一) DNA 片段与载体的连接

通过不同途径获取含有目的基因的外源 DNA、选择或改建适当的克隆载体后，下一步工作就是如何将外源 DNA 连接在一起，即 DNA 的体外重组。与自然界发生的基因重组不同，这种人工 DNA 重组技术主要依赖于限制性核酸内切酶和 DNA 连接酶的作用。

1. 连接方式（以 T4 DNA 连接酶为例）

目的 DNA 片段与载体 DNA 片段之间的连接方式有三种：全同源黏端连接、平端连接（如图 11-7）和定向克隆。

这三种连接方式各有其优缺点，连接条件也略有不同，表 11-2 做了比较详细的比较。

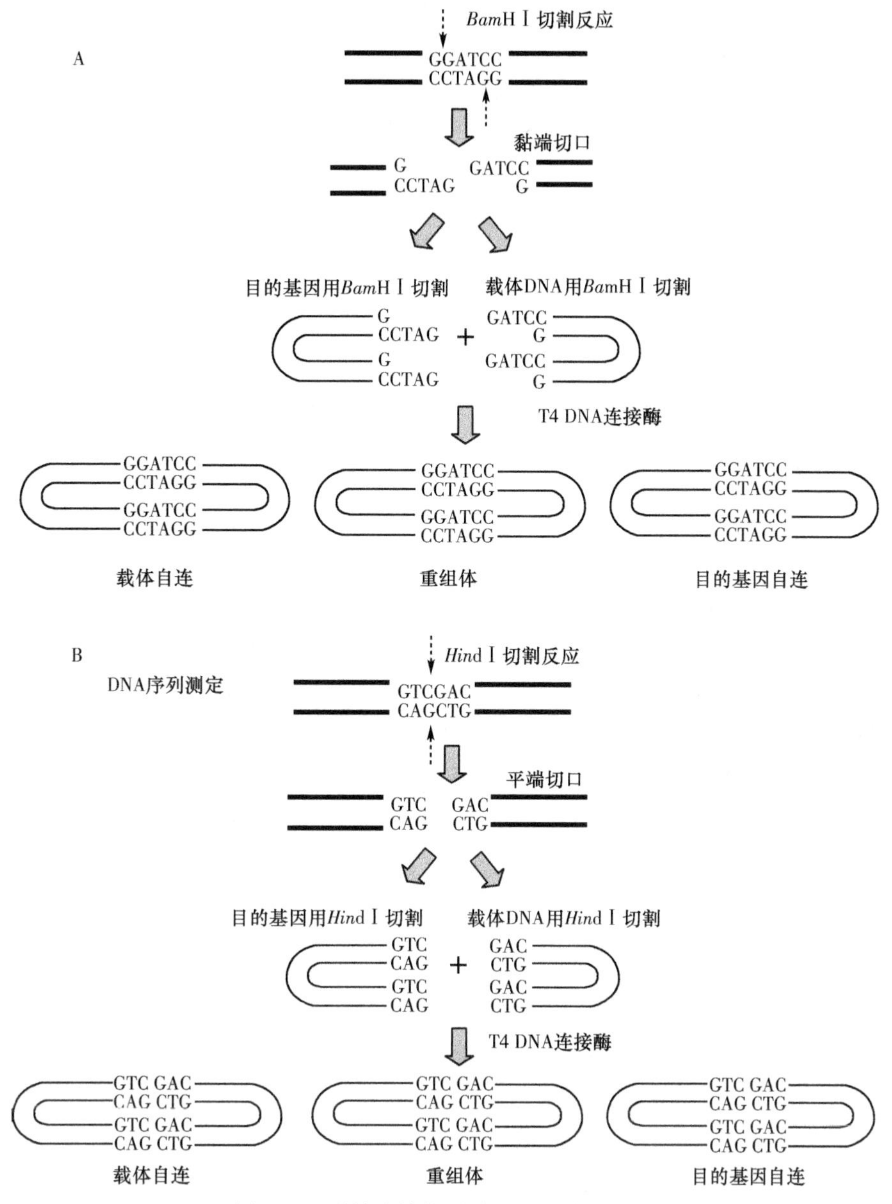

图 11-7　黏端连接与平端连接方式示意图

A. 以 *Bam*H Ⅰ 为例示黏端连接方式；B. 以 *Hind* Ⅰ 为例示平端连接方式

所谓全同源黏端是指，外源 DNA 片段两端与载体 DNA 片段两端具有完全相同的同源互补黏端，它们之间的连接称为全同源黏端连接。

而定向克隆则是使外源 DNA 片段定向插入到载体分子中的一种连接方式，它对于 DNA 末端的要求是载体 DNA 分子的两个末端不能互补，而只能与外源 DNA 分子的相应末端连接。

表 11-2　三种连接方式的比较

	全同源黏端连接	平端连接	定向克隆
优点	连接效率高	①可连接任何两个平整末端 ②可恢复甚至产生新的酶切位点	①连接效率高 ②定向插入 ③有效地限制自身环化
缺点	①载体与片段自身环化 ②双向插入，多拷贝插入	①同左 ②同左 ③连接效率低	需在获得目的 DNA 片段时，或在获得片段后加工，使之具有分别与载体两黏端互补的黏端
连接条件	低温（<16℃） 低浓度连接酶 高浓度 ATP	高温（20℃左右） 高浓度酶及高浓度 DNA 低浓度 ATP	同黏端连接

2. 定向克隆

目前，定向克隆以其显著的优越性广泛地应用于实际工作中，技术路线如图 11-8 所示，质粒载体用 *Bam*HⅠ和 *Hin*dⅢ消化后，即产生 *Bam*HⅠ和 *Hin*dⅢ的黏性末端。于是，这一载体就可以同含有与 *Bam* HⅠ和 *Hin*dⅢ所切出末端相匹配的外源 DNA 片段相连接，黏端之间的连接效率较高，而且外源 DNA 片段的两端位点不同，当其插入载体时，只能以一个方向连接于载体中，有利于后续实验（如基因表达等）。由于相同的原因，线性 DNA（载体或外源 DNA 片段）的两个非互补黏端自身环化的概率显然会大大降低。

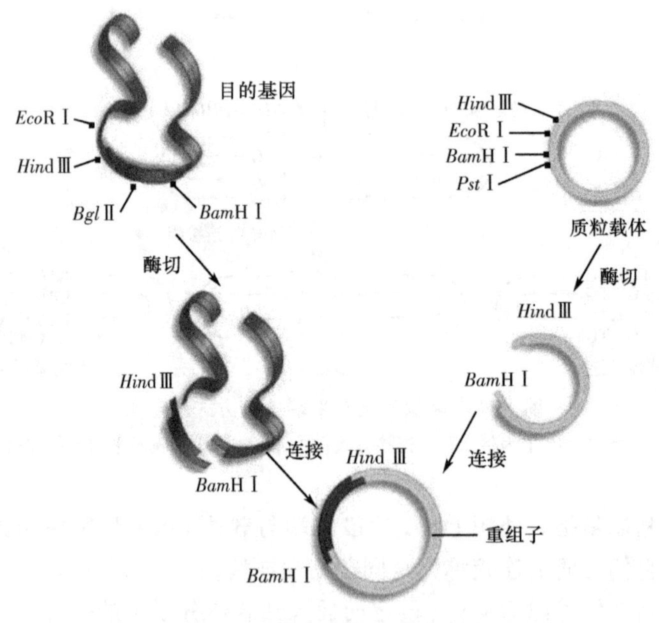

图 11-8　定向克隆的基本步骤

（二）重组DNA分子转入宿主细胞的方式

在体外连接组装而成的DNA重组分子只有转入合适的受体细胞，才能大量地进行复制增殖和表达，其转入方式因载体的不同而不同。

1. 转化

转化（transformation）是指质粒DNA导入细菌的过程。可分为化学法和电击法。①化学法转化：该方法于1972年由S. Cohen等首创。基本原理是：当细菌处于0℃、二价阳离子（如Ca^{2+}、Mg^{2+}等）低渗溶液中时，细菌细胞膨胀成球形，处于感受态；同时，转化混合物中的DNA形成抗DNase的羟基-钙磷酸复合物黏附于细胞表面，经42℃短时间热冲击，细胞吸收DNA复合物，在丰富培养基中生长数小时后，球状细胞复原并增殖，该方法的转化效率可达10^5～10^6个转化子/μg DNA。可广泛应用于常规的基因克隆。②电击法转化（electroporation）：也称电穿孔法。其基本原理是利用高压脉冲，在宿主细胞表面形成暂时性的微孔，质粒DNA乘隙而入，在脉冲过后，微孔复原，在丰富培养基中生长数小时后，细胞增殖，质粒复制。该方法的特点是操作简单，不需制备感受态细胞，适用于任何菌株。其转化效率极高，所以常用于文库的构建及其他要求极高的转化。

2. 转染

转染（transfection）是指噬菌体/病毒或以它为载体构建的重组子导入细胞的过程。转染的基本原理是：外源DNA片段与噬菌体DNA载体连接后组成重组的噬菌体DNA，利用噬菌体的主动感染，将含有外源DNA片段的重组噬菌体DNA注入宿主菌体内，依照噬菌体的生活周期，重组噬菌体DNA就在宿主细胞中复制增殖。该方法操作简单，且转染效率较高，目前常用于文库的构建。

（三）重组子的筛选与鉴定

通过转化、转染等过程，得到了这种混合的DNA产物转化而来的克隆群体，我们需要采用特殊的方法，将众多的克隆区分开来，并鉴定出可能含有目的基因的重组子。不同的克隆载体及相应的宿主系统，其重组子的筛选、鉴定方法不尽相同，现分述如下。

1. 根据重组子结构特征筛选

（1）根据重组DNA分子特征鉴定。该方法主要根据重组DNA与载体DNA之间的大小差异进行鉴定。快速裂解菌落，不经限制酶消化，直接进行凝胶电泳，由于重组DNA是由载体DNA中插入外源DNA片段构成，其分子质量大于载体DNA，故电泳迁移率较小，在电场中泳动速度比载体DNA慢，此方法用于初步判断是否有插入片段存在。

（2）内切酶图谱鉴定。对于初步筛选鉴定具有重组子的菌落，小量培养后提取待分析DNA，用相应的内切酶切割重组子，释放出插入片段，然后凝胶电泳检测插入片段的数量和大小是否同预期一致。

（3）PCR扩增筛选重组子。利用与插入片段两端互补的特异引物，以待鉴定的重组子 DNA 为模板进行 PCR 分析，能扩增出特异片段的转化子为目的重组子，PCR 不但可迅速扩增插入片段，而且可直接进行 DNA 序列测定，该方法目前已得到广泛的应用。

（4）核酸分子杂交。该方法的基本原理是：具有一定同源性的两条核酸单链在一定条件下（适宜的温度及离子强度等），可按碱基互补配对原则退火形成双链，此杂交过程是高度特异性的。杂交的双方是待测的核酸序列和用于检测的已知核酸片段（称为探针）。将待测核酸变性后，用一定的方法将其固定在硝酸纤维膜（或尼龙膜）上，用经标记示踪的特异核酸探针与之杂交，该探针只能与互补的特异核酸牢固结合，而其他的非特异结合将被洗去。最后，示踪标记将指示待测核酸中能与探针互补的特异 DNA 片段所在的位置。

根据待测核酸的来源以及将其分子结合到固相支持物上的方法的不同，可将该方法分为菌落印迹原位杂交、斑点印迹杂交、Southern 印迹杂交和 Northern 印迹杂交 4 类。各类杂交方法各有其自己的实验目的和应用范围。菌落噬菌斑印迹原位杂交可直接确定含有目的基因重组子的克隆，是从文库中筛选目的重组子的首选方法。斑点印迹杂交可确定提取的 DNA 或 RNA 样品中是否含有目的基因，如果有标准量参照，可对目的基因的拷贝数定量。Southern 印迹杂交可确定提取的 DNA 中是否含有目的基因，可估计目的基因的大小；它可用于克隆基因的酶切图谱分析、基因组基因的定性及定量分析、基因突变分析及限制性片段长度多态性分析（RFLP）等。Northern 印迹杂交可确定提取的 RNA 样品中是否含有目的基因的 mRNA，可估计目的基因 mRNA 的大小。

2. 针对遗传表型的变化筛选

重组子转化宿主细胞后，载体上的一些筛选标志基因的表达变化，会导致细菌的某些表型改变，通过琼脂平板中添加一些相应的筛选物质，可以直接筛选鉴别到含重组子的菌落。主要方法有以下几个方面。

（1）抗生素抗性转入获得。大多数克隆载体均带有抗生素抗性基因，常见的有抗氨苄青霉素基因、抗四环素基因、抗卡那霉素基因等。当带有完整抗性基因的载体转化无抗性细胞后，所有转入载体的细胞均获得了抗性，能在含有相应药物的琼脂平板上生长成菌落，而未被转化的宿主细胞则不能生长，据此，我们可筛选到转化子，但不能区分重组子与非重组子。

（2）抗性的插入失活。在含有两个抗性基因的载体中，如果外源 DNA 片段插入其中一个基因导致它失活，就可用两个分别含不同药物的平板对照筛选阳性重组子。

（3）标志补救。若克隆的基因能够在宿主菌表达，且表达产物与宿主菌的营养缺陷互补，那么就可以利用营养突变菌株进行筛选，这就是标志补救（marker rescue）。酵母咪唑甘油磷酸酯脱水酶基因表达产物与细菌组氨酸合成有关。当酵母 DNA 与 λ 噬菌体载体结合后，在将重组子转染或感染组氨酸缺陷型大肠杆菌，在无组氨酸的培养基中生长，所以这样获得的生长菌即含有咪唑甘油磷酸酯脱水酶基因。

利用 α 互补原理筛选重组子也是基于标志互补的一种筛选方法。许多克隆载体（如 pUC 系列）上都带有一个来自大肠杆菌 DNA 的短区段，其中含 *lac*Z 基因（编码 β-半乳糖苷酶）的调控序列和 β-半乳糖苷酶氨基端的 146 个氨基酸（N 端）的编码信息，在该编码区中插入了一个多克隆位点，不破坏读码框，不影响功能。IPTG（异丙基-β-D-硫代半乳糖苷）可诱导该多肽的合成，同时该产物能与宿主细胞所编码的缺陷型半乳糖苷酶羧基端融为一体，形成具有酶活性的蛋白质，这样，突变体1（缺失 *lac*Z 上近操纵基因区段）与突变体2（带有完整的近操纵基因区段而无β-半乳糖苷酶活性）之间的互补称为α互补。

由α互补产生的 Lac^+ 细菌易于识别。因为它可分解生色底物 X-gal（5-溴-4-氯-3-吲哚-β-D半乳糖苷）而产生蓝色。然而，当外源DNA片段插入该载体的多克隆位点后，几乎不可避免地导致产生无α互补能力的氨基端片段，使重组子所在细菌不能完成α互补。因此，带有重组子的细菌形成白色菌落（图11-9）。

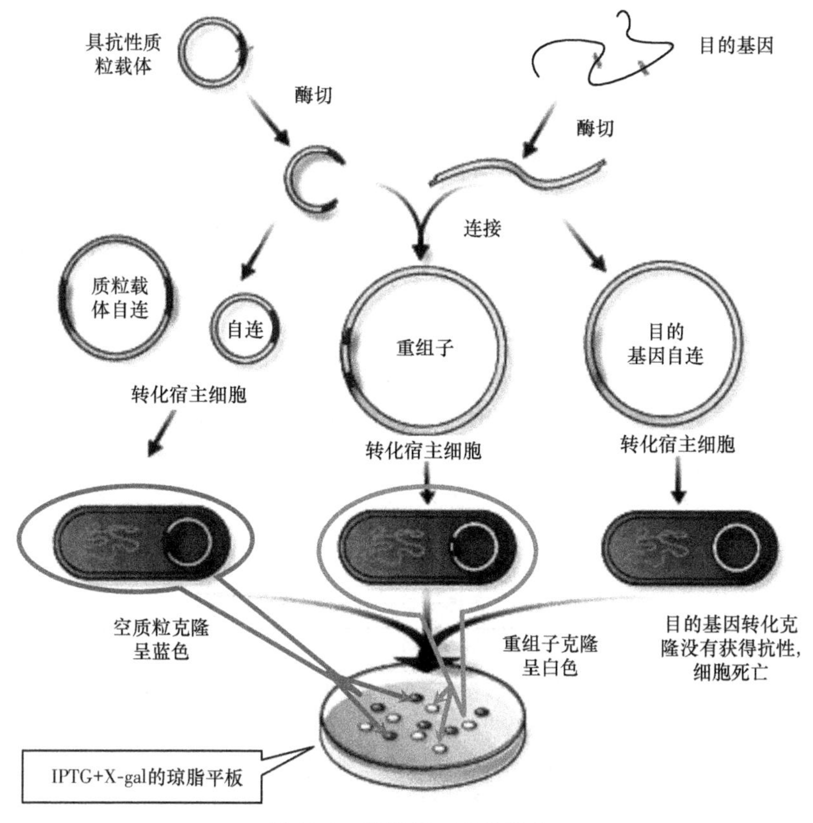

图11-9　重组子α互补筛选

3. 通过检测外源基因的表达产物筛选

通过检测转化子中目的基因的翻译产物——蛋白质来筛选重组子。常用检测方法主要有凝胶电泳法、免疫学检测法和生物学活性检测法等。只要当一个克隆的目的基因，能够在大肠杆菌宿主细胞中实现表达，合成出外源的蛋白质，就可以采用该类方法检测重组体克隆。

（1）蛋白质凝胶电泳法。提取重组宿主菌的总蛋白进行凝胶电泳，重组子中含有的外源目的基因如果能够正确表达，则在电泳图谱上会出现一条新的蛋白质条带，由此可以进行重组子的鉴定。

（2）免疫学检测法。主要是以目的蛋白作为抗原，通过其与相应的抗体发生免疫学反应进行鉴定的一种方法。常用的检测方法有 Western blot 法、固相放射免疫法（RIA）、免疫沉淀测定法（immuno-precipitation test）和酶联免疫吸附法（ELISA）。

（3）生物学活性检测法。对于细胞因子类表达产物的检测，通常可根据某些细胞因子特定的生物学活性，应用相应的指示系统和标准品来反映待测标本中某种细胞因子的活性水平，一般以活性单位来表示。生物学检测法一般敏感性较高，但实验周期较长，生物学检测的方法大致可分为增殖或增殖抑制、集落形成、直接杀伤靶细胞、保护靶细胞免受病毒攻击、趋化作用以及抗体形成法等几类。例如，人天然 TNF-α 是由机体巨噬/单核细胞系统激活后所产生的一种蛋白质分子，对多种恶性肿瘤细胞具有显著的细胞毒作用，也可通过调节机体的自身免疫防卫系统，从而达到间接抗肿瘤作用的目的。采用国际标准方法，即以鼠成纤维细胞 L929 株为靶细胞，联合用转录抑制剂放线菌素 D，观察重组表达 TNF-α 杀伤活性，作为检测标准。

五、基因工程的表达系统

基因工程研究主要包括 DNA 的克隆和外源基因的表达。基因表达是指外源基因克隆到某种表达系统的载体中，再引入合适相应的宿主细胞中进行表达。表达后的蛋白质，必须具有原来的生物活性。外源基因在受体细胞中的表达状况，受到很多因素的制约，如基因的来源和性质、载体的结构、转录翻译后的加工，以及受体细胞等因素都会影响蛋白质的表达。为了获得高产的有生物活性的蛋白质，经过多年的研究探索，人们已经开发了多种表达系统。目前常用的有 4 种表达系统，大肠杆菌、酵母、昆虫和哺乳类细胞表达系统，这些系统各有其优缺点（表 11-3），选择哪种表达系统，取决于基因结构、蛋白质的性质以及实验室条件。

表 11-3 各种表达体系的特性比较

表达体系		优缺点	产量
原核体系	大肠杆菌	具有良好的可操作性，成本低，但不能进行糖基化修饰，胞内形成包涵体	外源蛋白 10%～70%胞外表达，0.3%～4%胞内表达
真核体系	酵母	兼具原核细胞良好的可操作性和真核系统的后加工能力，但存在产量低及过度糖基化等问题	外源蛋白约占菌体总蛋白的 10%
	甲醇营养型酵母	第二代酵母表达系统，部分克服了过度糖基化缺点，有较好的分泌性，产量较高，但产物结构与天然分子仍有一些差异	外源蛋白占菌体总蛋白的 10%～30%
	昆虫细胞	具有高等真核生物表达系统的优点，产物的抗原性、免疫原性和功能与天然蛋白质相似，表达水平较高，但糖基化程度较低，形式单一	外源蛋白占菌体总蛋白的 1～500mg/L
	哺乳动物细胞系统	产物的抗原性、免疫原性和功能与天然蛋白质最接近，糖基化等后加工最准确，但表达水平较低	发酵液中表达产物含量为 0.2～200mg/L

六、后基因组时代与功能基因组学

在顺利实现遗传图和物理图的制作后，人类基因组计划已开始进入由结构基因组学向全面分析基因功能的功能基因组学过渡、转化的后基因组时代。

（一）后基因组时代的生命科学——系统生物学

分子生物学时代，基因被定义为具有遗传功能的 DNA 片段。但是进入后基因组时代，人们发现 miRNA、lncRNA 等可以直接影响 DNA 的转录。此外，表观遗传学研究表明，基因的表达不仅仅依赖于 DNA 序列，环境因素同样不可忽视。“基因”的概念正在不断被重新定义，其内涵正在不断丰富。

20 世纪生物学经典的“中心法则”表明，遗传信息传递是沿着“DNA→RNA→蛋白质”的方向线性进行。但是，如今看来，细胞内部 DNA 的自身结构、DNA 与 RNA、DNA 与蛋白质、基因与环境，这些复杂的关系都会影响表型，遗传信息的传递更像一个错综复杂的网络。基因的表达不再是简单的一个基因、一种酶或一种蛋白质，基因的调控也不能用“乳糖操纵子”那样简单的模型去描述。人们开始将细胞内部复杂的代谢调控网络当做一个整体去研究。因此，后基因组时代的现代生命科学被公认为“系统生物学”。随着基因组学、蛋白质组学等研究的深入，系统生物学的研究方法应用于临床将有助于临床医学向整体医学和个体化医学发展。

（二）后基因组时代的未来——基于基因的个性化治疗

系统生物医学的发展将使得个体化治疗成为可能。肿瘤实际上是基因组改变的一种疾病。肿瘤的发生发展是个复杂的过程，造成肿瘤的原因可以非常不同，同样的乳腺癌会是由于不同的基因突变造成的。只要我们能够找到标志物，也就是通过科学研究方法发现肿瘤形成的关键环节，找到分子靶点进行靶向治疗和个体化医疗，癌症的治愈率就会高很多。

基因分析是个体化医疗的前提，基因测序技术的发展在驱动着个体化医疗的进程。目前科学界流行的研究方式是采用全基因组关联研究 GWAS：根据 HapMap 计划所发现的人类基因组 SNP 位点，利用统计学的方法建立病例与对照的关联，以此确定引起复杂性疾病的可能基因，即易感基因。

但是，几乎所有已发现的 SNP 位点都只是轻度增加疾病风险的易感基因，大多数疾病与基因之间的关联仍然难以明确；而且人们又发现除单核苷酸多样性外，还存在着基因拷贝数变异、可变剪接等多种形式的基因组多样性。SNP 位点不是人类寻找疾病成因的唯一线索。

如何解读人类基因组图谱，并促成这一科学成果走向临床应用，以提高人类健康水平、生活质量服务，这是后基因组时代生命科学面临的主要挑战，也是未来数十年科学家为之奋斗的目标。

（孙铭娟）

第四节　蛋白质工程

1983 年 K. M. Ulmer 发表了题为 *Protein Engineering* 的专论。第一次提出了蛋白质工程的概念，即从 DNA 水平改变基因入手，定做新的蛋白质。蛋白质工程综合了蛋白质三维结构、结构与功能关系的详细信息，通过人工改造基因的方法和重组 DNA 操作技术，直接改造或人工合成基因，有目的地按照需要来改变蛋白质分子中任何一个氨基酸残基或结构域，从而定向地改造蛋白质的性质，使其成为具有人们预期功能的新型蛋白质，或者创造自然界不存在的性质独特的蛋白质。这是一门由分子生物学、结构生物学、蛋白质化学、计算机辅助设计、基因工程等多学科交叉渗透和互补发展而产生的边缘应用技术学科。

目前，蛋白质工程的定义是指通过蛋白质化学、蛋白质晶体学和动力学的研究，获取有关蛋白质物理和化学等各方面的信息，在此基础上利用生物技术手段对蛋白质的 DNA 编码序列进行有目的地改造并分离、纯化蛋白质，从而获取自然界没有的、具有优良性质或适用于工业生产条件的全新蛋白质的过程。

蛋白质工程的崛起是工业生产和基础理论研究的需要。蛋白质工程的实践依据 DNA 指导合成蛋白质，人们可以根据需要对负责编码某种蛋白质的基因进行重新设计，使合成出来的蛋白质的结构变得符合人们的要求。例如，通过定点诱变可使干扰素的抗病毒活性较天然 β 干扰素提高 100 倍，同时其储存稳定性大大增强。在这一过程中，结构生物学对大量蛋白质分子的精确立体结构及其复杂的生物功能的分析结果，为设计改造天然蛋白质提供了蓝图；分子遗传学以定点突变为中心的基因操作技术为蛋白质工程提供了手段。由于蛋白质工程是在基因工程的基础上发展起来的，在技术方面有诸多同基因工程技术相似的地方，因此蛋白质工程也被称为“第二代基因工程”。

经过多年的发展，国际人类蛋白质组组织于 2001 年宣告成立。之后，该组织正式提出启动了两项重大国际合作行动：一项是由中国科学家牵头执行的“人类肝脏蛋白质组计划”；另一项是以美国科学家牵头执行的“人类血浆蛋白质组计划”，由此拉开了人类蛋白质组计划的帷幕。人类蛋白质组计划是继人类基因组计划之后，生命科学乃至自然科学领域一项重大的科学命题。其科学目标旨在揭示并确认肝脏等组织器官的蛋白质，为重大疾病预防、诊断、治疗和新药研发的突破提供重要的科学基础。这一计划的深入研究将是对蛋白质工程的有力推动和理论支持。

一、蛋白质工程的基本内容

蛋白质工程的设计研究过程（图 11-10），首先通过生物信息学进行所研究对象的结构和功能信息的收集分析，然后对其功能相关的结构进行研究和预测并完成分子设计，再通过基因工程改造得到设计产物，并进行相关试验验证，根据验证结果进一步修正原初设计，往往要经过几次这样的循环才能获得成功。一般可概括为如下 5 个阶段。

（1）收集待研究蛋白质一级结构、立体结构、功能结构域及与相关蛋白质同源性等相关数据，为蛋白质分子设计提供依据和蓝本。随着生物信息学的发展，现在可以充分

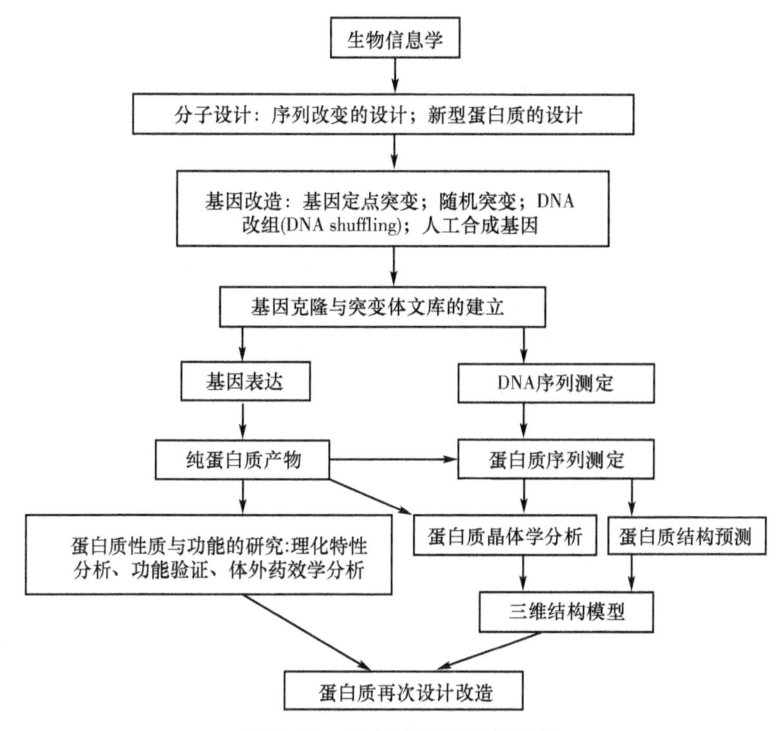

图 11-10　蛋白质工程研究过程

利用因特网上大量的免费数据库资源。

（2）详细分析研究对象的蛋白质结构模型，掌握其立体结构中影响生物活性、稳定性的关键部位，这可以通过研究已知的晶体结构，也可根据类似物的结构模建或其他预测方法研究。

（3）进行蛋白质分子设计，一般分为三类：一类是小范围改造，就是对已知结构的蛋白质进行少数几个残基的替换、部分片段的缺失，来改善蛋白质的性质和功能；二是较大程度的改造，可以根据需求对来源于不同蛋白质的结构域进行拼接组装，或在蛋白质分子中进行大范围肽链替换、结构域替换，获得集成相应功能的候选分子；三是蛋白质从头设计，即从蛋白质分子一级结构出发，设计制造自然界中不存在的全新蛋白，使之具有特定的空间结构和预期的生物功能，这种设计方式需要扎实的理论基础，通过在分子设计与试验验证之间交互进行完成设计循环。蛋白质从头设计的 PDA（protein design automation）循环包括 4 个部分：设计、模拟、实验和分析，在不断循环中，通过一步步的修正最终获得成功。

（4）完成了前期的信息收集整理和分子设计等理论工作，下一步就要回到实验研究中，利用各种突变技术和基因工程操作技术，根据设计，对原始核苷酸序列进行改造，并完成克隆表达，得到可以进一步进行活性研究的产物。

（5）通过实验手段验证设计的分子是否符合要求，并对设计的分子进行结构与功能的评价，收集相关结构信息反馈回分子设计中，对设计进行修正。用于验证分子设计是否成功的试验应该是简便、灵敏，具备量化标准，这需要对所研究蛋白质的生物功能有详细的了解才能做到。

以上是以蛋白质工程药物合理化设计为例，简述蛋白质工程研究的基本过程。目前已有许多成功的实例，如 H. M. Ellerby 等设计的凋亡诱导肽 CNGRCGGD (KLAKLAK)$_2$就是在蛋白质工程药物中蛋白质从头设计的实例。此序列中 NGR 可以与新生血管的内皮细胞特异结合，在此起到靶向弹头的作用，KLAKLAK 可形成典型的两亲 α 螺旋结构，进入细胞后 3μmol/L 即可以破坏线粒体膜引起细胞凋亡，在没有导向的情况下要达到 300μmol/L 才能杀死真核细胞，Ellerby 以 NGR 为弹头，将 KLAKLAK 肽特异地导向肿瘤部位的新生血管内皮细胞，通过抑制新生血管的生成来抑制肿瘤的形成，但对其他细胞没有明显毒性。这一实例说明，在理论依据充分时，基于立体结构信息从头设计蛋白质工程药物的可行性和开发潜力。

二、蛋白质工程的基本研究方法

蛋白质生物化学和结构分子生物学的发展，揭示了大量蛋白质分子一级结构与立体结构的关系、精细的立体结构与复杂的生物功能之间的关系和结构与性质的关系，为蛋白质工程提供了理论基础和蓝本；人们可以通过对蛋白质序列信息进行同源性比较、立体结构比较、进化与保守性分析等生物信息学的方法预测未知蛋白质的功能，为蛋白质的合理化设计提供依据。由此发展出各种基于功能取向的，通过突变、重组和功能筛选获得改造分子的技术。以下介绍当前改造 DNA 序列的一些方法。

（一）突变及重组技术

1. 定点突变技术

蛋白质工程的早期采用理性化的分子设计，最早用来实现设计成功的方法是产生于 20 世纪 80 年代的定点突变技术（site-directed mutagenesis），目前常用的定点突变方法主要有寡核苷酸引物介导的定点突变、PCR 介导的定点突变及盒式突变。

(1) 寡核苷酸引物介导的定点突变。其原理是用含有突变碱基的寡核苷酸片段作引物，在聚合酶的作用下启动 DNA 分子的复制，经连接酶连接在体外产生含突变碱基的异源双链质粒 DNA，转化入宿主菌后可产生同源双链突变产物，然后可通过限制性酶切、斑点杂交、生物学方法等筛选突变基因并进行序列分析。该类方法的缺点是介导的定点突变常产生突变效率低的现象。

(2) 盒式突变。盒式突变是利用一段人工合成的突变双链 DNA 片段，取代野生型基因中的相应序列。这种突变的 DNA 片段是由合成的两条寡核苷酸单链在体外退火形成，并且按设计产生克隆需要的黏性末端，由于不存在异源双链的中间体，因此重组质粒全部是突变体，无需筛选。这对于确定蛋白质分子中不同位点氨基酸的作用是非常有效的方法。

(3) PCR 介导的定点突变。是指在 DNA 模板上预先确定的位置引入单个或多个碱基的改变、插入或缺失。PCR 过程中，在合适的条件下容许在引物-模板双链体的 3′端和内部存在错配，因此可把点突变、插入或缺失直接引入引物内，通过引物把核苷酸突变引入扩增产物中，由此获得突变体 DNA。

（4）tRNA 介导的蛋白质工程。另一种定点改造蛋白质的方法是通过改造 tRNA，完成对蛋白质的定点改造，即 tRNA 介导的蛋白质工程（tRNA-mediated protein engineering，TRAMPE）。tRNA 在蛋白质生物合成中负责把氨基酸分子带入相应密码子位置，完成 DNA 到蛋白质的翻译，具有特定反密码子的 tRNA 携带特定氨基酸，通过人为改变特定 tRNA 所携带的氨基酸分子，可以完成相应密码子位置的氨基酸突变，又称为非天然氨基酸替换（non-native amino acid replacement，NAAR）。

2. 随机突变及改组突变技术

（1）易错 PCR（error prone PCR）。这是一种完全随机化的诱变技术，利用了 *Taq* DNA 聚合酶缺乏修复功能的特性，并设置容易引起出错的 PCR 反应条件，这样在扩增目的基因的同时引入碱基错配，导致目的基因随机突变。在该方法中，可遗传的变化只发生在单一分子内部，属于无性进化（asexual evolution），优点是简便易行，但是这种方法得到的突变文库规模有限，有益突变少，后续筛选工作费力、耗时，只适用于较小的基因片段（＜800bp）。

（2）DNA 改组基因突变技术。DNA 改组（DNA shuffling）这项产生于 1994 年的突变重组技术如今已经广泛应用于蛋白质工程对蛋白质分子的改造中，并且衍生出一系列改进的突变技术，开创了蛋白质分子人为进化的时代。DNA 改组也是一项基于 PCR 的诱变技术，又称为有性 PCR（sexual PCR）、分子育种（molecular breeding），简单概括就是将一组同源的核酸序列随机片段化，然后使之进行随机配对的无外加引物 PCR，重新组装成完整全长的核酸序列，其间就引入了突变并进行了重组，模拟了自然界突变、重组的过程。最后可以通过添加引物的常规 PCR 扩增突变后的基因，构建文库并筛选得到所需突变体，还可将筛出的突变体用于下一轮改组试验，直至筛出满意的突变分子。简单的步骤如下。

第一步，目的片段在 DNaseI 的作用下随机片段化，一般 50～100bp，通过控制 DNaseI 的用量和时间控制随机片段的大小。一般来说片段越小突变重组率越高。

第二步，无引物 PCR，在此过程中小片段配对的不精确性引入了突变和重组，并且突变形式多样，可以发生点突变、缺失突变、插入突变、倒位、整合等，模拟自然界存在的各种突变形式，其他常规突变技术无法达到。另外突变频率可由反应体系的缓冲液、片段大小、所用的聚合酶等条件控制。

第三步，添加特定引物，进行常规 PCR 扩增突变后的基因片段，可以在引物两端加限制性酶切位点便于插入合适的载体建立起筛选体系进行筛选。

通过重复上述过程，经多轮改组、筛选可将有益突变迅速组合起来，完成目的蛋白的体外进化过程。该技术具有多种优点，它对于操作的基因没有大小限制，可以达到几万碱基，对于待突变基因的序列信息没有要求，通过与父本回交避免中性突变的积累，使有益突变迅速积累，功能显著提高。

自 DNA 改组技术出现以来，又有许多研究人员对其加以改进，发展出多种适用于不同条件的相关技术。丰富了分子进化工程的研究手段，同时也为重组蛋白质类药物的改造提供了多种可供选择的方法。这些方法主要包括：外显子改组（exon shuffling）；

家族 DNA 改组（family DNA shuffling）；暂时模板随机嵌合体（random chimeragenesis on transient templates，RACHITT）文库；交错延伸（staggered extension process，StEP）；酵母同源重组加强的家族 DNA 改组（CLERY）；单链 DNA 的家族 DNA 改组等。

3. 体外随机引发重组

体外随机引发重组（random priming *in vitro* recombination，RPR）是由寡核苷酸介导随机突变的、不同于 DNA 改组的随机重组突变方法。这种方法以单链 DNA 为模板，配合一套随机序列引物，先产生大量互补于模板不同位点的短 DNA 片段，由于碱基的错配和错误引发，这些短 DNA 片段中也会有少量的点突变，在随后的 PCR 反应中，它们互为引物进行合成，伴随组合，再组装成完整的基因长度。反复进行上述过程，直到获得满意的重组体。

4. 不依赖于序列同源的重组突变技术

对于那些具有类似的立体结构和功能而不具有序列同源性的蛋白质来说，那些基于序列同源的重组方式就不适用了。于是研究人员还发展出了一系列不依赖于序列同源和 PCR 方法的体外重组方法。

（1）递增截短杂合酶技术（incremental truncation for the creation hybrid enzymes，ITCHY）。设计者希望得到两个不同源蛋白质分子的杂合体而获得新功能的分子，它们把两个基因按两种顺序融合起来，然后进行递增的截短，再环化组装，得到每个分子一次重组的杂合体，但是用于连接的片段大小随机因而产生的杂合体分子大小不一，重组发生于与结构无关的完全随机部位，使得产生的杂合体中只有很小的部分有意义，所以这种方法适用于一小部分基因之间的重组，并且需要很好的筛选系统。THIO-ITCHY（incremental truncation for the creation hybrid enzymes with α-phosphothioate deoxynucleotide triphosphates）是通过对 ITCHY 技术的改进而来，利用 dNTP 的类似物，使 ITCHY 的操作过程更有效和简便，基本的特点与 ITCHY 一致。

（2）不依赖于序列同源的蛋白质重组（sequence homology independent protein recombinant，SHIPREC）。这是另一种达到类似目的、优于 ITCHY 的重组方法。为了从两个远源基因的杂交中得到尽量多的功能杂合体，重组部位应该在相似的结构部分，但是缺乏序列的同源性，使得基于同源重组的 DNA 改组方法无法应用于此。于是研究者改用序列的长度而不是同源区段来控制两个基因之间的重组发生于结构相关区域。这就是 SHIPREC 的方法，两个待杂合基因被连接在一起，然后用 DNaseI 酶切，那些长度和两个父本基因一致的片段被分离出来，经过 S1 酶处理产生平端并环化，由于选择的片段大小与父本一致，发生交叉的部位在两个基因中处于相似的位置，可以认为是结构保守区域。最后产生的杂合分子在接头处经酶切连接入合适的载体，构建成重组文库进行体外筛选。这种方法是对传统 DNA 改组方法的补充，将成为对低同源性甚至完全不同源的蛋白质的体外杂合进化的有力工具。

最近又出现了把 DNA 改组和 ITCHY 结合起来使用的 SCRATCHY 技术。简要概括这项技术就是，对于两个基因发生单交换而构建的人工基因家族进行家族 DNA 改组。前面介绍过的 ITCHY，在此处被用来构建产生“人工基因家族”。经过功能筛选的杂合子被用来作为家族DNA改组的初始基因。这种方法把依赖序列同源的DNA改组方法引入对非同源基因的重组改造中，使异源分子发生多重交换，在体外极大地加快了分子进化的速度，为重组蛋白的改造又添新工具。

以上介绍了当前蛋白质工程领域出现的基因改造方法，它们的原理各异，操作有简有繁，但都是目前行之有效的方法，人们在这一领域的研究还在不断进行之中，人们期望的良好的基因突变重组方法应该有这样的优点：操作简便，适用的基因片段大小广泛，产生的重组突变率高并且有益突变出现比率高。当然不同的重组方法适用于不同的待改造基因，我们应该在很好地理解不同方法的原理和优缺点的基础上根据待改造基因，选择合适的重组方法。

（二）计算机辅助分子设计

蛋白质分子设计是蛋白质工程的重要一环。所谓蛋白质分子设计就是根据已知蛋白质的空间结构以及结构与功能之间的关系提出定位突变的方案，以达到有目的地定向改造现有的蛋白质的目的，使新的蛋白质具有更好的热稳定性，人们所希望的最适pH、不同的专一性，以及较高的酶促反应速度等，如果蛋白质的空间结构还不知道，那还涉及空间结构的预测。

1. 同源蛋白质结构预测

众所周知蛋白质的功能不仅与其一级结构有关而且与其空间结构有关，从蛋白质的氨基酸顺序来预测三级结构，或者预测定位点突变后新蛋白质的空间结构是分子生物学中的更重大基础理论问题，也是蛋白质工程中所迫切需要解决的问题。DNA序列测定技术的发展使得蛋白质一级结构的测定相对来说已比较容易，而蛋白质空间结构的测定都要花费许多时间。目前已知一级结构的蛋白质数目为3000种，而已知空间结构的蛋白质仅有近千种，这个差距还在不断增加，因此空间结构预测愈发显得重要。

蛋白质三级结构预测的主要方法如图11-11所示。

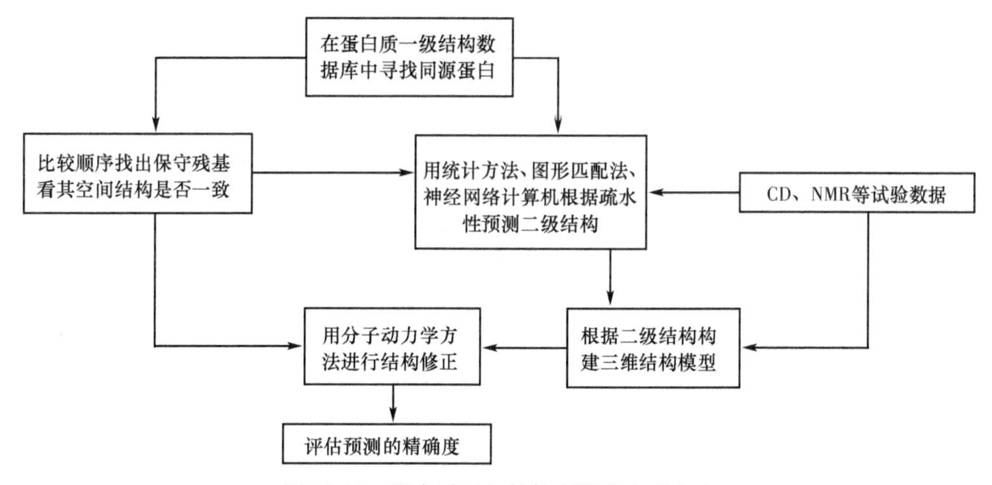

图11-11　蛋白质三级结构预测的主要方法

（1）从蛋白质一级结构数据库中寻找同源蛋白质。在蛋白质一级结构数据库中寻找同源蛋白质，主要用一级结构比较的方法。进行顺序比较主要依赖于被比较的两个序列的相似性，当两个序列的相似程度大于25%时，可从任意的随机放在一起的序列中挑出同源的蛋白质。

（2）寻找已知空间结构的同源蛋白质。一旦在一级结构数据库中找到了同源蛋白质，就可以进一步在蛋白质空间结构数据库中去寻找，看是否已知该同源蛋白质的空间结构。

（3）利用计算机图像系统进行结构显示和残基替换，以及用能量极小化方法及分子动力学方法进行结构修正。

同源蛋白质在进化过程中一级结构尽管发生了很大变化，空间结构却可能仍很相似，也就是空间结构比一级结构更为保守，根据这点可用计算机图像系统或适当的算法进行残基替换，然后进行能量优化及分子动力学模拟，从而得到一个可能的平均构象。

结构预测的成功与否在很大程度上依赖于同源蛋白质顺序相同的程度，当相同残基数大于50%时，从已知空间结构推出未知的空间结构比较成功。

上述方法也可用于预测定位突变后新的蛋白质的空间结构，包括预测新的二硫键或氢键、盐键形成的可能性。

2. 非同源蛋白质结构预测

如果无同源蛋白质的空间结构可供参考，这时需要借助以下两种方法。结合实验数据：通过做二维磁共振波谱实验，可以得到一个蛋白质分子中几十对甚至上百对质子间距离的信息，根据这些信息用距离几何的方法得到蛋白质分子的空间结构模型。已用此方法成功测定了乳糖阻遏蛋白和DNA结合的结构域的空间结构。利用蛋白质空间结构数据库中已知空间结构蛋白所提供的信息进行统计分析：目前，前沿的方法是用神经网络计算机通过已知蛋白质的空间结构来分析判断预测二级结构，进一步可以根据蛋白质中超二级结构的信息得到三级结构模型。

三、蛋白质工程的基本用途

（一）提高药效活性

通过蛋白质工程技术来改造天然的蛋白质先导药物，可以提高药物的亲和力和特异性，达到提高功效、降低用量和副作用的目的。

利用蛋白质工程技术对TNF的改造就是一个成功的实例。TNF是有效杀伤肿瘤细胞的分子之一，但在临床试验中发现，其毒副反应较严重，妨碍了临床使用，通过基因定位改造得到的TNF突变体分子（TNF-αD3a）毒性降低了11倍，细胞毒活性提高了10倍，目前已经获得新药证书。

（二）提高靶向性

提高效应蛋白的靶向性，使之作用于特定的组织或细胞，可以克服药物临床使用中需要剂量大、毒副反应严重、治疗效果差等缺陷。这类药物主要是针对临床难以治愈的肿瘤的治疗，通过蛋白质工程的方法设计的导向药物一般由两部分构成：一部分是对肿瘤细胞有杀伤能力的“子弹”，另一部分是针对肿瘤细胞有特异性的载体，把子弹导向靶部位。目前导向部分从单一的特异抗体发展出单链抗体、细胞因子、激素、受体识别的小分子肽等。对于毒素部分，目前研究较多的有白喉毒素（diphtheriatoxin，DT）、绿脓杆菌外毒素（pseudomonas exotoxin，PE）、核糖体失活蛋白、志贺菌毒素（Shige toxin，STX）等。

随着蛋白质工程技术的发展，应用载体和子弹的立体结构信息，通过计算机辅助设计和基因工程重组技术和高效的筛选方法，将获得设计更合理、靶向特异性高、杀伤活性强、免疫原性低、毒副反应轻的新一代导向药物。

目前，第一个融合毒素 Ontak（DAB_{486}-IL2）已经被美国 FDA 批准用于治疗淋巴瘤，另外还有多种类似的药物正在临床试验中。

（三）提高稳定性、改善药代动力学特性

重组蛋白质药物的有效形式在体内存留时间的长短，极大地影响到使用剂量和疗效。防止蛋白质在体内被迅速降解、延长半衰期，也是蛋白质工程药物要解决的问题之一。一般来讲，蛋白质稳定性的主要影响因素是二硫键、氢键和盐桥等，它们通过降低折叠与非折叠的熵差，减少非折叠的构象；通过稳定 α 螺旋和填充疏水内核，使蛋白质构象处于能量最低状态和最稳定状态。通过研究蛋白质的结构与功能之间的关系，特别是三维结构对于稳定性的关系，采用蛋白质工程对天然蛋白质进行突变改造，以期获得目标稳定性。通过蛋白质设计方法对突变体进行筛选，获得高表达的突变体。生产适合工业化应用的高稳定性蛋白质相关的研究正在开展并不断取得新的研究成果。

（四）提高工业生产效率

很多蛋白质药物是来源于真核细胞的成分，在利用原核系统表达生产的过程中会遇到表达产量低、无法糖基化、包涵体难以复性等多种问题，而用真核表达系统，同样有表达最低、纯化复杂等缺点而造成生产工艺复杂、活性差、成本高等困难，导致实验室工作难以扩大规模无法满足临床试验的需要。随着对蛋白质翻译加工、新生肽链折叠以及蛋白质结构在这些过程中的作用等问题的深入研究，人们开始利用蛋白质工程的技术手段，通过改造蛋白质的结构来优化药用蛋白质的生产工艺，在不影响功能甚至提高活性的情况下改造天然蛋白质结构，使之易于生产纯化，降低成本而具有临床推广的可行性。这一类蛋白质工程药物中最著名的是 Chiron 公司开发的 IL-2 突变体 Proleukin，第 125 位的半胱氨酸突变为丝氨酸，使得基因工程生产的重组蛋白大部分以正确折叠形式存在，有利于纯化，适于大规模生产。

（五）降低蛋白质类药物引起的免疫反应

生物技术重组蛋白质药物存在种的特异性，异种蛋白应用于人体将产生免疫反应，严重时可以致命，所以要求应用于人体的蛋白质类药物都是人源的，或者是经蛋白质工程改造而“人源化”的重组蛋白。抗体的人源化成为蛋白质工程研究中的一个重要课

题、进而衍生出蛋白质工程的分支——抗体工程。近几年来人源化单抗研究取得了成功，已有多种被批准上市。第一个被批推上市的嵌合抗体是Centocor公司1994年上市的抗凝药Reopro，通过抗血小板表面的糖蛋白GPⅡb/Ⅲa来防止血小板凝集。这是由小鼠单抗的可变区同人抗体恒定区组成的嵌合抗体，可使鼠源性单克隆抗体的免疫原性明显减弱。另外，嵌合单克隆抗体已经用于肿瘤、抗感染、自身免疫病等疾病的治疗，并已显示出良好的治疗效果。

（六）获得具有新功能的蛋白质分子

通过对蛋白质结构与功能的深入了解，人们通过设计改造，按需要把具有不同功能的部分重新组合，得到新功能蛋白。多价抗原表位多肽疫苗就是基于这种设计构建的，它是人们根据病原体最保守的致病结构区和抗原决定区，进行设计、构建的新型疫苗，力图达到以最小的分子激发人体的免疫系统，保护人体免遭疾病侵袭，同时避免致病蛋白质导致的毒副反应的发生。

此外，利用作用于细胞不同靶位的功能多肽，设计构建双功能或多功能的活性多肽，也是蛋白质工程药物的一个方向。

（七）获得特定蛋白质的拮抗物或类似物

机体内某些调控蛋白或高或低的异常表达是某些疾病的产生原因，通过引入外源拮抗剂抑制高表达的因子或补充外源类似物补足低表达的分子，是治疗这类疾病的重要手段。通过蛋白质工程技术可以根据已有的信息设计构建与功能筛选，得到这样的类似分子、拮抗分子。目前十分有效的治疗风湿性关节炎的药物Enbrel（etanercept）就是通过蛋白质工程的方法构建的改良型可溶性TNF受体，此分子由TNF受体胞外区以二聚体的形式融合于抗体IgG_1的Fc段构成，它对TNF的亲和力和在血浆中存在的稳定性比单独的TNF受体胞外区有了很大的提高。此药1998年被美国FDA批准治疗风湿性关节炎，1999年被批准治疗青少年风湿性关节炎，2000年成为美国治疗成人风湿性关节炎的一线药物，它已经帮助数万名风湿性关节炎患者恢复了正常的生活。

（八）模拟原型蛋白质分子结构开发小分子模拟肽类药物

血小板生成素（TPO）是作用在巨噬细胞前体至产生血小板的发育阶段上的一种细胞因子，它可以增加骨髓和脾脏中的巨噬细胞数量以及外周血中血小板含量，可以用于临床放疗、化疗引起的血小板减少症。有人应用TPO受体（TPOR）为靶蛋白对噬菌体肽库进行筛选，得到的一个高亲和力14肽对人的巨噬细胞在体外具有刺激增殖和成熟的作用，对正常小鼠给药时可促进血小板的数量增加，较对照组高80%，可望能成为有效的血小板促生剂。

四、蛋白质工程应用实例

目前世界范围内的蛋白质工程药物研究与开发十分广泛，截至2012年12月，全球已经批准上市的有50余种。处于临床试验和实验室研究阶段的蛋白质工程药物更多，各国政府及制药公司在蛋白质工程药物的研究和开发方面投入不断增加，蛋白质工程药物在全球医药销售中的比例也不断增加。已被批准上市的蛋白质工程药物均提高了原型的性能，使其更有效地应用于临床治疗。胰岛素、干扰素、tPA是开发较早、应用最广泛的重组蛋白质药物，在生物药品的市场中占有很大份额，相应的结构、功能基础研究十分深入，因此成为蛋白质工程改造的重点对象，现均已获得了新产品。

以胰岛素的改造为例来说明蛋白质工程的实际应用。

重组天然人胰岛素是多肽类激素药物的代表，是目前治疗糖尿病的特效药，有重要的临床应用价值。天然形式的胰岛素在临床使用中存在的缺点包括：作用时效短，进入血流慢，长期使用时产生抗性，稳定性差、无法长期保存，生产规模不能满足需求等。

目前长效胰岛素类似物的改造策略是通过改变氨基酸组成使其等电点从pH 5.4增高到中性，使其在注射部位形成沉淀，缓慢释放。Hoechst公司开发的长效胰岛素突变体HOE 901，在胰岛素B链C端引入两个Arg7，A链的21位Asp突变为Gly，目前正在Ⅱ期临床试验中，显示了很好的使用前景。

我国科学家对于胰岛素改造的蛋白质工程，也已经取得了一系列研究成果，将胰岛素原连接肽（C肽）30多个氨基酸缩短为3个，得到基因工程生产的高效表达，获得国家专利，为胰岛素蛋白质工程的进一步研究发展打下了基础。

总之，人们通过蛋白质工程的方法对这些天然药物的改造，将尽可能地得到“最优的”蛋白质工程药物。科技的进步永无止境，未来的蛋白质工程药物将具有无法估量的应用前景。

（孙铭娟　王梁华）

第十二章　生命科学与农业科学

农业是世界上规模最大和最重要的产业，近年出现的全球粮食危机给人们敲响了警钟。发达的农业经济在很大程度上依赖于科学技术的进步。随着人们生活水平的提高，白色农业、绿色食品成为发展方向，促使农业生产从传统农业转向高效优质和可持续发展的现代农业。可见，不管对于发达国家、发展中国家或是经济落后国家，农业生物技术是非常重要的科技支撑之一，农业生物技术产业已成为新经济和科技竞争的焦点，并将可能改变未来农业和经济的格局，其作用不可替代。

农业生物技术是以农业生物为主要研究对象，以农业应用为目的，以基因工程、细胞工程、微生物工程、蛋白质工程等现代生物技术为主体的综合性的技术体系。农业生物技术大体上可划分为植物种苗生物技术、水产养殖生物技术、畜禽生物技术、动物用疫苗、食品生物技术、生物肥料及生物农药等几大领域。

第一节　作 物 育 种

植物通过光合作用所形成的产物是人类和其他生物直接或间接的食物来源。栽培植物都起源于野生植物。它是人类根据自身生活经过长期栽培、驯化和人工选择形成。自古至今，人们不断地寻求提高重要作物质量和产量的方法，逐渐将农业由传统的方法发展为现代农业科学技术。就作物育种方面而言，传统的育种方式漫长而艰辛，而新兴生物技术方法，如细胞融合、基因工程、组织培养以及单倍体育种等可以很大程度地提高育种效率。

一、育 种 目 标

育种目标是育种工作首先要明确的问题。所谓育种目标，就是要选育出具备优良性状的品种，即具有目标性状的品种。例如，我们可根据生产发展的要求选育高产高糖分、宿根性好、抗逆性强的甘蔗品种，这就是甘蔗的育种目标。而高糖分、宿根性好、抗逆性强等性状为育种工作的目标性状。育种工作成败的关键之一在于正确地制定育种目标。

我国地理幅员辽阔，在不同地区的自然条件、经济状况和农业发展水平各不相同，因此即使为同一农作物，在各地的育种目标也不一样。而各种不同农作物的育种目标就更不一样了，如粮食作物、油料作物以及花卉等都有各自的育种目标。虽然如此，但在制定育种目标时仍要注意它们的共同原则。

首先，育种目标要因地制宜，适应当地的自然条件、栽培条件和经济要求。任何一个品种只有在某地能够高产、稳产并保证一定质量时才能满足生产的需求。而品种要获得高产、稳产和高质量，首先就必须要适应当地的自然条件和栽培条件。作为生产者首先要了解当地的生态条件，找出优势和劣势因素，以便针对这些问题选育相应的品种，如沿海多风地区应选育秆硬秆矮的抗风品种等。

其次，结合近期目标和长远目标。选育目标不但要适合当前的生产水平，更要预计到今后国计民生的需要。因为一个优良品种从选育到大面积推广，往往需要几年乃至十几年时间，因此按当前要求制定的目标可能会被淘汰。例如，农业机械化的推进对农作物品种提出了新的要求，如小麦的抗倒伏、抗落粒性等。

总之，为符合今后生产发展和技术发展的要求，既要重视改进农作物的重要性状，也要符合长远发展的要求。

二、植物雄性不育

雄性不育是指在两性花植物中雄蕊败育的现象，植物雄性不育是自然界的普遍现象。早在1763年德国学者库尔易特（J. G. Kolreuter）就发现了此现象，1890年达尔文（C. Darwin）对此做了报道，以后更多学者对植物雄性不育开展研究。这些研究涉及甜菜、烟草、玉米、小麦、水稻等农作物。

有些雄性不育现象是可以遗传的，采用一定的方法可将植株培育成稳定遗传的雄性不育系。雄性不育系在杂交过程中有着非常重要的作用。众所周知，由于很多植物单花结籽量少，想要获得杂交种子很难，从而使杂交种子生产成本太高而难以在生产中应用。那么利用雄性不育系配制杂交种是简化制种的有效手段，可以降低杂交种子生产成本，提高杂种率，扩大杂种优势的利用范围，为增加农作物产量和改善品质提供优良品源。雄性不育从基因控制水平可以分成下列三种：细胞质雄性不育、核雄性不育和核质互作雄性不育类型。细胞质雄性不育性状既有核基因控制又有核外细胞质基因控制，表现为核质相互作用的遗传现象。无论植物的不育性是哪种类型，它们都会在一定的组织中表现出来，有些时候不育株还会影响内源激素的变化等。十字花科、伞形科、百合科、茄科等蔬菜作物中，普遍存在不同程度的雄性不育现象。雄性不育是研究植物线粒体遗传、叶绿体遗传和核遗传的很好材料，可以结合细胞遗传、分子遗传学进行研究。

植物核雄性不育目前认为是由细胞核内一对等位基因调控。这种核雄性不育基因往往受到外界光照或温度等因素的影响。随着雄性不育研究的不断深入，研究技术也不断改进。杂交核置换、基因工程、体细胞诱变、组织培养、辐射诱变等多种技术方法均可以产生可遗传不育。目前利用基因工程的原理和方法，已创造一批不育系植物，在生产上运用后获得了可喜的结果。

三、生物肥料

生物肥料是应用于植物或土壤环境中的含有生物活性、起肥料作用，或以肥料方法施用、以微生物活性生物体或其代谢产物为主要作用因子的一类生物制剂或肥料制品，将其应用于农业生产中能获得特定的肥料效应。

确切地说，生物肥料是菌而不是肥，因为它本身并不含有植物生长发育需要的营养元素，而只是含有大量的微生物，在土壤中通过微生物的生命活动，改善作物的营养条件。例如，增加了对植物营养元素的供应量，从而提高植物产量；微生物生长繁殖时所产生的植物生长激素可以刺激植物的生长；而某些微生物可通过拮抗作用，减轻作物病虫害，使产量增加。

生物肥料的种类很多，如果按其制品中特定的微生物种类可分为细菌肥料（如固氮菌肥）、放线菌肥（如抗生菌类）、真菌肥料（如菌根真菌）等；按其作用可分为根瘤菌肥料、固氮菌肥料、解磷菌类肥料、硅酸盐细菌类肥料、增产菌肥料等；按制剂的组成成分可分为单一微生物肥料和复合微生物肥料。

四、生物农药

植物病原菌的活动常受到其他微生物的抑制和干扰，利用微生物之间的寄生、拮抗、竞争等作用可以对植物病原菌进行生物防治。所谓生物农药（biopesticides）就是利用生物活体或其代谢产物对害虫、病菌、杂草、线虫、鼠类等有害生物进行防治的一类农药制剂，或者是通过仿生合成具有特异作用的农药制剂。与传统方法使用的化学农药不同，生物农药是基于生物学的原理，利用天然生物对有害生物进行杀灭和控制。化学农药的使用在很大程度上可以提高农业和森林业的产量，然而同时也造成了巨大的环境污染效应，导致水源污染、土地毒化、食物污染致人畜中毒等。因此，与化学农药相比生物农药具有无毒、无害、针对性强、保护环境和生态系统的特点，比化学农药更适合在有害生物综合防治策略中应用，对人畜和非靶标生物相对安全。

我国生物农药按照其成分和来源可分为微生物农药、植物农药、生物化学农药三个部分。

1. 微生物农药（microbial pesticides）

这类生物农药利用细菌、真菌、病毒、单细胞原生动物、线虫等作为活性成分，对杂草、昆虫和植物病虫害进行防治。例如，苏云金杆菌（*Bacrilus thursngtcns*，Bt）的细菌芽孢中含有的晶体毒蛋白能特异地作用于鳞翅目昆虫，已被广泛地应用于蔬菜、水果等农作物的病虫害防治。

2. 植物农药（plant pesticides）

这类农药是利用基因技术将某种抗病虫基因转移到某种植物中，使该植株也产生抗病虫的特性。例如，可将Bt杀虫蛋白基因转移到某种植物基因中，使该植物具有杀虫基因，成为杀虫植物。

3. 生物化学农药（biochemical pesticides）

这类农药与传统有机合成化学农药不同，它是通过非毒性的机理，用天然产生的某些物质干扰病虫害的生长和繁殖，达到防治病虫害的目的，如各类昆虫信息素等。

此外按照防治对象可分为杀虫剂、杀螨剂、杀鼠剂、杀菌剂、除草剂、植物生长调节剂等。就其利用对象而言，生物农药一般分为利用源于生物和直接利用生物活体两大类，前者如植物生长调节剂、性信息素等，后者包括细菌、真菌、拮抗微生物等。

五、植物抗逆性研究

自然界中的植物体与环境间的关系密不可分，环境提供了植物体生长、发育、繁殖所必需的物质基础，如阳光、水分、土壤、空气等；但与此同时环境又给予植物体一定的选择压力，如寒冷、干旱、水涝、病虫害等。面对环境的选择压力，许多物种消失了，但同时又产生了许多新品系，使植物表现出对环境的抗性。利用不同作物种质对逆境抗性的遗传差异，通过一定的育种途径和程序，选育对某种不良环境具有抗性或耐性的新品种。例如，蔬菜作物生长发育中所遇到的逆境主要有寒冷，高温，干旱，水涝，盐渍，土壤、水质和空气的污染，以及农药、除草剂的残留等。解决上述问题的途径，除了改善生产条件和控制环境污染以外，进行抗逆性育种也是一条经济有效的途径。抗逆性包括多种抗性，而每一种抗性可能涉及多个性状，遗传机制相当复杂，抗逆性育种的研究也还处于初级阶段。

传统的抗逆性育种方法是在一定逆行环境选择压力下，采用随机筛选或通过组织培养、诱变、原生质体融合、体细胞杂交等方法定向筛选。这些方法存在的主要缺陷有：盲目性较大，植株遗传变异频率低导致筛选效率不高，一种植物体上的优良抗逆性很难被转移到其他种的植株。而后逐渐新兴发展起来的植物基因工程技术则很好地解决了这些问题。基因工程技术的优势在于特定抗性基因定向转移，频率比自发频率高出 10^2 ～ 10^4 倍，从而大大提高选择效率。采用现代生物技术进行抗逆育种还可以打破种属的界限，不仅可以用各种植物来源的基因，还可以运用动物、细菌、真菌甚至病毒等来源的基因。所以基因工程技术目前已经成为一种广泛而且有效的培育植株抗逆性的手段。通过基因工程技术获得的植物成为转基因植物（transgenic plant）。例如，通过将突变后的抗草甘膦的基因引入烟草中，使植株获得抗草甘膦的能力；在烟草中导入几丁质酶基因可使其植株免于真菌感染；此外还有抗昆虫作物、抗病毒作物、抗重金属作物等。

抗逆性育种主要包括以下几个部分的工作：首先是进行育种资源的收集，为不同目标的抗逆性育种提供有效的基因源，这一步是筛选资源和开展抗逆性育种的重要环节。其次，要在相应的逆境条件下鉴定某种抗逆性。通过鉴定以明确造成植物损伤的某种逆境的范围或剂量，并进行定量测定，鉴别植株个体对此种逆境的反应和承受能务，筛选出抗该逆境能力强的个体。另外采用现代生物技术，把植株组织或脱去细胞壁的原生质体在逆境条件下培养，可进一步提高抗逆性鉴定筛选的效率，获得某种抗逆性强的种质材料。

六、植物生物技术的其他应用

植物生物技术除了被广泛应用于以上的抗逆性以及生物农药和生物肥料等方面的研究，还涉及许多其他方面的应用。

例如，种子储存蛋白的改良。种子储存蛋白一般是由有限的氨基酸通过重复结构单位形成，它们通常缺乏一种或多种人类的必需氨基酸，所以对于特定的粮食作物，植物生物技术的运用可以提高其营养价值。近年来许多研究工作者对水稻谷蛋白、小麦储存蛋白、玉米醇溶蛋白等基因进行了较为深入的研究，对这些基因加以转化和利用可以使受体植物的蛋白质含量得到提高。具体可以通过以下操作来实现。第一，可以将外源编码的广谱氨基酸的种子储存蛋白基因转入含种子蛋白品质较差的植物中；第二，可以将植物中原有的种子储存蛋白基因的氨基酸进行改良，然后重新导入受体植物中。

还可以采用基因工程技术对植物的果实成熟期进行改良。水果产业中的一个主要难题在于从产地到市场的运输过程中，果实会提前成熟和变软。如今几个与果实成熟相关的特异基因已经被分离出来，如编码多聚半乳糖醛酸酶基因和编码纤维素酶的基因，通过控制这些基因的表达可以改变果实的成熟特性，从而控制果实的成熟时间和变软过程。此外还可以通过干扰乙烯合成的方法以减慢果实的成熟和变软。例如，在目标植物中导入编码降解氨基环丙烷羧酸（amino cyclopropane carboxylic acid，ACC）的酶的基因，而ACC正是乙烯的中间前体。通过这些操作可以使自然成熟的水果有较好的运输品质。

此外，基因工程技术也被广泛地应用于控制观赏植物的花形、香味、叶色、花数等性状。

第二节　农业动物品种改良

生产农业动物的产业包括畜牧、水产以及其他有关副业，涉及多个动物门类，如哺乳类、爬行类、鱼类和鸟类等。这些产业为人类提供了肉、奶、蛋以及其他农副产品。农业动物相关产业的发展与种植业一样需要筛选和培育大量的优良品种，不断对生物性状进行改进，从而达到高质、高产和高效的生产目标。以动物育种为例，常规的方法主要对与目标性状相关的表型进行筛选，直接选择或保留某些物种以提高生产性能。这种方式的局限性在于耗时长、成功率较低，往往需要大量的工作才能取得一定成果。然而现代生物技术的发展改变了这一状况，为养殖业等农业动物产业提供了有效的技术支持手段。基因工程、胚胎工程、细胞工程以及遗传工程等各方面技术的日趋完善，使农业发展进入了一个新的时代。

一、动物转基因技术

动物转基因技术（transgenic technology）是利用基因工程的方法人为地将外源基因导入动物的基因组并获得表达，以获得携带外源基因的动物，即转基因动物（transgenic animal），从而达到对动物进行遗传修饰的一整套技术的集合。自从20世纪80年代初该技术诞生以来，动物转基因技术经过30多年的发展已经展现了巨大的应用前景，为人类改良和利用农业动物拓宽了视野。动物转基因技术在基因功能研究、分子育种、生物反应器、疾病模型等各个方面显示了巨大的价值。

这种打破动物的种间隔离，实现动物物种间遗传物质的交换，为改良动物性状或产生新的优良性状提供了有效的方法。动物转基因操作基本步骤为：构建和鉴定外源基因；将外源基因导入受精卵；将转基因受精卵移入母体子宫；胚胎发育；检测新基因的表达及遗传特性。这项技术在畜牧业中具有广泛的应用前景，涵盖了畜牧业中的动物遗传育种与繁殖、动物生产、预防兽医、生物制药等各个学科领域，是关系传统畜牧业整体技术升级成功与否的关键技术之一。我国大部分省（自治区、直辖市）都已经开展此领域研究，成绩斐然。

现已报道了多种生产转基因动物的方法，如①融合法，包括精子融合法、微细胞介导融合等；②化学法，包括DNA-磷酸钙沉淀法、DEAE-葡聚糖法、染色体介导法等；

③物理法，包括显微注射法、电脉冲法、细胞冻存法等；④病毒感染法，包括重组DNA病毒感染、重组RNA病毒感染等。但比较成熟并可以稳定生产转基因动物的方法一般为以下三种，即核显微注射DNA法、精子介导法和核移植法等基因转移方法。

1. 核显微注射法（nuclear microinjection）

核显微注射法是动物转基因技术中最常用的方法，即通过显微操作技术将外源基因直接用注射器注入受精卵，使得注射的外源基因与胚胎基因组融合，然后进行体外培养，最后移植到受体母畜子宫内发育，这样分娩的动物体内的每一个细胞都含有新的DNA片段。其优点是外源基因的转移率和整合率都较高。缺点是效率低、位置效应（外源基因插入位点随机性）造成表达结果的不稳定性以及动物利用率低等。迄今为止，核显微注射法仍是最有效、最实用的动物转基因方法。

2. 精子介导的基因转移（sperm-mediated gene transfer，SMGT）

精子介导的基因转移是指把精子作适当处理后，以精子为载体将其携带的外源目的基因导入受精卵，然后将其移植到母畜体内，产生符合要求的转基因动物。使用该技术，避免了使用注射方法造成的对受精卵的机械损伤。这是目前转基因动物研究中简单而高效的方法学之一。

3. 核移植（nuclear transfer）

把一个细胞的核转入到另一细胞的细胞质中的技术，称作细胞核移植。提供细胞核的细胞称为供体，接受核的细胞为受体。其过程是先把外源基因与供体细胞在培养基中培养，使外源基因整合到供体细胞上，然后用玻璃管将供体细胞的细胞核转移到受体细胞——去核卵母细胞，构成重建胚，再把其移植到假孕母体，待其妊娠、分娩后即可得到转基因的克隆动物。

1981年人类第一次成功地将外源基因导入动物胚胎，创立了动物转基因技术。1982年获得转基因小鼠，以后相继在10年间报道过转基因兔、绵羊、猪、鱼、昆虫、牛、鸡、山羊、大鼠等转基因动物的成功。近30年动物转基因技术在畜牧业得到了广泛的应用。

二、胚胎工程

胚胎工程技术（embryo engineering technology）是对哺乳动物的排卵、受精、胚胎早期发育等繁殖过程进行人工操作的现代生物技术，它实际上是动物细胞工程的拓展与延伸。通过胚胎工程技术，可以使哺乳动物的繁殖打破空间和时间的限制，为家畜良种的繁殖、发育和推广提供了快速高效的方法。动物胚胎技术主要涉及对于动物胚胎的操作，包括排卵、胚胎培养和保存、胚胎移植、体外受精、胚胎分割与嵌合等多项技术。

1. 配子与胚胎冷冻技术

配子与胚胎的冷冻保存指的是在超低温状态下将精子、卵子或胚胎暂时保存起来而不丧失活力。其中精液保存技术已经成为农业动物相关产业的常用技术。随后在冷冻精子的技术基础上进一步发展起来了一项新技术，即胚胎冷冻技术。配子和胚胎的冷冻保存技术可以应用于建立胚胎库，进行国际交流，动物品种保存、运输，基因库的保存，濒危动物的保种等。

胚胎冷冻保存技术包括胚胎的冷冻和解冻。胚胎冷冻的成败与许多因素有关，如抗冻剂种类和浓度、解冻速度、温度等。此外还需考虑抗冻剂的毒性、胚胎渗透压等因素对动物胚胎造成的影响。

2. 胚胎分割技术

胚胎分割是指通过显微操作人工制造成倍甚至成数倍的成体数，这些显微操作技术包括：显微玻璃针法、显微手术法、酶消化透明带分割法等。通过这些方法可以将一个胚胎分割为两个或多个，制造同卵多仔。国内外科学家们已在鼠、兔、牛、羊、猪的胚胎分割上取得了成功。

3. 胚胎嵌合技术

胚胎嵌合技术就是将两个除去表层的透明带的不同品种或不同种的胚胎黏合在一起，或将两个裸胚各切一半，分别合成两个新的嵌合体胚胎。然后将新合成的胚胎移植到受体母畜体内让其继续发育形成一种嵌合体的新后代。嵌合体的制作一般有聚合法和注射法。这项技术可以应用于多个领域。

4. 胚胎移植技术

所谓胚胎移植就是通过超数排卵技术将优良品种牛、羊的胚胎（7 日龄左右的受精卵），用人工方法移植到一般品种的母牛羊子宫里发育成胎儿，最后产下优良品种牛羊的过程。从技术角度上讲，提供胚胎的畜主称为供体，接受胚胎的畜主称为受体。将一个早期胚胎的卵裂球分离成几十个具有相同遗传基因的细胞，然后把这些细胞核分别注入受体母畜的去核受精卵中，获得从同一个优良品种卵繁殖出来的性状相同的许多仔畜。这种技术是细胞核移植技术的一种，对我国目前现有奶牛、肉牛、山羊和绵羊生产性能低下的品种改良有特别重要的意义。

5. 胚胎性别鉴定技术

胚胎性别鉴定技术即在不影响移植发育的前提下，取供移植胚胎上的细胞少许，用细胞遗传学方法、生物化学方法、免疫学方法和分子生物学方法等进行性别鉴定，以便按需要控制繁育新仔畜的性别。这项技术是人们实现性别控制的重要途径。随着科学技术的发展和各种新的研究工具在性别鉴定中的应用，性别鉴定已越来越接近于能够在生产实践中应用，如在胚胎移植前对动物进行性别鉴定对于产乳业有重要意义。

三、生物反应器工程

生物反应器（bioreactor）是指用微生物、植物、动物或人细胞，或者用专一性酶通过生物方法将原料转化为特定产品的容器。生物反应器能通过提供合适的条件，如温度、有效的底物、pH、营养盐、维生素和氧等来支持这个自然过程，使细胞能进行生长和新陈代谢。自 DNA 重组技术问世以来，人类建立了多种表达体系，生产了各种基因工程产品。然而微生物表达体系中的基因工程产物往往不具备生物活性，必须经过糖基化、羟基化等一系列修饰加工后才能成为有效的药物；另外，哺乳动物细胞基因工程又因为哺乳动物细胞的培养条件成本高，分离纯化复杂，限制了规模生产。相比较而言，动物生物反应器具有产品质量高、提纯过程简单、投资少、成本低、环境污染小等特点，弥补了其他各类基因表达系统的缺陷。目前应用于生产的生物反应器主要有以下几种。

1. 乳腺生物反应器

乳腺生物反应器技术是将目的产品的基因组装到乳腺蛋白表达载体中，转入到动物，如奶牛、奶山羊基因组中，再经乳腺提取目的蛋白。此核心技术的关键是生产高效表达具有巨大商业价值的转基因动物。组织特异性表达是否有效由所表达目的蛋白的表达水平和生物学活性决定。现已通过乳腺生物反应器生产出许多药用蛋白，如抗凝血蛋白酶、凝血因子、溶菌酶、谷氨酸脱氢酶等。这项技术具有许多优点，如生物药品高活性、人源化，高产、高质、高益，低成本、低耗能、无污染。

2. 动物血液生物反应器

近年来动物血液生物反应器也取得了很大进展。血液生物反应器可用于生产人血红蛋白、抗体等。现已有通过转基因动物生产的具有生物学功能的人血红蛋白，这种产品可以解决血液来源问题，同时避免了血液途径的疾病感染。

3. 其他生物反应器

除乳腺生物反应器、血液生物反应器外，还发展了一些其他类型的动物生物反应器，如以输卵管作为生物反应器利用鸡蛋生产重组蛋白；利用转基因鸡的蛋来生产重组免疫球蛋白等。

在转基因动物生物反应器的应用中仍有部分问题尚待解决。例如，尽管在绵羊、猪等动物中可以观察转基因型的稳定遗传，但由于转基因动物的基因是嵌合型，导致许多转基因动物都有不能稳定遗传到下一代的问题。而其他一些因素，如胚胎移植的受孕率低、外源基因的整合率低等都使转基因动物的有效率降低。同时在转基因技术的操作过程中可能会引起异位表达、插入诱变等问题。转基因动物生产的药用蛋白可用于预防和治疗疾病，其体内代谢转运、药物耐受性等问题都在作进一步研究。

第三节　食品安全

食品是人们生活的最基本必需品。然而，随着化学品和新技术的广泛应用，食品安全问题日益突显，已经成为当今世界各国关注的焦点。食品安全（food safety）是指食品本身对消费者的安全性，即食品中的有毒、有害物质对人体的影响。而安全食品（safety food）指的是生产者所生产的产品符合消费者对于其安全性的需求，并经过权威部门认定，在合理的食用方式以及正常食用量的条件下不会导致消费者健康损害的食品。目前，我国的安全食品从广义上可以分为4个层次，即常规食品、无公害食品、绿色食品和有机食品。食品在生产和加工过程中可能受到来自原料本身、环境污染以及加工过程等多个环节的危害。这些不安全因素可能存在于食物链的各个环节。例如：①微生物、寄生虫等生物性污染；②农用、兽用化学物质；③环境污染；④食品添加剂的使用；⑤新开发的食品资源及新工艺产品；⑥包装材料等。

一、生物性危害

生物性危害主要是指生物自身及其代谢过程、代谢产物对食品原料、加工和产品的污染。它又可以分为细菌性、真菌性、病毒性、寄生虫性以及虫鼠害等。其中，由细菌及其毒素产生的危害最为常见，其影响最大、涉及面最广、问题最多。因此，控制食品的细菌性危害是目前食品安全问题的主要任务之一。在夏秋炎热季节，若食物在制作、储存、出售过程中处理不当被细菌污染，易导致细菌性食物中毒。2013 年 6 月广东省东莞市徐福记食品有限公司近百名员工同时出现身体不适，多人有高热、恶心、呕吐、腹痛、腹泻等症状。经调查，这是一起因食物保存不当引起的细菌性中毒事件。细菌性中毒的原因主要有两种：一是由于细菌在食品中大量繁殖，摄取了这种带有大量活菌的食品，肠道黏膜受感染，常见的细菌有沙门菌、副溶血性弧菌、变形杆菌、致病性大肠杆菌和韦氏杆菌；另一原因是细菌在食物中繁殖后释放出毒素，毒素被肠道吸收后引起中毒，如肉毒中毒、葡萄球菌肠毒素中毒等。因此，预防食品的细菌性危害，加强食品管理和注意饮食卫生尤为关键。

真菌性危害主要来源于致病性真菌及其毒素的危害。致病性真菌可以产生具有较强致病性的真菌毒素，并伴有致畸和致癌性，它是食物中毒中的一种严重生物危害。例如，谷物、油料或其他植物在储存过程中生霉，未经适当处理即作食料，或是已做好的食物放久发霉变质误食引起。发霉的花生、大豆、玉米、大米、小麦等是引起真菌性食物中毒的常见食料，常见的真菌有曲霉菌（黄曲霉菌、棒曲霉菌等）、青霉菌（毒青霉菌、岛青霉菌等）和镰刀霉菌。由于大多数真菌毒素不被通常高温破坏，所以真菌污染的食物虽经高温蒸煮食后仍可中毒。慢性真菌性食物中毒除引起肝脏、肾脏功能及血液细胞损害外，有些种真菌，如黄曲霉菌可以致癌。要预防真菌性危害必须要注意对食品加工的原料及食品的保存，食品不宜积压过久；已经发生变质的食品，不应再食用，并应与其他食品隔离。

二、化学性危害

食品中的化学危害可以来源于食品原料本身，也可以来源于加工过程中添加、污染以及发生化学反应后产生的各种有害物质。常见的有农药与兽药残留、重金属超标和添加剂滥用等。此外，食品中含有的天然毒素及过敏源和食品包装材料等也是食品中化学危害的来源。

1. 农药与兽药残留

农药、兽药和食品添加剂对食品安全的影响，近年来已成为人们关注的焦点。根据用途，通常可以将农药分为杀虫剂、杀螨剂、杀菌剂和调节剂；按化学组成和结构又可以将农药分为有机磷、氨基甲酸酯、拟除虫菊酯、有机氯、有机砷等多种类型。一方面，农药的使用可以大幅度地减少农作物的损失、提高产量和经济效应；另一方面，农药的大量使用不仅对环境造成严重污染，还可能会对人体造成多种危害，如急性、慢性农药中毒，致畸、致癌、致突变作用等。

抗生素、磺胺类和激素等兽药常被用于预防和治疗家禽、家畜和鱼类等疾病，促进生长。然而，滥用和过量使用兽药会造成动物性食品中的药物残留。对人畜危害较大的兽药主要有抗生素类、磺胺类、呋喃类、抗寄生虫类和激素类等。兽药残留可能导致以下毒副作用：①药物蓄积引起的毒性作用；②过敏反应和变态反应；③细菌耐药性；④菌群失调；⑤激素副作用；⑥致癌、致畸以及致突变等。

2. 有毒金属污染

环境中有80余种金属元素可以通过水和食物摄入、呼吸道吸入以及皮肤接触等途径进入人体内，其中一些金属元素在摄入剂量较低时对人体即可产生明显毒副作用，如镉、汞、铅等，常常被称为有毒金属，即我们常说的重金属。近年来由于环境污染日趋严重，我国多个地方的大米和蔬菜等农产品中的重金属严重超标。据广东省农业厅介绍，由于土壤污染，珠三角多地蔬菜重金属超标率达10%～20%；另据2010年发布的《我国稻米质量安全现状及发展对策研究》报道，我国约有1/5的耕地受到了重金属污染，其中被镉污染的耕地涉及11个省25个地区，特别是长江以南地区。由于有毒金属在人体内排出缓慢，半衰期长，并且可以通过生物富集作用达到很高的浓度，从而可以对人体造成慢性中毒和远期效应（致癌、致畸和致突变）等危害。

3. 食品添加剂

在我国，食品添加剂是指为改善食品色、香、味以及因防腐和加工工艺的需要而添加在食品中的天然物质或化合物质，包括消泡剂、酸度调节剂、膨松剂、漂白剂、防腐剂、甜味剂、香料等。进入21世纪以来，随着食品工业的发展，食品添加剂的安全问题也逐渐突显。人工色素是为了促进人们的食欲，提高食品的美观度和商品价值而使食品着色的一类添加剂，可用于碳酸和果汁饮料类、糕糖果、腌制品、冰淇淋等各种食品的着色。但由于它们大多数是以煤焦油中分离出来的苯胺染料为原料制成，在体内转化为芳香胺化合物，芳香胺经过代谢后可以形成致癌物，因而具有致癌性。席卷世界的"苏丹红事件"就是一起由于滥用食品添加剂——苏丹红引发多国食品安全危机的典型案例。2005年我国卫生部发布的《苏丹红危险性评估报告》中指出：偶然摄入含有少量苏丹红的食品，引起的致癌性危险性不大，但如果经常摄入含较高剂量苏丹红的食品就会增加其致癌的危险性，即致癌性取决于摄入量。因此，对于食品添加剂的使用，应严格遵守单一添加剂的使用要求和规定，不得滥用和作伪。

三、转基因食品的安全性

1989年瑞士政府批准第一个基因工程菌生产的凝乳酶揭开了转基因食品生产的序幕。1992年中国成为世界上第一个商业化种植转基因作物（烟草）的国家。然而，新兴的生物技术作为一把双刃剑在为人类造福的同时也带来了不利的影响。例如，1998年在《自然》杂志上发表的一篇论文指出，将转有植物雪花莲凝集素的土豆喂养实验大鼠，可以引起大鼠的器官发育异常和免疫系统受损；1999年，据《自然》杂志报道，将拌有转Bt基因抗虫玉米花粉的马利筋草喂养大斑蝶幼虫，可以导致其大量死亡(44%)；印度、法国等地先后销毁多处转基因试验田。这些事件唤起了人们对于转基因食品安全性的疑虑，也给科学家提出更多挑战。目前，各国政府对转基因生物安全性的评估主要从以下三个方面来进行。

1. 潜在致敏性

转基因食品中引入的新基因所表达的蛋白质可能引起过敏反应。患者可能出现面部红肿、皮疹、哮喘等症状，重者可能会危及生命。因此，转基因食品的致敏性是世界各国严格监控的指标。

2. 营养学

转基因食品中的营养组成、抗营养因子和营养生物利用率等与普通食品可能存在较大差异，从而造成营养平衡紊乱等问题。因此，可以通过成分比较和个案分析等来对转基因食品的营养平衡进行评价。

3. 毒理学

由于转基因食品可能导致天然植物毒素含量的提高，我们还必须对转基因食品中可能含有的有毒、有害物质进行安全性评价，确定食用的安全范围，以确保人体健康。

（陈　欢）

第十三章　生命科学与环境科学

人类社会的发展创造了前所未有的文明，但同时也带来了许多生态环境问题。由于人口的快速增长，自然资源的大量消耗，全球环境状况目前正在急剧恶化：水资源短缺、土壤荒漠化、有毒化学品污染、臭氧层破坏、酸雨肆虐、物种灭绝、森林减少等。人类的生存和发展面临着严峻的挑战，迫使人类进行一场“环境革命”来拯救人类自身。在这场环境革命中，环境生物技术担负着重大使命，并且作为一种行之有效、安全可靠的手段和方法，起着核心的作用。

第一节　环境生物技术

一、环境生物技术概念

现代环境生物技术（enviromental biotechnology）是现代生物技术应用于环境污染防治的一门新兴边缘学科。凡是自然界中涉及环境污染控制的一切与生物技术有关的技术都可称为环境生物技术。严格地说，环境生物技术是指直接或间接利用生物或生物体的某些组成部分或某些机能，建立降低或消除污染物产生的生产工艺，或者能够高效净化环境污染，同时又生产有用物质的工程技术。它诞生于20世纪80年代末期，以高新技术为主体，并包括对传统生物技术的强化与创新。环境生物技术涉及众多的学科领域，主要由生物技术、工程学、环境学和生态学等组成。它是由生物技术与环境污染防治工程及其他工程技术紧密结合形成的，既具有较强的基础理论，又具有鲜明的技术应用特点。生物技术以其成本低、无二次污染等优势在废水处理中具有十分重要的地位，近年来废水处理工艺的改进、高效生物反应器和环境微生物制剂产品的开发进展很快。近年来，环境生物技术发展极其迅猛，已成为一种经济效益和环境效益俱佳的、解决复杂环境问题的最有效手段。

自1914年英国曼彻斯特活性污泥法（activated sludge process）二级生物处理技术问世以来，一直被世界各国广泛采用，目前发达国家已普及了二级生物处理。但由于活性污泥法存在着流程复杂、投资大、能耗高、运行管理繁琐等缺点，各国研究人员对该技术不断进行改造和发展，为将它与物化法匹配，先后出现了标准活性污泥法、厌氧-好氧活性污泥法、间歇式活性污泥法、改良型间歇式活性污泥法、一体化活性污泥法、BIOLAK法、两段法、生物膜法、生物接触氧化法、氧化沟法，CASS、ICEAS、DAT、IAT、IDEA、BAF生物处理系统，生物流化床、生物滤池、土地处理系统（慢速渗滤处理系统SR、快速渗滤处理系统RI、地表温流处理系统OF、污水湿地处理系统WL和地下渗滤土地处理系统UG）等。

上述改进的处理工艺各具特点，但都是围绕高效低耗、系统稳定运行及操作方便进行创新。对城市污水的生物处理，目前重点围绕脱氮除磷技术开发，脱氮除传统的硝化反硝化工艺外，又发展了亚硝化厌氧氨氧化新工艺（Sharon-Anammox 工艺），磷工艺通过聚磷菌好氧聚磷、厌氧放磷实现；对于工业废水处理，目前重点围绕有毒有害难降解有机污染物的强化生物处理技术工艺开发，通过功能微生物或酶催化作用将大分子难降解的有机化合物分解为小分子易降解有机化合物，使传统生物处理方法能有效去除这些污染物。

目前主要发展趋势是多种技术组合为一体的新技术、新工艺，如同步脱氮除磷好氧颗粒污泥技术、电-生物耦合技术、吸附、生物再生工艺、生物吸附技术以及利用光、声、电与高效生物处理技术相结合处理高浓度有毒有害难降解有机废水的新型物化-生物处理组合工艺技术，如光催化氧化-生物处理新技术、电化学高级氧化-高效生物处理技术、超声波预处理-高效生物处理技术、湿式催化氧化-高效生物处理技术、辐射分解-生物处理组合工艺等。

二、环境生物技术的研究范围

（一）环境生物技术研究层次

环境生物技术可分为高、中、低三个层次。高层次是指以基因工程为主导的现代污染防治生物技术型转基因植物的培育等；中层次是指传统的生物处理技术，如活性污泥法、生物膜法，及其在新的理论和技术背景下产生的强化处理技术和工艺，如生物流化床、生物强化工艺等；低层次是指利用天然处理系统进行废物处理的技术，如氧化塘、人工湿地系统等。

环境生物技术的三个层次均是污染治理不可缺少的生物技术手段。高层次环境生物技术需要以现代生物技术知识为背景，为寻求快速有效的污染治理与预防新途径提供了可能，是解决目前出现的日益严重且复杂环境问题的强有力手段。中层次环境生物技术是当今废物生物处理中应用最广泛的技术，中层次技术本身也在不断改进，高技术也不断渗入，因此，它仍然是目前环境污染治理中的主力军。低层次环境生物技术，其最大特点是充分发挥自然界生物净化环境的功能，投资运行费用低，易于管理，是一种省力、省费用、省能耗的技术。

各种工艺与技术之间可能存在相互渗透或交叉应用的现象，有时难以确定明显的界限。某项环境生物技术可能集高、中、低三个层次的技术于一身。例如，废物资源化生物技术中，所需的高效菌种可以采用基因工程技术构建，所采用的工艺可以是现代的发酵技术，也可以是传统的技术。这种三个层次的技术集中于同一环境生物技术的现象并不少见。

为了解决日益严重的环境污染问题，需配合使用高、中、低三个层次的技术，针对不同问题，采用不同技术或不同技术组合。

（二）环境生物技术面临的任务

目前环境生物技术面临的任务有如下几个。

(1) 解决基因工程菌从实验室进入模拟系统和现场应用过程中，其遗传稳定性、功能高效性和生态安全性等方面的问题。

(2) 开发废物资源化和能源化技术，利用废物生产单细胞蛋白质、生物塑料、生物肥料以及利用废物生产生物能源，如甲烷、氢气、乙醇等。

(3) 建立无害化生物技术清洁生产新工艺，如生物制浆、生物絮凝剂、煤的生物脱硫、生物冶金等。

(4) 发展对环境污染物的生理毒性及其对生态影响的检测技术。

现代生物技术的发展，给环境生物技术的纵深发展增添了强大的动力，生物技术无论是在生态环境保护方面，还是在污染预防和治理方面以及环境监测方面，都显示出独特的功能和优越性。

环境生物技术面临许多难题，而这些难题的解决，依赖于现代生物技术的发展去开辟道路。人们有理由和有信心相信最终环境问题解决的希望寄托在现代环境生物技术的进展和突破上。

第二节　生物技术治理污染物原理

本节将介绍生物处理技术的原理及污染防治生物技术，包括废水生物处理技术、生物修复技术、固体废弃物的生物处理技术、大气污染物生物处理技术、有害有机及无机污染物生物处理技术等。

一、好氧生物处理的基本原理

生物处理的主体是微生物。对微生物降解有机物机理认识的不断深入，促进了生物处理及生物修复技术的发展。生物降解过程的研究涉及多学科的多个研究领域，生物降解过程本身以微生物的代谢为核心，化合物分解过程中则遵循化学原理。

有机物的转化广义上可以分为两种：矿化（mineralization）和共代谢（co-metabolism）。矿化是将有机物完全无机化的过程，是与微生物生长包括分解代谢与合成代谢过程相关的过程。被矿化的化合物作为微生物生长的基质及能源。通常只有部分有机物被用于合成菌体，其余部分形成代谢产物，如 CO_2、H_2O、CH_4 等。矿化也可以通过多种微生物的协同作用完成，每种微生物在污染物的彻底转化过程中满足自身的生长需要。共代谢通常是由非专一性酶促反应完成的。与矿化不同，共代谢不导致细胞质量或能量的增加。因此，微生物共代谢化合物的能力并不促进其本身的生长。事实上，在这种条件下微生物需要有另一种基质的存在，以保证其生长和能量的需要。通常，共代谢使有机物得到修饰或转化，但不能使其分子完全分解。关于共代谢的机理目前尚不十分清楚，但共代谢现象的存在已得到普通证实。

好氧生物处理（aerobic biological treatment）是在有氧条件下，有机物在好氧微生物的作用下氧化分解，有机物浓度下降，微生物量增加的过程，如图 13-1 所示。微生物摄入有机物后，以其作为营养源加以代谢，代谢按两种途径进行。一种为合成代谢，部分有机物被微生物所利用，合成新的细胞物质；部分有机物被分解形成 CO_2 和 H_2O 等稳定物质，并产生能量，用于合成代谢。同时，微生物的细胞物质也进行自身的氧化分解，即内源代谢或内源呼吸。在有机物充足的条件下，合成反应占优势，内源代谢不明显。有机物浓度较低或已耗尽时，微生物的内源呼吸作用则成为向微生物提供能量、维持其生命活动的主要方式。

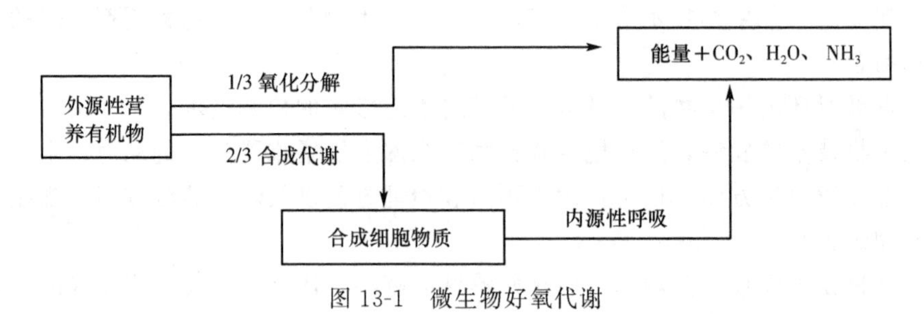

图 13-1　微生物好氧代谢

在有机物的好氧分解过程中，有机物的降解、微生物的增殖及溶解氧的消耗这三个过程是同步进行的，也是控制好氧生物处理成功与否的关键过程。在不同的生物处理工艺中，有机物的分解速率、微生物的生存方式、增殖规律、溶解氧的提供方式与分布规律均有差异，而关于好氧生物处理过程的研究及改良也是针对这三个关键过程开展的。

（一）有机物的降解途径

好氧生物降解有机物的一般途径如图 13-2 所示。大分子有机物首先在微生物产生的各类胞外酶的作用下分解为小分子有机物。这些小分子有机物被好氧微生物继续氧化分解，通过不同途径进入三羧酸循环，最终被分解为二氧化碳、水、硝酸盐和硫酸盐等简单的无机物。

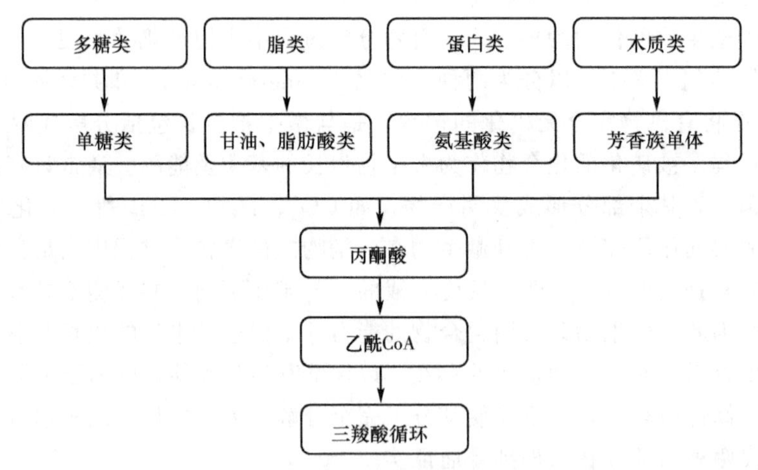

图 13-2　好氧生物降解有机物的一般途径

难降解有机物的降解历程相对要复杂得多。一般而言，难降解有机物结构稳定或对微生物活动有抑制作用，适生的微生物种类很少。不同类型难降解有机物的降解历程也不尽相同，已有一些相关的研究成果。许多难降解有机物的降解与细菌质粒有关。一些质粒可编码生物降解过程中的一些关键酶类，抗药性质粒能使宿主细胞抗多种抗生素和有毒化学品。

（二）微生物的增殖

污染物处理过程中应用的微生物常常是多种微生物的混合群体，其增殖规律是混合微生物群体的平均表现。在温度适宜、溶解氧充足的条件下，微生物增殖速率主要与微生物（M）与基质（F）的相对数量，即 F/M 值相关。图 13-3 为微生物在静态培养状态下的生长曲线。随着时间的延长，基质浓度逐渐降低，微生物的增殖经历适应期、对数增殖期、衰减期及内源呼吸期。

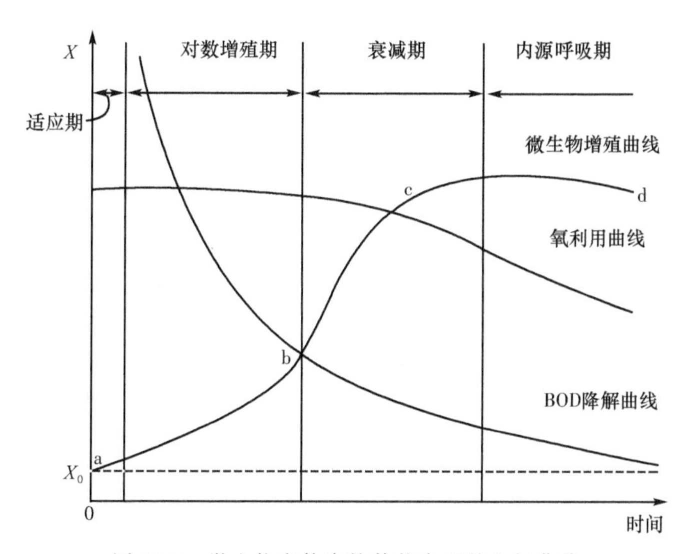

图 13-3　微生物在静态培养状态下的生长曲线

当微生物接种到新的基质中时，常常会出现一个适应阶段。适应阶段的长短取决于接种微生物的生长状况、基质性质及环境条件等。当基质是难降解有机物时，适应期相应会延长。对数增殖期 F/M 值很高，微生物处于营养过剩状态。在此期间，微生物以最大速率代谢基质并进行自身增殖，增殖速率与基质浓度无关，与微生物自身浓度呈一级反应。微生物细胞数量按指数增殖：

$$N = N_0 2^n$$

式中，N、N_0 为最终及起始微生物数量（个）；n 为世代数（代）。

随着有机物浓度的下降，新细胞的不断合成，F/M 值下降，营养物质不再过剩，直至成为微生物生长的限制因素，微生物进入衰减期。在此期间微生物的生长与残余有机物的浓度有关，呈一级反应。随着有机物浓度的进一步降低，微生物进入内源呼吸阶段，残存营养物质已不足以维持细胞生长的需要，微生物开始大量代谢自身的细胞物质，微生物总量不断减少并走向衰亡。

（三）溶解氧的提供

溶解氧是影响好氧生物处理过程的重要因素。充足的溶解氧供应有利于好氧生物降解过程的顺利进行。溶解氧的需求量与微生物的代谢过程密切相关。在不同的好氧生物处理过程和工艺中，溶解氧的提供方式也不同。例如，在废水好氧生物处理过程中，溶解氧可以通过鼓风曝气、表面曝气、自然通风等方式提供。在固体废物的处理过程中，溶解氧的提供又有不同方式及特点。

二、厌氧生物处理的基本原理

厌氧生物处理（anaerobic biological treatment）是在无氧条件下，利用多种厌氧微生物的代谢活动，将有机物转化为无机物和少量细胞物质的过程。这些无机物质主要是大量生物气，即沼气和水。沼气的主要成分是 2/3 的甲烷和 1/3 的二氧化碳。

自 20 世纪 60 年代，特别是 70 年代以来，随着污染问题的发展及科学技术水平的进步，科学界对厌氧微生物及其代谢过程的研究取得了长足的进步，推动了厌氧生物处理技术的发展。

（一）厌氧生物分解有机物的过程

如图 13-4 所示，复杂有机物的厌氧生物处理过程可以分为 4 个阶段。

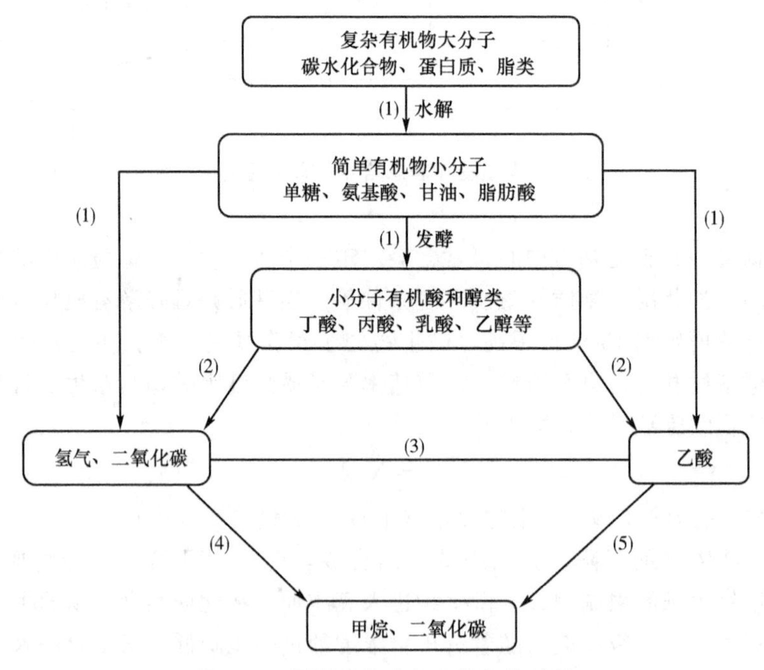

图 13-4 厌氧生物分解有机物的过程

（1）发酵菌；（2）产氢产乙酸菌；（3）同型产乙酸菌；

（4）利用氢和二氧化碳产甲烷菌；（5）分解乙酸产甲烷菌

1. 水解阶段

复杂有机物首先在发酵性细菌产生的胞外酶作用下分解为溶解性的小分子有机物。例如，纤维素被纤维素酶水解为纤维二糖和葡萄糖，蛋白质被蛋白酶水解为短肽和氨基酸。水解过程通常比较缓慢，它是复杂有机物厌氧降解的限速阶段。

2. 发酵（酸化）阶段

溶解性小分子有机物进入发酵菌（酸化菌）细胞内，在胞内酶作用下分解为挥发性脂肪酸，如乙酸、丙酸、丁酸以及乳酸、醇类、二氧化碳、氨和硫化氢等，同时合成细胞物质。发酵可以定义为有机化合物既作为电子受体也作为电子供体的生物降解过程。在此过程中，溶解性有机物被转化为以挥发性脂肪酸为主的末端产物，因此这一过程也称为酸化。酸化过程是由许多种类的发酵细菌完成的。其中重要的类群有梭状芽孢杆菌和拟杆菌。这些菌绝大多数是严格厌氧菌，但通常有约1%的兼性厌氧菌生存于厌氧环境中，这些兼性厌氧菌能够起到保护严格厌氧菌，如产甲烷菌免受氧的损害与抑制作用。

3. 产乙酸阶段

发酵酸化阶段的产物丙酸、丁酸、乙醇等，在此阶段经产氢产乙酸菌作用转化为乙酸、氢气和二氧化碳。

4. 产甲烷阶段

在此阶段，产甲烷菌通过以下两个途径之一将乙酸、氢气和二氧化碳等转化为甲烷。其一是在二氧化碳存在时，利用氢气生成甲烷。其二是利用乙酸生成甲烷。利用乙酸的产甲烷菌有索氏甲烷丝菌和巴氏甲烷八叠球菌，两者生长速率有较大差别。在一般的厌氧生物反应器中，约70%的甲烷由乙酸分解而来，30%由氢气还原二氧化碳而来。

利用乙酸：$CH_3COOH \longrightarrow CH_4 + CO_2$

利用 H_2 和 CO_2：$H_2 + CO_2 \longrightarrow CH_4 + H_2O$

产甲烷菌都是严格厌氧菌，要求生活环境的氧化还原电位在$-400 \sim -150$mV范围内。氧和氧化剂对甲烷菌有很强的毒害作用。

（二）水解处理

水解处理是指将厌氧过程控制在水解或酸化阶段，利用兼性的水解产酸菌将复杂有机物转化为简单有机物。这不仅能降低污染程度，还能降低污染物的复杂程度，提高后续好氧生物处理的效率。

（三）缺氧处理

在没有分子氧存在的条件下，一些特殊的微生物类群可以利用含有化合态氧的物质，如硫酸盐、亚硝酸盐和硝酸盐等作为电子受体，进行代谢活动。

1. 硫酸盐还原

在处理含硫酸盐或亚硫酸盐废水的厌氧反应器中，硫酸盐或亚硫酸盐会被硫酸盐还原菌（sulfate reduction bacteria，SRB）在其氧化有机污染物的过程中作为电子受体而加以利用，并将它们还原为硫化氢。SRB的生长需要与产酸菌和产甲烷菌同样的底物，因此硫酸盐还原过程的出现会使甲烷的产量减少。

根据利用底物的不同，SRB 分为三类，即氧化氢的硫酸盐还原菌（HSRB）、氧化乙酸的硫酸盐还原菌（ASRB）、氧化较高级脂肪酸的硫酸盐还原菌（FASRB）。在 FASRB 中，一部分细菌能够将高级脂肪酸完全氧化为二氧化碳、水和硫化氢；另一些细菌则不完全氧化高级脂肪酸，其主要产物为乙酸。

在有机物的降解中，少量硫酸盐的存在影响不大。但与甲烷相比，硫化氢的溶解度要高很多，每克以硫化氢形式存在的硫相当于 2g 化学需氧量（chemical oxygen demand，COD）。因此，处理含硫酸盐废水时，有时尽管有机物的氧化已完成得不错，COD 去除率却不一定令人满意。硫酸盐还原需要有足够的 COD 含量，其质量比应超过 1.67。

2. 反硝化

反硝化（denitrification）脱氮反应由脱氮微生物进行。通常脱氮微生物优先选择氧而不是亚硝酸盐作为电子受体。但如果分子氧被耗尽，则脱氮微生物开始利用硝酸盐，即脱氮作用在缺氧条件下进行。

在实际生物处理过程中，好氧、兼性、厌氧分解分别担任着各自的角色。在人工处理废弃物中，由于具备良好的工程措施，可以选择微生物的种类并控制相应的分解过程。例如，在活性污泥曝气池中具有选择优势的是好氧及兼性细菌，发生的主要分解反应是好氧分解。

在天然或半天然处理设施中，各种分解过程可能顺序发生或同时发生。例如，在固体废弃物的填埋处理过程中，有机物的分解往往最初以好氧分解开始，但在一些氧扩散条件差的位点会发生厌氧分解。因而实际处理过程中发生的生物降解过程原理往往是十分复杂的，远不似理想状态下那么简单。

（四）厌氧生物处理的影响因素

由于产甲烷菌对环境因素的影响较非产甲烷菌敏感得多，因此，产甲烷反应常是厌氧消化的控制阶段，故以下主要讨论对产甲烷菌有影响的各种环境因素。

1. 温度

温度是影响微生物生命活动的最重要因素之一，其对厌氧微生物的影响尤为显著。在厌氧消化过程中存在着两个不同的最佳温度范围，一个是 55℃左右，一个是 35℃左右，相应的厌氧消化则被称为高温消化和中温消化。

高温消化的反应速率为中温消化的 1.5～1.9 倍，产气率也高，但气体中甲烷含量比中温消化要低。当处理含有病原菌和寄生虫卵的废水或污泥时，采用高温消化可取得较理想的卫生效果，消化后污泥的脱水性能也较好。但采用高温消化需要消耗较多的能量，当处理废物量很大时，往往是不宜采用的。

2. pH 及酸碱度

产甲烷菌对 pH 变化的适应性很差，其最适 pH 范围为 6.8～7.2，在 pH6.5 以下或 8.2 以上的环境中，消化会受到严重的抑制。厌氧发酵系统中的 pH 除受进水 pH 的影响外，还取决于厌氧消化三个阶段的平衡状态。如果原水中有机物负荷太大，水解和产酸过程的生化速率大大超过气化速率，将导致挥发性脂肪酸的积累和 pH 的下降，从而抑制甲烷细菌的生长。因此，要求系统中挥发性脂肪酸浓度（以乙酸计）以不超过 3000mg/L 为宜。高的碱度具有较强的缓冲能力，对保持稳定的 pH 有重要作用。一般要求系统中碱度在 2000mg/L 以上。

3. 氧化还原电位

绝对的厌氧环境是产甲烷菌进行正常活动的基本条件，厌氧反应器中的含氧浓度可以用氧化还原电位来表示。一般情况下，氧的溶入无疑是厌氧消化系统中氧化还原电位升高的最主要和最直接的原因。但其他一些氧化剂或氧化态物质的存在同样可使系统中的氧化还原电位升高。

研究表明，高温厌氧消化系统适宜的氧化还原电位为－600～－500mV，中温厌氧消化系统要求氧化还原电位应为－380～－300mV。非产甲烷菌可以在氧化还原电位为－100～＋100mV 的环境下生长繁殖，而产甲烷菌的最适氧化还原电位为－400～－150mV。

4. 营养

微生物对碳、氮等营养物质的要求略低于好氧微生物，但大多数厌氧菌不具有合成某些必要的维生素或氨基酸的功能，为了保证细菌的增殖和活动，还需要补充某些专门的营养，加钾、钠、钙等金属盐类和镍、铝、钴、钼等微量金属元素。

5. 有机负荷

有机负荷、处理程度和产气量三者之间，存在着密切的关系。一般来说，较高的有机负荷可获得较大的产气量，但处理程度会降低。氧消化过程中产酸阶段的反应速率比产甲烷阶段的反应速率高得多，但如果有机负荷过高，会使有机酸的产量过大，超过甲烷细菌的吸收利用能力，导致挥发酸的积累和 pH 的下降。为保持系统的平衡，有机负荷的绝对值不宜太高。一般为 5～10kg COD/(m^3 · d)。

6. 有毒物质

凡对厌氧消化起抑制或毒害作用的物质，都可称为毒物。最常见的抑制性物质为硫化物、铵态氮、重金属、氰化物以及某些人工合成的有机物等。一些研究表明，氨氮浓度不宜高于 1500mg/L，其他化学物质的抑制浓度见表 13-1。

表 13-1　一些化学物质的抑制浓度　（单位：mg/L）

物质	抑制浓度	物质	抑制浓度
S^{2-}	100	Al	50
Cl^-	200	TNT	60
Cr^{6+}	3	$Na_2S_2O_3$	200
Cr^{3+}	25	去垢剂	100（阳离子型）
Cu^{2+}	100～250	去垢剂	500（阴离子型）
CN^-	2～10	HCHO	<100

三、生物处理过程控制

生物处理技术是微生物生态学在工程中的应用。过程控制在生物处理中起重要作用。最主要的过程控制措施有基质控制、细胞停留时间控制及过程负荷控制。通过这些控制措施使系统选择具有不同功能、不同数量的各种微生物，组成生态系统，实现处理目标。

（一）基质控制

基质的类型，如为电子供体或受体，决定着微生物种群的类型，因此，控制基质对选择微生物种群是很重要的。大多数传统废水中的污染物可以是电子供体或受体，特定微生物种群的选择可以通过提供其他类型的基质实现。例如，在一般的废水中 NH_4^- 是电子供体，当供氧时，O_2 作为电子受体，硝化细菌则获得能量，并通过好氧氧化将 NH_4^- 转化为 NO_3，使生物量增长。有机物，通常用 5 天生物化学需氧量（biochemical oxygen demand，BOD）BOD_5 表示，是另一种作为电子供体的污染物。在好氧条件下，异养微生物以 O_2 作为电子受体，将 BOD 中的有机碳转化为 CO_2，同时生物量增加。另外，当没有外部提供电子受体时，将自然选择产生一类发酵微生物，包括产甲烷菌。在这种情况下，BOD 被转化为气态 CH_4，从液相逸出。NO_3 是作为电子受体的污染物，当有适宜的电子供体存在时，它可以经反硝化作用被转化为气体 N_2。因此，培养反硝化细菌需要提供电子供体，如有机物、还原态的硫或 H_2。

（二）细胞停留时间控制

当通过控制基质类型的方式选择出适宜的生物群落之后，必须控制生物量。生物量的控制通过控制细胞停留时间来实现。可以通过两种途径控制细胞停留时间：一是沉淀并回流生物固体，二是使用生物附着生长系统。较长的细胞停留时间使世代周期长的微生物，如生长缓慢的硝化细菌、产甲烷菌等得以生长和维持。细胞停留时间控制可以用于选择或抑制一些生长缓慢的微生物。

（三）负荷控制

负荷也是控制生物过程的重要因素，负荷决定污染物与微生物的接触时间。负荷的概念包含动力学分析的内容。简单地说，对于具有回流系统的生物过程而言，负荷决定着系统的细胞停留时间，对于生物膜系统而言，它是一种单位表面积承担基质的特征速率，称为基质通量。

表 13-2 列出了一些生物处理系统常遇到的基质，包括作为电子供体或受体的基质、细胞停留机制。值得注意的是不同系统常处理同类型基质。

在控制良好的工程设施，如废水、污泥生物处理构筑物内，可以通过工程措施实现良好的过程控制。但在其他一些生物处理反应器，如垃圾填埋场等，过程控制几乎难以实现。在这种情况下，总结已有设施的运转经验，积累数据，寻找规律则具有特别重要的意义。

表 13-2　生物处理系统常涉及的基质

生物处理工艺	电子供体	电子受体	细胞停留机制
曝气塘	BOD	O_2	系统容积
传统活性污泥法	BOD 和（或）NH_4	O_2	细胞回流
滴滤池	BOD 和（或）NH_4	O_2	生物膜
生物接触转盘	BOD 和（或）NH_4	O_2	生物膜
反硝化	BOD、H_2 或 S^{2-}	NO_2	细胞回流
厌氧滤池	BOD	BOD 或 NO_2	生物膜
厌氧污泥消化	BOD（污泥形态）	BOD 或 CO_2	系统容积
升流式厌氧污泥床反应器	BOD	BOD 或 CO_2	颗粒污泥表面生物膜系统容积
堆肥	BOD（污泥形态或其他固体形态）	O_2	细胞回流

第三节　污水生物处理技术

一、污水的好氧生物处理技术

污水的好氧生物处理技术可分为活性污泥法和生物膜法两种。

（一）活性污泥法

1. 活性污泥法的基本原理

有机废水经过一段时间的曝气后，水中会产生絮凝体，这种絮凝体就是活性污泥。它是由好氧微生物经过大量繁殖后的群体，以及一些无机物、未被分解的有机物和微生物自身代谢残留物组成的。活性污泥对有机物有着强烈的吸附和氧化分解能力，而且易于沉淀分离。活性污泥法就是以呈悬浮状的活性污泥为主体，利用活性污泥的吸附凝聚和氧化分解作用来净化废水中的有机构。活性污泥对有机物的降解包括以下几个过程。

（1）絮凝、吸附过程。在活性污泥内，存在着由蛋白质、碳水化合物和核酸等组成的生物聚合体，这些聚合体是带电的，因此由这些聚合体组成的絮凝体与废水中呈悬浮状和胶体状的有机污染物接触后，就可使后者失稳、凝聚，并被吸附在活性污泥表面。这一过程所需的时间很短，因为活性污泥具有很大的比表面积，在与废水充分混合后，在较短的时间（一般 15～40min）内，就能够将废水中呈悬浮和胶体状态的有机污染物絮凝、吸附，使废水中的有机污染物大幅度下降。

（2）分解、氧化过程。被活性污泥吸附的小分子有机物能够直接进入细菌体内，而大分子有机物，必须在细菌分泌的水解酶作用下，水解成小分子，然后再透过细菌壁进入到细菌体内。这些进入细菌体内的有机物，再由胞内酶的作用，经过一系列的生化反应，氧化为无机物并放出能量。与此同时，微生物利用氧化过程中产生的一些中间产物，和呼吸作用释放出的能量来合成细胞物质，使微生物不断生长繁殖。

(3) 沉淀与浓缩过程。这一过程是利用了活性污泥良好的沉降性能，使水很容易地与污泥分开，最终达到净化废水的目的。

影响活性污泥净化废水的因素主要有以下几个方面。

(1) 溶解氧。活性污泥法中，如果供氧不足，溶解氧浓度过低，会使活性污泥中微生物的生长繁殖受到影响，从而使净化功能下降，且易于滋生丝状菌，产生污泥膨胀现象。但若溶解氧过高，会降低氧的转移效率，从而增加所需的动力费用。因此应使活性污泥净化反应中的溶解氧浓度保持在 2mg/L 左右。

(2) 水温。温度是影响微生物正常活动的重要因素之一。随着温度的升高，细胞中的生化反应速度加快，微生物生长繁殖速度也加快。但如果温度大幅度提高，会使细胞组织受到不可逆的破坏，活性污泥最适宜的温度范围是 15～30℃，水温低于 10℃时即可对活性污泥的功能产生不利的影响。因此，在我国北方地区，小型活性污泥处理系统可考虑建在室内；水温过高的工业废水在进入生物处理系统前，应采取降温措施。

(3) 营养物质。生活污水中含有足够的微生物细胞合成所需的各种营养物质，如碳、氢、氧、氮、磷等，但某些工业废水中却缺乏这些营养物质，如石油化工废水和制浆造纸废水中就缺乏氮、磷等物质。因此，用活性污泥法处理这一类废水时，必须考虑投加适量的氮、磷等物质，以保持废水中的营养平衡。

(4) pH。活性污泥最适宜的 pH 为 6.56～8.5；如 pH 降低至 4.5 以下，原生动物将全部消失；当 pH 超过 9.0 时，微生物的生长繁殖速度将受到影响。经过一段时间的驯化，活性污泥系统也能够处理具有一定酸碱度的废水。但是，如果废水的 pH 突然急剧变化，将会破坏整个生物处理系统。因此，在处理 pH 变化幅度较大的工业废水时，应在生物处理之前先进行中和处理或设均质池。

(5) 有毒物质。对活性污泥有毒害作用或抑制作用的物质及允许的浓度见表 13-3。实践证明，经过长期驯化的活性污泥能够承受比表 13-3 中数值高得多的浓度。有毒的有机化合物还能被微生物所氧化分解，甚至可能成为活性污泥微生物的营养物质而被摄取。另外，有毒物质的毒害作用还与 pH、水温、溶解氧、有无另外共存的有毒物质以及微生物的数量等因素有关。

表 13-3　活性污泥系统中有毒物质的允许浓度　(单位：mg/L)

有毒物质	允许浓度	有毒物质	允许浓度
铜化合物（以 Cu 计）	0.5～1.0	苯	10
锌化合物（以 Zn 计）	5～13	氯苯	10
镍化合物（以 Ni 计）	2	对苯二酚	15
铅化合物（以 Pb 计）	1.0	间苯二酚	450
锑化合物（以 Sb 计）	0.2	邻苯二酚	100
镉化合物（以 Cd 计）	1～5	间苯三酚	100
钒化合物（以 V 计）	5	邻苯三酚	100
银化合物（以 Ag 计）	0.25	苯胺	100
铬化合物（以 Cr 计）	2～5	二硝基甲苯	12

续表

有毒物质	允许浓度	有毒物质	允许浓度
铬化合物（以 Cr^{3+} 计）	2.7	甲醛	160
铬化合物（以 Cr^{6+} 计）	0.5	乙醛	1000
硫化合物（以 S^{2-} 计）	5～25	二甲苯	7
硫化合物（以 H_2S 计）	20	甲苯	7
氰氢酸氰化钾	1～8	氯苯	10
硫氰化物	36	吡啶	400
砷化合物（以 As^{3+} 计）	0.7～2.0	烷基苯磺酸盐	15
汞化合物（以 Hg 计）	0.5	甘油	5

2. 活性污泥法类型

（1）普通活性污泥法。普通活性污泥法是水体自净的人工再现，在这种生物处理法中，活性污泥氧化分解有机物的过程是在一个池子内完成的。由于大气的天然溶氧根本不能满足微生物氧化分解有机物的耗氧需要，因此需在池中设置曝气装置，这种池子也就被称为曝气池。普通活性污泥法的工艺流程如图 13-5 所示。

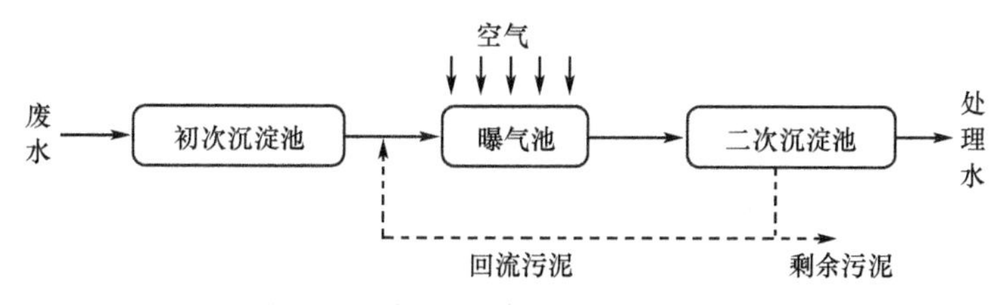

图 13-5　普通活性污泥法的工艺流程

普通活性污泥法的曝气池中水流是纵向推流式。经初次沉淀池去除粗大悬浮物的废水，在曝气池内与污泥混合，呈推流式从池首向池尾流动，活性污泥微生物在此过程中连续完成吸附、氧化分解有机物及生长繁殖过程。随后进入二次沉淀池，活性污泥下沉到池底，一部分以回流形式返回暖气油中，再起净化作用；另一部分作为剩余污泥排出，上清液则溢流排放。

（2）渐减曝气法。普通活性污泥法的需氧率沿池长逐渐降低，而供氧却沿池长均匀供给，因此造成了浪费。为了克服这一缺点可采用沿池长渐减的供气方式，以达到供氧与需氧的均衡，这就是渐减曝气法。

（3）逐步曝气法。针对普通活性污泥法的有机物浓度在池首过高的缺点，将废水沿暖气池长度方向分数处注入，即采用逐步曝气法。这种方法除了能平均曝气池供氧量外，还能使微生物营养供应均匀；另一个特点是污泥浓度沿池长是变化的，池子前段污泥浓度高于平均浓度，后段低于平均浓度，曝气池出流混合液浓度降低，对二沉池工作有利。逐步曝气法的分散进水点数一般为 3～4 处。

（4）吸附再生法。普通活性污泥法把活性污泥对有机物的吸附凝聚和氧化分解混在同一曝气池内进行，适于处理溶解的有机物。对含有大量呈悬浮和胶体状态的废水，可充分利用活性污泥对其初期吸附量大的特点，将吸附凝聚和氧化分解分别在两个曝气池中进行，从而出现了吸附再生法。

吸附再生法有分建与合建两种形式，其流程如图 13-6 所示。曝气池被一分为二，废水先在吸附池内停留几十分钟，待有机物被充分吸附后，再进入二沉池进行泥水分离。分离出的活性污泥一部分作为剩余污泥排掉，另一部分回流入再生池继续曝气。再生池中只曝气不进废水，使活性污泥中吸附的有机物进一步氧化分解，然后再返回吸附池。由于再生池仅对回流污泥进行曝气（剩余污泥不必再生），故节约了空气量，且可缩小池容。它的缺点是去除率较普通活性污泥法低，尤其是对溶解性有机物较多的工业废水，处理效果不理想。

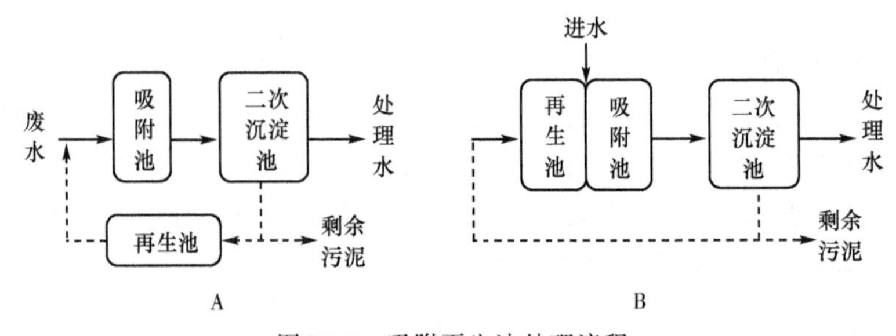

图 13-6 吸附再生法处理流程

A. 分建式；B. 合建式

(5) 完全混合法。完全混合活性污泥法的流程和普通活性污泥法基本类同，不同点是废水与回流污泥进入曝气池后，即与池内废水完全混合。完全混合法的曝气池与沉淀池有分建（图 13-7A）与合建（图 13-7B）两种类型。

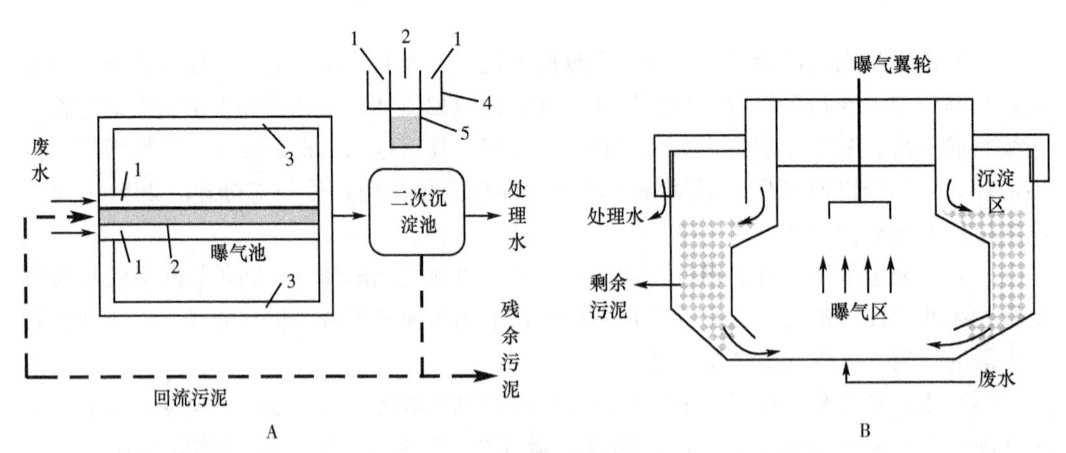

图 13-7 完全混合法流程

A. 分解式；B. 合建式（1. 进水槽；2. 进泥槽；3. 出水槽；4. 进水孔；5. 进泥孔）

(6) 批式活性污泥法，是国内外近年来新开发的一种活性污泥法，其工艺特点是将曝气池与沉淀池合二为一，是一种间歇运行方式。批式活性污泥反应池去除有机物的机理在有氧时与普通活性污泥法相同，只不过是在运行时，按进水、反应、沉降、排水和闲置5个时期依次周期性进行。进水期是指从开始进水到结束进水的一段时间，污水进入反应池后，即与池内闲置期的污泥混合；在反应期中，反应器不再进水，并开始进行生化反应；沉降期为固液分离期，上清液在下一步的排水期进行外排；然后进入闲置期，活性污泥在此阶段进行内源呼吸。批式活性污泥法的构造简单，投资节省，特别适合于仅设常白班工厂的废水处理。

(7) 生物吸附氧化法（AB法）。AB法属两级活性污泥法，通常可不设初沉池，其工艺流程如图13-8所示。AB两级严格分开，污泥系统各自独立循环，两级串联运行。

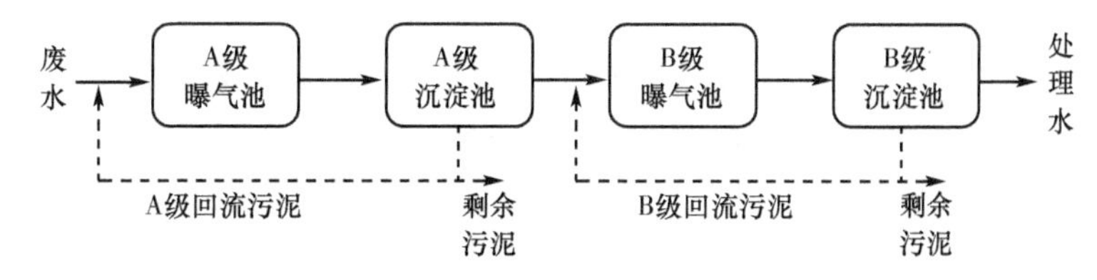

图13-8　生物吸附氧化法处理流程

AB法实质上是一种改进的两级生物处理法，A级为高负荷的生物吸附级，可充分利用活性污泥的吸附絮凝能力将污水中的有机物吸附在活性污泥上，进而氧化分解。B级以低负荷运行，继续氧化甚至硝化经A级处理后残留于污水中的有机物，以便获得良好的出水水质。这种活性污泥法中，由于A级和B级的污泥回流是截然分开的，因而有利于在两级中保持各自的优势微生物种群。

(8) 延时曝气法。延时曝气法属于长时间曝气法，其特点是负荷低、停留时间长(16～24h)。不但能去除废水中的有机污染物，而且还能氧化分解转移到污泥中的有机物质和合成的细胞物质。它的处理效果稳定、出水水质好、剩余污泥量少。

(9) 氧化沟。氧化沟是延时曝气法的一种特殊形式。氧化沟一般不设初沉池，或同时不设二沉池，它把连续环式反应池用作生物反应池，污水在氧化沟渠道内循环流动。氧化沟目前主要有普通氧化沟和卡鲁塞尔氧化沟（图13-9）。

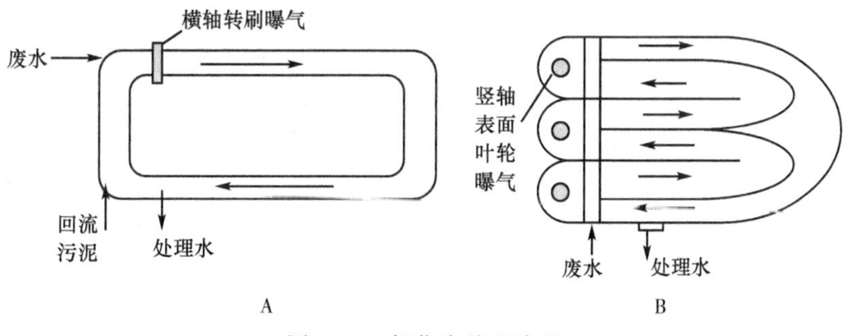

图13-9　氧化沟处理流程

A. 普通氧化沟；B. 卡鲁塞尔氧化沟

（二）生物膜法

生物膜法与活性污泥法的主要区别在于生物膜法是微生物以膜的形式或固定，或附着生长于固体填料（或称载体）的表面，而活性污泥法则是活性污泥以絮体方式悬浮生长于处理构筑物中。

与传统活性污泥法相比，生物膜法的运行稳定、抗冲击能力强、更为经济节能、无污泥膨胀问题、能够处理低浓度污水等。但生物膜法也存在着需要较多填料和支撑结构、出水常常携带较大的脱落生物膜片以及细小的悬浮物、启动时间长等缺点。

1. 生物膜法的基本原理

滤料或某种载体在污水中经过一段时间后，会在其表面形成一种膜状污泥，这种污泥即称为生物膜。生物膜呈蓬松的絮状结构，表面积大，具有很强的吸附能力，生物膜由多种微生物组成，随着微生物的不断繁殖增长，生物膜的厚度不断增加，当厚度增加到一定程度后，其内部较深处由于供氧不足而转变为厌氧状态，使生物膜的附着力减弱。此时，在水流的冲刷作用下，生物膜开始脱落，并随水流进入二沉池。随后在滤料（或载体）表面又会生长新的生物膜。

图 13-10 是附着在生物滤池滤料上的生物膜的构造示意图。由于生物膜的吸附作用，在其表面有一层附着水层，以吸附或沉积于膜上的有机物为营养物质，并在滤料表面不断生长繁殖。附着水层内的有机物大多已被氧化分解，因此，当有机物随废水进入流动水层后，在浓度差作用下，有机物会从废水中转移到附着水层中，进而被生物膜所吸附。同时，空气中的氧先溶解于废水中，进而进入生物膜。微生物的代谢产物，如 H_2O 等则通过附着水层进入流动水层，并随其排走，而 CO_2 及厌氧分解产物，如 H_2S、NH_3 以及 CH_4 等气体则从水层逸出进入空气中。如此循环往复，使废水中的有机物不断减少，从而得到净化。

2. 生物膜法类型

（1）生物滤池。生物滤池可分为普通生物滤池、高负荷生物滤池和塔式生物滤池等。

普通生物滤池主要由滤料、池壁、池底、布水设备和排水系统组成。在生物滤池中，废水沿着滤料表面从上到下流动。布水设备的主要作用是将废水均匀地分配到整个滤池表面上，有固定式和可动式两种。滤池中装满了滤料，滤料按形状可分为块状、板状和纤维状，块状滤料有碎石、矿渣、碎砖、焦炭、陶瓷环等，其粒径为 25～40mm；木板、纸板和塑料板属于板状滤料，其断面形式可做成波纹状、蜂窝状、管状等；软性塑料滤料属于纤维状滤料。池底包括起支承滤料和渗水作用的支承渗水结构以及起通气和布气作用的底部空间，还有排水系统、排水口和通风口等。

高负荷生物滤池在构造上与普通生物滤池基本相同，其不同之处在于：在平面上多为圆形；总采用粒状滤料，滤料粒径较大，一般为 40～100mm；多采用连续工作的旋转布水器。

塔式生物滤池一般高达 8～24m，直径 1～3.5m，径高比为 1∶6～1∶8，呈塔状。在平面上塔式生物滤池多呈圆形。在构造上主要由塔身、滤料、布水系统以及通风和排

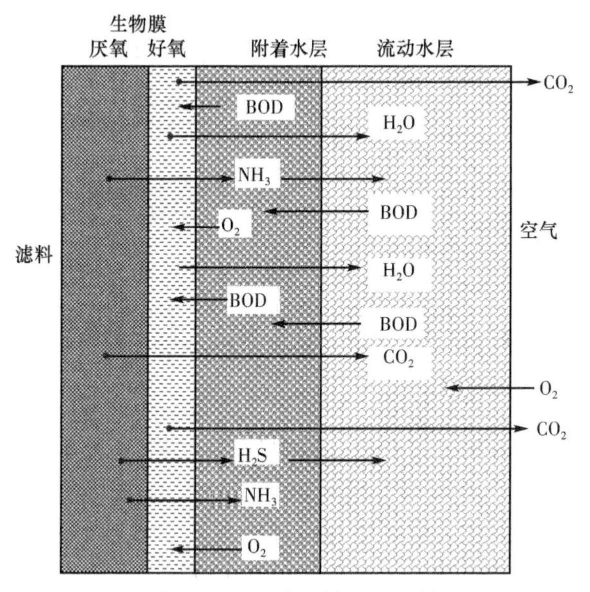

图 13-10　生物膜构造示意图

水系统组成。

生物滤池供氧是在自然条件下，通道池内外空气的流动转移到废水中，并通过废水而扩散传递到生物膜内部。塔式生物滤池有采用机械通风供氧的。

（2）生物转盘。生物转盘是由许多平行排列浸没在一个水槽（氧化槽）中的塑料圆盘（盘片）所组成。盘片的盘面近一半浸没在废水水面之下，盘片上长着生物膜。它的工作原理和生物滤池基本相同，盘片在与之垂直的水平轴带动下缓慢地转动，浸入废水中那部分盘片上的生物膜便吸附废水中的有机物，当转出水面时，生物膜又从大气中吸收所需的氧气，使吸附于膜上的有机物被微生物所氧化分解。随着盘片的不断转动，最终使槽内废水得以净化。

在处理过程中，盘片上的生物膜不断地生长、增厚，过剩的生物膜靠盘片在废水中旋转时产生的剪切力剥落下来，这样就防止了相邻盘片之间空隙的堵塞，脱落下来的絮状生物膜悬浮在氧化槽中，并随出水流出，与活性污泥系统和生物滤池一样，脱落的膜靠设在后面的二沉池除去，并进一步处置，但不需回流（图 13-11）。

生物转盘中的圆盘是生物转盘的主体，属于挂膜介质。制作圆盘的材料有塑料板、玻璃钢板、铝板等。圆盘直径多为 1～3m，厚度为 0.7～20mm。圆盘组平行安装于轴上，盘间净距为 15～25mm。

与活性污泥法及生物滤池相比，生物转盘具有很多特有的优越性，如它不会发生如生物滤池中滤料堵塞现象或活性污泥法中污泥膨胀现象。因此可以用来处理浓度高的有机废水；废水与盘片上生物膜的接触时间比滤池长，可忍受负荷的突变；脱落的生物膜比活性污泥法易沉淀；管理特别方便，运转费用也省。但由于国内塑料价格较贵，所以其基建投资还相当高，占地面积也较大。故生物转盘往往在废水量小的治理工程中

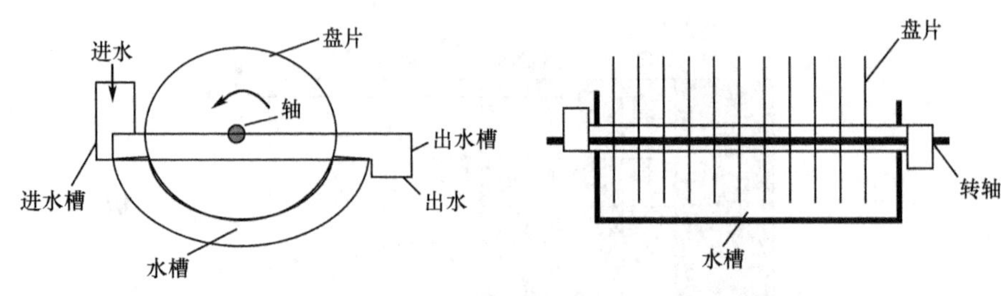

图 13-11　生物转盘工艺流程图

采用。

（3）接触氧化法。接触氧化法是一种浸沿型生物膜法，实际是生物滤池和曝气池的综合体。与生物滤池不同的是，接触氧化池中的填料为各种挂膜介质，这些挂膜介质全部都浸没在废水中。废水中的有机物被吸附于填料表面的生物膜上，被微生物氧化分解。和其他生物膜法一样，该法的生物膜也经历挂膜、生长、增厚、脱落等更替过程。一部分生物膜脱落后变成活性污泥，多余的脱落生物膜在二次沉淀池中除去。

图 13-12 为生物接触氧化池的构造示意图。废水从底部进入，从上部溢流排出。池中部为填料层，目前采用的填料有硬性填料、软性填料和半软性填料。硬性填料是指由玻璃钢或塑料制成的波状板，或由其黏合成的蜂窝状；软性填料由尼龙、维纶、涤纶等组成，又称为纤维填料，这些填料被编结成纤维束，用绳子投成横拉梅花式或直拉均匀式；半软性填料以硬性塑料为支架，上面缚以软性纤维。填料层用支架支承。在填料支承的下部设置曝气管，用压缩空气鼓泡充氧。

接触氧化法的优点是：操作简单、运行方便、易于维护管理、对冲击负荷有较强的适应能力、剩余污泥量少、无须回流、比较容易去除难分解和分解速度慢的物质。它的缺点是滤料间水流缓慢，接触时间长、水力冲刷力小、生物膜只能自行脱落、剩余污泥往往恶化处理水质、曝气不均匀等。

（4）生物流化床。生物流化床是以粒径小于 1mm 的砂、焦炭和活性炭等细小颗粒为载体，废水自下而上流动，使载体处于流化状态，依靠载体表面附着生长的生物膜，使行水得到净化。生物流化床是一种高效率污水处理装置，由于其细颗粒载体提供的巨大表面积，使单位体积载体内保持了较高的微生物量，污泥浓度可达 10～40g/L，从而使有机物负荷较普通活性污泥法提高 10～20 倍。由于生物膜是固定在载体上的，因而能承受冲击负荷与毒物负荷。又由于载体不停地在流动，还能够有效地防止污泥膨胀现象和污泥堵塞现象。

生物流化床由床体、载体、布水装置、充氧装置和脱膜装置等部分组成。根据使载体流化的动力来源可以划分为液流动力流化床、气流动力流化床两种。

液流动力流化床也称为二相流化床，即在流化床内污水（液相）与载体（固相）相接触，如图 13-13 所示。本工艺以纯氧或空气为氧源，废水先经充氧设备充氧，充氧后的污水与回流水的混合污水，从底部通过布水装置进入生物流化床，缓慢而又均匀地沿床体横断面上升。一方面推动载体使其处于流化状态，另一方面又广泛、连续地与载体

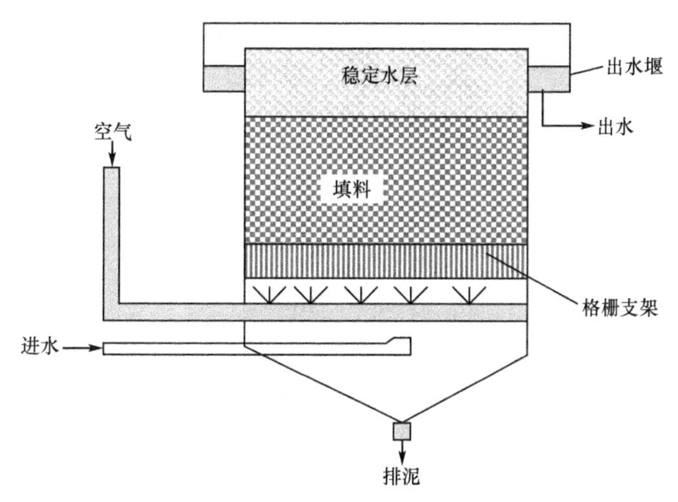

图 13-12　生物接触氧化池的构造示意图

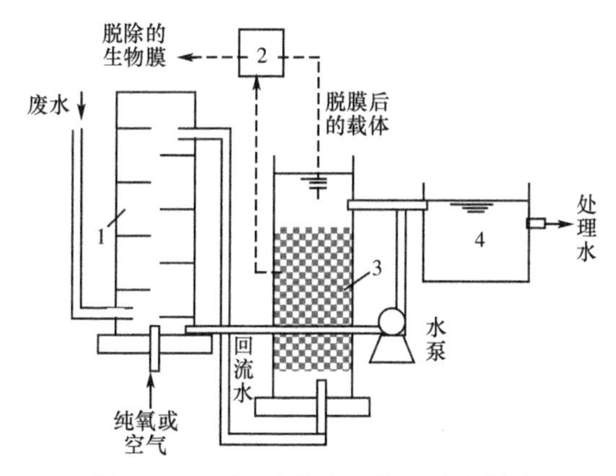

图 13-13　两相流化床工艺流程示意图

1. 充氧设备；2. 脱膜设备；3. 生物流化床；4. 二次沉淀池

上的生物膜相接触。处理后的污水从上部流出床外，进入二沉池进行沉淀分离。

气流动力流化床也称三相流化床，即液（污水）、固（载体）、气三相同步进入床体，如图 13-14 所示。废水与空气同步进入输送混合管，在这里起到空气扬水器的作用。混合液上升，气、固、液三相进行强烈的搅动接触，由于空气的搅动，滤料间产生强烈的摩擦后生物膜脱落，本工艺无需另设脱膜装置。

二、污水的厌氧生物处理技术

好氧生物处理法的处理效率高，但能耗较大，剩余污泥量较多。因此，对于高浓度的有机废水和污泥，则适于用厌氧生物处理法。

厌氧生物处理法是在断绝与空气接触的条件下，依赖兼性厌氧菌和专性厌氧菌来降解有机物。将大分子的有机物首先水解成低分于化合物，然后再转化成甲烷和二氧化

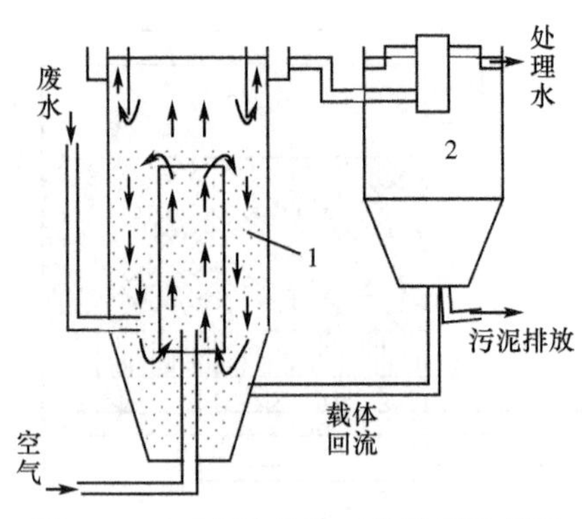

图 13-14　三相流化床工艺流程示意图

1. 流化床；2. 三次沉淀池

碳等。

厌氧生物处理法与好氧生物处理法相比，具有污泥产量少（为好氧法的 1/10～1/6）、有机容积负荷率高、动力消耗低、消化气体可作为能源予以回收利用等优点，但也存在着处理时间长、处理后出水水质差等缺点。

（一）厌氧消化工艺与设备

早期的厌氧消化构筑物是化粪池和双层沉淀池，另一种应用十分悠久的厌氧消化构筑物是普通消化池，它主要用于处理城市污水的沉淀污泥。近 20 多年来，发展了多种用于处理有机废水的高效厌氧消化工艺与设备，下面逐一加以介绍。

1. 厌氧接触法

用普通消化池处理高浓度有机废水时，为了提高处理效率，必须改间断进水排水为连续进水排水，因此，造成了厌氧污泥的大量流失。为了克服这一缺点，可在消化池后设一个沉淀池，将沉下的污泥再送回消化池，这种处理高浓度有机废水的方法称为厌氧接触法。

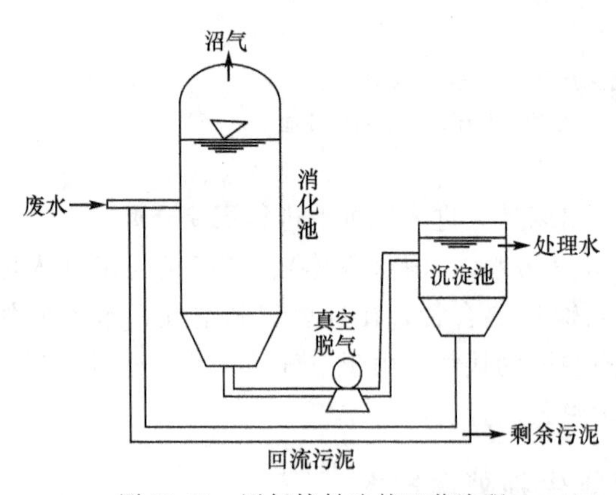

图 13-15　厌氧接触法的工艺流程

厌氧接触法的工艺流程如图 13-15 所示。由于消化池出流中的污泥颗粒上附着许多小气泡，影响其在沉淀池内的有效沉淀，因此在沉淀池前要设置一个脱气器。由消化池排出的混合液经真空脱气器脱出其中的沼气后，再进入沉淀池进行固液分离，废水由沉淀池上部流出，而沉淀下来的污泥大部分回流至消化池，少部分作为剩余污泥排出。采用这种工艺后，可使消化池的水力停留时间降低，并使反应器具有一定的耐冲击负荷能力。

有机工业废水的可生化性相差很大，因此，一般均需通过小试来取得可靠的设计参数，也可参考已有的试验资料及生产运行数据进行设计。

2. 厌氧生物滤池和厌氧生物转盘

为了防止消化的活性污泥流失，也可采用在池内设置挂膜介质的方法，使厌氧微生物生长在滤料表面，由此出现了厌氧生物滤池和厌氧生物转盘。

厌氧生物滤池内装有粒径为 30～50mm 的碎石、焦炭、塑料球等滤料，或充填软性或半软性填料。根据水流方向，厌氧生物滤池有升流式和降流式两种。升流式厌氧生物滤池（图 13-16）的废水从池底连续进入并从池顶连续排出，在通过填料层时与微生物接触，使有机物得以降解。产生的沼气聚集于池顶部罩内，并从顶部引出；处理水则由旁侧流出。为了分离处理水中夹出的生物膜，一般在滤池后设沉淀池。

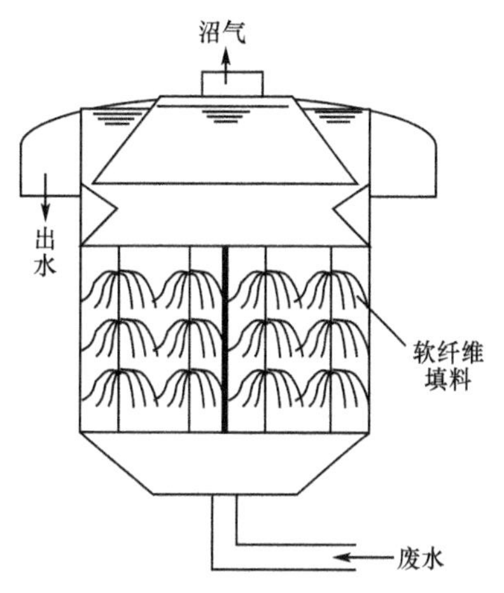

图 13-16 厌氧生物滤池构造示意图

厌氧生物滤池的最大优点是能保持稳定的污泥量，泥龄很长（可长达 100 天），故处理效果良好；无需搅拌及脱气等装置，所以构造简单，能耗低，运行管理方便。但其缺点是粒状滤料易堵塞，大型装置的配水难以均匀。

厌氧生物转盘与好氧生物转盘大致相同，不同之处在于反应器上部加盖密封来收集沼气和防止氧气的进入。厌氧生物转盘由盘片、反应槽、转轴及驱动装置等组成（图 13-17），盘片分为固定盘片和转动盘片，相间排列，以防盘片与生物膜粘连堵塞。厌氧微生物生活在盘片上，同时在反应槽中还具有一定量的悬浮态厌氧污泥。

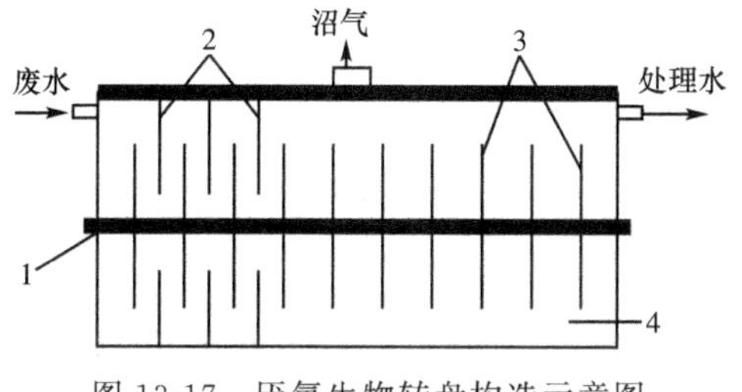

图 13-17 厌氧生物转盘构造示意图

1. 转轴；2. 固定盘片；3. 转动盘片；4. 反应槽

3. 上流式厌氧污泥床反应器

这种反应器是目前应用最为广泛的一种厌氧生物处理装置，如图 13-18 所示。在反应器底部装有大量厌氧污泥，废水从反应器底部进入，在穿过污泥层时进行有机物与微生物的接触。厌氧消化产生的气体附着在污泥颗粒上，使其悬浮于废水中，形成下密上疏的悬浮污泥层。当气泡逐渐聚集变大而上升时，可起到一定的搅拌作用。气泡上升到一定高度，撞在三相分离器上，气泡便与其上附着的污泥颗粒分离，气体被排走，而污泥又沉降到污泥层。部分进入澄清区的微小悬浮固体也由于静沉作用而被截留下来，滑落到反应器内。

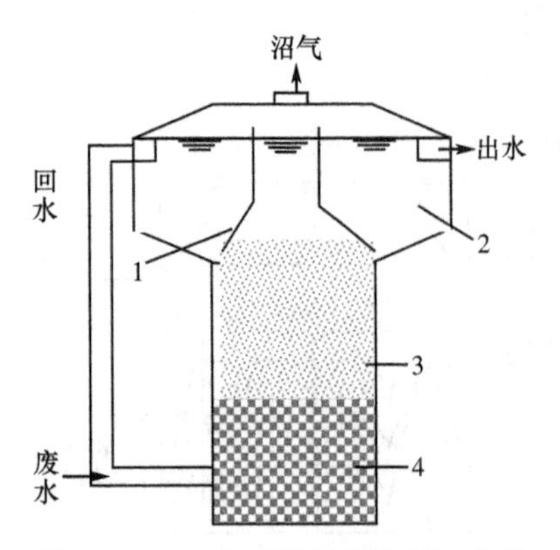

图 13-18 上流式厌氧污泥床反应器
1. 三相分离器；2. 澄清区；
3. 悬浮污泥层；4. 污泥层

4. 厌氧流化床反应器

厌氧流化床反应器的结构与上流式厌氧污泥反应器相同，其内部充填着粒径很小（一般为 0.2～1mm）的挂膜介质。在上升水流速度很小时，填料颗粒相互接触，形成固定床。但借助回水泵进行回流，提高反应器内水流的上升流速，可使填料颗粒开始脱离接触，并呈悬浮状态。当继续增大流速至污泥床的膨胀率达 20%～70%时，境料颗粒便呈流化态。

5. 两相厌氧消化系统

参与厌氧消化的微生物主要分为两大类群，即水解发酵细菌和甲烷细菌。但这两大类群细菌的生理特性及其对环境条件的要求很不一致：前者生化速率高、繁殖快、适应的 pH 及温度范围宽、环境条件突变对其影响较小；而后者则相反。如果将两大类群微生物的发酵过程分别在两个容器中独立完成，并且维持各自的最佳环境条件，定会促进整个厌氧消化过程。由此而出现了两相（或分段）厌氧消化系统。前一段消化所用的消化池称为酸发酵池，主要进行废水的酸化，可采用很高的负荷率，如 20～50kg COD/(m^3 · d)，维持 pH 为 5.0～5.5，且可采用较低的消化温度，如 28～30℃。后一段消化所用的消化池称为甲烷发酵池，主要进行气化，负荷率较低，且必须维持在弱碱性条件（pH 为 7.0～7.2）下，消化温度以 33℃左右为佳。

两相厌氧消化系统可根据废水量和水质的不同而采用不同的组合方式。当进水悬浮物含量高时，前一段可考虑采用厌氧接触系统，后一段也采用厌氧接触系统（水量大时）或上流式厌氧污泥床反应器（水量小时）。当进水悬浮物含量很少且水量不很大时，可考虑采用上流式厌氧污泥床反应器两级串联的组合方式，后一段也可采用厌氧生物滤池。如果处理的是溶解态有机废水，可采用两个厌氧生物滤池串联方式，也可采用两个污泥床串联方式。

三、污水自然生物处理组合技术

采用基于生态技术的低成本、低能耗、污水资源化及无害化的自然处理技术是完全必要和符合国情的。该技术的优点是基建投资低，运行管理简单经济，在不产生有害副产物的情况下，达到或超过常规系统的处理程度。但该处理技术也有其缺点：一是占地面积大；二是大多自然生物处理系统受气候影响而不能达到稳定的去除率；三是对某些行业废水处理具有相当大的难度。为了克服上述缺点，更好地提高出水水质，采用自然生物处理组合技术，充分利用自然净化系统的优势，有针对性地强化某些工艺过程，并且把废水的处理与水源的综合利用结合起来。

整体上，自然生物处理技术包括水体生物处理系统（aquatic system）和土地处理系统（soil-based system）两大类。水体处理系统中主要是生物塘，按运行方式可分为厌氧生物塘、好氧生物塘、兼氧生物塘和曝气生物塘。土地处理系统中有快速渗滤、慢速渗滤、地表漫流、地下潜流和人工湿地。而自然生物处理组合技术主要包含两种组合方式：①工艺组合，即上述各种不同性质的两种或多种处理工艺的组合；②生物物种组合。

（一）工艺组合

1. 组合式生物塘

从表13-4可以看出，各种不同性质的常规生物塘各自有其优缺点和适用范围，为了取长补短，取得良好稳定的出水水质，并为了利用生物塘进行水产养殖，普遍采用了组合塘工艺。组合方式有串联式或并联式。级数有两级或多级。组合方式有“厌-兼”、“厌-兼-好”和用于养殖的四级串联组合塘工艺，并联式的研究与应用鲜有报道。组合式生物塘不仅在处理效果上比同体积单塘要好，而且只需较短的水力停留时间。尤其是在处理某些高浓度的行业废水时，组合式生物塘更能显现其优势。例如，选择厌氧-兼氧组合式生物塘作为主体工艺，将上流式厌氧污泥床移植到兼性塘，猪场废水经该工艺处理后，其BOD_5、COD_{Cr}、NH_4^+-N可分别从9000mg/L、14 000mg/L、1200mg/L降至20mg/L、60mg/L、65mg/L，成功地解决了热带地区规模化猪场污水污染负荷高和养猪行业利润低的两大难题。

表13-4 常规生物塘主要参数及优缺点比较

项目	好氧生物塘	兼性生物塘	厌氧生物塘	曝气生物塘
水深/m	0.5左右	1～2.5	2.5～4	2～4.5
水力停留时间/d	2～6	7～30	30～50	4～5
有机负荷率/[g BOD_5/(m^2·d)]	10～20	15～40	30～100	30～60
藻类浓度/(mg/L)	100～200	10～50	0	0
优点	水力停留时间短，BOD降解效率高	容积较大，有一定缓冲和调节能力，费用较低	有机负荷高，占地面积稍小	对入水有稀释作用，具有较高耐冲击负荷能力，散热（需要时）能力大
缺点	变化较大，出水水质受藻类影响	变化较大，出水水质受藻类影响	产生臭味，降解不完全，出水一般不达标	机械费用高，占地面积大，悬浮固体多，处理过程数学模型描述复杂

近年来，学术界针对传统组合式生物塘冬季处理效果差和占地面积大等缺点，主要致力于两个方面的研究。其一是组合系统的优化。最突出的并有代表性的是由美国W. J. Oswald教授研究并成功实施的高级综合塘系统（AIWPS），该系统对污染物及营养盐的去除率都很高，与传统塘系统相比，水力负荷率和有机负荷率较大、水力停留时间较短、基建和运行费用更低，通过加大曝气量等措施可减少占地面积达50%；由我国王宝贞教授首先开发的生态塘（eco-ponds）系统，通过引入生态概念，人为建立稳定

的食物链网，经过多年的运行和完善，也取得了很好的效果。其二是采用覆膜、改变生态位和营养膜等防寒越冬技术，使得塘系统终年处理效果稳定。这些改进有力地促进了组合式生物塘的发展。

2. 生物塘-人工湿地组合工艺

目前人工湿地不仅用来处理生活污水，而且也成为雨水处理、工业废水处理的重要技术。在生物塘和人工湿地废水处理系统中，天然微生物起着重要的净化作用。采用直接投加优势菌的方法，可大大改善原自然处理系统的能力，提高对水体或土壤中难降解有机物的降解能力。近年来这种技术发展很快，在印染、屠宰、石化废水处理以及在富营养化水体的修复中得到了广泛的应用。目前，许多试验正致力于发展优势细菌或真菌来净化蓄水池、有毒垃圾以及漏油废液。直接投菌法虽简便易行，但容易流失或被其他微生物吞噬，而采用固定化技术可增强菌体的竞争性和抗毒物毒性能力，有力地避免其缺点，还能提高处理效率。该技术将是自然生物处理系统中应用的主要发展趋势，主要面向解决两个方面的技术问题：一是增加处理规模，在单位时间内处理更多的城市生活污水；二是进一步放宽进水水质。部分或全部接纳工业污水或其他有毒、有害污水。

3. 生物塘与人工湿地微生物强化工艺

在生物塘和人工湿地废水处理系统中，天然微生物起着重要的净化作用。采用直接投加优势菌的方法，可大大改善原自然处理系统的能力。提高对水体或土壤中难降解有机物的降解能力。近年来这种技术发展很快，在印染、屠宰、石化废水处理以及在富营养化水体的修复中得到了广泛的应用。目前，许多试验正致力于发展优势细菌或真菌来净化蓄水池、有毒垃圾以及漏油废液。直接投菌法虽简便易行，但容易流失或被其他微生物吞噬，而采用固定化技术可增强菌体的竞争性和抗毒物毒性能力，有力地避免其缺点，还能提高处理效率。该技术将是自然生物处理系统中应用的主要发展趋势，主要面向解决两个方面的技术问题：一是增加处理规模，在单位时间内处理更多的城市生活污水；二是进一步放宽进水水质。部分或全部接纳工业污水或其他有毒、有害污水。

（二）生物物种组合

考虑到不同植物对污水中氮、磷的去除效果不同，有的植物对氮的去除率高，而有些对磷的去除率高，采用不同种类植物适当组合配置可提高总体净化效率。而且有实验证明：某种植物在单种种植时净化率可能很低，但与其他植物配合种植后净化率则会提高。王国祥等在太湖利用漂浮、浮叶和沉水植物镶嵌组合而构建的人工复合生态系统证实了该系统能够有效去除湖水中的高浓度藻类以及氮、磷营养盐，实验开始第 14 天，TN、NH_4^+-N、TP、PO_4^{3-}-P 分别下降 60%、66%、72%和 80% 。格鲁吉亚州雅典的 EPA 国家开发研究实验室鉴定出一种植物硝基还原酶，这种还原酶在与其他植物酶协同作用下可以降解 TNT、RDX 和易溶炸药 HMX。后来的研究中证实了许多不同的耐水植物种类都具有硝基还原酶相似的活性。

在解决冬季处理效果问题上，人工复合生态系统也有很大突破。研究表明，利用耐寒型沉水植物和喜温植物组建的常绿型水生植被。不论是夏季还是冬季，常绿水生植被系统对水体中总磷、总氮和叶绿素 a 均有较高的去除率。

在自然处理系统还有大量动物的存在，如鱼类、鸟类以及土壤中的蚯蚓等，对水体有进一步的净化作用。通过合理的生物操纵，浮游动物在夏季、秋季能够有效地控制浮游植物的过量生长，抑制水华，改善水质。日本渡良濑蓄水池的人工湿地，设置为鱼类产卵用的产卵床，也为小鱼设有栖身地。水中的浮游植物成了鱼饵；韩国良才川水质生物-生态修复设施，种植菖蒲等植物，恢复了鱼类栖息环境，适于鳜鱼等鱼类生长，也为白鹭、野鸭等禽类群落生存创造条件，形成了稳定的生态系统。

无疑，多种生物物种的优化配置将大大增强自然生物处理组合技术的处理效果和稳定性。

（三）组合优化模式

自然生物处理组合技术的优化模式有三：第一，优化组合模式在达标排放基础上，达到降低成本的目的；第二，优化组合模式满足特定条件（废水水质、地点、气候）下达到排放标准；第三，根据排放或利用方式的不同，应有不同的优化组合模式。当然，这三种模式也不是完全割裂开的。可在所有可能的方案中寻找一个最优控制方案（或规律）或最优设计方案，使所研究的对象（或系统）能最优地达到预期的目的。目前对组合式生物塘的设计仍以经验方法为主，如全国范围内的废水生物塘中试试验确定了“厌-兼-好”或“厌-兼”的串联优化组合系统。“七五”攻关中确定，在寒冷地区采用厌-兼-好（储存塘）为生物塘的优化组合模式 。也有通过数学证明得出串联生物塘设计最佳参数的计算模式。但数学证明受假设理想状态条件的限制。因此，有学者在室内实验的基础上，应用计算机技术解决了温度、BOD_5、一级降解系统等的复杂计算，在众多数学模型中，寻找出了能最佳模拟试验数据的水力学模式，并通过对满洲里生物塘实际运行的考察验证了该模式。因此，该类数学模型更符合实际情况，能有效地指导组合系统的设计。

第四节　现代生物技术在污染治理中的应用

在环境污染治理中，生物技术具有高效性，反应条件温和等优点，它对环境污染的治理和修复发挥了巨大作用，为重金属、石油、油脂、农药，以及生活污水提供了一条十分有效的途径。随着生物技术研究的进展和人们对环境问题认识的深入，人们已越来越意识到，现代生物技术的发展，为从根本上解决环境问题提供了无限的希望。

一、酶在污染治理中的应用

酶在废水处理中的应用越来越受到重视，大多数废水处理过程可分为物理化学过程和生物处理过程。酶的处理介于两者之间，因为它所参与的化学反应是建立在生物催化剂作用基础上的。与传统处理过程相比，酶处理有以下几个优点：能处理难以生物降解的化合物，高浓度或低浓度废水都适用，操作时的 pH、温度和盐度的范围均很广，不会因生物物质的聚集而减慢处理速度。

下面介绍几种污染治理中应用的酶。

(一) 过氧化物酶 (peroxidase)

过氧化物酶是由微生物或植物所产生的一类氧化还原酶（oxidoreductase）。它们能催化很多反应，但要求有过氧化物，如过氧化氧（H_2O_2）的存在来激活。现在研究和应用较多的过氧化物酶有辣根过氧化物酶（horseradish peroxidase，HRP）、木质素过氧化物酶（lignin peroxidase，LiP）及其他酶类。

1. 辣根过氧化物酶

辣根过氧化物酶（EC 1.11.1.7）是酶处理废水领域中应用最多的一种酶。有过氧化氢存在时，它能催化氧化很多种有毒的芳香族化合物，其中包括酚、苯胺、联苯胺及其相关的异构体。反应产物是不溶于水的沉淀物，这样就很容易用沉淀或过滤的方法将它们去除。HRP 特别适于废水处理还在于它能在一个较广的 pH 和温度范围内保持活性。

HRP 的很多应用都集中在含酚污染物的处理方面，使用 HRP 处理的污染物包括苯胺、羟基喹啉、致癌芳香族化合物（如联苯胺、奈胺）等。而且，HRP 可以与一些难以去除的污染物一起沉淀，去除物形成多聚物而使难处理物质的去除效率增大。这个现象在处理含多种污染物的废水时有着重要的实际应用。例如，多氯联苯可以与酚一起从溶液中沉淀下来。HRP 的这个特定的应用还未得到进一步的深入研究。

提高酶的使用寿命和减少处理费用有以下几种方法：选择合适的反应器结构，将酶固定化，使用添加剂（如硼酸钾、明胶、聚乙二醇）防止酶被沉淀的多聚物带走，增加诸如滑石之类的吸收剂的量以防止酶被氧化产物抑制。

2. 本质素过氧化物酶

木质素过氧化物酶，也称为木质素酶（ligninase），是白腐真菌（*Phanerochaete chrysosporium*）细胞酶系统的一部分。LiP 可以处理很多难降解的芳香族化合物和氧化多种多环芳烃、酚类物质。LiP 在木质素解聚中的作用已被证实。它的作用机理与 HRP 十分相似。

LiP 的稳定性是它在废水处理应用方面经济和技术可行性的关键因素。LiP 在低 pH 状态下被抑制。随着 pH 升高和在乙醇存在情况下培养以提高酶的浓度，LiP 的稳定性也提高。去除酚类的优化条件是：酶的浓度高，pH 大于 4.0，一定用量的过氧化氢。LiP 固定在多孔陶瓷上并不影响它的活性，并表现出降解芳香族物质的良好性能。现在，一种能用于有害废物处理相生产 LiP 的硅膜反应器已研制出来。

3. 植物来源的酶

从番茄中提取的过氧化物酶可用来使酚类化食物聚合。一些植物的根也可用于污染物的去除。植物过氧化物酶在处理 2,4-二氯酚浓度高达 850mg/L 的废水时，去除速率与纯的 HRP 差不多。去除速率与反应混合体系的 pH、植物原料颗粒大小、原料用量、是否有过氧化氢参与等因素有关。

(二) 聚酚氧化酶 (polyphenol oxidase)

聚酚氧化酶代表另外一类催化酚类物质氧化的氧化还原酶。它们可分为两类：酪氨酸酶和漆酶。它们都需要氧气分子的参与，但不需要辅酶。

1. 酪氨酸酶（tyrosinase）

酪氨酸酶（EC 1.14.18.1），也称为酚酶或儿茶酚酶，催化两个连续的反应：①单分子酚与氧分子通过氧化还原反应形成邻苯二酚；②邻苯二酚脱氢形成苯醌，苯醌非常不稳定，通过非酶催化聚合反应形成不溶于水的产物，这样用简单的过滤即可去除。

酪氨酸酶已成功地用于从工业废水中沉淀和去除浓度为0.01～1.0g/L的酚类。酪氨酸酶用甲壳素固定化后处理含酚废水，2h内去除率达100%。固定化酪氨酸酶对防止被水流冲走及与苯酚反应而失活。固定化酪氨酸酶使用10次后仍然有效。因此，固定酪氨酸酶于甲壳素上可有效去除有毒酚类物质。

2. 漆酶（laccase）

漆酶由一些真菌产生，通过聚合反应去除有毒酚类。而且，由于它的非选择性，能同时降低多种酚类的含量。事实上，漆酶能氧化酚类成十分活泼的相应阴离子自由基团。漆酶的去毒功能与被处理的特定物质、酶的来源及一些环境因素有关。

二、基因工程在环境污染治理中的应用

随着工业发展，大量的合成有机化合物进入环境，其中很大部分难以生物降解或降解缓慢，如多氯联苯、多氯烃类化合物，其水溶性差，难生物降解，致使在环境中的待留时间长达数年至数十年。

基因工程为改变细胞内的关键酶或酶系统提供了可能：①提高微生物的降解速率；②拓宽底物的专一性范围；③维持低浓度下的代谢活性；④改善有机污染物降解过程中的生物催化稳定性等。

利用对不同底物具有降解活性酶的组合构建新的复合代谢途径，已应用于卤代芳烃、烷基苯乙酸等的降解。通过引入编码新酶的活性基因，或对现有基因物质进行改造、重组，构建新的微生物，可用于氯化芳烃复合物的降解。

下面主要介绍基因工程技术应用于提高2,4,6-三硝基苯（TNT）的降解效率，拓宽微生物双氧合酶对多氯联苯（PCB）和三氯乙烯（TCE）的底物专一性范围，以及增强微生物的除磷能力等方面的内容。

（一）设计复合代谢途径

硝基芳香族化合物，如TNT等，由于苯环上有强的吸电子基团（$—NO_2$），因此难以被好氧生物降解，有关TNT作为微生物唯一碳源的报道极少，并且硝基脱除后形成的甲苯或其他芳香族衍生物难于进一步降解。

最近的研究报道，分离出一株假单胞菌（*pseudomonas*），可以利用TNT作为唯一氮源，但形成的代谢产物甲苯、氨基甲苯和硝基甲苯不能被进一步降解。因为该微生物不能利用甲苯为碳源生长。将具有甲苯完整降解途径的TOL质粒pWWOKm导入该微生物，可以扩展微生物的代谢能力，构建的微生物可以利用TNT为唯一碳源和氮源生长，尽管TNT能被这种复合降解途径所代谢，但由于硝基甲苯还原形成的氨基甲苯仍然难以被降解。对该微生物进一步修饰，构建新的微生物消除其硝酸盐还原反应，可以

使 TNT 完全降解。

（二）拓宽氧化酶的专一性

许多有毒有害有机物，如芳香烃、多氯联苯、氯代烃等，其最初的代谢反应大多由多组分氧合酶催化进行。这些关键酶的底物专一性阻碍了一些有机物的代谢，如多氯联苯的异构体等。如何拓宽这些酶的底物范围以有效降解环境中的这类物质是环境生物技术领域研究的一个重要方面。

对于多氯联苯-联苯降解菌（类产碱假单胞菌，*Pseudomonas pseudoalcaligenes*）和甲苯-苯降解菌（恶臭假单胞菌，*Pseudomonas putida* F），其最初双氧合酶编码基因结构、大小和同源性是相似的。然而，类产碱假单胞菌不能氧化甲苯，而恶臭假单胞菌不能利用联苯为碳源生长。将两种双氧合酶不同组分的编码基因“混合”，可以构建复合酶体系，以拓宽其底物专一性（图 13-19）。

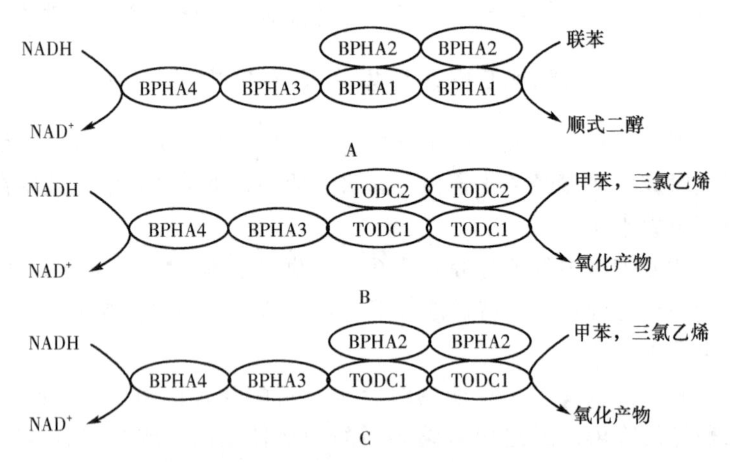

图 13-19　甲苯-联苯双氧合酶的复合组成

A. 野生型联苯双氧合酶的亚单位组分（野生型酶有严格的底物专一性）；B. 包含甲苯双氧合酶终端组分（由 TODC1 和 TODC2 编码）和联苯双氧合酶部分组分的杂合酶体系，该体系扩充了对甲苯和三氯乙烯的底物专一性；C. 由氧合酶组分结合构建的杂合酶，该酶由含有甲苯双氧合酶的大亚单位（TODC1）和联苯双氧合酶的小亚单位（BPHA2）的氧合酶与联苯双氧合酶构建而成，具有扩充的底物专一性

将编码终端甲苯双氧合酶组分的基因 *todC1* 和 *todC2* 导入类产碱假单胞菌（图 13-19C），可以构建重组菌株，使其能够氧化甲苯并利用其作为生长底物。甲苯双氧合酶活性必需的组分铁氧化还原蛋白（FD）及其还原酶，显然可由宿主细胞中的联苯双氧合酶组分提供。

用甲苯双氧合酶中的类似基因代替联苯双氧合酶中的终端铁硫蛋白的亚单位编码基因，可以构建杂合多组分双氧合酶。这些新的杂合酶既可以氧化甲苯，又可以氧化联苯，由此可以看出，通过取代相关酶中的一些组分，可以改变其底物的专一性。

三氯乙烯（trichloroethylene，TCE）是一类存在广泛且难以生物降解的有机污染物，某些氧合酶可以进攻该分子，尽管氧化速率通常很低。甲苯双氧合酶对 TCE 具有部分活性，但在催化过程中易失活。类产碱假单胞菌中天然的联苯双氧合酶不能氧化 TCE，但实验发现，构建的包含甲苯双氧合酶大亚单位的杂合联苯双氧合酶体系可以氧化 TCE，并且其氧化速率为天然甲苯双氧合酶的 3 倍。如果复合酶在 TCE 氧化过程中比甲苯双氧合酶更稳定，那么利用这种方法构建出新的酶系统，拓宽其底物专一性，在环境污染物降解应用方面将大有所为。

拓宽联苯双氧合酶底物专一性范围的另一应用是降解多氯联苯（polychlorinated biphenyl，PCB）。工业用 PCB 的混合物有 60～80 种同系物，处理受多氯联苯污染的土壤时，要求微生物能降解绝大多数或所有的这些同系物。因此，如何拓宽联苯双氧合酶的底物范围，成为近期研究的热点。

B. D. Erickson 等认为，将类产碱假单胞菌 KF707 联苯双氧合酶终端组分中的氨基酸引入到假单胞菌 LB400 双氧合酶终端组分中可以增加后者酶对对位取代的 PCB 的降解活性。利用定点诱变，在 LB400 酶终端组分中改变 4 个氨基酸，即将区域 335～341 中的 TFNNIRI 改变成 KF707 中的 AINTIRT。当诱变质粒转入到大肠杆菌细胞后进行 PCB 同系物专一性分析，结果发现新的酶对对位取代的 PCB 具有降解活性，并同时保留了 LB400 联苯双氧合酶较广谱的底物范围。上述实验表明，可以通过对关键酶类的基因改造来拓宽其对底物降解的专一性范围。

（三）增强无机磷的去除

磷是引起水体富营养化的重要因素之一。无机磷可以用化学法沉淀去除，但生物法更为经济。受微生物本身的限制，活性污泥法只能去除城市废水中 20%～40%的无机磷。

有些细菌能够以聚磷酸盐的形式过量积累磷。大肠杆菌中控制磷积累和聚磷酸形成的磷酸盐专一输运系统和 poly P 激酶由 pst 操纵子编码。通过对编码 poly P 激酶基因 *ppk* 和编码用于再生 ATP 的乙酸激酶的基因 *ack* A 进行基因扩增，可以有效地提高大肠杆菌对无机磷的去除能力（图 13-20）。重组大肠杆菌中包含有高拷贝数的含有 *ack* A 和 *ppk* 基因的质粒，并能高水平地表达相应的酶活性，与缺乏质粒的原始菌株相比，重组体的除磷能力提高 2～3 倍。实验观察到，含有 poly P 激酶和乙酸激酶扩增基因的菌株除磷速率最高。该菌株可在 4h 内，将 0.5mmol/L 的磷酸盐去除约 90%，而对照菌株在相同的时间内仅去除 20%左右。此结果显示，通过基因工程改造酶活性在无机污染物，如磷的处理方面也大有潜力。

（四）构建超级清除污染能力的微生物

美国第一个获得专利的基因工程产品就是可同时降解污染石油中 4 种有机物质的一种重组超级菌。用这种超级菌清除水面石油污染，几小时就可降解 2/3 的烃类物质。现在科学家们将能降解石油的几种基因结合转移到一株假单孢菌中，构建能够降解多种原油组分的超级微生物。在油田、炼油厂、油轮和被污染的海洋、陆地都可以用这种超级微生物去清除石油的污染。美国一家生化公司的科研人员正在利用超级微生物吞噬掉极

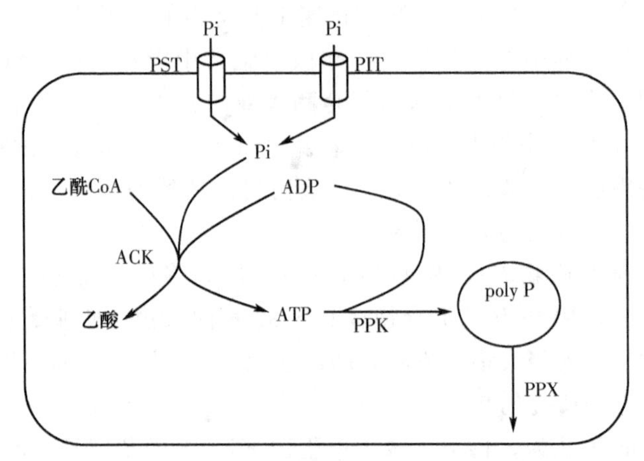

图 13-20　利用基因工程改善大肠杆菌除磷能力的示意图

Pi. 磷酸盐；ACK. 乙酸激酶；PPK. poly P 激酶；PIT. 低亲和力的磷酸盐转移系统；PST. 专一性磷酸盐转移系统；PPX. 胞外聚磷酸盐；CoA. 辅酶 A

毒的 PCB，超级微生物能把 PCB 转化为水、二氧化碳和无害的物质。另一组科学家还开发了能吞噬有毒金属（如水银、铅等）的超级微生物。科学家们还利用基因工程技术将浮游生物的基因移植到能吞食石油的微生物中去，使这种微生物具有浮游本领，在海洋水面上游弋，专门吞食石油，称为“海上拖布”。并预言不久的将来，人们就能买到多种超级微生物，用它们特有的本领，去处理各类不同的废弃物质。

三、利用细胞融合技术构建环境工程菌

（一）纤维素降解菌原生质体融合

在生物降解反应中，微生物之间的共生或互生现象普遍存在。可能是由于微生物间相互提供了彼此生长或发生降解反应所需的某种生长因子。对于这种有共生或互生作用的细胞，通过原生质体融合技术，可以将多个细胞的优良性状集中到一个细胞内。

两株脱氢双香草醛（与纤维素相关的有机化合物，简称 DDV）降解菌——变形梭杆菌（*Fusobacterium varium*）和粪肠球菌（*Enterococus faecium*），当它们单独作用时，在 8 天内可降解 3%～10%的 DDV，混合培养时，降解率可达 30%，显示明显的互生作用。

将两株菌进行原生质体融合，融合细胞（FET 菌株）的降解率最高可达 80%。利用 Southern 印迹杂交技术检验，发现融合细胞中带有双亲细胞的 DNA 序列。

将融合细胞 FET 和具有纤维素分解能力的革兰阳性菌白色瘤胃球菌（*Ruminococcus albus*）进行融合，将纤维素分解基因引入到 FET 菌株中，获得一株革兰阳性重组子，它具有白色瘤胃球菌亲株 45%左右的 β-葡萄糖苷酶和纤维二糖酶活性，同时还具有 87%FET 降解 DDV 酶的活性。利用基因探针技术证实它是一个完全的融合子。

（二）芳香族降解菌的构建

假单胞产碱杆菌（*Pseudomonas alcaligens* CO）可以降解苯甲酸酯和 3-氯苯甲酸酯，但不能利用甲苯。恶臭假单胞菌 R5-3 可以降解苯甲酸酯和甲苯，但不能利用 3-氯苯甲酸酯。这两菌株均不能利用 1,4-二氯苯甲酸酯。通过细胞融合得到的融合细胞可以同时降解上述 4 种化合物。这一结果说明原生质体融合可以集中双亲的优良性状，并可产生新的性能。

将乙二醇降解菌门多萨假单胞菌（*Pseudomonas mendocina* 3RE-15）和甲醇降解菌迟钝芽孢杆菌（*Bacillus lentus* 3RM-2）中的 DNA 转化至苯甲酸和苯的降解菌乙酸钙不动杆菌（*Acinetobacter calcoaceticus* T3）的原生质体中，获得的重组子 TEM-1 可同时降解苯甲酸、苯、甲醇和乙二醇，降解率分别为 100%、100%、84.2%和 63.5%。此菌株用于化纤废水处理，对 COD 去除率可达 67%，高于三菌株混合培养时的降解能力。

第五节　废弃物的生物利用

随着工农业的发展和人类生活水平的提高，产生的废弃物越来越多。在这些废物中，有相当大一部分是有机固体废弃物，含有大量的致病菌，传播疾病；在堆积过程中它们产生含高浓度渗滤液，严重污染环境；同时，还会产生沼气，具有潜在的危险。因此，如何加速固体有机废弃物的稳定化，使其无害化和资源化，是亟待解决的问题之一。有机固体废物是一种可回收利用的“废弃物资源”，其回收利用技术主要有堆肥、厌氧消化、蚯蚓处理、液化、乙醇化、制取蛋白质饲料、直接燃烧和固化等。

一、生物有机肥

（一）固体废弃物的好氧堆肥化处理

生物有机肥常常通过堆肥化处理有机固体废弃物生产。堆肥化是指利用自然界中广泛存在的微生物，通过人为的调节和控制，促进可生物降解的有机物向稳定的腐殖质转化的生物化学过程。根据堆肥微生物生长的环境差异，可以将堆肥化分为好氧堆肥和厌氧堆肥两种。好氧堆肥是将要堆腐的有机物料与填充料按一定比例混合，在适宜条件下堆腐，使微生物繁殖并降解有机质，高温杀死其中的病菌及杂草种子，从而使固体有机废弃物达到稳定化。由于好氧堆肥堆体温度高（一般为 50～65℃），故又称为高温好氧堆肥。厌氧堆肥化是在无氧条件下，厌氧微生物对废物中的有机物进行分解转化的过程。通常所说的堆肥化一般是指好氧堆肥化，这是因为厌氧微生物对有机物分解速度缓慢，处理效率低，容易产生恶臭，其工艺条件也较难控制，因此利用较少；而好氧堆肥中堆肥温度较高，堆肥微生物活性强，有机物分解速度快，降解更彻底；而且在堆肥过程中，经过高温的灭菌作用，能够杀死固体废物中的病原菌、寄生虫（卵）等，提高堆肥的安全性能。好氧堆肥基本原理示意如图 13-21 所示。

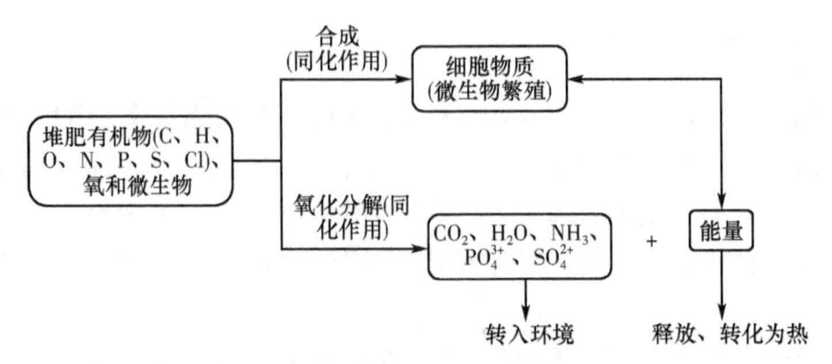

图 13-21　好氧堆肥原理示意图

堆肥产品中含有丰富的有机质，质地疏松，施用后可增加土壤总的孔隙容积并改善孔隙大小的分布，减少土壤地面冲刷，增加土壤的持水能力从而提高土壤水分含量，减少因田间径流引起的土壤养分损失，还可增加土壤的透水性及防止土壤表面板结。堆肥是一种“生物肥料”，其内含有大量的微生物。因此，施用堆肥可以增加土壤中微生物的数量。通过微生物的活动改善土壤的结构和性能，微生物分泌的各种有效成分还可以直接或间接地被植物吸收而促进农作物的生长。

（二）固体废弃物的蚯蚓处理

固体废弃物的蚯蚓分解处理，是近年来根据蚯蚓在自然生态系统中具有促进有机物质分解转化的功能而发展起来的一项主要针对农业废物、城市有机生活垃圾和污水处理厂污泥的生物处理技术。蚯蚓处理固体废弃物的过程实际上是利用蚯蚓在其生命活动中，大量吞食有机残落物质，并将其与土壤结合，通过砂囊的机械研磨作用和肠道内的生物化学作用对有机物质进行分解和转化，从而实现有机固体废弃物的资源化处理。由于蚯蚓分布广、适应性强、繁殖快、抗病力强、养殖简单，因此可以大规模地进行饲养与野外自然增殖。蚯蚓处理有机固体废弃物的工艺流程，如图 13-22 所示。

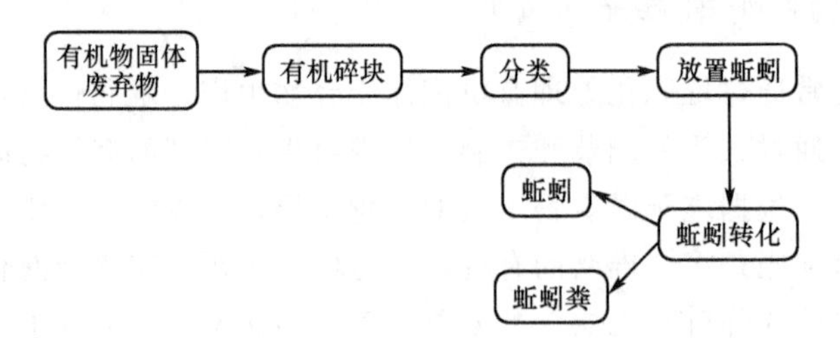

图 13-22　蚯蚓处理有机固体废弃物的工艺流程

同单纯的堆肥工艺相比，废物的蚯蚓处理工艺对有机物消化完全彻底，堆肥腐殖质含量更高，施用后有助于提高土壤的性能和肥力，增强植物对许多病虫害的抗性，减少化学农药的使用，提高农产品的质量、口感以及农产品的储存质量；但是，使用蚯蚓处理有机固体废弃物，对固体废弃物的组成、蚯蚓的生存环境有一定的要求。因此，在利用蚯蚓处理固体废弃物时，应避免不利于蚯蚓生长的因素，才能获得最佳的生态效益和经济效益。

二、废弃物厌氧消化——生物气回收

固体废弃物的厌氧消化处理是指在厌氧状态下利用厌氧微生物使有机物转化为 CH_4 和 CO_2 的厌氧消化技术。20 世纪 70 年代初，由于能源危机和石油价格的上涨，该技术得到了飞速的发展。目前，厌氧消化技术主要向以下几方面发展：一是大型化、工业化；二是开发以作物秸秆为“主”原料的厌氧消化技术；三是沼气的工业化应用。

有机物的厌氧发酵分解有机物厌氧消化依次分为液化、发酵酸化、产乙酸、产甲烷 4 个阶段，每一个阶段各有其独特的微生物类群起作用。液化阶段的细菌包括纤维素分解菌、脂肪分解菌、蛋白质水解菌。发酵酸化阶段由大量多种多样的发酵细菌完成。其中，最主要的是梭状芽孢杆菌和拟杆菌。产酸阶段起作用的细菌是产氢产乙酸菌，这 3 个阶段的细菌统称为不产甲烷菌。产甲烷阶段起作用的是产甲烷菌，根据不同温度有不同的产甲烷菌属。厌氧消化技术主要有以下特点：一是消化过程无需供氧，因此可以节约供氧所需的设备和动力消耗；二是能源化效果好，可以将有机物质转化为高品位沼气加以回收；三是适于处理高浓度有机废水和废物，经厌氧消化后的废物基本稳定，可以作农肥、饲料或堆肥化原料；四是对某些难降解物质和有毒的有机物具有独特的降解能力；五是可杀死传染性病原菌，有利于防疫。但厌氧消化法中存在微生物生长速度慢、常规方法处理效率低、设备体积大等缺点。因此，在以后的研究过程中，应着重筛选和培养耐高温、生长速度快的微生物种类。

目前比较先进的方法是两段法产氢气、甲烷。两段法综合了相分离、反应器及批序式模式。处理流程由两部分组成：流化床反应器产氢气，UASB 反应器产甲烷。有人进行了两段法产生物气的可行性研究，试验主要装置为 4 个流化床反应器（产氢）及一个 UASB 反应器（产甲烷）。有机废弃物，如餐厨垃圾等先进行破碎、分选等预处理。分选后的餐厨垃圾投入反应器，并接种流化床，接种污泥可利用污水处理污泥消化塔的污泥。污泥经热处理，以抑制氢解细菌的活性。流化床反应器每 2 天旋转 1 次，以匀化反应底物（即餐厨垃圾）。产生于流化床的渗滤液输送到 UASB 反应器进行甲烷发酵。UASB 的出流液体回流入渗滤床反应器，液体回流时定期以清水稀释以减轻产氢气阶段的生物负荷。产氢阶段的污泥经重力脱水后，以好氧曝气的形式进行污泥消化，以减少污泥的体积。研究发现，反应最初阶段碳水化合物的迅速降解导致 pH 的下降，产生抑氢现象，提高底物稀释率后，减少了抑氢现象。在高挥发性固体（VS）给料负荷下[$11.9kg/(m^3 \cdot d)$]，VS 去除率达到 72.5%。经去除的 VS 中有 28.2%转化为 H_2，69.9%转化为 CH_4，产 H_2 量为 $3.63m^3/(m^3 \cdot d)$，产 CH_4 量为 $1.75m^3/(m^3 \cdot d)$。

三、农林废弃物资源制取乙醇

人们开始把寻找替代能源的目光转移到利用可再生的植物纤维资源生产燃料乙醇上来，地球上每年光合作用合成的生物质总量约为 1000 亿 t，其中植物纤维资源是谷物和淀粉质原料的 1000 倍，而目前只有 3%～4%的植物纤维资源被有效地利用，其中 1%～2%作为食物，1%作为造纸原料，1%用于热能。因此，近 20 年来在全球范围掀起利用丰富、廉价而又可再生的植物纤维资源生产乙醇的研究热潮。我国年产的200万t乙醇（不包括饮料酒）中，70%是以大米、玉米、薯等粮食为原料进行生产的。利用可再生的植物纤维资源取代粮食生产乙醇，在一定程度上可缓解我国粮食紧张的局面。据统计，我国每年有5亿t农作物秸秆、1500万t甘蔗渣、1500万t森林加工剩余物、100万t速生材及大量的纸浆、纤维板生产废水、城市纤维垃圾等，它们含有丰富的纤维素和半纤维素，利用酸或酶水解技术，可将其中的纤维素和半纤维素转化成单糖，继而发酵成乙醇。因此，利用植物纤维资源生产乙醇，对我国更有特殊的意义。利用农林废弃物生物转化制取乙醇的关键技术是原料预处理技术、纤维素酶制备和酶水解技术、戊糖己糖同步乙醇发酵技术。用农林废弃物制取乙醇，技术上已可行，目前存在的问题是成本偏高，主要是纤维素酶制备成本高，未来该领域努力的方向一是选择性能更加优良的纤维素酶生产菌株和戊糖发酵菌株，二是进一步完善工艺降低纤维素酶制备成本和戊糖己糖同步乙醇发酵成本，三是对水解渣木质素综合利用，从而降低整个工艺成本。

四、农林废弃物制取蛋白质饲料

我国是一个蛋白质缺乏的国家，随着经济的发展，我国蛋白质饲料的生产已不能满足迅猛发展的养殖业对蛋白质饲料的需求。根据我国农业部颁布的饲料工业“十二五”发展规划，我国豆粕生产主要依靠进口大豆，2010年进口大豆5480万t，对进口的依存度达75%，鱼粉进口依存度也在70%以上。饲用玉米用量已超过1.1亿t，占国内玉米年产量的64%，玉米供应日趋紧张。长远来看，随着养殖业和饲料工业的持续增长，大宗饲料原料的供求矛盾将进一步加剧，饲料原料价格不断上涨、波动更加频繁是必然趋势。而我国有丰富的农林废弃物，发展利用农林废弃物生产蛋白质饲料的产业，是立足国内解决蛋白质饲料短缺的有效途径之一。同时，我国粮食加工厂、酿酒厂的大量废渣迄今还没有得到合理的利用，并对环境产生了严重的污染。我国在农林废弃物生产饲料方面的研究主要包括秸秆氨化技术，固态发酵制取粗蛋白饲料技术，利用农作物秸秆、粮食加工剩余物生产单细胞蛋白质的技术，利用农林废弃物生产饲料用复合酶的技术等。

微生物来源的蛋白质一般称为单细胞蛋白质（SCP），它是一种非传统蛋白质，常和农业废物联系在一起，在食品和饲料酵母生产率最常用的微生物是产蛋白假丝酵母(*Candida utilis*)。这主要是由于它能利用各种糖和氮源。产蛋白假丝酵母是能利用戊糖的少数酵母之一，其能在较低pH生长良好，有较高的蛋白质含量并适于大规模工业发酵生产。然而，酵母的核酸含量相应较高，为8～25g/100g。未处理的产蛋白假丝酵母对人畜有害，过量进食核酸可产生痛风等症，因此需要进一步加工除去。常用于纤维素物质生产SCP的其他微生物还有螺旋藻等藻类，产氨短杆菌和粪产碱杆菌等细菌，红酵母和啤酒酵母等酵母菌，曲霉、青霉、木霉、根霉和漆斑菌及卧孔菌等丝状真菌，以及侧耳等高等真菌。现在基因工程的最新研究成果已使微生物适应发酵的特殊条件成为可能。高温酵母，高蛋白酵母和含有特殊细胞成分或代谢产物的酵母已研制成功。

酵母是丰富氨基酸和维生素特别是B族维生素的来源。酵母蛋白质含有大量的赖氨酸和其他必需氨基酸，如色氨酸和苏氨酸。但大多数酵母缺少蛋氨酸。各种饲喂试验结果表明酵母可以作为蛋白质源或人畜消耗高蛋白的补充剂。酵母的家禽饲养研究证实酵母作为唯一的蛋白质添加剂安全可靠；饲料酵母作为维生素和蛋白质补充剂已为营养学家所接受。

随着世界人口的增长和食品短缺，许多国家对从各种底物产生酵母技术再次发生了兴趣，美国利用果蔬残渣、造纸工业和农业废料作为底物生产酵母，主要把其用于动物饲料添加剂。芬兰利用拟青霉替代假丝酵母发酵造纸废液，使蛋白质可用过滤收获而非离心分离，大大降低了生产成本。我国黄镇亚等从制造糠醛产生的蒸馏废水中分离了一株拟青霉来制取菌体饲料，菌体得率可达 0.6kg/m^2。对糠醛废水的 COD 除去率达60%以上。

分解纤维素微生物可直接培养在纤维素底物上。在这种情况下，底物常用 NaOH 进行预处理以促进微生物的降解作用。发酵以后，微生物细胞离心收获，但未消化残渣的处理又成为了新的问题。两种或两种以上生物的混合培养常用于纤维素发酵。木霉和曲霉、木霉和酵母以及纤维杆菌和产碱杆菌等可很好地利用纤维素底物生产 SCP。第一种生物常为纤维素分解菌，而第二种生物常具有高蛋白和高营养成分。它们的结合表现为共生作用，最终结果是增加了细胞产量。例如，用一对共生微生物纤维杆菌和产碱杆菌用于稻草和黑麦草发酵，有 75%的稻草被同化，获得 20%的净蛋白质。微生物细胞含有 50%的蛋白质，其氨基酸成分类似于大豆，未发酵底物尚含 12%的蛋白质和40%的粗纤维，也适于动物饲料。纤维素水解发酵工艺的前景是乐观的。利用纤维素物质为底物生产微生物蛋白质的有利之处是废物利用和环境保护方面的因素，这也是推动该工艺不断深入研究的因素。

（缪明永）

第十四章　生命科学与生物能源

人类发展史的每次飞跃都伴随着能源的更新。在整个前资本主义时期，木柴等在能源消费中居首位，这是所谓“木柴能源”时代；以蒸汽机为标志的18世纪的产业革命，促进了煤炭的大规模使用，到20世纪初，煤炭在世界能源消费结构中占95%，人类开始进入能源的“煤炭时代”；20世纪内燃机问世，飞机、汽车制造业等行业兴起，各工业部门和运输业相继采用以石油为燃料的动力装置，从19世纪60年代中期开始，石油取代了煤炭，成为主要能源，进入了“石油时代”。

如今，包括石油和煤炭在内的不可再生能源占据了世界能源总消费量的98%以上，按消耗量的增加率推算，世界已探明石油储量的80%将于2015～2035年耗尽，天然气只可维持使用40～80年，煤炭还能维持200～300年的使用。未来怎么办？寻找新能源将是唯一的答案，只有找到新能源，才能进入属于未来的下一个能源时代。

近几年，随着不可再生能源资源日益减少，以及国际油价不断上涨，面对已经到来的能源危机，全世界都认识到必须开发新能源的迫切性。全球正在大力开发清洁可再生能源并逐步替代化石能源。目前，可供开发的新能源主要包括：太阳能、风能、生物质能、地热能、小水电、海洋能、氢能、可燃冰等。而从目前的制造成本和配套的基础设施来看，生物质能会成为发展清洁可再生新能源的重点。

第一节　生 物 质 能

一、生物质和生物质能的概念

生物质（biomass）是讨论能源时常用的一个术语，是指由光合作用产生的各种有机体。通常所说的生物质主要包括：农作物秸秆、林业剩余物、油料植物、能源作物、生活垃圾和其他有机废弃物等。

生物质能（biomass energy）是指绿色植物（包括绿藻和光合细菌）通过光合作用，在地球上最大规模地利用太阳光能把二氧化碳和水合成有机物，从而把太阳光能变成化学能储存在生物质中。它具有资源量大、相对集中、能量品位较高、无污染和可再生等优点。

生物质能和化石能源（煤炭、石油、天然气）都是通过植物的光合作用将太阳能转变为化学能的一种储存形式，所不同的是化石能源在地表下储存长达数百万年，在这个漫长时间里，无氧条件及在微生物的作用下，原来构成植物、动物残体的碳水化合物中的氧基本上被微生物利用，作为电子受体而消耗掉，剩下的是碳和氢两种成分（煤炭主要是含碳，含氢量已在5%以下），而且化石能源所积累的碳量是过去好几百万年的光合作用产物的总和。因此人类一旦在100年左右的时间里将过去几百万年积累的碳燃烧

产生 CO_2 就会导致 CO_2 不平衡：释放出来的 CO_2 已远远超过当今地球上所有植物光合作用所能固定的量，因此导致全球范围的温室效应和气温上升是必然的。生物质能不同于化石能源，人们利用它基本上是遵循这样一个规律：今年合成下年使用。今年所利用的生物质能是几年前生物光合作用合成的生物质，现在利用后所释放的 CO_2 刚好可供下年生长的植物吸收利用，这样就达到了一个 CO_2 的基本平衡，不会造成大气中 CO_2 净增加，也不可能导致温室效应。

生物质能一直是人类赖以生存的重要能源。第一次产业革命之前，人类的能源主要就是生物质能。18 世纪之后，大量化石能源逐渐取代生物质能。但至今生物质能仍仅次于煤炭、石油和天然气而居于世界能源消费总量的第四位（约占 14%）。随着人类越来越认识到使用化石能源带来的严重环境污染、温室气体排放增加，以及化石能源资源短缺等一系列问题，人类又重新把目光聚焦于生物质能——这种清洁可再生能源的开发和利用上。据估计，生物质能极有可能成为未来可持续能源系统的组成部分，到 21 世纪中叶，采用新技术生产的各种生物质替代燃料将占全球总能耗的 40%以上。

在各种可再生能源中，生物质能储存的是太阳能，更是唯一可再生的碳源。地球上存在着丰富的生物质资源。地球上每年通过光合作用合成的生物质数量为：陆地 1300 亿 t（600 亿 t 碳），江、湖、海洋 1000 亿 t（460 亿 t 碳）。每年仅由植物固定下来的太阳辐射能就达到了目前每年能源消耗总量的 10 倍以上。但目前人类利用的生物质能还仅限于陆地上每年合成量的 2%左右。因此，生物质能作为未来清洁可再生能源的重要组成部分，具有非常大的开发空间。

世界各国均把发展生物质能作为 21 世纪能源开发的重点。据《2010 年美国能源展望》披露，到 2035 年美国可用生物燃料满足液体燃料总体需求量增长，乙醇占石油消费量的 17%，使美国对进口原油的依赖在未来 25 年内下降至 45%。根据 2007 年国务院发布的《可再生能源中长期发展规划》的要求，到 2020 年，生物质发电总装机容量达到 3000 万 kW，生物质固体成型燃料年利用量达到 5000 万 t，沼气年利用量达到 440 亿 m^3，生物燃料乙醇年利用量达到 1000 万 t，生物柴油年利用量达到 200 万 t，总计年替代约 1000 万 t 成品油。

二、生物质能的应用

生物质能的开发与利用主要包括 4 个方面：①制备固体生物燃料（通过专门设备将生物质压缩成型，便于储存、运输和使用）；②制备气体生物燃料（生物制氢、沼气）；③制备生物液体燃料（生物乙醇、生物丁醇、生物柴油等）；④生物质能源发电（农林生物质发电、垃圾发电和沼气发电）。生物液体燃料作为液体交通燃料的唯一可再生替代能源，研究得最为深入，发展最为迅猛。

（一）固体生物燃料

生物质燃料中较为经济的是固体生物燃料，又称生物质成型燃料，多为茎状农作物、花生壳、树皮、锯末以及固体废弃物（糠醛渣、食用菌渣等）经过加工产生的块状燃料，主要成分是纤维素、半纤维素、木质素。主要包括木炭、燃料木和成型燃料等几种产品，其直径一般为6～8mm，长度为其直径的4～5倍，破碎率小于1.5%～2.0%，干基含水量小于10%～15%，灰分含量小于1.5%，硫含量和氯含量均小于0.07%，氮含量小于0.5%。

（二）气体生物燃料

气体生物燃料也称生物质气化，即将固态生物质原料通过热解反应转换成可燃气体。其基本原理是在专用可控装置中将生物质原料加热，在缺氧燃烧的条件下，使较高分子质量的有机碳氢化合物链断裂，变成低级烃类、CO、H_2 等。这种气化方法使生物质的能量转换效率比固态生物质的直接燃烧有较大提高。根据反应条件不同可能会形成不同比例的气体。此技术的缺点是产生的 CO_2 比例较高，一般是15%～25%，剩下的可燃气体（CO、H_2、CH_4）加起来共占26%左右，其余为水蒸气、焦油等。主要包括生物质制氢、沼气等。

生物质制氢是所有生物质热化学加工中开发最早、最接近规模生产的技术，是大有潜力的制氢技术，可替代煤炭气化制氢，满足石化业广泛需求。目前，生物质气化制氢的重要研究方向为高效催化剂的设计与制备、无焦油气化工艺、氢气分离膜、新型高效氢气分离纯化方法、氢气储存与加工站系统、高性能氢燃料电池等。利用绿藻等生物制氢的研究也是目前研究的热点，特别适合于高湿的生物质原料，主要研究方向为微生物代谢调控与产氢机制。

沼气是指各种有机物质在一定温度、湿度、酸碱度并隔绝空气的条件下，经微生物发酵分解而产生的一种可燃性气体，主要成分是甲烷（CH_4），此外还有二氧化碳（占30%～40%）。1m^3 沼气的发热量为23.4kJ。沼气技术是运用生物技术对禽畜粪便和工业有机废水等进行处理的技术，成本低廉、处理效果好。单纯将沼气用于集中供气和供热，覆盖范围有限，可靠性也比较低，而将沼气作为发电燃料就地发电，发电量随沼气产生量变化灵活调整，可以使沼气得到充分利用。沼气发电技术本身提供的是清洁能源，不仅解决了沼气工程中的环境问题、消耗了大量废弃物、保护了环境、减少了温室气体的排放，而且变废为宝，产生了大量的热能和电能，符合能源再循环利用的环保理念，同时也带来巨大的经济效益。

（三）液体生物燃料

液体生物燃料是指以生物质资源为原料，通过物理、化学、生物等技术手段转化产生的液体燃料，包括燃料乙醇、生物柴油、生物甲醇、生物二甲醚、生物质油等，是国际生物质能源产业发展的重要方向。理论上讲，大多数生物质都可通过一定的技术转换为液态形式的燃料，如生物甲醇、二甲醚、燃料乙醇和生物柴油等，而且这些燃料在性能上与普通石油相近，不污染环境，且具有可再生性，因而是传统汽油、柴油一种较理想的替代品。目前已开始规模性推广使用的主要生物液体燃料产品有燃料乙醇、生物柴油等。生物质能属于本土资源，开发利用不会受制于人。与传统石油生产相比，生产工艺相对简单，建设工期短，且布局分散，易于隐蔽，总体生存能力强，对于优化能源结构、保护和改善生态环境、建设社会主义新农村、保障能源安全和粮油安全都具有十分重要的意义。

（四）生物质能源发电技术

生物质能源发电技术主要包括生物质直接燃烧发电、气化发电以及气化混烧发电等技术。其中生物质气化混烧发电的投资成本最经济，系统简单，经济性最好。它需要附属于已有的燃煤电厂，其发电经济性取决于原电厂的效率，而且会对原电厂有一定的影响。生物质气化发电技术的发电规模比较灵活，投资较少，适于我国生物质的特点，但是技术还不成熟，需要进一步发展和完善。直接燃烧发电技术成熟，但在小规模应用情况下蒸汽参数难以提高，只有大规模利用才具有较好的经济性。

生物质能源发电在可再生能源发电中电能质量好、可靠性高，比小水电、风电和太阳能发电等间歇性发电要好得多，可以作为小水电、风电、太阳能发电的补充能源，具有很高的经济价值。地球上有丰富的生物质能资源等待有效开发利用、加工增值来促进经济发展。我国生物质能发电技术比较成熟，在众多新能源、可再生能源发电中仅次于小水电，居第二位。

三、生物质能开发需注意的问题

（一）必须重视能源领域的长远基础研究

近年来，生物质能源及生物燃料越来越受到关注。当全球石化能源价格不断攀升，并于2008年7月突破每桶147美元大关时，人们讨论的是最快的石油替代方案：用生物乙醇和生物柴油，而不管是用什么技术路线来实现，只要找到能替代石油的能源就行。于是，以谷物淀粉和食用油作为原料，生产燃料乙醇和生物柴油的论点就占据了主导地位。而随之产生了另一个大问题——全球粮食安全问题摆在了所有人的面前。进而以纤维素作为未来生物质原料开始成为全球共识。世界对可再生能源的重视程度越来越高，《自然》和《科学》杂志先后推出了讨论全球可再生能源的专辑，足见能源问题已经在各国政府和学术界成为头等大事之一。

生物质能源的开发利用是一个长达几十年的逐渐发展过程，不能一蹴而就。最关键的基础研究必须从现在加大投入。如何处理 CO_2 这个氧化合高度稳定的分子是首要任务：对它进行固定和还原的光合作用过程效率可否再人为提高？例如，现已证明，植物通过光合作用吸收和固定 CO_2，是一个尚未优化的过程，尤其是通过二磷酸核酮糖羧化酶（ribulose bis-phosphate carboxylase，Rubisco）将 CO_2 结合到二磷酸核酮糖这一步骤是目前为止自然界速度最慢、效率最差的酶促反应，因为该酶平均每秒钟只固定一个 CO_2 分子，而自然界其他酶中至少转化1000个以上的底物分子。可见，改进光合作用已经显得极为必要。另外，非生物光合作用是否可行，也应该着手研究。并充分考虑利用其他学科，如纳米技术、物质表面科学的最新成果。

（二）改善高效生物质能的加工工艺

高效生物质能加工工艺主要包括以下几个方面。

（1）生物质不是通过其他方式利用，而是通过气化方式来制造合成气体（即由 H_2 和 CO 组成的混合性可燃气体）的方式加以利用。在气化过程中加入由太阳能、水能、风能或核能电解水制得的 H_2，以抑制气化中 CO_2 的生成，使生物质中的碳原子 100% 被转化为合成气体，为下一步的费-托反应合成液体燃料提供原料。这样原来 60%～70%的碳原子以 CO_2 浪费的传统工艺将被 100%碳原子利用率的高效生物质能加工工艺完全取代。

（2）工艺中所使用的氢气最好是由太阳能电解水产生的氢。这是因为，通过周密计算发现，以太阳能-电能-电解水-氢路线转化的太阳能的年平均总效率是 7.6%，而在消耗了同样土地面积的条件下，植物光合作用将太阳能转化为生物质的年平均总效率最高却只有 0.69%。前者比后者足足高出了 10 倍。这也就是说采用高效生物质能加工工艺会节省大量的土地，至少比原有的生物质开发计划节约了 2/3 的土地。值得一提的是，由于太阳能电池技术的进步，目前第 3 代的转化率已经达到 30%。这些进展强化了人们对太阳能产氢技术所寄托的希望。

（3）该工艺在加工过程中将不会有 CO_2 的释放。

（4）该技术给“煤变油”计划带来了曙光。“煤变油”技术主要是指先把煤炭气化，生成合成气体（H_2 和 CO_2），再通过费-托反应合成类似于汽油或柴油的液体燃料。“煤变油”技术在当今国际上被称为“浪费型”能源加工路线，因为每 3～4t 高质量的煤炭才能加工成 1t 液体燃料，主要是煤在气化时有 60%～70%的碳原子以 CO_2 气体排放掉了。显而易见，大量采用“煤变油”技术无疑会极大地浪费掉储存了几百万年的珍贵碳资源，同时还会大幅度增加 CO_2 的排放量。

（三）增强碳循环的概念

生物质能转换过程中的关键性化合物 CO_2：O＝C＝O，每一个碳—氧双键的键能为 187kcal[①]/mol。因此要把一个 CO_2 分子（包含两个碳—氧双键）完全还原需要输入的能量应为 374kcal/mol。这个能量输入是巨大的，目前只有植物通过光合作用才能将它彻底还原成碳水化合物，如葡萄糖。CO_2 是一种高度稳定的化合物，除了光合作用之外，目前还没有其他将它还原的好办法。一旦形成，很难逆转，因此一定重视碳原子的利用效率，不要轻易地让生物质等内含的碳变为 CO_2。即便转变成 CO_2，其释放的能量一定要以最高效率最大限度地利用。

有报道指出，当今全球气候变化有 90%归咎于人类的温室气体排放，并预测到 21 世纪中叶，人类的各个方面将开始受到气候变化的明显影响。为了减少 CO_2 气体排放，科学界提出 CO_2 掩埋策略，即将 CO_2 注入废油井、岩石缝洞等进行地下封存，冀望 CO_2 气体逐步溶解为碳酸，最后转化为碳酸钙（岩石）。这个策略有两个未知数：一是 CO_2 气体封入地下之后，如果发生地震、人为核武器爆炸等都会导致 CO_2 气体瞬间大量释放回大气中，其结果对人类的影响不得而知。二是 CO_2 封入地下后是否按计划转化为碳酸钙，需要多长时间，现在也说不清。

---

① 1cal＝4.1868J，下同。

因此，CO_2 的循环利用（开拓碳循环经济）受到了重视。主要有两种方法：一是提高植物固定 CO_2 的效率。如果二磷酸核酮糖羧化酶每秒钟固定的 CO_2 分子从 1 个提高到 10 个，则地球上的生物质每年将增加 17 倍以上，这对减少 CO_2 排放、提高生物质原料产量意义将非常重大。二是非光合作用，也即人工创造某种无机催化剂或酶，将 CO_2 还原为 CO，后者可与氢混合后通过费-托反应合成液体燃料或其他化工产品。

（四）己糖转化技术：不只是发酵一条路

用谷物淀粉等来制造交通用液体生物燃料（乙醇、丁醇等）有可能影响到人类粮食安全。但某些农作物的茎块和茎秆不归于粮食之列，如木薯、甘蔗、甜高粱。因此，可以考虑以这些作物为原料来生产液体燃料。木薯、甘蔗、甜高粱作为生物质能源的利用方式主要是采用微生物发酵法生产乙醇。这三种原料首先被水解成己糖之后方可被微生物利用。除此之外，纤维素经酶或酸水解也产生葡萄糖单体。

人们不断研究、探索能够高效利用己糖的新途径。美国威斯康星大学的 J. A. Dumesic 教授用果糖作为原料，经 180℃酸催化脱水方法制得羟甲基糠醛（HMF）——树脂类合成塑料的关键原料，开辟了用糖大规模制造塑料的新工艺。迄今为止，几乎全部的合成塑料都是以石油裂解的产物作为原料合成。用果糖制造 HMF 的成功，将使人类减少对石油的依赖。HMF 不仅可合成塑料，还可作为柴油添加剂甚至柴油本身。此技术的成功，意味着人类有可能不再依赖储存在化石燃料中的“远古太阳能”，而是尝试着用植物吸收的 CO_2 和现代太阳能。该技术的突出之处在于转化过程中只有水分子从果糖分子上剥离而碳原子却得以完全的保留。这种充分地珍惜和利用碳原子。

第二节　生物液体燃料

一、生物液体燃料的发展概况

通常所说的生物燃料（biofuel）主要就是指生物液体燃料。生物液体燃料的应用起始于 19 世纪末内燃机的发明。20 世纪 70 年代的两次石油危机推动了生物液体燃料的首次发展热潮和规模化生产应用，主要是巴西甘蔗乙醇和美国玉米乙醇计划，包括中国在内的其他许多国家在 70 年代也不同程度和成效地开展了本国生物液体燃料的生产应用活动。进入 90 年代，促进农业经济和保护环境成了推动生物液体燃料产业发展的新动力。

随着国际石油市场供应紧张和价格上涨，发展生物燃料乙醇和生物柴油等生物液体燃料已成为替代石油燃料的重要方向。目前，以甘蔗、玉米和薯类作物为原料的生物乙醇和以植物油脂为原料的生物柴油已实现较大规模应用。2010 年全球生物液体燃料使用量约 8000 万 t，其中，生物乙醇 6800 多万吨，乙醇汽油在巴西、美国已大规模使用，生物柴油在欧洲实现了较大规模的利用。

2012 年，欧洲生物质能源协会（AEBIOM）发布了年度统计报告《2012 年欧洲生物能源展望》显示，2010 年欧盟可再生能源消费总量达 1.52 亿 t 石油当量（ton of oil equivalent，toe），占能源消费总量的 10%，占终端能源消费总量的 12.4%。其中生物质能源消费总量达1.18亿toe，约占可再生能源消费总量的77.6%，占欧盟所有能源消费总量的8%。在交通行业，2010年欧洲交通行业消耗的生物液体燃料达1320万toe，约占交通行业消耗燃料总量的3.63%。

国家能源局的《生物质能发展“十二五”规划》显示，我国到2010年年底，以陈化粮和木薯为原料的生物乙醇年产量超过180万t，以废弃动植物油脂为原料的生物柴油年产量约50万t。培育了一批抗逆性强、高产的能源作物新品种，木薯乙醇生产技术基本成熟，甜高粱乙醇技术取得初步突破，纤维素乙醇技术研发取得较大进展，建成了若干小规模试验装置。到2015年，生物质能年利用量超过5000万t标准煤。

二、生物液体燃料的优点

生物液体燃料之所以成为当前各国发展新能源的重点，是因为存在如下两大优势。

（一）良好的兼容性

生物液体燃料既可以单独使用，也可以和化石能源混合使用，而且可以在传统加油站销售，不用建立新的销售网络。1896年，亨利·福特制造的第一辆“四轮”汽车是以乙醇作为燃料的。德国的“鲁道夫”柴油机则使用花生油作为燃料。目前，美国三大汽车公司已经生产了500万辆能使用85%乙醇混合燃料的汽车。在巴西和美国，乙醇汽油汽车已发展到“灵活燃料汽车”——既可以使用纯汽油，也可以使用E10乙醇汽油，更可以加E85乙醇汽油。随着乙醇生产的不断规模化，中国也将走这条道路。

（二）环保

当今全球气候变暖问题越来越受到人们的关注，使用生物能源可以大大减少二氧化碳等温室气体的排放量。石油、煤炭和天然气等传统能源中，每生产4J能量的乙醇就要消耗3J的能量；使用玉米乙醇等生物液体燃料的汽车每英里[①]所排放的温室气体量只为使用汽油排放量的13%。生物柴油主要是用植物油来生产的，使用植物油柴油汽车每英里的温室气体排放量为汽油排放量的40%～70%。植物通过光合作用将阳光中的能量储存起来，石油和煤炭等化石燃料中的能量也来自太阳。但燃烧化石燃料会将历经千万年储存在地下的碳在短时间内释放到大气中，导致全球变暖。生物液体燃料则是利用新生长的植物所储存的能量，植物生长时从大气中吸收碳，燃烧时释放出碳，因此生物液体燃料是“碳中性”的，不会向大气排放额外的CO_2。

三、生物液体燃料的种类

目前已经大规模工业生产的生物液体燃料包括：生物乙醇、生物柴油、生物丁醇、纤维素等。其中以生物乙醇和生物柴油发展最快。近几年生物丁醇、纤维素由于自身优点，也开始受到关注。

---

① 1英里＝1.609 344km，下同。

（一）生物乙醇

生物乙醇（bioethanol）是指通过微生物的发酵将各种碳水化合物原料转化为乙醇。人类通过发酵果实和谷物生产乙醇已经有几千年的历史了。直到今天，这一过程也没有太大的变化。糖和淀粉通过几个简单的步骤在乙醇生产设备中被转变为乙醇。目前乙醇发酵原料多为谷物，如玉米、小麦、高粱等，还有一些含糖量多的作物，如甘蔗、甜菜、甘薯、木薯等。

在美国，首选的生产原料是玉米。玉米通过酶的处理使淀粉转化为糖，然后再经过糖发酵转化为乙醇。生物液体燃料乙醇在美国的消费量已经超过40亿加仑［1加仑(gal)约为3.79L］。尽管生物液体燃料的消费目前在美国能源消费中还占不到3%，但过去5年内乙醇产量猛增了235%。

巴西是世界上最大的甘蔗、糖和燃料乙醇生产国，有“乙醇沙特”之称，主要是以蔗糖为原料生产乙醇。以甘蔗为原料生产乙醇具有成本低的特点，成本为0.05美元/加仑，而用玉米、小麦、甜菜生产乙醇的成本分别是0.08美元/加仑、0.13美元/加仑和0.07美元/加仑。由于其成本低廉，巴西生产的甘蔗乙醇在国际燃油市场具有很强的竞争力。巴西也是世界上最早通过立法手段强制推广乙醇汽油的国家。巴西从1975年就开始推行生物乙醇政策，作为汽油的替代燃料，力图扩大使用利用甘蔗生产的乙醇。并推进可使用乙醇的汽车的生产及销售，于1993年强制要求在汽油中混合乙醇。2011年巴西的生物乙醇产量为55.7亿加仑，位居世界第二，仅次于产量为139亿加仑的美国，并且还向美国出口。

我国主要以玉米、小麦和木薯为原料发酵生产生物乙醇。到2010年年底，已形成400万t（约合33亿加仑）的年生产能力。

用粮食生产燃料乙醇成本很高，占总成本的65%以上，各国都需要政府财政补贴生产商。我国目前生物乙醇使用的原料主要是20世纪90年代后期生产过剩的粮食，但随着这些粮食的消耗，可供生产的粮食资源有限。从长远发展着眼，我国今后将不可能大量增加利用粮食原料的生物乙醇生产，而是转向开发非食用性资源，如菜籽、薯类、甘蔗等。我国木薯作为燃料乙醇原料，综合效益目前居第二位。平均每2.8t木薯干可生产1t燃料乙醇，产出大于投入。而且由于木薯适于在土层浅、雨水不易保持的喀斯特地区种植，更有利于帮助当地农民增加收入。广西是我国木薯的主要产地，种植面积和产量均占全国的60%以上。甘蔗是高产作物，是全世界公认的最好的可再生的生物能源作物之一。我国南方纬度、气候与巴西相似，发展能源甘蔗有着得天独厚的自然条件，利用甘蔗生产燃料乙醇的成本比其他作物有明显优势。

（二）生物柴油

生物柴油（biodiesel）是指以动植物油脂为原料制造的可再生能源，即脂肪酸甲酯或脂肪酸乙酯。生物柴油的原料通常是各种植物油（如大豆油、玉米油、葵花籽油、米糠油、棕榈油等）、动物油脂以及废食用油等，配合甲醇或乙醇经交酯化反应而得。

欧盟国家主要利用过剩的菜籽油和大豆油为原料生产生物柴油，是世界上最大的生物柴油生产者。2010年全球生物柴油产量为190亿L（50亿加仑），而欧盟的产量为102亿L，约占53%。

生物柴油的大量使用会让许多原本生产食品的农地改种植经济作物，很可能造成粮价上涨，威胁贫穷人口。美国科学家把注意力投向了一种海藻，并运用现代生物技术开发出了海洋工程微藻：实验室条件下微藻脂质含量超过60%；户外条件下脂质达40%以上，每亩微藻年产1～2.5t柴油。利用“工程微藻”生产柴油具有重要经济意义和生态意义：微藻生产能力高，比陆生植物高出几十倍；用海水作为天然培养基可节约农业资源；生产的生物柴油不含硫，燃烧时不排放有毒有害气体，排入环境中的气体也可被微生物降解，不污染环境。因此发展富含油质的微藻或者“工程微藻”是生产生物柴油的一大趋势。

我国生物柴油的研发虽起步较晚，但发展速度很快。我国生物柴油的原料比较多样化，主要为野生油料、植物油下脚料、地沟油、泔水油等。近几年来，我国加大了对油料作物的开发和利用，现已查明的油料植物为151科697属1554种。其中，种子含油量在40%以上的植物有154种，分布广、适应性强、可用于建立规模化生物柴油原料基地的乔灌木近30种，分布集中成片，可作原料基地，建立起规模化良种供应基地的油木本植物有10种。其中黄连木果实、果肉、种子含油率分别为35%、50%、25%，2.5t黄连木种子可以生产1t生物柴油。目前我国生物柴油研究已取得了阶段性成果，全国各地相继建成了年产量过万吨的生物柴油生产厂，一部分科研成果已达到国际先进水平。这将有助于我国生物柴油的进一步研究与开发。

（三）生物丁醇

近年的研究表明，丁醇还是一种极具潜力的新型生物液体燃料。生物丁醇是与生物乙醇相似的生物燃料。其原料和生产工艺与生物乙醇相似，但生物丁醇的蒸气压力低，与汽油混合时对杂质水的宽容度大，而且腐蚀性较小，与现有的生物燃料相比，能够与汽油达到更高的混合比（混合燃料中可混入20%的丁醇），而无需对车辆进行改造。丁醇还是一种高能量生物燃料，与传统燃料相比，每加仑可支持汽车多走10%的路程，与乙醇相比，可多走30%的路程。目前生物丁醇的批量生产方法主要是分别以淀粉和纤维素类生物质为原料的技术。

目前，以淀粉为原料生产生物丁醇的技术相对而言最为成熟，目前为进行商业化生产而进行的活动非常活跃。2006年起，美国杜邦公司和英国石油公司联合开发燃料丁醇项目，于2007年底在英国市场上推出了他们用作汽油组分的第一个产品：称为生物丁醇的正丁醇。于2011年完成以甜菜为原料、年产1.1亿加仑生物丁醇的生产装置的建设，并开始在英国市场上用丁醇来替代汽油作为车用燃料。

以纤维素类生物质为原料的生物丁醇尚处于研究开发阶段，2010年1月美国Cobalt Technologies公司公开了纤维素类生物丁醇的验证生产设备。同年8月，日本出光兴产公司开发了比生物乙醇效率更高的生物丁醇的批量生产技术。该技术以稻草等植物纤维为原料，利用基因重组菌生产生物丁醇，计划于2013年建设实验装置，2020年可由1t植物生产300L的生物丁醇。

我国关于生物丁醇的研究主要集中在发酵菌种筛选、诱变和发酵工艺优化方面。中国科学院微生物研究所的方心芳在国内最早开始丙酮丁醇发酵的研究，筛选分离得到具有较高合成能力的丙酮丁醇菌 22 株。中国科学院上海植物生理生态研究所的焦瑞身、杨蕴等获得高丁醇比的丙酮丁醇菌株可耐受 39～40℃的温度。我国从 1956 年开始生产丙酮丁醇，受粮食原料成本影响，许多丁醇发酵企业在 20 世纪 80 年代陆续停产。鉴于目前世界石油价格居高不下，采用发酵法生产丁醇燃料有着良好的经济前景，一些相关公司正在启动原生产装置，利用较强的生物发酵技术和丰富的丙酮丁醇生产经验及现有装置，恢复丁醇的生产。

（四）纤维素燃料

目前，生物乙醇、生物丁醇和生物柴油主要是以玉米、甘蔗或者大豆等粮食为原料生产，为了解决“与口粮争原料”的矛盾，人们把目光转向了另一种地球上含量最丰富的原料——纤维素。纤维素无处不在——小麦秸秆、谷壳、牧草、稻壳或者树木等，主要是由葡萄糖链折叠堆积形成的纤维素和半纤维素组成，难溶于水和酶。作为植物细胞壁主要成分的纤维素是很难被降解的，但大部分植物“捕获”的太阳能大多储存在纤维素中。如果能把自然界中含量丰富且不能食用的“废物”纤维素转化为液体燃料，那么将为世界生物液体燃料业的发展找到一条可行的道路。

纤维素生产燃料主要有两条途径：一种方法是借助煤炭石油化工的技术，即把植物原料转化为“合成气”——一氧化碳和氢的混合物，然后利用费-托法，在合成气中加入铁或钴作为催化剂，使之转化为乙醇或者生物柴油。另一种方法是借助酶和发酵来生产纤维素乙醇或生物柴油，在美国很流行。从设备和环保角度考虑，重点是发展第二种方法。但两种方法都存在技术上的瓶颈，使得纤维素燃料的成本居高不下。建立纤维素转化设备的成本为建立相同生产能力玉米转化为乙醇成本的 3～4 倍。由于技术上的限制，目前还没有一家纤维素乙醇制造厂的产量达到商业规模，但很多大的能源公司都在竞相改进将纤维素转化为乙醇的技术。本田汽车公司已开发出世界上首个从纤维素生产乙醇的工艺，使用非油料植物材料制造燃料。新工艺将允许采用广泛易得的废木料、树叶和其他所谓的软生物质来大量生产乙醇，但目前还不具有规模化生产的条件。当前最大的技术障碍是预处理环节的费用过于昂贵。为了降低成本，使纤维素燃料具有市场竞争力，工程师们正在通过提高预处理和其他步骤设备的工作效率来降低成本，而生物学家对酶、发酵微生物、原料等方面进行研究，希望能够有所突破。

四、生物液体燃料尚待解决的问题

使用生物液体燃料固然可以减少温室气体的排放，但如果在生产过程中造成更大的污染，那就得不偿失了。很多情况下，生物液体燃料不能被想当然地归类为“可再生能源”，而应展开更多研究来确保以非污染形式生产生物液体燃料。

有些情况下，玉米乙醇并不能减少温室气体排放量，主要原因是在种植玉米过程中大量使用了氮肥。这些肥料大量由天然气产生，然后由微生物分解成温室气体的主要物质一氧化二氮。由于种植习惯多样性，这一作用并不能够被精确量化，导致对于玉米乙醇所排放温室气体的认知缺失。

利用棕榈油生产生物柴油，在棕榈种植前期，要对森林（特别是热带雨林）进行破坏。在过去的10年里，印度尼西亚的棕榈种植面积增加了11%，还有40万hm^2的棕榈种植园正在兴建中。新开垦棕榈园主要是砍伐原有的热带雨林。在过去30年中，亚马孙这一世界上最大的雨林区的1/6已遭到严重破坏，巴西的森林面积同400年前相比，整整减少了一半。热带雨林的减少不仅意味着森林资源的减少，而且意味着全球范围内的环境恶化。若亚马孙的森林被砍伐殆尽，地球上维持人类生存的氧气将减少1/3；数年后，至少有50万～80万种动植物种灭绝，造成雨林基因库的丧失。热带森林的过度砍伐使得土壤侵蚀、土质沙化，水土流失严重，一些地区由于林木被砍伐，生态被破坏，而变成了最干旱、最贫穷的地方。

盲目发展生物液体燃料，还使人类的食物资源面临威胁。由于美国大力推广用玉米制备生物液体燃料，造成了世界玉米价格的节节攀升，已影响到其他国家的玉米供应，而饲料用玉米的不足也把猪肉、牛肉、奶制品等食物价格推高，这将影响到许多国家，使其出现粮食危机。由于棕榈油也是食用油，欧洲国家对棕榈油的生物液体燃料原料需求高涨，已经使棕榈油的价格大幅上升，影响到普通人的生活。联合国粮食及农业组织最近发布的报告指出，由于受生物液体燃料工业的需求以及干旱的影响，全球谷类的价格，特别是小麦和玉米的价格已升到了最近10年来的最高点。“现在食品超市不得不和生物液体燃料工业抢农产品”。全球土地将无法同时养活全世界的人口又供应生物液体燃料给汽车工业，而最后的结果就是更多的人挨饿。目前，世界各国已经开始限制使用玉米等可食用谷物作为生物液体燃料的原料，鼓励利用非粮作物发展生物液体燃料产业，从而保证生物液体燃料的发展既不能影响人们的粮食消费，也不能同粮食争夺耕地。

（蒋　平　杨生生）

第十五章　生命科学与现代医学

20世纪生命科学出现了飞速发展，尤其进入21世纪，随着大量生物高新技术的涌现，医学也进入了一个充满理想和希望的时代。回顾生命科学和医学发展史，我们不难看出：每一次生命科学的重大发现都对医学产生了巨大的推动作用。在20世纪，生命科学领域的两次重大突破：一是G. Mendel遗传定律的再发现和T. Morgan的基因论；二是J. D. Watson和F. H. C. Crick的DNA双螺旋模型提出及随后飞速发展的分子生物学。同样，20世纪医学发展也进入历史非常时期，疾病的基因诊断和治疗、试管婴儿的诞生以及器官移植等先进技术无不都是建立在生命科学飞速发展的基础上。这表明现代医学作为生命科学的重要领域，常伴随其同步发展。

第一节　疾病的发生机理

我们热爱生活，我们关注健康，因为健康是最珍贵的人身财富。疾病损害健康是人类面临的最大挑战；维持健康的身体，提高生活质量不仅仅是医务人员的职责，也是每个人的意愿。

一、健康和疾病的基本概念

在整个生命运行过程中，常表现出健康和疾病两种不同的状态或形式，两者可以互相转化，但两者之间不存在“非此即彼”这种绝对明确的界限。20世纪70年代末，随着生命科学研究的不断深入，传统的单纯生物医学模式逐渐转变为生物-心理-社会医学模式，并逐渐成为当今普遍接受的医学模式。随着医学模式的转变，人们对健康和疾病的认识也发生了巨大变化。

（一）医学模式的转变

医学模式（medical model）是重要的理论概念，又称“医学观”；它是指人们在考虑和研究人类健康和疾病问题时所遵循的总原则，或思想和行为方式；是一定时期医学对疾病和健康总的特点和本质的概括，它影响着这一时期医学研究的领域、目标和手段。医学研究主要围绕疾病和健康展开，对疾病发生、发展规律的认识和健康状态的维持，也是随着生命科学和其他相关学科的发展而变化的；由此，使医学在其发展的不同阶段，具有不同的特点，对这些特点的集中概括，就形成了不同阶段的“医学模式”。

20世纪以来单纯生物医学模式是随着生命科学飞速发展，促使经验医学转向实验医学的产物，曾在医学发展史上起到积极作用。单纯生物医学模式从单一的生物学角度去理解健康和疾病，但忽视了人的社会性和心理、社会因素对健康和疾病的影响。它是一种单因单果的线性因果模式，限制了它对健康和疾病的观察视野，妨碍其对健康和疾病受到生物、心理和社会因素综合作用的全面认识，所以存有较大的局限性。

现代生物-心理-社会医学模式（bio-psycho-social medical model），简称现代医学模式，是在生命科学迅速发展的影响下，医学领域产生了全球疾病谱和死亡谱的凸显改变、医学发展的社会化趋势明显增强、人们对健康需求普遍提高以及医学与其他相关学科互相渗透等背景下由美国科学家恩格尔于 1997 年首先提出。现代生物-心理-社会医学模式强调的是人们对健康和疾病的认识不仅仅局限于生物学解释，还应了解患者的心理因素以及自然和社会因素，包括医疗保障制度等。在整个体系中，疾病的表现不再是简单的线性因果模式，而是互为因果、协同制约的立体化网络模式。

医学模式随医学进步而发展和演变，现在正处于单纯生物医学模式向现代生物-心理-社会医学模式转变的过程中，是医学发展的必然结果。两种不同医学模式的转变不是互相排斥，而是相互包容的关系。单纯医学模式是现代医学模式极为重要的组成部分，许多疾病的研究仍然需要在生理学、细胞学和分子生物学等生物学领域展开探讨。医学模式的转变不仅改变人们对健康和疾病的基本认识，而且对整个医学科学的研究、医疗卫生事业的发展和医学教育的方向等都将产生重大影响。

（二）健康

1948 年，在世界卫生组织（World Health Organization，WHO）成立时所通过的宪章中，开宗明义地把健康（health）定义为“在身躯上、心理上、道德上、社会适应上完全处于良好的状态，而不仅仅是单纯的没有疾病或虚弱状态。”这一概念不仅涉及人的生理问题，而且考虑到心理和社会道德方面的问题；将生理健康、心理健康、社会适应健康三个方面结合起来而构成了健康的整体概念。近期又提出“五好”（饮食、排便、睡眠、说话和行走）和“三良”（个性、处世能力和人际关系）的健康标准。无论是定义，还是标准，强调的健康应包括三个基本要素，即①身躯的健康；②精神-心理的健康；③对社会必须有较强的适应能力（具有有效的社会活动和劳动能力）。

应当指出，这种健康的完美状态是人类不断追求的目标，且符合当今提出的现代生物-心理-社会医学模式宏观规律，但其具体内涵，即健康标准是相对的。随时代、国家、地域、群体和个体的改变都应当以切合实际的具体标准作为提高健康水平的奋斗目标。

（三）疾病

在疾病（disease，illness）的概念上，目前尚无普遍接受的定义，一般认为，疾病是由内、外致病因素作用于机体后，机体自稳调节机制的紊乱，导致自稳状态（homeostasis）被破坏和生命活动障碍的过程。导致疾病发生的生物因素果然重要，但在现代医学模式影响下愈来愈多的人们更关注心理因素和社会因素等。所谓自稳状态，是指机体结构与代谢的平衡，并处于稳定的状态，还包括机体的神经-内分泌-免疫系统整体上的协调统一的正常状态。然而，现代分子医学的观点认为，疾病是细胞对致病信号作出的应答，导致特定基因表达和蛋白质结构或功能发生变异的结果。综上所述，疾病的概念应当包括以下基本特征。

（1）疾病的发生都有一定的原因，通常被称为致病因素。原因与机体在心理状态、社会环境等因素影响下相互作用使生命过程偏离正常的运行状态；但心理状态和社会环境正常条件下某些原因与机体相互作用不一定使生命过程偏离正常运行状态，产生疾病。癌基因和抑癌基因被公认为肿瘤发生的重要原因之一，然而在正常组织细胞内却存在并表达。在心理因素和社会环境发生变化时，如心理障碍、环境恶化等因素影响下可能诱导癌基因或抑癌基因异常表达，最终导致肿瘤发生。目前，虽然仍有一些疾病发生的机制尚未阐明，但这并不意味着这些疾病没有原因或其原因是不可知的。因此，疾病是有一定原因引起的异常生命活动的过程。在医学上，对于某些暂时不明原因的疾病通常冠以“原发性”或“特发性”表示，如原发性甲状旁腺功能亢进症、原发性高血压、特发性肺动脉高压、特发性功能性低血糖等。

（2）疾病发生的基础是自稳调节机制的紊乱，导致机体自稳状态的破坏。机体为适应外环境复杂的变化以确保生命形式的存在和种族的繁衍及发展，在长期的进化过程中，为维持其内环境的自稳状态，所形成的各器官系统、细胞乃至分子水平的各种调节机制，被称为“自稳调节机制”。各种致病原因都有可能引起内环境的改变超过机体自稳调节能力，或直接影响自稳调节机制，或由于自稳调节机制的异常，终将破坏机体的自稳状态，并产生疾病。因此，疾病的本质是机体自稳状态的破坏，其反映为一定的机能（包括精神、心理）、代谢和形态结构的异常变化。

存在于不同疾病中的共有的、相关的机能、代谢和形态结构的异常变化，称为病理过程（pathological process），如组织变质（变性、坏死）、渗出（血管反应、体液和细胞渗出）和增生改变，是阑尾炎、肺炎以及其他炎症疾病共有的炎症病理过程。一种疾病可包含几个病理过程，如肺炎双球菌性肺炎，常有炎症、发热、缺氧，甚至休克等多个病理过程。

（3）疾病在其发展过程中，外在表现是人们认识疾病的信息和判断疾病的主要依据。所谓“外在表现”是指自稳状态破坏使机体各器官系统之间以及机体与外界环境之间的协调发生障碍，从而表现为一定的症状（symptom）、体征（sign）的异常，机体对环境和社会的适应能力降低，劳动能力减弱甚至丧失。多个复合的并有内在联系的一组症状和体症，它可以是一类疾病的共同表现，我们称之为“综合征”（syndrome），如肾病综合征、呼吸窘迫综合征等。

在医学上，症状是指患者主观感受到的异常感觉（或现象），如头痛、恶心、疲乏、眩晕等；而体征是通过对患者检查所获得有关疾病的客观征象，如肝肿大、肺部啰音、移动性浊音、心脏杂音等，通过特殊仪器检查（如 X 线摄片等）或取材在实验室化验（如血常规、肝功能等）所获得的客观信息通常统称为实验检查发现（laboratory findings）。

（四）亚健康

亚健康（sub-health）是现代医学对人体处于非健康，又非疾病状态的概括。早在 20 世纪 80 年代中期就提出人体除了健康状态（第一状态）和疾病状态（第二状态）之外，还存在着一种处于健康和疾病之间的中间状态，称其为“第三状态”，即亚健康状态或诱病状态。亚健康新概念提出以后并未受到重视，90 年代中后期人们对亚健康才有一定的研究。至今，国内、国外对亚健康的概念尚无公认的统一定义，由于其涵盖的范围非常广泛，许多学者认为：基于现代生物-心理-社会医学模式下亚健康是指非疾病所致的身体上、心理上不适或社会适应能力降低的健康不完满或低质量状态及其体验，一般持续较长时间（通常认为 3 个月）不能缓解，即可考虑亚健康状态；如果偶然出现或出现持续时间不长即可缓解和消除，被视为正常反应。

亚健康与健康或疾病的界定较为困难，应建立以临床不适与生存质量为核心的亚健康状态测量与辨识标准。目前，世界卫生组织生存质量测定量表、诺丁汉健康量表、心理行为综合评定量表等以及各种疾病对健康影响程度量表已被作为亚健康评价指标。我国学者也致力于研制有关亚健康诊断、辨识等评估方法，这些都是对健康测量方法进行的有益探索。

亚健康虽然不是疾病，但已经严重地影响了人们的生活、学习和工作，成为普遍的社会问题。对亚健康的研究提高了人们的健康意识，促进对健康的维护。正是由于亚健康概念的提出，使人们更加关注自己的健康行为。

二、疾病发生的原因

疾病的发生是由一定原因（或因素）引起的异常生命活动过程。探讨疾病发生的原因、条件及其作用机制的专门学科，被称为病因学（etiology）。

（一）致病因素

能引起疾病发生的各种内、外因素泛指为致病因素。机体在一定的条件下与致病因素相互作用，使生命过程偏离正常的运行状态。目前，虽然仍有一些疾病的致病因素尚未阐明，但并不表明这些疾病没有致病因素。致病因素可以存在于外部环境或来自机体内部，通常有生物性因素、理化性因素、营养性因素、遗传性因素、先天性因素、免疫性因素和精神以及心理与社会因素等，见表 15-1。

表 15-1　致病因素的分类及其主要致病特点

分类		举例	主要致病特点
外因	生物性因素	病原微生物（病毒、细菌、支原体和真菌等），寄生虫（蛔虫、丝虫等）	有感染途径和体内定位；机体具感染性，可引起免疫反应或病原体改变
	理化性因素	物理性（机械力、辐射等），化学性（化学毒物、动植物毒物等）	发病方式和病程与致病因素性质、强度相关；化学因素致病性与体内代谢有关，并有组织、器官选择性
	营养性因素	蛋白质、糖、脂类、维生素、无机盐（K^+、Na^+、Cl^-）和微量元素（Fe、Zn、Se 等）	缺乏或过多都可致病
	心理和社会因素	精神紧张或创伤、情感反应过度、心理或人格变态、不良习俗和社会的不平衡状态	有明显个体差异性，因机体对精神、心理和社会因素作用的承受力不同

续表

分类		举例	主要致病特点
内因	遗传性因素	染色体畸变和基因突变	异常遗传物质为致病直接原因，常导致家族性易患人群的遗传素质
	先天性因素	药物、感染或其他原因等导致发育中胎儿的损伤，引起器官、组织发育异常	一般与遗传物质无关，但也有例外
	免疫性因素	机体遭受过强的特定变应原的作用，或免疫系统有先天性或获得性调节功能异常，导致组织细胞损伤和功能异常	常发生变态反应、超敏反应、自身免疫性疾病和免疫缺陷病等不同类型的疾病

（二）原因和条件

某一疾病的发生，可能与多种致病因素的作用有关，但在疾病发生中具有决定作用，并赋予疾病以某些特征或特异性的一些致病因素，通常也被称为致病原因。

在多数情况下，仅有致病原因的存在还不足以引起疾病的发生，致病原因并非孤立地作用于机体。例如，感冒病毒在人类上呼吸道存在非常普遍，但并不都引起感冒，一旦劳累、受寒致使上呼吸道局部抵抗力下降时，病毒入侵黏膜下繁殖，感冒才会发生。可见受寒、劳累以及全身或局部防卫功能降低等因素，虽不直接或单独引起疾病，但在感冒发生中也起十分重要的作用。这些在致病原因作用于机体的前提下，影响着疾病发生、发展的因素，通常被称为致病条件。所以，又将致病因素分为原因和条件两大类。

在疾病发生过程中，不仅起到致病条件作用，而且还能促进或加强致病原因作用的某些条件因素，如气候、疲劳、精神创伤等，常被称为“诱因”（precipitating factors）。对那些与疾病发生、发展有密切关系，但又未确定其性质究竟是起致病原因，还是条件作用的因素，一般被称为“危险因素”（risk factors）。例如，在冠心病发生中的吸烟、运动、高血脂、高血糖等被认为是它的危险因素。

三、疾病发展的一般规律

机体在致病因素作用下产生疾病后，疾病就作为一种生命活动过程依照一定规律向前发展，经历一定的时程或发展阶段后，最终趋于结束。发病学（pathogenesis）的任务就是研究疾病发生、发展及转归的机制。不同的疾病其发展发生机制各不相同。

（一）疾病过程中自稳调节的紊乱

1962 年 W. Cannon 把内环境理化性质保持相对恒定的状态称为稳态（homeostasis）或自稳态。目前，稳态的概念已经扩展到整个机体生命活动的各个方面和层次。内环境的理化性质，各器官系统乃至整体的机能活动（包括精神、心理活动等）和代谢过程，都在不断变化着的内、外环境中保持着动态平衡，表现为反映这些变化的各种参数（体液 pH、血压、血糖、体温等）都在一个狭窄的范围内波动。机体生命活动的这种相对稳定状态的维持，是在神经、体液调节下，由组成机体的各种细胞和器官系统协调一致地完成各自的机能代谢活动而实现的。稳态是生命活动的基本特征和必要条件，一旦由于致病因素的作用使机体某一方面（或部分）的机能代谢活动发生严重紊乱，稳态将难以维持，新陈代谢将不能正常进行，机体的生存即受到威胁。因此，疾病的本质或基本特征就是稳态破坏，疾病的发生和发展过程就是稳态破坏和恢复的过程。

稳态是通过机体自身控制系统或称为自稳调节机制实现的。致病因素导致机体稳态破坏，主要由以下几方面原因造成：①内、外环境的变化过于强烈，超过了机体自稳调节机制的能力；②机体自稳调节机制的调节功能（调定点）的变化；③组成机体自身控制系统，包括控制部分（反射中枢、内分泌腺、中枢免疫器官）、受控部分（靶器官或效应器）及信息传递路径（神经、体液）等缺陷而导致自稳调节机制功能受阻。

稳态破坏不仅是疾病这一异常生命活动过程的总体特征，而且是疾病发展的内在动因。自稳调节机制任何一个方面的紊乱，不仅使相应的机能或代谢发生障碍，而且往往通过连锁反应，使自稳调节机制其他方面也相继出现紊乱，从而引起更为广泛的、严重的生命活动障碍。另一方面，稳态破坏所导致的某一方面的改变，势必通过反馈机制激发起相应的代偿，以使稳态趋于恢复。疾病就这样向两个方向发展，或由于机体自身的潜力或借助于外部干预使稳态恢复，或由于稳态破坏进一步加剧导致机体死亡。

（二）损害作用与抗损害反应的影响

致病因素作用机体造成损害作用可以诱发体内抗损害反应（防卫、适应和代偿）保护机体，但抗损害反应也可能对机体产生不利的一面，导致机体稳态进一步破坏加重病情。例如，损伤出血，可以使血压降低，重要脏器缺血、缺氧，这些都是损害作用；随之，出血又可使机体发生应激（stress）和交感-肾上腺髓质兴奋，引起血管收缩、全身血流重分配、肾排尿减少、心率加快和心收缩加强等，使血压在一定时间内无明显下降，保障心、脑重要脏器血液供应，这些都是抗损害的保护反应。若血管长时间强烈收缩，就有可能成为休克发展和加重的原因，对机体产生十分不利的影响。

损害作用、抗损害反应和机体稳态破坏表现为一系列的机能、代谢和组织形态结构的异常变化和（或）精神、心理改变。这些改变本质上是机体整体的应答性反应，但常常表现出来明显的局部定位，即在某个系统、器官或部分组织表现得特别突出。因此，疾病的本质是机体稳态破坏并具体表现为一定的机能（包括精神）、代谢和组织形态结构的异常变化。

（三）各器官系统之间以及机体与外界环境之间的协调关系发生障碍

机体稳态破坏使各器官系统之间以及机体与外界环境之间的协调关系产生失衡，从而表现为一定的症状、体征和（或）实验室检查、仪器检查异常，机体对环境和社会的适应能力降低，劳动能力减弱甚至丧失。疾病在其发生、发展过程中上述外在表现是人们认识疾病的信息和判断疾病的依据。

（四）疾病过程中的因果转化

在疾病发生、发展过程中，致病原因与结果存在交替与转化，这种交替与转化往往决定着疾病发展的方向，或形成“恶性循环”，或形成“良性循环”。所谓“恶性循环”（vicious circle）是指在因果交替与转化过程中，每一次循环致使病情恶化，甚至导致患者死亡。反之，在因果交替与转化过程中，每一次循环致使稳态恢复，病情好转，甚至痊愈，被称为“良性循环”（benign circle）。在治疗过程中不仅针对导致疾病发生的生物性因素，更应关注心理和社会因素对治疗的影响。这样将有利疾病发生、发展过程中由“恶性循环”转向“良性循环”。

四、疾病发生的基本机制

疾病发生的机制非常复杂，不同疾病有着不同的发病机制，但机体自稳调节的紊乱和自稳状态的破坏仍然是疾病发生的最基本机制。自稳调节紊乱往往与机体防御功能相对或绝对降低，以及机体在神经-体液、细胞和分子等不同层次调节功能的异常相关。

（一）机体防御功能

机体的防御功能是防止外来有害因子入侵和清除体内的有害因素，以维持内环境稳定的必要条件。致病因素作用过强或机体防御功能减退是疾病发生的重要环节之一。机体抵御病原体侵害所形成的特殊防御机制，称为“免疫”（immunity），相应的防御系统就是免疫系统，由三道防线组成（表 15-2），第一道防线的皮肤、黏膜起机械阻挡和排除作用，它们的分泌物则有抑制多种微生物生长或破坏细菌胞壁蛋白酶的作用，对病原体不具有选择性或特异性，因此也称为非特异性免疫（nonspecific immunity）。

表 15-2　机体防御功能体系的组成

非特异性免疫		特异性免疫
第一道防线	第二道防线	第三道防线
皮肤	吞噬细胞、NK 细胞	免疫淋巴细胞（T 细胞、B 细胞）
黏膜	炎症应答	抗体（IgA、IgD、IgE、IgG、IgM）
皮肤及黏膜的分泌物	抗菌（病毒）蛋白（干扰素等）	

部分侵入组织或细胞内的病原体又可受到机体淋巴系统（lymphatic system）的组成部分、特殊免疫细胞（如巨噬细胞、中性粒细胞和自然杀伤细胞等）与化学成分的抵御和攻击，吞噬作用、抗菌（病毒）蛋白和炎症反应，即所谓“第二道防线”防御（图 15-1）。

淋巴系统在解剖学上是各种免疫细胞协同作用的网状系统，它们由淋巴管（lymphatic vessel）、淋巴结（lymphatic node）和包括胸腺、骨髓、脾和扁桃体等器官共同组成（图 15-2）。巨噬细胞由单核细胞（一种吞噬性白细胞）特化而来，细胞内富含溶酶体，可以通过其伸展出的伪足捕捉和吞噬细菌和病毒。中性粒细胞可吞噬受感染组织

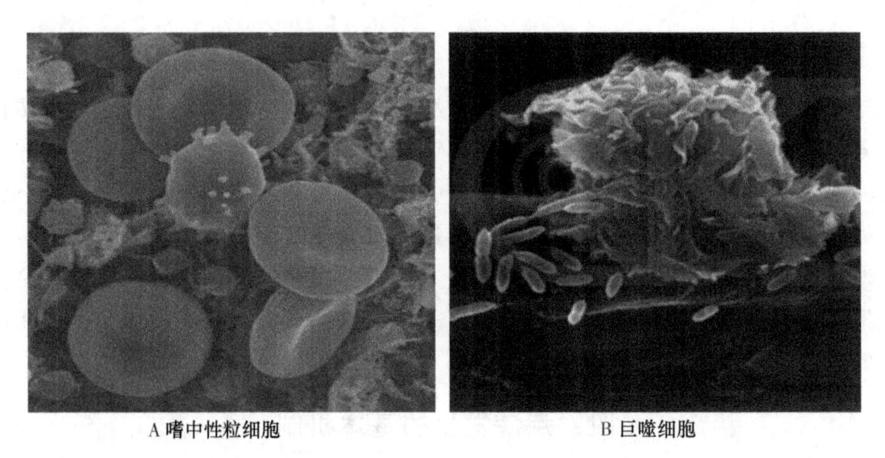

图 15-1　人体吞噬细胞电镜图

中的细菌和病毒，还可以释放出杀死细菌的其他化学物质。自然杀伤细胞并不直接攻击入侵的病原体，而是通过增加质膜的通透性来杀死受到病毒感染的细胞。炎症应答是由吞噬细胞释放的免疫活性因子以及血管渗出的巨噬细胞、嗜中性粒细胞协同作用杀伤病原体。第一、第二道防线都是机体固有性的免疫防御机制。

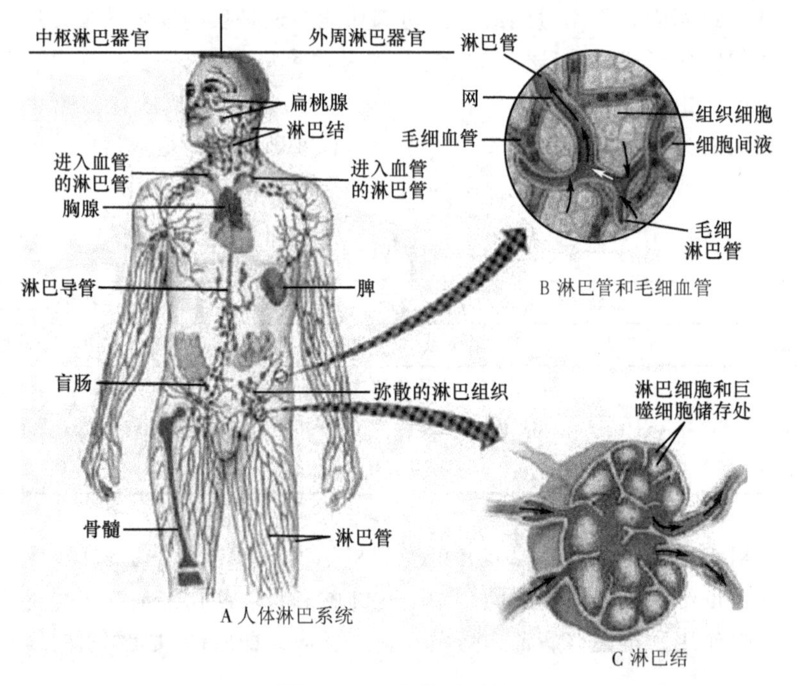

图 15-2　人体淋巴系统

第三道防线则不同于第一、第二道防线，是机体获得性的免疫防御机制。它可以特异地识别以及有选择性清除外来病原体或特殊外来物质，是受病原体感染或接种疫苗而获得的防御功能，也即特异性免疫（specific immunity）。淋巴系统中淋巴细胞与其他血细胞一样，产生于造血干细胞，一些未成熟的免疫淋巴细胞在骨髓中可以分化为特殊的B细胞，另一部分未成熟的免疫淋巴细胞随血流从骨髓进入胸腺，并分化为T细胞。特异性免疫需依赖于B细胞的体液免疫或依赖于T细胞的细胞免疫实现其防御功能，两者之间具有密切的关联并相互影响。

1. 体液免疫（humoral immunity）

细菌、病毒等病原体入侵机体，进入血液、淋巴或组织液时，体内B细胞便产生出游离于体液中的抗体蛋白，当病原体再次入侵时，抗体就能迅速识别并将它们杀灭。这种依赖B细胞产生抗体实现的特异性免疫称“体液免疫”或B细胞介导的体液免疫。

细菌、病毒等病原体进入机体后会引起相应的免疫应答，可以引起机体产生免疫应答的病原体或特殊外来物质都被称为“抗原”（antigen，Ag）。免疫系统受抗原刺激后，B细胞转化为浆细胞，产生与抗原发生特异性结合的球蛋白，这类球蛋白称为“抗体”（antibody，Ab）。通常将具有抗体活性或化学结构与抗体相似的球蛋白称为“免疫球蛋白”（immunoglobulin，Ig），它普遍存在于机体的血液、组织液和外分泌液中，主要有5类：IgA、IgD、IgE、IgG和IgM（表15-3），每一类又可分为多种亚型，如IgG就可分为4种亚型，IgA和IgM各可分为2种亚型。

表15-3　人类主要免疫球蛋白组成及功能

性质	IgM	IgG	IgD	IgA	IgE
组成：					
重链	ε	γ	δ	μ	α
轻链	κ或λ	κ或λ	κ或λ	κ或λ	κ或λ
亚单位数	5	1	1	2	1
特点与功能：	占血清Ig总量约10%，以五聚体形式存在；较多抗原结合部位。因此，其激活补体和免疫调理作用较强，有重要抗感染作用	占血清Ig总量约75%，是次级免疫应答的主要抗体。具有抗菌、抗病毒、中和毒素和免疫调节等重要作用	B细胞表面受体，血清中含量很低。研究表明对防止免疫耐受有一定作用	血清型作用较弱；分泌型遍布呼吸道、消化道和泌尿生殖道分泌物中，尤以初乳含量最高。具有局部抗感染作用	由呼吸道、消化道黏膜固有层浆细胞产生，血清含量很低。具有促进吞噬和抗病原体感染作用，并与过敏反应有关

抗体是具有4条多肽链的对称性结构，其中2条相同短链称为轻链（light chain，L链），另2条相同长链称为重链（heavy chain，H链），轻链有κ和λ两种，重链存在μ、δ、γ、ε和α五种，各链内和各链之间均以二硫键连接，形成“Y”形的四链分子。整个抗体分子可分为恒定区和可变区两部分。不同抗体分子的恒定区都具有几乎相同的氨基酸序列。可变区位于“Y”形抗体分子的两臂开口末端，不同抗体分子的氨基酸序列各不相同，呈现分子特异性。在可变区内部分更易发生变化的氨基酸序列称为高变

区，它决定了结合抗原的特异性。抗体分子的两臂末端两个抗原结合部位是相同的，称为抗原结合片段（antigen-biding fragment，Fab）。抗体分子的柄部称为结晶片段（crystalline fragment，Fc），并通过与细胞 Fc 受体（FcR）结合发挥生物学效应（图 15-3）。

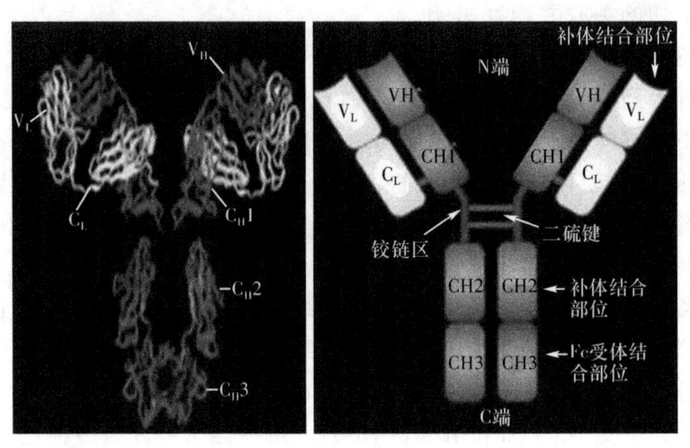

图 15-3 抗体分子结构图

当细菌和病毒等病原体入侵到机体的血液、淋巴或组织液时，由 B 细胞介导的体液免疫起关键的作用。当病原体表面抗原分子与 B 细胞受体互补结合后，在巨噬细胞和 T 细胞参与下，触发 B 细胞的生长、分裂和分化，克隆出更多的 B 细胞。部分 B 细胞经过发育和分化转化为浆细胞，并产生大量的抗体以清除病原体抗原（即初级免疫应答）；另有部分 B 细胞分化发育成为记忆细胞，在血液和淋巴液中随时巡查，如遇到同样的病原体抗原，便立即发动更快更高效的免疫应答（即次级免疫应答）消灭入侵的病原体。

2. 细胞免疫（cellular immunity）

当病原体入侵机体后，除体液免疫外，依赖 T 细胞直接针对病原体进行攻击的免疫方式称为细胞免疫或 T 细胞介导的细胞免疫。

当病原体入侵机体的血液、淋巴和组织液时，由 B 细胞介导的体液免疫起关键作用，但是包括病毒在内的许多入侵病原体进入机体后直接到体细胞，在其中复制后再感染其他的体细胞，此时攻击和消灭这些入侵病原体是由 T 细胞介导的细胞免疫完成的。

病原体入侵体细胞或被巨噬细胞吞噬后，病原体抗原分子与细胞表面的组织相容性复合体（major histocompatibility complex，MHC）嵌合，形成抗原提呈细胞（antigen-presenting cell，APC），被辅助 T 细胞（helper T cell）识别并相互作用。APC 的主要作用是将外来抗原提交给辅助 T 细胞，并立即启动一系列的免疫应答反应。首先，辅助 T 细胞在与 APC 结合的相互作用过程中被活化，并分泌白细胞介素-1（interleukin-1，IL-1），继之又进一步刺激辅助 T 细胞分泌白细胞介素-2。IL-2 一方面通过正反馈机制再刺激辅助 T 细胞分泌更多的 IL-2；另一方面直接刺激淋巴细胞增殖、分化出更多的胞毒 T 细胞（cytotoxic T cell），正是这些胞毒 T 细胞通过其分泌的穿孔素（perforin）使被病原体感染的靶细胞解体、死亡，同时也消灭了其中的病毒等病原体。在细胞免疫过程中，辅助T细胞活化时也能产生记忆T细胞。依赖于B细胞的体液免疫和依赖于T细胞的细胞免疫两者之间具有密切的关系并相互影响（图15-4）。

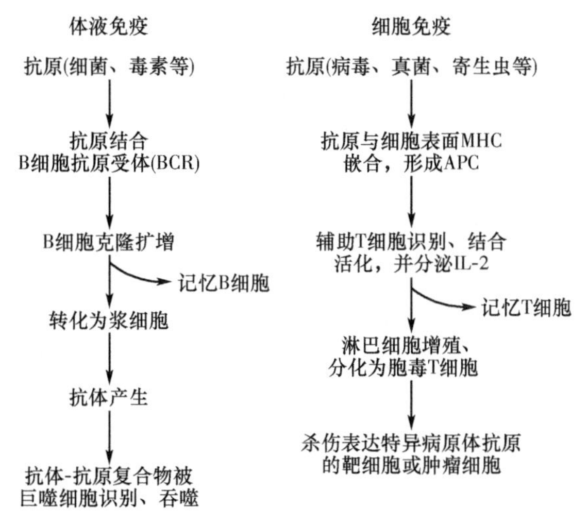

图15-4 体液免疫和细胞免疫的基本过程

获得性免疫机制不能独立于固有性免疫而存在，吞噬细胞，尤其是其中的巨噬细胞与激活获得性免疫应答有着十分密切的关系。获得性免疫机制具有4个明显特征，即①特异性，表现在可以识别抗原间细胞的差别；②多样性，表现在可以识别成千上万种外来的具有不同结构的抗原；③记忆性，是指一旦对一种抗原产生应答，即可形成免疫记忆，当第二次遇到相同抗原时，会迅速地产生更强烈的免疫反应；④识别自我/非我，是指仅对外来的抗原产生应答。

（二）神经-体液调节

正常机体依赖于整体水平的神经-体液调节，以维持各系统、器官的功能协调和内环境各方面的动态平衡。疾病发生、发展的基本机制之一，就是当致病因素作用于机体所产生的变化超过神经-体液调节的范围或导致神经-体液调节功能本身异常，使机体自稳态在某些方面发生紊乱，引起相应的机能和代谢障碍；反过来，机能和代谢障碍又可影响自稳态另一些方面的失衡，产生更严重的生命活动的障碍。例如，体内许多内分泌激素正常水平的维持就由负反馈调节机制来实现。在机体发生应激反应时，对应激原的刺激使交感-肾上腺髓质兴奋和垂体-肾上腺皮质激素分泌增多，这本身是一种防御功能。但是交感-肾上腺髓质过度兴奋或糖皮质激素分泌异常增多，能明显增强胃的“致溃疡因子”，如胃酸、胃蛋白酶等作用，削弱“抗溃疡因子”，如胃黏膜血供、黏膜上皮快速更新、前列腺素 E_2 合成等作用，最终导致应激性溃疡的发生。又如，血液凝固相关因子和抗凝因子的作用动态平衡是血液在血管系统正常流动的重要保证，两者平衡关系的失调，或引起出血，或引起血栓致使疾病发生。

神经-体液调节异常可发生在如下一个或几个环节，即①控制和调节系统的正或负反馈调节异常；②体液因素生成与清除间平衡的失衡；③体液因素间协调作用的平衡失调。

（三）细胞和分子水平调节

在细胞水平上，质膜和线粒体等细胞器结构与功能的异常是引起细胞自稳状态调节紊乱，引起疾病的重要环节之一。在分子水平上，由于生物大分子蛋白质、核酸和聚糖结构与功能异常，是造成细胞结构和功能异常并引起某些疾病的最基本的环节。某些蛋白质是细胞信息传递的重要活性分子（配体、受体、信号传递分子等）；某些蛋白质参与物质代谢及其调节；某些蛋白质则是细胞结构成分；另有一些蛋白质具有免疫、凝血、运输等特异功能。综上所述，当致病因素作用于机体致使某些蛋白质结构异常或功能障碍都必将引起细胞内物质代谢和功能改变，产生疾病。农药敌百虫、敌敌畏、1059等有机磷化合物能特异地与胆碱酯酶（choline esterase）结合，使之丧失催化功能。乙酰胆碱在体内蓄积造成对迷走神经的兴奋的毒性状态。DNA 遗传物质结构或表达调控异常也可引起细胞代谢、结构和功能的改变，导致疾病。通常，由 DNA 的遗传性变异原因而造成相应的蛋白质分子结构或合成量的异常所产生的疾病，称为“分子病”（molecular disease）。

五、疾病的过程与转归

（一）疾病的过程

疾病的发生、发展过程具有阶段性，急性传染病可明显地分为潜伏期（incubation period）、前驱期（prodromal period）、临床症状期（clinical period）和转归期。尽管，在肿瘤或某些慢性疾病病程中，这样的分期不太明显，但依然存在从发生至康复或死亡的全过程。潜伏期是指致病因素作用至患者出现症状的一段时间。病因不同、机体对致病因素的反应性不同、疾病类型不同，潜伏期的有无和长短也不同。某些创伤，如烧伤、骨折、大出血等可无潜伏期。前驱期是指出现症状的早期，常常先出现一些非特异性的症状，主要有全身不适、食欲缺乏、乏力头痛、发热或精神委靡等。临床症状期是指特异性症状和体征陆续出现的时期。转归期是指症状和体征逐渐消失，疾病好转到康复；或出现一个或多个器官系统功能衰竭的症状和体征趋于死亡。疾病的发生、发展过程的快慢常与致病因素作用强弱、作用的持续或反复性有关，也与机体的机能状态，即抗病能力强弱，以及能否得到及时有效的治疗等因素有关。

（二）疾病的转归

疾病的转归是指疾病的结局，也就是只有三种可能，即完全康复（complete recovery）、不完全康复（incomplete recovery）和死亡（death）。完全康复或痊愈是指机体的防卫、代偿、适应等抗损害反应取得绝对优势，自稳调节完全恢复正常。具体表现为：①致病因素及其造成的损伤完全消除或得到控制；②机体的机能、代谢活动完全恢复正常，形态结构的损害完全修复；③临床症状和体征消失，劳动能力、社交能力以及对环境的适应能力恢复正常。不完全康复是指疾病发展过程结束于机体依赖代偿活动维持自稳状态，使机体内外平衡关系基本恢复正常。具体表现为：①致病因素及损害作用已得到控制；②体内仍存留某些病理变化，尤其是形态结构的改变，但通过功能储备和各种代偿活动，机体仍能维持相对正常的生命活动；③主要症状、体征消失，劳动力和社交能力也得到一定程度的恢复。但机体适应环境的能力降低，一旦环境因素改变或体力、精神负荷增加，可因代偿失调而致疾病再现。死亡是机体生命活动的终结，其本身是一个过程，分为濒死期、临床死亡期和生物学死亡期。至今，临床上仍以心跳、呼吸停止和反射消失作为判定患者死亡的主要标志。脑死亡（brain death）是指全脑功能已发生不可逆性的永久性停止。在机体进入脑死亡之初，其他脏器的功能依然保持良好，所以脑死亡新概念提出，不仅顺应了医学伦理学、法学发展的需要，而且对器官移植的发展有着非常重要的实践意义。

六、几种常见疾病发生的机理

危害人类健康的疾病种类繁多，其发生、发展规律和机制虽有共同之处，但其中一些发病率高、危害大、对人类健康威胁严重的几种常见疾病尚有不同特点，如癌症、心血管疾病、艾滋病等。了解这些常见病的发生、发展规律和发病机制将更有助于我们对疾病的认识。

（一）心血管疾病

以动脉粥样硬化（atherosclerosis）和高血压（hypertension）为主的心血管疾病是发病率和死亡率都非常高的一类常见病。据不完全统计全球每10万人中就有约160人死于心血管疾病，并有逐年上升和年轻化趋势。在世界卫生组织2011年公布的《2010年全球非传染性疾病现状报告》中，2008年就有1730万人死于心血管疾病，占全球死亡总数的30%。所以它是对人类健康威胁最为严重的疾病之一。

动脉粥样硬化是一类严重的心血管疾病。新生动脉血管壁内膜十分光滑，血流通畅。随年龄增长，如果再受到多种有害因素的影响，血液中的脂质就会在动脉有些部位的内膜处沉积，造成平滑肌细胞堆积和纤维基质成分增加，逐渐形成隆起的动脉粥样硬化性斑块。随斑块增大，局部动脉血管管腔越来越狭窄，血流不畅。动脉粥样硬化发生在心脏冠状动脉，当其血流量不能满足心肌需要时，心肌会发生缺血、缺氧和坏死等，被称为冠心病（coronary artery disease，CAD）。现代医学对动脉粥样硬化发病病理研究表明，血中甘油三酯、胆固醇等血脂浓度增高以及肥胖和高血压等与冠心病的发生有直接的关系。

高血压是一种以动脉血压增高为主要表现的心血管疾病。一般正常人血压为140/90mmHg（或18.7/12kPa），高于这一标准值便是高血压。病理形态学观察显示，原发性高血压表现为血管口径缩窄，管壁平滑肌细胞增生肥厚，造成周围小动脉阻力增加和心肌收缩力的增加。高血压可以引起多种严重的并发症。心脏负荷增加可引起心肌肥厚和心力衰竭，造成组织和器官供血不足，导致功能损害。近年来，分子生物学研究也证明许多基因异常，通过其表达的生长因子及其受体在心血管疾病发生中起重要作用。例如，原发性高血压大鼠平滑肌细胞中野生性 p53 抑癌基因的表达低于正常动物，基因有甲基化倾向，并测出 p53 基因的突变。又如，动脉粥样硬化斑损伤的细胞，癌基因的表达比正常组织高 5～12 倍。

然而，无论冠心病，还是高血压的发生过程中不可忽视的是其风险因素，包括心理、社会环境以及遗传因素等，两者关系密切。至于影响冠心病求医和转归，社会、心理因素则更占有重要地位。

（二）癌症

癌症（cancer）或称恶性肿瘤（malignant tumor），是目前危害人类生命健康最严重的疾病之一，在多数国家的人口死亡率中，癌症已仅次于心血管疾病而占第二位。20 世纪 80 年代以来，全球癌症发病率一直呈逐年上升趋势。癌症的发生原因和机制很复杂，尽管不同个体、不同肿瘤有其特殊性，但在病因学和发病学方面仍有着共同的规律。

1. 致病因素

多年来，通过大量的临床观察、流行病学调查和实验肿瘤学研究，已经证明环境中的致癌物质是导致癌症发生最主要因素；同时，越来越多的事实反映，机体的遗传因素在肿瘤发生、发展中也起着重要作用。

(1) 环境因素。依据环境致癌因素的性质不同，可分为化学性、物理性和生物性三大类。

化学性致癌因素通常是指一类致癌化合物，为肿瘤发生的最主要原因，占人类肿瘤病因的 80%～85%。部分致癌化合物进入机体后不需代谢、直接与体内细胞作用而诱发细胞癌变，被称为“直接致癌物”。这类化合物的致癌力较强，致癌作用快速。另有部分致癌化合物进入体内后需经微粒体的混合功能氧化酶代谢活化、继而成为化学性质活泼、具有致癌作用的物质，被称为“间接致癌物”（表 15-4）。化学性致癌化合物作用一般具有较为明显的量效关系，累积、协同和拮抗作用以及可垂直传播等特征。

表 15-4　化学性致癌化合物的分类及其特点

分　类	特　点	举　例
多环芳烃类	有机物在高温、乏氧条件下经不完全燃烧生成，是迄今已知的致癌物中数量最多、分布最广、与人关系最密切、对人的健康威胁最大的一类环境致癌物，为间接致癌物	3,4-苯并（a）芘、3-甲基胆蒽、二苯并（a，h）芘等
亚硝基化合物	分为亚硝胺和亚硝酸胺，分布广、致癌性强。前者性质稳定，需经酶作用转化成具致癌作用的代谢产物，属间接致癌物。后者性质活泼，属直接致癌物	二甲基亚硝胺、二亚硝基哌嗪、甲基硝基亚硝基胍（MNNG）、甲基亚硝基脲等
烷化剂	具有烷化作用，性质活泼、极不稳定且易于分解，可致基因突变、染色体畸变和细胞癌变，是一类直接致癌物	芥子气、异丙油、硫酸二甲酯、氯丁二烯和药物氮芥、环磷酰胺等

续表

分　类	特　点	举　例
芳香胺类	分为芳香胺和芳香酰胺。前者存在于各种着色剂及人工合成染料中，可致职业性膀胱癌。后者为一种杀虫剂，可诱发多器官的肿瘤。此类物质均为间接致癌物	β-萘胺、联苯胺、4-氨基联苯、2-乙酰氨基芴等
偶氮染料	分子结构含有偶氮基团的一类化合物。广泛用于纺织品、食品、饮料等工业生产中的着色剂，其作用靶器官常为肝和膀胱，为间接致癌物	奶油黄、偶氮萘和酸性猩红等
生物毒素	生物毒素类致癌物主要来自于植物和微生物，往往是生物体内的正常组分，经代谢活化后发挥致癌作用，主要引起消化系统肿瘤，为间接致癌物	黄曲雷毒素、杂色曲霉毒素、阿雷素、放线菌素 D、博来霉素等
无机元素及其化合物	通过职业性暴露、环境污染或食物摄入途径使相关人群患病，主要诱发皮肤肿瘤和呼吸系统肿瘤	铬、镉、砷、镍及其化合物等

物理性致癌因素，通常包括电离辐射、紫外线、极低（高）频电磁场和纤维性（非纤维素）致癌物等，且已证明其中部分具有直接致癌作用，而另一部分则仅具有促癌作用。物理致癌因素引起的肿瘤在人类恶性肿瘤中所占比例很小，约为 5%。其致癌作用有三个共同特点：①致癌潜伏期长；②癌的发生率低；③致癌的原因容易明确，防护易见成效。

生物性致癌因素在 20 世纪初才被人们认识，当时人们证实了肿瘤与病毒的相关性。在 1911 年，美国科学家 P. Rous 曾报道 Rous 肉瘤病毒（Rous avian sarcoma virus，RSV）可诱发鸡成纤维细胞形成肿瘤，由此而获得 1966 年诺贝尔生理学或医学奖。此后进一步的研究证明，RSV 是一种反转录病毒（RNA 病毒），当感染宿主细胞时，便以病毒 RNA 为模板转录生成 DNA，然后插入到宿主细胞的基因组。在病毒癌基因发现之后，生物性致癌因素受到高度重视，并成为肿瘤病因学研究的热点。生物性致癌因素包括寄生虫（如埃及血吸虫与膀胱癌）、真菌（如黄曲霉毒素、杂色曲霉素等生物毒素与肝癌）、细菌（幽门螺杆菌与 MALT 淋巴瘤和胃腺癌）和病毒感染（如乙型肝炎病毒与肝癌）等，特别对病毒感染更为关注。

通常将感染后能在人体内引起肿瘤或在体外使细胞恶性转化的病毒，称为肿瘤病毒，迄今已发现 150 余种。这些肿瘤病毒可分为 RNA 病毒和 DNA 病毒，与人类肿瘤发生关系密切的有 4 类病毒：①反转录病毒（如 T 细胞淋巴瘤病毒，HTLV）；②乙型肝炎病毒（HBV）；③乳头状瘤病毒（HPV）；④Epstein-Bars 病毒（EBV），后三类都是 DNA 病毒。

（2）遗传性因素。如前所述，80%～90%的人类肿瘤主要是由环境因素引起，但生活在同一环境、接触相同致癌物质的人群，并不一定都会发生肿瘤。而且，有些肿瘤具有明显的种族分布差异和家族聚集性，某些遗传缺陷易导致肿瘤形成或常伴有肿瘤发生。例如，鼻咽癌在中国的发生率居世界首位；日本人患松果体瘤比其他国家高 10～12 倍。部分肿瘤，如视网膜母细胞瘤、恶性黑色素瘤、乳腺癌、胃癌等都有明显家族聚集现象。这些都充分说明，遗传因素在肿瘤发生中起着十分重要的作用。当然在不同个体的肿瘤发生中，遗传因素和环境因素所起作用的大小不同。

存在某种遗传缺陷或基因多态性改变的个体在相同生活条件下具有更易发生肿瘤的倾向性，通常称为肿瘤易感性（affectability）。免疫缺陷也是肿瘤易感性的一种表现。流行病学资料表明先天性免疫缺陷的儿童患肿瘤的概率比同龄的正常儿童高出千倍至万倍。肿瘤遗传易感性反映了遗传变异对环境致癌因素的敏感程度，其物质基础是遗传基因的差异。现有的资料表明，肿瘤易感性是可以遗传的，控制肿瘤遗传易感性的基因，称为肿瘤易感基因。十余年来，运用现代分子遗传学方法特别是连锁分析（linkage analysis）使许多肿瘤易感基因相继定位和克隆，这一研究已成为当前生命科学领域最激动人心的进展之一。

2. 发病机制

人们对肿瘤发生机制的探索经历了一个漫长的历史过程，但至今尚未完全阐明。20世纪70年代，癌基因的发现，使人们认识到肿瘤从本质上讲是一种遗传病（更准确地说是一种基因病）。尽管肿瘤发病的原因相当复杂，但关键是体内的基因改变导致肿瘤的发生。环境因素只有通过与体内的基因相互作用，引起基因结构、表达和功能异常，才能发挥其致癌作用。近十余年的研究表明，肿瘤的发生是一个受多因素作用、表现为多阶段的复杂过程，并且涉及多种基因（包括癌基因、抑癌基因、DNA修复基因和与化学致癌物活化相关的代谢酶基因等）的改变。

（1）环境因素的致癌机制。化学性致癌物直接或通过其代谢终致癌物与生物大分子（蛋白质、核酸）结合，尤其分子中富含电子的基因形成加合物或交联分子而造成损伤。这些损伤主要有DNA突变、复制和转录受阻、碱基错配以及损伤修复异常等，终究导致基因结构和功能异常。研究证实化学性致癌物可引起癌基因、抑癌基因等发生点突变、扩增、易位、重排、缺失或过表达，使癌基因活化、抑癌基因失活，导致细胞的增殖、分化、凋亡功能异常，而发生细胞恶性转化。

不同物理因素，其致癌机制也不相同。目前，危害较大的电离辐射和紫外线照射的致癌机制研究较多。电离辐射作用使组织产生电离，形成高度活泼的自由基，并与DNA、RNA等遗传物质共价结合造成损伤，主要表现为链的断裂和碱基结构的改变，进一步可导致DNA片段缺失、易位、倒置、互换或重排等染色体畸变，直接影响基因在基因组内的正常排列，甚至调控失衡。当这些损伤超过正常细胞DNA损伤修复能力时，致使尚有复制能力的受损DNA在复制过程中把未修复的DNA损伤以错误配对的方式固定为碱基突变，引发癌基因的激活或抑癌基因的失活，最终导致细胞癌变。紫外线照射可使细胞分子内的共价键断裂，诱发形成异常的聚合物，同样可以产生基因复制过程中基因突变。紫外线所致的基因突变形式包括G∶C、A∶T碱基置换、碱基缺失和插入。着色性干皮病患者因缺乏嘧啶二聚体修复功能，在紫外线照射下极易发生DNA修复基因和肿瘤相关基因的突变，引发细胞癌变。

生物致癌机制十分复杂，以目前研究较多的幽门螺杆菌和肿瘤病毒为例予以说明。流行病学证据表明幽门螺杆菌的感染与胃癌发生呈正相关，对其机理的探讨目前尚局限于感染后炎症反应的继发效应方面：①在炎症过程中炎性细胞（单核细胞、粒细胞和巨噬细胞）释放的内源性一氧化氮（NO）和 H_2O_2 等自由基，可诱发 DNA 损伤和细胞恶性转化，具有微弱的遗传毒性作用；②炎症过程中产生空泡毒素使胃黏膜上皮细胞变性坏死，同时诱发细胞（如胃峡部干细胞）再生，有类似有丝分裂原刺激细胞增殖的作用；③改变体内局部环境，如胃腺泌酸减少，胃液 pH 升高，抗坏血酸含量减少，从而影响化学致癌物（如亚硝胺）的内源性合成、活化、灭活和排泄，起到辅助致癌因素的作用。

肿瘤病毒可以将其自身的病毒基因序列整合到宿主细胞基因组中，通过改变细胞基因的转录水平、结构完整性等影响细胞的增殖、分化和凋亡，使之获得恶性转化表型。但两者的致癌机制并不完全相同。RNA 肿瘤病毒感染时通过与宿主细胞膜上糖蛋白或表面特异性的膜相关蛋白受体结合，向细胞内释放出病毒 RNA 基因组，在反转录酶的作用下合成前病毒 DNA，并整合进入细胞染色体。这种整合的前病毒 DNA 极其稳定，可长期驻留于宿主及子代细胞的基因组中，且不杀死宿主细胞。它们能在特定的细胞系中垂直传播；一旦感染生殖细胞，还将成为生物体的永久性遗传部分。整合 DNA 的转录、复制活动完全依赖于宿主细胞，细胞静止时，病毒也静止，反之亦然。目前认为 RNA 肿瘤病毒主要是通过转导细胞癌基因和插入活化细胞癌基因等机制使宿主细胞癌变。DNA 肿瘤病毒感染后，则将病毒基因直接整合到宿主细胞染色体 DNA 中，复制后以胞溶的方式释放到胞外再感染其他细胞；由于它们引起宿主细胞死亡，限制其在宿主细胞中长期存在。因此，DNA 肿瘤病毒往往只能使不能复制病毒的细胞转化。不同 DNA 肿瘤病毒的靶细胞，致癌潜伏期和致癌机制并不相同。目前其致癌机理尚未完全阐明，认为当病毒 DNA 整合到细胞染色体后可激活和影响细胞基因的转录，也可能通过编码 X 蛋白等因子对细胞的生长调控发生影响，这些因子能激活癌基因，或使抑癌基因失活，导致细胞癌变。

（2）肿瘤的多基因遗传和多阶段性。虽然某些遗传性肿瘤属于单基因遗传，但其在人群中发生的频率很低，不超过 5%。绝大多数肿瘤，如乳腺癌和结肠癌等符合多基因遗传规律。所谓多基因遗传（polygenic inheritance）是指遗传因素与环境因素共同作用，涉及的基因不是单一的，而是两个或更多，这些基因是共显性的，它们要在某些环境因素作用下，综合产生较大的总效应，从而导致肿瘤的发生。

近十余年来，对人类肿瘤（如结肠癌）发病过程的系统研究，逐步阐明了癌变多阶段过程涉及多个基因（包括癌基因、抑癌基因和 DNA 修复基因等）的改变，癌瘤的形成是这些基因突变累积的结果。以人结肠癌为例，人结肠癌的形成经历了正常肠黏膜上皮过度增生、早期腺瘤、中期腺瘤、晚期腺瘤、腺癌和癌转移 6 个阶段（图 15-5）。

（3）肿瘤转移的细胞与分子机制。肿瘤细胞不仅可在肿瘤原发部位无限制地生长，对瘤体邻近组织产生浸润性破坏；还可进入静脉、淋巴或神经鞘膜等体内的自然管道而转移至机体其他部位，形成新的继发性肿瘤。近年来，由于肿瘤转移动物模型的建立和细胞及分子生物学技术的发展，肿瘤转移的研究已从单纯的形态学观察深入到了细胞与分子水平。目前普遍认为，肿瘤转移是一个多步骤过程，包括：①肿瘤细胞从原发部位脱离，并向周围组织侵袭；②穿过管壁进入血管或淋巴管，在循环体系中存活和转运；③抵达远处靶组织后停驻，并透出血管或淋巴管；④在靶组织中克隆生长，新生血管形

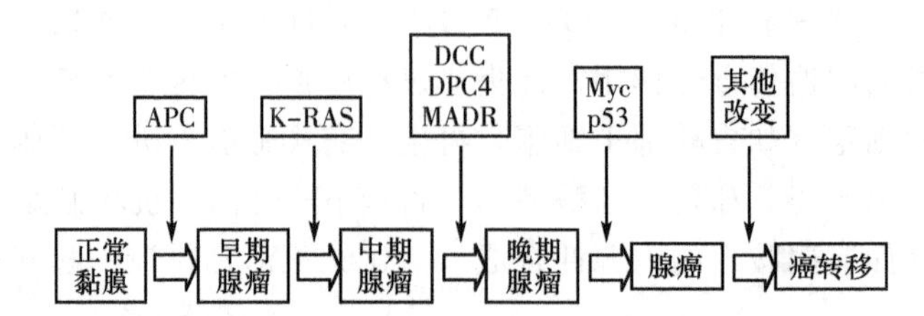

图 15-5　结肠癌生成过程中的多基因协同致癌作用及其多阶段性

成，最终形成转移瘤。其中每一个步骤都涉及肿瘤细胞与宿主细胞及细胞外基质（extracellular matrix，ECM）的相互作用，需要细胞黏附分子、细胞运动因子、细胞外基质降解酶、血管生成因子等的参与。

细胞黏附分子（cellular adhesion molecule，CAM）是指由细胞合成并组装于细胞表面或分泌至细胞外基质，可促进细胞黏附的一类分子。细胞黏附分子以表达上调、下调和它们在细胞膜上分布极性的变动而影响肿瘤细胞的转移表型。此外，许多细胞黏附分子都与细胞骨架蛋白相连，对细胞运动也有重要作用。

细胞运动能力是影响肿瘤转移过程，尤其是穿入和透出血管的重要因素之一。许多细胞因子可影响细胞的运动能力，如生长因子及其受体和宿主来源的扩散因子（diffusing factor，SF）等。近期研究又发现，癌瘤细胞能分泌一种刺激其本身运动的促进因子，称为自分泌运动因子（autocrine motility factor），其分子质量约为60kDa。自分泌运动因子的受体一种对百日咳毒素（whooping cough toxin）敏感，分子质量为78kDa的细胞表面糖蛋白（glycoprotein，GP），故简称“GP78”，该受体的信号转导受G蛋白调节，但cAMP不是其必需的第二信使。最近又分离出一种新的运动刺激因子，其分子质量为120kDa，其肽链氨基端序列与已知的生长因子或其他促运动因子无同源性，可能是该家族的一个新成员，也是通过G蛋白偶联的细胞表面受体介导而发挥作用。

肿瘤细胞趋化性在1970年被提出，后来日本学者从大鼠腹水型肝癌细胞中分离出分子质量分别为78kDa和14kDa的两种肿瘤细胞趋化因子，合并应用能使癌细胞定向运动。近年来又有研究证明，层粘连蛋白（laminin，Ln）作为一种化学趋化物质可刺激癌细胞移动，高转移的癌细胞表面具有内源性Ln受体，而低转移癌细胞表面则低表达或缺如。体外培养的癌细胞在外源性Ln存在时，转移性明显增加。

肿瘤的转移又涉及多种基因及其产物的作用，按其作用性质可分为两大类：一类是诱发或促进肿瘤转移的基因，称为转移基因（metastasis gene）；另一类是抑制肿瘤转移的基因，称为转移抑制基因（metastasis suppressor gene）。实验证明，肿瘤的转移性和致癌性是相对独立的，它们应由不同的遗传因子所决定，由此推断，肿瘤的转移基因应不同于癌基因或抑癌基因。但是，在癌基因的研究过程中发现，转移基因大多与癌基因有关，将某些癌基因转染至合适的受体细胞可引起完全的转移表型；癌基因本身可能与转移表型没有直接的因果关系，可通过其下游途径在肿瘤转移中发挥作用。此外，某一特定癌基因的转移抑制作用还取决于宿主细胞的遗传背景。目前，确认与肿瘤转移相关的癌基因包括 *ras*、*c-met*、*myc* 及 *HER-2/neu* 等，如活化的 *ras* 基因转染人、鼠多种类型的细胞都可产生有高转移性的转化细胞，并在裸鼠中致癌和转移；因此 *ras* 基因不仅是癌基因，而且还是肿瘤细胞转移基因。越来越多的研究显示，抑癌基因 *nm23*、*p53* 和 *C44* 等在肿瘤侵袭转移中同样起重要作用。*nm23* 基因为新近发现的肿瘤转移抑制基因，分为 *nm23-H1* 和 *nm23-H2* 两种亚型；已经证实在多种高转移性肿瘤中 *nm23* 基因呈低表达，如乳腺癌、甲状腺癌、胃癌、肝癌和结肠癌中均发现 *nm23* 基因产物的低表达，且与肿瘤进展及高转移潜力呈负相关。

（三）传染性疾病

在历史上，不同时期、不同地区都经历过严重程度不等的各种各样的传染病，如天花、鼠疫、非典型肺炎等。传染病在人群中发生、蔓延的过程必须具备传染源、传播途径和易感人群三个基本环节。传染源包括病原体及包括排出病原体的人和动物；传播途径主要可以经空气、水源、人间接触、动物或昆虫媒介等，甚至经医疗操作或垂直传播。部分人群作为一个整体对传染病的易感程度称为人群易感性。传染病的发病率可随免疫人群比例增加而降低，甚至终止其发生。20 世纪以来，随生命科学迅猛发展和各国政府重视，传染性疾病谱发生巨大变化，一些传染病，如天花、鼠疫、脊髓灰质炎等得到消灭或有效控制，但一些新的传染性疾病出现，如艾滋病、非典型肺炎、禽流感等。

1. 艾滋病

艾滋病是由人类免疫缺陷病毒（human immune deficiency virus，HIV）感染所致，又称获得性免疫缺陷综合征（acquired immune deficiency syndrome，AIDS）。1981 年确认首例艾滋病至今已 30 余年，该病非但没有得到控制，相反却在全球疯狂地蔓延，有近 6000 万 HIV 感染者，其中约有 2000 万人已经死亡。在我国也有近 100 万感染者，并有逐年增加趋势。

HIV 是一种反转录病毒，可特异地感染 $CD4^+$ T 细胞。HIV 通过其外膜蛋白与 T 淋巴细胞表面 $CD4^+$ 受体结合进入细胞，病毒 RNA 在反转录酶的作用下被反转录形成 cDNA，而后被整合到细胞基因组。HIV 基因随细胞染色体 DNA 一起转录形成 RNA，并在宿主细胞内合成病毒蛋白；病毒蛋白再与 HIV 的 RNA 组装成完整的 HIV 病毒颗粒。一旦病毒感染后开始繁殖，不仅杀死宿主细胞，且可再感染其他 $CD4^+$ T 细胞直至摧毁人体的免疫功能。

艾滋病的感染源是 HIV 携带者和艾滋病患者的血液、精液、阴道分泌物、乳汁和骨髓等，因此血液传播、性传播、母婴传播等成为 HIV 主要感染途径。感染 HIV 的患者少部分在 2～5 年内发病，大部分在 5～10 年内发病，以后随着 HIV 大量增殖，体内 T 淋巴细胞数量逐渐减少，最终导致人体免疫能力全部丧失。艾滋病发病期，患者可出现简短持续发热、体重下降、淋巴结肿大、乏力、腹泻等。

2. 流行性感冒

流行性感冒（influenza）简称“流感”，是一种急性上呼吸道传染病，它以发病率高、传染性强、传播快和潜伏期短为特征。流感病毒是引起流感的病原体，它分为甲、乙、丙三种类型，并不断有新变异株的发现，近年来主要流行的流感病毒是新甲 1 型

H1N1、甲 3 型 N3H2 及乙型株。流感病毒主要经飞沫传播，侵入呼吸道后吸附于呼吸道黏膜的上皮细胞并迅速增殖，被感染者常出现喷嚏、鼻塞、咳嗽以及全身酸痛、发热、头痛等症状。

3. 结核病

结核病（tuberculosis）是结核杆菌感染所致的一种传染病，主要以呼吸道感染引起的肺结核最多见，据 WHO 统计全世界每年约发生 800 万新病例，至少有 300 万人死于该病。在我国由于人口流动和医疗卫生条件不足等原因，近年来结核病的发病率也居高不下，并呈上升趋势。结核杆菌菌体细长，稍有弯曲，常见分枝状排列。结核杆菌细胞壁富含脂质，因此对于干燥抵抗力很强，在尘埃中能保持传染性一周以上，在患者干燥痰液中更能存活 6～8 个月。结核杆菌细胞壁中的脂质还能够抵抗人体吞噬细胞吞噬，因此结核杆菌具有较强的传染性。肺结核常见 4 种类型：原发型、血行播散型、浸润型和慢性纤维空洞型，长期排菌的纤维空洞型结核患者是最主要的传染源，患者通过咳嗽、吐痰或喷嚏等方式，通过飞沫或散播到空气中的致病菌感染健康人。结核病起病缓、病程长，早期可无症状或仅有咳嗽、乏力等轻微症状；进入病程中晚期后，则逐渐表现为食欲缺乏、疲乏、消瘦、发热、面颊潮红、盗汗等，严重时可出现咯血、呼吸困难，甚至出现肺组织纤维化坏死，直至形成空洞。

4. 病毒性肝炎

病毒性肝炎（viral hepatitis）是由一组肝炎病毒感染引起的，以肝脏损害为主的全身性疾病，常见不同病毒引起的肝炎有甲型肝炎、乙型肝炎、丙型肝炎、丁型肝炎和戊型肝炎 5 种。在我国肝炎发病率较高，曾在局部地区形成流行；估计乙型肝炎病毒的携带者约占全国人口的 10%甚至更高。与其他类型相比，甲型肝炎和乙型肝炎在我国传播更广，危害更大。甲型肝炎患者病毒随粪便排出体外，污染食物、物品或手等，因此经口感染健康人是重要途径传播。苍蝇和蟑螂也是重要传播媒介。乙型肝炎则不同，主要通过血液及密切接触或母婴传播，也可以经输血、注射、手术、牙科及妇科操作以及蚊虫叮咬等方式传播。病毒性肝炎的主要临床表现为严重乏力、食欲减退、恶心、呕吐、尿黄，甚至出现皮肤和巩膜黄染等。

第二节　疾病的分子诊断

现代生物技术的飞速发展，使生命科学和医学研究进入了一个崭新的分子生物学时代。随人类基因组计划的完成以及后基因组计划、基因组学和蛋白质组学等研究的实施和深入，将在基因或分子水平揭示更多疾病的发生、发展机制，为疾病的分子诊断提供技术平台，并成为现代医学发展的重要方向。

分子诊断是指应用分子生物学的技术和方法获得人体生物大分子及其体系存在结构或表达调控的变化水平，为疾病的预防、预测、诊断、治疗和预后判断提供信息和决策依据的新兴学科。广义的分子诊断包括基因诊断（也称为核酸诊断）和蛋白质检测，狭义的分子诊断则单指基因诊断，后者也是目前临床上开展最为广泛的分子诊断项目。基因组学、表观基因组学、药物基因组学等各种组学研究催生了多种新型分子生物学技术和方法的飞速发展，如生物芯片和生物传感器、新一代测序技术等。

一、基因诊断

传统的诊断方法多以疾病的表型改变为依据。随着对疾病病因和发病机制研究的不断深入，人们认识到生命个体的表型性状是特定基因在一定条件下的体现；基因改变可导致各种表型的改变，从而发生疾病。人们对疾病的认识也从传统的表型诊断发展到基因诊断。

（一）基因诊断的概念和特点

所谓基因诊断（gene diagnosis）就是利用现代分子生物学和分子遗传学的技术方法，直接检测基因结构及其表达水平，从而对疾病作出诊断的方法。基因诊断是以基因作为探查对象，因而具有一些其他诊断方法所没有的特点：①以基因为探查和检测目标，属于“病因诊断”，针对性强；②采用的分子杂交和PCR技术都具有放大效应，故有高灵敏性；③选用特定的基因序列作为探针，所以检测特异性强；④检测对象可为内源基因，也可为外源基因，诊断范围广，适应性强；⑤检测样品一般不受组织或时相限制，获取方便。

（二）基因诊断常用的技术方法

基因诊断的基本方法主要建立在核酸分子杂交、PCR和DNA序列分析或几种技术联合的基础上。

1. 核酸分子杂交

在核酸分子杂交方法中，Southern blot是最经典的基因分析方法，不但可检出特异的DNA片段，而且能进行基因的酶切图谱分析、基因突变分析等。Northern blot可用于组织细胞中总RNA或mRNA的定性分析和定量分析。斑点杂交可用于基因组中特定基因及其表达的定性分析及定量分析，但其缺点是不能鉴定所测基因的分子质量，特异性不高，并有一定比例的假阳性。原位杂交可查明染色体中特定基因的分布，用于染色体疾病的诊断。等位基因特异性寡核苷酸杂交法（allele-specific oligonucleotide hybridization，ASOH）可以检出是否存在基因突变，以及判断出被检出者是这种突变基因的纯合子或杂合子。

2. 聚合酶链反应

聚合酶链反应（polymerase chain reaction，PCR）在应用中常与其他技术，如核酸分子杂交、限制性内切酶酶谱分析、单链构象多态性检测、限制性片段长度多态性（restriction fragment length polymorphism，RFLP）分析和DNA测序等联合应用。

3. 单链构象多态性检测

单链构象多态性（single strand conformation polymorphism，SSCP）指的是相同长度的单链DNA，其碱基序列不同，形成的构象不同并形成单链构象多态性。此方法常与PCR联合应用。

4. 限制性内切酶酶谱分析

基因突变可导致限制性内切酶酶谱位点丢失和位移，通过比较待测DNA和对照

DNA 的酶切后片段的长度、数量的差异可判断待测 DNA 的突变情况。图 15-6 例示镰刀状红细胞贫血患者基因的限制性酶切谱分析。

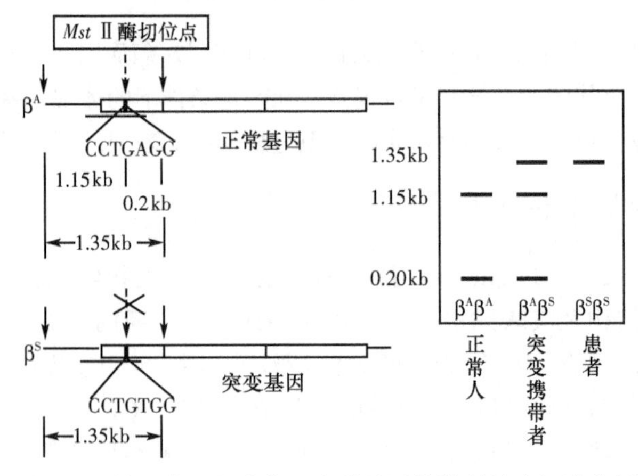

图 15-6　镰刀状红细胞贫血患者基因的限制性酶切谱分析

限制性内切酶酶切位点 *Mst* Ⅱ是 CCTNAGG，其中 N 为 A、C、G 或 T

5. DNA 序列测定

DNA 序列测定是基因突变检测最直接、最准确的方法，既可确定突变位置，又能了解突变性质。

6. DNA 芯片

应用 DNA 芯片（DNA chip）技术，不仅可检测基因的结构及其突变、多态性，而且可以对基因的表达情况进行分析，因此在基因诊断中应用前景非常广泛（图 15-7）。

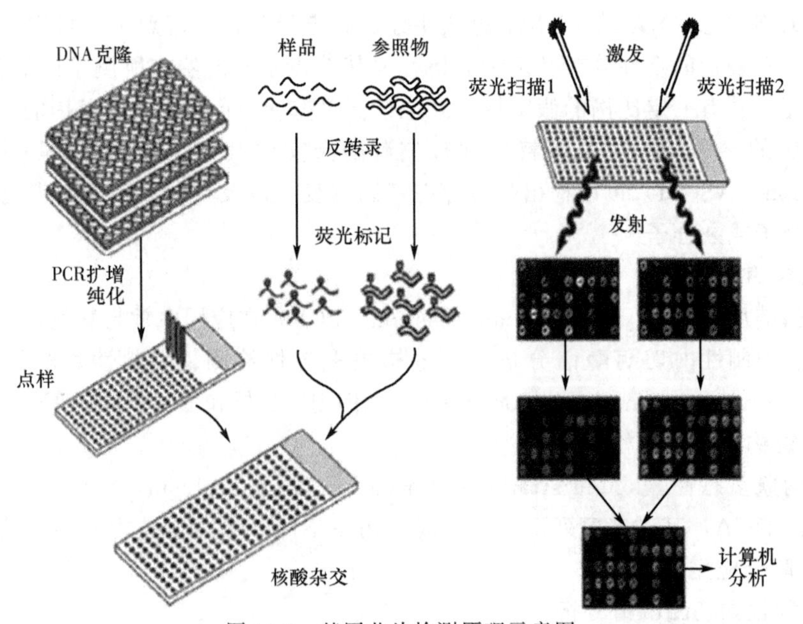

图 15-7　基因芯片检测原理示意图

（三）基因诊断的应用

1. 基因诊断与疾病

近十多年来，基因诊断已逐步由实验室研究进入临床应用阶段，应用范围也从遗传病扩展到感染性疾病、肿瘤等其他疾病。此外，其方法还被用于器官移植组织配型和法医学领域。

（1）遗传病的基因诊断。随着多种遗传病的分子缺陷和突变本质被揭示，基因诊断的实用性也不断提高，它不仅用于临床诊断遗传病，如血红蛋白病（异常血红蛋白病、α-地中海贫血、β地中海贫血）、常染色体显性多囊肾病和苯酮尿症等；更多的是用于胎儿的产前诊断，对遗传病的防治和优生优育具有重要的实际意义。

（2）感染性疾病的基因诊断。对于感染性疾病，基因诊断不仅可以检出正在生长的病原体，也能检出潜伏的病原体。对于那些不易体外培养（如结核杆菌、产毒性大肠埃希菌）和不能在实验室安全培养（如立克次体）的病原体，更合适采用基因诊断的方法。此外，通过基因诊断技术分析病原体的变异趋势，预测暴发流行，在预防医学具有重要意义。

（3）肿瘤的基因诊断。肿瘤发生和发展是一个多因素、多步骤过程。癌基因结构和表达异常及抑癌基因的改变是肿瘤发生的主要原因。基因诊断除用于肿瘤的早期诊断外，还可对肿瘤进行分类、预后判断，指导个体化和预见性治疗，也可用于高危人群的筛选。近年来研究发现，肺癌细胞中可出现多个染色体的缺失、易位，癌基因 *myc*、*ras*、*erb* 和 *src* 家族的扩增、突变以及抑癌基因 *Rb*、*p53* 的缺失、突变等。

2. DNA 指纹与法医学鉴定

人类基因组 DNA 序列中存在众多的多态遗传标记，通过限制性内切酶酶切基因组 DNA，采用分子杂交技术，可以得到大小不等的条带，且杂交条带的数目和大小片段所形成的 DNA 分析图谱具有个体特异性（除同卵双生子外几乎无一相同的 DNA 分析图谱），如同人的指纹具有很高特异性，所以也被称为 DNA 指纹（DNA fingerprint）。DNA 指纹分析通常采用的分子杂交技术是 Southern blot 方法，结合 PCR 扩增技术分析尤其具有意义。

法医学鉴定的主要目的是个体识别和亲子鉴定。以前应用的是血型、血清蛋白型、红细胞酶型和白细胞膜蛋白抗原型（HLA）分析及特异探针 RFLP 分析，但所有这些方法无论是单独使用还是联合应用，其个别识别能力均不够，只能排除而无法达到同一认定。在法医物证检测中，比对现场检材（毛发、精斑、血滴等）和嫌疑对象的 DNA 指纹进行比对，确定两者的相关性。

在亲子鉴定时，需要同时分析父母（在遗传学上的父母或嫌疑人）的 DNA 指纹。被鉴定对象的 DNA 指纹条带来自父母双方，因此可从父母的基因指纹图谱中找到相应条带。

基因诊断的方法，如单核苷酸多态性（single nucleotide polymorphism，SNP）分析、DNA 芯片技术等也已成为法医鉴定中很有价值的新方法。

二、生物标志物及其临床应用

20 世纪末，各种组学（omics）技术的出现，不仅加快生命科学飞速发展，更是极大地推动了生物标志物（biomarker）的研究，大量具有诊断应用价值的标志物被发现和应用。据不完全统计 2005～2012 年全球生物标志物应用市场增长率达 18%；仅 2012 年市场销售就达 128 亿美元。生物标志物是一种能够客观测量并评价机体正常生物过程、病理过程或对药物干预反应的指标，也是机体受到损害时的重要预警信号，涉及细胞分子结构和功能的变化，生化代谢过程的变化，生理活动的异常表现等。新生物标志物的研究应用不仅对新药研发和临床基础研究等方面具有重要意义，且对临床诊断，尤其当今在实现医学模式转变和推动个性化医疗的发展中显得更有价值。医学的发展促使临床辅助诊断由单标志物测试转向多标志物测试，这就需要筛选更多有价值的生物标志物。

（一）肿瘤标志物

肿瘤标志物（tumor marker，TM）是指存在于血液、体液和组织中可检测到的与肿瘤的发生、发展有关的物质，其或不存在于正常成人组织而仅见于胚胎组织，或在肿瘤组织中的含量大大超过在正常组织中的含量，其存在或量变可提示肿瘤的性质，从而了解肿瘤的发生、细胞分化及功能，在肿瘤的诊断、分类、预后和复发判断及指导临床治疗中起辅助作用。肿瘤标志物通常包括蛋白质、激素、酶、糖决定簇、病毒和核酸等。最早的肿瘤标志物可以追溯到 1846 年在多发性骨髓瘤患者尿中发现的一种特殊蛋白质，被称为本-周（Bence-Jones）蛋白。此后，随着生命科学和高新技术的发展，各类肿瘤标志物相继被发现，并用于临床检测（表 15-5）。

表 15-5 几种常见的肿瘤标志物

生物标志物	主要相关肿瘤
甲胎蛋白（α-fetoprotein，αFP 或 AFP ）	肝细胞癌、生殖细胞癌
癌胚抗原（carcino-embryonic antigen CEA ）	广谱的肿瘤标志物：肺癌、结肠癌等
糖类抗原 242（carbohydrate antigen，CA242）	胰腺癌、胃癌、结肠癌
糖类抗原 125（carbohydrate antigen，CA125）	卵巢癌
糖类抗原 19-9（carbohydrate antigen，CA19-9）	胰腺癌、胃癌、结直肠癌
糖类抗原 15-3（carbohydrate antigen，CA15-3）	乳腺癌的首选标志物
β-人绒毛膜促性腺激素（β-human chorionic gonadotrophin，β-hCG）	妇科肿瘤和非精原性睾丸癌
神经元特异性烯醇化酶（neuron specific enolase，NSE）	小细胞肺癌
CYFRA21-1（细胞角蛋白 19 可溶性片段）	肺癌，尤其非小细胞肺癌（NSCLC）
游离态前列腺癌特异抗原（free prostate specific antigen，F-PSA）	前列腺癌
总前列腺癌特异抗原（total prostate specific antigen，T-PAS）	前列腺癌
β2-微球蛋白（β2-microglobulin，β2-MG）	慢性淋巴细胞白血病、淋巴细胞肉瘤、多发性骨髓瘤等

作为肿瘤标志物必须具备的特点：①敏感性高，应主要由肿瘤细胞产生，并能稳定地在体液或细胞中检测到；②特异性强，不存在于正常或良性肿瘤中；③可反映、预测恶性肿瘤的复发或进展；④在血、尿、体腔液中的浓度能反映肿瘤的大小、范围，特别是肿瘤复发临床尚无表现时也能测到。肿瘤标志物一般可用以辅助诊断，判断疗效及检测病情进展。

（二）微小 RNA

微小 RNA（micro-RNA，miRNA）是在真核生物中发现的一类内源性的非编码小分子 RNA，通常具有 19～25 个核苷酸长度，普遍存在于不同生物中。成熟 miRNA 通过与目标 mRNA 的 3′端非编码区特异结合，导致 mRNA 翻译受到抑制。miRNA 具有广泛的基因表达调节功能，据统计 miRNA 调节了人类 30％基因的功能，参与了一系列生命活动，包括细胞增殖及凋亡、器官形成、造血过程、发育进程等，与肿瘤的发生、诊断、治疗和预后等有密切关系，肿瘤中超过 50％的 miRNA 基因位于染色体脆性位点或染色体扩增、缺失或转位区域，相比于蛋白质标志物，miRNA 表达异常出现的更早，对早期诊断更加有利，从而成为研究热点之一。

miRNA 作为诊断标志物具有以下优点：①在外周血中表达稳定，且无显著的个体差异；②血清或血浆中 miRNA 在室温下孵育 24h 或者以上或反复冻融、过酸、过碱、甚至煮沸条件下都不易降解；③表达水平的变化与某些病理过程密切相关，具有很好的生物学标志物价值；④相比于蛋白质标志物不仅检测准确率更高，且更易于实现多组分同时检测。

第三节　疾病的生物治疗

目前，在疾病治疗中，可能在今后较长一段时间内以化学合成药物起主导作用，但随着生命科学和高新生物技术的迅速发展，现代生物治疗正在逐渐成为治疗的主要手段。现代生物治疗或生物疗法（biotherapy）又称“生物调节疗法”（bio-regulator therapy），其问世是医学分子生物学、分子免疫学、肿瘤学、细胞工程和遗传学等学科飞速发展的结果，它为多种严重疾病，尤其是肿瘤的治疗开辟了一条新的途径。

生物治疗是一个广泛的概念，涉及一切应用生物大分子进行治疗的方法。以生物体内的物质为制剂，输入机体，通过对生物反应的调节，使生命机制得以稳定和平衡，这类制剂对正常的组织和细胞，特别是免疫系统有良好的调节作用，而且无进行性的损害作用。它将成为人类征服疾病，保障身体健康的有力手段。目前，生物治疗主要针对恶性肿瘤、感染性疾病、心血管疾病、遗传性疾病、神经性和代谢性疾病以及组织修复、器官移植等。

1893 年 W. Coley 采用杀死的化脓性链球菌和灵杆菌液体培养物的过滤液成功治疗癌症患者。当时，由于条件限制使用的是粗制品，质量极不稳定，发热等不良反应极大，令患者难以耐受而未能广泛使用，并逐渐被后继的化学治疗和放射治疗所取代，但这一治疗方法毕竟开创了生物治疗的先例。至 20 世纪 50 年代后期，第二代生物治疗又悄然兴起，人们先后采用短小棒状杆菌和卡介苗等微生物制剂，以激发机体非特异性免疫而发挥抗感染、抗病毒和抗肿瘤效应。至70年代免疫核糖核酸和转移因子等新的特异性免疫制剂相继用于临床。80年代以来，随现代分子生物学技术的发展又赋予生物治疗以极大的内涵，于是产生了第三代生物治疗。被研制的生物制剂不仅具有多种良好的生物活性功能，包括抗肿瘤、抗病毒和免疫调节活性等，且许多制剂可批量生产，其中有些制剂已获生产批文，大多数生物制剂显示其潜在效能。

目前，生物治疗还包括基因治疗、免疫治疗（利用抗体、细胞因子等）、靶向治疗、细胞治疗（利用生物工程技术修饰的杀伤细胞、抗原提呈细胞）和肿瘤抗新生血管治疗等，其中基因治疗占有重要地位。

总之，纵观生物治疗的发展动态令人鼓舞，特别是现代生物疗法的兴起，尽管为期不长，但内涵丰富，种类众多，已从细胞、分子和基因水平加以探索和应用，相信在实践过程中，予以创新性应用，必将发掘其潜能，显示令人满意的临床疗效。

一、重组蛋白质、多肽类药物

20世纪70年代以来，以DNA重组为核心的现代生物技术——基因工程技术，为生命科学的研究带来了革命性的变化，并极大地推动了生物制药产业的发展，尤其是重组蛋白质、多肽类药物（或称基因工程药物），同时有力促进临床生物治疗的开展。

重组蛋白质、多肽类药物是指运用现代生物技术，从动物（包括人体）、植物和微生物中获得有实际应用价值的基因（如药源基因），或通过基因操作技术，得到具有更高药理活性的天然结构类似物或全新结构的基因，然后再将上述基因在体外培养的动物、植物和微生物细胞中，或直接在动物、植物体内进行大量表达而制备得到的生物活性更高、免疫原性降低、毒副作用更低的重组蛋白质、多肽类药物。

（一）重组细胞因子药物

细胞因子（cytokine）是一类由免疫活性细胞（淋巴细胞和单核巨噬细胞等）及其他细胞（成纤维细胞、内皮细胞等）分泌的具有调节细胞功能的高活性多功能小分子蛋白质，它们调节机体的生理功能，参与与各种细胞的增殖、分化、凋亡和行使功能。细胞因子作用方式主要通过与细胞表面的特异性受体相互作用后，以自分泌或旁分泌方式发挥广泛的生物学作用，包括杀伤肿瘤细胞或诱导其凋亡、抗病毒作用、刺激骨髓的造血功能以及机体的免疫应答等，部分还可诱导机体产生炎症反应。体内多种细胞因子的作用相互影响，构成复杂的作用网络，实现其机体对内、外环境变化的应答和调节。

体内细胞因子的含量很低，纯化困难，自从20世纪50年代末发现第一个细胞因子——干扰素以来，直到70年代末随着分子生物学技术的不断完善细胞因子的研究和应用才得以飞速发展；不仅许多新的细胞因子被发现，而且在短短数年之内就有数十个细胞因子药物被批准上市用于肿瘤、感染和造血功能障碍等疾病的治疗。

1. 干扰素（interferon，IFN）

早在1957年，A. Isaacs和J. Lindenmann在利用鸡胚绒毛尿囊膜研究流感病毒时，发现了一种蛋白质因子，可抵抗病毒的感染，干扰病毒复制，因而命名为干扰素。

迄今，IFN 家族发现有 20 余个成员组成，依据结构和来源可分为 IFN-α、IFN-β、IFN -γ和 IFN -ω 等，并存在多种亚型，在体内的主要功能除抗病毒外，还具有抗肿瘤、免疫调节和控制细胞增殖等作用。

临床上，IFN-α 主要用于慢性粒细胞性白血病和慢性病毒性感染，如乙型病毒性肝炎、丙型病毒性肝炎、慢性宫颈炎、尖锐湿疣等的治疗；IFN-β 主要用于多发性硬化症的治疗；IFN-γ 则对类风湿性关节炎有较好的治疗效果。

2. 白细胞介素（interleukin，IL）

白细胞介素是一类介导白细胞间相互作用的细胞因子。自 1979 年以来，已经有 20 多种 IL 被发现和命名，可以预期，新的 IL 还会不断被发现。IL 不仅介导白细胞相互作用，还参与其他细胞，如造血干细胞、血管内皮细胞、纤维母细胞、神经细胞、成骨和破骨细胞等的相互作用，在细胞因子作用网络中发挥重要的调节功能，并在机体的多系统中发挥效应。

目前，已经上市的有重组 IL-2 和重组 IL-11。临床研究表明，IL-2 主要用于某些肿瘤和感染性疾病；IL-11 主要用于血小板减少症的治疗。重组人 IL-12 正作为一种广谱的抗肿瘤药物处于临床研究阶段。此外，重组 IL-10 对于急性肺损伤、炎症性肠病、实验性脓毒败血症休克、银屑病、类风湿性关节炎、多发性硬化、丙型肝炎、再灌注损伤等疾病有一定的疗效。

3. 集落刺激因子（colony-stimulating factor，CSF）

集落刺激因子是一类参与造血调节过程的糖蛋白分子，主要由体内免疫活性细胞所产生。已知的 CSF 包括：粒细胞-巨噬细胞集落刺激因子（GM-CSF）和多能集落刺激因子（multi-CSF，IL-3 ）作用于造血干细胞，巨噬细胞集落刺激因子（M-CSF）和粒细胞集落刺激因子（G-CSF）则作用于造血祖细胞及其分化的系列细胞（表 15-6），此外这些因子也参与对成熟细胞的调节，并在宿主抗感染免疫中起重要作用。

表 15-6　人 CSF 的基本特性和生物学功能

种　类	合成与分泌细胞	靶 细 胞	分子质量/kDa
GM-CSF	T 细胞、中性粒细胞、巨噬细胞、单核细胞、内皮细胞和纤维母细胞	单核/巨噬细胞、中性/酸性粒细胞、多能祖细胞、红细胞	14～35
G-CSF	巨噬细胞、内皮细胞、纤维母细胞	单核/巨噬细胞、中性粒细胞	18～22
Multi-CSF（IL-3）	巨噬细胞、纤维母细胞、单核细胞	巨核细胞、巨噬细胞	14～28
M-CSF	巨噬细胞、纤维母细胞、单核细胞	单核/巨噬细胞	45～90（二聚体）

从广义来讲，凡是刺激造血细胞的细胞因子都称为 CSF，如促红细胞生成素（erythropoietin，EPO）、血小板生成素（thrombopoietin）、干细胞因子（stem cell factor，SCF）和白血病抑制因子（leukemia inhibitory factor，LIF）等均属于集落刺激因子范畴。

EPO 是由肾脏分泌的一种高度糖基化的蛋白质，能促进红细胞系的增殖和分化。重组 EPO 主要用于治疗慢性肾衰竭、HIV、骨髓增生异常综合征以及再生障碍性贫血等原因引起的贫血。疗效受到体内铁含量、维生素水平，以及感染与炎症的影响。

血小板生成素是一种分泌型糖蛋白，可刺激骨髓干细胞向巨核系分化增殖，并可与EPO协同刺激红系祖细胞的生长。重组血小板生成素可用于治疗放疗、化疗引起的血小板减少症以及造血祖细胞的动员。

SCF是由248个氨基酸组成的糖蛋白，以膜结合型和可溶型两种方式存在。SCF对骨髓造血干细胞和造血祖细胞具有刺激效应，与不同的细胞因子协同可产生不同的效应。例如，SCF与IL-7联合，可协同刺激前B细胞的增殖；与EPO联合，可协同刺激早期红细胞的增殖；与G-CSF联合，可协同刺激粒细胞的增殖。此外，SCF对肥大细胞也有明显的促增殖作用。SCF具有种属特异性。

4. 肿瘤坏死因子（tumor necrosis factor，TNF）

肿瘤坏死因子是一类能直接造成肿瘤细胞死亡的细胞因子，可直接诱导肿瘤细胞凋亡，根据其来源和结构分为两种，即TNFα和TNFβ。TNFα由激活的巨噬/单核细胞产生，近年来在基因文库中寻找TNFα同源序列和研究与TNFα具有相似生物学活性分子的过程中，发现了多种与TNFα基因在保守区具有同源性和（或）相同或相似生物学活性的分子，并将其统称为TNF超家族（TNF superfamily，TNFSF），而其相应的受体则称为TNF受体超家族（TNF receptor superfamily，TNFRSF）。目前发现的TNFRSF至少包括29个成员，如TNFR1（p55）、TNFR2（p75）、Fas（CD95）、CD40、CD27、CD30、4-1BB和OX40（CD134）等。TNFβ则由活化的T细胞产生，又名淋巴毒素α（lymphotoxin α）。

TNFα最显著的生物学特征就是对多种肿瘤细胞具有直接杀伤作用，TNFα在体内还可通过间接途径（激活免疫效应细胞）发挥其抗肿瘤作用，但可引起发热和炎症反应，大剂量使用易引起恶液质，呈进行性消瘦，限制其临床使用。rh-TNFα蛋白质工程改造的主要部位为分子两端（N端和C端）或分子内部的定点突变及受体选择性突变，其目的是降低其毒性和（或）提高其抗肿瘤作用。目前已突变成功了数十种rh-TNFα衍生物，其中的一些毒性有明显的下降，而抗肿瘤活性有一定提高。

另有临床研究发现，TNF在类风湿性关节炎和炎症性结肠病（Crohn肠病）的发病机制中起重要的作用，因此中和TNF作用的治疗可用于疾病的治疗。在临床试验中，抗TNF中和性抗体以及Fc-融合的可溶性TNF受体对类风湿性关节炎和Crohn病具有显著的抗炎活性。迄今为止，已批准上市的2个抗TNF药物，即Remicade（infliximab，TNFα单克隆抗体）用于类风湿性关节炎和Crohn肠病的治疗，ENBREL（etanercept，可溶性TNFR-Fc融合蛋白）用于类风湿性关节炎和牛皮癣性关节炎的治疗。这2种TNF阻断剂在结构、作用机理和药代动力学行为方面完全不一样，但它们的临床治疗效果却是一样的。最近，有研究显示抗TNF治疗还能保护骨关节结构的损害。这些结果说明TNF在类风湿性关节炎引起的骨与软骨损伤中起重要的作用。

5. 生长因子（growth factor）

对机体不同组织细胞具有促进生长作用的细胞因子统称为生长因子，包括表皮生长因子（epidermal growth factor，EGF）、神经生长因子（nerve growth factor，NGF）、成纤维细胞生长因子（fibroblast growth factor，FGF）、肝细胞再生增强因子（augmentater of liver regeneration，ALR)、血管内皮细胞生长因子（vascular endothelial growth factor，VEGF)、血小板衍生的生长因子（platelet derived growth factor，PDGF）和胰岛素样生长因子 1（insulin-like growth factor 1，IGF-1）等。各种生长因子的特点及其作用可参见表 15-7。

表 15-7　各种生长因子的特点及其作用

种类	特点	治疗作用
EGF	由 53 个氨基酸组成的蛋白质，含 3 个链内二硫键	主要用于角膜和溃疡，以及促进烧创伤口的愈合
FGF	一种蛋白分裂原，该家族有 14 个结构相似的成员；bFGF 由 155 个氨基酸组成，是一种不含二硫键的糖蛋白	目前用于临床的是碱性 FGF（bFGF)，对多种细胞有刺激作用，并有促进组织修复和伤口愈合作用。批准上市的重组 bFGF 均为外用剂型，主要用于治疗烧伤和外周神经系统疾病
NGF	由 α、β、γ 3 种亚基以 α2βγ2 方式组成。活性区 β 亚基是由 118 个氨基酸组成的单链。主要来源于神经丰富的组织，如肌肉、腺体等，以及胶质细胞，如外周神经施旺细胞和纤维细胞等	为神经细胞生长调节因子，具有神经元营养和促突起生长双重功能。对中枢及周围神经元的发育、分化、生长、再生和功能特性的表达均有调控作用。小鼠来源的 NGF 已批准用于周围性神经炎的治疗
ALR	耐热的分子质量为 10kDa 的蛋白质	可刺激肝脏细胞的再生和增殖
VEGF	肝素亲和的外分泌二聚体糖蛋白，已发现人 VEGF 共有 6 种	促内皮细胞有丝分裂，并可引起血管通透性增加，目前已用于肢体缺血性基因治疗的临床研究
PDGF	PDGF Ⅰ为分子质量 31kDa、含有 7%的糖；PDGF Ⅱ为分子质量 28kDa、含有 4%的糖。两者均由两条高度同源的 A 链及 B 链组成；主要由体内单核/巨噬细胞合成	重组 PDGF 主要应用于创伤愈合和糖尿病性或褥疮性溃疡的愈合
IGF-I	由 70 个氨基酸组成的单链多肽，分子内含有三个二硫键，主要由肝细胞合成和分泌	① 生长激素受体缺陷而引起的侏儒症； ② II 型（抗胰岛素型）和 I 型糖尿病； ③ 骨质疏松症及骨折； ④ 运动神经元症； ⑤ 肌萎缩性侧索性神经炎； ⑥ 创伤愈合

（二）重组激素类药物

激素是由内分泌细胞合成和分泌的高效能活性物质。在体内的含量甚少，经血液循环到靶组织后作为一种化学信使或信号分子发挥专一的生理效应。按照化学结构激素可以分为蛋白质、多肽类激素、类固醇激素和氨基酸类激素。基因工程重组激素目前批准上市的有重组人生长激素、重组人胰岛素、重组人促卵泡激素和重组人甲状旁腺激素。

1. 生长激素（growth hormone，GH)

GH 是由垂体前叶分泌的含两对链内二硫键的、由 191 个氨基酸残基组成的单体蛋白质。GH在体内由多种极重要的功能，如促进物质代谢、刺激新骨形成、刺激红细胞生成、增强免疫系统功能、减少脂肪及其在体内的分布等。目前重组人GH已国产化。

2. 胰岛素（insulin）

胰岛素是以前胰岛素原的形式由胰岛β细胞分泌的，分泌后形成前导序列（信号肽，23个氨基酸）和A链（21个氨基酸）、B链（30个氨基酸）、C肽（25～38个氨基酸），经跨膜运输，最后在高尔基体内形成二硫键，并形成二聚体、三聚体或四聚体，而分泌入血液中发挥调节代谢的作用。临床上胰岛素主要用于治疗胰岛素依赖型（Ⅰ型）糖尿病。重组人胰岛素早在1982年即被批准上市，当时采用的技术是分别在大肠埃希菌中表达A/B链，然后在体外重组连接为有活性的胰岛素，现在则是在大肠埃希菌直接表达人胰岛素原，体外再转化为成熟的胰岛素。

3. 促性腺激素（gonadotropic hormone，GTH）

体内促卵泡素（follicle stimulating hormone，FSH）和黄体生成素（luteinizing hormone，LH）统称为促性腺激素。FSH是分子质量为24kDa的糖蛋白，其主要作用是促进精子及卵子的生成，促进卵巢发育，故临床上可用于下丘脑-垂体功能障碍和多囊卵巢综合征。研究表明，FSH在垂体LH协同下，能促进卵巢卵泡生长发育和雌激素分泌，引起正常发情，提高受胎率。

4. 甲状旁腺激素（parathyroid hormone，PTH）

PTH由甲状旁腺主细胞分泌，由84个氨基酸残基组成。PTH的主要生理功能有促进骨质溶解，动员骨钙入血，血钙增高，骨和血中碱性磷酸酶活力增加；抑制肾小管对磷的再吸收，促进尿磷排出增多，血磷降低；PTH通过活化维生素D3，间接促进肠黏膜吸收钙、镁以及磷。美国Eli Lilly公司生产的重组人PTH衍生物（商品名FORTEO）含34个氨基酸，与人PTH的N端序列相同，具有调节成骨和破骨细胞作用的平衡，促进骨质的重塑，临床上用于治疗和预防妇女绝经后或男性性腺障碍引起的骨质疏松症。

（三）重组溶栓和抗凝血药物

溶栓药物的作用机理是通过激活血浆纤溶酶原，形成有活性的纤溶酶，后者催化血栓主要基质纤维蛋白发生水解，从而使血栓溶解。临床上可用于急性心肌梗死和急性脑血栓的抢救。目前国内外已正式批准的主要溶栓药物有：提取的链激酶（streptokinase，SK）和尿激酶（urokinase-type plasminogen activator，u-PA）；化学修饰的对甲氧苯甲酰纤溶酶原链激酶激活剂复合物（anisoylated plasminogen streptokinase activator complex，APSAC）；基因工程表达组织型纤溶酶原激活剂（recombinant tissue-type plasminogen activator，rt-PA）、链激酶（recombinant streptokinase，r-SK）和葡激酶（recombinant staphylokinase，r-SAK）。

1. t-PA

t-PA是由527个氨基酸残基组成的糖蛋白，含17对二硫键和3个糖基化位点。天然t-PA为单链分子，在Arg275-Ile276位经纤溶酶或胰蛋白酶水解，转变为由二硫键相连的双链t-PA。其N端称为A链，C端称为B链，后者含t-PA活性中心。t-PA与血栓中的纤维蛋白有极高的亲和力（K_m=0.11μmol/L），与纤维蛋白结合后的 t-PA 对纤溶酶原的亲和力显著提高（K_m=0.05～0.16μmol/L，K_{cat}=0.1～0.35S^{-1}），t-PA-纤维蛋白-纤溶酶原在血栓部位形成三元复合物，有利于激活纤溶酶原，形成纤溶酶，水解复合物中的纤维蛋白，溶解血栓。由于 t-PA 分子内含有 17 对二硫键，复性困难，故重组 t-PA 常采用哺乳动物细胞表达。

2. SK

SK 是由溶血性链球菌产生的一种含 414 个氨基酸残基的单链多肽。SK 是非蛋白酶类纤溶酶原激活剂，当 SK 与纤溶酶原结合后引起构象发生改变，使纤溶酶原活性位点暴露而受到活化成为纤溶酶，结果形成 SK-纤溶酶复合物起到溶血栓的作用。重组 SK 已获准生产，用于临床救治急性心肌梗死患者。尽管 SK 溶栓活性高，但对人体具有抗原性。SK 结构与功能关系的研究发现，其 C 端的 42 个氨基酸（373～414）与抗原性有关，通过蛋白质工程技术，可获得 C 端缺失的重组 SK 衍生物。国内上海医科大学通过基因改造和重组表达出比活性高而不良反应低的基因工程 SK，并于 1998 年获准生产。

3. SAK

SAK 是由金黄色葡萄球菌溶原性噬菌体所分泌的一种蛋白质，由 136 个氨基酸组成，分子质量 15.5kDa。SAK 本身并不是一种酶，它需要与血浆中的纤溶酶原形成复合物而起到溶栓作用，若无纤维蛋白或血栓存在，复合物很快被 α2-抗纤溶酶灭活。重组 SAK 已经批准用于急性心肌梗死的治疗。大多数患者用药后 2 周内出现高滴度的中和性抗体，但未见严重的过敏反应。临床上常与肝素、阿司匹林联用。

4. bat-PA

吸血蝙蝠唾液中含有一组共 4 种纤溶酶原激活剂，其中含 477 个氨基酸的 DSPA α1 与 t-PA 分子具有 85%的同源性。哺乳动物细胞表达的重组 bat-PA 对血栓中纤维蛋白的选择性强，溶栓速度比 rt-PA 更快，目前正处于临床研究阶段。

5. R-PA

R-PA（reteplase）为野生型 t-PA 经缺失突变后重组表达的单链非糖化分子，可用大肠埃希菌表达，美国 FDA 已批准上市。

6. 水蛭素

水蛭素（hirudin）具有特异的直接抑制凝血酶的功能。天然水蛭素含 65 个或 66 个氨基酸，N 端含有 3 对二硫键，C 端 9 个氨基酸中有 5 个为酸性氨基酸，是水蛭素与凝血酶作用的重要功能结构域。肽链中部有一个 Pro-Lys-Pro 序列，不易被蛋白酶水解。通过基因工程手段获得了重组水蛭素及其系列衍生物，如去硫酸水蛭素、S 水蛭素（hirugen）等。目前，国产重组水蛭素已批准进入临床研究。

（四）重组其他活性蛋白类药物

1. 可溶性受体片段和黏附分子（CD 分子）药物

某些细胞受体跨膜存在于细胞膜上，膜外区是其与相应配体结合的结构域。经酶切后的膜外区域，可游离存在于血浆中。利用基因工程技术，在工程细胞表达受体的膜外区，保留与配体特异性结合的能力，但丧失信号转导功能，并能与膜表面竞争结合配体，从而能发挥受体阻断剂的作用。

细胞黏附分子（cell adhesion molecules，CAM）是指由细胞产生、介导细胞与细胞间或细胞与基质间相互作用的分子。黏附分子以配体-受体相对应的形式发挥作用，从而在细胞的信号转导、生长、分化、活化以及炎症、血栓形成、肿瘤转移、创伤愈合等生理和病理生理过程中发挥重要的作用。在某些情况下，特别是疾病状态下，一些细胞表面的黏附分子可以从细胞膜上脱落下来，成为可溶性的黏附分子。利用基因工程技术，可将黏附分子在体外表达成可溶性分子，发挥细胞黏附的阻断作用，治疗因黏附分子功能异常导致的疾病。

利用重组可溶性受体片段和黏附分子封闭其配体作用的治疗策略已越来越受到人们的重视。与抗体技术相比，其主要优点是其属于人体自身成分，在治疗中不易引起免疫应答反应，因而安全性较好。目前批准上市的有可溶性 TNF 受体 2-Fc 融合蛋白（类风湿性关节炎，Immunex 公司）；其他正处于临床研究阶段的有可溶性 TNF 受体 1 -Fc 融合蛋白（感染性休克、类风湿性关节炎、多发性硬化症，Hoffmann-La Roch 公司）、可溶性 CD54（感冒、自身免疫病，Boehringer Ingelheim 公司）、可溶性 CR1（CD21）（肺移植导致的再灌损伤、儿科心脏手术、ARDS，Avant 公司）、CTLA4-Ig（GVD，Repligen Co 公司）、可溶性 CD40 配体（晚期肾癌，Immunex 公司）、可溶性 IL-4 受体（哮喘，Immunex 公司）、可溶性 LFA-3/IgG1 融合蛋白（银屑病，Biogen 公司）等。

2. 抗菌肽类药物

杀菌性/通透性增强蛋白（bactericidal/permeability-increasing protein，BPI）是从多形核粒细胞（PMN）嗜天青颗粒中分离出的一种阳离子蛋白质，分子质量为 55kDa，具有特异性杀伤革兰阴性杆菌和中和细菌内毒素（LPS）的作用。氨基酸序列分析发现 BPI 的杀菌活性、中和 LPS 和结合肝素的活性区域分别位于第 17～45 位、第 65～99 位和第 142～169 位氨基酸残基，故认为 BPI 由 3 个独立的功能区组成，这些功能区单独或共同作用的活性是 BPI 生物学效应的基础。

人可溶性 BPI、重组 BPI 以及它的 N 端 25kDa 片段均可抑制 LPS 介导的毒性反应，如能抑制 LPS 介导的局部 Shwartzman 反应，显著降低 LPS 攻击小鼠的死亡率，抑制 LPS 的鲎试剂（LAL）反应，抑制 LPS 刺激中性粒细胞表达 CR 和 CR3，对 LPS 诱导的纤维蛋白溶解和凝血系统活化具有明显的保护作用，抑制 LPS 介导的内皮细胞损伤和 IL-6、TNF、IL-1 等的释放等。

重组 BPI 21 和 BPI 23 在Ⅱ～Ⅲ期临床研究中显示出良好的效果，对创伤后出血性休克、肝部分切除术后、肠源性 LPS 移位、感染性休克有较好的治疗作用。美国 Xoma 公司用哺乳动物细胞 CHO 表达的 BPI 有 193 个氨基酸，且 132 位的 Cys 突变为 Ala 以防止二硫键错配和分子间多聚体的产生。该重组药物已上市并被用于治疗脑膜炎菌血症、创伤性失血、严重腹部感染和眼科疾患。

其他如阳离子抗菌小肽，包括人防御素（defensin）、protegrin、爪蟾抗菌肽（magainin），以及乳链菌肽（nisin）等均得到了基因工程表达。

3. 骨形成蛋白 2（bone morphogenetic protein 2，BMP-2）

BMP 属转化生长因子 β（transforming-growth factor β，TGF-β）家族成员。人天然 BMP 存在于骨基质中，可以 BMP-1、BMP-2A、BMP-2B 和 BMP-3 四种形式存在。BMP-2 的 cDNA 全长 1587bp，编码 386 个氨基酸的蛋白质，包括 N 端的信号肽、分子中部的前肽和位于 C 端的成熟肽。BMP-2 在骨科领域可应用于脊柱融合以及大块骨缺损、难愈合性骨折和股骨头坏死等的治疗；在口腔科的应用范围包括牙周再造、牙髓组织修复、根管疗法和颅面颌骨再造等。重组 BMP-2 一般采用 CHO 细胞表达。2002 年 6 月 FDA 批准重组 BMP-2 用于脊柱退行性病变的治疗。

二、抗 体 药 物

自 1975 年 G. Köhler 和 C. Milstein 创建单克隆抗体（简称“单抗”）制备技术以来，单抗已经超出免疫学及细胞生物学范畴而应用于临床治疗。20 世纪 80 年代，众多研究机构开展了小鼠单抗的临床治疗研究，当时出现的“导弹疗法”和“魔术药弹”确曾颇受关注，但未取得理想的效果；其重要原因是当初所制备的仅为小鼠抗体，使用后人体内能产生人抗鼠抗体（human anti-mouse antibody，HAMA）。近年来，随着基因重组技术的发展，目前已先后构建了人源化抗体、小分子抗体、特殊类型抗体和抗体融合蛋白等，以消除抗体免疫原性、改善药物动力学和规模化生产，使之更利于临床应用。目前，全球已经上市的抗体药物有数十种之多，仅 2010 年销量就高达 440 亿美元，其适应证主要集中在肿瘤和免疫性疾病等方面（表 15-8），有超过数百个抗体药物正在进行临床各阶段试验。

表 15-8 获准上市的部分抗体药物

通用名/商品名	抗体类型	适应证	靶标	公司
Muromonab-CD3/Orthoclone	鼠源	移植排斥	CD3	Johnson & Johnson
Abciximab/ReoPro	嵌合	心肌缺血	GPⅡb/Ⅲa	Centocor
Rituximab/Rituxan	嵌合	非霍奇金淋巴瘤病	CD20	Biogen IDEC
Daclizumab/Zenapax	人源化	移植排斥	CD25	Protein Design
Basiliximab/Simulect	嵌合	移植排斥	CD25	Novartis
Palivizumab/Synagia	人源化	呼吸道合胞病毒感染	RGV	Medlmmune
Infiximab/Remicade	嵌合	关节炎、Crohn's 病	TNFα	Centocor
Trastuzumab/Herceptin	人源化	乳腺癌	HER-2/erB-2	Genentech
Gemtuzumab/Mylotarg	人源化	急性粒细胞性白血病	CD33	Wyeth
Alemtuzumab/Campath	人源化	慢性 B 淋巴细胞白血病	CD52	Milennium
Ibritumomab/Zevalin	鼠源	非霍奇金淋巴瘤病	CD20	Biogen IDEC
Adalimumab/Humira	全人	非霍奇金淋巴瘤病	TNFα	Abbott
Omalizumab/Xolair	人源化	变态反应	IgE	Genentech

续表

通用名/商品名	抗体类型	适应证	靶标	公司
Tositumomab-^{131}I/Bexxar	鼠源	非霍奇金淋巴瘤病	CD20	Corixa
Efalizumab/Raptiva	人源化	银屑病	CD11a	Genentech
Cetuximab/Erbitux	嵌合	结直肠癌	EGFR	Imclone System
Bevacizumab/Avastin	人源化	结直肠癌	VEGF	Genentech
Natalizumab/Tysabri	人源化	多发性硬化症	α4 整合素	Biogen IDEC
N/A	嵌合	抗肿瘤	N/A	上海 MediPharma*
N/A	全人	抗肿瘤	N/A	加拿大 YM Biosccince*
N/A	人源化	免疫疾病	N/A	日本**
Nimotuzumab/泰欣生	嵌合	抗肿瘤	EGFR	百泰生物药业*
Metuximab-^{131}I /美妥昔单抗	全人	肝癌	HAb18G	华神公司*

*由中国国家药品食品监督管理局（SFDA）批准在中国上市；** 由日本政府部门批准在日本上市；其余由美国 FDA 批准上市

从分子构成来看，抗体药物可分为三类。①完整抗体或抗体片段，前者包括嵌合抗体、人源化抗体和人源抗体等；后者有 Fab、Fab′和 scFv 等。随着分子生物学技术的迅猛发展，人工改造鼠源抗体成为现实。为解决抗体药物抗原性，产生嵌合性抗体，继之进一步发展了人源化抗体和人源抗体。人源化抗体仅保留鼠抗体的抗原互补决定区（CDR），其余部分为人序列，抗原性大为降低。Zenapax 是在 1997 年被美国 FDA 第一个批准上市的人源化抗体药物。②抗体偶联物，或称免疫偶联物，由完整抗体或抗体片段与“弹头”药物连接而成。可用作“弹头”的药物有放射性核素、化疗药物与毒素或其他有治疗作用的物质，分别构成放射性免疫偶联物、化疗免疫偶联物和免疫毒素等。例如，Mylotarg 为人源化抗 CD33 单抗与细胞毒性药物 Ozogamicin 结合，治疗急性粒细胞性白血病。③抗体融合蛋白，由抗体片段和活性蛋白两部分构成，如抗体可以与细胞因子融合为双功能分子，显著延长细胞因子在血浆中的半衰期，用于增强肿瘤免疫原性和激活机体免疫系统。目前，已有 IL-2 与单抗偶联的抗体药物进入临床研究（图 15-8）。

抗体药物具有以下重要特点：①抗体药物作用靶细胞的单一抗原表位，具有高度特异性（specificity）和选择性，赋予其更强的疗效；②靶抗原、抗体结构和偶联物的多源性，使抗体药物表现为作用机制的多样性（diversity）；③抗体药物可依据需要进行制备，使之具有不同治疗效果，也即“制备定向性”（directivity）。抗体药物都是针对特定的靶分子，定向制备其相应抗体；也可以根据需要选择相应的偶联物或融合蛋白使之成为具有不同作用机制的药物。可以预见，在不断革新与技术发展的驱动下，治疗性抗体必将成为继疫苗之后另一类重要的生物制剂，尤其对肿瘤的靶向治疗。抗体药物与肿瘤细胞增殖、转移等重要信号通路上某种信号蛋白靶向结合，激活抗体依赖的细胞毒

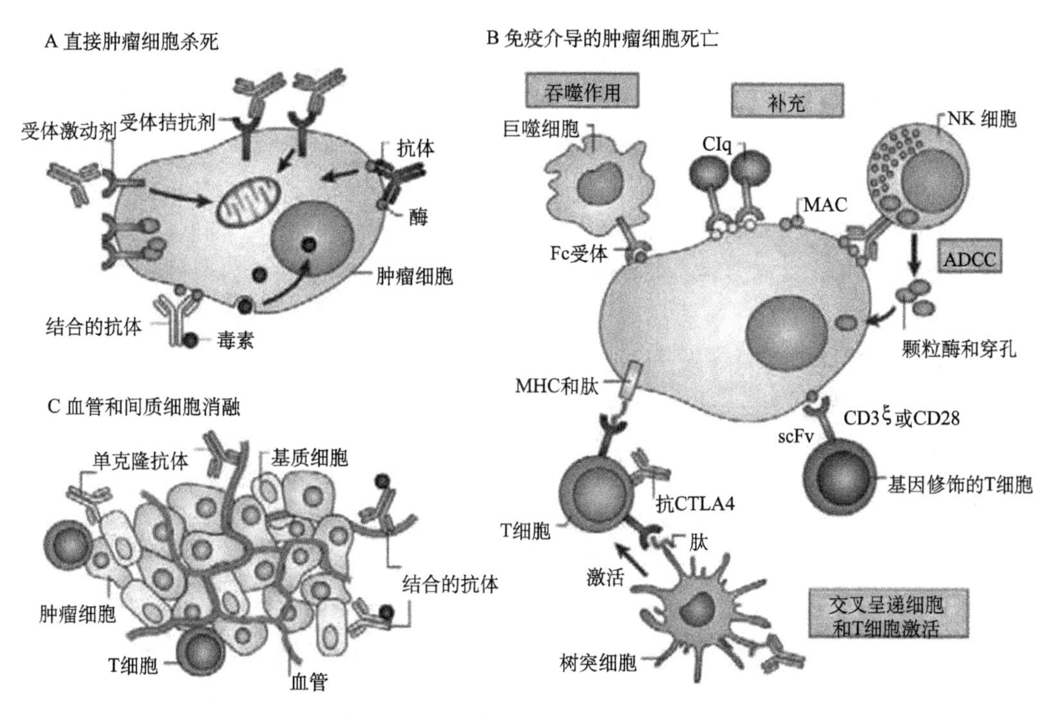

图 15-8 抗体药物靶向治疗肿瘤的机制

性、补体系统或者通过与细胞膜受体结合启动膜介导的细胞生长抑制。

1. 曲妥珠单抗

曲妥珠单抗（Trastuzumab）是第一个被批准用于肿瘤治疗的人源化单抗，能够与细胞表面的 HER-2 受体结合，干扰 HER-2 受体自身磷酸化及阻碍异二聚体形成，抑制 P13K/Akt 和 MAPK 信号通路，从而抑制肿瘤细胞增殖。该单抗适用于 HER-2 受体高表达的乳腺癌和 HER-2 受体阳性的胃癌患者。

2. 利妥昔单抗

利妥昔单抗（Rituximab）是一种针对 CD20 抗原的人鼠嵌合型单抗，可特异结合 B 细胞淋巴瘤细胞的 CD20 抗原，通过介导抗体依赖的细胞毒性（ADCC）、补体依赖的细胞毒（CDC）作用和抗体与 CD20 分子结合引起的直接效应抑制肿瘤细胞的生长和细胞周期以及诱导凋亡等方式抑制肿瘤生长。利妥昔单抗可极大改善弥漫性大 B 细胞淋巴瘤患者预后，也可提高滤泡性淋巴瘤患者的生存率。

3. 西妥昔单抗

西妥昔单抗（Cetuximab）是一种人表皮生长因子受体（EGFR）IgG1 单抗能够特异结合细胞表面 EGFR，抑制其介导的信号通路激活，阻滞细胞周期于 G_1 期，从而抑制肿瘤细胞增殖，促进其凋亡；同时可减少基质金属蛋白酶和血管内皮生长因子产生。目前西妥昔单抗主要用于转移性结肠癌和头颈部肿瘤。

4. 贝伐单抗

贝伐单抗（Bevacizumab）是一种抑制肿瘤血管生成的靶向治疗性单抗，通过结合人血管内皮生长因子（VEGF）阻断其生物活性，从而减少微血管生成并抑制肿瘤细胞增殖。贝伐单抗通常联合其他化疗方案可提高晚期结肠癌和非小细胞肺癌患者的疾病缓解率，延长无进展生存和总生存时间。

5. 帕尼单抗

帕尼单抗（Panitumumab）是一种完全人源化 IgG2 单抗，与 EGFR 有较强亲和力，可阻断其介导的信号通路。同样，它可促进血管内皮细胞凋亡，抑制肿瘤血管生长及肿瘤侵袭转移等，从而发挥抗肿瘤效应。研究表明帕尼单抗对转移性结肠癌具有较好疗效。2012 年美国 FDA 批准帕尼单抗联合曲妥珠单抗和多西他赛（一种化疗药物）治疗 HER-2 阳性转移性乳腺癌患者。

6. 易普利姆玛

易普利姆玛（Ipilimumab）的靶标是细胞毒性 T 淋巴细胞相关抗原 4（CTLA4），通过降低 CTLA4 的免疫抑制功能，导致 T 细胞过度增殖，IL-2 分泌增多，从而维持强有力的免疫能力。研究表明，易普利姆玛能提高晚期转移性黑色素瘤患者的总生存期。

7. T-DM1

T-DM1（Trastuzumab-Derivative of Maytansina）是一种抗体-药物偶联物，是在曲妥珠单抗基础上偶联了化疗药物的一种新型 HER-2 靶向治疗药物。曲妥珠单抗充当制导装置，把具有抗微管作用的细胞毒药物 DM1 精确导向到 HER-2 阳性的肿瘤细胞，这样既可保证 HER-2 阳性肿瘤细胞的靶向性杀伤作用，又可通过细胞毒药物 DM1 进一步消灭肿瘤细胞。目前该药尚在临床试验阶段，相信未来 T-DM1 能够成为治疗 HER-2 阳性转移性乳腺癌的良药。

抗体药物经历了 20 多年的飞速发展，目前已取得较大成功，但仍存在许多需要解决的问题，例如，抗体药物靶抗原的不确定性，由于人们对众多存在于靶细胞和正常组织上靶抗原的确切分布和功能并不完全了解，在临床应用中可能产生很多变化因素；又如，抗体自身的抗原性等，这些问题都将会影响到抗体药物的临床使用。此外，抗体药物生产成本过高，以至成为“富贵药”，影响抗体药物的广泛应用。

综上所述，随着功能基因组学和蛋白质组学研究的不断深入，必将为疾病治疗和新的抗体药物研制提供各种新的分子靶点。抗体药物作为生物治疗的重要手段，其研制和应用也将具有更加的广阔前景。

三、基因治疗

自 20 世纪中期起，分子生物学理论与技术飞速发展。50 年代 Watson 和 Crick 提出并建立 DNA 双螺旋结构模型，60 年代遗传密码的被译，70 年代 DNA 重组和测序技术的建立以及癌基因与抑癌基因研究的重大突破，80 年代地中海贫血病基因治疗的研究和病毒载体的开发，为基因治疗（gene therapy）提供了理论依据与技术方法。

基因治疗是以改变人的遗传物质为基础的生物疗法，它是通过一定方式将人正常基因或有治疗作用的 DNA 序列片段导入人体靶细胞，从而纠正基因的缺陷或者发挥治疗作用。随着基因治疗研究的发展，导入基因的种类可以是正常基因，也可以是重组基因，有些还可以是 RNA。基因治疗可以解决一般药物难以解决的问题，通过基因的修复、替换或干预，可以突破许多重要疾病的治疗难关。

（一）基因治疗的主要策略

1. 基因标记（gene labeling）

基因标记实验是指仅把标记基因导入人体，常见的方法是将含 *neo* 基因的重组反转录病毒载体在体外转染细胞，然后把细胞回输给患者，跟踪标记细胞在体内的命运。基因标记实验的目的是获取信息，由于未接受发挥治疗作用的目的基因，受试患者不能直接获得治疗效果。但通过对标记细胞在体内各组织器官、血液循环、淋巴结、肿瘤组织的分布情况，以及它在体内的存活时间，为基因治疗的临床应用奠定基础。

2. 基因置换（gene replacement）

基因置换或称基因矫正（gene correction），是指将特定的目的基因导入特定的细胞，通过定位重组，以导入的正常基因置换基因组内原有的缺陷基因。基因置换的目的是矫正缺陷基因，将其异常序列进行矫正，对缺陷基因的缺陷部位进行精确的原位修复，不涉及基因组的任何改变。基因置换常采用同源重组使相应的正常基因定位导入受体细胞的基因缺陷部位，但存在一系列尚未解决的问题，只能作为远期目标。

3. 基因增补（gene augmentation）

基因增补是将目的基因导入病变细胞或其他细胞，不去除异常基因。而是通过非定点整合，使其表达产物补偿缺陷基因的功能或使原有的功能得以加强。基因增补有两种类型：一是针对特定的缺陷基因导入相应的正常基因，以补偿缺陷基因的功能；二是导入靶细胞本来不表达的基因，利用其表达产物达到治疗目的。目前基因治疗多采用此种方法。

4. 基因干预（gene interference）

基因干预是指采用特定的方式抑制某个基因的表达，或通过破坏某个基因使之不能表达，以达到治疗疾病的目的。较常用的方法有反义核酸技术、核酶技术、三链 DNA 技术和干扰 RNA 技术等。

（二）基因治疗的临床应用

自首例基因治疗问世以来约 20 年，其临床应用研究主要集中在如下方面。

1. 遗传病的基因治疗研究

目前发现的单基因疾病至少有 6000 余种，其中遗传病有 3000 种左右，而治疗遗传病的理想方法是基因治疗。当前，基因治疗的研究目标主要是单基因缺陷的遗传病，且其相应的正常基因往往有合适的体细胞，因此现在可望进行基因治疗的遗传病范围比较有限。只有治疗基因在受体细胞和体内适宜表达，才能达到治疗疾病的愿望。

1990 年，美国 FDA 批准世界上首例腺苷脱氨酶（adenosine deaminase，ADA）缺陷患者的基因治疗研究，并获得成功。ADA 缺陷的基因治疗也发现其潜在的问题，疗效持续时间较短，需多次重复治疗。人们希望通过改变受体靶细胞，以达到持久疗效，或减少重复治疗次数。

2. 肿瘤的基因治疗研究

肿瘤是多基因所致非常复杂的疾病，因此其基因治疗所采取的策略也是多样性的。实施不同的基因治疗策略，治疗基因转染的受体靶细胞不同，控制基因表达的方式也各异。外源治疗基因可以导入肿瘤细胞，也可以转入免疫细胞。肿瘤基因治疗常采用的研究方法有如下几个。①将正常抑癌基因导入肿瘤细胞，使之表达正常抑癌基因产物，在一定程度上抑制肿瘤的恶性表型。研究较多的有 *p53* 和 *Rb* 基因。②通过反义核酸、核酶、SiRNA 和 DNA 三链技术等在不同水平抑制癌基因表达，但因细胞通透性、化学稳定性、药物靶向性以及毒性等问题，这些技术有待在研究中改进。③导入特定的基因产生肿瘤特异的药物敏感性，也即导入特定酶的基因，使肿瘤细胞产生对药物的敏感性。例如，可把在肝癌细胞中高表达的甲胎蛋白（AFP）基因启动子与水痘/带状泡疹病毒（VZV）的胸腺嘧啶核苷激酶（VZV-tk）基因重组，经反转录病毒载体系统导入肝癌细胞使之特异表达 VZV-TK，并可催化无毒的药物前体 6-甲氧基嘌呤阿拉伯糖核苷磷酸化，从而可阻止肝癌细胞 DNA 复制，达到治疗目的。因此，通常将 VZV-tk 称为“自杀基因”或“前药转换酶基因”。④肿瘤的免疫基因治疗，利用细胞因子调整机体免疫细胞对肿瘤细胞的攻击杀伤能力。

3. AIDS 的基因治疗

AIDS 是由 HIV 感染引起的。HIV 基因组的复制、转录和表达受其自身 *tat* 和 *rev* 基因的表达产物 Tat 和 Rev 蛋白因子的调节。目前，AIDS 基因治疗研究有采用表达结合 Tat 和 Rev 调节蛋白的 HIV 基因组特异序列，或利用反义核酸技术阻止 *tat*、*rev*、*vpu*、*gag* 等靶基因表达；或针对 5′端引导序列的核酶技术等，以抑制病毒在细胞内复制。

（三）基因治疗的前景和问题

基因治疗是近 20 多年来分子生物学和重组 DNA 技术迅速发展的结果。从理论上讲，若能将缺陷的基因进行原位的修补，应是疾病的一种根治方法，但目前在技术上还不能达到此目的。现阶段基因治疗所采取的策略和方法，可以说是为实现基因治疗迈出的第一步，有良好的前景，但是对其利与弊需要充分认识。尚有许多理论性和技术性的问题有待深入研究和解决，主要有三个方面。首先是需要阐明确切的致病基因和有效的治疗基因。这有赖于人类基因组计划，尤其是功能基因组学的发展。其次是基因导入系统的高效性和靶向性，解决这个问题的关键是载体的构建，将是今后研究的一项重要内容。最后是导入治疗基因的表达可控性。换言之，在疾病治疗中治疗基因的表达在时序和水平上都要受严格调控。目前一些基因治疗采用了同时导入可调控元件的方法，也可借鉴体外试验中诱导表达系统的机制。

总之，基因治疗经过多年的探索和实践，有成功的经验，也有失败的教训，并正在走向成熟。基因治疗作为临床常规治疗方法，还有待完善和提高，前途广阔而任重道远。

四、细胞治疗

细胞治疗（cell therapy）是指利用体外培养的正常功能细胞植入病变部位代偿病变细胞丧失的功能，或将细胞经体外遗传操作后直接用于疾病治疗的方法。

许多疾病都是由于组织细胞功能缺陷或异常造成的，通过植入功能正常的细胞，恢复其丧失的功能可以从根本上对疾病进行治疗。干细胞研究的成功，尤其是人胚胎干细胞的成功建株，有望能在体外大量获取胚胎干细胞以及由其分化为成体干细胞和功能细胞，无疑将有力推动细胞治疗在临床的广泛应用。

1. 神经系统疾病

为数众多的神经系统疾病，是由于神经细胞的退变和死亡，成熟神经细胞又无法增殖、分裂加以弥补，导致功能减退或丧失所致，如帕金森病（Parkinson disease）、小儿麻痹症（poliomyelitis）、阿尔茨海默病（Alzheimer disease）、中风以及脑外伤、脊柱伤等。

帕金森病是由于脑内多巴胺神经元死亡所致，胎脑组织中具有能产生多巴胺的神经细胞，临床上将7～9周的流产胎儿脑组织移植到患者脑内，可明显改善症状，但由于采用胎儿组织，临床应用前景不甚理想。近年来，随着干细胞（stem cell）研究的不断深入，尤其神经干细胞（neural stem cell，NSC）的发现，这是在中枢神经系统中具有自我更新及多向分化为成熟脑细胞能力的细胞，使帕金森病又获得新的治疗方法。神经干细胞不仅具有可被诱导分化为多巴胺神经元的潜能，况且通过体外培养可为神经干细胞移植提供足够、可靠的细胞来源。研究表明，把体外扩增的人神经干细胞移植到帕金森病模型大鼠脑内，能在体内分化为成熟的多巴胺神经元，并建立突触连接，有效地逆转模型大鼠的帕金森病症状；人胚胎干细胞也可在体外诱导分化成为成熟的多巴胺神经元。另有实验也证明采用神经干细胞治疗脊柱损伤的模型动物同样也取得明显疗效。

2. 肿瘤

近些年来，细胞疗法治疗肿瘤通常从患者分离获取自身免疫细胞，在细胞因子等因素的诱导下，大量扩增出具有高度抗肿瘤活性的免疫细胞，再回输到患者体内，此类细胞包括LAK细胞、TIL细胞、CIK细胞、DC细胞、CD3AK细胞、AMK细胞等，此疗法对恶性黑色素瘤、肾癌、非何杰金氏淋巴瘤等有很好的疗效，且毒副反应轻微。

随着干细胞研究的不断深入，当前医学界普遍认为造血干细胞移植是治疗血液系统先天性遗传病以及肿瘤最为有效的方法之一。早在20世纪50年代，临床上就已开始应用骨髓移植方法治疗血液系统肿瘤，并逐渐成为常规治疗。到80年代末，随外周血造血干细胞移植的发展越来越成熟，人们发现其在有效率和缩短疗程方面明显优于常规治疗，且有令人满意的疗效。近年来，随着脐血干细胞移植技术的不断改善和越来越成熟，它有可能成为当今治疗血液系统肿瘤的主要方法。

细胞治疗在其他系统的疾病，如心、脑血管疾病，烧伤，糖尿病，风湿性关节炎和急性肾损伤等也有不少研究报道，同样呈现出广阔应用前景。例如，美国科学家 N. Lumelsky 及其同事首次报道在体外将小鼠胚胎干细胞诱导成为可分泌胰岛素的胰岛 β-细胞，这项研究成果无疑为成千上万的糖尿病患者带来了治愈的新希望。

五、组织再生和器官移植

目前机体损伤和疾病康复过程中受损组织和器官的修复与重建，仍然是生物学和临床医学面临的重大难题。借助于生命科学和现代生物技术的发展，使受损的组织器官获得完全再生，或在体外复制出所需要的组织或器官进行替代性治疗，已经成为生物学、基础医学和临床医学关注的焦点。

据报道，全世界每年约有上千万人遭受各种形式的创伤，有数百万人因在疾病康复过程中重要器官发生纤维化而导致功能丧失，有数十万人迫切希望进行各种器官移植。但令人遗憾的是，一方面，目前的组织器官修复无论是体表还是内脏，仍然停留在瘢痕愈合的解剖修复层面上，离人们所希望的“再生出一个完整的受损器官”差距甚远；另一方面，器官移植作为一种替代治疗方法尽管有其巨大的治疗作用，但它仍然是一种“拆东墙补西墙”的有损伤和有代价的治疗方法，而且由于受到伦理以及机体免疫排斥等方面的限制，很难满足临床救治的需要。

20 世纪 90 年代以来，随着细胞生物学、分子生物学、免疫学及遗传学等基础学科的迅猛发展，以及干细胞和组织工程技术在现代医学基础和临床的应用，使得现代再生医学在血液病、肌萎缩、脑萎缩等神经性疾病的治疗方面显示出良好的发展前景。2013 年《新英格兰医学杂志》报道了全球首例 3D 打印人体气管移植手术成功的案例，再次证明医学的进步得益于生命科学的飞速发展，尤其 20 世纪中叶以来现代科学高新技术的涌现，使人类疾病的预防、诊断和治疗以及对疾病的认识和卫生管理等诸多方面都发生革命性变化；这些变化必将对医学产生巨大的影响。

再生医学是通过研究机体的正常组织特征与功能、创伤修复与再生机制及干细胞分化机理，寻找有效的生物治疗方法，促进机体自我修复与再生，或构建新的组织与器官，以改善或恢复损伤组织和器官的功能的科学。它的内涵已不断扩大，包括组织工程、细胞和细胞因子治疗、基因治疗、微生态治疗等；其基本原理是，从机体获取少量活组织的功能细胞，与可降解或吸收的三维支架材料按一定比例混合，植入人体内病损部位，最后形成所需要的组织或器官，以达到创伤修复和功能重建的目的。

目前，组织或器官再生需要解决的基本问题包括：

（1）种子细胞。种子细胞是再生组织或器官主要功能所在，必须具备的条件包括：①低分化程度和高增殖能力；②能构建成稳定的标准细胞系；③低抗原性等。近年来较为关注的是干细胞。

（2）支架材料。支架材料是细胞附着的基本框架，其形态和功能可直接影响构建组织形态和功能。理想的支架材料应该是：①可以适合的速率降解，最终能彻底被自身组织所取代；②利于细胞黏附和生长；③生物相容性好，在体内不引起炎症、排异反应和毒性反应等；④可塑性好，植入体内可保持特定形状；⑤具有一定生物力学强度等。目前研究较多的支架材料主要有可降解的高分子材料、瓷类材料、复合材料和生物衍生材料等。

（3）组织或器官的构建，是将种子细胞成功种植在支架材料上。常用技术涉及三维培养、生长调控、生物反应器、支架材料表面修饰和基因改造等。

（4）体内病损部位植入，是动物试验成功之后关键一步；它涉及体内植入技术和体内植入的检测技术等。

（胡惠民）

第十六章 生命科学与新药的研究与开发

人类与疾病的斗争从来都没有停止过，进入20世纪后半叶，随着人均寿命的不断上升，人口老龄化问题以及退行性疾病的发病率也逐年升高，再加之一些新型疾病的出现，如艾滋病、埃博拉出血热、SARS、禽流感等疾病都对新药的研发提出了新的要求。

同时，随着生物技术的不断进步，药学科学和制药工业得到了空前的发展。基因工程、发酵工程、细胞工程、蛋白质工程、抗体工程、组织工程、干细胞研究、克隆技术、转基因技术、纳米生物技术、高通量筛选技术等，大大加快了基因工程药物和疫苗的研制，极大地推进了对重大疾病新疗法的研究进程。在现代生物技术的指导下，新药的开发速度大大提高，新药的开发模式也逐渐从过去大多数随机、偶然和被动的发现过程变为主动的、以明确目标及靶点为依据的新药开发。

第一节 药物新靶点的发现

现代新药研究与开发的关键首先是寻找、确定和制备药物筛选靶——分子药靶。药物靶点是指药物在体内的作用结合位点，包括基因位点、受体、酶、离子通道、核酸等生物大分子。选择确定新颖的有效药靶是新药开发的首要任务。

一、药物作用的生物靶点

（一）生物靶点的分类

大多数药物通过与器官、组织、细胞上的靶点作用，影响和改变人体的功能，产生药理效应。由于药物结构类型的千差万别，因而生物体内有诸多作用靶点。有些药物只能作用在单一靶点上，有些药物可以作用在多个靶点上。

目前已经发现的药物作用靶点约有500个。研究表明，蛋白质、核酸、酶、受体等生物大分子不仅是生命的基础物质，有些也是药物的作用靶点。现有药物中，以受体为作用靶点的药物超过50%，是最主要和最重要的作用靶点；以酶为作用靶点的药物占20%之多，特别是酶抑制剂，在临床用药中具有特殊地位；以离子通道为作用靶点的药物约占6%；以核酸为作用靶点的药物仅占3%；其余近20%药物的作用靶点尚待研究发现。

1. 以核酸为作用靶点的药物

核酸包括DNA和RNA，是指导蛋白质合成和控制细胞分裂的生命物质。

以核酸为作用靶点的药物主要包括一些抗生素、抗病毒药及抗肿瘤药等。其基本的作用机理是干扰或阻断细菌、病毒和肿瘤细胞增殖的基础物质——核酸的合成或破坏

DNA 结构和功能，从而达到有效地杀灭或抑制细菌、病菌和肿瘤细胞的作用。

影响核酸生物合成的药物为细胞周期特异性药物，主要作用于 S 期。例如，抗肿瘤药 5-氟尿嘧啶（5-FU）的主要作用是抑制脱氧胸苷酸合成酶，影响 DNA 合成。阿糖胞苷（Ara-C）的作用为抑制 DNA 合成，也可掺入 DNA 中干扰其复制，破坏细胞的正常增殖导致细胞死亡。

破坏 DNA 结构和功能的药物为细胞周期非特异性药物，包括烷化剂、抗生素类、金属化合物和喜树碱类，其作用是能与 DNA 的某些部位进行结合，使 DNA 链交联或断裂，影响 DNA 的复制。

以核酸为靶点的药物，要求药物能与 DNA 发生选择性的结合作用，产生较强的特异性。一般来说，药物可与核酸以非共价键形式发生三种方式的选择性作用。

（1）嵌入碱基对的嵌入作用（intercalation）。该种药物的化学结构中一般具有芳香环，能嵌入 DNA 内，使 DNA 的碱基对分开、螺旋角减小，造成螺旋解链、DNA 构象发生改变，使 DNA 不能或不易复制，而显现出抗肿瘤活性。例如，阿霉素（图 16-1），其结构中的蒽醌环嵌合到 DNA 中，每 6 个碱基对嵌入 2 个蒽醌环，蒽醌环的长轴与碱基对的氢键成垂直取向，氨基糖位于小沟处，而 D 环则插入到大沟部位。这种嵌入作用使碱基对之间的距离由原来的 0.34nm 增至 0.68nm，引起 DNA 的裂解。

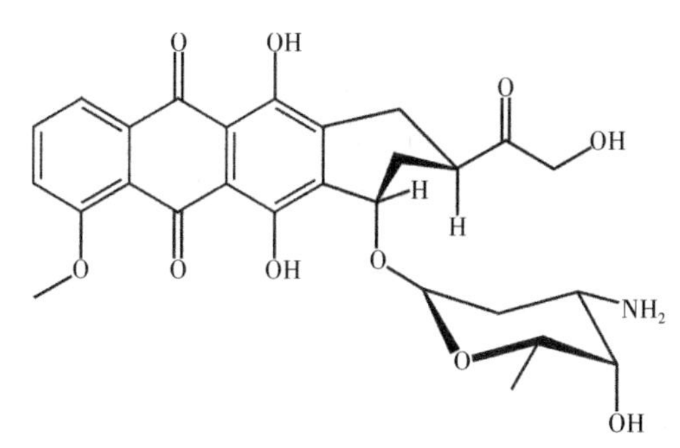

图 16-1　阿霉素的化学结构

（2）与槽沟沟区的结合作用（groove binding）。沟区结合作用比嵌入作用结合的特异性更强，沟区结合的药物分子选择性地作用于 DNA 小沟，束缚住 DNA 分子，使之构象发生变化，从而阻止 DNA 模板复制，如纺锤霉素，是天然抗病毒物质。

（3）反义作用（antisense）。反义药物（antisense drugs）又称反义寡核苷酸药物，是指人工合成的长度为 10～30bp 的 DNA 分子及其类似物。根据核酸杂交的基本原理，具有特定序列的反义药物能与体内特定的基因杂交，在基因水平上干扰致病蛋白质的产生过程，比传统药物更具选择性，而且具有高效低毒、用量少等特点。福米韦生（fomivirsen）是 FDA 批准上市的第一个反义药物，1998 年 8 月于美国上市。由 21 个硫代脱氧核苷酸组成，通过对人类巨细胞病毒（CMV）mRNA 的反义抑制发挥特异而强大的抗病毒作用，用于局部治疗艾滋病（AIDS）患者并发的 CMV 视网膜炎，疗效维持久，给药次数少，不良反应轻。但是，反义药物也存在一些问题，如最佳靶标的确定比较困难。有一些疾病，如肿瘤、心脑血管疾病、糖尿病等是多基因共同作用的结果，因此难以找到关键性基因作为靶标，故必须与蛋白质组学结合才能克服其不足。利用生物芯片技术有助于寻找反义药物的作用靶标；其次，对于反义药物进行化学修饰，能增强其作用强度、增加稳定性以及减少毒副反应。

由于核酸结构的同源性，因此目前大部分作用于DNA的药物存在的主要问题是选择性不强、毒性作用偏大，限制了该类药物在临床的应用。

2. 以离子通道为作用靶点的药物

离子通道由细胞膜上的特殊跨膜蛋白构成，中间形成水分子占据的孔隙，这些孔隙就是水溶性物质快速进出细胞的通道。

离子经过通道内流或外流跨膜转运，产生和传输信息，成为生命活动的重要过程，以此调节多种生理功能。现有药物主要以K^+、Na^+、Ca^{2+}和Cl^-等离子通道为作用靶点。

以K^+通道为作用靶点的药物：分为K^+-ATP通道激活剂和拮抗剂。激活剂也称K^+通道开放药，如抗高血压药中的血管扩张剂尼可地尔、吡那地尔、色马凯伦等，作用机制是使K^+通道开放，致使K^+外流增加，导致细胞膜超极化，阻止Ca^{2+}内流，促进Na^+-Ca^{2+}交换导致Ca^{2+}外流，增加钙储池中的膜结合Ca^{2+}，最终使细胞内的Ca^{2+}量降低，血管平滑肌松弛，外周阻力减少，血压下降。另外，目前的研究发现，钾通道的激活能抑制感觉神经，导致传入和传出功能的减退。在气道发生炎症时，钾通道开放剂还能减少神经元性炎症和中枢反射，但最终能否成为新一类镇咳药物的筛选方向还有待于进一步研究。拮抗剂也称K^+通道阻滞药，如抗心律失常药胺碘酮、索他洛尔、*N*-乙酰普鲁卡因胺、氯非铵、多非利特、溴苄胺、司美利特等，作用机制是抑制K^+外流，延长心肌动作电位时程（APD）和有效不应期（ERP）。此外治疗Ⅱ型糖尿病的磺酰脲类药物，如甲苯磺丁脲和格列本脲也属于K^+通道拮抗剂。

以Na^+通道为作用靶点的药物：主要为一些抗心律失常药和河豚毒素（tetrodotoxin，TTX），其作用机制是阻滞Na^+内流，抑制心脏细胞动作电位振幅及超射幅度，使其传导减慢，有效不应期延长。代表药有奎尼丁、普鲁卡因胺、利多卡因、苯妥英钠、普罗帕酮等。而生物碱藜芦碱和动物毒素海葵毒素等则能引起Na^+通道开启，加速Na^+内流，引起持续的去极化作用，导致一系列的中毒改变，特别是心脏和神经系统是其作用的主要部位。岩沙海葵毒素（palytoxin，PTX）是目前已知最强的冠状动脉收缩剂，它可以使冠状动脉血管强烈收缩，伴随出现心脏变力与变时反应，进而发生心律失常，T波增大，心室收缩力进行性减低，血压下降，心肌供氧不足，迅速引起心脏功能衰竭，随之发生呼吸衰竭而导致死亡。

以Ca^{2+}通道为作用靶点的药物：临床上应用的主要是Ca^{2+}通道阻滞剂或钙拮抗药，是发现最早、研究最深的以离子通道为靶点的药物。其作用机制是抑制细胞外Ca^{2+}跨膜内流，松弛血管平滑肌，降低心肌收缩力，使血压下降。此类药物又可分为选择性Ca^{2+}通道阻滞剂和非选择性Ca^{2+}通道阻滞剂。选择性Ca^{2+}通道阻滞剂包括维拉帕米、噻帕米、加洛帕米、硝苯地平、尼莫地平等。非选择性Ca^{2+}通道阻滞剂包括二苯哌嗪类，如桂利嗪、氟桂利嗪等，普尼拉明类。

以Cl^-通道为作用靶点的药物：近年来研究发现，苯二氮䓬类药物，如地西泮、硝西泮、氟西泮、氟硝西泮等，是γ-氨基丁酸（Gamma-aminobutyric acid，GABA）调控的Cl^-通道开启剂。目前关于GABA受体-苯二氮䓬受体-Cl^-通道大分子复合体的概念认为，GABA受体是Cl^-通道的门控受体，由两个α亚单位和两个β亚单位（$\alpha_2\beta_2$）构成Cl^-通道。β亚单位上有GABA结合点，当GABA与之结合时，Cl^-通道开放，Cl^-内流，使神经细胞超极化，产生抑制效应。在α亚单位上则有苯二氮䓬受体，苯二氮䓬与之结合时，虽然不能直接使Cl^-通道开放，但它通过促进GABA与GABA受体的结合而使Cl^-通道开放的频率增加，导致更多的Cl^-内流。

3. 以受体为作用靶点的药物

受体是一类介导细胞信号转导的功能性蛋白质，可以识别某种微量化学物质并与之结合，通过信息放大系统，触发后续的生理或药理效应。

受体的类型主要包括如下几种。①G蛋白偶联受体，是鸟苷酸结合调节蛋白的简称，大多数受体属于此种类型。诸多神经递质和激素受体需要G蛋白介导细胞作用，如M型乙酰胆碱、肾上腺素、多巴胺、5-羟色胺、嘌呤类、阿片类、前列腺素、多肽激素等。②门控离子通道型受体，存在于快速反应细胞膜上，受体激动时导致离子通道开放，细胞膜去极化或超极化，引起兴奋或抑制。N型乙酰胆碱、γ-氨基丁酸（GABA）、天冬氨酸等属于此类受体。③酪氨酸激活性受体，如上皮生长因子、血小板生长因子和一些淋巴因子等。④细胞内受体，如甾体激素、甲状腺素等。

以受体为作用靶点的药物习惯上称为分子激动药或拮抗药。激动药按其活性大小可分为完全激动药和部分激动药，如吗啡为阿片受体μ的完全激动药，而丁丙诺啡则为阿片受体μ的部分激动药。拮抗药分为竞争性拮抗药和非竞争性拮抗药，如阿托品为竞争性M型乙酰胆碱受体的拮抗药，而酚苄明则为非竞争性肾上腺素α受体的拮抗药。常用的以受体为作用靶点的代表药物见表16-1。

表16-1　以受体为作用靶点的代表药物

受体类型	药物	效应	用途
M胆碱	毛果云香碱	激动	青光眼
M胆碱	山莨菪碱	拮抗	感染性休克
N胆碱	烟碱	激动	毒理学研究
N胆碱	琥珀胆碱	拮抗	骨骼肌松弛
M_2N胆碱	卡巴胆碱	激动	尿潴留
肾上腺素α_1	去氧肾上腺素	激动	室上性心动过速
肾上腺素α_1	特拉噻嗪	拮抗	高血压
肾上腺素α_1	可乐定	激动	高血压
肾上腺素α_2	育宾亨	拮抗	男性性功能不良
肾上腺素$\alpha_2\alpha_2$	去甲肾上腺素	激动	休克
肾上腺素$\alpha_2\alpha_2$	酚妥拉明	拮抗	外周血管痉挛
肾上腺素β_1	多巴酚丁胺	激动	休克

续表

受体类型	药物	效应	用途
肾上腺素 β_1	阿替洛尔	拮抗	心律失常
肾上腺素 β_2	沙丁胺醇	激动	支气管哮喘
肾上腺素 β_2	布他沙明	拮抗	心律失常
肾上腺素 $\beta_1\beta_2$	异丙肾上腺素	激动	支气管哮喘
肾上腺素 $\beta_1\beta_2$	普萘洛尔	拮抗	心律失常
肾上腺素 α、β	拉贝洛尔	拮抗	心绞痛
多巴胺 D_1	左旋多巴	激动	帕金森病
多巴胺 D_2	氟哌啶醇	拮抗	精神病
5-HT_4	西沙必利	激动	胃肠运动障碍
5-HT_3	昂丹司琼	拮抗	止吐
组胺 H_1	异丙嗪	拮抗	晕动病
组胺 H_2	法莫替丁	拮抗	胃肠道溃疡
阿片 μ	芬太尼	激动	中枢镇痛
阿片 μ	纳洛酮	拮抗	吗啡类药物中毒
阿片 κ、δ	喷他佐辛	激动	中枢镇痛
阿片 μ、κ、δ	二氢埃托啡	激动	中枢镇痛
血管紧张素 II AT1	氯沙坦	拮抗	高血压
降钙素	降钙素	激动	骨质疏松
促性腺激素释放因子	戈那瑞林	拮抗	抗肿瘤
催产素	催产素	激动	分娩
抑生长素	奥曲肽	激动	抗肿瘤
孕激素	米非司酮	抑制	抗早孕
雌激素	雌二醇	激动	性激素
雌激素	雷洛昔芬	拮抗	骨质疏松
胰岛素	胰岛素	激动	降血糖
前列腺素	前列地尔	激动	心绞痛
前列腺素	米索前列醇	激动	消化道溃疡
前列腺素	吉美前列醇	激动	中期引产
前列腺素	前列腺素	激动	血栓性疾病
白三烯	普仑司特	拮抗	哮喘

4. 以酶为作用靶点的药物

酶是由活细胞合成的对特异底物高效催化的蛋白质，是体内生化反应的重要催化剂。

由于酶参与一些疾病的发病过程，在酶催化下产生一些病理反应介质或调控因子，因此酶成为一类重要的药物作用靶点。此类药物多为酶抑制剂，全球销量排名前20位的药物，就有50%是酶抑制剂。酶抑制剂一般对靶酶具有高度的亲和力和特异性。酶抑制剂种类繁多，药理效应各异。常用的以酶为作用靶点的代表药物见表16-2。

表16-2　以酶为作用靶点的代表药物

靶酶	药物	临床用途
乙酰胆碱酯酶	新斯的明	重症肌无力
二氢叶酸合成酶	新诺明	抗菌
二氢叶酸还原酶	甲氧苄啶	抗菌
磷酸二酯酶	米力农	抗心力衰竭
Na^+-K^+-ATP酶	地高辛	抗心力衰竭
H^+-K^+-ATP酶	奥美拉唑	胃肠道溃疡
环氧酶2	阿司匹林	解热镇痛
血管紧张素Ⅰ转移酶	卡托普利	抗高血压
凝血酶Ⅲ	水蛭素	抗凝血
HMG-CoA还原酶	洛伐他汀	降血脂
胆固醇合成酶	美格鲁特	降血脂
血栓素A_2合成酶	达唑氧苯	周围血管病
芳构化酶	氨鲁米特	乳腺肿瘤
碳酸酐酶	乙酰唑胺	利尿
单胺氧化酶A	甲氯苯酰胺	抗抑郁
α-葡萄糖酐酶	阿卡波糖	2型糖尿病
GABA代谢酶	丙戊酸钠	抗癫痫
黄嘌呤氧化酶	别嘌呤醇	抗痛风
DNA拓扑异构酶Ⅰ	喜树碱	抗肿瘤
DNA拓扑异构酶Ⅱ	依托泊苷	抗肿瘤
胸苷酸合成酶	氟尿嘧啶	抗肿瘤
DNA聚合酶	阿糖胞苷	抗肿瘤
延胡索酸还原酶	阿苯达唑	抗肠蠕虫
单磷酸肌苷脱氢酶	利巴韦林	抗病毒
HIV反转录酶	齐多夫定	抗艾滋病
HIV蛋白酶	沙奎那伟	抗艾滋病
酪氨酸蛋白激酶	甲磺酸伊马替尼	抗肿瘤

药物的作用靶点不仅为揭示药物的作用机理提供了重要信息和入门途径，而且对新药的开发研制、建立筛选模型及发现先导化合物，也具有特别意义。例如，第一个上市的H_2受体拮抗剂西咪替丁，在极短的时间内就成为治疗胃肠溃疡的首选药物；第一个用于临床的羟甲基戊二酸单酰辅酶A（hydroxymethylglutaryl CoA，HMG-CoA）还原

酶抑制剂洛伐他汀，不论对杂合子家族性高胆固醇血症、多基因性高胆固醇血症、糖尿病或肾病综合征等各种原因引起的高胆固醇均有良好的作用。上述实例表明，药物的作用靶点一旦被人们认识和掌握，就能获取新药研发的着眼点和切入点。

二、药物与生物大分子靶点的相互作用

药物和受体间形成的键一般较弱，因此，其产生的影响是可逆的。一般情况下，当药物在细胞外液中的浓度减少时，药物-受体键便裂解，药物就停止作用。但是某些情况下，当药物和受体间形成牢固的共价键时，药物的作用就变得持久且不可逆。

（一）药物与生物靶点相互作用的化学本质

1. 共价键结合

共价键是药物和受体间可以产生的最强的结合键，它难以形成，但一旦形成就不易断裂，属于不可逆结合。共价键是由有关原子间共享电子而形成，在外部介质中，只有当使用活性较强的化学试剂或加热情况下才能断裂。然而，在体内生物相介质中，多数共价键是在温和的条件下通过酶的催化过程形成和裂解的。某些有机磷杀虫药、胆碱酯酶抑制剂和烷化剂类抗肿瘤药都是通过与其作用的生物受体间形成共价键结合而发挥作用的（图 16-2）。

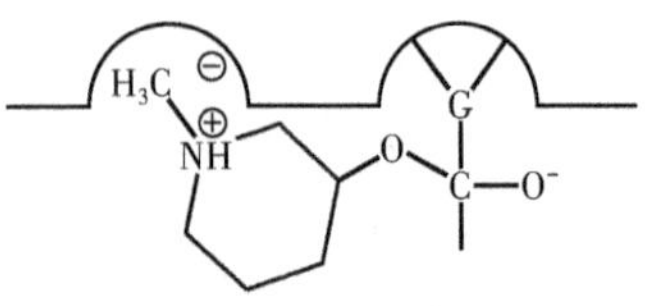

图 16-2　吡啶斯的明不可逆抑制乙酰胆碱酯酶的作用模型

某些药物，由于结构中具有高张力的三元、四元环，在与受体作用时环被打开，形成牢固的共价键发挥其作用。例如，青霉素等β-内酰胺类抗生素，一旦定位于细菌细胞壁转肽酶的基质结合部位，此酶就能打开青霉素β-内酰胺环上有高度反应活性的内酰胺键而生成青霉素酰-酶，从而使转肽酶失活（图 16-3）。

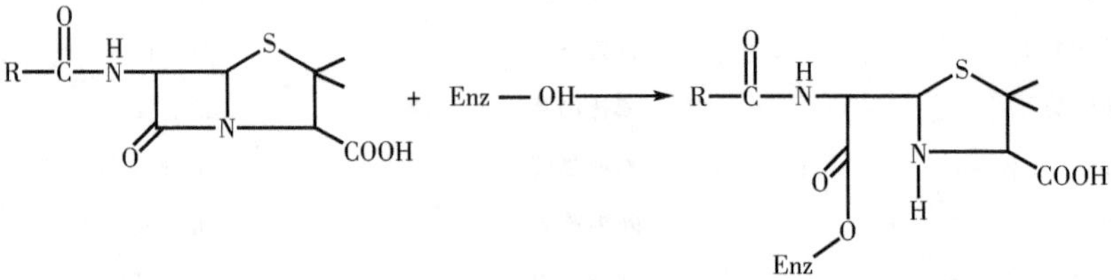

图 16-3　青霉素类抗生素与转肽酶分子中羟基的共价键结合

2. 非共价键结合

与受体之间形成牢固的共价键，导致作用时间持久且不可逆的药物只占药物作用方式的很少一部分，绝大多数药物与受体的结合是可逆的，它们和受体间的结合通常是建立在离子键或更弱的结合力上，这些力对于药物和受体来说已足够牢固和稳定，使其不太易于从作用部位除去。

在生理 pH 条件下，药物分子中的羧基、磺酰氨基和脂肪族胺均呈现解离状态，如氨苄青霉素、乙酰水杨酸在生理 pH 下全部质子化，形成阴离子；阿托品、麻黄碱、可

卡因等则形成阳离子；季铵盐类药物在所有 pH 下均解离，该类药物包括阳离子型表面活性剂苯扎溴铵、胆碱类似物（氯化筒箭毒碱、氯化氨甲酰胆碱）等。另外，绝大多数受体是蛋白质，其分子表面也有许多可以解离的基团，如精氨酸上的胍基，赖氨酸上的 ε-氨基，在生理 pH 下全部质子化，生成带正电荷的阳离子基团。谷氨酸的 γ-羧基、天冬氨酸的 β-羧基在生理 pH 下全部生成带负电荷的阴离子基团。虽然某些带电荷的基团可能在大分子内由于空间结构的关系被掩盖了，但是大分子表面的带电基团与带相反电荷的药物离子形成离子键结合，是药物-受体复合物形成过程中的第一个结合点。

在药物和受体分子中，由于 C 原子和其他原子，如 N、O 之间存在电负性的差异，导致电子的不对称分布，产生偶极，这种情况可见于带有部分正电荷、负电荷的羧基、酯、醚、酰胺、腈和其他基团。只要电荷相反并分布适当，所形成的偶极就能被受体中的离子或其他偶极吸引。水溶液中发生同样现象，生成水合离子。这一相互作用可以加强或减弱药物-受体的结合，随偶极的方位而定。离子-偶极和偶极-偶极的相互作用是最经常出现于药物-受体复合物中的键力形式。

氢键在保持生物体系的完整性和药物与受体分子的相互契合方面有着特殊的重要性，如水、DNA、蛋白质和各种生物活性物质（包括药物）均可形成氢键。生物相和药物分子之间常见的氢键类型见表 16-3。

表 16-3　生物体系内的氢键类型

氢键形成示意图	说明
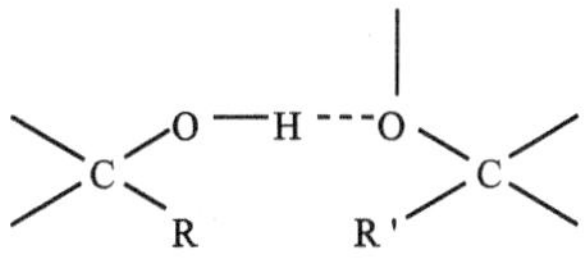	两个羟基间的氢键
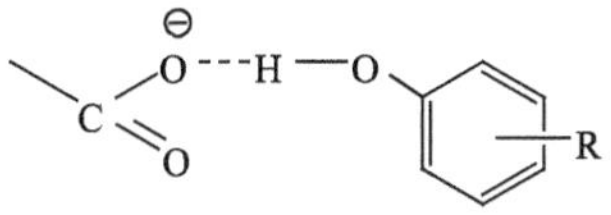	带负电荷的羧酸和酚类（如酪氨酸）之间的氢键
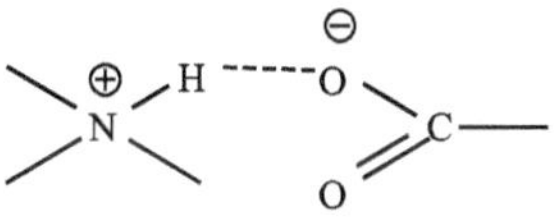	一个带正电荷的氨基与带负电荷的羧酸之间的氢键
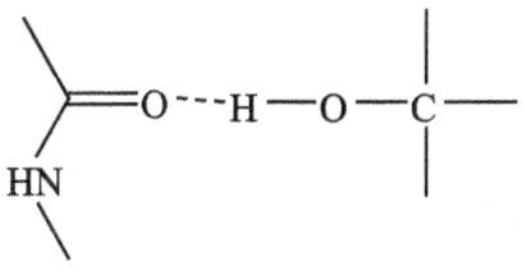	肽键与羟基类化合物（如丝氨酸等）的氢键
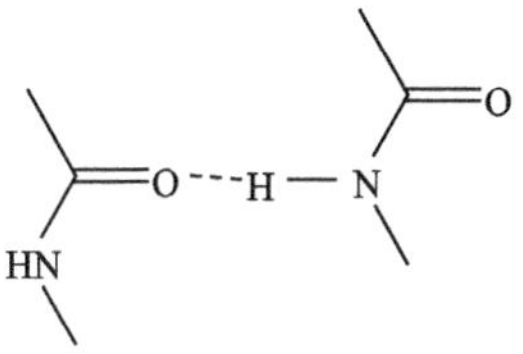	两个肽键之间的氢键

在DNA双螺旋中，腺嘌呤（A）与胸腺嘧啶（T）、鸟嘌呤（G）与胞嘧啶（C）分别形成氢键，有助于DNA结构的稳定。RNA中也是如此，所不同的是尿嘧啶（U）代替了胸腺嘧啶（T）。虽然在双螺旋结构中多重氢键大大增加了结构的稳定性，但就每一个孤立的氢键而言，它们之间的作用力是相对较弱而且是可逆的。因此，氮芥可以进攻并取代分子中的氢键，其他核酸类似物类的抗肿瘤药物，如5-氟尿嘧啶（5-fluorouracil，5-FU）和6-巯基嘌呤（6-mercaptopurine，6-MP）也可代替正常碱基通过氢键配对嵌入到DNA分子中，其结果是生成一个不能作为合成模板的分子，从而起到其抗代谢的作用。

药物与受体相互作用的非共价键类型还包括电荷转移、疏水性相互作用和范德华力等。所谓电荷转移，指的是分子中富含π电子或有未共用电子对的（称为电子给予体）会与相应的缺π电子或有空轨道可以容纳未共用电子对的（称为电子接受体）相互之间可以形成电荷转移复合物。氢键可以看成是电荷转移的一种特殊形式。

在水溶液中，蛋白质的折叠方式总是倾向于把疏水残基埋藏在分子的内部，这一现象称为疏水作用。水分子由于非极性区域的存在而更加有序地排列。当药物中的非极性键与机体内生物大分子的非极性键相互趋近时，由于疏水作用的存在，使存在于其中的水分子处于更紊乱状态，增加了这个体系的熵，由此降低了体系的自由能，两个非极性区域间的接触得以稳定化。

范德华力是原子间相互吸引的最普遍形式，强度随原子质量的增大而加大。由于原子与电子间的相对运动，使分子的正负电荷重心不断发生瞬间的相对位移从而产生瞬间偶极。虽然瞬间偶极存在的时间极短，但它不断地重复出现，使分子间持续有一种力的存在，这种力称为范德华力。范德华力在分子结合力中属于最弱的一种，但是在疏水力存在下，芳香化合物和脂烃类化合物的范德华力在药物-受体相互作用中的重要性不可低估。

（二）药物与生物靶点相互作用模式

1. 药物与靶点结构上的互补性

在结构特异性药物与受体的相互作用中，有两点特别重要，一是药物与受体分子中电荷的分布与匹配，二是药物与受体分子中各基因和原子的空间排列与构象互补。药物与受体结构上的互补程度越大，则其特异性越高，作用越强，该互补性随着药物-受体复合物的形成而增高。分子中取代基的改变，不对称中心的转换引起基团的空间排列或分子内偶极方向的改变、均能强烈地改变药物-受体复合物的稳定性，进而影响药效的强弱。

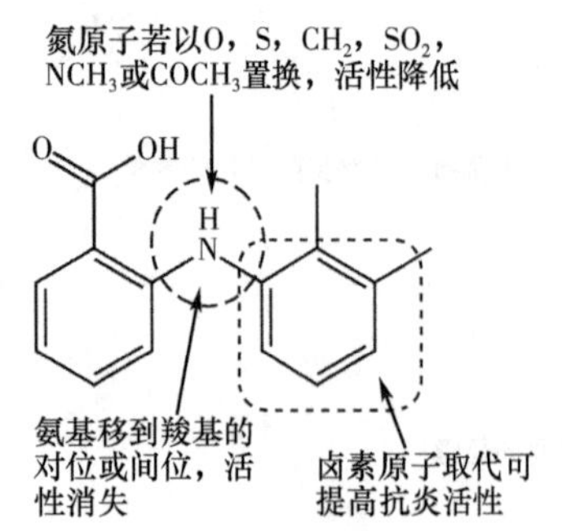

图 16-4　邻氨基苯甲酸类非甾体抗炎药结构与抗炎活性关系

邻氨基苯甲酸类非甾体抗炎药的基本结构中苯环与邻氨基苯甲酸的不共平面对于维持其活性非常重要，若将氨基移到羧基的对位或间位，则其活性消失(图 16-4)。

2. 影响药物与靶点契合的立体化学因素

蛋白质等生物大分子，有其特殊的三维空间结构。在药物与受体的各原子或基团间相互作用时，三维结构不同的药物分子与受体的结合情况也不同，药物中官能团间的距离，手性中心及取代基空间排列情况均强烈地影响药物与受体的结合。

当分子中存在着刚性或半刚性结构，如双键或环时，分子内部原子的自由旋转受到限制，从而产生几何异构。几何异构体中的官能团或与受体互补的药效基团的排列相差极大，导致几何异构体的生理活性有很大差异。例如，在研究雌激素的构效关系时发现，两个羟基之间的距离与生理活性密切相关，而甾环本身不是必需结构。人工合成的雌激素类似物己烯雌酚（stibestrol）有两个几何异构体。*Z*-己烯雌酚两个羟基之间的距离为 0.72nm，几乎没有生理活性；*E*-己烯雌酚两个羟基之间的距离为 1.45nm，与雌二醇中两个羟基的距离近似，表现出较强的生理活性（图 16-5）。

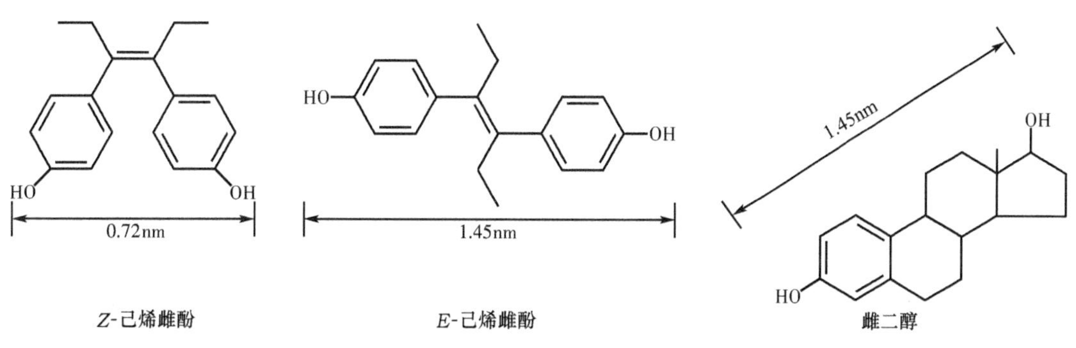

图 16-5 己烯雌酚和雌激素的化学结构

除了几何异构以外，如果分子中存在着手性中心，导致实物与镜像不能重合，这种异构称为光学异构。两个互为实物和镜像的光学异构体（称为对映体）有着相同的熔沸点、化学性质也基本完全相同。如果药物与受体结合的部位不在其手性中心，则对映体的药理活性没有区别，如左旋和右旋的氯喹具有相同的抗疟活性。如果药物与受体结合的部位落在其手性中心内，则对映体或者作用强弱不同，或者作用方式不同，如由抑制剂变成了激动剂等（表 16-4）。

表 16-4 某些药物的立体选择性

药 物	生物立体选择性
异丙肾上腺素	左旋体的支气管舒张作用比右旋体强 800 倍
肾上腺素	左旋体的血管收缩作用比右旋体强 12～20 倍
扎考必利	*R* 型为 5-HT_3 受体拮抗剂，有抗精神病作用；*S* 型为激动剂
吲哚美辛	*S* 型有抗炎活性
α-甲基多巴	*S* 型抑制芳香族氨基酸脱羧酶，有升压作用
依托唑啉	左旋体有利尿作用，右旋体有抗利尿作用
普萘洛尔	*S* 型在影响收缩力和变时现象的作用中比对映体强 100 倍

由于不同构型药物的药理作用强弱程度不同，有的甚至作用完全不同，因此，1992年美国FDA要求外消旋体药物必须以光学纯的单一对映体上市应用。

三、药物新靶点的发现

虽然药物的作用靶点已成为合理药物设计的重要依托，但是人体的构成和功能非常复杂，受到多种因素的调控，存在许多天然屏障和各种平衡。对某一特定功能，在某些情况下会有几种信使、酶、受体、通道或其他生物大分子参与，兼有扩增系统和反馈抑制等制约。另外药物与靶点结合发挥作用，还要经历吸收、转动、分布、代谢等药动学过程。因此要掌握药物作用靶点的规律，并成功用于新药开发，仍然面临着极大的挑战。

20世纪新药研究集中在作用于细胞膜上的酶靶和受体靶，以信息传递和阻断为目的，工作集中在细胞膜边缘上。21世纪新药研究的热点则将是作用于细胞内的核靶和多糖靶，主要是细胞内的基因和基因调控。目前应用于新药靶标发现的技术有基因组学技术、蛋白质组学技术、生物芯片、化学遗传学以及生物信息学等技术。

（一）基因组学技术

一个生命体的全部遗传物质称为基因组（genome）。人类基因组计划（human genome project，HGP）的完成，极大地推动了人类疾病基因的研究、基因诊断、基因治疗以及药物靶标的发现。确认药物靶标的最好工具是完全敲除靶标蛋白模型。基因敲除（gene knockout）的目的是使某一基因失去其生理功能，这样便于观察该基因在疾病发生、发展中的作用。但是基因敲除技术耗时且价格昂贵，目前发展了一些替代技术，如RNA干扰（RNA interference，RNAi）。RNAi指的是小片段的双链RNA诱导序列特异性的转录后基因沉默，其作用具有放大和持续的特点。RNAi已成为现在研究靶标蛋白功能的重要工具。

（二）蛋白质组学技术

蛋白质组（proteome）指的是在一个特定的时间和空间内，一个基因组、一种细胞组织或一种生物体所表达的全部蛋白质。蛋白质组学（proteomics）是指从整体角度分析细胞内动态变化的蛋白质组成成分、表达水平与修饰状态，进而了解蛋白质之间的相互作用与联系，揭示蛋白质功能与细胞生命活动规律的一个新的研究领域。

在药物靶标的研究方面，蛋白质组学技术可以通过比较细胞或组织在健康或疾病状态下蛋白质数量或形态上的差异，建立蛋白质组图谱并进行分析，发现疾病相关蛋白质，找到有效的药物靶标。在后基因组时代，蛋白质组学技术已成为发现和确认药物靶标的重要手段。

（三）生物芯片

生物芯片（biochips）是20世纪80年代末在生命科学领域中迅速发展起来的一项高新技术，它主要是指通过微加工技术和微电子技术在固体芯片表面构建的微型生物化学分析系统，以实现对细胞、蛋白质、DNA以及其他生物组分的准确、快速、大信息量的检测。生物芯片的主要特点是高通量、微型化和自动化。芯片上集成的成千上万的密集排列的分子微阵列，能够在短时间内分析大量的生物分子，使人们快速准确地获取样品中的生物信息，效率是传统检测手段的成百上千倍。它将是继大规模集成电路之后的又一次具有深远意义的科学技术革命。常用的生物芯片分为三大类，即基因芯片、蛋白质芯片和芯片实验室（lab-on-chip）。

1. 基因芯片

基因芯片（gene chip），也称DNA芯片，可以快速、准确地一次性鉴定几千个基因的表达方式，以发现有意义的靶标，也可用来监测药物治疗过程中基因表达的变化，还可以直接筛选特定的基因文库以寻找药物作用的靶标。例如，美国的一个研究小组利用芯片技术研究患者对抗高血压药物的敏感性，在1000多个高血压相关基因中发现血管紧张素转换酶2（ACE-2）为药敏的主要调控蛋白；A. Telenti等在1993年首次证明结核分枝杆菌对利福平的抗药性与细菌的RNA聚合酶的β亚单位（*rpoB*基因）有关。

将基因组学引入药物作用靶标的研究是新兴的药物基因组学研究的一个方向。随着人类基因组研究的深入，具有药用前景的基因和可作为药物作用靶点的基因将不断增加，与疾病发生相关的基因克隆将成为鉴定具有潜力的先导物的有力工具。

2. 蛋白质芯片

蛋白质芯片（protein array）是一种高通量的蛋白质功能分析技术，是近年来蛋白质组学研究中兴起的一种新的方法。与基因芯片相比，蛋白质芯片是对生命活动的执行者——蛋白质进行研究，可用于蛋白质表达谱分析，研究蛋白质-蛋白质、DNA-蛋白质、RNA-蛋白质的相互作用，可用于有效地筛选药物作用靶点。

蛋白质芯片技术在识别特定蛋白质的表达物、进行蛋白质水平的药物筛选、揭示蛋白激酶的作用，以及测定血清中的小分子物质含量等方面均被证实其较现有技术更准确迅速。用蛋白质芯片技术对患者的组织和脑脊液进行检测，发现了一种微量的β-淀粉样蛋白肽，含39～43个氨基酸残基，被公认为人脑产生神经系统退行性改变的标志物，可导致基因突变并且能够毒害神经细胞。由于蛋白质芯片的高通量优点，使得生物标记物的发现和确认速度大大加快。如G. L. Wright等通过SELDI-TOF-MS芯片不仅证实了已知的4个前列腺癌相关生物标记：前列腺特异性抗原（PSA）、前列腺酸性磷酸酶、前列腺特异性膜抗原和前列腺特异肽，还同时发现了数个潜在标记，如在癌细胞中表达上调的分子质量分别为33kDa和18kDa的2个蛋白质。A. Vlahou等则应用这一方法对膀胱移行细胞癌患者的尿样进行了检测，并从中发现了5个潜在的生物标记和7个蛋白质簇，将其结合可使检测的敏感度和特异度分别提高到87%和66%，而传统的尿细胞学检查敏感度仅为33%。这些生物标记均有可能开发成新型的药物靶标。

3. 生物信息学技术

生物信息学（bioinformatics）是一门数学、统计、计算机与生物医学交叉结合的新兴学科。随着人类基因组计划的快速发展，生物信息学技术在人类疾病与功能基因的发现与识别、基因与蛋白质的表达与功能研究方面都发挥着关键的作用。生物信息学技术在基于基因与蛋白质功能缺陷的合理化药物设计方面也有着巨大的潜力。

美国NIH提出了生物医药研究计划，将生物信息学和高性能生物计算技术应用于疾病发病机制、新靶标的发现和新药设计。千年制药公司（Millennium Pharmaceuticals）运用生物信息学和基因芯片等技术，在短期内发现了80多个候选新靶标，仅用18个月的时间就完成了从药物靶标验证到候选药物的临床前研究。大量成功例子表明，生物信息学、高性能并行计算和基因组技术与药物设计的紧密结合是快速、高效发现新靶标和获得活性化合物的有效途径，也是各大制药公司竞争和投资的焦点。

第二节　先导化合物的发现与结构优化

一、先导化合物的发现

先导化合物（lead compound），简称先导物，是指通过各种途径得到的具有一定生理活性的化学物质。先导化合物是现代新药研究的出发点，在近200年药物化学的发展史上，已有5000余种化合物作为药物供应临床使用。归纳起来，近代新药先导化合物发现的主要来源有以下4个方面。

（一）天然产物

天然有效成分作为先导化合物，曾是人类药物的唯一来源，至今仍是先导化合物的重要源泉；一些具有独特结构类型或生物学活性的天然产物可以作为化学先导物，通过构效关系研究和结构修饰而成为特异性更强的治疗药物。例如，微生物在生长过程中，能够在它们的周围产生一些使其他微生物不能生长的物质。著名的青霉菌导致了整个青霉素族抗生素的发展，确立了寻求天然产生的抗生素的概念，从而导致了大规模广泛的土壤筛选项目，获得了一大批治疗各种感染性疾病的抗生素。

另外，一些被动物用作自我保护或作为捕获猎物武器的各种毒液或毒素，其作用往往与体内一些酶受体、激素受体或离子通道相关，如河豚毒素，可阻断钠离子通道，蜂毒可阻断钙离子通道、激活钾离子通道，白雀毒素（一种毒蛇液）是一种天然的溶血栓酶。这些天然产物提供了作为肌肉松弛剂和止血、抗栓药的重要先导化合物。

近些年来，从海洋藻类、微生物等海洋生物中已发现有多肽类、大环内酯类、萜类、聚醚类等几千多种生物活性物质，从中发现了一批重要的抗癌、抗病毒活性物质，显示出海洋药物研究利用具有十分广阔的前景，是创新药物的又一丰富来源。

（二）现有药物

以老药为基础发现新药被证明是一种最可靠的途径。有的是由药物不良反应发现先导化合物的，如由抗组胺药异丙嗪（promethazine）的镇静不良反应发展出吩噻嗪类抗精神失常药氯丙嗪（chlorpromazine）及其类似物。

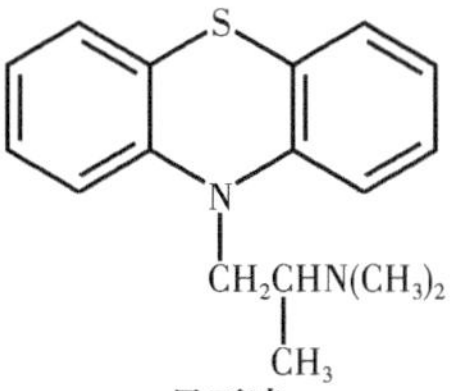

异丙嗪 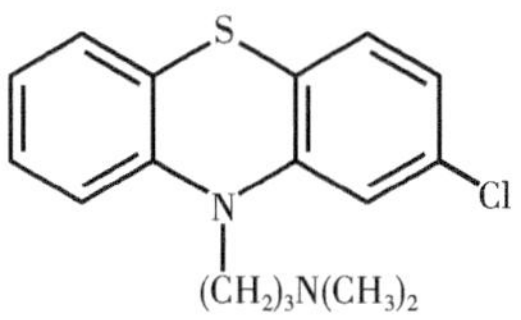　　氯丙嗪

另外，随着药物靶点的不断发现，一些药物的不良反应与靶点相关，从而导致一些新药的产生。例如，磺胺类抗菌药具有利尿的不良反应，研究发现其原因是抑制了碳酸酐酶，由此发展了磺酰胺类利尿药，如呋塞米（furosemide）及吡咯他尼（pirotanide）等。

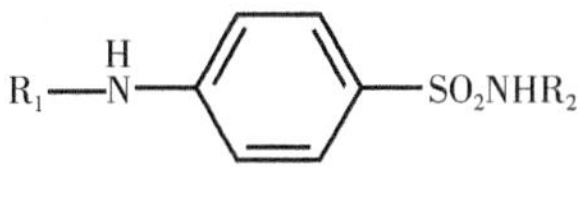

磺胺类 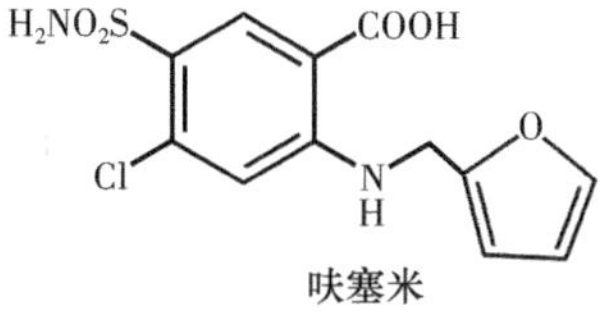　　呋塞米

药物进入体内后，要经过肝脏的生物转化，有些药物被活化，有些药物因此失活，甚至转化成有毒的化合物。在药物研究中，可以选择其活化形式或采用避免代谢失活或毒化的结构来作为药物研究的先导物。例如，羟基保泰松是保泰松的体内活性代谢物，奥沙西泮是地西泮的活性代谢物等。

（三）活性内源性物质

随着对细胞化学和细胞分子生物学的研究进展，尤其是在分子水平上对一些细胞机制的阐明，采用一种更便捷的途径，从一个合理的假设来进行药物设计，相比于其他途径，是近代发现新药先导化合物的最合理探索。一些内源性物质、内源性的受体激动剂成为了药物研究的先导化合物。例如，抗肿瘤药物 5-氟尿嘧啶、6-巯基嘌呤等，即是以体内核苷酸合成的正常原料尿嘧啶、鸟嘌呤为先导化合物，将结构中部分基团更换，使之掺入到生物体核酸合成过程中，阻断 DNA 或 RNA 的合成，使之成为生物体正常代谢物的代谢拮抗剂，用作抗肿瘤药。

现代生理学研究认为，机体受化学信使（生理介质或神经递质）控制，有着非常复杂的通信系统，每类信使都有各自专门的功能，并能被特异性的识别。例如，生物催化剂——酶，体内有着专门识别它们所加工的合适底物的活性部位。如果我们想终止一个酶的加工过程，我们可以用底物作为先导化合物来设计酶抑制剂。例如，血管紧张素转化酶（angiotensin converting enzyme，ACE）已被鉴定，导致了抗高血压药物卡托普利类血管紧张素酶抑制剂的发现和发展，或者设计探针探测底物与酶结合的特异性，而后设计强效抑制剂。

但是，以内源性生物活性物质为模型先导化合物的外源性药物，必须考虑到这些药物在体内的动力学过程。例如，体内重要的第二信使环腺苷酸（adenosine cyclophosphate，cAMP），当作为外源性药物给药时，不易透过生物膜，在分布和转运过程中被磷酸酯酶迅速降解导致生物利用度极低，不能直接作为药物的先导化合物。

（四）高通量筛选及组合化学设计

组合化学是20世纪80年代提出的，将化学合成、组合理论、计算机辅助设计及机器人结合为一体的技术。它根据组合原理在短时间内将不同构建模块以共价键系统地、反复地进行连接，从而产生大批的分子多样性群体，形成化合物库（compound-library）；然后，运用组合原理，以巧妙的手段对化合物库进行筛选、优化，得到可能的有目标性能的化合物。

最近几年，组合化学的长足发展使得短时间合成大量化合物成为可能，而且新的遗传学研究，如人类基因组计划等以几何级数增加了新的靶蛋白的数量。现有的筛选方法已远远落后于化合物合成的速度，因而迫切需要高通量筛选技术（high throughput screening，HTS）的发展。当前HTS技术的发展方向主要在于尝试减少筛选单位的数量并且自动化重复工作，简化筛选过程和降低筛选成本。HTS可以根据待测样品的合成路线分为液相和固相筛选，也可以根据筛选目标物分为纯蛋白受体亲和性筛选、酶活性筛选、细胞活性筛选等。

二、先导化合物的结构优化

一般来说，先导化合物往往存在着某些缺陷，如活性不够高、化学结构不稳定、毒性较大、选择性不好、药代动力学性质不合理等，需要对先导化合物进行化学修饰，进一步优化使之发展为理想的药物，这一过程称为先导化合物的优化。

通常用于先导化合物优化的方法有采用生物电子等排原理进行替换、前药设计、软药设计、定量构效关系研究等。

（一）生物电子等排体

1. 生物电子等排体的基本原理

电子等排体（isosterism）又称同电异素体。狭义的电子等排体指的是原子数、电子总数以及电子排列状态都相同的不同分子或基团，如N_2和CO、N_2O与CO_2、$CH_2=C=O$与$CH_2=N=N$等。而广义的电子等排体则是指具有相同数目价电子的不同分子或原子团，不论其原子及电子总数是否相同。这样，从广义上讲，下列基团均可称为电子等排体：—F、—OH、—NH_2、—CH_3为一个系列；—O—、—CH_2—、—NH—为一个系列；—N═、—CH═为一个系列。更为广义的电子等排体是由内外层电子数决定，如—CH═CH—与—S—为电子等排体，这样“苯”与“噻吩”是电子等排体。同样—O—与—NH—为电子等排体，因而“甲苯”和“溴苯”也是电子等排体等。由于电子等排体具有相近的物理化学性质，因此，在新药设计时，我们可以用一个电子等排体取代另一个，往往能产生相似或者相反的生理活性。利用这个规律设计新药的道理，称为药物化学中的生物电子等排原理（bioisosterism principles）。

1970年，Alfred Burger等将生物电子等排体分成了经典的生物电子等排体（classic bioisosterism）（表16-5）和非经典的生物电子等排体（non-classic biosterism）

（表 16-6）两大类。

表 16-5　经典的生物电子等排体原子和基团

一价原子和基团	二价原子和基团	三价原子和基团	四取代的原子
$-OH$，$-NH_2$	$-CH_2-$	$=CH-$	$=C=$
$-CH_3$，$-OR$	$-O-$	$=N-$	$=Si=$
$-F$、$-Cl$	$-S-$	$=P-$	$=N^+=$
$-Br$、$-I$	$-Se-$	$=As-$	$=P^+=$
$-SH$、$-PH_3$	$-Te$	$=Sb-$	$=As^+=$
$-Si$、$-SR$			$=Sb^+=$

表 16-6　一些可相互更换的生物电子等排体

结构	可更换的生物电子等排体
$-COOH$	$-SO_2NHR$，$-SO_3H$，$-PO(OH)NH_2$，$-PO(OH)OEt$，$-CH_2ONHCN$
$>C=O$	$>C=C(CN)_2$，$-SO-$，$-SO_2-$，$-S(O_2)-N(H)(\rightarrow O)-$，$-CH(CN)-$
$-OH$	$-NHCOR$，$-NHSO_2R$，$-CH_2OH$，$-NHCONH_2$，$-NHCN$，$-CH(CN)_2$
HO、HO 取代苯环（邻二羟基苯）	N-羟基吡啶-2-酮（O，HO—N），苯并咪唑（H—N，N），2-羟基环己二烯酮（O，HO）
卤素类	$-F$，$-Cl$，$-Br$，$-I$，$-CH_3$，$-CN$，$-N(CN)_2$，$-C(CN)_3$
$-O-$	$-S-$，$>N-$，$>C(CN)_2$（NC、CN）
$-N=$	$-C(CN)=$
$-NH-C(=S)-NH_2$	$-NH-C(=CHNO_2)-NH_2$，$-NH-C(=NCN)-NH_2$
吡啶（N）	硝基苯（NO_2），N-取代吡啶（N—R），NR_2 取代苯
空间近似	$-(CH_2)_3-$，$-C_6H_5$

2. 生物电子等排体原理在药物设计中的应用

利用生物电子等排原理，将一个药物或先导化合物进中的基团进行置换，可以产生疗效更好或药理作用完全相反的新药。例如，叶酸的—OH 被其生物电子等排体—NH_2 取代，得到其代谢拮抗剂氨基蝶呤；同样，次黄嘌呤和鸟嘌呤的 6-OH 被—SH 取代，可分别得到抗代谢类抗癌药 6-巯基嘌呤和 6-巯基鸟嘌呤。

硫巴比妥分子结构中以 S 原子取代了巴比妥中的 O 原子，导致脂溶性增大，可迅速透过血脑屏障，富集于脂质中，产生迅速短暂的作用，适用于静脉诱导麻醉。

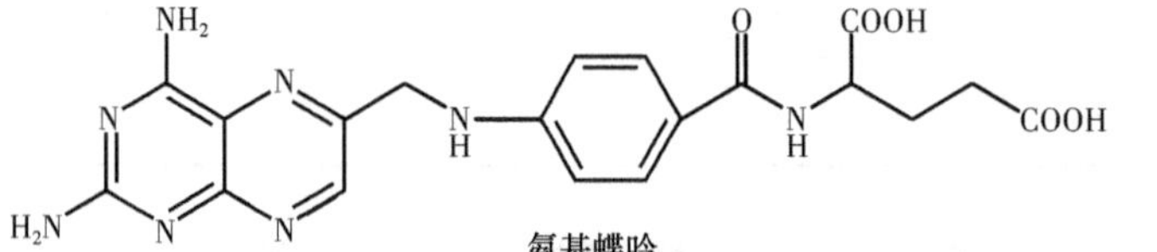

氨基蝶呤

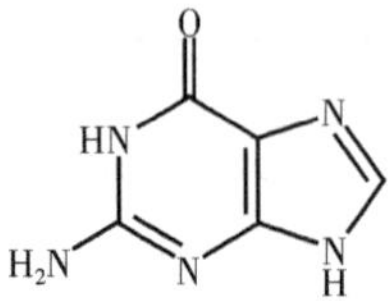

鸟嘌呤 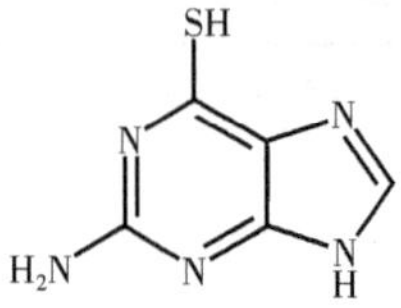　　6-巯基鸟嘌呤 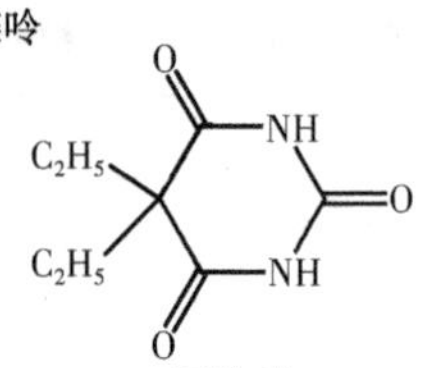　　巴比妥 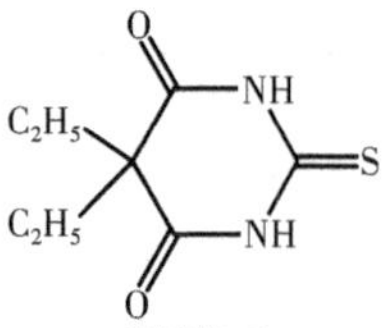　　硫巴比妥

几十年来，在天然产物中发现了大量的生物电子等排体。在化学合成中，利用生物电子等排原理更是得到了不计其数的化合物。

（二）前药设计

前药（pro-drug）是指本身没有生物活性，需经体内生物转化后才显示药理作用的化合物。前药的概念由 P. Albert 在 1958 年提出。随着生命科学的发展和药物设计理论、方法与技术的日趋完善，人们利用 Albert 提出的前药概念，有意识地将本来具有生物活性但存在某些不足的药物分子（母药或原药），经化学修饰，连接上一个或数个修饰性载体基团，使之成为体外无活性的化合物，即前药。当药物进入体内后，在酶或其他因素作用后，前药的修饰性基团被除去，恢复成原药而发挥药效。这一药物设计的方法，称为前药原理（principles of pro-drug）。母药与前药的关系表示如下：

$$\underset{\text{母药（有活性）}}{D} + \underset{\text{载体}}{T} \xrightarrow{\text{化学修饰}} \underset{\text{前药（无活性）}}{DT} \xrightarrow{\text{体内生物转化}} \underset{\text{母药（有活性）}}{D} + \underset{\text{载体}}{T}$$

有时为了某种特殊的要求，常在母体与载体之间加一个甚至多个连接体，以实现多级生物转化达到作用靶点的目的。

前药需要在体内通过化学和（或）酶转化成活性的原药才能发挥药理作用。在前药设计时，中心问题是选择恰当的载体和原药中键合载体分子的最适宜官能团，使其在生物体内经酶或非酶水解能释放出原药分子，并根据机体组织中酶、受体、pH 等条件的差异，使原药的释放有特异性。因此，在设计前药时以下因素需要被考虑：①根据前药在体内的活化机理设计原药与载体键合的类型；②前药本身应无活性或活性低于母药，其制备应简单易行；③载体分子应无毒性或无生理活性；④前药应当在体内能定量地转化成原药，反应动力学足够快，以保证作用部位生成的原药有足够的有效浓度，并且应尽量降低前药的直接代谢失活。

前药原理在新药设计中的应用主要有以下几个方面。①增加水溶性，改善药物吸收或给药途径。水溶性差的药物不仅影响其经皮给药或口服生物利用度，而且不便制成注射剂。例如，抗惊厥药苯妥英（phenytoin）为弱酸性药物，水中溶解度仅 0.02mg/ml，临床应用的注射剂是苯妥英和无水碳酸钠（10∶4）混合的灭菌粉针剂。临用前用水适量溶解，使其成溶液，其 pH 高达 12，注射时可引起疼痛，并在注射部位沉积，从而降低了给药剂量应有的浓度。将其与甲醛反应生成 3-羟甲基苯妥英，进而制成其磷酸酯二钠盐，溶解度为原药的 4500 倍，化学稳定性好，便于储存。肌肉注射时不会在注射部位沉积，保证有效血浓度。进入体内后，被磷酸酯酶水解，同时迅速脱去甲醛，释放出苯妥英发挥药效。②促进药物吸收。药物的吸收主要与脂水分配系数有关，极性大、脂溶性差的药物吸收较差。通过结构修饰增加其脂溶性，促进在胃肠道的吸收是前药策略的常用手段。ACE 抑制剂辛普利拉（fosinoprilat）和贝那普利拉（benazeprilat）由于分子极性太大影响口服吸收，将其分子中的羧基或磷酸基单酯化，分别生成前药福辛普利（fosinopril）和贝那普利（benzepril），由于前药增加了脂溶性，使吸收增加，在体内代谢水解游离出原药后，可增加与 ACE 的结合能力而发挥强效作用。③提高稳定性，延长作用时间。对于易被机体迅速代谢消除的药物，可运用前药设计的方法，遮蔽或掩盖代谢易变的药效团，改变其生物转化方式，减慢代谢降解速率，延长作用时间。将支气管扩张剂特布他林（terbutaline）分子中的羟基酯化，制成 *N*,*N*-二甲基甲酸酯，得到班布特罗（bambuterol）。口服给药后，易通过胃肠道吸收而不被代谢，大部分到达肝脏并进入全身循环。体内经先氧化、脱羟甲基、水解后释放出特布他林。④提高药物在作用部位的特异性。理想的药物应当选择性地浓集于特定部位作用于某一靶点，不在或较少在其他组织器官中分布或储积。因此，提高药物向作用靶部位的特异性分布和浓集，是增加药效、降低毒副作用的重要措施。根据机体内组织和器官的生化特性、酶系及 pH 等的差别，在运用前药原理设计药物时，一般采用改变分子体积、改变溶解度或脂水分配系数、改变分子的 p*K*a、引入改变其稳定性的基团以及引入能向特定组织或器官转运的靶向性载体等策略。例如，结肠和胃肠道上部生理结构上的显著区别是前者的菌群数量较大，能产生大量的酶，如糖苷酶、偶氮还原酶等。在设计结肠选择性释放药物系统时，应注意小肠吸收对药物作用的影响，如抗炎药地塞米松（dexamethasone），口服吸收主要在小肠，仅有约 1%的药物到达结肠。将其 21 位羟基与葡萄糖成苷后，增大了原药的水溶性而降低了在小肠吸收的能力，而且在胃和小肠还具有化学稳定性及酶稳定性。当药物到达结肠后，被细菌的糖苷酶迅速水解而释放出原药，呈现抗结肠炎作用。⑤掩蔽药物的不适气味。药物的苦味和不良气味常常影响患者特别是儿童用药。水合氯醛（chloral hydrate）是三氯乙醛的水合物，是一种较安全的催眠、抗惊厥药，该药口服吸收迅速，大部分在肝脏和其他组织内很快被还原为具有活性的三氯乙醇，三氯乙醇是真正在体内发挥药理活性的成分。但水合氯醛本身有不愉快的臭味，且有胃肠道刺激作用，可导致恶心和呕吐等，因此，往往被做成三氯乙醇的酯、缩醛等前药便于服用。

(三) 软药设计

在实际应用过程中，人们进一步丰富扩展了前药原理，衍生出了软药（soft-drugs）和孪药（twin-drugs）。在新药研究过程中常常会碰到这种情况，一个候选药物具有很强的药理活性，但毒性很大，并超过了一定限度而不能用于临床。有的化合物本身没有毒性，毒性的产生是由于药物在体内代谢时被酶代谢所致。针对这种情况，人们试图设计一类不受任何酶攻击的有效药物，称为“硬药”（hard drugs），以避免有害代谢物的产生。然而这种理论上的“硬药”是不可能存在的。从生化的观点认识到这个客观规律后，根据药物代谢机制，设想药物在完成治疗作用后，可按预先设计的代谢途径和可以控制的代谢方式，只经一步转化就失活，代谢产物无毒或几乎没有毒性，并被迅速排出体外，从而使药物所期望的活性和毒性分开。这就是所谓的“软药”。软药和前药的区别在于前者本身就具有生物活性，在体内经一步代谢就失活，而后者是无活性的化合物，需经代谢才能活化成有药理作用的药物。

根据软药设计的基本原理及设计方法不同，大致可以分为软类似物、活化的软药、活性代谢物软药、前体软药等。软类似物指的是结构上与已知有效药物相似，但分子中存在有特定的易代谢结构片段，该结构片段一般是易于水解的酯键。这种软药类似物一旦发挥应有的药理作用后，迅速经一步代谢反应生成无活性代谢产物，避免了不良反应。活化的软药是以已知的无毒、无活性的化合物为先导化合物，在分子中引入必要的活性基团赋予化合物以药理活性，在其发挥药理作用的过程中，活化基团离去，恢复到无毒的化合物或进一步分解成无毒产物。在设计活性代谢物软药时，要求活性代谢物本身应有药理活性，而且有比较高的氧化态结构，因而在发挥药效后，只经过简单的一步体内反应就能变成低活性或无活性的代谢产物，这样的软药在药代、药效和毒理等方面，有容易控制的特点。无活性代谢物的设计方法是以某种药物已知无活性的代谢产物为先导化合物，经结构修饰，以获得具有药理活性但经一步代谢就能转化成原来的无活性代谢物的软类似物。前体软药则是上述软药的前药，其本身没有活性，需经体内酶促反应转变成有活性的软药，呈现作用后，又被酶催化失活。

两个相同的或不同的药物经共价键连接，拼合成新的分子，称为孪药（twin drugs)。19 世纪中叶时，在明确了某些药物的主要药理作用所依存的基本结构后，人们就设计将两个药物的基本结构拼合在一个分子中，以期获得毒副作用减少、药理效应增加的新药。随着生物化学、分子药理学等相关学科的发展，将这种方法称为拼合原理（principle of hybridization)。其基本含义是指将两种药物的基本结构经化学方法拼合在一个分子内，或将两者药效团兼容在一个分子中，使形成的药物或兼具两者的活性，强化药理作用，减少各自相应的毒副反应；或使两者发挥各自的药理活性，协同完成治疗过程。孪药中很大一部分是同孪药物，其设计的理论基础是自然界能产生高对称化合物。在生物大分子聚合物中普遍存在着对称性，如胰岛素单体在锌的存在下，能形成高度 C_3 对称轴的六聚体大分子金属配合物。DNA 分子是许多抗癌药物作用的主要靶点之一。通过嵌入而与 DNA 分子结合的小分子化合物，为了更有效地与 DNA 结合，要求结构中具有多环体系。由于DNA的两条螺旋链形成对称排列，因此，与DNA结合的配体也应具有对称结构。例如，戊烷脒（pentamidine）和双脒基苯并咪唑（bis-amidinobenzimidazole）为对称分子，可与DNA小沟（minor groove）结合，对AT-碱基对丰富的区域显示了更高的亲和性。

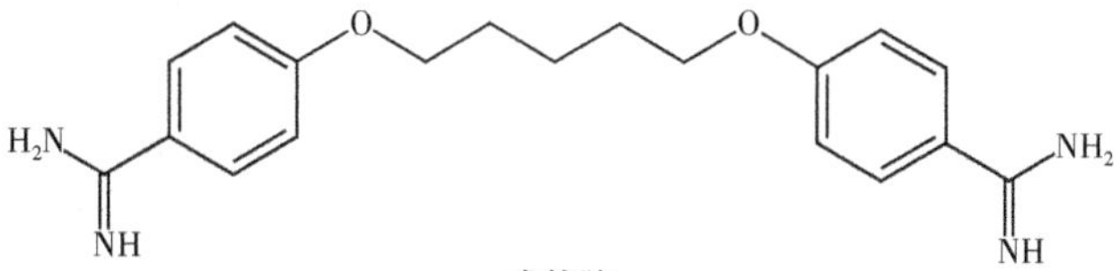

戊烷脒

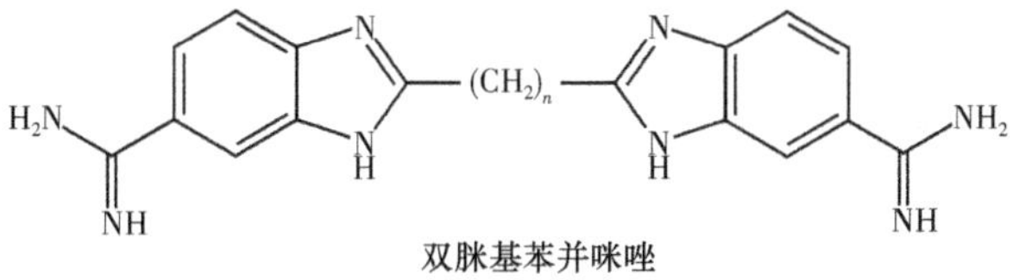

双脒基苯并咪唑

（四）定量构效关系研究

定量构效关系（quantitative structure-activity relationship，QSAR）是应用数学模式来表达药物的化学结构因素与特定生物学活性强度之间的关系，通过定量解析药物与靶点特定的相互作用，寻找药物的化学结构与生物活性间的量变规律，从而为新一轮的结构优化提供理论依据。而构建药效团模型的用途不仅可以用于预测新的化学结构是否具有活性，还可进一步配合虚拟化合物库的三维结构搜索，为发现新的先导化合物提供新的方法。QSAR萌芽于19世纪中叶，当时有科学家提出化合物的生物活性与化学结构之间存在有某种函数关系。1900年左右，H. Meyer和E. Overton分别观察到一些简单的有机分子的相对麻醉作用与其脂水分配系数成平行关系。20世纪60年代，C. Hansch和藤田借鉴有机化学中有关取代基电性效应对反应活性的定量分析原则，进一步外推到构效关系的研究中，才真正确立了定量构效关系。伴随着分子图形学与计算化学的发展，QSAR也从早期的二维定量构效关系（2D-QSAR）发展到三维（3D-QSAR）、四维（4D-QSAR）和五维定量构效关系（5D-QSAR）。

1. 2D-QSAR简介

二维定量构效关系（2D-QSAR）目前应用最广，其方法很多，有Hansch方法、Free-Wilson方法和分子连接性指数法等。其中最为著名、应用最为广泛的仍然是Hansch方法。他假设同系列化合物的某种生物活性变化是与它们的理化性质（疏水性、电性和空间立体性质等）变化相联系的，并假定这些因子是彼此孤立的，采用多重自由能相关法，借助多重线性回归等统计方法就可以得到定量构效关系模型。Free-Wilson方法又称基团贡献法。1964年，S. H. Free与J. W. Wilson根据多重回归分析理论，在对有机物子结构信息和生物活性的相关研究基础上建立了这种方法。其基本原理是一组同源化合物的生物活性是其母体结构（基本结构）的活性贡献与取代基活性贡献之和。应用Free-Wilson方法不需要各种理化参数，在农药、医药、化学反应、光谱学研究中都有大量应用。但是该方法只能应用于符合加和性的生物活性，其结果不能说明化合物的作用机制；另外，它只能预测系列化合物中已经出现的取代基在新化合物中的生物活性，对于未出现的取代化合物则无能为力，因而该方法在应用中受到很多限制。有学者尝试将 Hansch 方法和基团贡献法联合应用，在实际运用中取得一定成果。

分子连接性指数法（molecular connective index，MCI）是由 L. B. Kier 和 L. H. Hall 提出的，该方法是用拓扑学参数，将化合物的结构参数化。根据分子中各个骨架原子排列或相连接的方式来描述分子的结构性质。MCI 是一种拓扑学参数，有零阶项、一阶项、二阶项等，可以根据分子的结构式计算得到，与有机物的毒性数据有较好的相关性。MCI 能较强地反映分子的立体结构，但反应分子电子结构的能力较弱，因此缺乏明确的物理意义。但由于其方便、简单，不依赖于实验，也得到广泛应用和发展。

2. 2D-QSAR 应用举例

2D-QSAR 应用于同源物的生物学活性、药物选择性、药物代谢动力学的研究及了解药物作用机制方面的例子不少，沙坦类降压药的发现是成功例子之一。

沙坦类降压药是通过对血管紧张素Ⅱ的结构模拟及修饰而获得的第三代降压药。人们在搞清血管紧张素Ⅱ的结构后，首先模拟了一个 8 肽——沙拉新，但由于沙拉新对受体的选择性差，有部分激动作用，未能成药。随后，发现 1-苄基咪唑-5-乙酸衍生物（Ⅰ）在体外能拮抗血管紧张素Ⅱ的受体，选择性强，但作用弱，于是对其进行结构改造。首先，将苯环上的取代基位置变为对位取代（Ⅱ），抑制效果提高 10 倍，但依然有诸多问题，考虑到有可能是结合位点的关系，将分子延长（Ⅲ），活性又有所增强，再进一步优化（Ⅳ），并将—COOH 改为用其电子等排体四氮唑结构，终于得到高活性的化合物Ⅴ，即氯沙坦（Losartan），第一个非肽类的血管紧张素Ⅱ受体拮抗剂，疗效与 ACE 抑制剂相似，仅作用于血管紧张素Ⅱ受体 AT_1，对其他受体，如肾上腺受体、阿片受体、胆碱受体、多巴胺受体及 5-羟色胺受体均无作用，可以口服，不良反应轻，成为抗高血压药物的第二场革命。

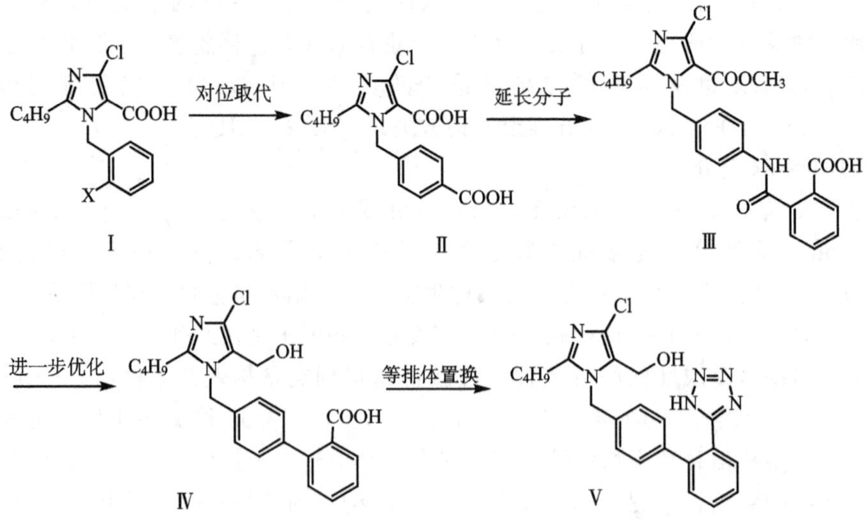

Ⅰ → 对位取代 → Ⅱ → 延长分子 → Ⅲ

→ 进一步优化 → Ⅳ → 等排体置换 → Ⅴ

第三节　新药的研究与开发

一、创新药物的概念

创新药物是指在临床治疗中此前尚未应用的药物，主要包括以下一些类型。

1. 改变药物应用形式的创新药物

改变药物应用形式的创新药物包括改变剂型、改变适应证、多种已知药物的复方制剂等。

2. 部分创新药物

部分创新药物通常是在已知作用机制、已知化学结构、已知药理作用以及已知临床疗效等信息的基础上研制的具有显著特点的新型药物。它具有两大特点：一是在药理作用方面具有突出的优势，或药效优于已有药物，或不良反应小于已有药物，或代谢特点更利于临床应用；二是药物本身具有一定的新颖性，包括药效分子的部分结构或药物组方有别于已知药物，或不在已知药物专利保护范围内，能够获得知识产权保护等。

3. 完全创新药物

所谓完全创新药物，是指在临床上至今尚没有应用的新药品种，其主要的药效分子结构，或作用靶点，或作用机理等是全新的。完全创新药物有以下几种类型。

（1）独特的作用机理。这类药物发挥药理作用的机理是全新的，不同于已知药物。随着生命科学的发展和对人体生理、病理过程认识的不断深入，特别是分子生物学技术的快速发展和应用，在阐明全新作用机制的基础上，发现调节这些过程或变化的药物已经成为可能。

（2）新的作用靶点。根据新的作用靶点发现创新药物，实际上也是发现具有新作用机制的药物。人类基因组计划的完成和功能基因组学研究的进行，为寻找新的药物作用靶点提供了前所未有的有利条件。当今，寻找新的药物作用靶点已成为药物研究的重要内容。

（3）新化合物。与已知药物相比具有全新的化学结构，属于创新药物新品种。

（4）其他。除上述几种类型的全新药物外，还包括其他一些类型，如代谢方式不同而作用机制相同的药物。

二、药物发现的几个历史阶段

新药发现的过程经历了偶然发现、随机筛选、综合筛选、计算机筛选和高通量筛选的过程。新药研究是一门多学科交叉的边缘学科，综合观察药物发现的漫长历史，药物研究经历了由传统的经验性向现代的科学性研究方法的转变。

（一）随机筛选阶段

随机筛选阶段是指从19世纪末至20世纪30年代这个阶段，在这个阶段里，人们已从动植物体中分离、纯化和鉴定了大量的天然产物，如生物碱类、糖苷类、激素和维生素类化合物等。例如，从阿片中提取的吗啡（morphine），从颠茄中提取的阿托品

(atropine)，从金鸡纳树皮中提取的奎宁 (quinine)，从古柯叶中提取的可卡因 (cocaine)，从茶叶中提取的咖啡因 (caffeine) 等。

19世纪中期以后，有机合成方法的进步，使染料等化学工业兴起，促进了化学药物的发展。人们在煤焦油中分离出苯、萘、蒽、甲苯、苯胺等一系列新的化合物。这些源源不断出现的有机化合物提供了潜在的药品原料。通过简单的化学反应，合成了水杨酸、乙酰水杨酸、非那西丁等一系列药物。在此过程中，J. N. Langley于1878年提出了受体 (receptor) 的概念，Ehrlich进一步发展了这个概念，他认为哺乳动物中存在受体，药物与其受体结合后才能发挥药效。在此之后，受体学说解释了许多药物的作用机理，促进了新药的发展。

20世纪初，E. Ehrlich更进一步地提出受体理论，认为药物起作用的过程可能和钥匙开锁的情况相类似，提出了著名的“药物只有与受体结合后才可起效”的论断，被认为是现代化学治疗 (chemotherapy) 和分子药理学 (molecular pharmacology) 的始点。另外，I. Langmiur提出了电子等排概念用来解释有机化学和药物化学中的构效关系。但是，由于受到当时许多客观条件的限制，这些先进的思想和学说并未获得充分的展开和有成效的应用。

(二) 定向发掘阶段

定向发掘阶段大致是在20世纪30～60年代，此阶段可称为药物发展的“黄金时期”。在这个阶段中，合成了大量的化学药物，内源性生物活性物质也大量被分离、鉴定和活性筛选，酶抑制剂应用于临床等。

从1932年发现的一种含磺酰氨基的偶氮染料“百浪多息” (prontosil) 对细菌感染性疾病的疗效中，发现了磺胺类药物的母核——对氨基苯磺酰胺。进而，人们对于抑菌药物的工作重心也就从偶氮染料类转至对氨基苯磺酰胺及其衍生物。分别从药物结构的专属性、药物对病原体生理、生化的影响和干扰、改善药物溶解度及降低毒副作用等方面对这类药物进行了研究，由此开发了数十个临床应用的磺胺药物，奠定了抗代谢理论。

人们在抗结核杆菌的微生物种筛选中发现了链霉素，对抗结核杆菌有特效。受到放线菌中发现链霉素的启发，科学家们有目的地从放线菌中陆续发现了金霉素、土霉素、四环素等四环类抗生素，卡那霉素、庆大霉素、新霉素、妥布霉素、小诺霉素等氨基糖苷类抗生素，红霉素、吉他霉素、螺旋霉素、麦迪霉素、交沙霉素等大环内酯类抗生素，制霉菌素、两性霉素B等多烯类抗霉菌抗生素，从而进入了抗生素的黄金时代。

另外，在这一阶段，甾体激素类药物的广泛研究和应用，对调整内分泌失调起了重要作用。神经系统药物、心血管系统药物，以及恶性肿瘤的化学治疗等方面都显示出长足的进展。

(三) 药物设计阶段

药物设计阶段始于20世纪60年代。在此之前，虽然药物的研究与开发取得了一些成绩，但是，对于恶性肿瘤、心血管疾病和免疫性疾病等的药物治疗水平则相对较低。

这类药物研究难度大，如果按照以前的方法做，不仅花费巨大，而且成效并不令人满意；另外，世界各地频频出现药物使用过程中严重毒性作用的案例，如震惊世界的反应停（Thalidomide）事件以及硅酮事件。因此，为了加强药物使用的安全性，各国卫生部门均制定了相关法规，规定新药进行“三致”，即致畸（teratogenic）、致突变（mutanogenic）和致癌（caroinogenic）性试验，从而大大增加了新药的研制周期和经费。因此，从客观上也需要改进研究方法，将药物的研究和开发过程，建立在科学合理的基础上，即合理药物设计（rational drug design）。其中，药物作用靶点的筛选与验证往往是获得创新药物，尤其是完全创新药物的起始和最关键的步骤。

合理药物设计一般分为直接药物设计和间接药物设计两种方法。直接药物设计（structure-based drug design）过程首先要了解靶物质的三维空间结构，然后将底物与靶物质进行嵌合（docking），形成底物-靶物复合物。通过对复合物的结构测定和分析，可以了解底物与靶物质空间结构上的互补关系，在此基础上进行药物设计。其研究过程使用计算机图形软件、分子对接（docking）软件和分子力学程序使分子具有可视性，计算机通过试验成千上万个假定的底物以确定哪一个能更好地与靶点配合，然后再根据这些化合物的化学、生物化学以及毒理学特征决定哪个化合物进入下一步试验。直接药物设计直观、可靠，但真正弄清靶物质结构的仍是很少。间接药物设计（3D-QSAR）可在未知靶物质三维结构的情况下，利用药物分子与靶物质的互补性，推测底物与靶物质互相作用模式，在此基础上进行药物设计，常用的方法有分子形状分析法、距离几何法和比较分子力场分析法。

这一阶段，由于相关学科的发展进步，为阐明作用机理和深入解析药物构效关系打下了坚实的理论基础和实验技术基础，使药物化学的理论与药物设计的方法与技巧不断地升华和完善。而现代生物技术的发展、人类基因组计划的完成及后基因组研究创造了发现药物作用新靶点的最佳契机。

（四）后基因组阶段

20世纪的药物开发多以单靶点为主，随着人们对肿瘤、复杂性代谢疾病的基因组学研究的深入，人们研发了一系列针对某些重大疾病基因靶点的新型药物，如罗格列酮、格列卫、吉非替尼等。但单靶点的药物在实际应用中带来许多不良反应，有的还因为不良反应严重而退市。2000年6月26日，时任美国总统的克林顿正式宣布了人类基因组草图绘制完成。研究者们认为，后基因组时代研究基因的策略要改变，要从序列（结构）基因组学向功能基因组学转移。以药物基因组学为代表的药物研究方式，将以基因多态性作为最基本的研究内容，力图找到作用效果更好、毒性更低的药物，努力实现个体化用药。

三、临床候选药物的研究与开发

新药从发现到上市要经历8～10年的过程，期间从合成或从天然产物中分离鉴定目标化合物到确定临床候选药物要经历3～4年的过程，然后需要进行临床前药理、毒理试验对其有效性和安全性进行初步评价，通过药学研究确定其工艺路线、结构确证、质量稳定性和质量标准等才能申请进行临床试验，临床试验又分为Ⅰ期、Ⅱ期、Ⅲ期和Ⅳ期，在人体内深入进行有效性、安全性的研究，获得理想结果后，最终才能被批准上市应用。

（一）临床前研究

新药的临床前研究包括临床前体内外药效学评价、安全性评价和药学研究。有效性是新药治病救人的首要条件，也是评价新药的基础。一个化合物首先必须有效才有可能成为药物。药效学研究的主要内容是药物的生化、生理效应及机制以及剂量和效应之间的关系，主要评价拟用于临床预防、诊断、治疗作用有关的新药的药理作用的观测和作用机制的探讨，其主要目的有四个：一是确定新药预期用于临床防、诊、治目的的药效；二是确定新药的作用强度；三是阐明新药的作用部位和机制；四是发现预期用于临床以外的广泛药理作用。经过临床前药效学评价，为新药临床试用时选择合适的适应证和治疗人群以及有效安全剂量和给药途径，为新药申报提供可靠的试验依据。

安全、有效是一切药物具备的两大要素，预测临床用药的安全性，为临床研究提供可靠的参考是临床前安全性评价的主要目的。新药临床前安全性评价的主要内容包括单次给药毒性试验、多次给药毒性试验、生殖毒性试验（一般生殖实验、致畸试验、围产期试验及“三致”试验）、遗传毒性试验、局部用药毒性试验、免疫原性试验、制剂的安全性试验、药物依赖性试验等。根据国家食品药品监督管理局规定，自 2007 年 1 月 1 日起。新药的临床前安全性评价研究必须在经过《药物非临床研究质量管理规范（GLP）》认证的实验室进行，否则，其药品注册申请将不予受理。

药学研究主要应在临床前进行，全面开展原料药和制剂的实验室研究，完成新药临床试验所需要的药学方面的工作，为Ⅰ期临床评价做好准备。原料药药学研究的主要研究内容包括化学原料药制备工艺研究、化学结构确证、理化性质、分析鉴别、质量控制及药物稳定性研究等。制剂研究的主要内容包括剂型设计、药物制剂的处方工艺设计、质量标准研究、制剂稳定性试验等。

（二）临床研究

在新药研究开发的最后阶段，药物的临床评价研究承担着健康受试者和患者评价新药安全性和有效性的使命，对药物最终能否生产上市有重要的作用。在大多数国家，新药的临床试验从Ⅰ至Ⅳ分为四期，分别担负着不同的试验目的。Ⅰ期临床试验是新药临床评价的最初阶段，又称临床药理和毒性作用实验期，主要在健康志愿者中进行。试验的目的主要是确定安全有效的人用计量和设计合理的治疗方案，实验内容包括人体对药物的耐受性、临床药物动力学以及治疗剂量时的药物疗效和可能发生的不良反应等。Ⅱ期临床试验也称临床治疗效果的初步探索试验，是在较小规模的病例上对药物的疗效和安全性进行临床研究并进行药物动力学和生物利用度的研究，以观察患者和健康人的药物动力学差异。Ⅱ期临床试验结束后，可以确定初步适应证和治疗方案。Ⅲ期临床试验是治疗的全面评价临床试验阶段。在这个阶段主要是对已通过Ⅱ期临床试验、初步确定有较好疗效的药物进行大规模的对比研究，比较其与现有的标准药物（也称参比对照药物）有无治疗学和安全性的优点，是否值得临床上市应用。通过Ⅲ期试验的药物得以批准销售。Ⅳ期临床试验是新药上市后的临床监视，也称为上市后临床监视期。如果发现有明显的缺陷（如疗效不理想、不良反应发生率高或严重），上市后仍可宣布淘汰。

药物的临床试验在各国药品法律法规的要求下严格执行。我国于 2001 年颁布了《中华人民共和国药品管理法》，2002 年颁布了《中华人民共和国药品管理法实施条例》，2007 年颁布了新修订的《药品注册管理办法》，是新药研发产业和技术创新活动必须遵照执行的法规。

传统药物发现方法的低效导致候选药物淘汰率高，几乎成为医药公司开发新药的瓶颈。现代的新药开发应在高通量筛选的基础上结合计算机模拟技术提高药物开发的效率。随着近些年来生物技术的迅猛发展，临床候选药物的评价方法和手段也不断优化，加速了药物评价的准确性，提高了候选化合物的新药命中率。但是，总而言之，新药的研发是一个涉及多学科多领域的相当复杂的过程。

（刘小宇）

第十七章　生命科学与海洋生物资源开发利用

海洋生物技术（marine biotechnology）是海洋生命科学的一个重要组成部分，是现代生物技术与海洋生物学的交叉产物，它是一门运用现代生命科学、化学和工程学原理，利用海洋生物体的生命系统和生命过程，研究海洋生物遗传特性，开发海洋药物与相关产品，保护海洋环境的综合性科学技术。生命来自海洋，海洋孕育着生命。随着现代科学技术的迅猛发展，21世纪将开启人类开发利用海洋生物资源的新篇章。

海洋特殊的自然环境，造就了千姿百态的巨量海洋生物，形成了与陆地生物相异的独特生物群落，囊括了地球上已知动物、植物80%的物种。我国海域辽阔，拥有渤海、黄海、东海和南海，管辖海域面积300万km^2，拥有6500多个大小岛屿，1.8万km的大陆海岸线，跨越热带、亚热带和温带，种类构成繁多，是世界上12个生物多样性特别丰富的国家之一。依靠不断飞速发展的海洋生物技术，综合开发利用海洋生物资源已展现出巨大的潜力和优势。

第一节　海洋生物资源及其开发利用现状

进入21世纪以来，人类对资源的大量索取，使陆地资源短缺、人口膨胀、环境恶化等问题日益严峻。人类开始大力开发利用海洋资源，促进海洋经济以及国民经济的发展。联合国大会通过的《21世纪议程》把海洋列为实施可持续发展战略的重点领域，指出："海洋环境（包括大洋和各种海洋以及邻接的沿海区）是一个整体，是全球生命支持系统的一个基本组成部分。也是一种有助于实施可持续发展的宝贵财富"。海洋拥有相当于陆地将近2.5倍的面积，是名副其实的"聚宝盆"，它蕴藏着丰富的生物、化学、矿产等资源。鉴于此，世界各国纷纷迈开了向海洋进军的步伐，全世界范围内开发和利用海洋的高潮已经掀起，我国当然也不例外。

一、海洋生物资源概况

海洋生物资源又称海洋水产资源，是指海洋中蕴藏的经济动物和植物的群体数量，是有生命、能自行增殖和不断更新的海洋资源（是指生活在海洋的所有生命有机体，其中包括微生物、低等和高等植物、无脊椎动物和脊椎动物）。其特点是通过生物个体种和种下群的繁殖、发育、生长和新老替代，使资源不断更新，种群不断补充，并通过一定的自我调节能力达到数量相对稳定。

海洋生物资源是一个十分巨大的有待深入开发的生物资源，推测海洋植物约10万种，世界海洋动物约16万种，海洋微生物达到100万种以上，海洋鱼类种数约为16 000种，现存贝类11万多种。整个地球每年生产的生物总量相当于1.5×10^{10}t有机碳，而海洋生物就占有87%。已知海洋生物资源蕴藏量约3.4×10^{10}t，有约20万种海洋生物。目前，海洋每年向世界人类提供 9.0×10^7 t 以上的渔产品高质量的蛋白质食品。据估计，每年仅海洋鱼类的生长量多达 6.0×10^8 t，在不破坏资源的前提下每年可捕量为 $2.0\times10^8\sim3.0\times10^8$ t，是目前世界海洋渔获量的 2～3 倍。可见，海洋生物资源开发利用的潜力十分巨大。

二、我国海洋生物资源开发潜力巨大

海洋巨大的生物资源首先是人类重要的食物来源，她每年为全球人类提供了 22%的动物蛋白；其次，许多海洋生物还具有重要的药用及工业价值；再次，海洋也主宰着地球的气候变化、物质循环及整个生态系统正常的运作，成为地球上最大的生命维持系统。

（一）海域和滩涂面积巨大

《中国 21 世纪议程》和《中国海洋 21 世纪议程》都把海洋生物资源开发与利用置于一个重要的位置。海洋生物资源属再生性资源，只要管理开发得当，能够不断补充和更新，就可以维持一定的产量水平，并得到稳步增长。

我国海洋生物资源丰富。其中，作为经济捕捞对象，在渔业统计和市场上列名的有 200 多种，这些足以表明我国海洋水产生物的资源丰富和物种丰富度高。我国的海洋渔场是世界上重要的渔场之一，如果在保持生态平衡的条件下，年可捕鱼量可保持500 万 t以上，是发展浅海养殖业和海上牧场，形成具有战略意义食品供应基地的重要资源。

海洋是我国重要的后备资源基地。我国 15m 等深线以内的浅海和滩涂 2.1 亿亩，50m 等深线以内的海域约 20 亿亩，其中大部分水质肥沃，海水增殖条件优越，适合发展水产养殖业。我国海水养殖品种已由最初的海带养殖，发展到虾、贝、藻、海参、鱼等多品种，已成为世界水产人工养殖大户。通过科技进步和科学管理可以大大提高海水养殖、增殖单位面积的产量和质量，如果平均单产都达到目前国内平均最高水平，那么即使不增加养殖面积，也可以使我国养殖产量增加一倍。

目前，我国可养殖滩涂资源中已利用的还不到 40%，尚有 600 多万亩可养殖面积未开发利用；浅海区（15m 水深以内）利用不足 2%，基本上未开发。随着海洋农牧化技术日趋成熟，“耕海牧鱼”不再是幻想，许多近海将逐渐成为蓝色田野、牧场和粮仓，大幅度提高天然海洋生物资源的生产水平。

（二）物种数量庞大

我国海洋面积超过 3×10^6 km^2，海洋生物种类繁多，现已记录的有 22 560 个物种。从海洋生物分类学等级看，目前中国海域已记录有原核生物界 4 门，原生生物界 7 门，真菌界 3 门，植物界 6 门，动物界 24 门。中国海洋生物中有中国特有的物种或世界珍稀物种，中国丰富的海洋资源不仅具有世界范围内重要的自然保护价值，而且也是长期开发利用的重要自然资源。从遗传多样性而言，海洋生物生活习性独特，其基因表达产物具有多种特殊的生理活性物质。目前，从海洋生物中已获取了 30 000 种左右的天然化合物，它们具有各种药物、保健、食品及化工产品等开发利用价值。

（三）生态系统丰富

我国海域拥有四大海洋生态系统，此外还有独特的海岸生态系统和海岛生态系统。从类型上分，主要有滨海湿地生态系统、珊瑚礁生态系统、上升流生态系统和深海生态系统。滨海湿地生态系统主要包括盐沼生态系、河口生态系和红树林生态系，它们位于海陆相互作用的复杂地带，生态环境复杂，生物多样性丰富，具有很高的生物生产力，是许多经济动物的繁殖和栖息地。此外，中国海岸线还是东亚候鸟最重要的迁徙路线之一。珊瑚礁生态系统分布于中国南海，珊瑚礁以造礁石珊瑚为主，各种海绵动物、腔肠动物、软体动物及甲壳动物等共同组成一个复杂而脆弱的生态系统。海洋上升流生态系统位于中国东南沿海，由于底层营养物质上升，常常形成主要渔场区，其生物多样性高于邻近海域。深海生态系统分布在中国东海和南海的海槽或深海盆中，主要有一些微生物和构造特别的动物。

我国是一个农业国家，以世界上6.97％的耕地养活着占世界22％的人口，耕地的人均负载量超过世界平均值的2倍以上，而且其耕地仍以每年3.6万km^2的速率在减少。在这种情况下，我们的视野不能局限于960万km^2的陆地国土，还应关注海洋这一蓝色国土。根据中国国情，中国21世纪的水土资源开发战略应是依托平原，向山区和海洋迈进，即实施“立足平原、上山下海”的跨世纪国土开发战略。

三、我国海洋生物资源开发及利用现状

（一）海洋生物资源开发及利用概况

近年来，随着各级政府和有关部门对海洋生物资源的重视程度日益提高，我国对海洋生物资源的开发和利用也提高到了一个新的台阶。图17-1显示了2008～2012年我国海洋经济总体运行情况。

从图17-1可知，2008～2012年，我国海洋生产总值呈现逐年增加的趋势。到2012年，中国海洋生产总值突破5万亿元大关，海洋经济在国民经济中的比重达到9.6％。预测2030年我国海洋生产总值将超过20万亿元，海洋生产总值占GDP比例有望超过15％。因此，2015～2030年，中国海洋经济仍将处于成长期，将由不成熟逐步走向成熟，增长方式将由粗放型向集约型过渡，海洋资源利用效率将大幅提高。

我国对海洋生物资源开发利用的步伐逐年加快，并取得了初步成效。例如，在海洋生物活性物质提取方面，主要是围绕海洋药物和海洋生物制品展开。由表17-1可知，随着国家相关政策的有力实施，海洋生物医药业逐年保持较快增长态势。海洋生物医药产业成果诱人，潜力巨大。我国利用分子生物学、药理学和自动化技术以及分离纯化和化合物结构分析鉴定技术，开展海洋生物抗肿瘤活性物质、抗心血管疾病活性物质、抗病毒活性物质、海洋药物基因工程等方面的研究，对严重危害人类生命健康的心脑血管疾病、肿瘤、艾滋病及一些疑难杂症的防治药物方面也进行了针对性研究，并取得了不错的成果。但总体上，由于我国海洋生物资源开发技术起步晚，所以与国外先进技术相比还有较大的差距。

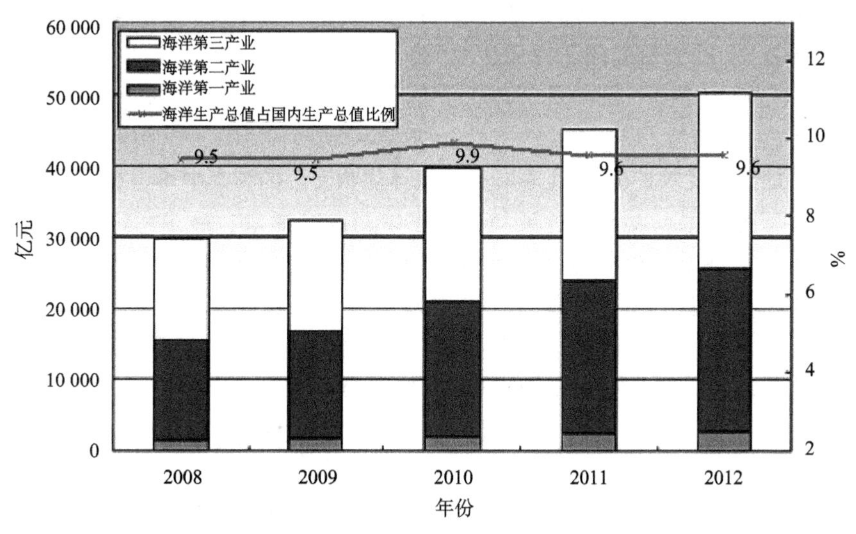

图 17-1　2008～2012 年中国海洋生产总值情况

数据来源：国家海洋局，2012 年中国海洋经济统计公报

表 17-1　2008～2012 年我国海洋生物医药产业增加值情况

年份	2008	2009	2010	2011	2012
增加值/亿元	58	59	67	99	172
增长率/%	28.3	12.6	25.0	15.7	13.8

（二）海洋生物资源开发及利用的趋势

当前，海洋生物资源的高效、深层次开发利用，尤其是海洋药物和海洋生物制品的研究与产业化已成为发达国家竞争最激烈的领域之一。因此，建设高技术密集型海洋生物新兴产业，发展海洋药物和生物制品创新技术，实施海洋生物资源高值化开发战略，是我国海洋生物资源开发利用发展的必然之路。我国海洋药物/生物制品工程与科技发展的重点是：建立我国符合国际规范的海洋药物创制体系，研发一批具有自主知识产权和市场前景的创新海洋药物，培育和发展海洋药物战略性新兴产业，提升我国医药产业的国际竞争力；加速海洋生物制品包括生物酶制剂、功能材料及绿色农用制剂的研发进程，发展和壮大海洋生物制品战略性新兴产业，使其成为我国海洋经济的新增长点。

随着世界主要海洋强国对海洋生物技术投入的不断增加，海洋药物/生物制品的发展迎来了新的机遇。当前，国际上海洋药物/生物制品领域的发展趋势主要体现在下列三个方面。

1. 药用/生物制品用海洋生物资源的利用逐步从近海、浅海向远海、深海发展

在国家管辖范围以内的海底区域，世界各国已采取行动建立海洋保护区。针对目前深海生物及其基因资源自由采集研究的现状，联合国已展开多次非正式磋商，酝酿出台保护深海生物及其基因资源多样性的法规。我国充分利用后发优势，研制成功了定点、可视取样装备包括载人潜器、ROV 和深拖等平台；完善了船载和实验室深海环境模拟培养/保藏体系；发展了相应的深海微生物培养、遗传操作和环境基因组克隆表达等生物技术手段，有望开发出一批满足节能工业催化、新药开发、能源利用和环境修复等需求的海洋药物/生物制品。

2. 各种陆地高新技术在药用/生物制品用海洋生物资源的利用中得到充分和有效的利用

主要包括药物新靶点发现和验证集成技术，药物高通量、高内涵筛选技术，现代色谱分离组合技术，海洋天然产物快速、高效分离、鉴定技术，现代生物信息学和化学信息学技术，计算机辅助药物设计技术，先进的先导化合物结构优化技术，海洋药物/生物制品生物合成机制及遗传改良优化高产技术，海洋药物/生物制品系统性成药性/功效评价技术，海洋药物/生物制品大规模产业化制备技术等。

3. 以企业为主导的海洋药物/生物制品研发体系成为主流

当前，国际上已出现专门从事海洋药物研究开发的制药公司（如西班牙的 PharmaMar，美国的 Nereus Pharmaceuticals 等），并取得了令人瞩目的成绩。随着海洋药物研究丰硕成果的不断涌现，一些国际知名的医药企业或生物技术公司纷纷投身于海洋药物的研发和生产，包括美国辉瑞、瑞士罗氏、美国施贵宝、法国赛诺菲、美国金纳莱（Genaera）、美国礼来（Eli Lilly）、美国眼力健（Allergan）、日本先达（Syntex）、英国史克毕成（Smith-Kline Beecham）、美国 Ligand Pharmaceuticals、丹麦诺维信（Novozymes A/S）、瑞士杰能科（Genecor）和美国的 Verenium（由 Diversa 和 Celunol 合并）等。企业在海洋药物/生物制品创制方面的主体意识不断增强，建设了完整配套的创新药物研究开发技术链，逐步推动以企业为主体的专业性海洋新药/生物制品研发平台发展，促进了新药/生物制品研究和医药产业的整体水平和综合创新能力的提升。

第二节　海洋生物多样性与创新药物的研发

众所周知，海洋不仅是地球上万物的生命之源，也是地球上生物资源最丰富的领域。据报道，地球物种的 80%生活在海洋中。其中除了人类熟知的鱼、虾、贝类等生物外，仅较低等的海洋生物物种（海绵、珊瑚、软体动物等）就有 20 多万种。这些海洋生物虽不太为人类所熟悉，但它们在海洋生物系统中占有重要的地位，起着关键的生态作用。海洋生态环境的特殊性（高压、高盐、缺氧、避光），导致了海洋生物巨大的生物多样性和独特的化学多样性。许多低等海洋生物，如海绵、珊瑚等无脊椎动物及海草、藻类等生物为在生存竞争严酷激烈的海洋生态环境中进化发展，通过生产一些次生代谢产物来防御、逃避被其他食物链上游生物的捕食、攻击。因而，海洋生物次生代谢产物的化学多样性、生物合成途径和防御系统的独特性与高效性与陆地生物相比有着巨大的差异。

由于海洋生物次生代谢产物复杂、独特的化学结构及其特异、高效的生物活性，引起了化学家、生物学家及药理学家的广泛关注和极大兴趣，海洋生物资源已成为寻找和发现创新药物的重要源泉，也是最后和最大的一个极具新药开发潜力的生物资源，并已成为国际竞争的焦点和热点领域。目前进行过化学成分和生物学活性研究的海洋生物还不足5%，预示着海洋药物创制的巨大空间和广阔前景。因此，从海洋生物资源中发现药物先导化合物并对其进行系统的成药性评价和开发将长期是发达国家竞争最激烈的领域之一，未来的“重磅炸弹”级新药最有可能源于海洋。

一、国际海洋药物研究现状

国际上最早开发成功的海洋药物便是著名的头孢菌素（cephalosporins，俗称先锋霉素）。它是1948年从海洋污泥中分离到的海洋真菌顶头孢霉（*Cephalosporium acremonium*）产生的，以后发展成系列的头孢类抗生素。目前头孢菌素类抗生素已成为全球对抗感染性疾病的主力药物，年市场600亿美元以上，约占所有抗生素用量的一半。第二个就是从地中海拟无枝菌酸菌（*Amycolatopsis mediterranei*）中发现的利福霉素（rifamycins），20世纪60年代，利福霉素成为药物抵抗性结核杆菌治疗的一线药物。自此以后，世界各国已经从各种海洋动物、植物和微生物中分离和鉴定了2万余个新型化合物，它们具有广泛的药理活性，包括抗肿瘤、抗菌、抗病毒、抗凝血、镇痛、抗炎和抗心血管疾病等方面。迄今，国际上上市的海洋药物除了上述的头孢菌素和利福霉素外，还有阿糖胞苷（cytarabine/AraC，抗肿瘤）、阿糖腺苷（vidarabine/AraA，抗病毒）、齐考诺肽（芋螺毒素，ziconotide/Prialt，镇痛）、曲贝替定（加勒比海鞘素，ecteinascidin 743/ET-743，抗肿瘤）、黑色软海绵素衍生物甲磺酸艾日布林（eribulin mesylate，E7389，抗肿瘤）、阿特赛曲斯（抗CD_{30}单抗-海兔抑素偶联物，抗肿瘤）、Ω-3-脂肪酸乙酯和高纯度EPA（Vascepa）（降甘油三酯）8种（表17-2）。目前，还有10余种针对恶性肿瘤、创伤和神经精神系统疾病的海洋药物进入各期临床研究（表17-3）。

表17-2　FDA（EMA）批准上市的海洋药物（统计至2013年1月）

药物名称	商品名	生物来源	化学性质	分子靶点	适应证
阿糖胞苷（Cytarabine，Ara-C）	Cytosar-U®	海绵	核苷酸	DNA聚合酶	急性、慢性淋巴细胞和髓性白血病
阿糖腺苷（Vidarabine，Ara-A）①	Vira-A®	海绵	核苷酸	病毒DNA聚合酶	单纯疱疹病毒感染
齐考诺肽（芋螺毒素，Ziconotide）	Prialt®	芋螺	多肽	N型钙离子通道	慢性顽固性疼痛
甲磺酸艾日布林（Eribulin Mesylate，E7389）	Halaven®	海绵	大环内酯	微管	晚期、难治性乳腺癌
Ω-3-脂肪酸乙酯（Omega-3-acid ethyl esters）	Lovaza®	海鱼	Ω-3-脂肪酸乙酯	甘油三酯合成酶	高甘油三酯血症
曲贝替定（Trabectedin，ET-743）（EMA注册）	Yondelis®	海鞘	生物碱	DNA双螺旋小沟	进行性软组织肉瘤，复发性卵巢癌
泊仁妥西布凡多汀（Brentuximab vedotin，SGN-35）	Adcetris®	海兔	ADC（海兔抑素E）	CD_{30}＋微管	霍奇金淋巴瘤
伐赛帕（AMR101）	Vascepa®	海鱼	EPA		高甘油三酯血症

ADC：抗体-药物偶联物（antibody-drug conjugate）；①：2001年6月停产

表 17-3 处于各期临床研究的海洋药物（统计至 2013 年 9 月）

研发阶段	药物名称	商品名	生物来源	化学性质	适应证
Ⅲ期临床	曲贝替定（Trabectedin，ET-743）（USA 临床试验）	Yondelis®	海鞘	生物碱	进行性软组织肉瘤，复发性卵巢癌
	普利提环肽（Plitidepsin）	Aplidin®	海鞘	环肽	急性淋巴母细胞性白血病
	索博列多汀/海兔抑素 PE（Soblidotin，Auristatin PE；TZT-1027）	NA	海兔	多肽	小细胞肺癌，淋巴瘤
Ⅱ期临床	DMXBA（GTS-21）	NA	海蚯蚓	生物碱	阿尔茨海默病
	普利纳布林（Plinabulin，NPI 2358）	NA	海洋真菌	二嗪哌酮	小细胞肺癌
	艾莉丝环肽（Elisidepsin）	Irvalec®	海蛞蝓	环肽	鼻咽癌、胃癌
	PM00104	Zalypsis®	海天牛	生物碱	宫颈癌、子宫内膜癌
	PM01183	NA	海鞘	生物碱	急性白血病
	CDX-011	NA	海兔	ADC（海兔抑素 E）	乳腺癌
	泰斯多汀（Tasidotin，ILX-651）	NA	海兔	多肽	乳腺癌、黑素瘤等
Ⅰ期临床	玛丽佐米/盐单胞内酰胺 A（Marizomib，Salinosporamide A；NPI-0052）	NA	海洋细菌	β-内酯-γ-内酰胺	多发性骨髓瘤
	PM060184	NA	海绵	聚酮	肿瘤
	SGN-75	NA	海兔	ADC（-海兔抑素 F）	复发、难治性霍奇金淋巴瘤
	ASG-5ME	NA	海兔	ADC（-海兔抑素 E）	胰腺癌
	哈米特林（Hemiasterlin，E7974）	NA	海绵	三肽	鼻咽癌、前列腺癌
	草苔虫内酯 1（Bryostatin 1）	NA	苔藓虫	聚酮	食道癌、阿尔茨海默病
	拟柳珊瑚素（Pseudopterosins）	NA	软珊瑚	二萜糖苷	创伤修复

ADC：抗体-药物偶联物（antibody-drug conjugate）；②、③：2010 年 6 月停止临床试验；NA：尚未有商品名

除此之外，目前还有大量的海洋活性化合物处于成药性评价和临床前研究中。据统计，1998～2011 年，国际上共有 1420 个具有抗肿瘤/细胞毒、抗菌、抗病毒、抗凝血、抗炎、抗虫等活性，以及作用于心血管、内分泌、免疫和神经系统等的海洋活性化合物正在进行成药性评价和（或）临床前研究，有望从中产生一批具有开发前景的候选药物。

二、中国的海洋药物研究

（一）我国海洋新天然产物的年发现量居世界首位

我国对海洋天然产物的系统研究始于20世纪80年代末，近年来随着国家投入的不断增加，尤其在“十五”国家“863”计划中设立了海洋天然产物专题，极大地调动了我国海洋天然产物研究人员的积极性，中国海洋天然产物化学研究进入了一个快速发展期，在基础和应用研究方面均取得了长足进步，逐步缩小了与发达国家的差距，呈现出良好的发展势头。在过去10年里，海洋天然产物化学研究的对象扩展到了多种海洋无脊椎动物及海洋植物，海洋生物采集海域也由东南沿海扩展到了广西北部湾及西沙、南沙等海域并逐步向公海、深海延伸。近年来，我国科学家从海洋生物中发现了大量结构新颖和活性多样的海洋新天然化合物，引起了国际药学界同行的高度重视。据统计，迄今为止我国科学家已发现3000多个海洋小分子新活性化合物和近300个糖（寡糖）类化合物，在国际天然产物化合物库中占有重要位置。据权威杂志 *Natural Product Report* 分析，目前中国平均每年从海洋生物中发现超过200个新化合物，新化合物发现的数量居世界第一位。但是，大多数海洋活性天然产物含量低微，难以进行后续深入的药物开发工作和产业化。因此，针对具有显著生物活性海洋目标产物的规模化制备及其系统评价技术研究，将是我国目前亟待解决的关键技术瓶颈，也是我国海洋生物资源可持续利用、发展的关键。

（二）我国是最早将海洋生物用作药物的国家之一

早在公元前3世纪的《黄帝内经》中就记载有以乌贼骨为丸，饮以鲍鱼汁治疗血枯（贫血）。从我国最早的药物专著《神农本草经》、李时珍的《本草纲目》以及清代赵学敏的《本草纲目拾遗》，历经2000多年，共收录海洋药物110种，成为我国中医药宝库中的一个重要组成部分。近代的《全国中草药汇编》收录了海洋药物166种，《中草药大辞典》也收录海洋药物144种。1999年，由国家中医药管理局组织编写的《中华本草》收载海洋药物达到802种。2009年，由中国海洋大学管华诗院士组织编写的《中华海洋本草》，集成、梳理和整编了国内外海洋药物研究的相关信息和研究成果，共收录药物613味，涉及海洋生物1479种，并汇集了20世纪初以来国内外现代海洋天然产物研究获得的2万余种海洋天然化合物及其生物活性研究的全部信息，可谓集国内外海洋天然产物和海洋药物之大全。

近年来，我国医药工作者在继承和发展海洋药物方面开展了大量的工作。1985年，我国第一个海洋药物藻酸双酯钠成功上市，此后，甘糖酯、岩藻糖硫酸酯、海力特、烟酸甘露醇等海洋药物纷纷批准上市（表17-4）。以海洋糖化学和糖生物学研究技术为核心内容的海洋药物研究开发平台体系，经过多年的重点建设与积累，于2009年度获国家技术发明一等奖。

表 17-4　我国已获批的海洋药物

药品名称	英文名称	化学成分	适应证
藻酸双酯钠	Alginic sodium diester，PSS	化学修饰的褐藻酸钠	缺血性脑血管病
甘糖酯	Mannose ester，PGMS	聚甘露糖醛酸丙酯硫酸盐	高脂血症
岩藻糖硫酸酯	Fucoidan，FPS	L-褐藻糖-4-硫酸酯	高脂血症
海克力特（海麒舒肝胶囊）	—	异脂硫酸多糖、昆布硫酸酯、琼脂硫酸多糖	慢性肝炎，肿瘤放化疗后辅助治疗
甘露醇烟酸酯	Mannitol nicotinate	六吡啶-3-羧酸己六醇酯	冠心病、脑血栓、动脉粥样硬化

（三）我国海洋药物研发和产业化亟待重点发展

我国现代海洋药物研究起步较晚。近年来，在国家的投入和培植下，与发达国家的差距逐渐在缩小，特别是前期重点建设了海洋药物研究的技术平台，突破了一批先导化合物的发现和海洋药物研究的关键技术，为后续海洋药物的开发与应用奠定了丰富的资源和化合物基础，储备了重要的技术力量。

目前，我国科学家已获得一批针对重大疾病的海洋药物先导化合物，其中 20 余种针对恶性肿瘤、心脑血管疾病、代谢性疾病、感染性疾病和神经退行性疾病等的候选药物正在开展系统的成药性评价和临床前研究阶段；处于Ⅰ～Ⅲ期临床研究的海洋药物有络通（玉足海参多糖）、K-001、D-聚甘酯、HS971 和几丁糖酯（916）等（表 17-5）。上述工作为海洋药物的产业化奠定了一定的基础。但总的来看，我国海洋药物研究与开发基础较为薄弱，技术与品种积累相对较少，海洋药物产业目前仍处于孕育期。

表 17-5　我国正在进行临床研究的海洋药物

品名	化学成分	适应证	研究阶段
络通	玉足海参多糖	脑缺血	NDA
K-001	螺旋藻糖-肽复合物	肿瘤	Ⅱ
916	硫酸氨基多糖	高脂血症	Ⅱ
多聚甘酯	D-聚甘酯	脑缺血	Ⅱ
HSH-971	硫酸寡糖	阿尔茨海默病	Ⅱ

（四）我国海洋药物研发面临的主要问题

当前，我国海洋药物研究迎来了历史上最好的发展机遇。《国家中长期科学与技术发展规划纲要（2006—2010）》已明确将“开发海洋生物资源保护和高效利用技术”列为重点领域中的优先主题；“海洋先导化合物和海洋创新药物技术”已列为“十二五”国家“863”计划海洋技术领域重点发展主题。但与此同时，我国海洋药物研发在“资源、技术、产品”三个层面上仍然存在诸多的问题和瓶颈，发展面临严峻的挑战。

1. 资源层面——开发利用的海洋生物资源种类十分有限

《中国海洋生物种类与分布》已确认的我国海洋生物资源种类达到 20 278 种，其中潜在的海洋生物药用资源约有 7500 种。但目前作过描述或初步鉴定的仅有 1500 种左右，进行过初步开发研究的还不到 100 种，且其中 80%来自于沿海或近海，与我国丰富的海洋生物资源总量相比并不相称。

2. 技术层面——基础薄弱，关键技术亟待完善与集成

从技术层面讲，尽管我国的海洋生物技术近年来已得到飞速的发展，但整体上仍落后于世界发达国家，特别在技术的集成和应用上。主要表现在：①海洋生物样品的采集、鉴定技术落后，特别是深海（微）生物的取样和保真（模拟）培养、保存；②海洋微生物高密度发酵、海洋共生微生物的共培养与利用技术严重落后；③生物活性筛选，特别是普筛、广筛不够；④先导化合物发现技术体系落后，规模化制备技术薄弱；⑤活性化合物的化学修饰和全合成技术不强；⑥药物靶标的发现及筛选技术落后；⑦规范化成药性/功效评价集成技术不完整；⑧产业化关键集成技术严重落后。

3. 产品层面——品种单一，创新能力不强

我国在 20 世纪八九十年代批准上市的 5 个海洋药物以及目前进入临床研究的 5 个海洋药物基本上均属多糖类药物，品种单一，未见化学药或基因工程蛋白质/多肽药物进入临床研究或批准上市，从一个侧面反映出我国海洋药物总体创新能力不强，无论是研发还是产业远远滞后于世界先进水平。

总之，全球海洋药物经过多年的研发，已到了厚积薄发、收获丰收的时候。我国已储备了一批针对重大疾病具有明确药理活性的海洋药物先导化合物，具有进一步作为药物候选物进行研究与开发的潜力。只要我们勇于创新、持之以恒，必将在较短的时间内创制出具有我国自主知识产权的海洋新药。

第三节 海洋生物多样性与生物制品的研发

21 世纪人类社会面临人口增加和老龄化、资源匮乏、能源短缺、环境恶化和突发公共卫生疾病蔓延等诸多问题的严峻挑战。随着陆地生物资源的日益减少，海洋生物资源的可持续开发和高效利用已成为世界海洋大国和强国竞争的焦点。

海洋是生物资源的巨大宝库。据估计，地球上 80%的物种生活在海洋，种类超过 1 亿种，而目前鉴定和命名的海洋生物不到 2000 万种。海洋独特的环境（高渗、低温或低氧）孕育了特有的生命现象。例如，海洋动植物体内含有大量的多糖，这些多糖物质通常是乙酰化和含硫的，与陆地生物的多糖在结构上有很大差异；深海海底具有多种独特的海底地貌，如深海平原、沿洋中脊排列的海山、热液口和冷泉等，深海的高压、高温/低温和高还原性环境是陆地上所没有的，深海孕育的特殊生态系统在生物多样性、物质循环和能量流动以及极端生物对环境适应的机理也与陆地生态系统大相径庭。海洋特殊环境造就的海洋生物多样性，是研究与开发新型海洋生物制品的重要生物资源。

一、国际海洋生物制品现状

近年来，国际上以各种海洋动植物、微生物等为原料，研制开发海洋生物制品已成为海洋资源开发的热点。当前，国际海洋生物制品研发的热点主要集中在海洋生物酶、功能材料、绿色农用制剂，以及保健食品、日用化学品等方面。世界发达国家投入巨资发展海洋生物酶产业，迄今为止，已有20余种具有重要工业、医药、食品、日化用途的高性能海洋生物酶进入产业化，并垄断了中国70%以上的市场。利用壳聚糖开发的急救止血材料批准上市，并作为军队列装物资；另有一批海洋生物来源的组织损伤修复、组织工程和药物运载缓释材料等已处于实质性开发阶段。一批新型海洋生物农药、植物免疫调节剂得到大规模的应用，引发了农作物生产和食品安全的一场绿色化学革命。以疫苗接种为主导的养殖鱼类病害防治取得了显著的社会与经济效益。因此，加强对海洋生物制品研发的投入，创制一批具有市场前景的新型海洋生物制品，对于促进我国海洋生物资源开发利用水平，推动“蓝色”经济的发展具有重要的意义。

二、我国海洋生物制品现状

我国开发海洋生物制品的资源丰富，研究基础坚实，产学研结合密切。海洋生物酶经过多年的研究积累，筛选到多种具有显著特性的酶类，部分品种已进入产业化实施阶段，在国内外市场具有一定的竞争优势。在海洋功能材料方面，海洋多糖的纤维制造技术已实现规模化生产，新一代止血、愈创、抗菌功能性伤口护理敷料和手术防粘连产品均已实现产业化；海洋寡糖农药开发应用在世界上处于先进水平，并已进入到应用推广阶段。上述工作为我国海洋生物制品产业的快速发展奠定了坚实的基础。

（一）我国海洋生物制品的研发已取得长足的进步

我国是海洋生物制品原料生产大国，以壳聚糖、海藻酸钠为例，我国的生产量占世界80%以上。海洋生物酶经过多年的研究积累，筛选到多种具有显著特性的酶类，在国内外市场具有较强的竞争优势，其中部分酶制剂，如溶菌酶、蛋白酶、脂肪酶、酯酶等已进入产业化实施阶段。在海洋功能材料方面，海洋多糖的纤维制造技术已实现规模化生产，年产品约为1000t；海洋多糖纤维胶囊，新一代止血、愈创、抗菌功能性伤口护理敷料和手术防粘连产品均已实现产业化；海洋多糖、胶原组织工程支架材料的研发取得重要进展。在海洋绿色农用制剂方面，海洋寡糖农药开发应用在世界上处于先进水平，并已进入到应用推广阶段；针对重要海洋病原（如鳗弧菌、迟钝爱德华菌、虹彩病毒等）开展了深入系统的致病机理研究和相应的疫苗开发工作，一批具有产业化前景的候选疫苗已进入行政审批程序，有望通过进一步的开发形成新的产业。

（二）我国海洋生物制品产业发展正处于战略机遇期

1. 海洋生物酶

我国自“九五”开始，针对海洋生物酶的开发利用技术开展了系统的研究，经过多年的积累，具备了较好的技术基础，拥有了一支较为稳定的队伍。目前，已筛选到多种具有较强特殊活性的海洋生物酶类，如碱性蛋白酶、溶菌酶、酯酶、脂肪酶、葡聚糖降解酶、海藻糖合成酶、超氧化物歧化酶、漆酶等；已克隆获得了一批新颖海洋生物酶基因，如几丁质酶、β-琼胶酶、深海适冷蛋白酶等。与现有的陆地来源的酶相比具有低温和室温下活性高、抗氧化、在复杂体系中稳定性良好等罕见的性质，在国内外市场具有较强的竞争优势，其中已有部分酶制剂在开发和应用关键技术方面取得重大突破，进入产业化实施阶段。这些成果引起国外研究机构和国际著名商业集团的重视，为我国海洋生物技术创新与产业发展作出了重要贡献，缩短了我国在海洋生物酶研究开发技术上与国际先进水平的差距。

2. 海洋农用生物制剂

海洋农用生物制剂的开发与应用，将有力地推动绿色农业的可持续发展。新型海洋微生物农药和海洋生物来源植物免疫调节剂的开发与应用是国际上该领域发展的重点。①海洋微生物农药开发潜力巨大。我国已有较扎实的海洋微生物防治植物病虫害研究的基础，近年发现海洋酵母菌具有防治樱桃、番茄褐斑病的效果，海洋枯草芽孢杆菌3512A对黄瓜枯萎病菌有较强的抑制作用；还发现海洋细菌L1-9对辣椒疫霉等10种病原真菌均有较好的抑制作用。开发了海洋放线菌MB-97生物制剂，海洋地衣芽孢杆菌9912制剂，海洋枯草芽孢杆菌3512、3728可湿性粉剂等；以B-9987菌株开发的海洋芽孢杆菌可湿性粉剂也即将进入产业化阶段。海洋微生物用途广泛，但在农业领域中的应用尚未引起人们足够的重视，开发潜力巨大。②海洋寡糖植物免疫调节剂是近年来国际上迅速发展起来的一类新型海洋农用生物制剂，其特点是安全、高效、不易产生抗药性。以甲壳素衍生物为原料的“氨基寡糖素”及“农乐1号”等生物农药及肥料已初步实现了产业化，并开发出以壳聚糖、壳寡糖为原料的新型农肥、农药产品，已经取得了较好的经济效益和社会效益。仅海洋寡糖生物农药在国内20余省（自治区）得到了推广应用，推广面积达2000万亩。

3. 海洋生物功能材料

海洋生物功能材料是海洋资源利用的高附加值产业，也是高新技术的制高点之一。近年来，我国已初步奠定了海洋生物功能材料，特别是医用材料方面的研究基础，并逐步形成了数个海洋生物功能材料的研发机构和团队。我国的海洋生物医用材料研究结合国际第三代生物医用材料技术，在功能性可吸收生物医用材料方面实现了系列技术创新和成果创新。壳聚糖、海藻酸盐的化学改性技术已取得了几十项国家授权专利，形成了以医用材料为核心的技术优势。海洋多糖的纤维制造技术已实现规模化生产，年产品约在1000t；海藻多糖纤维胶囊，新一代止血、愈创、抗菌功能性伤口护理敷料和手术防粘连产品均已实现产业化；以壳聚糖为材料的体内可吸收手术止血新材料在产品制造、功能性和安全性方面取得了重大技术突破，其在快速止血、促进创面愈合和吸收安全性方面超越了美国强生公司的手术止血产品，产品处于国家审批阶段；由此也展开了不同剂型、不同适应证的系列手术止血材料的技术研发，部分产品进入临床研究；以壳聚糖、海藻酸和鱼胶原为材料的组织工程仿生修复产品的研究，包括角膜组织支架材料、骨组织支架材料、神经组织支架材料、血管支架材料等也已取得了阶段性研究成果。因此，目前我国海洋生物功能材料的发展到了需要实现全面突破的关键时期。

4. 海洋动物疫苗

我国养殖业大量滥用抗生素类等药物已对生态环境和食品安全造成了极其严重的危害。开发海洋动物疫苗与绿色生物饲料添加剂是解决此问题的重要手段。动物疫苗符合无环境污染及食品安全的理念，具有针对性强、主动预防等特点，已成为当今世界水生动物疾病防治研究与开发的主流对象。近年来，我国科学家针对海水养殖业中具有重大危害的病原，如鳗弧菌、迟钝爱德华菌、虹彩病毒等，分别开发了减毒活疫苗、亚单位疫苗和DNA疫苗等新型疫苗，并建立了新型的浸泡或口服给药系统；重点突破了疫苗研制过程中保护性抗原蛋白筛选、减毒疫苗基因靶点筛选及多联或多效价疫苗设计三大关键技术，一批具有产业化前景的候选疫苗已进入行政审批程序，有望通过进一步开发形成新的产业。

三、我国海洋生物制品研究与开发面临的主要问题

我国海洋生物制品工程与科技与世界发达国家相比尚有不小的差距，发展既面临挑战，又面临机遇，主要体现在“资源、技术、产品、体制”四个层面。

（一）资源层面——开发利用的海洋生物资源种类十分有限

我国缺乏系统的海洋生物资源（特别是海洋微生物资源）调查规划，以往开展的一些零星调查计划既有许多重复，又有大量空白。《中国海洋生物种类与分布》已确认的我国海洋生物资源种类达到20 278种，其中潜在的海洋生物药用资源约有7500种。但目前作过描述或初步鉴定的仅有1500种左右，进行过初步开发研究的不到200种，且其中80%来自于沿海或近海，与我国丰富的海洋生物资源总量相比并不相称。

就海洋基因资源的研究与开发来讲，相对于陆生生物，目前我国海洋生物基因资源的挖掘仅限于少数几种经济动物和模式动物，基因组数据资源极为匮乏，研究中学院化、重论文、轻应用现象严重。基因功能研究的广度与深度远远不够，缺乏系统和完善的研究平台，研究力量较为分散。

（二）技术层面——研究基础薄弱，关键技术亟待完善与集成

我国海洋生物制品研发总体上力量分散，系统性不足，尚未形成有国际竞争力的团队。在投入方面，一些世界海洋大国和强国和地区（美国、日本、俄罗斯、欧盟等）纷纷将开发海洋作为其基本国策，而有效利用海洋生物资源、大力发展海洋生物技术是研究的重点和优先领域，近年来分别推出了“海洋生物技术计划”、“海洋生物开发计划”、“海洋蓝宝石计划”以及针对海洋生物酶的“LexEn专项计划”、“极端细胞工厂”（Extremophiles as Cell Factory）、“冷酶（Cold Enzyme）计划”和“深海之星（Deep-Star）计划”等，近30年来总投入已超过500亿美元。我国自“九五”以来，开始关注海洋药物/生物制品的研究与开发，先后分别在国家“863”计划资源环境和海洋技术领域，以及国家科技支撑计划中设立了“海洋生物技术”、“海洋生物资源利用开发”等主题和项目，但总投入与发达国家在此领域的投入有巨大的差距。

从技术层面讲，尽管我国的海洋生物技术近年来已得到飞速的发展，但整体上仍落

后于世界发达国家，特别在技术的集成和应用上，造成了我国在海洋生物制品研究方面的整体创新能力不强。主要表现在：①海洋生物样品的采集、鉴定技术落后，特别是深海（微）生物的取样和保真（模拟）培养、保存；②海洋微生物高密度发酵、海洋共生微生物的共培养与利用技术严重落后；③生物活性筛选，特别是普筛、广筛不够；④产业化关键集成技术严重落后等。因此，亟待完善与集成贯穿整个海洋生物制品研发链的关键技术。重点发展的相关技术包括：①重要生物制品用海洋生物培育、（增）养殖技术；②海洋动植物细胞的大规模培养/细胞工程技术；③海洋生物制品用微生物菌株的筛选、改造、大规模发酵技术；④未培养海洋微生物的可培养技术；⑤重要海洋生物制品功能基因（基因簇）利用技术；⑥海洋生物制品系统性功效/安全性评价及产业化集成技术等。

（三）产品层面——品种单调，产业化程度低、应用领域狭窄

1. 我国海洋生物酶品种少，产业化规模小、应用领域狭窄

我国海洋生物酶的研究、产业化、应用与国际先进水平相比还有较大的差距。具体表现为品种少、产业化规模小、应用领域狭窄。过去十几年，大多数研究的酶种还局限在水解酶类，而其他类型的酶，如裂合酶类、转移酶类、氧化还原酶类、合成酶类等研究较少。尽管我国某些海洋生物酶制剂已经实现了工业化生产，但产业化酶种的数量偏少、剂型少，并且高附加值的海洋生物酶种更少，如淀粉水解酶的需求量约占全球酶消耗量的30%，包括α-淀粉酶（液化酶）和β-淀粉酶和异淀粉酶。深海热液口环境来源的α-淀粉酶和异淀粉酶具有更高的温度耐受性和辅因子特殊性，正逐步取代现有的陆源酶系。我国需要继续支持对已有研究基础的酶种开展中试和工业化生产技术研究，促进海洋生物酶制剂的产业化发展。

我国海洋生物酶的应用基础研究及制剂技术薄弱。酶制剂的研究大多还集中在新酶的发现、基因克隆与分析、酶学性质研究等。尽管海洋生物酶由于其环境的特性，具有某些独特的催化特性，但由于天然酶蛋白分子结构方面的某些不足，很难直接进行产业化开发与应用，需要通过制剂技术或酶分子修饰和改造，在保持其优良催化特性的基础上，提高酶分子应用的高效和稳定性。而液体酶催化剂已逐渐占领市场主流，但其稳定性严重制约了工业领域的应用能力。

我国海洋生物酶应用领域窄。目前我国海洋生物酶的应用多集中在工业、农业、食品等领域，而针对生物技术用酶、生物医药用酶等高端应用领域的研究相对较少。例如，生物技术领域中广泛应用的来源于深海微生物的耐热 *Taq* 酶，一个酶种的年产值已经达到数亿美元，而我国自主研发的工具酶类鲜见报道。酶应用关键技术的突破是能否实现酶产业化开发的关键之一。海洋生物酶是一类生物催化剂，其核心目标是大规模采用酶作为催化剂生产高附加值的化学品、医药、能源、材料等，最终建立在生物催化基础上的新物质加工体系。我们通常忽视酶应用技术研究，而限制了许多酶制剂的大规模应用。总之，尽管我国在海洋生物酶制剂的研究方面已经取得了很大的进步，但由于我国在该研究领域起步较晚，研究基础薄弱，整体研究力量不足，与国际先进水平还有较大的差距。

2. 我国海洋农用生物制剂产业化规模偏小，推广应用不够

海洋绿色农用生物制剂亟待解决产业化规模和推广应用等技术问题。目前在利用海洋微生物创制微生物农药、微生物肥料以及农用抗生素等农用生物制剂产业化方面，亟待解决以下关键技术问题：海洋微生物菌株发酵工艺优化与工业放大、海洋微生物农药与微生物肥料的高效低能耗生产工艺的优化与工业放大、海洋微生物农药与微生物肥料剂型及其配方的筛选与优化、海洋微生物农药的防病机制及耐盐机制等。而在海洋寡糖植物免疫调节剂大规模的产品生产和应用过程中，亟待解决产品种类单一、产品稳定性与质量控制、复配制剂技术、生产成本及产品应用技术集成等一系列影响产业化的关键技术问题。因此，进一步充分挖掘丰富的海洋资源，加强海洋绿色农用制剂品种研制，建立系统活性筛选和评价体系技术平台，提高产品的稳定性及建立完善的产品质量标准，解决大规模工业化生产的关键技术，降低产品工业化生产成本，推广产品的广泛应用，是我国绿色海洋农用生物制剂发展的重要课题。

3. 我国海洋生物材料研发进度迟缓，动物疫苗研究刚刚起步

我国是海洋生物功能材料原料大国，但在产品的研发与产业化方面远远落后于世界发达国家。尽管我国在某些医用材料、功能材料及药用制剂辅料方面的研发也取得了一定的进展，但总体上研究单位少，研究力量薄弱、分散，研发进度缓慢，尚未真正建立起具有自主知识产权的海洋生物材料开发的技术体系。急需突破海洋生物功能材料的改性修饰和分离纯化工艺、终端产品的规模化加工成型工艺、系统的功效和安全性评价等关键技术，建立海洋生物材料工程技术中心和产业化示范基地。

商业海洋动物（鱼类）疫苗是世界海水养殖强国和大国研发的重点，挪威在以疫苗接种为主导的养殖鱼类病害防治应用实践中取得了显著成效。我国的海洋动物疫苗研究起步较晚，国内仅有少数单位从事该领域的研发工作，基础和研发力量相当薄弱；品种单一，在研的疫苗品种仅有针对鳗弧菌、迟钝爱德华菌和虹彩病毒的疫苗。由于动物疫苗符合无环境污染及食品安全的理念，具有针对性强、主动预防等特点，已成为当今世界水生动物疾病防治研究与开发的主流方向。加强该领域的研究，将为我国海产品质量安全及海水养殖业的可持续健康发展提供技术保证。

总之，在未来一段时间，利用现代生物技术综合和高效利用海洋生物资源，开发具有市场前景的新型海洋生物制品，形成并壮大工业/医药/生物技术用酶、医用功能材料、绿色农用生物制剂等产业仍是一项艰巨的任务。海洋生物制品研发与产业化的核心将是形成具有自主创新能力的一批海洋生物资源高附加值产品，从而获得一批具有重大影响的创新成果，发展并壮大我国的海洋生物制品产业。

（卢小玲　焦炳华）

第十八章　生命科学与军事生物技术

近20年以来，生命科学的进步为现代生物技术的快速发展提供了强大的动力。生物技术的发展不仅导致了生命科学领域的深刻变化，同时也给军事领域对抗手段的发展带来了新的机遇，促使世界各国特别是经济大国在大力发展民用生物技术的同时，积极发展军用生物技术，从而为军队提供或可能提供与传统武器和装备不同的新概念武器和装备。

美国、日本、俄罗斯和欧洲的一些国家十分重视军事生物技术研究。从1989年开始，美国国防部设立了国防生物技术指导委员会，每年都将军事生物技术列入国防关键技术计划，并将生物战剂、基因武器、新型生物材料、新型生物装备、仿生学等作为重点发展领域。

第一节　生物战剂

以光气和芥子气为代表的致伤性糜烂性毒剂称为第一代化学战剂，以有机磷为代表的致死性神经性毒剂称为第二代化学战剂，而以微生物制剂、毒素等为代表的生物制剂称为第三代化学战剂，又称生物战剂（biological agents）。1975年3月26日经联合国通过的《禁止生物武器公约》（全称为《禁止细菌（生物）及毒素武器的发展、生产及储存以及销毁这类武器的公约》）正式生效，1997年4月29日，经联合国通过的《禁止化学武器公约》（全称为《关于禁止发展、生产、储存和使用化学武器及销毁此种武器的公约》）正式生效（中国已分别加入上述两个公约并已完成履行）。但是仍有少数国家和国际恐怖组织继续秘密研制和开发化学和生物武器，给世界和平带来了严重的威胁。

生物战剂是指军事上用以杀伤人、畜和毁伤农作物的细菌、病毒、微生物毒素及其他生物活性物质的总称。生物战剂是构成生物武器的基础，它装填于各种喷洒器材或爆炸装置中，施放后形成生物战剂气溶胶污染环境，通过呼吸道、消化道、皮肤等途径侵入机体，造成人、畜染病以致死亡。

生物战剂种类繁多，性能各异，根据其性质大体可分为三类。①微生物战剂。包括细菌类（含立克次体类和衣原体类）、病毒类和真菌类战剂。②毒素类战剂。包括动物毒素类、植物毒素类、细菌和真菌毒素类战剂。③生物调节剂类战剂。包括一些活性肽，前列腺素类物质和P-物质等。随着分子生物学和遗传工程技术的迅速发展，不但现有生物战剂的性能会得到进一步提高，而且还有可能研制出新的毒性更大的生物战剂。

一、微生物战剂

微生物战剂大体有如下类型。①细菌类战剂。包括炭疽杆菌、鼠疫杆菌、霍乱弧菌、野兔热杆菌、布氏杆菌等；立克次体类（流行性斑疹伤寒立克次体、Q热立克次体等）；衣原体类（主要是鸟疫衣原体）。②病毒类战剂。包括黄热病毒、天花病毒、委内瑞拉马脑炎病毒、马尔堡病毒、埃博拉病毒等；③真菌类战剂。包括粗球孢子菌、荚膜组织胞质菌等。

微生物战剂一般是将具有强致病性的活的微生物以气溶胶形式直接释放于环境中，感染后造成人、畜伤害。微生物战剂气溶胶是一种0.5～5μm的微小颗粒，它可以由飞机、军舰和其他运输工具的气溶胶发生器直接产生，也可以利用生物炮弹、生物炸弹和生物导弹爆炸形成。采用气溶胶方式施放微生物战剂可提高生物武器的杀伤效能：①施放效率高，可以大量施放，污染目标面积大；②杀伤范围广，不仅能杀伤地面上的有生力量，甚至能够侵入无防护设施的工事和房屋，伤害隐蔽其中的人员；③侦察发现难，微生物战剂一般无色无味，颗粒极小，人的感官和常用的侦检仪器都难以察觉；④作用时间长，高科技制备的气溶胶，在一定的条件下可较长时间停留在空中形成损害。

微生物战剂气溶胶的毒害程度与施放方式有关。用生物炸弹施放气溶胶，称为点源施放；将气溶胶喷洒成一条线状，称为线源施放；用多枚生物炸弹随机分布在目标区内，称为面源（多点源）施放。靠近点源、线源处的生物战剂浓度最大，杀伤力也最强。生物战剂气溶胶主要用于攻击敌方政治和经济中心、交通枢纽、重要港口、军事基地以及军队集结地等战略目标。攻击这些目标可破坏后方生产和运输，阻止军队的集结和行动，造成强烈的心理效应。

二、毒素战剂

毒素（toxin）是由生物机体（微生物、动物和植物等）代谢分泌或半生物合成产生的有毒化学物质，通常分为蛋白质（或肽类）毒素和非蛋白质毒素，这类物质毒性极大，用作毒素战剂可以直接使人或动物、植物产生伤害或死亡。

毒素战剂按生物来源分为细菌毒素、真菌毒素、动物毒素和植物毒素等。目前已知 LD_{50} 小于0.5mg/kg的毒素有700余种。

常见的毒素有如下几种。①植物毒素：相思子毒素、蓖麻毒素等。②细菌毒素：肉毒毒素、破伤风毒素、白喉毒素、痢疾毒素、葡萄球菌肠毒素B等。③动物毒素：原生动物毒素（西加毒素）、两栖动物毒素（箭毒蛙毒素）、腔肠动物毒素（岩沙海葵毒素）、软体动物毒素（石房蛤毒素、芋螺毒素）、爬行动物毒素（蛇毒素）、鱼类动物毒素（河豚毒素）等。④真菌毒素：黄曲霉毒素等。

毒素作为生物战剂有如下特点：①毒性强烈，比现有化学战剂大数千至数万倍；②毒理作用特殊，难以防治；③性质稳定，难以侦检；④低分子质量化合物较易化学合成；⑤分子结构新颖，可作为合成新毒素的先导化合物或修饰改造成新毒素。

三、生物调节剂类战剂

生物调节剂是指人或动物体内微量存在的、具有调节机体生理功能的寡肽或短肽成分。生物调节剂活性极高，在超过生理剂量范围外可引起机体调节功能障碍及精神或躯体的失能作用，对人类构成潜在的威胁。生物调节剂是生物战剂范畴的拓展，它能产生传统毒剂所没有的性能，具有重要的军事应用潜力，并受到外军的高度重视。

生物调节剂具有低剂量、高活性和速效性的作用特点，化学合成简便，而且内源性生物活性物质难以检出，可以逃避《禁止生物武器公约》的约束。具有军事意义的生物调节剂见表 18-1。

表 18-1　具有军事意义的生物调节剂

生物调节剂	氨基酸残基数	来源	伤害症状
内皮素	22	猪、牛、人上皮细胞	降血压、昏迷
P 物质	11	脑灰质	降压、知觉丧失
神经肽 Y	36	哺乳动物脑	升血压
神经激肽 A	10	猪脊髓	降血压
章鱼涎肽	11	两栖动物	血压、激素变化
铃蟾肽	14	蛙皮	升血压、惊厥
血管紧张素	8	哺乳动物肝脏	升血压、收缩冠脉
加压素	10	高等哺乳动物	升血压、休克
神经降压素	13	牛下丘脑	降血压、体温
缓激肽	9	蛙皮、黄蜂毒	疼痛，降血压、体温
内啡肽	31	哺乳动物脑垂体	精神紊乱
强啡肽	7	猪脑	精神紊乱
生长激素释放抑制素	14	羊下丘脑	降低运动功能和体温
δ-睡眠肽	9	哺乳动物	引起睡眠

第二节　基因武器

基因武器（genetic weapon）是按照作战需要，应用基因工程原理设计和制造的新型生物武器，如在一些本来不致病的微生物体内植入致病基因而制成的高致病性微生物，在一些致病微生物中植入能对抗药物作用的抗药性微生物。再如，人类不同种群的遗传基因是不一样的，基因武器可以根据人类的基因特征选择某一种群体作为杀伤对象，因此科学家们也称这种“只对敌方具有残酷杀伤力，而对己方毫无影响的”武器为“种族武器”。

目前，至少美国、俄罗斯和以色列都有研制基因武器的计划。美国已经研制出一些具有实战价值的基因武器，他们在普通酿酒菌中接入一种在非洲和中东引起可怕裂谷热的致病菌基因，从而使酿酒菌可以传播裂谷热病。俄罗斯利用遗传工程方法，研究成功了一种炭疽变种的超级细菌，可以对绝大多数抗生素产生抗药性。据称，以色列正在研制一种仅能杀伤阿拉伯人而对犹太人没有危害的基因武器。所以，科学家又将这类武器称为“世界末日武器”。

一、基因武器的种类

1. 微生物基因武器

最常见的基因武器，包括：利用微生物基因修饰生产新的生物战剂、改造构建已知生物战剂、利用基因重组方法制备新的病毒战剂；把自然界中致病力强的基因转移，制造出致病力更强的新战剂；把耐药性基因转移，制造出具有耐药性的新战剂。

2. 毒素基因武器

通过生物技术可增强天然毒素的毒性，还能制成自然界所没有的毒性更强的毒素。“种族武器”只对某特定人种的特定基因、特定部位有效，对其他人种完全无害，是新式的超级制导武器。

3. 转基因食物

利用基因工程技术对食品进行特殊处理，诱发特定或多种疾病，降低对方战斗力；研制转基因药物，通过药物诱导或其他控制手段既可削弱对方的战斗力，也可增强己方士兵的作战能力，培育未来的“超级士兵”。

4. 克隆武器

利用基因技术产生极具攻击性和杀伤力的“杀人蜂”、“食人蚁”或“血蛙”、“巨蛙”类新物种。不远的将来，人类可用生物工程技术，创造一些“智商”高、体力强、动作敏捷、繁殖快、饲养简单的动物，去充当“动物兵”。随着基因技术的发展，杂交出一些令人瞠目结舌的“怪物”是完全有可能的。

二、基因武器的特点

基因武器杀伤力极强，远非普通的生物战剂所能比拟。有人估算，用5000万美元建造一个基因武器库，其杀伤效能远远超过50亿美元建造的核武器库。因为拥有这种武器的人不必顾虑对自己及对地球整体环境的破坏。某国曾将两种病毒的DNA拼接成一种具有剧毒的超级“肉毒素”基因战剂，只需20g该毒素就足以使全球60多亿人全部死于非命。从这个意义上说，把基因武器称为“世界末日武器”或“终极武器”毫不夸张。

在战略上，基因武器将使作战方式发生明显变化。使用者只需要在临战前将经过基因工程培养的病菌投入他国，或利用飞机、导弹等将带有致病基因的微生物投入他国交通要道或城市，让病毒自然扩散、繁殖，使敌方人畜在短时间患一种无法治疗的疾病，从而丧失战斗能力。此外，基因武器可根据需要任意重组基因，可在一些生物中移入损伤人类智力的基因。当某一特定族群的人们沾染上这种带有损伤智力基因的病菌时，就会丧失正常智力。

在战术上，基因武器不易被发现，将使对方防不胜防。因为经过改造的病毒和细菌基因，只有制造者才知道它的遗传“密码”，其他人短时间内很难破译和控制。同时，基因武器的杀伤作用过程是在秘密之中进行的，人们一般不能提前发现和采取有效的防护措施。一旦感受到伤害，为时已晚，在此之前早已遭到基因病毒的侵袭，很难治疗，具有极强的心理威慑作用。

三、如何面对基因武器的挑战

基因武器对人类的危害性难以估量，尤其是如果此等技术被恐怖分子利用，世界从此将不得安宁。为了保护全人类的最大利益，维护和促进世界和平与发展，有效防范基因武器的潜在威胁，我们应采取以下对策。

第一，积极敦促国际社会按照1998年联合国大会批准的“关于人类基因组与人类权利的国际宣言”精神，制订全面禁止基因武器研制的伦理公约和协议。

第二，尽快采取行动，认真研究本民族的基因密码，及早查明其中的特异性和易感性基因，有针对性地采用生物工程技术研制有效的生物药剂和疫苗，提高和增强民族的基因抵抗力。

第三，积极应用高新技术，研制新型探测和防护器材，做到有效识别和防护。

第四，针对敌军可能实施基因战的战法、途径和手段进行专门研究，及早制定行动预案。只有这样，在未来可能面临的基因威慑与反威慑的斗争中，中华民族才不至于受制于人。

第三节　新概念生物武器与装备

现代生物技术的发展，为军事技术的变革与发展提供了全新的条件，使得军事领域诞生了一系列与以往武器和装备在其机理、功能和杀伤破坏方式等方面不同的新概念武器和装备。新概念武器和军事后勤装备将给未来战争及其保障带来革命性的变化。

一、新概念生物信息技术与指挥自动化

1. 生物仿生技术

随着现代仿生技术的进步，人类已经制造出仿视觉、仿听觉、仿嗅觉传感器，生物传感器以及DNA芯片等，大大提高了人类获取信息的能力。而各种仿生传感器被用于军事目的后，使雷达、声纳和导航、测控装置等得以全面改进。这不仅有效地提高了信息获取和识别能力，而且大大减轻了人员的危险和劳动强度。例如，仿生电子鼻可用于检查军用食品，测定核爆炸后和敌方施放化学武器时大气污染的程度和毒气的种类，分析潜艇、高空飞行器和航天器中的气体，帮助军医分析患者尿液的气味等。生物传感器可用于探测炸药、火箭推进剂的挥发降解产物，从而能够确定敌方库存地雷、炮弹、炸弹、导弹等的位置和数量。自然界中许多动物具有导航能力，如鸟体的导航系统只有几毫克重，但精确度极高，利用生物技术手段模拟动物的仿生导航系统可简化军事导航系统，使其精度提高、体积缩小、成本降低。

2. 生物计算机技术

与此同时，人类处理所获信息的能力也有了质的飞跃。其中，生物计算机作为生物技术与计算机技术相融合的产物，是21世纪计算机革命的一个标志，对未来武器装备的信息化、微型化、智能化过程将起到重要的推动作用。生物计算机是以DNA分子中的密码作为信息编码的载体，利用现代分子生物技术，控制酶作用下的DNA序列反

应，以实现运算过程，即以反应前的DNA作为输入数据，以反应后的DNA序列为运算结果，其智能化水平有了极大的提高。

利用生物技术设计生产的大分子系统是更高级的电子材料，能够确保电子装备在各种复杂条件下稳定工作。用这种电子元件制成雷达，可在强烈电磁干扰下，全天候、全方位、远距离搜索发现目标并识别敌我。例如，正在研制的蛋白质分子计算机将比现有计算机的运算速度和存储能力高出数亿倍，并具有人脑的分析、判断、联想、记忆等功能。目前，美国等发达国家已研制出蛋白质三维数据存储器、蛋白质并行处理器及神经网络元等原型器件，有些器件已被陆续应用于军事目的。例如，美国研制的神经网络元支票阅读器能识别人的指纹与面貌特征，用它替代特种军事部门的电子通行证，使识别能力及可靠性大为提高。

生物计算机不仅在智能化方面高于普通的计算机，而且在运算速度上也远远超过后者。生物计算机的存储容量还非常大——$1mm^3$ 的DNA溶液可存储的数据将超过目前全世界所有计算机的存储容量，而且在运算过程中所消耗的能量，仅是一台普通计算机的十亿万分之一。

3. 指挥自动化技术

生物计算机的智能化功能及快速处理信息的功能可大大提高战场指挥员的实时决策、实时指挥能力。而生物计算机的微型化、大储量、低成本的发展趋势，又可使指挥中心、网络节点，甚至每件武器、每个士兵都可能拥有计算机，整个战场就像一个“计算机网络大平台”。各作战单元之间、作战平台之间都能够直接沟通联系、实时交换信息，实现信息采集、传递、处理、存储、使用一体化，形成一个指挥或控制层次大大减少的“扁平状”的网络指挥或控制体系，充分显示了信息传输快、保密性好、生存率高、失真率低、抗干扰能力强、决策分散化等特点。

二、新概念生物伪装材料与生物伪装技术

由生物技术衍生而来的生物伪装技术发展迅速，越来越引起各国的高度关注。这些新型生物伪装技术一旦广泛地运用于未来战场，必将给战争进程乃至战争的胜负带来不可估量的影响。

1. 新型生物伪装材料

目前，军事侦察所用的波段几乎覆盖了整个电磁频谱，战场“透明”度也越来越高。为此，有必要发展“全谱伪装”技术。英国科学家现已研制出一种新型热敏伪装材料，该材料能在28℃时变成红色，33℃时变为蓝色，低温时变为黑色，在−100～−20℃条件下使用时，具有色彩的全光谱变化。应用可调制电磁特征的生物烟幕制剂或合成可吸收红外、紫外等各种波长电磁辐射的生物吸波材料（如视黄酸聚合物——希夫碱盐聚乙烯），皆可大大减少或消除信号特征，从而达到伪装隐身的目的。这类材料一旦装备，将可能使敌方无法探得电磁信号或信号完全失真，从而大大提高作战系统的保障能力。

根据变色龙的原理，通过生物技术研制出“变色蛋白质纤维”材料，如涂在设施、武器、装备、平台、头盔等上，即使敌方用现代化的侦察仪器探测，也难以发现目标。

这为隐身飞行器、隐身舰船、隐身坦克的研制提供了新型生物材料。

2. 基因工程植物伪装

植物伪装是最古老的军事伪装方式之一。由于受地形、天候等条件限制，植物伪装在现代战场上的地位已今不如昔。随着基因工程技术的发展及应用，传统的植物伪装方法如今又重新焕发了“青春”。例如，利用基因工程技术研制超级“植物毯”，可使普通的植物伪装超脱诸多条件限制，成为一种“随心所欲”的伪装手段。基因技术的优势是，可将多种植物的长处集中到某一种植物上，使之具有快速生长、耐旱涝、能持久，对季节及气温的适应性强等特点，有的基因工程植物，不仅具有极好的光学伪装性能，同时还具有良好的红外和微波吸收特性。

3. “生物伪装衣”

为了达到有效消灭敌人的目的，保存自己是先决条件。因此，利用生物技术研制出具有隐身功能的种种伪装新装备，如生物伪装衣、生物伪装帐篷、生物伪装工程等，无疑将成为未来战争中提高战斗力与生存力的理想装备。

如上提及的“变色蛋白质纤维”，以这种变色纤维做成变色布料，可随环境的变化而自动变色。由这种材料制成的生物伪装衣，不仅可以变换衣服色调以适应周围环境，而且能够屏蔽雷达和探测器的侦察。又如，受翅膀中有无数显色和不显色鳞片蝴蝶的启示，科学家已研制出一种特殊织物，可随地貌的变化而交替呈现不同颜色，使敌现代化侦察仪器难以发现。

总之，生物伪装具有重要的军事意义。据国外有关研究表明，当真假目标的数量达到一定比例时，成功的隐真和示假就相当于增大了10倍的兵力；当真假目标各被揭露50%时，可获得相当于增加40%的兵力；当真目标完全暴露而假目标未被识破时，可以获得相当于增加76%的兵力。可见，生物伪装在军事上的作用非同一般。生物伪装术的深入研究，无疑为现代军事伪装开拓了新的思路，为未来战场开拓了伪装新领域和打造了新的生存空间，具有广阔的发展前景。

三、新概念生物材料与作战平台

现代生物技术的发展，使得在军事领域除了可利用生物计算机、生物传感器或仿生探测器来提高作战平台的信息化水平与能力外，还可运用生物技术为其提供所需的各种轻质的、高强度的建造材料和特有的仿生结构。

1. 生物材料

生物材料具有质量轻、强度高、结构精细、性能特异等特点，其军事应用价值极高。目前正在研究的生物材料包括：蛋白质纤维、塑料、黏合剂、涂料、弹性体、润滑剂、复合材料和光电材料等。预计不久的将来，将出现高性能的纳米生物材料、生物钢和生物陶瓷等，并装备部队。

纳米生物材料是运用纳米技术，以20种氨基酸为原料，合成具有特定功能的蛋白质零件，由这种零件可装配成纳米机器人。这种机器人装有微型传感器，具有视觉、嗅觉和触觉等功能，能飞、能爬、能在水中穿行，因而可用于侦察、排雷、引爆水雷和操纵平台。美国陆军研究发展和工程中心从织网蜘蛛中分离出合成蜘蛛丝的基因，从而能够生产蛛丝，还将基因转移到细菌中生产可溶性丝蛋白，经提炼后可纺成特殊的纤维，其强度可超过钢丝100倍，称之为生物钢，可用于生产防弹背心、防弹头盔、降落伞绳索和其他高强度轻型装备。利用生物工程提供各种生物材料，如用珊瑚礁和玻璃纤维合成的生物陶瓷，其断裂韧性是单块均质碳酸钙陶瓷的100～1000倍，是坦克和装甲车的理想防护材料，可提高穿甲能力。

2. 生物加工

生物加工处理技术在军事上的应用也越来越受到人们的重视，目前研究的侧重于生化战剂的洗消、危险废物的生物降解、生物防核污染等方向。可望研制出无腐蚀、低成本、高速度、便于携带的清洗生化战剂的生物酶，清除残余地雷、水雷，降解TNT炸药的生物体和能除去铀、镭、砷等有毒有害元素的微生物。还可利用某些酶制剂迅速降解敌方军事设备上的高分子材料，如合成橡胶、天然材料等，在不知不觉中使这些设备逐步失去战斗效能。

3. 仿生技术

仿生技术的发展，使得飞机、舰船的外形或结构进一步优化，同时提高了作战平台的性能和生存能力。例如，可以模仿海豚和鲸的体形结构，改进潜水艇的艇体设计，从而大大提高航速和动力利用率。再如，可模仿鳐鱼和电鳗的特殊运动原理，研制新型的“皮动”潜艇，其没有推进器，也没有垂直舵和水平舵，而是用弹性皮代替潜艇的传统外壳。在一定频率的脉动电流作用下，外壳的伸缩地使艇体运动起来。这种“潜艇”在海水中前进时很难分辨其是鱼还是潜艇，既可突袭敌方，又可隐蔽自己，从而提高了自我生存能力。

生物技术与微电子技术的结合可研制出各类自动化和信息化的“微型武器”，如“蚂蚁雄兵”、“灵巧臭虫”、“ 间谍草”、“聪明的苍蝇”、“带刺的黄蜂”和“袖珍遥控机”等。目前，美国已掌握制造出每平方厘米布满5000多个微小发动机的技术，这些发动机就是微型武器的推进器。它们能被发射、播撒出去，本身又可飞行、爬行、跳跃，蛰伏在敌方司令部、地下工事、战场驻军的门窗缝隙或不起眼的其他地方，以其信息接收、处理、导航和通信能力，可探测、收集情报或起其他间谍作用，使敌防不胜防。

第四节　生物武器的控制

近30年来，世界政治格局发生了深刻变化。冷战结束以后，国际军控活动取得了重大进展，特别是化学战剂和生物武器裁军更取得了显著成功。目前，《禁止化学武器公约》已基本得到落实（按公约规定，所有缔约国应在2012年4月29日之前销毁其拥有的化学武器），《禁止生物武器公约》修订强化工作也在积极进行，这无疑是国际形势趋向缓和在军事领域中的实际反映，有利于世界和平与发展。

但国际风云变幻与风险仍然存在，目前国际上仍然普遍认为，在未来的一段较长时期内，生物武器的安全威慑依然存在。主要体现在：①大国军事战略观点中，将大规模杀伤性武器（包括生物武器）视作主要战略威慑手段的概念并无根本变化；②相比之下，核武器破坏力最大，但实际使用机会微乎其微，而生物武器的发展与扩散在现在和未来都是很难控制的，存在更大的使用风险；③跨国及国家内部恐怖活动中利用生物武器及其材料的可能性日益增加。当今，恐怖活动、分裂主义、极端民族主义及宗教派别等非法活动集团在世界范围内有蔓延之势，为生物武器的扩散活动提供了新的空间。

面对严峻的形势，如何彻底销毁现存生物武器和控制其扩散已成为全球关注的话题。①生物武器大国美国、俄罗斯是否确能彻底销毁其现有武器及设施？②热点地区与国家的生物武器扩散趋势能否控制及制止？③未签约国的扩散问题如何解决？④如何制定适当的有效的生物武器核查措施？如何控制公约核查清单以外的隐蔽生物武器？⑤如何限制相关的基础研究和发展活动？

由于东方、西方冲突可能性的增加和恐怖主义的存在与发展，21 世纪上半叶必定仍然是不安宁的年代，生物武器的威胁永远都是现实问题。因此，全世界必须共同努力，建立对生物武器的全面防范体系，才能有效地制止生物武器的发展与扩散问题。①强化相关军控活动。切实履行《禁止生物武器公约》，增订核查条款以强化生物武器公约。在反恐怖活动、危险品控制、环境保护等类国际条约中增订控制生物武器及其材料的相关条款。强化与生物武器相关的贸易管理体制及措施。制定与利用生物武器及材料问题相关的国际制裁与惩罚条约。②控制相关的基础研究与发展。强化对双用途技术的评估与控制，提高相关基础研究的开放性及透明度，强化对生物技术误用的监督与管理。③提高生物防护的技术水平。发展对生物武器的预测、预警技术，发展对生物武器的检测与防护技术和装备，发展对未来新类型生物武器的防护技术。

中华人民共和国是一个爱好和平的国家，我国早在 1984 年 9 月 20 日就加入了《生物武器防扩散》国际公约。我们坚决反对研制旨在危害军民的所谓新型基因武器、动物武器，但必须高度关注外军在这方面的动向，研究和发展快速侦检和防治对策，保证社会主义建设顺利推向前进，促进世界的和平与发展。

（焦炳华）

第十九章　生物信息学与生物芯片

生物学数据爆炸性增长的时代已经到来，自从1990年美国启动人类基因组计划以来，生物数据如潮水涌现。截至2013年4月15日，仅GenBank数据库（http://www.ncbi.nih.gov/Genbank）中登录的序列总数已达到164 136 731条（包含151 178 979 155bp）。与其同步的还有蛋白质的一级结构，即氨基酸序列的增长，已有4万多种蛋白质的一级结构被测定。基于cDNA序列测序所建立起来的EST数据库记录的数目已达22 719 896条（www.ncbi.nlm.nih.gov/dbEST）。在这些数据基础上派生、整理出来的数据库已达600余个。这一切构成了一个生物学数据的海洋。有人估计，人类（包括已经去世的和仍然在世的）所说过的话的信息总量约为5×10^{18}字节，而如今生物学数据信息总量已接近甚至超过此数量级。这种科学数据的急速和海量积累，在人类的科学研究历史中是空前的。

数据并不等于信息和知识，但却是信息和知识的源泉，关键在于如何挖掘。与正在以指数方式增长的生物学数据相比，人类相关知识的增长（粗略地用每年发表的生物、医学论文数来代表）却十分缓慢。

一方面是巨量的数据，另一方面是我们在医学、药物、农业和环保等方面对新知识的渴求，这些新知识将帮助人们改善生存环境、提高生活质量。这两个方面构成了一个极大的矛盾。这个矛盾催生了一门新兴的交叉科学——生物信息学（bioinformatics）。

第一节　生物信息学和生物信息数据库

一、生物信息学概念

生物信息学是一门交叉科学，它包含了生物信息的获取、处理、存储、分配、分析和解释等在内的所有方面，它综合运用数学、计算机科学和生物学的各种工具，来阐明和理解大量数据所包含的生物学意义。生物信息学这一名词于1991年前出现，但计算生物学这一名词的出现要早得多。鉴于这两门学科之间并没有界定严格的分界线，因此可以统称为生物信息学。

二、生物信息学的研究内容

生物信息学大的研究方向包括：新算法和统计学方法研究；各类数据的分析和解释；研制有效利用和管理数据新工具。实际应用中常用的研究内容有如下几个。

（一）序列比对

基本问题是比较两个或两个以上符号序列的相似性或不相似性。序列比对是生物信息学的基础。两个序列的比对有较成熟的动态规划算法，以及在此基础上编写的比对软件包——BLAST和FASTA，可以免费下载使用。这些软件在数据库查询和搜索中有重要的应用。有时两个序列总体并不很相似，但某些局部片段相似性很高，Smith-Waterman算法是解决局部比对的好算法，缺点是速度较慢。两个以上序列的多重序列比对目前还缺乏快速有效的算法。

（二）结构比对

基本问题是比较两个或两个以上蛋白质分子空间结构的相似性或不相似性。已有一些算法，如 CE（http://cl.sdsc.edu/ce.html）、DALI（http://www.ebi.ac.uk/dali/）、SARF2（http://123d.ncifcrf.gov/sarf2.html）。

（三）蛋白质结构预测

蛋白质结构预测包括对于蛋白质二级、三级结构，乃至四级结构预测，是生物信息学最重要的课题之一。

从方法上看有演绎法和归纳法两种途径。前者主要是从一些基本原理或假设出发，来预测和研究蛋白质的结构和折叠过程。分子力学和分子动力学属于这一范畴。后者主要是从观察和总结已知结构的蛋白质结构规律出发来预测未知蛋白质的结构。同源模建和指认方法属于这一范畴。但目前蛋白质结构预测研究现状远远不能满足实际需要。

（四）计算机辅助基因识别（仅指蛋白质编码基因）

基本问题是给定基因组序列后，正确识别基因的范围及在基因组序列中的精确位置，这是最重要的课题之一，而且越来越重要。目前已有数十种算法和相应软件在网上免费使用。原核生物的计算机辅助基因识别相对容易，结果好。从具有较多内含子的真核生物基因组序列中正确识别出起始密码子、剪切位点和终止密码子，是个相当困难的问题，仍有大量的工作要做。

（五）非编码区分析和DNA语言研究

这也是最重要的课题之一。在人类基因组中，编码部分仅占总序列的3%～5%，95%非编码区DNA的绝大部分暂时还不知道其功能或功能还不明确。DNA序列作为一种遗传语言，不仅体现在编码序列之中，而且隐含在非编码序列之中。分析非编码区DNA序列需要大胆的想象和崭新的研究思路和方法。

（六）分子进化和比较基因组学

早期的工作主要是利用不同物种中同一种基因序列的异同来研究生物的进化，构建进化树。既可以用DNA序列也可以用其编码的氨基酸序列来做，甚至可通过相关蛋白质的结构比对来研究分子进化。近年来很多模式生物基因组测序完成，为从基因组角度研究分子进化提供了条件。比较两个或多个完整基因组的工作需要新的思路和方法，可做的工作是很多的。

（七）序列重叠群装配

随着测序技术的发展，每次反应能测出序列越来越长。但仍然需要把测得的大量序列（构成了重叠群），逐步拼接起来形成序列更长的重叠群，直至得到完整序列，该过程称为重叠群装配。拼接EST数据以发现全长新基因也有类似的问题。

（八）遗传密码的起源

遗传密码为什么是今天这样？最简单的理论认为：密码子与氨基酸之间的关系是生物进化历史上一次偶然事件造成的，并被固定在现代生物最后的共同祖先里，一直延续至今。随着各种生物基因组测序任务的完成，为研究遗传密码的起源和检验理论的真伪提供了新的素材。

（九）基于结构的药物设计

人类基因组计划的目的之一在于阐明人体内蛋白质的结构、功能、相互作用以及与各种疾病之间的关系，寻求各种治疗和预防方法，包括药物治疗。基于生物大分子结构的药物设计是生物信息学中极为重要的研究领域。为了抑制某些酶或蛋白质的活性，在已知其三级结构的基础上，可以利用各种算法，计算机设计抑制剂分子作为候选药物。这种发现新药的方法有强大的生命力，也有着巨大的经济效益。

（十）其他

如基因表达谱分析、代谢网络分析、基因芯片设计和蛋白质组学数据分析等，逐渐成为生物信息学中新兴的重要研究领域。

三、生物信息数据库

大量生物学实验数据的积累，形成了数以亿计的生物数据，需要一个能有效组织、管理海量数据的系统，挖掘其中蕴涵的信息。

生物信息数据库（bioinformation database）是指存储在一起的相关生物数据的集合，按一定的目标收集和整理的生物学实验数据，所有生物数据已结构化，无不必要的冗余，并提供相关的数据查询、数据处理的服务。生物数据的存储独立于使用它的程序；对生物信息数据库插入新数据，修改和检索原有数据均能按一种公用的和可控制的方式进行；大多数生物信息数据库可以通过网络访问下载。

生物信息数据库种类繁多，按数据层次可分为一级数据库和二级数据库。一级数据库的数据都直接来源于实验获得的原始数据，只经过简单的归类整理和注释；二级数据库是在一级数据库、实验数据和理论分析的基础上针对特定目标衍生而来，是对生物学知识和信息的进一步整理。国际上著名的一级核酸数据库有GenBank数据库、EMBL核酸库和DDBJ库等；蛋白质序列数据库有SWISS-PROT、PIR等；蛋白质结构库有PDB等。国际上二级生物学数据库非常多，它们因针对不同的研究内容和需要而各具特色，如人类基因组图谱库GDB、转录因子和结合位点库TRANSFAC、蛋白质结构家族分类库 SCOP 等。

按数据类型可分为 4 个大类，即基因与基因组数据库、蛋白质数据库、功能数据库、其他数据库资源。

使用生物信息数据库进行数据搜索的基础是序列的相似性比对，而寻找同源序列则是搜索的主要目的之一。同源性（homology）和相似性（similarity）是两个完全不同的概念。同源序列是指从某一共同祖先经过趋异进化而形成的不同序列。相似性是指序列比对过程中检测序列和目标序列之间相同碱基或氨基酸残基序列所占比例的大小。当两条序列同源时，它们的氨基酸或核苷酸序列通常有显著的一致性（identity）。如果两条序列有一个共同的进化祖先，那么它们是同源的，这里不存在相似性的程度问题，两条序列要么是同源的要么是不同源的。当相似程度高于 50%时，比较容易推测检测序列和目标序列可能是同源序列；而当相似性程度低于 20%时，就难以确定或者根本无法确定其是否具有同源性。相似性概念的含义比较广泛，除了上面提到的两个序列之间相同碱基或残基所占比例外，在蛋白质序列比对中，有时也指两个残基是否具有相似的特性，如侧链基团的大小、电荷性、亲疏水性等。在序列比对中经常需要使用的氨基酸残基相似性分数矩阵，也使用了相似性这一概念。此外，相似性概念还常常用于蛋白质空间结构和折叠方式的比较。

（一）基因与基因组数据库

1. GenBank

GenBank 库包含了所有已知的核酸序列和蛋白质序列，以及与它们相关的文献著作和生物学注释，是由美国国立生物技术信息中心（NCBI）建立和维护的。它的数据直接来源于：测序工作者提交的序列、由测序中心提交的大量 EST 序列和其他测序数据，以及与其他数据机构协作交换数据而来。GenBank 每天都会与欧洲分子生物学实验室（EMBL）数据库和日本 DNA 数据库（DDBJ）交换数据，使这三个数据库的数据同步。截至 2013 年 4 月 15 日，GenBank 中收集的序列数量达到 164 136 731 条（包含 151 178 979 155bp），而且数据还在不断增长中。GenBank 的数据可以从 NCBI 的 FTP 服务器上免费下载完整的库，或下载积累的新数据。NCBI 还提供广泛的数据查询、序列相似性搜索以及其他分析服务，用户可以从 NCBI 的主页上找到这些服务。

GenBank 库里的数据来源于约 240 000 个物种。每条 GenBank 数据记录包含了对序列的简要描述：它的科学命名，物种分类名称，参考文献，序列特征表，以及序列本身。序列特征表里包含对序列生物学特征注释，如编码区、转录单元、重复区域、突变位点或修饰位点等。所有数据记录被划分在若干个文件里，如细菌类、病毒类、灵长类、啮齿类，以及 EST 数据、基因组测序数据、大规模基因组序列数据等 16 类中。

（1）GenBank 数据检索。NCBI 的数据库检索查询系统是 Entrez。Entrez 是基于 Web 界面的综合生物信息数据库检索系统。利用 Entrez 系统，用户不仅可以方便地检索 GenBank 的核酸数据，还可以检索来自 GenBank 和其他数据库的蛋白质序列数据、基因组图谱数据、来自分子模型数据库（MMDB）的蛋白质三维结构数据、种群序列数据集，以及由 PubMed 获得的 Medline 的文献数据。Entrez 提供了方便实用的检索服务，所有操作都可以在网络浏览器上完成。用户可以利用 Entrez 界面上提供的限制条件（limits）、索引（index）、检索历史（history）和剪贴板（clipboard）等功能来实现复杂的检索查询工作。对于检索获得的记录，用户可以选择需要显示的数据，保存查询结果，甚至以图形方式观看检索获得的序列。更详细的 Entrez 使用说明可以在该主页上获得。

（2）向 GenBank 提交序列数据。测序工作者可以把自己工作中获得的新序列提交给 NCBI，添加到 GenBank 数据库。这个任务可以由基于 Web 界面的 BankIt 或独立程序 Sequin 来完成。BankIt 是一系列表单，包括联络信息、发布要求、引用参考信息、序列来源信息，以及序列本身的信息等。用户提交序列后，会从电子邮件收到自动生成的数据条目，GenBank 的新序列编号，以及完成注释后的完整的数据记录。用户还可以在 BankIt 页面下修改已经发布序列的信息。BankIt 适合于独立测序工作者提交少量序列，而不适合大量序列的提交，也不适合提交很长的序列，EST 序列和 GSS 序列也不应用 BankIt 提交。BankIt 使用说明和对序列的要求可详见其主页面。

大量的序列提交可以由 Sequin 程序完成。Sequin 程序能方便地编辑和处理复杂注释，并包含一系列内建的检查函数来提高序列的质量保证。它还被设计用于提交来自系统进化、种群和突变研究的序列，可以加入比对的数据。Sequin 除了用于编辑和修改序列数据记录，还可以用于序列的分析，任何以 FASTA 或 ASN. 1 格式序列为输入数据的序列分析程序都可以整合到 Sequin 程序下。在不同操作系统下运行的 Sequin 程序都可以在 ftp://ncbi. nlm. nih. gov/sequin/下找到，Sequin 的使用说明可详见其网页。

NCBI 的网址是：http://www. ncbi. nlm. nih. gov；

Entrez 的网址是：http://www. ncbi. nlm. nih. gov/entrez/；

BankIt 的网址是：http://www. ncbi. nlm. nih. gov/BankIt；

Sequin 的网址是：http://www. ncbi. nlm. nih. gov/Sequin/。

2. EMBL

欧洲分子生物学实验室（EMBL）核酸序列数据库由欧洲生物信息学研究所（EBI）维护的核酸序列数据构成，由于与 GenBank 和 DDBJ 的数据合作交换，它也是一个全面的核酸序列数据库。该数据库由 Oracal 数据库系统管理维护，查询检索可以通过因特网上的序列提取系统（SRS）服务完成。向 EMBL 核酸序列数据库提交序列可以通过基于 Web 的 WEBIN 工具，也可以用 Sequin 软件来完成。

EMBL 数据库的网址是：http://www. ebi. ac. uk/embl/；

SRS 的网址是：http://srs. ebi. ac. uk/；

WEBIN 的网址是：http://www. ebi. ac. uk/embl/Submission/webin. html。

3. DDBJ

日本 DNA 数据库（DDBJ）也是一个全面的核酸序列数据库，与 GenBank 和 EMBL 核酸库合作交换数据。可以使用其主页上提供的 SRS 工具进行数据检索和序列分析。可以用 Sequin 软件向该数据库提交序列。

DDBJ 的网址是：http://www. ddbj. nig. ac. jp/。

4. GDB

基因组数据库（GDB）为人类基因组计划保存和处理基因组图谱数据。GDB的目标是构建关于人类基因组的百科全书，除了构建基因组图谱之外，还开发了描述序列水平的基因组内容的方法，包括序列变异和其他对功能和表型的描述。目前GDB中有人类基因组区域（包括基因、克隆、PCR标记、断点、细胞遗传标记、易碎位点、EST序列、综合区域、contigs和重复序列）、人类基因组图谱（包括细胞遗传图谱、连接图谱、放射性杂交图谱、content contig图谱和综合图谱等）、人类基因组内的变异（包括突变和多态性，加上等位基因频率数据）。GDB数据库以对象模型来保存数据，提供基于Web的数据对象检索服务，用户可以搜索各种类型的对象，并以图形方式观看基因组图谱。

GDB的网址是：http://www.gdb.org；

GDB的国内镜像是：http://gdb.pku.edu.cn/gdb/。

（二）蛋白质数据库

1. PSD

国际蛋白质序列数据库（PSD）是由蛋白质信息资源（PIR）、慕尼黑蛋白质序列信息中心（MIPS）和日本国际蛋白质序列数据库（JIPID）共同维护的国际上最大的公共蛋白质序列数据库。这是一个全面的、经过注释的、非冗余的蛋白质序列数据库。所有序列数据都经过整理，超过99%的序列已按蛋白质家族分类，一半以上还按蛋白质超家族进行了分类。PSD的注释中还包括对许多序列、结构、基因组和文献数据库的交叉索引，以及数据库内部条目之间的索引，这些内部索引帮助用户在包括复合物、酶-底物相互作用、活化和调控级联和具有共同特征的条目之间方便的检索。每季度都发行一次完整的数据库，每周可以得到更新部分。

PSD数据库有几个辅助数据库，如基于超家族的非冗余库等。PIR提供三类序列搜索服务：基于文本的交互式检索；标准的序列相似性搜索，包括BLAST、FASTA等；结合序列相似性、注释信息和蛋白质家族信息的高级搜索，包括按注释分类的相似性搜索、结构域搜索等。

PIR和PSD的网址是：http://pir.georgetown.edu/；

数据库下载地址是：ftp://nbrfa.georgetown.edu/pir/。

2. SWISS-PROT

SWISS-PROT是经过注释的蛋白质序列数据库，由欧洲生物信息学研究所（EBI）维护。数据库由蛋白质序列条目构成，每个条目包含蛋白质序列、引用文献信息、分类学信息、注释等，注释中包括蛋白质的功能、转录后修饰、特殊位点和区域、二级结构、四级结构、与其他序列的相似性、序列残缺与疾病的关系、序列变异体和冲突等信息。SWISS-PROT中尽可能减少了冗余序列，并与其他30多个数据建立了交叉引用，其中包括核酸序列库、蛋白质序列库和蛋白质结构库等。

利用序列提取系统（SRS）可以方便地检索SWISS-PROT和其他EBI的数据库。SWISS-PROT只接受直接测序获得的蛋白质序列，序列提交可以在其Web页面上完成。

SWISS-PROT 的网址是：http://www.ebi.ac.uk/swissprot/。

3. PROSITE

PROSITE 数据库收集了生物学有显著意义的蛋白质位点和序列模式，并能根据这些位点和模式快速可靠地鉴别一个未知功能的蛋白质序列应该属于哪一个蛋白质家族。有些情况下，某个蛋白质与已知功能蛋白质的整体序列相似性很低，但由于功能的需要保留了与功能密切相关的序列模式，这样就可能通过 PROSITE 的搜索找到隐含的功能 motif，因此是序列分析的有效工具。PROSITE 中涉及的序列模式包括酶的催化位点、配体结合位点、与金属离子结合的残基、二硫键的半胱氨酸、与小分子或其他蛋白质结合的区域等；除了序列模式之外，PROSITE 还包括由多序列比对构建的 profile，能更敏感地发现序列与 profile 的相似性。PROSITE 的主页上提供各种相关检索服务。

PROSITE 的网址是：http://www.expasy.ch/prosite/。

4. PDB

蛋白质数据仓库（PDB）是国际上唯一的生物大分子结构数据档案库，由美国 Brookhaven 国家实验室建立。PDB 收集的数据来源于 X 光晶体衍射和磁共振（NMR）的数据，经过整理和确认后存档而成。目前 PDB 数据库的维护由结构生物信息学研究合作组织（RCSB）负责。RCSB 的主服务器和世界各地的镜像服务器提供数据库的检索和下载服务，以及关于 PDB 数据文件格式和其他文档的说明，PDB 数据还可以从发行的光盘获得。使用 Rasmol 等软件可以在计算机上按 PDB 文件显示生物大分子的三维结构。

RCSB 的 PDB 数据库网址是：http://www.rcsb.org/pdb/。

5. SCOP

蛋白质结构分类（SCOP）数据库详细描述了已知的蛋白质结构之间的关系。分类基于若干层次：家族，描述相近的进化关系；超家族，描述远源的进化关系；折叠子，描述空间几何结构的关系；折叠类，所有折叠子被归于全α、全β、α/β、α+β和多结构域等几个大类。SCOP 还提供一个非冗余的 ASTRAIL 序列库，这个库通常被用来评估各种序列比对算法。此外，SCOP 还提供一个 PDB-ISL 中介序列库，通过与这个库中序列的两两比对，可以找到与未知结构序列远缘的已知结构序列。

SCOP 的网址是：http://scop.mrc-lmb.cam.ac.uk/scop/。

6. COG

蛋白质直系同源簇（COG）数据库是对细菌、藻类和真核生物的 21 个完整基因组的编码蛋白，根据系统进化关系分类构建而成。COG 库对于预测单个蛋白质的功能和整个新基因组中蛋白质的功能都很有用。利用 COGNITOR 程序，可以把某个蛋白质与所有 COG 中的蛋白质进行比对，并把它归入适当的 COG 簇。COG 库提供了对 COG 分类数据的检索和查询，基于 Web 的 COGNITOR 服务、系统进化模式的查询服务等。

COG 库的网址是：http://www.ncbi.nlm.nih.gov/COG；

数据库下载：ftp://ncbi.nlm.nih.gov/pub/COG。

（三）功能数据库

1. KEGG

京都基因和基因组百科全书（KEGG）是系统分析基因功能，联系基因组信息和功能信息的知识库。基因组信息存储在 GENES 数据库里，包括完整和部分测序的基因组序列；更高级的功能信息存储在 PATHWAY 数据库里，包括图解的细胞生化过程，如代谢、膜转运、信号传递、细胞周期，还包括同系保守的子通路等信息；KEGG 的另一个数据库是 LIGAND，包含关于化学物质、酶分子、酶反应等信息。KEGG 提供了 Java 的图形工具来访问基因组图谱、比较基因组图谱和操作表达图谱，以及其他序列比较、图形比较和通路计算的工具，可以免费获取。

KEGG 的网址是：http://www.genome.ad.jp/kegg/。

2. DIP

相互作用的蛋白质数据库（DIP）收集了由实验验证的蛋白质-蛋白质相互作用。数据库包括蛋白质的信息、相互作用的信息和检测相互作用的实验技术三个部分。用户可以根据蛋白质、生物物种、蛋白质超家族、关键词、实验技术或引用文献来查询 DIP 数据库。

DIP 的网址是：http://dip.doe-mbi.ucla.edu/。

3. ASDB

可变剪接数据库（ASDB）包括蛋白质库和核酸库两部分。ASDB（蛋白质）部分来源于 SWISS-PROT 蛋白质序列库，通过选取有可变剪接注释的序列，搜索相关可变剪接的序列，经过序列比对、筛选和分类构建而成。ASDB（核酸）部分来自 GenBank 中提及和注释的可变剪接的完整基因。数据库提供了方便的搜索服务。

ASDB 的网址是：http://cbcg.nersc.gov/asdb。

4. TRRD

转录调控区数据库（TRRD）是在不断积累的真核生物基因调控区结构-功能特性信息基础上构建的。每一个 TRRD 的条目里包含特定基因各种结构-功能特性：转录因子结合位点、启动子、增强子、沉默子以及基因表达调控模式等。TRRD 包括 5 个相关的数据表：TRRDGENES（包含所有 TRRD 库基因的基本信息和调控单元信息）、TRRDSITES（包括调控因子结合位点的具体信息）、TRRDFACTORS（包括 TRRD 中与各个位点结合的调控因子的具体信息）、TRRDEXP（包括对基因表达模式的具体描述）、TRRDBIB（包括所有注释涉及的参考文献）。TRRD 主页提供了对这几个数据表的检索服务。

TRRD 的网址是：http://wwwmgs.bionet.nsc.ru/mgs/dbases/trrd4/。

5. TRANSFAC

TRANSFAC 数据库是关于转录因子、它们在基因组上的结合位点和与 DNA 结合的 profiles 的数据库。由 SITE、GENE、FACTOR、CLASS、MATRIX、CELLS、METHOD 和 REFERENCE 等数据表构成。此外，还有几个与 TRANSFAC 密切相关的扩展库：PATHODB 库收集了可能导致病态的突变的转录因子和结合位点；S/

MART DB 收集了与染色体结构变化相关的蛋白质因子和位点的信息；TRANSPATH 库用于描述与转录因子调控相关的信号传递的网络；CYTOMER 库表现了人类转录因子在各个器官、细胞类型、生理系统和发育时期的表达状况。TRANSFAC 及其相关数据库可以免费下载，也可以通过 Web 进行检索和查询。

TRANSFAC 的网址是：http://transfac. gbf. de/TRANSFAC。

（四）其他数据库资源

1. DBCat

DBCat 是生物信息数据库的目录数据库，它收集了 500 多个生物信息学数据库的信息，并根据它们的应用领域进行了分类，包括 DNA、RNA、蛋白质、基因组、图谱、蛋白质结构、文献著作等基本类型。数据库可以免费下载或在网络上检索查询。

DBCat 的网址是：http://www. infobiogen. fr/services/dbcat/；

下载 DBCat 在：ftp://ftp. infobiogen. fr/pub/db/dbcat。

2. PubMed

PubMed 是 NCBI 维护的文献引用数据库，提供对 MEDLINE、Pre-MEDLINE 等文献数据库的引用查询和对大量网络科学类电子期刊的链接。利用 Entrez 系统可以对 PubMed 进行方便的查询检索。

PubMed 的网址是：http://www. ncbi. nlm. nih. gov/。

除了以上提及的数据之外，还有许许多多的专门生物信息数据库，涉及了目前生物学研究的各个层面和领域，由于篇幅所限无法一一详述。国内也有一些大数据库的镜像站点和自己开发的有特色的数据库，如欧洲分子生物学网络组织（EMBNet）的中国接点——北京大学分子生物信息镜像系统，这些高质量和使用便利的数据库资源，将推动我国生物信息学和整个生命科学的发展。

清华大学生物信息学研究所网址：http://bioinfo. tsinghua. edu. cn；

北京大学生物信息镜像系统网址：http://cbi. pku. edu. cn。

第二节　生物芯片与分类

一、生物芯片的概念

生物芯片（microarrays，biochip）是 20 余年在生命科学领域中迅速发展起来的一项高新技术。它主要是指通过微加工和微电子技术在固体芯片表面构建微型生物化学分析系统，以实现对生命机体的组织、细胞、蛋白质、核酸、糖类以及其他生物组分进行准确、快速、大信息量的检测。这种在一定的固相表面建立的微流体检测系统，通过微加工工艺在厘米见方的硅片、玻璃、塑料和尼龙膜等固相载体上，以点阵的形式有序地固定成千上万个与生命相关的信息分子，形成所谓的密集二维生物分子微阵列，这个密度非常高，可以达到每平方厘米数十万个点。在一定的条件下与标记的样品分子进行生化反应，反应结果用化学荧光法、酶标法、同位素法显示，再用扫描仪等光学仪器进行数据采集，最后通过生物信息学方法进行数据分析，从而实现对 DNA、RNA 和蛋白质等生物活性物质进行高效快捷的测试和分析。由于常用玻片/硅片作为固相支持物，且在制备过程模拟计算机芯片的制备技术，所以称之为生物芯片技术。

关于生物芯片的定义有两种。一种是广义的“生物芯片”。广义地讲，一切采用生物技术制备或应用于生物技术的微处理器，都可以称作生物芯片。包括：始于20世纪80年代中期的用于研制生物计算机的生物芯片、将健康细胞与电子集成电路结合起来的仿生芯片、一种缩微化的实验室（即芯片实验室）以及利用生物分子相互间的特异识别作用进行生物信号处理的基因芯片、蛋白质芯片、细胞芯片和组织芯片。而狭义地讲，“生物芯片”就是微阵列芯片，主要是指DNA芯片、蛋白质芯片、细胞芯片和组织芯片这类微型生化反应和分析系统，其本质是对生物信号进行平行处理和分析；有时也特指DNA芯片。

生物芯片是生物信息学数据的重要来源。生物信息学在生物芯片中的应用主要体现在：确定芯片检测目标、芯片设计及实验数据管理与分析。

生物芯片的出现加速了人类基因组研究的进程。生物芯片的优点其实就是生物芯片的特征，大量的生命活动信息以及许多不连续的分析过程集成在一小片载体片上，从而实现对DNA、蛋白质、细胞以及其他生物组分的准确、快速、并行和大信息量的检测和分析。能在秒计时间内并行完成成千上万次的生物化学反应，众多基因的探针标记、杂交等过程是在一次实验过程中完成的，自动化程度高，数据客观可靠。与传统基因序列测定技术相比，生物芯片破译基因组和检测基因突变的速度要快数千倍。将生物芯片与生物信息学相结合，几分钟内就能从30多亿个DNA碱基中找出基因变异，用传统的手段却需几天。

二、生物芯片的产生背景

由于传统的分子生物学技术只能同时研究极少数而有限的基因信息，以至于过去许多优秀的学者用一生的精力只能研究一个基因，无法全面地分析完整生理系统内的基因及其表达规律。原定于2005年竣工的人类基因组计划——人类30亿碱基序列的测定工作，由于高效测序仪的和商业机构的介入在2001年年底提前完成，怎样利用该计划所揭示的大量遗传信息去探明人类众多疾病的起因和发病机理，并为其诊断、治疗及易感性研究提供有力的工具，则是继人类基因组计划完成后生命科学领域内又一重大课题。现在，以功能研究为核心的后基因组计划已经悄然走来，为此，研究人员必须设计和利用更为高效的硬软件技术来对如此庞大的基因组及蛋白质组信息进行加工和研究。建立新型、高效、快速的检测和分析技术就势在必行了。这些高效的分析与测定技术已有多种，如DNA质谱分析法、荧光单分子分析法、杂交分析等。其中以生物芯片技术为基础的许多新型分析技术发展最快也最具发展潜力。

生物芯片一词源于20世纪80年代，最初是指应用生物分子于计算机芯片上。研究人员从计算机技术中借用了微型化、整合、平行化处理的技术来发展在生物芯片上的实验室装置和处理过程。生物芯片是指通过微加工和微电子技术在固体芯片表面构建微型生物化学分析系统，包含一系列的产品并形成一种平台式技术。和计算机芯片非常相似，只不过高度集成的不是半导体管，而是成千上万的网格状密集排列的基因探针、抗体或其他生物分子。

过去20年里，随着生命科学与众多相关学科（如计算机科学、材料科学、微加工技术、有机合成技术等）的迅猛发展，为生物芯片的实现提供了实践上的可能性。在某种意义上说，生物芯片这个概念是由F. Sanger和W. Gilbert提出的。Sanger和Gilbert发明了现在广泛使用的DNA测序方法，并由此在1980年获得了诺贝尔化学奖。DNA化学测序和电流学及琼脂糖凝胶体微孔法的结合，为分子检测的小型化发展打下了基础。基因芯片从实验室走向工业化却是直接得益于探针固相原位合成技术和照相平版印刷技术的有机结合以及激光共聚焦显微技术的引入。它使得合成、固定高密度的数以万计的探针分子切实可行，而且借助激光共聚焦显微扫描技术使得对杂交信号进行实时、灵敏、准确的检测和分析。核酸杂交技术的集成化也已经和正在使分子生物学技术发生着一场革命。20世纪90年代初期人类基因组计划和分子生物学相关学科的发展也为基因芯片技术的出现和发展提供了有利条件。1992年，Affymatrix公司运用半导体照相平板技术，对原位合成制备的DNA芯片作了首次报道，这是世界上第一块基因芯片。1995年，Stanford大学发明了第一块以玻璃为载体的基因微矩阵芯片。标志着基因芯片技术进入了广泛研究和应用的时期。

三、生物芯片的分类

生物芯片主要特点是高通量、微型化和自动化。生物芯片上高度集成的成千上万密集排列的分子微阵列，能够在很短时间内分析大量的生物分子，使人们能够快速准确地获取样品中的生物信息，检测效率是传统检测手段的成百上千倍。生物芯片将是继大规模集成电路之后的又一次具有深远意义的科学技术革命。随着生物芯片技术的大规模研发和应用，生物芯片的种类和样式也非常多。

以支持物分，有薄膜型（如CloneTech公司）、玻片型（如Affimetrix公司）、微板型（如PE公司）和集成电路型（如Nanogen公司）。

以基质材料分，可分为无机片基和有机片基，前者主要包括半导体硅片、玻璃片和陶瓷材料，后者主要有特定孔径硝酸纤维膜、尼龙膜等，在选择固相介质时，应考虑其荧光背景的大小、化学稳定性、结构复杂性、介质对化学修饰作用的反应，介质表面积及其承载能力以及非特异吸附的程度等因素。目前较为常用的支持介质是玻片，无论是原位合成法还是合成点样法都可以使用玻片作其固相介质，而且在制备芯片前对该介质的预处理也相对简单易行。

以制备方法分，芯片制备的方法主要有原位合成与合成点样。其中原位合成又可分为光引导聚合法和喷墨打印合成法（压电打印法）。光引导聚合法在合成前需先对介质进行处理，使之衍生出羟基或氨基并与光敏保护基建立共价连接，合成单体的一端用固相合成法活化，另一端与光敏保护基相连。在合成反应过程中，通过蔽光膜使特定的位点透光，其余位点不透光，只有受光的位点才能脱掉保护基并与特定单体活化端相连，单体的光敏保护端露出，经过若干上述循环反应后，使每个位点按需要合成特定序列的探针，其中每次合成反应中哪些位点上连接哪种单体，由更换不同的蔽光膜来控制。喷墨打印合成法的原理类似于喷墨打印机，通过4个喷印头将4种碱基按序列要求依次喷印在芯片的特定位点上。合成点样法是指将预先合成好的探针用点样机点到介质上，点样前需将介质表面包被氨基硅烷或多聚赖氨酸，使之带上正电荷来吸附核酸分子。除上述 3 种方法外，还有用聚丙烯酰胺凝胶作为支持介质，将胶块（40μm×40μm×20μm 间隔 80μm，或 100μm×100μm×20μm 间隔 200μm）固定在玻璃上，然后将合成好的不同探针分别加到不同的胶块上，制成以凝胶块为阵点的芯片，或者也可以通过导电的吡咯单体的聚合形成微阵列。其基本原理是：在硅片上镀一层 500nm 厚的金层，通过蚀刻技术在硅片上形成金-微电极，吡咯单体经过聚合在微电极上形成一层聚吡咯膜，其中与吡咯单体相连的探针在吡咯的聚合过程中连到电极上，每种探针的位置通过特定电极的开启与关闭来控制。有的还利用光纤束建立光纤生物传感微阵列，它是将每根光纤维（直径 200μm）的一端共价连接上寡核苷酸探针，然后将这些连有不同寡核苷酸探针的光纤维装配成光纤束，构成光纤微阵列。检测时只需将光纤束连有不同探针的一端直接浸入靶样品溶液中即可，产生的荧光杂交信号可通过光纤维传导至光纤束的另一端，并通过荧光显微电荷偶联摄影系统对传导过来的信号进行检测。生物芯片所检测的生物信号种类有核酸、蛋白质、生物组织碎片甚至完整的活细胞。

以工作原理分，有杂交型、合成型、连接型、亲和识别型等。

以芯片上探针分，可分为基因芯片和蛋白质芯片。如果芯片上固定的分子是寡核苷酸探针或靶 DNA，则称为基因芯片；如果芯片上固定的是肽或蛋白质，则称为肽芯片或蛋白质芯片。其中基因芯片又包括模式Ⅰ和模式Ⅱ两种，模式Ⅰ是指将靶 DNA 固定于支持物上，适合于大量不同靶 DNA 的分析；模式Ⅱ是将大量探针分子固定于支持物上，适合于对同一靶 DNA 进行不同探针序列的分析。

此外，缩微化的芯片实验室、将人体细胞与电子集成电路结合成微型装置的仿生芯片也被纳入生物芯片范畴。

四、主要的几种生物芯片

由于生物芯片概念是随着人类基因组的发展一起建立起来的，所以迄今为止最成功的生物芯片形式是以基因序列为分析对象的“微阵列”，我们称之为基因芯片，或称 DNA 芯片。常见的生物芯片可以根据芯片微阵列的生物学特征分为以下四大类，即 DNA 基因芯片（genechip，DNA chip，DNA microarray）、蛋白质芯片（protein chip）、组织芯片（tissue microarray）、芯片实验室（lab-on-a-chip）等。

（一）DNA 芯片

DNA 芯片是生物芯片技术中发展最成熟和最先实现商品化的产品。DNA 芯片是基于核酸探针互补杂交技术原理而研制的。所谓核酸探针只指已知碱基序列并带有标记物的核苷酸，根据碱基互补的原理，利用基因探针到基因混合物中识别特定基因，又称 DNA 微阵列。DNA 芯片高度集成了成千上万的网格状密集排列的基因探针，通过已知碱基顺序的 DNA 片段，来结合碱基互补序列的单链 DNA，从而确定相应的序列，通过这种方式来识别异常基因或其产物等。目前，比较成熟的产品有检测基因突变的 DNA 芯片和检测细胞基因表达水平的基因表达谱芯片。虽然“基因芯片”（gene chip）

这个词有时也用，但是GeneChip是Affymetrix公司基因分析研究用的专利微矩阵，它能够在一片上摆放多至400 000个不同的寡核苷酸片段或10 000个基因的每个基因的40个片段。

目前制备芯片主要采用表面化学的方法或组合化学的方法来处理固相基质，如玻璃片或硅片，然后使DNA片段或蛋白质分子按特定顺序排列在片基上。目前已有将近40万种不同的DNA分子放在1cm^{2}的高密度基因芯片，并且正在制备包含上百万个DNA探针的人类基因芯片。生物样品的制备和处理是基因芯片技术的第二个重要环节。生物样品往往是非常复杂的生物分子混合体，除少数特殊样品外，一般不能直接与芯片进行反应。要将样品进行特定的生物处理，获取其中的蛋白质或DNA、RNA等信息分子并加以标记，以提高检测的灵敏度。第三步是生物分子与芯片进行反应。芯片上的生物分子之间的反应是芯片检测的关键一步。通过选择合适的反应条件使生物分子间反应处于最佳状况中，减少生物分子之间的错配比率，从而获取最能反映生物本质的信号。基因芯片技术的最后一步就是芯片信号检测和分析。目前最常用的芯片信号检测方法是将芯片置入芯片扫描仪中，通过采集各反应点的荧光强弱和荧光位置，经相关软件分析图像，即可以获得有关生物信息。

（二）蛋白质芯片

蛋白质芯片有固相和液相两大类。

1. 固相蛋白质芯片

固相蛋白质芯片主要有两种形式，一种是抗体阵列（antibody arrays），利用阵列上的抗体识别样品中的蛋白质或其他分子；另一种则是靶蛋白阵列（target protein arrays），通过阵列上的已知蛋白质检测与其相互作用的其他蛋白质和分子，即蛋白质与蛋白质、蛋白质与核酸、蛋白质与小分子化合物间的相互作用。其基本原理是将各种蛋白质有序地固定于载玻片等各种介质载体上成为检测的芯片，然后用标记了特定荧光物质的抗体与芯片作用，抗体将与其对应的蛋白质结合，抗体上的荧光将指示对应的蛋白质及其表达数量。在将未与芯片上的蛋白质互补结合的抗体洗去之后利用荧光扫描仪或激光共聚焦扫描技术，测定芯片上各点的荧光强度，通过荧光强度分析蛋白质与蛋白质之间相互作用的关系，由此达到测定各种蛋白质的目的。为此，首先必须通过一定的方法将蛋白质固定于合适的载体上，同时能够维持蛋白质的天然构象。蛋白质组学研究中一个主要的内容就是要研究在不同生理状态或病理状态下蛋白质水平的量变，微型化、集成化、高通量化的抗体芯片就是一个非常好的研究工具，它也是蛋白质芯片中发展最快的芯片，而且在技术上已经日益成熟。这些抗体芯片有的已经在向临床应用上发展，如肿瘤标志物抗体芯片等，还有很多已经用在研究的各个领域里。

第一张商品化的抗体芯片是由美国BD Clontech公司推出的。这是一张用于研究的抗体芯片，芯片上排列了378种已知蛋白质的单抗（Ab Microarray 380，目录号K1847-1），这些单抗对应的蛋白质都是细胞结构和功能上十分重要的分子，涉及信号转导、肿瘤、细胞周期调控、细胞结构、细胞凋亡和神经生物学等广泛的领域。通过这张芯片，在一次实验中就能够比较几百种蛋白质的表达变化。Ab Microarray 380上的抗体是经过精心挑选的，这些抗体不仅可以识别人源的蛋白质，对小鼠和大鼠样品同样有效。另外，每个抗体的结合亲和力都经过了实验测定，从多种抗体来源的克隆中筛选出反应特异性好、交叉反应程度小、信号明显的抗体，并且还要保证信号与抗原浓度有着良好的线性关系。优化的抗体探针才可以保证反应的特异和灵敏（可检测 20pg/ml 的抗原浓度）。芯片的检测用荧光报告分子，常用的荧光扫描仪都能够完成。

2. 液相蛋白质芯片

固相载体的蛋白质芯片难以维持蛋白质的天然构象，不利于蛋白质功能研究。液相芯片在这方面有独特优势，其核心技术是乳胶微球包被、荧光编码以及液相分子杂交。在液相系统中，为了区分不同的探针，每一种用于标记探针的微球都带有独特的色彩编码，其原理是在微球中掺入不同比例的红色分类荧光及发色剂，可产生 100 种颜色差别的微球，可标记上 100 种探针分子，能同时对一个样品中多达 100 种不同目标分子进行检测。反应过程中，探针和报告分子都分别与目标分子特异性结合。结合反应结束后，使单个的微球通过检测通道，使用红、绿双色激光同时对微球上的红色分类荧光和报告分子上的绿色报告荧光进行检测，可确定所结合的检测物的种类和数量。液相蛋白质芯片技术有机地整合了微球、激光检测技术、流体动力学、高速的数字信号处理系统和计算机运算功能，不仅检测速度极快，而且在免疫诊断以及蛋白质分子相互作用分析方面，其特异性和敏感性往往也超越常规技术。

液相蛋白质芯片的优势主要体现在以下方面。①反应快速，灵敏度高。反应环境为液相、微球上固定的探针与待检样品均在溶液中反应，其彼此间碰撞概率与速度相对于固相芯片或 ELISA 等反应模式，可增加 10 倍以上，因此可提高反应速度及灵敏度。抗原-抗体等蛋白质分子相互作用的结果可在瞬间经激光判定后由计算机以数据信息的形式记录下来，敏感性显著超越酶联信号或常规杂交信号检测。②通量大，可同时检测多种目标物，所需成本较低，减少人力消耗，可对同一样品中多达 100 种分子同时进行分析。液相芯片系统采用 96 孔板为反应容器，在 35～60min 内，可对 96 个不同的样品进行检测，所需样品用量比常规方法少。③稳定性好，液相环境更有利于保持蛋白质的天然构象，不仅有利于探针和被检测物的反应，也更能保证反应的特异性和稳定性。④操作简便，耗时短。常规 ELISA 或固相芯片技术，每一步反应之后都需充分洗涤以去除非特异结合成分，耗时且易造成污染，而液相芯片技术可以避免这些过程和弊端。

（三）组织芯片

组织芯片包括成百上千甚至上万的小的圆盘样组织样本（直径约 1mm），固定和排列在一张玻片上。组织芯片可被用于特定的分子分析，如 DNA 和 RNA 的原位杂交以及蛋白质免疫染色。组织芯片的典型应用是分析来自于疾病不同阶段的（如正常乳腺、非典型增生、原位癌、侵袭性癌、转移癌）几百个组织样本来鉴定基因改变发生在哪个特定阶段，以及改变发生的频率。组织芯片能被用来做回顾性研究，能快速将分子标志物的表达与不良预后联系起来。此外，组织芯片能被用来同时筛选许多不同的疾病，如多种不同的肿瘤类型、非恶性组织以及正常组织和细胞。这种类型数据的积累能作为发展疾病诊断和预后、疾病分子亚型、确定治疗靶标的基础，同时还有助于肿瘤分子诊断的质量控制以及病理诊断的标准化。

(四) 芯片实验室

芯片实验室是指把生物和化学等领域中所涉及的样品制备、生物与化学反应、分离检测等基本操作单位集成或基本集成于一块几平方厘米的芯片上，用以完成不同的生物或化学反应过程，并对其产物进行分析的一种技术。计算机芯片使计算微型化，而芯片实验室使实验室微型化，因此，在生物医学领域它可以使珍贵的生物样品和试剂消耗降低到微升甚至纳升级，而且分析速度成倍提高，成本成倍下降；它可以使以前大的分析仪器变成平方厘米尺寸规模的分析仪，将大大节约资源和能源。芯片实验室由于排污很少，所以也是一种“绿色”技术，芯片实验室是生物芯片技术发展的最终目标。

芯片实验最大特点是“微集成”，集成的单元部件越来越多，且集成的规模也越来越大。所涉及的部件包括：进样及样品处理有关的透析、膜、固相萃取、净化部件；用于流体控制的微阀、微泵；微混合器，微反应器，还有微通道和微检测器等。代表性的工作是美国 Quake 研究小组将 3574 个微阀、1000 个微反应器和 1024 个微通道集成在尺寸仅有 3.3mm×6mm 面积的硅质材料上，完成了液体在内部的定向流动与分配。

芯片实验室在生物医学领域中的应用有如下几个方面。①临床血细胞分析。细胞芯片分析仪将微流路和微电极组合到芯片上，实现了细胞的分类和计数，而且还可进行血红蛋白的定量测定。近来美国华盛顿大学与美国 Backman 公司合作研究出了可供检测血细胞的一次性塑料芯片，大大减少了检测成本和仪器的体积。②核酸分析。微流控芯片实验室一开始就在 DNA 领域显示其极强的功能，涉及遗传学诊断、法医学基因分型和测序等方面的内容；Lee 等制成集成有微混合器和 DNA 纯化装置的一次性微流控芯片系统，用于 DNA 的样品制备，在微通道里放置阴离子交换树脂，得到了单一头发丝中的线粒体 DNA 的电泳图；利用微流控芯片快速分析脑脊液样品中的 DNA，诊断带状疱疹病毒性脑炎所需时间只有脑脊液样品普通凝胶电泳的百分之一，其分析时间缩短了 100 倍以上。③蛋白质分析。微流控芯片可以用于酶的分析测定，蛋白质和肽的二维电泳分离与检测，为蛋白质的组学研究提供了一种快捷、便利的分析工具。④药物分析。有文献报道，R. R. Sathuluri 等成功地利用细胞芯片进行抗肿瘤药物的高通量筛选，在芯片实验室上进行手性药物分离及药物相互作用研究。

第三节　生物芯片的应用

与集成电路芯片相比（分析对象是电信号，使用是永久性的），生物芯片分析的对象是生物分子，使用是一次性的。生物芯片的使用非常广泛，包括基因测序，疾病诊断和预防，中药有效成分的鉴定、筛选及药理作用，环境与食品卫生检测，司法鉴定等。

一、DNA 测序

基因芯片的测序原理是杂交测序方法，即通过与一组已知序列的核酸探针杂交进行核酸序列测定的方法，可以用图 19-1 来说明。在一块基片表面固定了序列已知的八核苷酸的探针。当溶液中带有荧光标记的核酸序列TATGCAATCTAG，与基因芯片上对应位置的核酸探针产生互补匹配时，通过确定荧光强度最强的探针位置，获得一组序列完全互补的探针序列。具有快速、准确的特点。

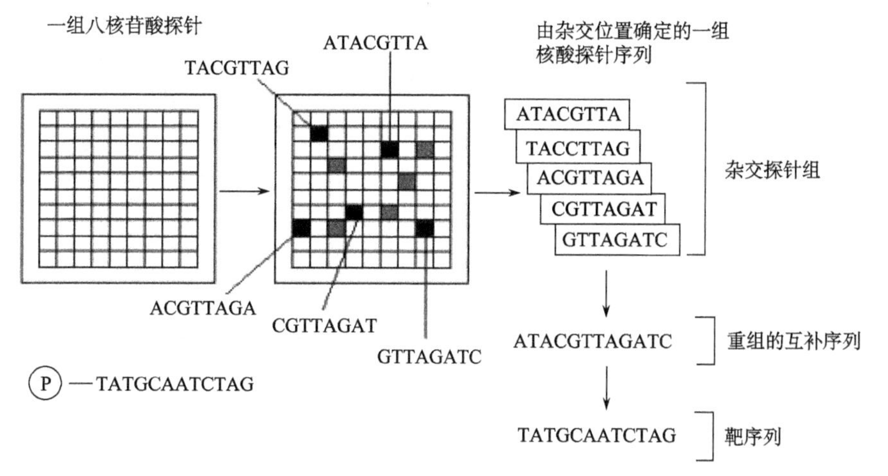

图 19-1　基因芯片的测序原理

二、基因表达分析

研究基因功能的最好方式之一是监测基因在不同组织、不同发育阶段以及不同健康状况机体中表达的变化。cDNA芯片（cDNA microarray）技术的基本原理与核酸分子杂交方法相似，不同的是cDNA芯片是在一个微小的基片表面集成了大量的分子识别探针，使人们能够在同一时间内平行分析大量的基因转录产物，进行大量的信息筛选和检测分析。利用cDNA芯片可以同时定量监测大量基因的表达水平，阐述基因功能，探索疾病原因及机制，发现可能的诊断及治疗靶基因等。但由于在cDNA芯片中每个探针是cDNA片段或基因的一段PCR产物，可以同任何具有同源序列的样品形成杂交体，这种探针设计很难特异性区分诸如RNA剪接体、重叠基因和具有较高同源序列的基因家族中的不同成员，如G蛋白偶联受体同源基因等，因此在应用时需引起注意。

Affymeitrix公司将106个嗜血杆菌基因和100个肺炎链球菌基因设计成寡核苷酸，制成寡核苷酸微阵列，用以检测细菌的RNA转录物。有人采用固化有65 000个不同序列的长度为20个核苷酸的探针芯片，定量地分析了一个小鼠T细胞中整个RNA群体中21个各不相同的信使RNA。

三、基 因 诊 断

用于基因诊断的芯片一般是针对靶基因而特别设计的，利用分子杂交进行特定基因的确认。据报道，目前已研制出了检测艾滋病相关基因、囊性纤维化相关基因、与肿瘤抑制有关的*p53*基因、与乳腺癌相关的*BRCA1*基因等20余种DNA芯片。

目前世界各国纷纷加大投入在该生物芯片领域的研究。世界大型制药公司尤其对基因芯片技术用于基因多态性、疾病相关性、基因药物开发和合成或天然药物筛选等领域感兴趣，都已建立了或正在建立自己的芯片设备和技术。以生物芯片为核心的相关产业正在全球崛起，目前美国已有50多家生物芯片公司上市，平均每年股票上涨55%。专家统计：全球目前生物芯片工业产值为100亿美元左右，预计今后5年之内，生物芯片的市场销售可达到600亿美元以上。

生物芯片改变了生命科学的研究方式，革新医学诊断和治疗，极大地提高人口素质和健康水平。生物芯片作为基因工业的一部分，可广泛用于医学临床诊断、药物开发、环境监测等领域，有着广阔的市场前景，对人类生活与健康将产生多方面深远影响。

生物芯片应用前景十分广阔，如可以应用于寻找新基因、DNA测序、疾病诊断、药物筛选、毒理基因组学、农作物优育和优选、环境检测和防治、食品卫生监督以及司法鉴定等。使用基因芯片分析人类基因组，可找出癌症、糖尿病由遗传基因缺陷引起疾病的致病遗传基因。生物芯片在疾病检测诊断方面具有独特的优势，它可以在一张芯片上同时对多个患者进行多种疾病的检测。仅用极小量的样品，在极短时间内，向医务人员提供大量的疾病诊断信息，这些信息有助于医生在短时间内找到正确的治疗措施。在药物筛选方面，目前国外几乎所有的主要制药公司都不同程度地采用了生物芯片技术来寻找药物靶标，查检药物的毒性或不良反应。用芯片技术进行大规模的药物筛选可以省略大量的动物试验，缩短药物筛选所用时间，从而带动创新药物的研究和开发。基因芯片在环保方面的应用表现在，可高效地探测到由微生物或有机物引起的污染，还能帮助研究人员找到并合成具有解毒和消化污染物功能的天然酶基因。另外生物芯片在农业、食品监督、司法鉴定等方面都将作出重大贡献。生物芯片技术的深入研究和广泛应用，将对21世纪人类生活和健康产生极其深远的影响。

（蔡在龙　吕　军）

第二十章　生命组学与系统生物学

21世纪是“组学”（omics）和系统生物学飞速发展的时期。当前，生命科学的研究已经从单纯认识各种生物分子（蛋白质、核酸等）的结构与功能转向把握所有这些分子的特性（“组学”）和它们之间的联系（系统生物学）。“组学”和系统生物学从分子的角度解释生命科学的最基本问题，如生命的稳态、生命的存活与死亡、生命的繁殖、生命的发生，以及生物进化的机制。阐明生命物质，尤其是生物信息大分子的结构、功能及它们所构成的信息系统的流动和整合如何形成了生命——自然界这种特殊的物质形式，是生命科学要解决的根本问题。

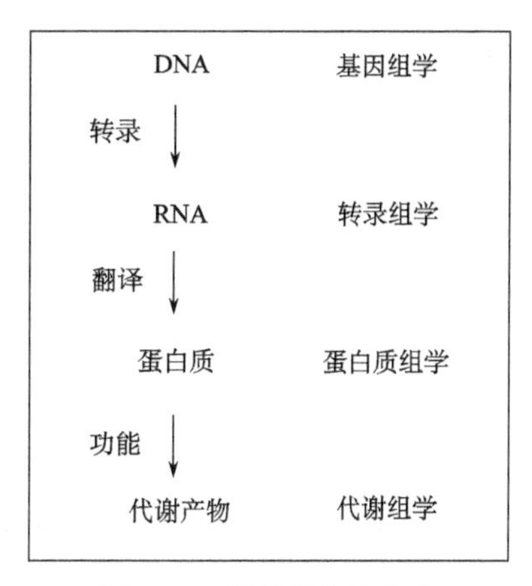

图20-1　遗传信息的方向性与“组学”的关系

生物的遗传信息传递具有方向性和整体性。“组学”是一种基于组群或集合的认识论，这种认识论注重事物之间的相互联系，即事物的整体性。生物信息学通常将基因组学、转录组学、蛋白质组学和代谢组学并列；而遗传学则将转录组学、蛋白质组学和代谢组学归于基因组学领域的功能基因组学范畴内。本章按照遗传信息传递的方向性和生物信息学的分类，将“组学”按基因组学、转录组学、蛋白质组学、代谢组学等层次加以叙述（图20-1）。

第一节　基因组学

一、基　因　组

基因组（genome）就是一个细胞（或病毒）所载的全部遗传信息，它代表了一种生物所具有的全部遗传信息。对真核生物体而言，基因组是指一套完整单倍体DNA（染色体DNA）及线粒体或叶绿体DNA的全部序列，既有编码序列，也有大量存在的非编码序列。这些序列中蕴含的遗传信息决定了生物体的发生、发展，以及各种生命现象的产生。细菌基因组包含了拟核和质粒中的DNA序列。病毒基因组有的为DNA（DNA病毒），有的则为RNA（RNA病毒）。细菌和病毒基因组中非编码序列较少。

二、基因组学

基因组学（genomics）是阐明整个基因组的结构、结构与功能的关系以及基因之间相互作用的科学。其主要研究内容包括结构基因组学（structural genomics）、功能基因组学（functional genomics）和比较基因组学（comparative genomics）。

结构基因组学的主要任务是通过人类基因组作图（遗传图谱、物理图谱、序列图谱以及转录图谱）和大规模 DNA 测序等，揭示人类基因组的全部 DNA 序列及其组成。快速发展的生物信息学（bioinformatics）和计算生物学（computational biology）的介入，帮助克服了很多复杂的 DNA 拼接（alignment）、缺口填补（gap filling）、基因诠释（annotation）等难题。比较基因组学通过模式生物基因组之间或模式生物基因组与人类基因组之间的比较与鉴定，为研究生物进化和预测新基因的功能提供依据。功能基因组学利用结构基因组所提供的信息，分析和鉴定基因组中所有基因（包括编码和非编码序列）的功能。功能基因组学是后基因组时代生命科学发展的主流方向。

三、结构基因组学

结构基因组学主要通过人类基因组计划的实施，解析人类自身 DNA 的序列和结构。研究内容就是通过基因作图、构建连续克隆系及大规模测序等方法，结合主要模式生物已知基因组 DNA 序列，辅以生物信息学和计算生物学技术，解密人类基因组 DNA 序列和结构。

（一）遗传作图和物理作图

染色体 DNA 很长，不能直接进行测序，必须先将基因组 DNA 进行分解、标记，使之成为可操作的较小结构区域，这一过程称为作图。HGP 实施过程采用了遗传作图和物理作图的策略。

1. 遗传作图

遗传图（genetic map）又称连锁图（linkage map）。遗传作图（genetic maping）就是确定连锁的遗传标志位点在一条染色体上的排列顺序及它们之间的相对遗传距离，用厘摩尔根（centi-Morgan，cM）表示，当两个遗传标记之间的重组值为 1%时，图距即为 1cM。

在 HGP 实施中先后采用了称之为第一代、第二代和第三代的 DNA 标志。①限制性片段长度多态性（restriction fragment length polymorphism，RFLP）：利用特定的限制性内切酶识别并切割基因组 DNA，得到大小不等的 DNA 片段，所产生的 DNA 数目和各个片段的长度反映了 DNA 分子上不同酶切位点的分布情况。由于不同个体等位基因之间碱基的替换、重排、缺失等变化导致限制性内切酶点发生改变从而造成基因型间限制性片段长度的差异。②可变数目串联重复序列（variable number of tandem repeat，VNTR）：又称微卫星 DNA（minisatellite DNA），是一种重复 DNA 短序列。VNTR 基本原理与 RFLP 大致相同，通过限制性内切酶的酶切和 DNA 探针杂交，可一次性检测到众多微卫星位点，得到个体特异性的 DNA 指纹图谱。③单核苷酸多态性（single nucleotide polymorphism，SNP）：SNP 与其他 DNA 标记的主要不同是不再以“长度”的差异作为检测手段，而直接以序列的变异作为标记。SNP 是指在基因组水平上由单个核苷酸变异所造成的 DNA 序列多态性。SNP 是人类可遗传的变异中最常见的一种，也是基因组中最为稳定的变异。SNP 最大限度地代表了不同个体之间的遗传差异，因而成为研究多基因疾病、药物遗传学及人类进化的重要遗传标记。

2. 物理作图

物理作图（physical mapping）是在遗传作图基础上制作的更详细的人类基因组图谱。物理作图包括荧光原位杂交图（fluorescent *in situ* hybridization map，FISH map；将荧光标记的探针与染色体杂交确定分子标记所在的位置）、限制性酶切图（restriction map；将限制性酶切位点标定在 DNA 分子的相对位置）及连续克隆系图（clone contig map）等。在这些操作中，构建连续克隆系图是最重要的一种物理作图，它是在采用酶切位点稀有的限制性内切酶或高频超声破碎技术将 DNA 分解成大片段后，再通过构建酵母人工染色体（yeast artificial chromosome，YAC）或细菌人工染色体（bacterial artificial chromosome，BAC）获取含已知基因组序列标签位点（sequence tagged site，STS）的 DNA 大片段。STS 是指染色体定位明确，并且可用 PCR 扩增的单拷贝序列，每隔 100kb 距离就有一个标志。在 STS 基础上构建能够覆盖每条染色体的大片段 DNA 连续克隆系就可绘制精细物理图谱。可以说，通过克隆系作图就可以知晓特异 DNA 大片段在特异染色体上的定位，这就为大规模 DNA 测序做好了准备。

（二）大规模 DNA 测序

在上述基因作图完成的基础上，通过 BAC 克隆系的构建、鸟枪法测序（shotgun sequencing），辅以生物信息学技术，就可完成全基因组的测序工作。

1. BAC 克隆系的构建

YAC 载体装载量偏大（1～2Mb），自身稳定性不够。BAC 克隆技术的诞生，使得大规模克隆成为可能，并取代 YAC 用于大部分人类基因组的序列分析。BAC 是一种装载 DNA 大片段的克隆载体系统，用于人、动物和植物基因组文库构建。BAC 具有插入片段较大（几千碱基对至 350kb）、嵌合率低、遗传稳定性好、易于操作等优点。BAC 文库的构建是基因组较大的真核生物基因组研究的重要基础，可用于真核生物重要基因及全基因组物理作图、重要功能基因的定位克隆、基因结构及功能分析。

2. 鸟枪法测序

全基因组鸟枪法测序直接将整个基因组打成不同大小的 DNA 片段，构建 BAC 文库，然后对文库进行随机测序，最后运用生物信息学方法将测序片段拼接成全基因组序列（图 20-2）。该法的主要步骤是：①建立高度随机、插入片段大小为 1.6～4kb 的基因组文库；②高效、大规模的克隆双向测序；③序列组装（sequence assembly），借助 Phred/Phrap/Consed 等软件将所测得的序列进行组装，产生一定数量的重叠群（contig）；④缺口填补，利用引物延伸或其他方法对 BAC 克隆中还存在的缺口进行填补。

3. 高通量测序技术

高通量测序（high throughput sequencing）技术不仅具备毛细管电泳测序不具备的优点，还能进行“平行/多点”、“单分子”和“混合”序列分析。这种高通量测序一次实验可以读取几十万至几百万 DNA 片段的序列，极大加速了基因组测序。

（三）生物信息学

面对大量的 EST 序列、STS 序列、多态性序列，以及众多 DNA 克隆、DNA 序

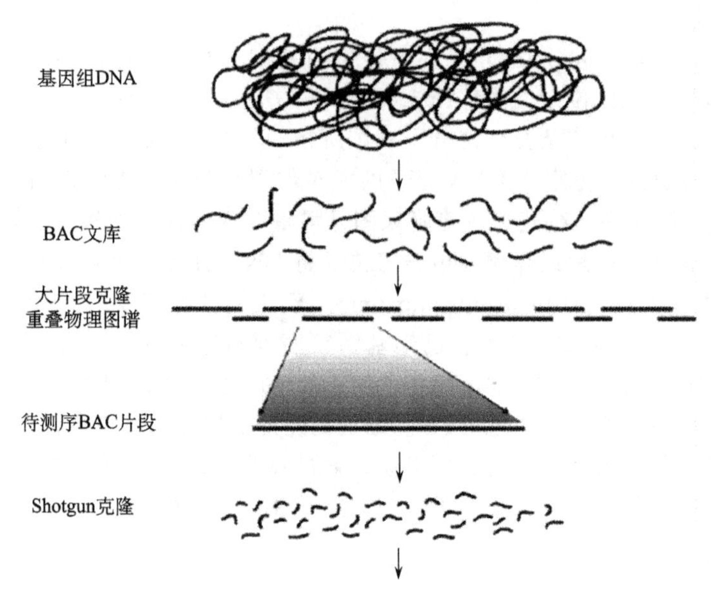

图 20-2　鸟枪法（shotgun）测序的原理与策略

列，与之相关的资料收集、储存、整理、排列、归纳、注释是十分复杂的，工作量庞大，因此建立计算机资料库和管理系统，发展自动化程序是必不可少的。数据库的建设汇集了大量 DNA 序列、蛋白质信息，成为基因、基因产物的结构、功能预测的有用工具，也是分析基因-基因、基因-产物、产物-产物之间的相互作用或联系，描述细胞或整体水平的基因表达谱，推测系统发生关系的必需工具。结合 HGP 实施，生物信息学的发展促进了相关数据库建设。目前，国际数据库数量如云，最大的 3 个生物信息中心有美国国家生物技术信息中心（NCBI，网址：http：//www. ncbi. nih. gov)、欧洲生物信息研究所（EBI，网址：http://ebi. ac. uk）和日本 DNA 数据库（DDBJ，网址：http://www. ddbj-nig. ac. jp)，通过因特网向公众开放，供研究者查询、分析和应用。

GenBank（http://www. ncbi. nih. gov/genbank）是 NIH 的基因序列数据库，包含所有已知的核苷酸及蛋白质序列，以及与之相关的生物学信息和参考文献，是世界上的权威序列数据库。利用 GenBank 可以查询基因、登录基因以及利用基因组数据信息挖掘新基因。

四、功能基因组学

功能基因组学的主要研究内容包括基因组的表达、基因组功能注释、基因组表达调控网络及机制的研究等。它从整体水平上研究一种组织或细胞在同一时间或同一条件下所表达基因的种类、数量、功能及在基因组中的定位，或同一细胞在不同状态下基因表达的差异。它可以同时对多个表达基因或蛋白质进行研究，使得生物学研究从以往的单一基因或蛋白质研究转向多个基因或蛋白质的系统研究。实现功能基因组学研究需要分子生物学实验室工作与生物信息学技术相结合。

(一) 全基因组扫描

全基因组扫描即对测得的基因组序列进行“注释”，包括鉴定和描述推测的编码序列（基因）、非编码序列及其功能。这项工作以人类基因组 DNA 序列数据库为基础，以高性能计算机为支持，利用庞大的算法流水线（pipeline）来加工和注释人类基因组的 DNA 序列，进行新基因预测、蛋白质功能预测及疾病基因的发现。主要采用改进的十进制计算机进行全基因组扫描，鉴定内含子与外显子之间的衔接，寻找全长 ORF，确定多肽链编码序列。

(二) 同源基因搜索

同源基因在进化过程来自共同的祖先，因此通过核苷酸或氨基酸序列的同源性比较，就可以推测基因组内相似基因的功能。这种同源搜索涉及以计算机为基础的序列比较分析，NCBI 的序列局部相似性查询（basic local alignment search tool，BLAST）程序是基因同源性搜索和比对的有效工具。每一个基因在 GenBank 中都有一个序列访问号码（accession number），这一号码在很多论文，尤其是有关该基因的第一篇论文中提供，在 BLAST 界面上输入 2 条或多条访问号码，就可实现两两或多对序列的比对。

(三) 基因功能实验验证

可设计一系列的实验来验证基因的功能，包括转基因（transgene）、基因过表达（over expression）、基因敲除（knock-out）、基因敲减（knock-down）或基因沉默（gene silencing）等方法，结合所观察到的表型变化即可验证基因功能。由于重要功能基因在进化上是保守的，因此可以采用合适的模式生物替代人体进行实验，这可避免社会道德和伦理等的限制。

(四) 基因表达模式描述

基因的表达涉及 RNA 的转录和蛋白质的翻译，研究基因的表达模式及调控需借助转录组学和蛋白质组学相关技术与方法。

五、人类基因组计划

人类基因组计划最早由美国提出并启动，发起单位为美国能源部和美国人类基因组研究所，随后英国、日本、法国、德国和中国等国家相继加入。该计划于 1990 年 10 月正式启动，至 2003 年 4 月完成，历时 13 年。

(一) HGP 的任务

HGP 的主要任务是要阐明人类基因组和其他模式生物基因组的特征，在整体上破译遗传信息。HGP 的目标包括 9 个方面：①人类基因组作图及序列分析；②人类基因组中基因的鉴定；③基因组研究技术的建立、创新与提升；④重要模式生物基因组的作图与测序；⑤信息系统的建立，信息的储存、处理及相应软件开发；⑥与人类基因组相关的伦理学、法学和社会影响与结果的研究；⑦研究人员的培训；⑧技术转让及产业开发；⑨研究计划的外延。

（二）HGP 的重要成果

HGP 的研究内容体现为完成基因组的 4 张图，即遗传图谱、物理图谱、转录图谱和序列图谱。2003 年 4 月，在 DNA 双螺旋结构发表 50 周年之际，HGP 顺利完成（表 20-1、表 20-2）。

表 20-1 HGP 目标与完成情况比较表

研究内容	研究目标	完成情况	完成时间
遗传图谱	2～5cM 精度图谱（600～1 500 个标记）	1cM 精度图谱（3000 个标记）	1994 年 9 月
物理图谱	30 000 个 STS	52 000 个 STS	1998 年 10 月
序列图谱	基因组序列中 95% 的基因，完成图精度 99.99%	基因组序列中 99% 的基因，完成图精度 99.99%	2003 年 4 月
完成图容量与费用	500Mb/年，＜ 0.25 USD /bp	＞ 1400Mb/年，＜ 0.09 USD /bp	2002 年 11 月
人基因组序列变异	定位 100 000 个 SNP	定位 3 700 000 个 SNP	2003 年 2 月
基因鉴定	全长人 cDNA	15 000 条全长人 cDNA	2003 年 3 月
模式生物	大肠杆菌、酿酒酵母、秀丽隐杆线虫、黑腹果蝇的全基因组序列	大肠杆菌、酿酒酵母、秀丽隐杆线虫、黑腹果蝇基因组精细图；秀丽新小杆线虫、拟暗果蝇、小鼠、大鼠基因组草图	2003 年 4 月
功能分析	开发大规模基因组研究技术	高通量寡核苷酸合成	1994 年
		DNA 芯片	1996 年
		真核（酵母）全基因组敲除	1999 年
		规模化的研究蛋白质-蛋白质相互作用双杂交系统	2002 年

表 20-2 HGP 实施过程中的重要时间节点

年份	重要进展
1990	HGP 启动
1995	获得高精度的 16 号和 19 号染色体物理图谱
	获得中等精度的 3 号、11 号、12 号、22 号染色体物理图谱
1997	获得高精度的 X 和 7 号染色体物理图谱

续表

年份	重要进展
1998	GeneMap'98 发布（含 30 000 个标签）
1999	发布 22 号染色体完整序列图谱
2000	美国总统克林顿、HGP 项目负责人 Collins F 和 Venter C 共同宣布人类基因组工作草图完成（6 月 26 日）
	发布 21 号染色体完整序列图谱
	发布 5 号、6 号、19 号染色体工作草图
2001	发布 21 号染色体完整序列图谱
	人类基因组第一个工作草图发表（新闻发布会，2 月 12 日；*Science*，2 月 16 日；*Nature*，2 月 15 日）
2002	启动国际单倍体图计划（HapMap Project）
	发布小鼠基因组工作草图（*Nature*，12 月 5 日）
2003	发布 6 号、7 号、14 号和 Y 染色体完整序列图谱
	HGP 联盟宣布 HGP 完成（新闻发布会，4 月 14 日；*Nature*，4 月 24 日；*Science*，4 月 11 日）
	启动 ENCODE 计划（9 月）
2004	发布 5 号、9 号、10 号、13 号、16 号、18 号、19 号染色体完整序列图谱
2005	发布 2 号、4 号和 X 染色体完整序列图谱
2006	发布 1 号、3 号、8 号、11 号、12 号、15 号、17 号染色体完整序列图谱

HGP 的实施与完成实现了人类基因组的破译，对于认识各种基因的结构与功能，了解基因表达及调控方式，理解生物进化的基础，进而阐明所有生命活动的分子基础具有十分重要的意义。现今，生命科学已进入到“后基因组时代”。

六、DNA 元件百科全书计划

当 HGP 完成后，我们面临的重大课题是对人类基因组庞大序列信息的解读以及如何应用这些信息应对人类重大疾病的挑战。在此背景下，美国于 2003 年 9 月启动了 DNA 元件百科全书（encyclopedia of DNA elements，ENCODE）计划。该计划旨在解析人类基因组中的所有功能元件。它是继 HGP 完成后又一重大的跨国基因组学研究项目。

（一）ENCODE 的意义

HGP 提供了人类基因组的序列信息（符号），并定位了大部分蛋白质编码基因。如何解密这些符号代表的意义，特别是还有 98%左右的非蛋白质编码序列的功能，仍然是一项十分繁重的任务。因此，若要全面理解生命体的复杂性，必须全面确定基因组中各个功能元件及其作用，如果说，HGP 的完成是印刷了一部生命的“天书”，ENCODE 相当于给这本“天书”加上对于重要字句的注解，使我们能够解读“天书”

中这些字句的含义。可以说，从 HGP 到 ENCODE 实际上是基因组从“结构”到“功能”的必然。

（二）ENCODE 的任务

ENCODE 计划分三个阶段实施，包括先导阶段（pilot phase）、技术开发阶段（technology development phase）和产出阶段（production phase）。① 先导阶段执行期为 2003～2007 年，重点关注人类基因组约 1%序列中的元件及其生物学功能，研究的重点主要是转录调节单元、转录调节序列、酶切位置、染色体修饰、复制起始点的确定等方面。② 技术开发阶段除重点开发高效准确的鉴定 DNA 功能元件的方法外，研究对象覆盖整个基因组，包括 70 000 个启动子区域和 400 000 个增强子区域。③ 第三阶段即产出阶段，目前仍在进行中，其目的是完成人类基因组中所有功能元件的注释，帮助我们更精确地理解人类的生命过程和疾病的发生、发展机制。

ENCODE 计划的目标是识别人类基因组的所有功能元件。该计划的启动主要基于科学界的共识，即全面了解人类基因组序列中所编码的结构和功能元件是揭示疾病的遗传学基础和保障人类健康的关键。这些功能元件包括蛋白质编码基因，各类 RNA 编码序列，转录调控元件以及介导染色体结构和动力学的元件等，当然还包括有待明确的其他类型的功能性序列。

（三）ENCODE 的初步成果

2012 年 9 月 6 日，*Nature* 发表了 ENCODE 计划联盟有关“人类基因组的整合 ENCODE”的报道。该报告分析了 1640 组覆盖整个人类基因组的 ENCODE 数据，主要结论如下：①人类基因组的大部分序列（80.4%）具有各种类型的功能；②基因组元件在进化上符合负性选择原理，表明其中的部分是有功能的；③人类基因组中有 399 124个区域具有增强子样特征，70 292 个区域具有启动子样特征，还有数百至数千个休眠区域；④RNA 的产生和加工与结合启动子的转录因子活性密切相关；⑤个体基因组中位于 ENCODE-注释功能区域的非编码变异体数量，至少与存在于蛋白质编码基因中的数量相等；⑥非编码功能元件富含与疾病相关的 SNP，大部分疾病的表型与转录因子相关。

上述研究结果显示，人类基因组中的 DNA 序列至少 80%是有功能的，而并非之前认为的大部分是“垃圾”DNA（junk DNA）。这些新的发现有望帮助研究人员深入理解基因受到控制的途径，以及澄清某些疾病的遗传学风险因子。

第二节　转 录 组 学

一、转录组与转录组学

转录组（transcriptome）是指生命单元（通常是一种细胞）所能转录出来的所有 RNA——包括指导蛋白质翻译的 mRNA（即编码 RNA）和非信使小 RNA（small non-messenger RNA，snmRNA）的总和，包括 rRNA、tRNA 和众多 ncRNA。因此，转录组学（transcriptomics）是在整体水平上研究细胞编码基因转录情况及转录调控规律的科学。

与基因组相比，转录组最大的特点是受到内外多种因素的调节，因而是动态可变的。这同时也决定了它最大的魅力在于揭示不同物种、不同个体、不同细胞、不同发育阶段及不同生理、病理状态下的基因差异表达信息。

二、转录组学分析基因表达谱

（一）cDNA 芯片大规模分析基因表达谱

大规模表达谱或全景式表达谱（global expression profile）是生物体（组织、细胞）在某一状态下基因表达的整体状况。长期以来，基因功能的研究通常采用基因的差异表达方法，效率低，无法满足大规模功能基因组研究的需要。利用基因表达谱芯片（cDNA 芯片、EST 芯片等）技术，可以同时监控成千上万个基因在不同状态（如病理、发育不同时期、诱导刺激等）下的表达变化，从而推断基因间的相互作用，揭示基因与疾病发生、发展的内在关系。

（二）SAGE 和 MPSS 分析新基因表达信息

基因表达谱芯片很难检测某些特定时段表达或表达水平较低的基因或未知基因的表达，借助基因表达系列分析（serial analysis of gene expression，SAGE）和大规模平行信号测序系统（massively parallel signature sequencing，MPSS）等可实现目标。

（三）转录组学推断未知基因功能，探索生命机制

解析人类庞大基因组中编码和非编码基因序列包含的意义，是一项极其繁重的任务。转录组分析可以提供特定条件下（生理、病理、诱导刺激等）基因表达的信息，通过使用基因碱基序列数据和比较已知及未知功能的基因，推断相应未知基因的功能，揭示特定调节基因的作用机制。

三、转录组学研究主要技术

目前，转录组学研究的侧重点涉及基因转录的区域、转录因子结合位点、染色质修饰点、DNA 甲基化位点等。微阵列（microarray）、SAGE，以及 MPSS 是转录组研究的重要技术。

（一）微阵列技术

微阵列或基因芯片（DNA chip）是近年来发展起来的可用于大规模基因组表达谱研究、快速检测基因差异表达、鉴别致病基因或疾病相关基因的一项新的基因功能研究技术。其基本原理是利用光导化学合成、照相平版印刷以及固相表面化学合成等技术，在固相表面合成成千上万个寡核苷酸探针（cDNA、EST 或基因特异的寡核苷酸），并与放射性同位素或荧光物标记的来自不同细胞、组织或整个器官的 DNA 或 mRNA 反

转录生成的第一链 cDNA 进行杂交，然后用特殊的检测系统对每个杂交点进行定量分析。其优点是可以同时对大量基因，甚至整个基因组的基因表达进行对比分析（图 20-3）。

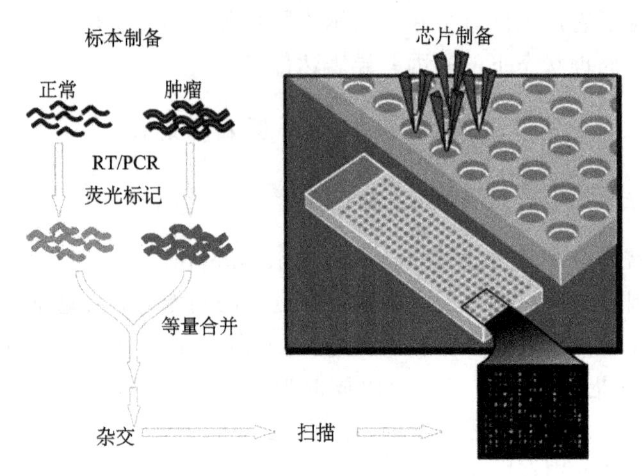

图 20-3 微阵列技术的基本步骤

不同标本（如正常组织和肿瘤组织）抽提的 RNA 经 RT-PCR 后分别以不同的荧光染料（一般为 Cy3 和 Cy5）标记，等量混合后在芯片上进行杂交，最后进行扫描和读片。右下为双色荧光重叠图像，绿色荧光者表示正常组织高表达，而红色荧光者表示肿瘤组织高表达。应用该技术可发现两个标本的差异表达基因

（二）SAGE

SAGE 的基本原理是用来自 cDNA 3′端特定位置 9～10bp 长度的序列所含有的足够信息鉴定基因组中的所有基因。可利用锚定酶（anchoring enzyme，AE）和位标酶（tagging enzyme，TE）这两种限制性内切酶切割 DNA 分子的特定位置（靠近 3′端），分离 SAGE 标签，并将这些标签串联起来，然后对其进行测序。这种方法可以全面提供生物体基因表达谱信息。它还可用来定量比较不同状态下组织或细胞的所有差异表达基因。

（三）MPSS

MPSS 的原理是一个标签序列（10～20bp）含有能够特异识别转录子的信息，标签序列与长的连续分子连接在一起，便于克隆和序列分析。通过定量测定可以提供相应转录子的表达水平，也就是将 mRNA 的一端测出一个包含 10～20 个碱基的标签序列，每一标签序列在样品中的频率（拷贝数）就代表了与该标签序列相应的基因表达水平，所测定的基因表达水平以计算 mRNA 拷贝数为基础，是一个数字表达系统。只要将病理和对照样品分别进行测定，即可进行严格的统计检验，能测定表达水平较低、差异较小的基因，而且不必预先知道基因的序列。

世界三大生物信息中心（NCBI、EBI 和 DDBJ）网站上均包含有关基因表达或 RNA 的大量数据。NCBI 的 GEO（Gene Expression Omnibus）数据库（http://www. ncbi. nlm. nih. gov/proiects/geo/）提供了以微阵列为基础的对 mRNA 丰度的测定数据，包括 SAGE map。从 SAGE 站点，可以获得一些组织和细胞基因差异表达的数据，如正常结肠组织与结肠癌，正常脑组织与各种脑肿瘤等。SAGE 站点提供的是各种 cDNA 文库数据和将不同组织的 cDNA 文库加以比较的软件，只要选定两个 SAGE cDNA 文库，就自动给出两种 cDNA 文库的差异信息，代表的是两种组织或细胞间的基因表达差异。SAGE 对于研究肿瘤相关基因是十分重要的工具。

第三节　蛋白质组学

蛋白质是生物功能的主要载体。蛋白质组学（proteomics）以细胞、组织或机体在特定时间和空间上表达的所有蛋白质，即蛋白质组（proteome）为研究对象，分析细胞内动态变化的蛋白质组成、表达水平与修饰状态，了解蛋白质之间的相互作用与联系，并在整体水平上研究蛋白质调控的活动规律，故又称为全景式蛋白质表达谱（global protein expression profile）分析。开展蛋白质组学研究对全面深入地理解生命的复杂活动、疾病诊断、新药研制等具有重大的意义。

目前已有众多与蛋白质组研究相关的数据库，其中应用最多的包括蛋白质序列数据库（SWISS-PROT/TrEMBL；http://www. expasy. ch/）、基因序列数据库（GenBank；EMBL；http://www. ncbi. nlm. nih. gov/，http://www. ebi. ac. uk/）、蛋白质模式数据库（Prosite；http://www. expasy. ch/sprot/prosite. html）、蛋白质二维凝胶电泳数据库、蛋白质三维结构数据库（PDB，http://www. pdb. bnl. gov/；FSSP，http://www. embl-ebi. ac. uk），以及蛋白质翻译后修饰数据库（O-GIXCBASE，http://www. cbs. dm. dk/databases/OGLYCBASE）等。

一、蛋白质组学的主要任务

蛋白质组学的研究主要涉及两个方面：一是蛋白质组表达模式的研究，即结构蛋白质组学（structural proteomics）；二是蛋白质组功能模式的研究，即功能蛋白质组学（functional proteomics）。由于蛋白质的种类和数量总是处在一个新陈代谢的动态过程中，同一细胞的不同周期，其所表达的蛋白质是不相同的，同一细胞在不同的生长条件下（正常、疾病或外界环境刺激），所表达的蛋白质也是不相同的。蛋白质的鉴定和功能确定是蛋白质组学的主要任务。

（一）蛋白质鉴定

可以利用一维电泳和二维电泳并结合生物质谱、Western 印迹、蛋白质芯片等技术，对蛋白质进行全面的鉴定研究。

（二）翻译后修饰鉴定

很多 mRNA 表达产生的蛋白质要经历翻译后修饰，如磷酸化、糖基化、酶原激活等过程。翻译后修饰是蛋白质调节功能的重要方式，因此对蛋白质翻译后修饰的研究对阐明蛋白质的意义。

（三）蛋白质功能确定

蛋白质功能确定包括蛋白质定位研究，基因过表达/基因敲除（减）技术分析蛋白质活性，酵母双杂交/免疫共沉淀等技术研究蛋白质相互作用等。其他如分析酶活性和确定酶底物，细胞因子的生物分析，配基-受体结合分析等。

二、蛋白质组学研究的常用技术

二维电泳技术结合生物质谱技术及大规模数据处理仍然是蛋白质组学的三大基本支撑技术。

（一）二维电泳

二维凝胶电泳（two-dimensional gel electrophoresis，2-DE）是分离蛋白质组最基本的工具。其原理是蛋白质在高压电场作用下先进行等电聚焦（isoelectric focusing，IEF）电泳，利用蛋白质分子的等电点不同使蛋白质得以分离；随后进行 SDS-聚丙烯酰胺凝胶电泳（SDS-PAGE），按蛋白质分子质量的大小进行分离。目前 2-DE 的分辨率可达到 10 000 个蛋白质点（图 20-4）。

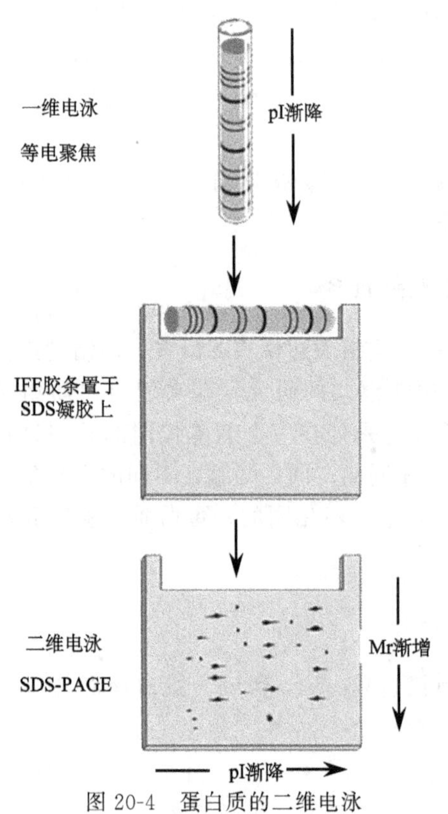

图 20-4　蛋白质的二维电泳

（二）生物质谱

质谱（mass spectroscopy，MS）是蛋白质组学中分析与鉴定肽和蛋白质最重要的手段。当前在蛋白质组研究中利用质谱技术鉴定蛋白质主要通过两种方法：一种是通过肽质量指纹图谱和数据库搜索匹配的方法；另一种是通过测出样品中部分肽段串级质谱的信息（氨基酸序列）与数据库搜索匹配的方法。

1. 肽质量指纹图谱

蛋白质经过酶解成肽段后，获得所有肽段的分子质量，形成一个特异的肽质量指纹图谱（peptide mass fingerprinting，PMF），通过数据库搜索与比对，便可确定待分析蛋白质分子的性质。

2. 串联质谱（MS/MS）

用 PMF 方法未能鉴定的蛋白质可通过质谱技术获得该蛋白质一段或数段多肽的串联质谱信息（氨基酸序列）并通过数据库检索来鉴定该蛋白质。混合蛋白质酶解后的多肽混合物直接通过（多维）液相色谱分离，然后进入质谱进行分析。质谱仪通过选择多个肽段离子进行 MS/MS 分析，获得有关序列的信息，并通过数据库搜索匹配进行鉴定（图 20-5）。

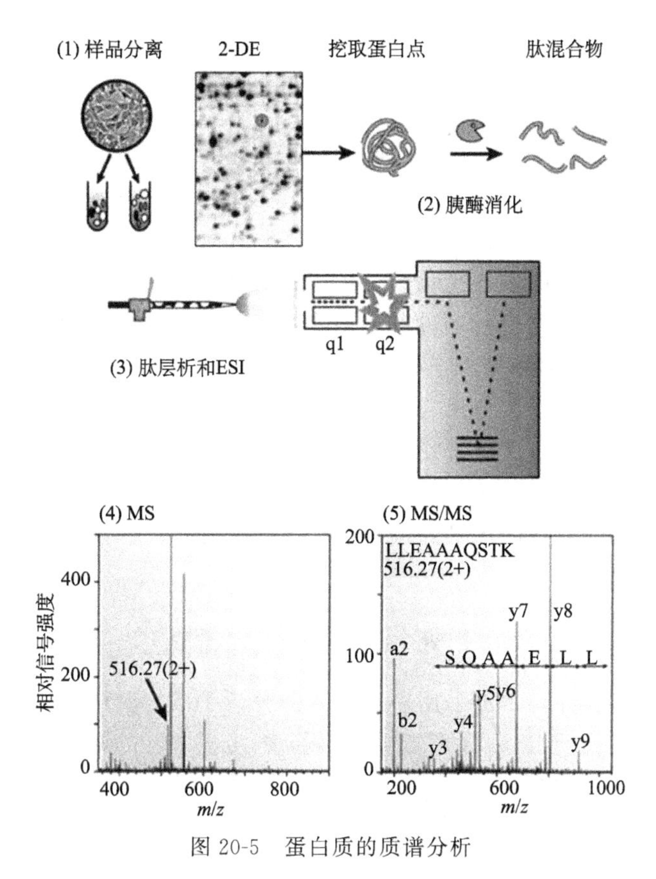

图 20-5　蛋白质的质谱分析

三、蛋白质相互作用

细胞中的各种蛋白质分子往往形成蛋白质复合物共同执行各种生命活动。蛋白质-蛋白质相互作用（protein-protein interaction）是维持细胞生命活动的基本方式。要深入研究所有蛋白质的功能，理解生命活动的本质，就必须对蛋白质-蛋白质相互作用有一个清晰的了解，包括受体与配体的结合、信号转导分子间的相互作用及其机制等。

目前研究蛋白质相互作用常用的方法有酵母双杂交（yeast two-hybrid system）、亲和层析、免疫共沉淀、蛋白质交联和基于绿色荧光蛋白的细胞内蛋白质相互作用研究方法等。其中，酵母双杂交系统是当前发展迅速、应用最广泛的方法。

第四节 代谢组学

细胞内的生命活动大多发生于代谢层面，因此代谢物的变化更直接地反映了细胞所处的环境，如营养状态、药物作用和环境影响等。代谢组学（metabonomics）就是测定一个生物/细胞中所有的小分子（Mr≤1000Da）组成，描绘其动态变化规律，建立系统代谢图谱，并确定这些变化与生物过程的联系。

一、代谢组学的任务

代谢组学分为4个层次。①代谢物靶标分析（metabolite target analysis）：对某个或某几个特定组分的分析。②代谢谱分析（metabolic profiling analysis）：对一系列预先设定的目标代谢物进行定量分析。例如，某一类结构、性质相关的化合物或某一代谢途径中所有代谢物或一组由多条代谢途径共享的代谢物进行定量分析。③代谢组学：对某一生物或细胞所有代谢物进行定性和定量分析。④代谢指纹分析（metabolic fingerprinting analysis）：不分离鉴定具体单一组分，而是对代谢物整体进行高通量的定性分析。

代谢组学主要以生物体液为研究对象，如血样、尿样等，另外还可采用完整的组织样品、组织提取液和细胞培养液等进行研究。血样中的内源性代谢产物比较丰富，信息量较大，有利于观测体内代谢水平的全貌和动态变化过程。尽管尿样所含的信息量相对有限，但样品采集不具损伤性。

二、代谢组学的主要分析技术

由于代谢物的多样性，常需采用多种分离和分析手段，其中，磁共振、色谱及MS等技术是最主要的分析工具（图20-6）。①磁共振（nuclear magnetic resonance,

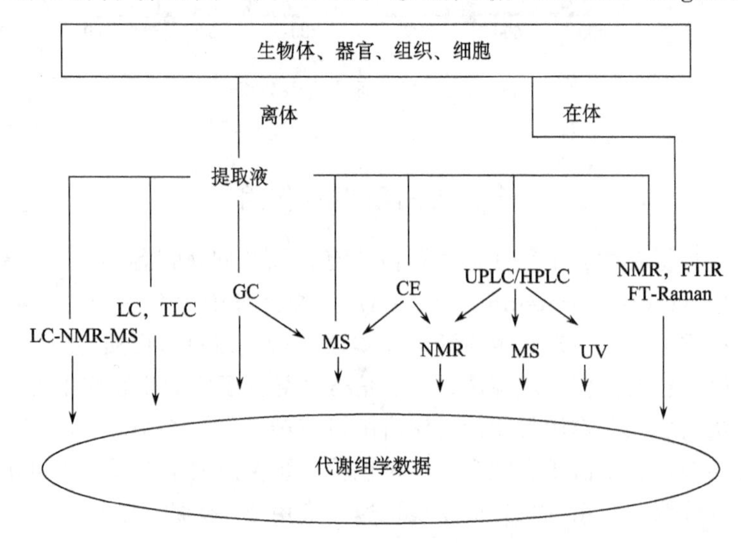

图20-6 代谢组学研究的技术系统及手段

NMR)：NMR 是当前代谢组学研究中的主要技术。代谢组学中常用的 NMR 谱是氢谱（^{1}H-NMR)、碳谱（^{13}C-NMR）及磷谱（^{31}P-NMR)。②MS：MS 按质荷比（m/z）进行各种代谢物的定性或定量分析，可得到相应的代谢产物谱。③色谱及联用技术：色谱-质谱联用技术使样品的分离、定性、定量一次完成，具有较高的灵敏度和选择性。目前常用的联用技术包括气质联用（GC-MS）和液质联用（LC-MS)。

三、代谢组学数据分析

同其他组学研究一样，代谢组学研究得到的也是海量的数据。为了从数据中挖掘更多潜在的信息，需借助一系列的化学计量学方法对数据进行分析。通常借助一定的软件，联合多种数据分析技术，将多维、分散的数据进行总结、分类及判别分析，发现数据间的定性、定量关系，解读数据中蕴藏的生物学意义，进而阐述其与机体代谢的关系。

代谢组学所得信息可利用模式识别技术进行数据分析，以达到对样本分类或判别的目的，包括无监督模式识别和有监督模式识别两类。无监督方法主要用于采用原始谱图信息或预处理后的信息对样本进行归类。该方法将得到的分类信息和这些样本的原始信息（如药物的作用位点或疾病的种类等）进行比较，建立代谢产物与这些原始信息的联系，筛选与原始信息相关的标记物，进而考察其中的代谢途径。无监督方法中应用最广泛的是主成分分析（PCA）和聚类分析。有监督的方法用于建立类别间的数学模型，使各类样品间达到最大的分离，并利用建立的多参数模型对未知的样本进行预测。有监督的方法包括人工神经网络（ANN)、偏最小二乘（PLS)、判别函数分析（DFA）等。主成分分析法是最常用的模式识别方法。通过将分散于一组变量上的信息集中于几个综合指标上，如糖代谢、脂质代谢、氨基酸代谢等，利用主成分描述机体代谢的变化情况。

现今，代谢组学的数据更为庞大和复杂，特别是 NMR 对病理生理过程的研究，将代谢物的表达谱与时间相联系，分析时更加困难，需要借助复杂的模型或专家系统进行分析。已有研究小组建立了包括酵母糖酵解在内的一系列代谢模型，并在仿真器上开展代谢仿真等研究工作。

第五节　糖组学与脂组学

一、糖　组　学

生物界丰富多样的聚糖类型覆盖了有机体所有细胞，它们不仅决定细胞的类型和状态，也参与了细胞许多生物学行为，如细胞发育、分化，肿瘤转移，微生物感染，免疫反应等。糖组学（glycomics）侧重于糖链组成及其功能的研究，其主要研究对象为聚糖，具体内容包括研究糖与糖之间、糖与蛋白质之间、糖与核酸之间的联系和相互作用。糖组学是基因组学和蛋白质组学等的后续和延伸。因此，要深入了解生命的复杂规律，就必须有“基因组-蛋白质组-糖组”的整体观念，这样才有可能揭示生物体全部基因功能，从而为重大疾病发生、发展机制的进一步阐明及有效控制，以及为疾病预测新的诊断标记物的筛选和药物靶标的发现提供依据。

（一）糖组学分支

糖组（glycome）是指单个个体的全部聚糖，糖组学则对糖组（主要针对糖蛋白）进行全面的分析研究，包括结构和功能两个方面的内容，因此可将其分为结构糖组学（structural glycomics）和功能糖组学（functional glycomics）两个分支。糖组学的内容主要涉及单个个体的全部糖蛋白结构分析，确定编码糖蛋白的基因和蛋白质糖基化的机制。因此，糖组学主要回答4个方面的问题：①什么基因编码糖蛋白，即基因信息；②可能糖基化位点中实际被糖基化的位点，即糖基化位点信息；③聚糖结构，即结构信息；④糖基化功能，即功能信息。

（二）糖组学研究的主要技术

1. 色谱分离与质谱鉴定技术

色谱分离与质谱鉴定技术为糖组学研究的核心技术，被广泛地应用于糖蛋白的系统分析。通过与蛋白质组数据库结合使用，这种方法能系统地鉴定可能的糖蛋白和糖基化位点。具体策略包括如下几个步骤。①凝集素亲和层析-1（用于糖蛋白分离）：依据待分离糖蛋白的聚糖类型单独或串联使用不同的凝集素。②蛋白质消化：将分离得到的糖蛋白用蛋白酶Ⅰ消化以生成糖肽。③凝集素亲和层析-2（用于糖肽分离）：采用与步骤①相同的凝集素柱从消化液中捕集目的糖肽。④HPLC纯化糖肽。⑤序列分析、质谱和解离常数测定。⑥数据库搜索和聚糖结构分析以获得相关遗传和糖基化信息。然后使用不同的凝集素柱进行第二和第三次循环，捕集其他类型的糖肽，以对某个细胞进行较全面的糖组学研究。其中凝集素亲和层析也称为糖捕获（glyco-catch）法。

2. 糖微阵列技术

糖微阵列技术是生物芯片中的一种，是将带有氨基的各种聚糖共价连接在包被有化学反应活性表面的玻璃芯片上，一块芯片上可排列200种以上的不同糖结构，几乎涵盖了全部末端糖的主要类型。糖微阵列技术可广泛用于糖结合蛋白的糖组分析，以对生物个体产生的全部蛋白聚糖结构进行系统鉴定与表征。但目前可用于微阵列的糖数量还非常有限，糖微阵列技术有待进一步的发展。

3. 生物信息学

糖蛋白糖链研究的信息处理、归纳分析以及糖链结构检索都要借助生物信息学来进行。目前这方面的数据库和网络包括CFG、KEGG和CCSD等。

（三）糖组学与肿瘤

目前，双相凝胶电泳已经成功地用于鉴定糖蛋白差异，已报道有多种血清糖蛋白可作为肾细胞癌、乳腺癌、结直肠癌等的标记物；糖基化改变普遍存在于肿瘤的发生、发展过程中，分析糖基化修饰对于深入研究肿瘤的发生机制及诊断治疗有着重要的价值；糖基化差异也可用于构建特异的多糖类癌症疫苗，以发展新的免疫治疗策略。

与基因组和蛋白质组学研究相比，糖组学的研究还处于起步阶段。阻碍糖组学迅速发展的原因主要是糖链本身结构的复杂性和研究技术的限制。但不管如何，糖组学作为基因组学和蛋白质组学的重要补充，将在人类在对生命本质深层次理解的进程中发挥越来越重要的作用。

二、脂　组　学

生命体脂质具有化学多样性和功能多样性的特点，其代谢与多种疾病的发生、发展密切相关，很多疾病都与脂代谢紊乱有关，如糖尿病、肥胖病、癌症等。因此，脂质的分析量化对研究疾病发生机理和诊断治疗，以及医药研发有非常重要的生物学意义。脂组学（lipidomics）就是对生物样本中脂质进行全面系统的分析，从而揭示其在生命活动和疾病中发挥的作用。

（一）脂组学与代谢组学的关系

脂组学的研究内容为生物体内的所有脂质分子，并以此为依据推测与脂质作用的生物分子的变化，揭示脂质在各种生命活动中的重要作用机制。通过研究脂质提取物，可获得脂质组（lipidome）的信息，了解在特定生理和病理状态下脂质的整体变化。因此，脂组学实际上是代谢组学的重要组成部分。

脂组学的研究有以下优势：只研究脂质物质及其代谢物，脂质物质在结构上的共同点决定了样品前处理及分析技术平台的搭建较为容易，而且可以借鉴代谢组学的研究方法；脂组学数据库的建立和完善速度较快，并能建立与其他组学的网络联系；脂质组分析的技术平台可用于代谢组学的研究，促进代谢组学发展。

（二）脂组学研究的步骤

1. 样品分离

脂质主要从细胞、血浆、组织等样品中提取。由于脂质物质在结构上有共同特点，即有极性的头部和非极性的尾部。所以，脂质采用氯仿、甲醇及其他有机溶剂的混合提取液，能够较好地溶出样本中的脂质物质。

2. 脂质鉴定

随着分析技术的不断发展，脂类的分析方法也在不断的改进。总体而言，大部分的分析技术都能用来分析脂质，包括脂肪酸、磷脂、神经鞘磷脂、甘油三酯和类固醇等。常规的技术有薄层色谱（TLC）、气相色谱质谱联用（GC-MS）、电喷雾质谱（ESI/MS）、气相色谱飞行时间质谱（GC-TOF）、液相色谱飞行时间质谱联用（LC-TOF/MS）、高效液相色谱芯片质谱联用（HPLC-Chip/MS）、超高效液相色谱质谱联用（UPLC/MS）、超高效液相色谱傅里叶变换质谱联用（UPLC/FT-MS）等。

3. 数据库检索

随着脂组学的迅速发展过程，相关数据库也逐步建立。现有数据库能够查询脂质物质结构、质谱信息、分类及实验设计、实验信息等，其功能也越来越完善。数据库的建立无疑成为推动脂组学自身发展的良好工具。国际上最大的数据库 LIPID Maps（http://www.lipidmaps.org/）是由美国国立综合医学研究所（National Institute of

General Medical Sciences，NIGMS）组织构建的，它包含了脂质分子的结构信息、质谱信息、分类信息、实验设计等。数据库包含了游离脂肪酸、胆固醇、甘油三酯、磷脂等 8 个大类共 37 127 种脂类的结构信息（2012 年 6 月）。

（三）脂组学与临床

发现疾病相关的诊断指标是进行疾病诊断的关键。脂组学所提供的方法能够监测患者与正常人之间的脂质变化，从中找到差异较大的脂质化合物，作为疾病早期诊断的指标。科学家定量研究了卵巢癌患者和良性卵巢瘤患者血清中各种胆固醇及脂蛋白的含量变化，结果表明：以载脂蛋白 AI（aPoA-I）和游离胆固醇（FC）为诊断指标排除卵巢瘤的正确率高达 95.5%，综合 aPoA-I、FC、高密度脂蛋白游离胆固醇（HDLFC）、高密度脂蛋白总胆固醇（HDLTC）、载脂蛋白 B（aPoB）及高密度脂蛋白-3（HDL3）片段诊断卵巢癌的准确率达到 97.0%。另有证据报道溶血磷脂酸在卵巢癌的诊断中表现出高度的敏感性和特异性，能够作为早期诊断卵巢癌及术后随访的生物学指标 。

总之，脂组学从脂代谢水平研究疾病的发生、发展过程的变化规律，寻找疾病相关的脂生物标志物，进一步提高疾病的诊断效率，并为疾病的治疗提供更为可靠的依据。脂组学能够在一定程度上促进代谢组学的发展，并通过代谢组学技术的整合运用建立与其他组学之间的关系，最终实现系统生物学的整体进步。

第六节　系统生物学

一、系统生物学的基本概念

20 世纪的生命科学经历了由宏观到微观、由表型描述到分子功能的发展过程，因此又称“还原”的科学（reductionistic science），其发展的方向就是各种“组学”（基因组学、转录组学、蛋白质组学、代谢组学、相互作用组学和表型组学等）。21 世纪的生命科学研究强调系统性，因而是“整合”的科学（integrative science）。

系统生物学（systems biology）是研究一个生物系统中所有组成成分（基因、mRNA、蛋白质等）的构成，以及在特定条件下这些组分间的相互关系的学科。也就是说，系统生物学不同于以往的实验生物学——仅关心个别或一批基因和蛋白质，它要研究一个生物系统内所有的基因、所有的蛋白质，特别是所有生物分子间的所有相互关系。显然，系统生物学是以整体性研究为特征的一种大科学。

与以往的系统科学，如系统工程学相比，系统生物学的研究以生命为对象，其系统将更为复杂，任务将更加繁重。我们知道，非生物系统一般由相对简单的元件组合产生功能和行为，而生物体是由大量结构和功能不同的元件组成的复杂系统，并由这些元件选择性和非线性的相互作用产生复杂的功能和行为。为阐明生命活动的复杂性，必须在大规模实验生物学（组学）数据的基础上，通过计算生物学用数学语言定量描述和预测生物学功能和生物体表型和行为。因此，系统生物学又是一门使生命科学由描述式科学转变为定量描述和预测的科学，系统生物学将在各种“组学”的基础上完成由生命密码到生命过程的诠释。

二、系统生物学的形成

系统生物学的产生源于分子生物学本身对生命本质研究的局限性。分子生物学主要集中于研究生物大分子，如基因、mRNA、蛋白质等的结构与功能，以及它们之间有限的交互作用。但一个活的生物个体是一个复杂的包含着众多相关成分及其相互作用的生物系统，即便是再大规模的实验生物学也不能充分揭示这一复杂生物系统的表型和行为。在这样的情况下，系统生物学应运而生。

其实早在20世纪四五十年代，著名理论生物学家贝塔朗菲（L. Bertalanffy）就提出了"机体论"（organism theory）。"机体论"包含三个主要观点，即生物体是一个有机的整体，生命活动具有等级次序，生物体是一个动态的开放的系统。这三个观点为其后来创立一般系统论（general system theory）奠定了基础，从而开拓了系统生物科学（system bioscience）领域。但是由于当时分子生物学才刚刚起步，开展系统生物学研究的时机并不成熟，故没有被大多数人所认可。

美国科学家霍德（L. Hood）是现代系统生物学的创始人之一。霍德院士是人类基因组计划最早的倡导者之一，在加州理工学院工作期间，他发明了DNA合成仪、DNA测序仪、蛋白质合成仪和蛋白质测序仪，并成功实现了产业化，对世界生命科学研究和产业发展产生了深远的影响。2000年，霍德在西雅图成立了世界上第一个系统生物学研究所（Institute for Systems Biology），倡导在生物医学领域的研究采用系统生物学的方法，并认为"系统生物学将是21世纪医学和生物学的核心驱动力"。自此，系统生物学便逐渐得到了生物学家的认同，也唤起了一大批生物学研究领域以外的专家的关注。

以霍德为代表的一批学者关注的是"完整的生物复杂系统"，他们希望阐明生物系统完整的基因、蛋白质、信号通路和代谢途径，整合这些数据，并建立数学模型以描述系统的结构和对外部作用的反应。上海生命科学院的吴家睿先生把这样的系统生物学研究思路称为"整体分析学派"（global-analysis school）。整体分析学派研究的系统可以是一个完整的个体，也可以是细胞内完整的代谢网络或信号转导网络。在系统生物学研究领域，也有许多科学家侧重于研究生物复杂系统的某一个局部。哈佛大学的基施纳（M. Kirschner）认为当前系统生物学的"目标是要重构和描述同样是复杂系统的某个局部"，如以色列科学家阿隆（U. Alon）侧重于转录调控网络基本单元的研究，这种研究思路称为"局域分析学派"（partial-analysis school）。对局域分析学派的研究者来说，选择复杂系统中恰当的"局部"作为其研究对象是他们研究工作的核心。这一学派的学者对复杂系统有一个基本假设：不论网络有多大，有多复杂，都是用简单的基序（motifs）和模块（modules）作为"砖块"搭建而成的。两个学派均有自己的优势，整体分析学派强调系统的整体性，但对系统的动力学过程缺乏详细的定量研究；局域分析学派能深入地研究系统的动力学特性，并可以对系统的结构和功能进行深入的分析。显然，整体分析学派与局域分析学派是一种互补关系，在系统生物学的发展中均大有用武之地。

三、系统生物学的特点

系统生物学的特点主要体现在“整合、信息和干扰”。其中“整合”是系统生物学的“灵魂”，“信息”是系统生物学的“基础”，而“干扰”则认为是系统生物学的“钥匙”。

1. 整合（integration）是系统生物学的“灵魂”

系统生物学的研究思路强调整体性，因此是一门整合型的大科学。系统生物学的“整合”特点主要体现在3个方面。①构成要素的整合。强调将生物系统内所有的组成成分（基因、mRNA、蛋白质、生物小分子等）整合在一起进行研究，这实际上是各种“组学”的集合研究。②研究层次的整合。系统生物学强调要实现从基因到细胞、组织、个体的各层次的整合研究，以解释层次内和层次间的相互作用在生命个体表型和行为中的作用。③研究方法的整合。传统的分子生物学研究可以认为是一种“垂直型”的研究，即采用多种手段研究个别的基因和蛋白质的结构与功能；而“组学”技术则是“水平型”研究，即以单一的手段同时研究成千上万个基因或蛋白质。系统生物学是要把“水平型”研究和“垂直型”研究整合起来，成为一种“三维”的研究。

2. 信息（information）是系统生物学的“基础”

系统生物学视生命为信息的载体，一切特性都可以从信息的流动中得到实现，因此系统生物学也是一门信息科学。系统生物学的“信息”特点主要体现在如下几个方面。①生命的遗传密码是数字化的（digital）。基因组的信息无非是ATCG的不同组合排列，因此生命密码完全可以被破译。②生命的遗传信息流也是数字化的。例如，DNA中三联碱基CTT必定被转录为mRNA中的CUU（密码子），又被翻译成蛋白质中的亮氨酸，编码蛋白质基因的转录和翻译都遵循这一生物界的通用密码原则。另外值得强调的是，基因调控网络的信息从本质上说也是数字化的，因为控制基因表达的转录因子结合位点也是核苷酸序列。③生物信息是有等级次序的。流动方向为DNA→mRNA→蛋白质→蛋白质相互作用网络→细胞→器官→个体→群体。胞外信号向胞内的传导也是这样：信号分子→受体→接头分子1（adaptor）→接头分子2……→接头分子n→DNA→信号输出。

3. 干涉（perturbation）是系统生物学的“钥匙”

系统生物学一方面要了解生命系统的结构组成，另一方面要揭示系统在不同条件、不同时间的动态行为方式。实验生物学往往人为设计一些影响因素，以观察这些影响因素对实验系统的影响，这一过程就是干涉，如通过诱导基因突变或修饰蛋白质，由此研究其性质和功能。系统生物学同样是一门实验性科学，也离不开干涉这一重要的工具。

系统生物学中的“干涉”特征主要体现在如下几个方面。①系统性干涉。例如，人为诱导基因突变，过去大多是随机的；而系统生物学采用的则是定向的系统性突变技术，如霍德在对酵母进行果糖代谢通路的系统生物学研究时，将所有已知的参与果糖代谢的9个基因逐一进行突变，研究在每一个基因突变下的系统变化。②高通量干涉。例如，采用高通量遗传变异，可以在短时间内将酵母的全部6000多个基因逐一进行突变。再如，近年来出现RNAi技术，使得干扰手段可以在最大范围内应用于对真核生物的研究中。③设计性干涉。系统生物学的干涉主要分为从上到下（top-down）或从下到上（bottom-up）两种。从上到下，即由外及里，主要是指在系统内添加新的元素，观察系统变化。例如，在系统中增加一个新的分子以阻断某一反应通路。而从下到上，即由内到外，主要是改变系统内部结构的某些特征，从而改变整个系统。例如，利用基因敲除，改变在信号转导通路中起重要作用的蛋白质的转录和翻译水平。

目前开展的以测定基因组全序列或全部蛋白质组成等的“组学”研究并不需要干涉，其目标只是把系统的全部组成成分测定清楚，以便得到一个含有所有信息的数据库。霍德将这种类型的研究称为“发现的科学”（discovery science），而将依赖于干涉的实验科学称为“假设驱动的科学”（hypothesis-driven science）。系统生物学既需要“发现的科学”，也需要“假设驱动的科学”，这两种不同研究策略和方法的互动和整合，是系统生物学的精髓所在。另外值得强调的一点是，在注重这两类研究手段的同时，不应该忽略系统生物学的另一个特点——对理论的依赖和建立模型的需求。系统生物学的理想就是要得到一个尽可能接近真正生物系统的理论模型，这其中需要数学和计算机科学的介入。因此，也有人把系统生物学分为“湿”（wet）的实验部分（实验室内的研究）和“干”（dry）的实验部分（计算机模拟和理论分析）。“湿”、“干”实验的完美整合才是真正的系统生物学。

四、系统生物学的工作流程

系统生物学的基本工作流程有 6 步。

第一步——系统结构鉴定：对选定的某一生物系统的所有组分进行了解和确定，描绘出该系统的结构框架，包括基因相互作用网络、信号转导通路和代谢途径等，并构建一个初步的系统模型。

第二步——系统行为分析：采用干涉的方法，系统地改变被研究对象的内部组成成分（如基因突变）或外部生长条件，然后观测在这些情况下系统组分或结构所发生的相应变化，包括基因表达、蛋白质表达和相互作用、代谢途径等的变化，并把得到的有关信息进行整合，以解释系统水平的特征。

第三步——系统模型建立：将通过实验得到的数据与根据模型预测的情况进行比较，并对初始模型进行修订。

第四步——系统模型修正：是根据上述模型的预测或假设，设定和实施新的改变系统状态的实验，重复第二步和第三步，不断通过实验数据对模型进行修正。系统生物学的目标就是要得到一个理想的模型，并能反映出生物系统的真实性。

第五步——系统控制：在真实系统模型的基础上，尝试建立控制生物系统状态的方法，例如，将功能异常的细胞转化为正常细胞，控制癌细胞分化成为正常细胞或诱导其凋亡，将处于分化状态的特定细胞转化为干细胞并进一步控制其分化为需要的细胞类型。完成这些控制技术将对人类健康造福无穷。

第六步——系统设计：最后，系统生物学将发展重要的生物系统设计技术。如设计由患者自己的细胞或组织培养器官，这种“自身”器官将对器官移植所起的作用将是革命性的。

第七节 组学、系统生物学在医学上的应用

HGP的实施极大地促进了医学科学的发展。各种"组学"和系统生物学的深入发展及其原理/技术与医学、药学等领域交叉产生的疾病基因组学、药物基因组学等更是吸引着众多的医学家和药物学家从分子水平突破对疾病的传统认识，从而彻底改变和革新现有的治疗模式。

一、疾病基因组学

疾病基因或疾病相关基因以及疾病易感性的遗传学基础是疾病基因组学研究的两大任务。HGP的完成，使得疾病基因和疾病易感基因的克隆和鉴定变得更加快捷和方便。一旦疾病基因的功能被揭示，或结合组织或细胞水平RNA、蛋白质，以及细胞功能或表型的综合分析，将会对疾病发病机制产生新的认识。基因组学与医学相结合极大地推动分子医学（molecular medicine）的发展。

1. 疾病基因的定位克隆

HGP在医学上最重要的意义是确定各种疾病的遗传学基础，即疾病或疾病相关基因的结构基础。定位克隆（positional cloning）技术的发展极大地推动了疾病基因的发现和鉴定。HGP后所进行的定位候选克隆（positional candidate cloning），是将疾病相关位点定位于某一染色体区域后，根据该区域的基因、EST或模式生物所对应的同源区的已知基因等有关信息，直接进行基因突变筛查，经过多次重复，可最终确定疾病相关基因。

2. 疾病易感性分析

人类DNA序列变异约90%表现为单个核苷酸的多态性（SNP），故SNP是一种常见的遗传变异类型，在人类基因组中广泛存在，被认为是人类疾病易感性的决定性因素。基因组序列中有些SNP与疾病的易感性密切相关。例如，APOE基因单个碱基变异与Alzheimer病的发生相关；趋化因子受体基因CCR5中一个单纯缺失突变会导致对HIV的抗性；携带*N*-乙酰转移酶基因慢乙酰化基因型的吸烟者可能是肝癌的高危人群；髓过氧化酶（MPO）基因启动子（$-463G \rightarrow A$）多态性可以降低肺癌患病的危险性；*HER-2*基因编码区的一个SNP与胃癌的发展及恶性程度有关。

总之，疾病基因组学的研究将在全基因组SNP制图基础上，通过比较患者和对照人群之间SNP的差异，鉴定与疾病相关的SNP，从而彻底阐明各种疾病易感人群的遗传背景，为疾病的诊断和治疗提供新的理论基础。

二、药物基因组学

药物基因组学（pharmacogenomics）是功能基因组学与分子药理学的有机结合。药物基因组学区别于一般意义上的基因组学，它不是以发现人体基因组基因为主要目的，而是运用已知的基因组学知识改善患者的治疗。药物基因组学以药物效应及安全性为目标，研究各种基因突变与药效及安全性的关系。正因为药物基因组学是研究基因序

列变异及其对药物不同反应的科学，所以它是研究高效、特效药物的重要途径，通过它为患者或者特定人群寻找合适的药物。药物基因组使药物治疗模式由诊断定向治疗转为基因定向治疗。

1. 预测药物反应性

药物基因组学是研究遗传变异对药物效能和毒性的影响，即研究患者的遗传组成是如何决定对药物反应性的科学。通常是指利用人类基因组中所有基因信息，指导临床用药和新药研究与开发的一个领域。药物基因组学还包括在分子水平阐明药物疗效、药物作用靶点、模式以及产生毒副作用的机制。药物基因组学以提高药物的疗效和安全性为目标，阐明影响药物吸收、转运、代谢、消除等个体差异的基因特性，以及基因变异所致的不同患者对药物的不同反应性，并以此为平台，指导合理用药和设计个体化用药，以提高药物作用的有效性、安全性和经济性。

2. 探讨药物代谢与药效

药物基因组学研究影响药物吸收、转运、代谢和清除整个过程的个体差异的基因特性。因此，基因多态性所致个体对药物不同反应性的遗传基础是其重要的研究内容。药物基因组学研究基因多态性主要包括药物代谢酶、药物转运蛋白、药物作用靶点等基因多态性。药物代谢酶多态性由同一基因位点上具有多个等位基因引起，其多态性决定表型多态性和药物代谢酶的活性，并呈显著的基因剂量-效应关系，从而造成不同个体间药物代谢反应的差异，是产生药物毒副反应、降低或丧失药效的主要原因；转运蛋白在药物的吸收、排泄、分布、转运等方面起重要作用，其变异对药物吸收和消除具有重要意义；大多数药物与其特异性靶蛋白相互作用产生效应，药物作用靶点的基因多态性使靶蛋白对特定药物产生不同的亲和力，导致药物疗效的不同。

3. 鉴定药物反应基因的变异

药物基因组学研究的主要策略包括选择药物起效、活化、排泄等相关过程的候选基因进行研究，鉴定基因序列的变异。这些变异既可以在生物化学与分子生物学水平进行研究，估测它们在药物作用中的意义（如 SNP 分析），也可以在人群中进行研究，用统计学原理分析基因突变与药效的关系。

药物基因组学将广泛应用遗传学、基因组学、蛋白质组学和代谢组学信息来预测患者群对药物的反应，从而指导临床试验和药物开发过程，还将被应用于临床患者的选择和排除，并且提供区别的标准。新的基因组学技术，如基因变异检测技术、DNA 和蛋白质芯片技术、SNP 研究的高通量技术、药物作用显示技术、生物分析统计技术、基因分型研究技术及蛋白质组学技术等，为药物基因组学的进一步发展提供了技术支撑。

三、药物蛋白质组学

药物作用靶点的发现与验证是新药发现阶段的重点和难点，成为制约新药开发速度的瓶颈。近年来，随着蛋白质组学技术的不断进步和各种新技术的出现和发展，蛋白质组学在药物靶点的发现应用中也显示出越来越重要的作用。

1. 发现和验证药物新靶点

蛋白质组学研究可以发现和鉴定在疾病条件下表达异常的蛋白质，这类蛋白质可作为药物候选靶点。疾病相关蛋白质组学还可对疾病发生的不同阶段进行蛋白质变化分析，发现一些疾病不同时期的蛋白质标志物，不仅对药物发现具有指导意义，还可形成未来诊断学、治疗学的理论基础。以恶性肿瘤的药物治疗为例，目前临床上大多数抗肿瘤药物都伴有严重的毒性作用，另外，长期化学药物治疗后，经常伴随肿瘤细胞的耐药，如多重抗药性（MDR）的产生。如果能发现与细胞毒性密切相关的蛋白质或者耐药细胞中特异表达或表达异常的蛋白质，就可以此类蛋白质为靶点设计新的治疗药物或新的治疗方法，也可以此信息为参考设计避免产生耐药性或毒性作用的药物。恶性肿瘤的另外一个特点就是快速转移，目前国内外一些实验室已开始利用比较蛋白质组学技术，通过对高、低转移肿瘤细胞株蛋白质组的比较研究，来寻找与肿瘤转移相关的蛋白质。同样也可以高转移株中特异表达的蛋白质为靶点，开发抑制肿瘤转移的新药。

2. 新药设计靶点

由于感染性疾病仍是当今世界人类死亡的主要原因，因而抗感染药物一直是各国新药研究开发的热点之一。但随着抗生素耐药株的大量出现，亟待研究和开发新的有效的抗生素。蛋白质组学技术可以让人们清楚地认识病原体内哪些蛋白质在抗生素的作用下发生改变，以及发生何种变化。根据这些变化，并以耐药相关蛋白质作为新药设计的靶点，可筛选出新一代有效的抗生素。

3. 合理药物设计

靶向信号转导的治疗概念是近几年来提出的。由于许多疾病与信号转导途径异常有关，因而信号分子和途径可以作为治疗药物设计的靶点。在信号传递过程中涉及数十或数百个蛋白质分子，蛋白质-蛋白质相互作用发生在细胞内信号传递的所有阶段。而且，这种复杂的蛋白质作用的串联效应可以完全不受基因调节而自发地产生。通过与正常细胞作比较，掌握与疾病细胞中某个信号途径活性增加或丧失有关的蛋白质分子的变化，将为药物设计提供更为合理的靶点。

四、疾病转录组学

转录组学是功能基因组学的重要分支，也是连接基因组结构和功能的重要环节，更是基因网络调控研究的重要手段。疾病转录组学是通过比较研究正常和疾病条件下，或疾病不同阶段基因表达的差异情况，从而为阐明复杂疾病的发生发展机制、筛选新的诊断标志物、鉴定新的药物靶点、发展新的疾病分子分型技术，以及开展个体化治疗提供理论依据。

1. 阐明复杂疾病的发生机制、发现新的药物靶点

肿瘤转录组信息对于理解疾病的整个过程具有重要的意义。对鼻咽癌、乳腺癌、结直肠癌和脑胶质瘤 4 种肿瘤的转录组分析表明，多基因遗传性肿瘤发生、发展过程中所涉及的关键信号转导通路中的关键分子的变化将导致信号转导通路和基因调控网络的严重障碍，说明多基因肿瘤在发病学上是一类基因信号转导与基因调控网络障碍性疾病。这些结果为揭示多基因遗传性肿瘤的发生、发展机制提供了实验和理论依据。

Raf 信号通路与多种恶性肿瘤的发生、发展密切相关。对前列腺癌、胃癌、肝癌、黑色素瘤等样本的转录组测序表明，存在于 Raf 信号途径中的 *BRAF* 和 *RAF1* 基因可发生融合现象，提示 Raf 信号途径中的融合基因有可能成为抗肿瘤治疗与抗肿瘤药物筛选的靶点。

在对阿尔茨海默病（Alzheimer disease，AD）患者全脑组织的基因表达谱分析中，发现脑海马区组织中转录因子和突触信号转导因子基因表达水平显著下降，后者与 AD 患者突触功能下降的临床征象密切相关；而 β-淀粉样前体蛋白（β-amyloid precursor protein，β-APP）、促凋亡因子、促炎症因子等基因表达水平显著上升。应用单细胞表达谱分析 AD 患者前基底核神经元的基因表达情况，发现神经营养信号上调，蛋白质磷酸化活性下调。研究还发现 AD 的发生与 CDK5（促进 tau 蛋白的高磷酸化）的抑制有关，应用 CDK5 抑制剂，可出现许多与 AD 病理学进展和神经元死亡一致的基因表达改变，提示 CDK5 可以作为候选药物靶点。

2. 提供新的疾病诊断标志物、指导临床个体化治疗

外周血转录组谱可作为冠状动脉疾病诊断与判定病程、预后的生物标志物。目前已有商业化的诊断试剂盒用于早期阻塞性冠状动脉疾病（coronary artery disease，CAD）的诊断。在进行心肌扩张患者心肌细胞转录组研究时，发现 *ST2* 受体基因表达显著升高，在随后的研究中发现心力衰竭患者其外周血可溶性 ST2 也显著上升，美国 FDA 近期已批准可溶性 ST2 试剂盒 Presage 用于慢性心力衰竭的预后评估。

miRNA 在进化上高度保守，miRNA 在血清和血浆中通常与蛋白质结合在一起，具有良好的稳定性，有指示疾病并预测生存状况的潜在可能性。目前，已有 HBV、多种心脏疾病、Ⅱ型糖尿病和肝癌等的血清 miRNA 谱作为潜在无创诊断标记物的报道。例如，有学者利用小 RNA 测序技术对非小细胞肺癌患者血清中的 miRNA 进行分析比较，发现长生存期与短生存期患者血清中 miRNA 水平差异显著，并应用 qRT-PCR 得到了验证。研究表明 miRNA 的表达模式（谱）有可能成为非小细胞肺癌疾病预后诊断的生物标记。

小 RNA 不仅可以作为疾病诊断和预后的分子标志物，在疾病治疗方面也具有很大的潜力。例如，有学者应用针对 miRNA-182 的反义寡聚核苷酸治疗小鼠黑色素瘤肝转移，结果显示治疗组肝转移肿瘤数目显著减少，同时治疗组中 miRNA-182 的直接靶基因表达量明显上调。研究提示，可以选取高表达致癌基因 miRNA-182 的黑色素瘤患者作为个体化治疗的人群。

五、医学代谢组学

代谢组学经过十余年的发展，方法正日趋成熟，其应用已逐步渗入生命科学研究领域的多个方面，在医学科学中也日益彰显出其强有力的潜能。

1. 代谢组学与预测医学

与基因组学和蛋白质组学相比，代谢组学研究侧重于代谢物的组成、特性与变化规律，与生理学的联系更加紧密。疾病导致机体病理生理过程变化，最终引起代谢产物发生相应的改变，通过对某些代谢产物进行分析，并与正常人的代谢产物比较，可发现和筛选出疾病新的生物标记物，对相关疾病作出早期预警，并发展新的有效的疾病诊断方法。

例如，通过代谢组学的研究，证实血清中 VLDL、LDL、HDL 和胆碱的含量/比值可以判断心脏病的严重程度；血清中脂蛋白颗粒的组成，如脂肪酸侧链的不饱和度、脂蛋白分子之间相互作用的强度（而不是脂类的绝对含量）是影响高血压患者收缩压的主要因素；通过比较患者与正常人尿样中嘌呤和嘧啶化合物图谱，能够实现绝大多数核苷酸相关代谢遗传疾病的诊断。

2. 代谢组学与个体化医学

个体对药物具有不同的反应性，尽管这是由个体基因型的差异造成的，但其根本原因还是在代谢层面上。开展药物代谢组学的研究，可阐明药物在不同个体内的代谢途径及其规律，将为合理用药和个体化医疗提供重要依据。

在药物毒性代谢组学的研究领域，最为瞩目的工作是由英国帝国理工学院与 6 家著名的制药公司联合实施的代谢组学毒性联合计划（consortium for metabonomic toxicology，COMET）。该计划的主要目标是：①对实验对象（动物的尿液、血清和组织）中代谢物的病理和生化变化进行详细的多维描述；②建立加入“有毒药物”后代谢产物的 NMR 谱图数据库；③建立毒性预测的专家系统；④寻找各类组合生物标记物；⑤通过对有毒和无毒类似物的分类，测试所建立的专家系统。该计划对 147 种典型药物的肝肾毒性进行了研究。通过检测正常和受毒动物体液和组织中代谢物的 NMR 谱，结合已知毒性物质的病理效应建立了第一个大鼠肝脏和肾脏毒性的专家系统。该专家系统分为 3 个独立的级别可实现正常/异常的判别、对未知标本进行毒性或疾病的识别以及病理学的生物标记物识别。

六、系统生物学

系统生物学使生命科学由描述式的科学转变为定量描述和预测的科学，改变了 21 世纪生物学的研究策略与方法，并将在医学、新药研究与新的生物技术发展等方面起到巨大的推动作用。

1. 系统生物学与医学

系统生物学已在预测医学、预防医学和个性化医学中得到应用，如应用代谢组学的生物指纹预测冠心病患者的危险程度和肿瘤的诊断和治疗过程的监控；应用基因多态性图谱预测患者对药物的应答，包括毒副作用和疗效。

2. 系统生物学与药物研发

表型组学的细胞芯片和代谢组学的生物指纹将广泛用于新药的发现和开发，使新药的发现过程由高通量逐步发展为高内涵（high-content）。未来的治疗不再依赖于单一的药物，而是使用一组药物（系统药物）协调作用来控制故障细胞的代谢状态，以减少药物的不良反应，维持疾病治疗的最大效果。

3. 系统生物学与新生物技术

通过系统生物学的研究，设计和重构植物和微生物新品种。这些新物种生物能执行新的化学转换，降解环境中已证实难以被现有任何生物消化的化合物，以及与致病株相竞争以抵抗特定的疾病。新物种的诞生将有力地提升农业、工业生物技术产业，开拓能源、材料和环境生物技术等新产业。

总之，21 世纪的生物学将是以分子生物学组学和系统生物学为主流方向的天下。组学和系统生物学将在分子生物学研究累积巨量数据的基础上，借助数学、计算机科学和生物信息学等工具，从整体的、合成的角度检视生物学，完成由生命密码到生命过程的诠释和生命的仿真和模拟，从而建立起全新的生物学理论架构。

（焦炳华）

参考文献

北京大学生命科学学院. 2000. 现代生命科学导论. 北京：高等教育出版社

陈洪章，马力通. 2012. 生物质产业关键技术突破与产业前景. 工程研究，4 ：237

陈铭德. 2010. 现代生命科学导论. 上海：华东师范大学出版社

高崇明. 2013. 生命科学导论（第三版）. 北京：高等教育出版社

韩北忠. 2013. 发酵工程. 北京：中国轻工出版社

焦炳华. 2009. 现代生命科学概论. 北京：科学出版社

焦炳华. 2014. 现代生物工程（第二版）. 北京：科学出版社

刘广发. 2002. 现代生命科学概论. 北京：科学出版社

刘祖洞，乔守怡，吴燕华，等. 2013. 遗传学（第三版）. 北京：高等教育出版社

卢风，肖巍. 2008. 应用伦理学概论. 北京：中国人民大学出版社

邱仁宗. 2010. 生命伦理学. 北京：中国人民大学出版社

裘娟萍，钱海丰. 2008. 生命科学概论（第二版）. 北京：科学出版社

瞿礼嘉，顾红雅. 2004. 现代生物技术. 北京：高等教育出版社

沈铭贤. 2003. 生命伦理学. 北京：高等教育出版社

沈显生. 2007. 生命科学概论，北京：科学出版社

沈银柱，黄占景. 2013. 进化生物学（第三版）. 北京：高等教育出版社

万海清，赵振鏮. 2001. 生命科学概论. 北京：化学工业出版社

王大成. 2002. 蛋白质工程. 北京：化学工业出版社

徐文方. 2007. 药物设计学. 北京：人民卫生出版社

徐小静，张少斌. 2006. 生物技术原理与实验. 北京：中央民族大学出版社

杨玉珍，汪琛颖. 2004. 现代生物技术概论. 开封：河南大学出版社

殷赣新. 2013. 生命起源和进化的全新演绎：全新化学起源与进化论学说的提出. 北京：科学技术文献出版社

袁伯俊. 2002. 新药评价基础. 上海：第二军医大学出版社

张自立，彭永康. 2007. 现代生命科学进展（第二版）. 北京：科学出版社

郑晓燕. 2013. 环境生物技术的发展. 科协论坛，4：93

钟耀广. 2012. 食品安全学. 北京：化学工业出版社

周家驹，王亭. 2001. 药物设计中的分子模型化方法. 北京：科学出版社

Agutter P S, Wheatley D N. 2007. About life-concepts in modern biology. Amsterdam: Springer Netherlands

Bentsen N S, Felby C. 2012. Biomass for energy in the European Union—a review of bioenergy resource assessments. Biotechnol Biofuels, 30 : 25

Campbell N A, Reece J B, Mitchell L G, et al. 2012. Biology (9th ed). San Francisco: Benjamin Cunnings

Hardin C, Edwards J, Riell A, et al. 2001. Cloning, gene expression, and protein purification: Experimental procedures and process rationale. London: Oxford Press

Howe C. 2007. Gene cloning and Manipulation (2nd ed). London: Cambridge University Press

Lewin B. 2013. Gene XI (11th ed). Sudbury: Jones & Bartlett Publishers

Martini M, Vecchione L, Siena S, et al. 2011. Targeted therapies: How personal shoud we go? Nat Rev Clin Oncol, 15: 87

Meyers R A. 2005. Encyclopedia of molecular cell biology and molecular medicine. Weinheim: Wiley-VCH

Sambrook J, Russell D W. 2012. Molecular cloning, a laboratory manual (4th ed). New York: Cold Spring Harbor Laboratory Press

Scott A M, Wolchok J D, Old L J, et al. 2012. Antibody therapy of cancer. Nat Rev Cancer, 12: 278

Steffan R J. 2013. Environmental biotechnology. Current Opinion in Biotechnology, 24: 421

The ENCODE Project Consortium. 2012. An integrated encyclopedia of DNA elements in the human genome. Nature, 489: 57

Watson J D, Gann A, Baker T A, et al. 2013. Molecular biology of the gene (7th ed). New York: Cold Spring Harbor Laboratory Press

Wilson K, Waker J. 2010. Principles and techniques of biochemistry and molecular biology. London: Cambridge Press

索　引